TRAITÉ

DE

GÉOMÉTRIE ANALYTIQUE

A L'USAGE

DES CANDIDATS AUX ÉCOLES DU GOUVERNEMENT ET AUX GRADES UNIVERSITAIRES

PAR

M. H. PICQUET

Capitaine du Génie, Répétiteur d'analyse à l'École polytechnique,
Secrétaire de la Société mathématique de France.

PREMIÈRE PARTIE

GÉOMÉTRIE ANALYTIQUE A DEUX DIMENSIONS

Avec 127 figures dans le texte.

PARIS

G. MASSON, ÉDITEUR

LIBRAIRE DE L'ACADÉMIE DE MÉDECINE

120, Boulevard Saint-Germain, en face de l'École de Médecine

1882

TRAITÉ

DE

GÉOMÉTRIE ANALYTIQUE

7058-79. — CORBEIL. IMPRIMERIE CRÉTÉ.

TRAITÉ

DE

GÉOMÉTRIE ANALYTIQUE

A L'USAGE

DES CANDIDATS AUX ÉCOLES DU GOUVERNEMENT ET AUX GRADES UNIVERSITAIRES

PAR

M. H. PICQUET

Capitaine du Génie, Répétiteur d'analyse à l'École polytechnique,
Secrétaire de la Société mathématique de France.

PREMIÈRE PARTIE

GÉOMÉTRIE ANALYTIQUE A DEUX DIMENSIONS

PARIS

G. MASSON, ÉDITEUR

LIBRAIRE DE L'ACADÉMIE DE MÉDECINE

120, Boulevard Saint-Germain, en face de l'École de Médecine

1882

PRÉFACE DE L'AUTEUR

Le *Traité de Géométrie analytique* que nous publions aujourd'hui est fait pour les élèves et pour tous ceux qui s'intéressent à cette science. Nous pensons que chacun, fort ou faible, saura y puiser dans la mesure de ses besoins, et eu égard au but qu'il poursuit. Il n'est le reflet d'aucun de ses pareils ; mais, à quelques résultats près, dont plusieurs ont été indiqués par nous dans des travaux antérieurs, et sous la réserve de ce qui va suivre, il ne renferme rien qui n'ait été dit dans un livre classique. Il a son caractère propre, provenant de ce que nous avons surtout cherché à vulgariser l'emploi de ces méthodes, si connues et si appréciées aujourd'hui par le public savant et par le corps enseignant, mais que les élèves ignorent en général : nous avons nommé la dualité et l'homographie. En consacrant, dès le début, quelques leçons à leur présenter franchement ces deux puissantes méthodes de transformation, quel large horizon n'ouvre-t-on pas à ceux qui apprennent, et combien d'efforts pénibles et stériles sont évités lors du développement ultérieur de l'esprit géométrique ? Aussi trouvera-t-on, dès le premier livre, un chapitre consacré à l'étude spéciale de chacune de ces méthodes, à la suite immédiate de celle de la ligne droite et du point.

Dans le second livre, nous abordons la théorie générale des courbes planes ; croyant qu'elle doit être placée avant la théorie particulière des coniques, afin d'éviter de nombreuses répétitions. L'asymptote y reçoit sa véritable définition, qui est celle de la géométrie descriptive, et d'où l'on déduit si simplement son équation et ses propriétés. Nous y insistons particulièrement sur la recherche des points singuliers, dont le nombre et l'espèce modifient si profondément la nature de la courbe.

Le troisième livre traite exclusivement des courbes du second degré. Un chapitre est consacré à l'étude du cercle, dont une suite nécessaire est la théorie de l'involution, si utile par ses applications de toute espèce. Les élèves rencontreront peut-être quelques difficultés provenant de la notation adoptée pour l'équation de la conique générale. Qu'il nous soit permis à ce sujet de signaler les inconvénients résultants de la notation habituelle, qui ne s'adapte pas à la géométrie de l'espace dans laquelle les élèves ne reconnaissent plus, lors de l'étude des surfaces du second degré, certaines fonctions des coefficients de l'équation générale d'une conique, qui se présentent constamment en géométrie à deux dimensions. Pour éviter cet inconvénient, il est nécessaire que l'ensemble des termes en x, y, z, dans l'équation des surfaces du second degré reproduise identiquement l'équation, rendue homogène, des coniques : c'est ce qui n'arrive pas avec la notation habituelle, tandis que les notations anglaise et allemande s'y prêtent tout à fait. La seconde, dans laquelle les coefficients sont tous les mêmes et ne diffèrent que par les indices, est incontestablement supérieure ; mais l'habitude en est longue, l'emploi sujet à des erreurs ; et nous avons jugé la première préférable pour les élèves. Qu'il nous suffise d'ajouter que, dans l'étude des coniques, nous avons regardé la théorie du centre, des diamètres et des axes, comme un cas particulier de celle des pôles et polaires ; et que nous avons insisté, à propos de la détermination de ces courbes, sur la relation linéaire la plus générale entre les coefficients, d'où dérive la notion des systèmes linéaires.

Enfin, dans le quatrième livre, nous donnons, à propos de la construction des courbes, quelques notions sur les courbes du troisième ou du quatrième degré; et un second chapitre traite des coordonnées polaires et de leurs applications.

Tel est, dans son ensemble, l'ouvrage que nous présentons au public : nous désirons surtout l'approbation des personnes compétentes, et leurs observations seront toujours accueillies avec intérêt.

Un second volume sera consacré à la géométrie analytique à trois dimensions.

PARIS, *le* 15 *octobre* 1881.

H. P.

INTRODUCTION

Il ne faut pas avoir pénétré bien avant dans l'étude des sciences exactes pour reconnaître que celles-ci procèdent par deux méthodes générales : l'une, dite *analytique*, par laquelle l'esprit, admettant la vérité à démontrer, ou supposant résolu le problème cherché, tire de cette hypothèse les conséquences qu'elle comporte, les isole pour les examiner tour à tour, en un mot *analyse* la question, pour découvrir finalement le principe connu qui la renferme : c'est le procédé qu'emploie l'algèbre lorsqu'elle pose l'équation à laquelle doit satisfaire l'inconnue, afin de l'en dégager ensuite suivant les règles du calcul ; l'autre, dite *synthétique*, qui consiste, après avoir aperçu la proposition qui doit servir de point de départ, et le lien qui la rattache à l'objet idéal de nos recherches, à les rapprocher, à les comparer, et enfin à proclamer l'évidence par le secours du raisonnement. Cette dernière est presque la seule dont les anciens aient fait usage depuis Thalès et Pythagore qui ont inventé la géométrie, jusqu'à Pappus et Dioclès, après lesquels elle resta stationnaire pendant dix siècles. Ces géomètres n'avaient pas en effet à leur disposition les ressources du calcul algébrique ; la méthode analytique est d'ailleurs, en géométrie pure, d'un usage restreint ; c'est pourquoi ils étaient à peu près réduits à la synthèse. Aussi, comme celle-ci est bien plus un procédé de démonstration qu'un procédé d'investigation de la vérité, devons-nous admirer les résultats merveilleux auxquels ils étaient déjà parvenus, bien loin de penser qu'ils n'aient légué qu'un mince bagage aux géomètres de la renaissance, comme on serait volontiers tenté de le faire en considérant l'état actuel de la science et les progrès extraordinaires qu'elle a faits depuis trois siècles. Ces progrès, elle en est redevable au secours de l'analyse algébrique, et ce qui précède suffit pour faire comprendre pourquoi on a appelé *Géométrie analytique* cette partie de la science qui a pour but l'étude de la géométrie par les procédés de l'algèbre. En géométrie analytique, l'algèbre et la géométrie se prêtent un mutuel appui, et c'est par un judicieux emploi de chacune d'elles que l'on arrive à démêler les questions les plus complexes, dont, le plus souvent, l'une ou l'autre isolément serait impuissante à trouver la solution. Les énoncés algébriques, traduits dans le langage de la géométrie, empruntent à celle-ci une clarté qui les rend accessibles aux esprits le moins disposés à l'abstraction mathématique, tandis qu'ils donnent aux propriétés géométriques, dont ils sont l'expression, une généralité qui est le propre de l'algèbre et dont les anciens auraient pu difficilement se faire une idée. Pour en donner dès à présent un exemple simple, l'on sait, d'après le théorème de Bezout, que deux équations simultanées à deux inconnues, distinctes, l'une du premier degré, l'autre du second, admettent toujours pour les inconnues deux systèmes de valeurs, réelles ou imaginaires, distinctes ou confondues, finies ou infinies. Pour une certaine forme de l'équation du second degré, la traduction géométrique de cette propriété est la suivante : une ligne droite et un cercle, qui ont certaine relation de position (laquelle relation est l'expression de l'inégalité qui doit être satisfaite par les coefficients des deux équations pour que les systèmes de valeurs des inconnues soient réels) ont deux points d'intersection. L'existence de ces deux points dans le plan dépend, comme on le voit, de la réalité des valeurs des inconnues; mais comme il est évident que ces valeurs, si elles deviennent imaginaires, n'en conservent pas moins leur existence algébrique, on en conclut que les points d'intersection qui en sont la représentation géométrique ne cessent pas d'exister lorsque ce fait vient à se présenter; et l'on dit que, dans le plan, *une droite et un cercle se coupent toujours en deux points, réels ou imaginaires, distincts ou confondus.* On peut même se borner à dire qu'*une droite et un cercle se coupent toujours en deux points*, une fois qu'il est bien convenu que cet énoncé géométrique est la traduction de l'énoncé algébrique d'après lequel une équation du second degré a toujours deux racines. On est donc bien en droit d'affirmer que cette comparaison des deux énoncés, dans des langages différents, d'une même propriété, l'a rendue plus claire ; puisqu'à présent, grâce au premier, elle tombe sous nos sens, et plus générale, puisque, grâce au second, elle se trouve vraie dans tous les cas possibles.

Si l'on considère au contraire quatre équations du premier degré à trois variables, elles n'ont pas en général de système de valeurs communes pour les inconnues. On est amené par là, ainsi que nous le verrons, à dire que deux droites, dans l'espace, ne se rencontrent pas, ni à distance finie, ni à l'infini, à moins qu'elles ne soient dans un même plan, ce qui correspond au cas où l'une des équations résulte des trois autres.

Si cela a lieu, il y a un système de valeurs des inconnues, fini ou non, qui satisfait les quatre équations : mais en dehors de ce cas tout à fait exceptionnel, ces valeurs n'ont plus absolument aucune existence algébrique. Aussi dit-on que *deux droites qui ne sont pas dans un même plan ne se rencontrent pas*, et tel géomètre de l'antiquité se fût sans doute trouvé dans l'embarras si on lui eût demandé d'établir une distinction entre les points d'intersection d'une droite et d'un cercle qui dans son plan lui est extérieur, et celui de deux droites non situées dans le même plan ; pour lui, ils n'existaient pas plus dans le premier cas que dans le second. Nous voyons, au contraire, que s'ils sont imaginaires dans le premier cas, il n'y en a d'aucune sorte dans le second. L'algèbre seule pouvait faire cette distinction ; appliquée à la géométrie par Descartes et ses successeurs, elle lui a imprimé un caractère ineffaçable de généralité dont bénéficient par leur origine des méthodes plus modernes, auxquelles la géométrie analytique a donné naissance, qui procèdent souvent par la géométrie seule ; et que, pour cette raison, mais à tort peut-être, certains auteurs ont appelées *synthétiques*. Ces méthodes en effet ne conservent ce caractère de généralité qu'à la condition expresse que tout énoncé géométrique soit, au moins par la pensée, accompagné de l'énoncé algébrique dont il est la traduction, et à la condition de ne pas renier, comme elles tendent quelquefois à le faire, une auxiliaire puissante, qui leur a été indispensable dans le principe et qui, dans leur application, nous suit pas à pas à notre insu.

La géométrie analytique embrasse l'étude des lignes et des surfaces de toute espèce, de leurs propriétés particulières et de leurs rapports mutuels. Elle se divise en deux grandes parties : la géométrie plane, ou à deux dimensions, qui s'occupe des lignes planes, et la géométrie de l'espace ou à trois dimensions, qui traite des courbes gauches et des surfaces de toute nature. Nous allons aborder la géométrie analytique à deux dimensions.

GÉOMÉTRIE ANALYTIQUE

A DEUX DIMENSIONS

LIVRE PREMIER

CHAPITRE PREMIER

GÉNÉRALITÉS. — TRANSFORMATION DE COORDONNÉES

1. Évaluation des longueurs et des angles. Règle des signes. — Pour pouvoir traiter dans toute leur généralité les problèmes de géométrie analytique, on est conduit à distinguer sur une droite deux directions, la direction positive et la direction négative. Sur la droite XX′ par exemple (fig. 1), les longueurs

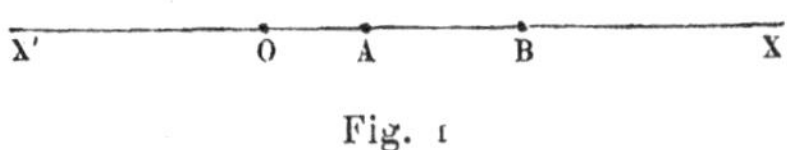

Fig. 1

seront considérées comme affectées du signe + si elles sont portées de X′ vers X, et du signe — dans le cas contraire. Si l'on convient de désigner par AB la distance du point A au point B lorsqu'elle est comptée de A vers B, il résulte de ce qui précède que

$$AB = -BA$$

ou

$$AB + BA = 0$$

identité évidente, si l'on évalue le chemin parcouru par un mobile allant de A vers B, puis revenant de B en A.

Les mêmes règles sont adoptées dans l'évaluation des angles. Aux deux directions opposées auxquelles donne lieu une droite, ainsi qu'on vient de le voir, correspondent deux sens pour la génération des angles. Si le point O est le sommet de l'angle (fig. 2),

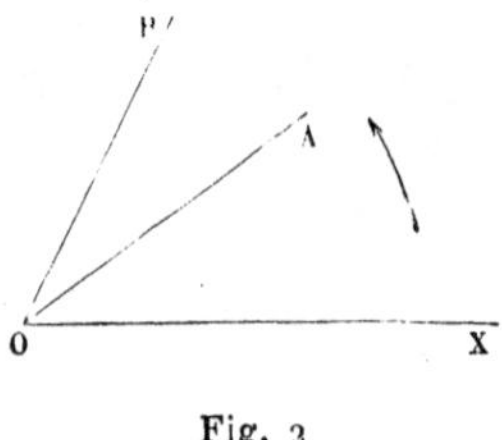

Fig. 2

on conviendra de considérer cet angle comme affecté du signe + s'il est engendré dans le sens de la flèche et du signe — dans le cas contraire. Il en résulte, comme pour les longueurs comptées sur une droite et avec une notation analogue, que

$$\text{angle AOB} = - \text{angle BOA}$$

ou

$$\text{angle AOB} + \text{angle BOA} = 0$$

ce qui est encore évident si l'on évalue l'angle décrit par un rayon mobile coïncidant d'abord avec OA, décrivant l'angle AOB dans le sens de la flèche, puis revenant en arrière à sa position primitive.

2. — Pour évaluer les longueurs, on prend une origine fixe O sur X'X (fig. 1); la distance OA de cette origine au point A, laquelle, d'après les conventions précédentes, est positive ou négative selon la direction suivant laquelle elle est portée de O vers A sur X'X, est dite l'*abscisse* du point A ; de même pour le point B, et l'on a dans le cas de la figure :

$$OB = OA + AB$$

d'où

$$AB = OB - OA$$

Cette formule est générale, quelles que soient les positions respectives des trois points, ainsi qu'il est facile de s'en assurer. On aurait, par exemple, en appliquant la formule à la figure obtenue en permutant A et B

$$BA = OA - OB$$

ce qui n'est que la première égalité, dans laquelle les deux membres sont changés de signe. On aurait encore (fig. 3)

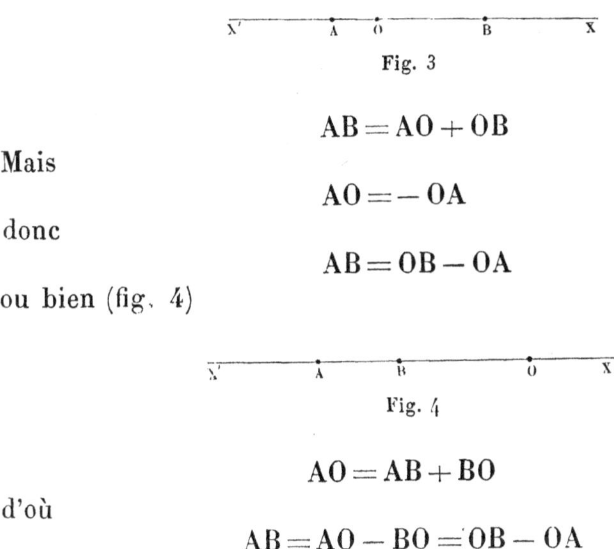

Fig. 3

$$AB = AO + OB$$

Mais

$$AO = - OA$$

donc

$$AB = OB - OA$$

ou bien (fig. 4)

Fig. 4

$$AO = AB + BO$$

d'où

$$AB = AO - BO = OB - OA$$

La formule est donc générale et l'on en conclut que la distance du point A au point B est égale à l'abscisse du point B diminuée de l'abscisse du point A. Elle est, comme cela devait être, égale et de signe contraire à celle du point B au point A. En valeur absolue, elle est égale à celle des deux différences qui est positive.

De même, on évalue les angles en prenant un axe fixe OX (fig. 2). L'angle XOA de cet axe avec le rayon OA, pris en valeur absolue, puis affecté du signe + ou du signe − suivant qu'il est engendré de OX vers OA dans le sens positif ou dans le sens négatif, est dit l'angle de l'axe OX avec la direction OA.

De même pour la direction OB, et l'on a

$$\text{angle } XOB = \text{angle } XOA + \text{angle } AOB$$

d'où

$$\text{angle } AOB = \text{angle } XOB - \text{angle } XOA$$

formule générale, comme la précédente, quelles que soient les positions relatives des trois directions. On en conclut que l'angle AOB d'une direction OA avec une direction OB est égal à l'angle de l'axe OX avec la direction OB diminué de l'angle du même axe avec la direction OA. Il est, comme cela devait être, égal et de signe contraire à l'angle BOA de la direction OB avec la direction OA ; la valeur absolue de l'angle des deux directions est celle des deux différences, qui est positive. On remarquera que les deux angles considérés AOB et BOA ont même cosinus, de telle sorte que toutes les fois qu'il ne s'agira que de la valeur absolue de cet angle, la connaissance de cette ligne trigonométrique la déterminera sans ambiguïté.

3. Détermination d'un point dans le plan. — Pour déterminer un point dans le plan, on considère deux axes fixes et indéfinis X'OX, Y'OY (fig. 5) sur chacun desquels les distances sont

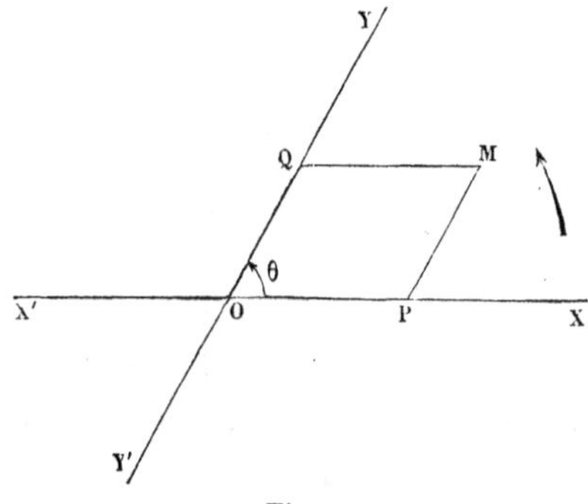

Fig. 5

comptées à partir de l'origine O suivant les règles indiquées précédemment. Par le point considéré M, on mène des parallèles à ces deux axes, lesquelles interceptent sur chacun des axes des segments OP, OQ. L'abscisse du point P sur l'axe X'OX est dite l'*abscisse* du point M, tandis que la longueur OQ, prise avec son signe sur l'axe Y'OY, est dite l'*ordonnée* du point M : considérées ensemble, ces longueurs sont dites les *coordonnées* du point M qui se trouve par leur moyen, et par l'observation de la règle des signes des segments, déterminé d'une façon unique, comme on le voit en menant respectivement par les points P et Q des parallèles aux *axes de coordonnées*, X'OX, Y'OY. Si l'on applique la règle des signes, on voit que tous les points situés dans l'angle XOY ou dans l'angle X'OY' opposé par le sommet ont leurs deux coordonnées de même signe, positives dans le premier cas, négatives dans le second; tandis que dans les deux autres angles X'OY ou XOY' elles sont de signes contraires. Tous les points de l'axe X'OX ont leur ordonnée nulle, et tous ceux de l'axe Y'OY ont leur abscisse nulle.

Un élément important de la figure est l'angle θ que font entre eux les deux axes de coordonnées. On désignera toujours ainsi l'angle des deux axes compté dans le sens de la flèche de la partie positive de l'axe X'OX vers la partie positive de l'axe Y'OY. Lorsque cet angle est droit, ou égal à $3\frac{\pi}{2}$, les coordonnées sont dites *rectangulaires; obliques* dans tous les autres cas.

4. — La représentation d'un point du plan par ses coordonnées est fondamentale en géométrie analytique. Elle conduit directement à la représentation algébrique des courbes : si l'on suppose en effet que l'abscisse et l'ordonnée d'un point soient liées par une relation

$$f(x,y) = 0$$

le point cessera d'être indéterminé dans le plan; et, si la fonction $f(x,y)$ est continue, tous les points dont les coordonnées satisferont à cette équation formeront dans le plan une suite continue, y dessineront une courbe, de laquelle on dira que la relation considérée est l'équation. Si les coordonnées du point sont liées par une seconde relation

$$\varphi(x,y) = 0$$

alors le problème dont ce point est la solution sera complètement déterminé. Il admettra, en général, un nombre fini de solutions, chacune desquelles sera fournie par un point dont les coordonnées satisferont à la fois aux deux équations, c'est-à-dire par un point d'intersection des deux courbes.

Une équation $\psi(x) = 0$ qui ne renferme qu'une variable, a son premier membre décomposable en facteurs de la forme $ax + b$, chacun desquels égalé à zéro représente tous les points dont l'abscisse est constante et égale à $-\frac{b}{a}$, c'est-à-dire une parallèle à Y'OY. L'équation représente donc une série de parallèles à l'un des axes de coordonnées.

5. Coordonnées polaires. — Le système de coordonnées qui vient d'être défini est un des plus fréquemment employés ; il est dû à Descartes, c'est pourquoi l'on appelle l'abscisse et l'ordonnée d'un point ses coordonnées *cartésiennes :* on en rencontrera plusieurs autres qui en dérivent. En dehors de ceux-là, l'on conçoit qu'il peut en exister beaucoup d'autres, et qu'il soit possible de déterminer un point dans le plan au moyen de deux éléments d'un très grand nombre de façons. Dans le système de *coordonnées polaires*, par exemple, qui est fréquemment employé, un point M est déterminé par sa distance ρ à une origine fixe O et par l'angle ω que fait une direction fixe OX avec celle des deux directions auxquelles donne lieu la droite OM suivant laquelle la distance ρ est comptée positivement. Ainsi, ρ désignant la longueur OM, et ω l'angle XOM, le

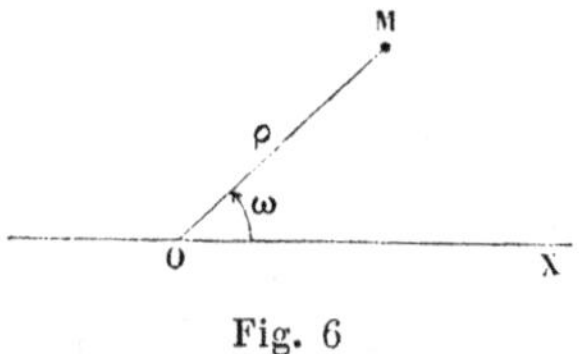

Fig. 6

point M aura pour coordonnées ρ et ω ou bien $-\rho$, et $\pi+\omega$; plus généralement ρ et $2k\pi+\omega$, ou $-\rho$ et $(2k+1)\pi+\omega$. Dans ce système, un point de coordonnées ρ et ω est parfaitement déterminé ; il est à l'intersection de la droite OM faisant l'angle ω avec l'*axe polaire* OX et du cercle de rayon ρ dont le centre est l'origine ; il y a bien deux points d'intersection, mais par définition le second a pour coordonnées ρ et $\pi+\omega$, ou encore $-\rho$ et ω. L'équation d'une courbe sera alors une relation de la forme

$$f(\rho,\omega)=0$$

6. Distance de deux points. — Proposons-nous d'évaluer la distance AB de deux points A et B définis par leurs coordonnées (x_1, y_1) et (x_2, y_2). Si l'on mène par le point A une parallèle à l'axe X'OX et par le point B une parallèle à l'axe Y'OY, et si ces deux droites se coupent au point P, le triangle APB donne la relation :

$$\overline{AB}^2 = \overline{AP}^2 + \overline{BP}^2 - 2.\overline{AP}.\overline{BP}.\cos\overline{APB}.$$

entre les valeurs absolues de ses côtés.

D'ailleurs les coordonnées du point P sont x_2 et y_1, puisqu'il a même abscisse que le point B et même ordonnée que le point A.

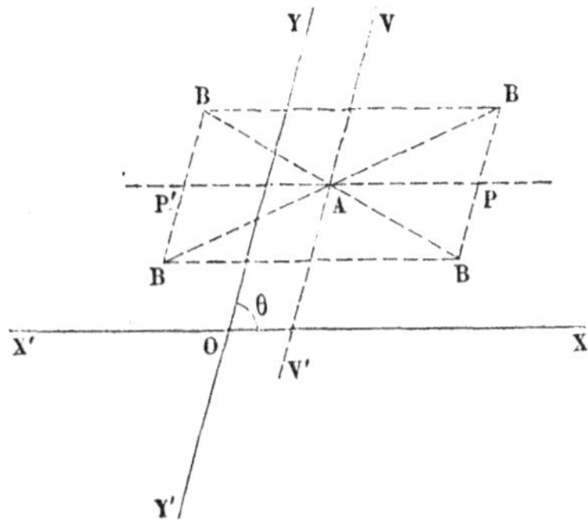

Fig. 7

D'après cela, pour évaluer les longueurs absolues AP, BP qui figurent dans la formule, il y aura quatre cas à considérer :

1° Le point B sera dans l'angle VAP formé par les parallèles aux axes de coordonnées menées par le point A dans le sens positif. Alors on a en valeur absolue

$$AP = x_2 - x_1 \qquad BP = y_2 - y_1 \qquad \overline{APB} = \pi - \theta;$$

2° Dans l'angle P'AV. Alors

$$AP' = -x_2 + x_1 \qquad BP' = y_2 - y_1 \qquad AP'B = \theta;$$

3° Dans l'angle P'AV'. Alors

$$AP' = -x_2 + x_1 \qquad BP' = -y_2 + y_1 \qquad \overline{AP'B} = \pi - \theta;$$

4° Dans l'angle V'AP.

$$AP = x_2 - x_1 \qquad BP = -y_2 + y_1 \qquad \overline{APB} = \theta.$$

Dans tous les cas, la formule devient

$$\overline{AB}^2 = d^2 = (x_1 - x_2)^2 + (y_1 - y_2)^2 + 2(x_1 - x_2)(y_1 - y_2)\cos\theta$$

d'où l'on tire

$$d = \pm\sqrt{(x_1 - x_2)^2 + (y_1 - y_2)^2 + 2(x_1 - x_2)(y_1 - y_2)\cos\theta} \quad (1)$$

dans laquelle θ désigne la valeur absolue de l'angle des axes puisqu'il n'y entre que par son cosinus. Cette formule donne pour la distance cherchée deux valeurs égales et de signes contraires, ce qui devait nécessairement arriver, puisque l'on n'a pas spécifié laquelle des deux distances AB ou BA on se proposait de déterminer. Algébriquement, le signe à prendre dépendra de la direction choisie comme positive sur la droite AB et de celle des deux distances dont on veut l'expression ; géométriquement, on aura la valeur absolue de la distance en prenant le signe +.

Si les axes sont rectangulaires, la formule se simplifie et devient

$$d = \pm\sqrt{(x_1 - x_2)^2 + (y_1 - y_2)^2}$$

Si l'on voulait l'expression de la même distance en coordonnées polaires, l'on voit immédiatement que le triangle qui a pour sommets l'origine et les deux points donne, en désignant par ρ_1, ω_1 et ρ_2, ω_2 les coordonnées polaires de ces deux points

$$d^2 = \rho_1^2 + \rho_2^2 - 2\rho_1\rho_2\cos(\omega_1 - \omega_2) \quad (2)$$

d'où l'on tire encore et pour la même raison deux valeurs égales et de signes contraires pour la distance cherchée.

7. Détermination d'une direction dans le plan. — Une direction OA est déterminée dans le plan si l'on connaît l'angle XOA que fait avec elle l'axe X'OX. Mais il est rare, en géométrie analytique à deux dimensions, que l'on ait à traiter des questions dans lesquelles entre l'axe X'OX sans l'axe Y'OY. Or, il ne faut pas avoir beaucoup calculé pour reconnaître les précieux avantages qu'offre la symétrie des calculs par rapport aux différentes lettres qu'ils renferment. Indépendamment des erreurs qu'elle révèle immédiatement, lorsqu'il s'en est glissé, elle dispense souvent d'une grande partie des opérations; lorsque ces opérations portent de la même façon sur les différentes lettres, il suffit de les avoir faites sur une d'entre elles. C'est pourquoi l'on a tout à gagner à pratiquer d'une manière absolue la règle qui consiste à traiter les différentes variables sur le même pied; et en particulier, dans le cas présent, on déterminera une direction dans le plan par les angles XOA, YOA *que font les axes* avec cette direction (fig. 8), le sens positif

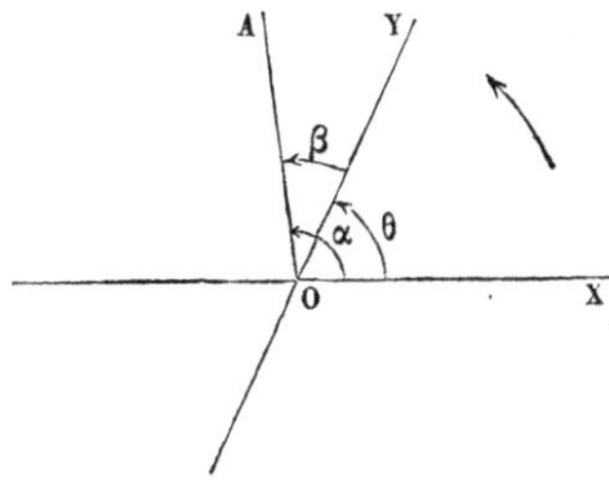

Fig. 8

étant le même pour l'évaluation des deux angles, celui de OX, vers OY. Si on ne les suppose jamais supérieurs à 2π, l'on voit par définition qu'ils sont de même signe si la direction OA n'est pas comprise dans l'angle XOY, de signes contraires si elle y est comprise. Il existera d'ailleurs entre ces angles, que nous désignerons par α et β, la relation

$$\theta = \alpha - \beta$$

Cette relation n'est pas symétrique en α et β; elle sera remplacée un peu plus loin par une autre relation qui sera symétrique et dans laquelle figureront les lignes trigonométriques des angles. Cet inconvénient ne disparaîtrait pas d'ailleurs si l'on changeait le signe de β, car la direction serait alors définie par l'angle XOA *que fait avec elle* l'axe OX, et par l'angle AOY *qu'elle fait* avec l'axe OY.

8. Projection d'un segment. — On appelle *projection d'un segment* AB sur une direction fixe le produit de la valeur absolue du segment par le cosinus de l'angle formé par la direction AB avec la direction fixe

$$P_{x'x}.\,AB = (AB).\cos\overline{AB.X'X}$$

(AB) désignant la valeur absolue de AB. L'angle ne figure dans cette définition que par son cosinus, son sens est donc indifférent ; mais la direction du segment AB n'est pas arbitraire, l'on voit au contraire que

$$P_{x'x}.\,BA = (AB).\cos\overline{BA.\,X'X} = -\,P_{x'x}.\,AB$$

Il résulte de cette définition que, si un point mobile décrit le segment à projeter suivant la direction de ce segment, le pied de la perpendiculaire abaissée à chaque instant du point mobile sur l'axe fixe décrira la projection du segment prise avec son signe. L'expression de cette projection renferme en effet deux facteurs, dont l'un (AB) est toujours positif ; quant au cosinus, s'il est positif, c'est que le segment AB se trouve tout entier du côté des abscisses positives de l'axe X'X par rapport à la perpendiculaire abaissée sur cet axe par le point A, origine du segment ; c'est précisément

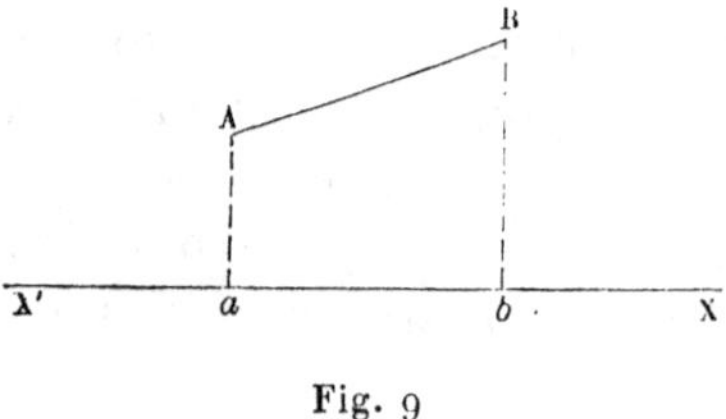

Fig. 9

le cas où le chemin *ab* décrit par la projection du mobile est décrit dans le sens positif (fig. 9).

Si au contraire le segment AB se trouve par rapport à cette perpendiculaire (fig. 10) du côté des abscisses négatives de l'axe X'X,

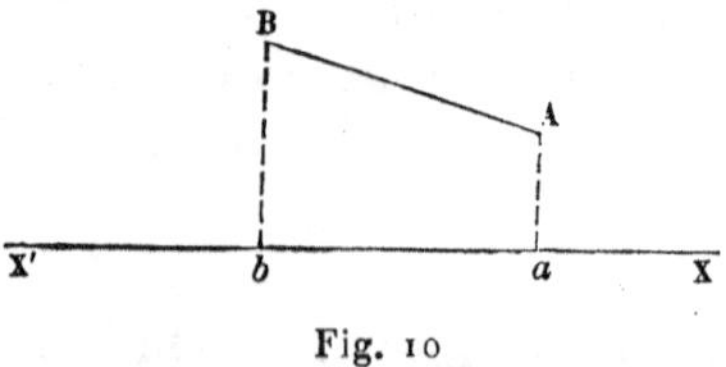

Fig. 10

la projection devient négative, mais le chemin décrit par la projection du mobile est décrit dans le sens négatif. L'on peut donc énoncer ce théorème : *Lorsqu'un mobile décrit un segment, la projection du mobile décrit la projection du segment prise avec son signe*

9. Théorème des projections. — *La projection d'un contour fermé, quelconque, sur une direction fixe, est nulle.*

La projection d'un contour polygonal est la somme algébrique des projections des côtés du polygone. Si une portion du contour devient curviligne, sa projection s'obtient encore sans difficulté en le considérant comme une succession de segments rectilignes de longueurs très petites; le théorème qui vient d'être démontré subsiste d'ailleurs pour chacun des segments. Cela posé, si un contour est fermé et si un mobile décrit ce contour toujours dans le même sens, en partant d'un de ses points pour y revenir, la projection du mobile partira d'un des points de l'axe X'X pour y revenir, elle aura donc décrit un chemin nul. Mais, d'après le théorème précédent, ce chemin est la somme algébrique des projections des différents segments qui composent le contour, c'est-à-dire la projection du contour, donc cette projection est nulle. C. Q. F. D.

Si le contour n'est pas fermé, la ligne droite qui le ferme est

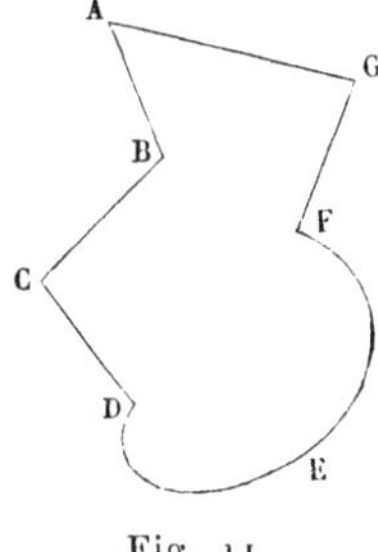

Fig. 11

appelée la *résultante* du contour. Ainsi la résultante du contour ABCDEFG (fig. 11) est le segment AG.

La projection d'un contour non fermé est égale à la projection de la résultante.

L'on a en effet d'après le théorème des projections

$$\text{P. ABCDEFGA} = 0$$

ou bien

$$\text{P. ABCDEFG} + \text{P. GA} = 0$$

d'où

$$\text{P. ABCDEFG} = \text{P. AG}. \qquad \text{C. Q. F. D.}$$

Corollaire. — *Tous les contours qui ont mêmes extrémités ont même projection, sur une direction quelconque,* celle de leur résultante commune.

10. Relation entre les angles que font les axes de coordonnées avec une direction donnée.

Lemme. — *Les coordonnées x et y d'un point* M, *l'angle θ que fait l'axe* OX *avec l'axe* OY, *la distance ρ de l'origine au point* M *et l'angle α que fait l'axe* OX *avec la direction* OM, *sont liés par la relation générale*

$$x + y \cos\theta = \rho \cos\alpha$$

Menons en effet par le point M (fig. 12) une parallèle MP à OY et

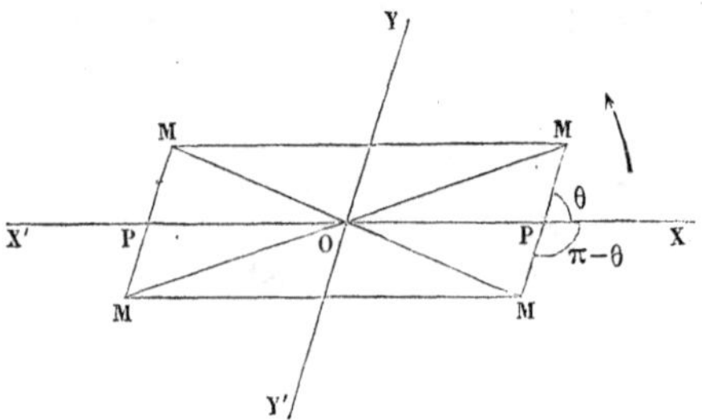

Fig. 12

exprimons que la projection sur la direction OX du contour OMP est égale à celle de la résultante OM. On aura

$$P_{ox}\,OP + P_{ox}\,PM = P_{ox}\,OM$$

Si le point M est à droite de l'axe Y'OY, son abscisse est positive et la valeur absolue du segment OP est égale à x; d'ailleurs l'angle de OX avec OP est égal à zéro. On a donc

$$P_{ox}\,OP = x$$

S'il est à gauche, son abscisse est négative, et la valeur absolue du segment OP, qui est positive, est égale à $-x$; mais alors l'angle de OX avec OP est égal à π et la projection de OP reste égale à x.

Si le point M est au-dessus de l'axe X'OX, son ordonnée est positive, et la valeur absolue de PM est égale à y; d'ailleurs l'angle de OX avec PM est égal à θ. On a donc

$$P_{ox}\,PM = y\cos\theta$$

S'il est au-dessous, son ordonnée est négative, et la valeur absolue du segment PM, qui est positive, est égale à $-y$; mais alors l'angle de OX avec PM est égal à $\pi \pm \theta$, suivant le sens dans lequel il est compté, ce qui est indifférent pour le cosinus, et la projection de PM reste égale à $y \cos\theta$.

Quant à la projection de OM, elle est toujours égale à la valeur absolue ρ de la distance OM, multipliée par le cosinus de l'angle α que fait la direction OX avec la direction OM. On a donc bien dans tous les cas la relation

$$x + y\cos\theta = \rho\cos\alpha \qquad (3)$$

C. Q. F. D.

On démontrerait absolument de la même manière la généralité des formules

$$\begin{aligned} x\cos\theta + y &= \rho\cos\beta \\ x\cos\alpha + y\cos\beta &= \rho \end{aligned} \qquad (3)$$

obtenues en projetant les mêmes contours sur la direction OY et sur la direction OM. Si maintenant l'on élimine x, y et ρ entre les équations (3), il vient

$$\begin{vmatrix} 1 & \cos\theta & \cos\alpha \\ \cos\theta & 1 & \cos\beta \\ \cos\alpha & \cos\beta & 1 \end{vmatrix} = 0$$

formule qui, développée, peut s'écrire

$$\sin^2\theta = \cos^2\alpha + \cos^2\beta - 2\cos\alpha\cos\beta\cos\theta \qquad (4)$$

11. — On peut la démontrer autrement, en remarquant que l'on a dans le triangle OPM, quels que soient les signes de x et y,

$$\rho^2 = x^2 + y^2 + 2xy\cos\theta$$

en vertu de la formule générale (1). Cette équation étant homogène en ρ, x et y, on peut les y remplacer par leurs valeurs proportionnelles qui sont les sinus des valeurs absolues des angles opposés, en remarquant d'ailleurs que lorsque l'une des coordonnées x ou y est négative, sa valeur absolue est $-x$ ou $-y$, et c'est alors cette valeur absolue qui doit être remplacée par le sinus de la valeur absolue de l'angle opposé.

Si le point M est dans l'angle XOY, les valeurs absolues de ces angles sont

$$\pi - \theta \qquad -\beta \qquad \alpha,$$

dans l'angle YOX'

$$\theta \qquad \beta \qquad \pi - \alpha$$

dans l'angle X'OY'

$$\pi - \theta \qquad \pi - \beta \qquad \alpha - \pi$$

enfin dans l'angle Y'OX

$$\theta \qquad \beta - \pi \qquad 2\pi - \alpha$$

Si l'on fait la substitution en tenant compte, suivant la remarque qui vient d'être faite, des signes de x et y, l'on obtient dans tous les cas

$$\sin^2\theta = \sin^2\alpha + \sin^2\beta - 2 \sin\alpha \sin\beta \cos\theta \qquad (5)$$

On a d'ailleurs toujours

$$\theta = \alpha - \beta$$

d'où

$$\sin\alpha \sin\beta = \cos\theta - \cos\alpha \cos\beta$$

Substituant dans (5)

$$\sin^2\theta = 2 - \cos^2\alpha - \cos^2\beta - 2\cos^2\theta + 2\cos\alpha \cos\beta \cos\theta$$

Réduisant

$$0 = \sin^2\theta - \cos^2\alpha - \cos^2\beta + 2\cos\alpha \cos\beta \cos\theta$$

qui est la formule (4). Cette seconde démonstration a l'inconvénient d'employer les sinus, auquel cas il faut distinguer les signes des angles. Mais elle prouve incidemment l'identité (5) qui ne diffère de (4) qu'en ce que $\cos\alpha$ et $\cos\beta$ y sont remplacés par $\sin\alpha$ et $\sin\beta$, et qu'il est bon de connaître. Elles se déduisent d'ailleurs l'une de l'autre en faisant tourner les axes d'un angle droit.

En coordonnées rectangulaires, ces relations se réduisent aux identités évidentes

$$\cos^2\alpha + \cos^2\beta = 1$$
$$\sin^2\alpha + \sin^2\beta = 1$$

12. Angle de deux directions. — C'est le cosinus de cet angle qu'il faut chercher, afin de n'avoir pas à définir le sens de sa génération. Si α et β sont les angles qui définissent la première direction, x et y les coordonnées d'un point M de la droite sur laquelle elle est comptée, on a les équations (3)

$$x + y\cos\theta = \rho\cos\alpha$$
$$x\cos\theta + y = \rho\cos\beta$$

Projetant maintenant le même triangle OPM sur la seconde direction que nous supposerons déterminée par les angles α' et β', il vient

$$x\cos\alpha' + y\cos\beta' = \rho\cos V \qquad (6)$$

Éliminant x, y, et ρ entre ces trois équations, il reste

$$\begin{vmatrix} 1 & \cos\theta & \cos\alpha \\ \cos\theta & 1 & \cos\beta \\ \cos\alpha' & \cos\beta' & \cos V \end{vmatrix} = 0$$

d'où

$$\cos V = -\frac{1}{\sin^2\theta}\begin{vmatrix} 1 & \cos\theta & \cos\alpha \\ \cos\theta & 1 & \cos\beta \\ \cos\alpha' & \cos\beta' & 0 \end{vmatrix} \qquad (7)$$

On peut donner de cette importante formule une seconde démonstration. Soient en effet ρ' la distance à l'origine d'un point de la seconde droite et x', y' ses coordonnées. Multiplions par ρ' les deux membres de l'équation (6) et remplaçons $\rho' \cos\alpha'$ par $x' + y' \cos\theta$ et $\rho' \cos\beta'$ par $x' \cos\theta + y'$; il vient

$$\rho\rho' \cos V = x(x' + y' \cos\theta) + y(x' \cos\theta + y') = xx' + yy' + \cos\theta\,(xy' + x'y)$$

relation homogène en ρ, x, y, ainsi que en ρ', x', y'. On peut donc, ainsi qu'on l'a fait voir précédemment, y remplacer les premiers par $\sin\theta$, $-\sin\beta$, $\sin\alpha$ et les seconds par $\sin\theta$, $-\sin\beta'$, $\sin\alpha'$. Il vient alors

$$\cos V \sin^2\theta = \sin\alpha \sin\alpha' + \sin\beta \sin\beta' - \cos\theta\,(\sin\alpha \sin\beta' + \sin\alpha' \sin\beta) \quad (8)$$

Si maintenant l'on fait tourner les axes d'un angle droit, dans le sens positif par exemple, les angles α, β, α', β', seront diminués de $\frac{\pi}{2}$, l'angle θ restera le même et l'on aura

$$\cos V \sin^2\theta = \cos\alpha \cos\alpha' + \cos\beta \cos\beta' - \cos\theta\,(\cos\alpha \cos\beta' + \cos\alpha' \cos\beta)$$

relation qui n'est autre que l'équation (7) développée, et qui subsistera entre les angles considérés puisque l'équation (8) d'où elle provient est démontrée entre l'angle V et les angles que font les directions données avec tout système d'axes faisant entre eux un angle θ.

La relation (8) s'en déduit en y remplaçant

$$\cos\alpha,\ \cos\beta,\ \cos\alpha',\ \cos\beta', \quad \text{par} \quad \sin\alpha,\ \sin\beta,\ \sin\alpha',\ \sin\beta',$$

et peut s'écrire :

$$\cos V = -\frac{1}{\sin^2\theta} \begin{vmatrix} 1 & \cos\theta & \sin\alpha \\ \cos\theta & 1 & \sin\beta \\ \sin\alpha' & \sin\beta' & 0 \end{vmatrix}$$

Il est d'ailleurs évident qu'en réduisant l'une ou l'autre des relations (7) et (8) aux seuls éléments distincts qu'elles renferment, en y remplaçant par exemple β et β' par leurs valeurs tirées des identités

$$\theta = \alpha - \beta = \alpha' - \beta'$$

on devra trouver la valeur évidente

$$\cos V = \cos(\alpha' - \alpha) = \cos\alpha \cos\alpha' + \sin\alpha \sin\alpha'$$

De toutes ces formules, la relation (7) est celle que l'on doit préférer, d'abord parce qu'elle ne renferme que des cosinus, ensuite parce qu'elle ne distingue en aucune façon l'axe OX de l'axe OY puisqu'elle ne change pas si l'on y permute α et β, ainsi que α' et β'.

En coordonnées rectangulaires, elle se réduit à

$$\cos V = \cos\alpha \cos\alpha' + \cos\beta \cos\beta' \qquad (9)$$

13. Transformation de coordonnées. — Lorsque les coordonnées x et y d'un point du plan sont liées par une équation

$$f(x, y) = 0$$

on a vu que cette équation représente une courbe, et pour cette raison on l'a appelée l'*équation de la courbe*. Si OX et OY sont les axes de coordonnées, on dit que la courbe est *rapportée* aux axes OX, OY. On peut se proposer de rapporter la même courbe à des axes différents; alors son équation ne restera plus la même, et le problème qui consiste à trouver cette nouvelle équation est le but de la *transformation de coordonnées*. Pour le résoudre, il est nécessaire de connaître la position, dans le plan, des nouveaux axes par rapport aux anciens ; on évalue les coordonnées d'un point du plan par rapport aux anciens axes en fonction des nouvelles coordonnées, et on leur substitue ces valeurs dans l'équation donnée; on a alors une équation qui subsiste entre les nouvelles coordonnées de tous les points dont les anciennes coordonnées satisfaisaient à l'équation primitive, c'est-à-dire l'équation de la même courbe rapportée aux nouveaux axes.

Si l'on suppose d'abord que les nouveaux axes soient parallèles aux anciens, les coordonnées de la nouvelle origine par rapport aux anciens axes étant

$$x = a \qquad y = b$$

il est clair que les coordonnées d'un point M du plan se trouvent par là respectivement diminuées des quantités a et b, quels que

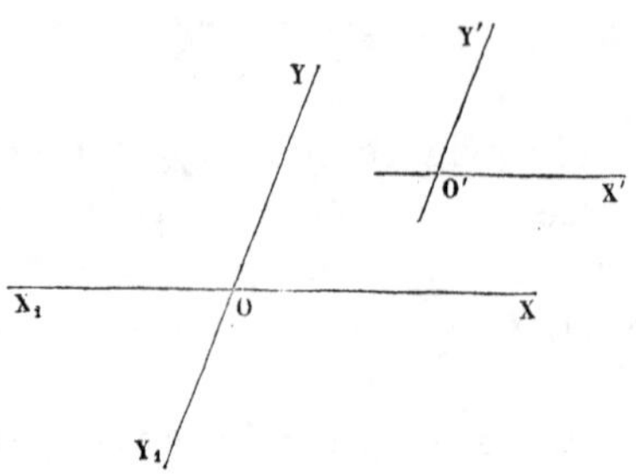

Fig. 13

soient d'ailleurs les signes de a et b, de telle sorte que l'on a entre les nouvelles coordonnées x', y' et les anciennes x, y les relations

$$x' = x - a$$
$$y' = y - b$$

qui, résolues par rapport à x et y, donnent les valeurs

$$x = a + x'$$
$$y = b + y' \tag{10}$$

qui doivent être substituées dans l'équation proposée.

Si l'on suppose ensuite que, l'origine restant la même, la direction des axes vienne à changer, on pourra déterminer les nouveaux

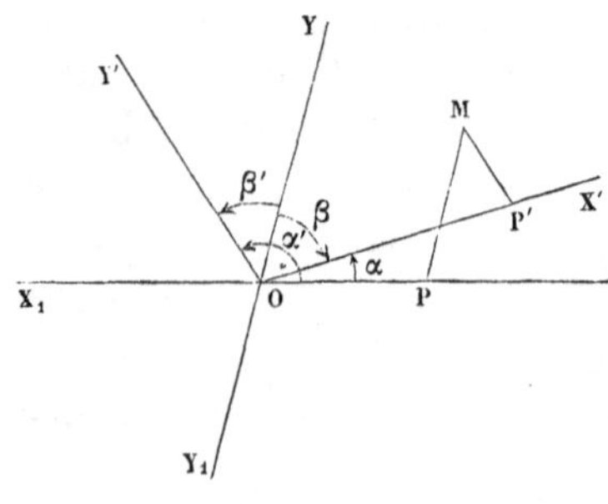

Fig. 14

axes par les angles que font respectivement les directions positives des anciens axes avec les directions positives des nouveaux conformément aux conventions adoptées pour l'évaluation des angles. Ainsi α et β seront les angles des directions OX et OY avec la direction du nouvel axe OX'; α' et β' seront ceux des mêmes directions avec le nouvel axe OY' : θ sera comme toujours l'angle que fait la direction OX avec la direction OY. Cela posé, considérons un point M dont les anciennes coordonnées soient x, y et les nouvelles x', y' et menons par ce point des parallèles MP, MP' à OY et OY' : égalons ensuite les projections sur OX des contours OPM, OP'M qui ont mêmes extrémités.

On a vu (§ 10) que la projection du chemin OPM est toujours

$$x+y\cos\theta$$

Quant au chemin OP'M, si x' est positif, la valeur absolue de OP' est x' et l'angle que fait OX avec la direction OP' est l'angle α : si au contraire x' est négatif, la valeur absolue de OP' devient $-x'$, et l'angle que fait OX avec la direction OP' devient $\pi+\alpha$; dans tous les cas, la projection de OP' est $x'\cos\alpha$. On verrait de même que, quel que soit le signe de y', la projection de P'M est toujours $y'\cos\alpha'$; de sorte que l'on a la relation

$$x+y\cos\theta=x'\cos\alpha+y'\cos\alpha'$$

En projetant sur OY, on aurait la relation aussi générale

$$x\cos\theta+y=x'\cos\beta+y'\cos\beta'$$

d'où l'on tire pour x et y les valeurs toujours possibles

$$x=\frac{1}{\sin^2\theta}\left[x'(\cos\alpha-\cos\theta\cos\beta)+y'(\cos\alpha'-\cos\theta\cos\beta')\right]$$
$$y=\frac{1}{\sin^2\theta}\left[x'(\cos\beta-\cos\theta\cos\alpha)+y'(\cos\beta'-\cos\theta\cos\alpha')\right]$$

Mais des relations

$$\theta=\alpha-\beta=\alpha'-\beta'$$

on tire

$$\cos\alpha=\cos(\theta+\beta)=\cos\theta\cos\beta-\sin\theta\sin\beta$$
$$\cos\alpha'=\cos(\theta+\beta')=\cos\theta\cos\beta'-\sin\theta\sin\beta'$$

d'où

$$\cos\alpha - \cos\theta\cos\beta = -\sin\theta\sin\beta$$
$$\cos\alpha' - \cos\theta\cos\beta' = -\sin\theta\sin\beta'$$

Substituant dans la valeur de x, il vient enfin

$$x = -\frac{1}{\sin\theta}(x'\sin\beta + y'\sin\beta') \qquad (11)$$

De même

$$\cos\beta = \cos(\alpha - \theta) = \cos\alpha\ \cos\theta + \sin\alpha\ \sin\theta$$
$$\cos\beta' = \cos(\alpha' - \theta) = \cos\alpha'\ \cos\theta + \sin\alpha'\ \sin\theta$$

d'où

$$\cos\beta - \cos\theta\ \cos\alpha = \sin\theta\ \sin\alpha$$
$$\cos\beta' - \cos\theta\ \cos\alpha' = \sin\theta\ \sin\alpha'$$

Substituant dans la valeur de y, on a

$$y = \frac{1}{\sin\theta}(x'\sin\alpha + y'\sin\alpha') \qquad (11)$$

On a ainsi des valeurs simples, tout à fait générales, pour x et y : elles permutent l'une avec l'autre si l'on change x, α, α' et θ en y, β, β' et $-\theta$; cela devait être puisque cette opération revient à permuter OX avec OY.

Si les anciens axes sont rectangulaires, il faut faire

$$\theta = \frac{\pi}{2} \qquad \beta = \alpha - \frac{\pi}{2} \qquad \beta' = \alpha' - \frac{\pi}{2}$$

elles deviennent

$$x = x'\cos\alpha + y'\cos\alpha'$$
$$y = x'\sin\alpha + y'\sin\alpha' \qquad (12)$$

Si les nouveaux sont rectangulaires, les anciens restant obliques, on a

$$\frac{\pi}{2} = \alpha' - \alpha = \beta' - \beta$$

par suite

$$x = -\frac{1}{\sin\theta}(x'\sin\beta + y'\cos\beta)$$

$$y = \frac{1}{\sin\theta}(x'\sin\alpha + y'\cos\alpha) \qquad (13)$$

Enfin, si les deux systèmes sont rectangulaires, il faut faire dans les formules (12):

$$\alpha' = \frac{\pi}{2} + \alpha$$

ou dans les formules (13)

$$\theta = \frac{\pi}{2} = \alpha - \beta$$

ce qui donne

$$x = x'\cos\alpha - y'\sin\alpha$$
$$y = x'\sin\alpha + y'\cos\alpha \qquad (14)$$

Si l'on suppose maintenant que l'on vienne à changer en même temps l'origine et la direction des axes, on aura en faisant successivement les deux transformations (10) et (11)

$$x = a - \frac{1}{\sin\theta}(x'\sin\beta + y'\sin\beta')$$

$$y = b + \frac{1}{\sin\theta}(x'\sin\alpha + y'\sin\alpha') \qquad (15)$$

14. Exercices. — *Vérifier l'identité des deux expressions de la distance d'un point à l'origine, par rapport à deux systèmes d'axes ayant même origine.*

Ces deux expressions sont : par rapport au premier système

$$x^2 + y^2 + 2xy\cos\theta$$

par rapport au second,

$$x'^2 + y'^2 + 2x'y'\cos\theta_1$$

Si l'on remplace x et y par leurs valeurs (11) dans la première expression, on obtient une fonction du second degré en x' et y', laquelle doit être identique avec la seconde. On a donc à vérifier l'identité suivante :

$$\frac{1}{\sin^2\theta}\left[(x'\sin\beta+y'\sin\beta')^2+(x'\sin\alpha+y'\sin\alpha')^2-2(x'\sin\beta+y'\sin\beta')(x'\sin\alpha+y'\sin\alpha')\cos\theta\right]$$
$$=x'^2+y'^2+2x'y'\cos\theta_1$$

Chassant $\sin^2\theta$, et égalant les coefficients respectifs de x'^2, y'^2 et $2x'y'$, il reste à démontrer les trois relations :

$$\sin^2\alpha+\sin^2\beta-2\sin\alpha\sin\beta\cos\theta=\sin^2\theta$$

$$\sin^2\alpha'+\sin^2\beta'-2\sin\alpha'\sin\beta'\cos\theta=\sin^2\theta$$

$$\sin\alpha\sin\alpha'+\sin\beta\sin\beta'-\cos\theta(\sin\alpha\sin\beta'+\sin\alpha'\sin\beta)=\cos\theta_1\sin^2\theta$$

Les deux premières ne sont autres que la relation (5) appliquée successivement aux directions OX′ et OY′ : la troisième n'est autre que la relation (8) appliquée à la recherche de l'angle θ_1 que font entre eux les nouveaux axes.

15. — *Étant données les lignes du premier degré*

$$a_1x+b_1y+c_1=0$$
$$a_2x+b_2y+c_2=0$$

démontrer que si on change d'une façon quelconque la direction des axes, les fonctions

$$\frac{(a_1b_2-b_1a_2)}{\sin\theta},\qquad \frac{a_1a_2+b_1b_2-(a_1b_2+b_1a_2)\cos\theta}{\sin^2\theta}$$

ne changent pas de valeur.

Si l'on effectue la transformation (11), la première ligne devient

$$a_1'x'+b_1'y'+c'$$
$$=\frac{1}{\sin\theta}\left[a_1(-x'\sin\beta-y'\sin\beta')+b_1(x'\sin\alpha+y'\sin\alpha')+c_1\right]$$

d'où l'on tire pour les nouveaux coefficients a'_1, b'_1, a'_2, b'_2

$$a'_1 = \frac{1}{\sin\theta}(-a_1 \sin\beta + b_1 \sin\alpha)$$

$$b'_1 = \frac{1}{\sin\theta}(-a_1 \sin\beta' + b_1 \sin\alpha')$$

De même

$$a'_2 = \frac{1}{\sin\theta}(-a_2 \sin\beta + b_2 \sin\alpha)$$

$$b'_2 = \frac{1}{\sin\theta}(-a_2 \sin\beta' + b_2 \sin\alpha')$$

d'où

$$a'_1 b'_2 - b'_1 a'_2 = \frac{1}{\sin^2\theta}(a_1 b_2 - b_1 a_2)(\sin\alpha \sin\beta' - \sin\beta \sin\alpha')$$

Mais, eu égard aux identités

$$\theta = \alpha - \beta = \alpha' - \beta'$$

on voit facilement, en y remplaçant β et β' par les valeurs $\alpha - \theta$, $\alpha' - \theta$, que le dernier facteur du second membre n'est autre que

$$\sin\theta \sin(\alpha' - \alpha) \quad \text{ou} \quad \sin\theta \sin\theta_1 \tag{16}$$

Il vient donc

$$a'_1 b'_2 - b'_1 a'_2 = \frac{1}{\sin^2\theta}(a_1 b_2 - b_1 a_2) \sin\theta \sin\theta_1 = (a_1 b_2 - b_1 a_2)\frac{\sin\theta_1}{\sin\theta}$$

d'où

$$\frac{a'_1 b'_2 - b'_1 a'_2}{\sin\theta_1} = \frac{a_1 b_2 - b_1 a_2}{\sin\theta} \tag{17}$$

On a de même

$$\begin{aligned} a'_1 a'_2 + b'_1 b'_2 - (a'_1 b'_2 + b'_1 a'_2)\cos\theta_1 = \frac{1}{\sin^2\theta}\big[& a_1 a_2 (\sin^2\beta + \sin^2\beta' - 2\sin\beta \sin\beta' \cos\theta_1)] \\ & + b_1 b_2 (\sin^2\alpha + \sin^2\alpha' - 2\sin\alpha \sin\alpha' \cos\theta_1) \\ & - (a_1 b_2 + b_1 a_2)\left[\sin\alpha \sin\beta + \sin\alpha' \sin\beta' - \cos\theta_1 (\sin\alpha \sin\beta' + \sin\beta \sin\alpha')\right] \end{aligned}$$

Or β et β' sont les angles que fait l'axe OY avec les nouveaux axes dont l'angle est θ_1 ; les angles qui déterminent la direction OY par rapport aux nouveaux axes sont donc $-\beta$ et $-\beta'$, et, eu égard à la relation (5), on a

$$\sin^2\beta + \sin^2\beta' - 2\sin\beta\sin\beta'\cos\theta_1 = \sin^2\theta_1$$

de même pour la direction OX

$$\sin^2\alpha + \sin^2\alpha' - 2\sin\alpha\sin\alpha'\cos\theta_1 = \sin^2\theta_1$$

Enfin, si l'on applique la relation (8) à la détermination de l'angle θ de la direction OX avec la direction OY déterminées respectivement par les angles $-\alpha$, $-\alpha'$ et $-\beta$, $-\beta'$ que font avec ces directions les directions OX' et OY', on voit que

$$\sin\alpha\sin\beta + \sin\alpha'\sin\beta' - \cos\theta_1(\sin\alpha\sin\beta' + \sin\beta\sin\alpha') = \cos\theta\sin^2\theta_1$$

d'où enfin

$$a'_1a'_2 + b'_1b'_2 - (a'_1b'_2 + b'_1a'_2)\cos\theta_1$$
$$= \frac{1}{\sin^2\theta}\left[a_1a_2\sin^2\theta_1 + b_1b_2\sin^2\theta_1 - (a_1b_2 + b_1a_2)\cos\theta\sin^2\theta_1\right]$$

ou bien

$$\frac{a'_1a'_2 + b'_1b'_2 - (a'_1b'_2 + b'_1a'_2)\cos\theta_1}{\sin^2\theta_1} = \frac{a_1a_2 + b_1b_2 - (a_1b_2 - b_1a_2)\cos\theta}{\sin^2\theta} \qquad (18)$$

16. — *Étant donnée la courbe du second degré*

$$ax^2 + by^2 + 2hxy + 2gx + 2fy + c = 0$$

démontrer que si l'on change d'une façon quelconque la direction des axes, les fonctions

$$\frac{a + b - 2h\cos\theta}{\sin^2\theta}, \quad \frac{ab - h^2}{\sin^2\theta}, \quad \frac{abc + 2fgh - af^2 - bg^2 - ch^2}{\sin^2\theta}$$

ne changent pas de valeur.

Si l'on fait la substitution (11) et si l'on désigne par a', b', h', g', f', c', les nouveaux coefficients, on trouve facilement

$$
\begin{aligned}
a' &= \frac{1}{\sin^2\theta}\left[a \sin^2\beta - 2h \sin\alpha \sin\beta + b \sin^2\alpha\right]\\
b' &= \frac{1}{\sin^2\theta}\left[a \sin^2\beta' - 2h \sin\alpha' \sin\beta' + b \sin^2\alpha'\right]\\
h' &= \frac{1}{\sin^2\theta}\left[a \sin\beta \sin\beta' - h(\sin\beta \sin\alpha' + \sin\alpha \sin\beta') + b \sin\alpha \sin\alpha'\right]\\
g' &= \frac{1}{\sin\theta}\left[-g \sin\beta + f \sin\alpha\right]\\
f' &= \frac{1}{\sin\theta}\left[-g \sin\beta' + f \sin\alpha'\right]\\
c' &= c
\end{aligned}
$$

d'où

$$
\begin{aligned}
& a' + b' - 2h' \cos\theta_1\\
&= \frac{a}{\sin^2\theta}\left(\sin^2\beta + \sin^2\beta' - 2 \sin\beta \sin\beta' \cos\theta_1\right)\\
&+ \frac{b}{\sin^2\theta}\left(\sin^2\alpha + \sin^2\alpha' - 2 \sin\alpha \sin\alpha' \cos\theta_1\right)\\
&\ \ \frac{2h}{\sin^2\theta}\left(\sin\alpha \sin\beta + \sin\alpha' \sin\beta' - \cos\theta_1 (\sin\alpha \sin\beta' + \sin\beta \sin\alpha')\right)
\end{aligned}
$$

ou, d'après l'exemple précédent

$$
a' + b' - 2h' \cos\theta_1 = \frac{1}{\sin^2\theta}(a + b - 2h \cos\theta) \sin^2\theta_1
$$

ou enfin

$$
\frac{a' + b' - 2h' \cos\theta_1}{\sin^2\theta_1} = \frac{a + b - 2h \cos\theta}{\sin^2\theta} \qquad (19)
$$

Passons à la fonction $\frac{ab - h^2}{\sin^2\theta}$. L'expression $a'b'$ h'^2 peut s'écrire sous forme de déterminant

$$
\begin{vmatrix} a' & h' \\ h' & b' \end{vmatrix}
$$

ou en remplaçant les coefficients par leurs valeurs

$$\frac{\delta}{\sin^4\theta}$$

δ désignant le déterminant

$$\begin{vmatrix} a\sin^2\beta - 2h\sin\alpha\sin\beta + b\sin^2\alpha & a\sin\beta\sin\beta' - h(\sin\alpha\sin\beta' + \sin\beta\sin\alpha') + b\sin\alpha\sin\alpha' \\ a\sin\beta\sin\beta' - h(\sin\alpha\sin\beta' + \sin\beta\sin\alpha') + b\sin\alpha\sin\alpha & a\sin^2\beta' - 2h\sin\alpha'\sin\beta' + b\sin^2\alpha' \end{vmatrix}$$

qui peut s'écrire

$$\begin{vmatrix} \sin\beta(a\sin\beta - h\sin\alpha) + \sin\alpha(-h\sin\beta + b\sin\alpha) & \sin\beta'(a\sin\beta - h\sin\alpha) + \sin\alpha'(-h\sin\beta + b\sin\alpha) \\ \sin\beta(a\sin\beta' - h\sin\alpha') + \sin\alpha(-h\sin\beta' + b\sin\alpha') & \sin\beta'(a\sin\beta' - h\sin\alpha') + \sin\alpha'(-h\sin\beta' + b\sin\alpha') \end{vmatrix}$$

Considérant les parenthèses comme des monômes, tous les éléments de ce déterminant sont des binômes ; il se décompose donc en quatre déterminants à éléments monômes dont il est facile de voir que deux sont nuls comme ayant deux colonnes égales ; et il reste

$$\begin{vmatrix} a\sin\beta - h\sin\alpha & -h\sin\beta + b\sin\alpha \\ a\sin\beta' - h\sin\alpha' & -h\sin\beta' + b\sin\alpha' \end{vmatrix}\sin\beta\sin\alpha' + \begin{vmatrix} -h\sin\beta + b\sin\alpha & a\sin\beta - h\sin\alpha \\ -h\sin\beta' + b\sin\alpha' & a\sin\beta' - h\sin\alpha' \end{vmatrix}\sin\alpha\sin\beta'$$

Permutant les deux colonnes du premier, on voit qu'il est égal au second changé de signe, et si l'on se rappelle que

$$\sin\alpha\sin\beta' - \sin\beta\sin\alpha' = \sin\theta\sin\theta_1 \qquad (16)$$

il reste

$$a'b' - h'^2 = \frac{\sin\theta_1}{\sin^3\theta}\begin{vmatrix} -h\sin\beta + b\sin\alpha & a\sin\beta - h\sin\alpha \\ -h\sin\beta' + b\sin\alpha' & a\sin\beta' - h\sin\alpha' \end{vmatrix}$$

Appliquant aux lignes de ce déterminant le mode de décomposition appliqué aux colonnes du premier, on voit qu'il se décompose en quatre, dont deux sont nuls, et il reste

$$\begin{aligned} a'b' - h'^2 &= \frac{\sin\theta_1}{\sin^3\theta}\left[\sin\alpha\sin\beta'\begin{vmatrix} b & -h \\ -h & a \end{vmatrix} + \sin\beta\sin\alpha'\begin{vmatrix} -h & a \\ b & -h \end{vmatrix}\right] \\ &= \frac{\sin\theta_1}{\sin^3\theta}(ab - h^2)(\sin a\sin\beta' - \sin\beta\sin\alpha') \end{aligned}$$

ou à cause de (16)

$$a'b' - h'^2 = \frac{\sin^2\theta_1}{\sin^2\theta}(ab - h^2)$$

ou enfin

$$\frac{a'b' - h'^2}{\sin^2\theta_1} = \frac{ab - h^2}{\sin^2\theta} \qquad (20)$$

Quant à la troisième fonction, nous écrirons l'expression

$$a'b'c' + 2f'g'h' - a'f'^2 - b'g'^2 - c'h^2$$

sous forme de déterminant

$$\begin{vmatrix} a' & h' & g' \\ h' & b' & f' \\ g' & f' & c' \end{vmatrix} = \Delta'$$

Si l'on y remplace les éléments par leurs valeurs, il vient

$$\frac{\Delta}{\sin^4\theta}$$

Δ désignant le déterminant

$$\begin{vmatrix} a\sin^2\beta - 2h\sin\alpha\sin\beta + b\sin^2\alpha & a\sin\beta\sin\beta' - h(\sin\alpha\sin\beta' + \sin\beta\sin\alpha') + b\sin\alpha\sin\alpha & -g\sin\beta + f\sin\alpha \\ a\sin\beta\sin\beta' - h(\sin\alpha\sin\beta' + \sin\beta\sin\alpha') + b\sin\alpha\sin\alpha' & a\sin^2\beta' - 2h\sin\alpha'\sin\beta' + b\sin^2\alpha' & -g\sin\beta' + f\sin\alpha' \\ -g\sin\beta + f\sin\alpha & -g\sin\beta' + f\sin\alpha' & c \end{vmatrix}$$

ou bien

$$\begin{vmatrix} \sin\beta(a\sin\beta - h\sin\alpha) + \sin\alpha(-h\sin\beta + b\sin\alpha) & \sin\beta'(a\sin\beta - h\sin\alpha) + \sin\alpha'(-h\sin\beta + b\sin\alpha) & -g\sin\beta + f\sin\alpha \\ \sin\beta(a\sin\beta' - h\sin\alpha') + \sin\alpha(-h\sin\beta' + b\sin\alpha') & \sin\beta'(a\sin\beta' - h\sin\alpha') + \sin\alpha'(-h\sin\beta' + b\sin\alpha') & -g\sin\beta' + f\sin\alpha' \\ -g\sin\beta + f\sin\alpha & -g\sin\beta' + f\sin\alpha' & c \end{vmatrix}$$

Considérant les parenthèses comme des monômes, on pourra, comme précédemment, décomposer ce déterminant en quatre autres, dont deux seront nuls, et il restera

$$\Delta' = \frac{1}{\sin^4\theta}\begin{vmatrix} a\sin\beta - h\sin\alpha & -h\sin\beta + b\sin\alpha & -g\sin\beta + f\sin\alpha \\ a\sin\beta' - h\sin\alpha' & -h\sin\beta' + b\sin\alpha' & -g\sin\beta' + f\sin\alpha' \\ -g & f & c \end{vmatrix}(\sin\beta\sin\alpha' - \sin\alpha\sin\beta')$$

en remarquant que les deux déterminants restants sont égaux et de signes contraires. Appliquant le même mode de décomposition, il vient finalement :

$$\Delta' = \frac{1}{\sin^4\theta}\begin{vmatrix} a & -h & -g \\ -h & b & f \\ -g & f & c \end{vmatrix}(\sin\beta\sin\alpha' - \sin\alpha\sin\beta')^2$$

et à cause de (16), en changeant les signes de la première ligne et de la première colonne

$$\Delta' = \frac{1}{\sin^4\theta}\begin{vmatrix} a & h & g \\ h & b & f \\ g & f & c \end{vmatrix}\sin^2\theta\sin^2\theta_1$$

ou enfin

$$\frac{1}{\sin^2\theta_1}\begin{vmatrix} a' & h' & g' \\ h' & b' & f' \\ g' & f' & c' \end{vmatrix} = \frac{1}{\sin^2\theta}\begin{vmatrix} a & h & g \\ h & b & f \\ g & f & c \end{vmatrix} \qquad (21)$$

Nous verrons plus loin les significations géométriques des identités (17), (18), (19), (20) et (21).

17. Classification des courbes planes. — Les courbes planes se partagent d'abord en deux grandes espèces, qui sont les courbes *algébriques*, dont l'équation est algébrique, et les courbes *transcendantes*, dont l'équation renferme des fonctions transcendantes; logarithmiques, exponentielles, circulaires directes ou inverses, etc.: nous nous occuperons peu des dernières. Quant aux premières, on voit, par la nature même des formules générales de transformation (15) qui sont du premier degré en x' et y', que le degré de l'équation d'une courbe est un élément invariable, puisqu'il ne change pas de quelque façon que l'on transforme les axes de coordonnées. C'est un élément, en quelque sorte inhérent à la nature même de la courbe et indépendant de sa position dans le plan. D'où il suit que toutes les courbes d'un degré donné forment toute une série, parfaitement déterminée, d'êtres géométriques ; caractère suffisant pour former la base d'une classification.

Si le premier membre de l'équation d'une courbe est décomposable en plusieurs facteurs, la courbe se composera de tous les points dont les coordonnées annuleront l'un quelconque des facteurs, c'est-à-dire des courbes obtenues en égalant à zéro chaque facteur. On dit alors qu'elle se décompose en courbes de degrés inférieurs. L'étude des courbes d'un degré donné comprend donc implicitement celle de toutes les courbes de degrés inférieurs : aussi aborde-t-on cette étude par celle des courbes du premier degré.

18. Transformation de coordonnées rectilignes en coordonnées polaires. — Si l'on veut passer d'un système d'axes rectangulaires à un système de coordonnées polaires dans lequel le pôle serait l'ancienne origine, et l'axe polaire l'ancien axe OX, on a

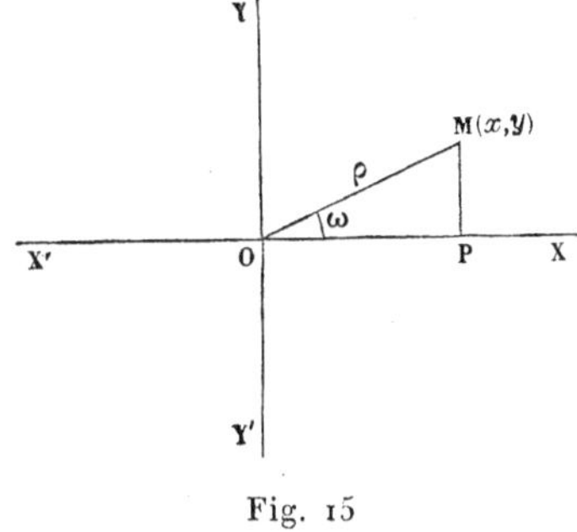

Fig. 15

entre les anciennes coordonnées x et y, et les nouvelles ρ et ω (fig. 15) les relations évidentes

$$\begin{aligned} x &= \rho \cos \omega \\ y &= \rho \sin \omega \end{aligned} \tag{22}$$

Inversement, si l'on veut passer du second système au premier, les formules de transformation s'obtiendront en résolvant les formules (22) par rapport à ρ et ω

$$\begin{aligned} \rho &= \pm \sqrt{x^2 + y^2} \\ \omega &= \text{arc tg} \frac{y}{x} \end{aligned} \tag{23}$$

Au moyen de ces formules et des formules (15), il est clair qu'on pourra passer sans difficulté, par des transformations successives, d'un système quelconque d'axes de coordonnées rectilignes à un système quelconque de coordonnées polaires, et inversement ; ou bien, d'un système quelconque de coordonnées polaires à un autre système de coordonnées polaires.

CHAPITRE II

DE LA LIGNE DROITE

19. — L'étude des lignes du premier degré n'est autre que celle de la ligne droite ; ce fait résulte de la proposition suivante :

Toute ligne droite est représentée par une équation du premier degré

et de sa réciproque :

Toute équation du premier degré représente une ligne droite.

Il existe un cas simple, que nous avons déjà eu l'occasion de considérer (§ 4), à propos des équations qui ne renferment qu'une seule variable, et au moyen duquel on peut vérifier immédiatement ces deux propriétés ; c'est celui où l'équation du premier degré, ne renfermant que l'une des variables, peut se mettre sous l'une des deux formes

$$x = a \qquad y = b$$

Il est clair qu'alors elle représente une parallèle à l'un des axes de coordonnées, puisque la courbe est le *lieu* (*) des points dont la distance à l'un des axes, comptée parallèlement à l'autre, est constante. Si maintenant l'on change les axes d'une manière quelconque, la transformation de coordonnées n'altérant pas le degré de l'équation, l'on voit par ce moyen qu'une droite donnée, que l'on aura d'abord rapportée à des axes dont l'un lui est parallèle, sera toujours, par rapport à des axes quelconques, représentée par une équation du premier degré.

(*) La recherche des *lieux géométriques* étant l'un des problèmes les plus ordinaires de la Géométrie analytique, il est nécessaire de préciser la signification de ce mot. On dit qu'une courbe est le lieu géométrique des points qui satisfont à une certaine condition, lorsque tous les points de la courbe jouissent de cette propriété, à l'exclusion de tous les autres points du plan.

On pourrait ensuite démontrer la proposition réciproque en considérant l'équation générale du premier degré à deux variables

$$ax + by + c = 0 \qquad (24)$$

et faisant voir que l'on peut toujours, en faisant tourner l'un des axes d'un angle convenable autour de l'origine des coordonnées, faire disparaître l'une des variables de l'équation.

Le procédé qui va suivre est plus symétrique et donne lieu à quelques conséquences importantes.

20. Équation de la ligne droite en fonction des angles que font les axes de coordonnées avec la perpendiculaire abaissée de l'origine, et de la longueur de cette perpendiculaire. — Soient X'OX, Y'OY les axes de coordonnées, AB une droite quelconque et OP la perpendiculaire abaissée de l'origine sur cette droite; soient p la longueur de cette perpendiculaire comptée de O vers P, et α, β les angles que font les axes avec la direction OP. Considérons un point quelconque M de cette droite

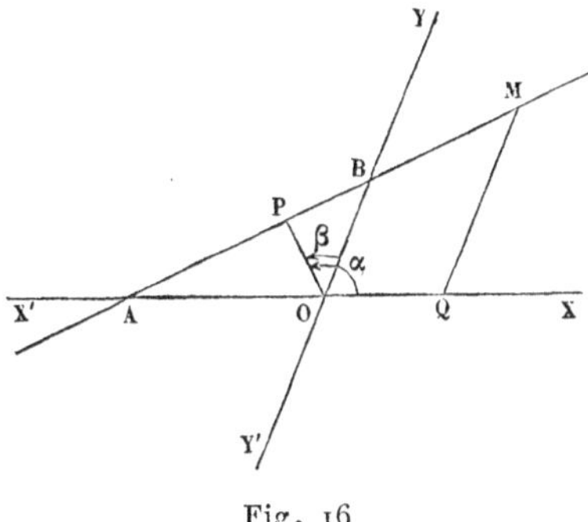

Fig. 16

et par ce point menons une parallèle MQ à l'axe Y'OY, de façon à déterminer, en grandeur et en signe, ses coordonnées OQ et QM : exprimons que la projection du contour OQMP sur la direction OP est égale à celle de sa résultante OP. Nous aurons alors

$$\text{P.OQ} = x \cos\alpha$$
$$\text{P.QM} = y \cos\beta$$
$$\text{P.PM} = 0$$
$$\text{P.OP} = p$$

d'où il résulte

$$x \cos\alpha + y \cos\beta - p = 0 \tag{25}$$

Il est facile de s'assurer que cette formule est générale, quelles que soient la position de la droite AB par rapport aux axes et celle du point M sur cette droite : nous l'avons d'ailleurs déjà rencontrée (10). La relation (25), ayant lieu entre les coordonnées d'un point quelconque de la droite et les données α, β et p, est *l'équation de la droite*, ce qui démontre la première proposition. Elle n'a lieu d'ailleurs entre les coordonnées d'aucun point du plan extérieur à la droite; car si cela était pour un point M', par ce point on mènerait une parallèle à OY qui couperait la droite en un point M qui aurait même abscisse; et l'équation, pour cette valeur de x, devrait donner deux valeurs pour y, ce qui est impossible puisqu'elle est du premier degré : elle représente donc la droite AB et rien que la droite AB.

Considérons maintenant l'équation générale du premier degré (24) entre x et y; pour faire voir qu'elle représente une droite, identifions-la avec l'équation (25); exprimons pour cela que les coefficients sont proportionnels. Il vient alors

$$\frac{\cos\alpha}{a} = \frac{\cos\beta}{b} = -\frac{p}{c} \tag{26}$$

et cherchons à faire voir qu'il existe toujours des valeurs de α, β et p pour lesquelles ces rapports sont égaux, pour lesquelles par conséquent elle représente la perpendiculaire, à la distance p de l'origine, sur la droite avec laquelle les axes font les angles α et β; et rien que cette perpendiculaire.

Rappelons à cet effet la relation (4) qui existe entre ces angles et l'angle θ des axes de coordonnées

$$\sin^2\theta = \cos^2\alpha + \cos^2\beta - 2\cos\alpha\cos\beta\cos\theta \tag{4}$$

Si l'on tire des rapports (26) les valeurs de $\cos\alpha$ et de $\cos\beta$ pour les substituer dans (4), on trouve

$$c^2 \sin^2\theta = p^2 (a^2 + b^2 - 2ab\cos\theta)$$

d'où

$$p = \pm \frac{c \sin\theta}{\sqrt{a^2 + b^2 - 2\,ab\cos\theta}}$$

par suite

$$\cos\alpha = \mp \frac{a \sin\theta}{\sqrt{a^2 + b^2 - 2\,ab\cos\theta}} \qquad (27)$$
$$\cos\beta = \mp \frac{b \sin\theta}{\sqrt{a^2 + b^2 - 2\,ab\cos\theta}}$$

les signes supérieurs se correspondant, ainsi que les signes inférieurs. Il y a donc en apparence deux solutions, mais on voit sans difficulté que les couples de valeurs trouvés correspondent à la même droite ; car, les cosinus étant deux à deux égaux et de signes contraires, les deux séries de cosinus fournissent sur la même droite des directions opposées. D'ailleurs, les deux valeurs de p étant aussi égales et de signes contraires, l'on doit, suivant l'un ou l'autre cas, porter à partir de l'origine la longueur p dans le sens de la direction ou dans le sens opposé, l'extrémité P de la perpendiculaire OP sera donc la même dans les deux cas, et la perpendiculaire AB sur OP sera unique, ce qui prouve la seconde proposition.

21. — Mais il n'est pas seulement démontré par là que toute équation du premier degré entre les variables x et y représente une ligne droite ; l'on a trouvé en même temps les cosinus des angles que font les axes avec la perpendiculaire abaissée de l'origine sur la droite ainsi que la longueur de cette perpendiculaire, lesquels sont exprimés par les équations (27) en fonction des coefficients a, b, c, de l'équation de la droite ; et il n'est pas inutile d'insister sur ce fait que la double série de cosinus, à chacune desquelles correspond une valeur de p, répond à une seule et même droite. Géométriquement, il n'y a qu'une perpendiculaire abaissée de l'origine sur la droite ; on l'obtiendra en choisissant celle des deux valeurs de p qui est positive ; algébriquement il y en a deux égales et de signes contraires, et correspondant aux deux directions auxquelles donne lieu la perpendiculaire.

Supposons, par exemple,

$$c > 0$$

alors, si l'on prend les signes supérieurs, l'on voit que p est positif et qu'il faudra porter cette longueur à partir de l'origine sur la direction correspondante. Mais si l'on prend les signes inférieurs l'on obtient la direction opposée, en sens contraire de laquelle il faut porter la longueur p à partir de l'origine; de telle sorte que, dans tous les cas, elle est située dans le plan de la même manière : ce serait l'inverse si c était négatif. Dans le premier cas, ce sera le signe supérieur, dans le second cas, le signe inférieur qui donnera la valeur absolue de p.

Ces deux cas correspondent à deux façons d'être de l'origine par rapport à la droite. On a vu plus haut que l'équation (25) représente la droite et rien que la droite ; la droite est donc le *lieu* des points du plan dont les coordonnées satisfont à l'équation (25) ; si un point du plan est situé en dehors de la droite, ses coordonnées, substituées dans l'équation (25), n'annuleront pas le premier membre et lui donneront un certain signe. L'on conçoit, en vertu de la continuité de ce premier membre, que tous les points du plan qui le rendent positif forment une région dans le plan, qui sera séparée de celle qui renferme tous ceux qui le rendent négatif par le lieu de ceux qui l'annulent, c'est-à-dire par la droite elle-même. Ces deux régions sont donc celles suivant lesquelles la droite partage le plan, et l'on voit en faisant

$$x=0 \qquad y=0$$

dans l'équation (24), que l'origine est dans l'une ou l'autre de ces régions suivant que c est positif ou négatif.

22. — Les équations (27) donnent lieu à quelques remarques.

L'on voit d'abord que les cosinus ne s'expriment qu'en fonction des coefficients a et b des variables, et ne dépendent même que du rapport de ces coefficients ; le paramètre indépendant c ne figure en effet que dans la valeur de p ; et si l'on divisait les deux termes de la fraction par a ou par b, les cosinus ne renfermeraient que le rapport des coefficients a et b. Il en résulte que la direction de la droite ne dépend que de ce rapport, et que toutes les droites représentées par l'équation (24) dans laquelle a et b auront des valeurs proportionnelles données, c variant arbitrairement, seront parallèles entre elles. C'est pourquoi l'on donne souvent le nom de *coefficient angulaire* de la droite au rapport $-\frac{a}{b}$ qui serait le coefficient de x si l'on résolvait l'équation par rapport à y; cette notation n'est pas symétrique ; il faut s'en servir le moins possible.

On peut ensuite chercher ce que deviennent ces équations, si, comme cela arrive le plus ordinairement, les axes de coordonnées sont rectangulaires ; en faisant $\theta = \frac{\pi}{2}$, l'on obtient

$$\begin{aligned} p &= \pm \frac{c}{\sqrt{a^2+b^2}} \\ \cos\alpha &= \mp \frac{a}{\sqrt{a^2+b^2}} \\ \cos\beta &= \mp \frac{b}{\sqrt{a^2+b^2}} \end{aligned} \qquad (28)$$

23. Distance d'un point déterminé par ses coordonnées à une droite donnée par son équation. — Cette distance est évidemment la même, quels que soient les axes de coordonnées choisis dans le plan. Soient

$$ax + by + c = 0 \qquad (24)$$

l'équation de la droite donnée, et x_1, y_1 les coordonnées du point. Transportons les axes parallèlement à eux-mêmes en ce point : faisons pour cela dans l'équation précédente la substitution

$$\begin{aligned} x &= x' + x_1 \\ y &= y' + y_1 \end{aligned}$$

elle deviendra

$$ax' + by' + ax_1 + by_1 + c = 0$$

le nouveau paramètre indépendant étant $ax_1 + by_1 + c$, la distance δ de la nouvelle origine à la droite sera donnée en vertu de (27) par la relation

$$\delta = \pm \frac{(ax_1 + by_1 + c)\sin\theta}{\sqrt{a^2 + b^2 - 2ab\cos\theta}} \qquad (29)$$

Le double signe s'explique absolument comme dans le cas où le point donné est l'origine, et la valeur absolue de δ s'obtiendra en prenant celle des deux déterminations qui est positive. La distance δ sera nulle, si l'on a

$$ax_1 + by_1 + c = 0$$

c'est-à-dire si le point donné est sur la droite ; de telle sorte que celle-ci se présente comme le lieu des points dont la distance à elle-même est nulle.

Si, dans la formule (29), l'on vient à supposer que l'équation de la droite a la forme (26), on obtient en remplaçant a, b, c par leurs valeurs, l'expression simple

$$\delta = \pm (x \cos\alpha + y \cos\beta - p) \qquad (30)$$

la quantité sous le radical se réduisant à $\sin^2\theta$; c'est une des raisons pour lesquelles on adopte souvent cette forme pour l'équation de la ligne droite, et il est bon d'observer que cette simplification a lieu, quel que soit l'angle des axes.

Si les axes sont rectangulaires, la relation (29) devient

$$\delta = \pm \frac{ax_1 + by_1 + c}{\sqrt{a^2 + b^2}} \qquad (31)$$

elle est d'un usage fréquent.

24. Exercices. — 1. *Vérifier que l'expression*

$$\frac{(ax_1 + by_1 + c)^2 \sin^2\theta}{a^2 + b^2 - 2ab\cos\theta}$$

ne change pas, si l'on fait une transformation quelconque de coordonnées.

Cette expression représente en effet le carré de la distance du point (x_1, y_1) à la droite (24). On fera la vérification par des calculs analogues à ceux qui ont été développés (Chap. I), en ayant soin de remplacer par leurs nouvelles valeurs, non seulement les paramètres a, b, c de la droite, mais aussi les coordonnées x_1 et y_1 du point donné : il sera utile de remarquer que le dénominateur peut prendre la forme

$$\begin{vmatrix} 1 & \cos\theta & a \\ \cos\theta & 1 & b \\ a & b & 0 \end{vmatrix}$$

2. *Trouver le lieu des points dont le rapport des distances à deux droites données est constant et égal à* $\frac{\lambda}{\mu}$.

Si

$$a_1x + b_1y + c_1 = 0$$
$$a_2x + b_2y + c_2 = 0$$

sont les équations des droites données, et si l'on désigne par x et y les coordonnées d'un point quelconque du lieu, ces coordonnées devront satisfaire à l'équation

$$\pm\frac{(a_1x+b_1y+c_1)\sin\theta}{\sqrt{a_1^2+b_1^2-2a_1b_1\cos\theta}} : \frac{(a_2x_2+b_2y+c_2)\sin\theta}{\sqrt{a_2^2+b_2^2-2a_2b_2\cos\theta}} = \frac{\lambda}{\mu}$$

ou

$$\mu\frac{a_1x+b_1y+c_1}{\sqrt{a_1^2+b_1^2-2a_1b_1\cos\theta}} \pm \lambda\frac{a_2x+b_2y+c_2}{\sqrt{a_2^2+b_2^2-2a_2b_2\cos\theta}} = 0 \qquad (32)$$

le signe + correspondant au cas où les deux distances sont prises avec le même signe, et le signe − à celui où elles sont prises avec des signes contraires. Géométriquement, chacun des lieux obtenus suivant que l'on adopte l'un ou l'autre signe répond à la question, mais il est facile de démontrer qu'au point de vue algébrique la solution complète s'obtient en ne considérant que l'un d'eux, et que l'autre répond à un rapport égal et de signe contraire au rapport donné. Il faut d'abord observer que, les deux équations ainsi obtenues étant du premier degré, chacun des lieux est une ligne droite ; de plus, les deux droites passent par le point de rencontre des droites données puisque les deux équations sont satisfaites pour les valeurs de x et y qui annulent en même temps les premiers membres des équations données. Cela posé, soient X'OX, Y'OY les axes de coordonnées (fig. 17), AB et CD les deux droites données, OP et OQ les perpendiculaires abaissées de l'origine sur ces droites. D'après ce qui a été dit plus haut lors de la recherche de la distance d'un point à une droite, le signe qui doit accompagner la valeur absolue de cette distance dépend uniquement de celle des deux directions que l'on considère comme positive sur la perpendiculaire à la droite : pour que le problème soit déterminé, il faudra donc spécifier sur chacune des perpendiculaires OP et OQ la direction suivant laquelle on comptera les

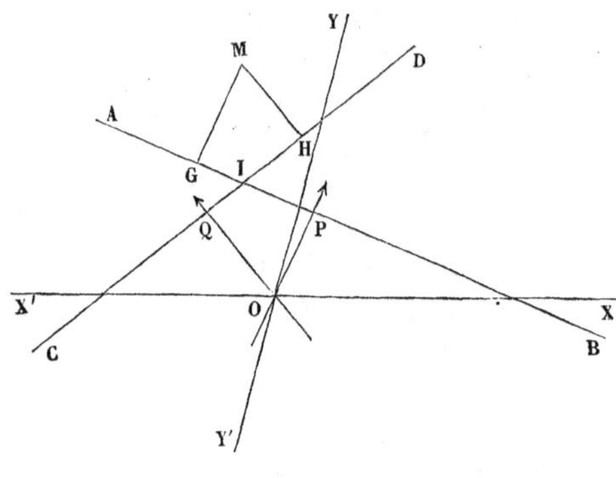

Fig. 17

distances. Supposons que l'on ait adopté les directions OP et OQ, on voit alors immédiatement que le rapport $\frac{\mathrm{MG}}{\mathrm{MH}}$ des distances d'un point M du plan aux deux droites est positif et varie de 0 à $+\infty$ dans les deux angles BIC, AID ; tandis qu'il est négatif et varie de $-\infty$ à 0 dans les deux autres angles : de telle sorte qu'il n'y a qu'une seule droite MI passant par le point I pour lequel le rapport $\frac{\mathrm{MG}}{\mathrm{MH}}$ ait une valeur algébrique donnée. On doit donc interpréter le double signe de l'équation (32) en disant que, géométriquement, les deux droites trouvées répondent à la question, mais que, algébriquement, l'on doit adopter l'un ou l'autre signe suivant celle des deux directions à laquelle donne lieu chaque perpendiculaire qui est considérée comme positive.

Si l'on se place toujours au même point de vue algébrique, les deux droites trouvées sont deux lieux bien différents et correspondent respectivement à deux valeurs égales et de signes contraires du rapport donné : elles forment avec les deux droites données une figure qui recevra un peu plus loin le nom de *faisceau harmonique*.

On verra aussi plus loin que l'équation générale de droites passant par le point I est :

$$\lambda\,(a_1x + b_1y + c_1) + \mu\,(a_2x + b_2y + c_2) = 0$$

dans laquelle le rapport des coefficients λ et μ varie arbitrairement. On pourra toujours déterminer ce rapport de telle façon que cette équation soit identique avec l'une des équations (32) ; de telle sorte que, réciproquement, toute droite passant par le point d'intersection de deux droites données peut être considérée comme le lieu des points tels que le rapport de leurs distances à ces deux droites a une valeur algébrique constante.

25. Angle de deux droites données par leurs équations. — Condition de parallélisme. — Condition de perpendicularité. — Soient

$$a_1x + b_1y + c_1 = 0$$
$$a_2x + b_2y + c_2 = 0$$

les équations des deux droites : on a vu (12) que, en désignant par $\alpha_1\ \beta_1$ et α_2, β_2 les angles que font les axes avec les perpendiculaires à ces droites, le cosinus de l'angle de ces perpendiculaires et par suite celui de l'angle des droites est donné par la relation :

$$\cos V = -\frac{1}{\sin^2\theta}\begin{vmatrix} 1 & \cos\theta & \cos\alpha_1 \\ \cos\theta & 1 & \cos\beta_1 \\ \cos\alpha_2 & \cos\beta_2 & 0 \end{vmatrix} \qquad (7)$$

Remplaçant les cosinus par les valeurs trouvées (27), il vient

$$\cos V = -\frac{1}{\sin^2\theta}\begin{vmatrix} 1 & \cos\theta & \pm\dfrac{a_1\sin\theta}{\sqrt{a_1^2+b_1^2-2a_1b_1\cos\theta}} \\ \cos\theta & 1 & \pm\dfrac{b_1\sin\theta}{\sqrt{a_1^2+b_1^2-2a_1b_1\cos\theta}} \\ \pm\dfrac{a_2\sin\theta}{\sqrt{a_2^2+b_2^2-2a_2b_2\cos\theta}} & \pm\dfrac{b_2\sin\theta}{\sqrt{a_2^2+b_2^2-2a_2b_2\cos\theta}} & 0 \end{vmatrix}$$

ou, en faisant sortir les radicaux du déterminant, et supprimant le facteur commun $\sin^2\theta$

$$\cos V = \mp\frac{1}{\sqrt{a_1^2+b_1^2-2a_1b_1\cos\theta}\ \sqrt{a_2^2+b_2^2-2a_2b_2\cos\theta}}\begin{vmatrix} 1 & \cos\theta & a_1 \\ \cos\theta & 1 & b_1 \\ a_2 & b_2 & 0 \end{vmatrix}$$

c'est-à-dire, en développant

$$\cos V = \pm \frac{a_1 a_2 + b_1 b_2 - (a_1 b_2 + a_2 b_1) \cos\theta}{\sqrt{a_1^2 + b_1^2 - 2a_1 b_1 \cos\theta}\ \sqrt{a_2^2 + b_2^2 - 2a_2 b_2 \cos\theta}} \tag{33}$$

L'on est ainsi conduit à trouver pour cos V deux valeurs égales et de signes contraires; celle de ces deux valeurs qui est positive représente le cosinus de l'angle aigu des deux droites, celle qui est négative représente le cosinus de l'angle obtus.

Le sinus s'obtiendra par la formule

$$\sin^2 V = 1 - \cos^2 V$$

$$= \frac{(a_1^2 + b_1^2 - 2a_1 b_1 \cos\theta)(a_2^2 + b_2^2 - 2a_2 b_2 \cos\theta) - (a_1 a_2 + b_1 b_2 - (a_1 b_2 + a_2 b_1) \cos\theta)^2}{(a_1^2 + b_1^2 - 2a_1 b_1 \cos\theta)(a_2^2 + b_2^2 - 2a_2 b_2 \cos\theta)}$$

$$= \frac{(a_1 b_2 - a_2 b_1)^2 \sin^2\theta}{(a_1^2 + b_1^2 - 2a_1 b_1 \cos\theta)(a_2^2 + b_2^2 - 2a_2 b_2 \cos\theta)}$$

d'où l'on tire

$$\sin V = \pm \frac{(a_1 b_2 - a_2 b_1) \sin\theta}{\sqrt{a_1^2 + b_1^2 - 2a_1 b_1 \cos\theta}\ \sqrt{a_2^2 + b_2^2 - 2a_2 b_2 \cos\theta}} \tag{34}$$

Les deux angles supplémentaires formés par les droites données ont même sinus; le double signe provient de ce que l'on n'a pas spécifié le sens dans lequel est engendré l'angle cherché. Quant à la tangente, elle est donnée avec la même ambiguïté que le sinus, par la formule :

$$\operatorname{tg} V = \frac{\sin V}{\cos V} = \pm \frac{(a_1 b_2 - a_2 b_1) \sin\theta}{a_1 a_2 + b_1 b_2 - (a_1 b_2 + a_2 b_1) \cos\theta} \tag{35}$$

Si les deux droites doivent être parallèles, on a vu comme conséquence des équations (27) que les coefficients des variables dans les équations des deux droites doivent être proportionnels; on arrive au même résultat en égalant à zéro l'expression trouvée pour le sinus de leur angle, ce qui donne

$$a_1 b_2 - a_2 b_1 = 0$$

d'où l'on tire

$$\frac{a_1}{a_2} = \frac{b_2}{b_1}$$

Pour que les droites soient perpendiculaires, il faut que le cosinus de leur angle soit nul, c'est-à-dire que l'on ait :

$$a_1a_2 + b_1b_2 - (a_1b_2 + a_2b_1)\cos\theta = 0 \qquad (36)$$

Cette condition se simplifie si les axes sont rectangulaires et se réduit à

$$a_1a_2 + b_1b_2 = 0 \qquad (37)$$

On la met quelquefois, dans ce dernier cas, en désignant par m_1 et m_2 les coefficients angulaires des deux droites, sous la forme

$$m_1m_2 + 1 = 0$$

mais cette forme, qui ne peut être utile dans les applications que dans les cas très particuliers où les équations des droites sont résolues par rapport à y, nécessite dans tous les autres cas : 1° la résolution des deux équations par rapport à y; 2° la substitution des valeurs trouvées pour m_1 et m_2; 3° la simplification, après cette substitution, de la formule, dans laquelle m_1 et m_2 ont des expressions fractionnaires. Nous ne la citons que pour mémoire.

26. Équation de la ligne droite en fonction des segments qu'elle intercepte sur les axes de coordonnées. — Si l'on appelle p et q les segments pris avec leurs signes et comptés à partir de l'origine que la droite dont l'équation est

$$ax + by + c = 0$$

intercepte sur les axes de coordonnées X'OX et Y'OY, on obtiendra le premier en faisant $x = p$, $y = 0$, dans l'équation, ce qui donne

$$p = -\frac{c}{a}$$

et le second en y faisant $x = 0$, $y = q$, d'où l'on tire

$$q = -\frac{c}{b}$$

Remplaçant a et b par leurs valeurs en fonctions de p et de q et divisant par c, il vient pour l'équation cherchée

$$\frac{x}{p}+\frac{y}{q}=1 \tag{38}$$

Il est facile d'arriver au même résultat par des considérations géométriques. Supposons, par exemple, que la droite ait une position telle que AB (fig. 18); figurons les coordonnées MP et OP

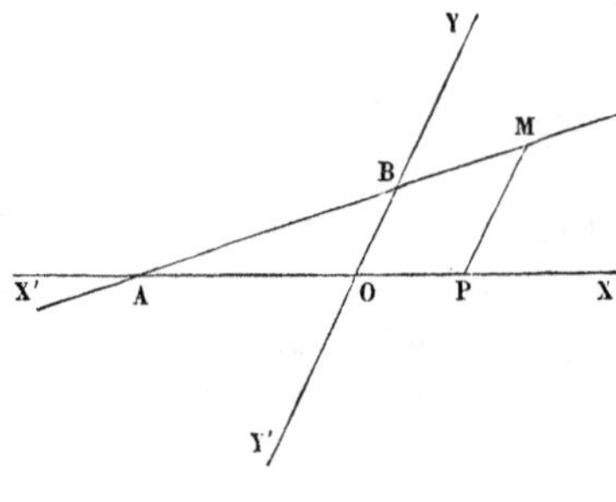

Fig. 18

d'un point quelconque M de la droite; les triangles semblables AOB, APM donnent

$$\frac{\mathrm{OB}}{\mathrm{OA}}=\frac{\mathrm{PM}}{\mathrm{PA}}$$

les longueurs qui figurent dans ce rapport étant prises en valeur absolue. Pour la figure considérée, les valeurs absolues de OB et de OA sont q et $-p$, celles de PM et de PA sont y et $x-p$; on a donc

$$\frac{q}{-p}=\frac{y}{x-p}$$

d'où

$$\frac{x}{p}+\frac{y}{q}=1$$

relation générale, quelles que soient la position de la droite et celle du point M pris sur elle.

27. Déterminer le point d'intersection de deux lignes droites données par leurs équations. — Soient

$$a_1x + b_1y + c_1 = 0$$
$$a_2x + b_2y + c_2 = 0$$

les équations de deux droites données : les coordonnées de leur point d'intersection, devant satisfaire à la fois les deux équations, s'obtiendront en cherchant les valeurs de x et de y qui les vérifient simultanément. L'algèbre donne pour ces coordonnées les valeurs

$$x = \frac{b_1c_2 - b_2c_1}{a_1b_2 - a_2b_1}, \qquad y = -\frac{a_1c_2 - a_2c_1}{a_1b_2 - a_2b_1}$$

Si le dénominateur commun est différent de zéro, les valeurs des inconnues sont toujours possibles et permettront de construire les coordonnées du point d'intersection. Si le dénominateur commun est nul sans que les numérateurs le soient, les valeurs de x et de y prennent la forme $\frac{m}{0}$, ce qui veut dire que le point d'intersection des deux droites est rejeté à l'infini, c'est-à-dire que les deux droites sont parallèles : ce à quoi l'on devait s'attendre puisque les coefficients des variables sont proportionnels. Enfin si, dans la même hypothèse, un numérateur est nul, l'autre numérateur l'est aussi, et les deux inconnues prenant la forme $\frac{0}{0}$, le point d'intersection est indéterminé, ce qui tient à ce que les deux droites se confondent. On a en effet dans ces deux hypothèses

$$\frac{a_1}{a_2} = \frac{b_1}{b_2} = \frac{c_1}{c_2}$$

et les deux équations données, ayant tous leurs coefficients proportionnels, représentent la même ligne droite.

28. Condition pour que trois lignes droites données par leurs équations soient concourantes. — Soient

$$a_1x + b_1y + c_1 = 0$$
$$a_2x + b_2y + c_2 = 0$$
$$a_3x + b_3y + c_3 = 0$$

les équations des trois lignes droites. Si ces trois lignes droites concourent en un même point, les coordonnées de ce point devront satisfaire à la fois les trois équations. Il faudra donc que les valeurs de x et de y, tirées de deux d'entre elles, satisfassent la troisième, ce qui revient à dire qu'il suffit, pour trouver la condition demandée, d'éliminer x et y entre les trois équations. On sait que le résultat de l'élimination s'obtient en égalant à zéro le déterminant du système des coefficients des trois équations ; ce qui donne :

$$\begin{vmatrix} a_1 & b_1 & c_1 \\ a_2 & b_2 & c_2 \\ a_3 & b_3 & c_3 \end{vmatrix} = 0 \qquad (39)$$

29. Équation générale des lignes droites passant par un point donné. — On entend par *équation générale* d'une famille de courbes, une équation renfermant un ou plusieurs paramètres variables, telle que pour certaines valeurs attribuées à ces paramètres, l'équation puisse représenter une courbe prise à volonté dans le système, et que pour aucun ensemble de valeurs des paramètres elle ne puisse représenter une courbe étrangère au système. Soient x_1 et y_1 les coordonnées du point donné, si

$$ax + by + c = 0$$

est l'équation de la droite cherchée ; cette droite devant passer par le point donné, on aura

$$ax_1 + by_1 + c = 0$$

Si l'on retranche cette équation de la précédente, il vient

$$a(x - x_1) + b(y - y_1) = 0 \qquad (40)$$

Le paramètre c se trouve ainsi éliminé, et l'équation, ne renfermant plus que le rapport des coefficients a et b, est l'équation générale demandée. Plus généralement, si le point donné, au lieu d'être déterminé par ses deux coordonnées x_1 et y_1, est à l'intersection de deux droites données par leurs équations, que nous désignerons pour abréger par

$$X = 0 \qquad Y = 0$$

l'équation générale des droites passant par ce point est

$$\lambda X + \mu Y = 0 \qquad (41)$$

En effet, l'on voit d'abord que cette droite passe nécessairement, quels que soient λ et μ, par le point d'intersection des deux droites données, puisque son équation est satisfaite pour toute valeur de x et de y qui satisfait en même temps les deux premières équations. Réciproquement, elle représente toutes les droites passant par le point donné; car si l'on se donne arbitrairement une droite comprise dans l'équation générale (41), et si pour achever de déterminer cette droite on veut la faire passer par un second point de coordonnées x_1 et y_1; en désignant par X_1 et Y_1 le résultat de la substitution de ces coordonnées dans les équations des deux droites, on aura, pour déterminer le rapport des paramètres λ et μ, la relation

$$\lambda X_1 + \mu Y_1 = 0$$

d'où l'on tirera toujours pour λ et μ des valeurs proportionnelles différentes de zéro, puisque par hypothèse le second point n'étant pas le point d'intersection des deux droites données, on n'aura pas simultanément

$$X_1 = 0 \qquad Y_1 = 0$$

Ainsi, l'on peut achever de déterminer une droite comprise dans l'équation générale (41) en la faisant passer par un second point; il suit de là que cette équation représente toutes les droites passant par le point donné, puisqu'on peut assujettir la droite variable à avoir deux points communs avec une droite arbitrairement choisie parmi celles qui passent par ce point.

Il est bon d'observer que l'équation générale (40) n'est qu'un cas particulier de l'équation (41), celui où les deux droites données sont parallèles aux axes de coordonnées; puisque, passant par le point (x_1, y_1), ces parallèles ont pour équations

$$x - x_1 = 0 \qquad y - y_1 = 0$$

On peut remarquer aussi que l'équation générale (41) est une équation du premier degré en x et y qui est linéaire et homogène par rapport aux paramètres λ et μ. Réciproquement, toute équation du premier degré en x et y qui renfermera linéairement un paramètre variable, ou qui sera homogène et du premier degré par rapport à deux paramètres, représentera une droite variable qui passe par un point fixe. Si l'on suppose en effet que dans l'équation

$$ax + by + c = 0$$

les coefficients a, b, c, soient des fonctions homogènes de λ et de μ, c'est-à-dire que l'on ait

$$\begin{aligned} a &= \lambda a_1 + \mu a_2 \\ b &= \lambda b_1 + \mu b_2 \\ c &= \lambda c_1 + \mu c_2 \end{aligned}$$

l'équation de la droite pourra s'écrire en ordonnant par rapport à λ et à μ.

$$\lambda(a_1 x + b_1 y + c_1) + \mu(a_2 x + b_2 y + c_2) = 0$$

et représentera, quels que soient λ et μ, une droite passant par le point d'intersection des deux droites dont les équations seraient

$$\begin{aligned} a_1 x + b_1 y + c_1 &= 0 \\ a_2 x + b_2 y + c_2 &= 0 \end{aligned}$$

Il résulte de là une nouvelle façon d'exprimer que trois droites données sont concourantes, car si la droite

$$Z = 0$$

doit passer par le point d'intersection des deux premières que nous supposerons toujours sous la forme

$$X = 0 \qquad Y = 0$$

son équation doit être de la forme (41) et on devra par conséquent avoir identiquement, pour des valeurs déterminées de λ, μ et ν

$$Z = -\frac{\lambda}{\nu} X - \frac{\mu}{\nu} Y$$

ou

$$\lambda X + \mu Y + \nu Z = 0$$

ce qu'on pouvait voir encore en remarquant qu'en vertu de l'équation (39) il doit exister une même relation linéaire et homogène respectivement entre les coefficients correspondants des trois équations, laquelle aura lieu par suite, identiquement, entre les trois premiers membres.

30. Exercices. — 1. *Démontrer que les trois hauteurs d'un triangle se coupent en un même point.*

Soient

$$X = a_1 x + b_1 y + c_1 = 0$$
$$Y = a_2 x + b_2 y + c_2 = 0$$
$$Z = a_3 x + b_3 y + c_3 = 0$$

les équations des trois côtés du triangle : l'une des hauteurs, passant par le point d'intersection des deux premiers côtés, aura une équation de la forme

$$\lambda X + \mu Y = 0$$

Si l'on exprime qu'elle est perpendiculaire au troisième, la condition (36) donne

$$(\lambda a_1 + \mu a_2)a_3 + (\lambda b_1 + \mu b_2)b_3 - \left[(\lambda a_1 + \mu a_2)b_3 + a_3(\lambda b_1 + \mu b_2)\right]\cos\theta = 0$$

ou en ordonnant

$$\lambda\left[a_3 a_1 + b_3 b_1 - (a_3 b_1 + a_1 b_3)\cos\theta\right] + \mu\left[(a_2 a_3 + b_2 b_3) - (a_2 b_3 + a_3 b_2)\cos\theta\right] = 0$$

ce qui donne pour l'équation de la hauteur, après l'élimination de λ et de μ,

$$X\left[(a_2 a_3 + b_2 b_3) - (a_2 b_3 + a_3 b_2)\cos\theta\right] = Y\left[(a_3 a_1 + b_3 b_1) - (a_3 b_1 + a_1 b_3)\cos\theta\right]$$

On aurait de même pour les équations des deux autres hauteurs :

$$Y\left[(a_3a_1+b_3b_1)-(a_3b_1+a_1b_3)\cos\theta\right]=Z\left[(a_1a_2+b_1b_2)-(a_1b_2+a_2b_1)\cos\theta\right]$$

$$Z\left[(a_1a_2+b_1b_2-(a_1b_2+a_2b_1)\cos\theta\right]=X\left[(a_2a_3+b_2b_3)-(a_2b_3+a_3b_2)\cos\theta\right]$$

Si l'on ajoute ces équations, on obtient une identité d'où il résulte que ces trois droites sont concourantes. On aurait pu obtenir une simplification d'écriture en choisissant les axes rectangulaires.

2. *Etudier la figure formée par les six bissectrices des angles internes et externes d'un triangle.*

Les bissectrices d'un angle peuvent être considérées comme le lieu des points dont les distances aux côtés de l'angle sont égales entre elles, en valeur absolue. Algébriquement, elles sont égales pour l'une des bissectrices, égales et de signes contraires pour l'autre. D'après ce qui a été vu, l'équation des deux bissectrices de l'angle des deux premiers côtés sera

$$\frac{X}{\sqrt{a_1^2+b_1^2-2a_1b_1\cos\theta}}\pm\frac{Y}{\sqrt{a_2^2+b_2^2-2a_2b_2\cos\theta}}=0$$

on aura de même, pour les deux autres couples, les équations

$$\frac{Y}{\sqrt{a_2^2+b_2^2-2a_2b_2\cos\theta}}\pm\frac{Z}{\sqrt{a_3^2+b_3^2-2a_3b_3\cos\theta}}=0$$

$$\frac{Z}{\sqrt{a_3^2+b_3^2-2a_3b_3\cos\theta}}\pm\frac{X}{\sqrt{a_1^2+b_1^2-2a_1b_1\cos\theta}}=0$$

Si l'on prend partout le signe — et si l'on ajoute les trois équations, on obtient une identité. On obtient encore une identité si l'on prend deux signes + et un signe —, et si l'on ajoute après avoir changé tous les signes dans l'une des deux équations où l'on a pris le signe +. On a donc un système de trois couples de droites, telles que si l'on considère le point d'intersection de deux quelconques d'entre elles prises dans des couples différents, une droite du troisième couple passe par ce point. Donc : 1° *les bissectrices internes sont concourantes*, puisque par le point d'intersection de deux d'entre elles passe une troisième bissectrice qui ne peut être qu'une bissectrice interne ; 2° *deux bissectrices externes et la bissectrice interne du troisième angle sont concourantes ;* en effet, dans l'ensemble des quatre combinaisons indiquées, chaque bissectrice figure deux fois ; il y a donc sur chacune d'elles deux des quatre points de concours : or, sur une bissectrice interne il y a déjà le point de rencontre des bissectrices internes, le second point de concours appartiendra donc nécessairement à deux bissectrices externes ; de telle sorte qu'enfin chacun des trois derniers points de concours sera sur deux bissectrices externes et sur une bissectrice interne. Il n'y a pas de raison d'ailleurs pour que ce

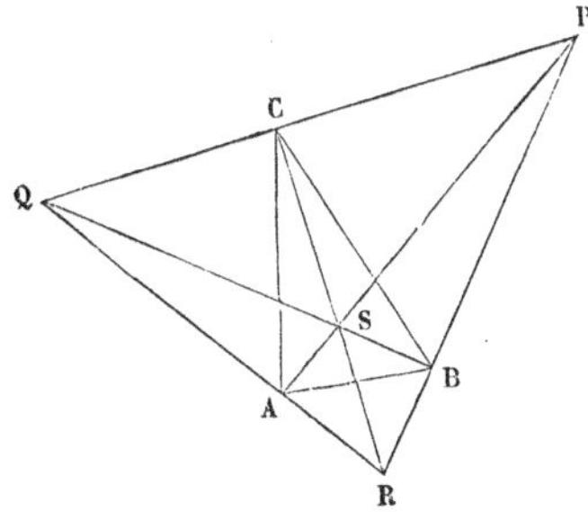

Fig. 19

soit le premier qui s'obtienne en prenant partout le signe — : mais, en revanche, on pourra toujours s'arranger de façon que cela ait lieu ; il suffira, si cela n'a pas lieu, de changer de signe le premier membre de l'une des trois équations, ce qui ne l'empêchera pas de représenter toujours la même droite. Si, par exemple, les trois bissectrices internes s'obtiennent en prenant le signe + dans les deux premières équations et le signe — dans la troisième en changeant le signe de Y et posant

$$-Y = Y_1$$

on aura le signe — partout.

Les quatre points de concours P, Q, R, S, donnent lieu à ce que l'on appelle un *quadrangle complet*, qui est la figure formée par quatre points et les six droites qui les joignent deux à deux : les propriétés de cette figure seront développées plus loin. Le côté opposé d'un des six côtés est celui qui joint les deux points extérieurs au côté considéré ; dans le cas présent, deux côtés opposés quelconques sont rectangulaires, et le quadrilatère a pour sommets les sommets et le point de rencontre des hauteurs d'un triangle; pour côtés, les côtés et les hauteurs du triangle. Il est à remarquer que l'on peut choisir arbitrairement trois des quatre points P, Q, R, S; le quatrième est toujours le point de concours des hauteurs du triangle des trois autres : l'un d'eux, centre du cercle inscrit, est intérieur au triangle des trois autres, centres des cercles exinscrits au triangle ABC. Réciproquement, étant donné un triangle et le point de concours des hauteurs, il existe toujours entre ces quatre points les mêmes relations de position qu'entre les points P, Q, R, S, et l'on sait que le triangle qui a pour sommets les sommets des trois angles droits admet pour bissectrices les six côtés de ces trois angles.

31. Mener, par un point donné par ses coordonnées, une parallèle à une droite donnée par son équation. — Soient x et y, les coordonnées du point : on a vu précédemment que l'équation générale des lignes droites passant par ce point est :

$$\lambda(x-x_1)+\mu(y-y_1)=0$$

dans laquelle on peut encore disposer arbitrairement du rapport $\frac{\lambda}{\mu}$; si la droite donnée a pour équation :

$$ax+by+c=0$$

la droite cherchée lui sera parallèle, si les coefficients des variables sont proportionnels à ceux de la droite donnée ; ou, ce qui revient au même, leur sont égaux, puisqu'elle doit être homogène par rapport à ces coefficients. On a vu, en effet (§ 22), que la direction de la droite dépend uniquement du rapport des coefficients des variables. L'équation cherchée sera donc :

$$a(x-x_1)+b(y-y_1)=0 \qquad (42)$$

En particulier, l'équation de la parallèle menée par l'origine à la droite donnée est :

$$ax + by = 0$$

comme c'était évident *à priori;* l'équation, pour être satisfaite par les coordonnées de l'origine, ne devant pas renfermer de terme constant.

Le problème se trouve donc résolu et l'on a trouvé l'équation de la parallèle menée par un point à une droite, laquelle est *unique*, ce que l'on exprime quelquefois en disant qu'il n'y a qu'un point à l'infini sur une droite. S'il y en avait deux, les droites qui les joindraient à un point donné seraient, en effet, deux parallèles distinctes menées par ce point à la droite. Ce point est à l'infini, en même temps, sur les deux directions auxquelles donne lieu la droite, et ce résultat ne doit pas paraître plus surprenant que toute discussion algébrique dans laquelle on voit une fonction devenir en même temps égale à $+\infty$ et à $-\infty$ pour une même valeur limite de la variable, suivant que la variable tend vers cette limite par des valeurs inférieures ou par des valeurs supérieures. Toutefois il faut observer qu'on n'a pas par là comblé la lacune qui existe dans la théorie des parallèles; et si l'on n'a trouvé qu'*une* parallèle menée par un point à une droite, c'est après avoir admis plusieurs fois que cette parallèle est unique, notamment dans la définition même des coordonnées cartésiennes, puisque les coordonnées d'un point s'obtiennent en menant par ce point *une* parallèle à chacun des axes. En un mot, le postulatum d'Euclide subsiste toujours comme tel, et la notion du point unique à l'infini sur une droite en dérive, pour ne pas dire que c'est le postulatum lui-même.

On met quelquefois l'équation (42) sous une autre forme qui est la suivante :

$$\frac{x - x_1}{p} = \frac{y - y_1}{q}$$

Il suffit pour cela de donner à p et à q des valeurs proportionnelles à b et à $-a$. Si l'on appelle ρ la valeur commune des deux rapports, on peut déterminer ces valeurs proportionnelles de telle façon que ρ soit précisément la distance du point variable (x, y) au point fixe (x_1, y_1) : il suffit d'adopter pour ces valeurs les coordonnées du point situé à l'unité de distance de l'origine sur la parallèle menée par l'origine à la direction donnée. Ces coordonnées sont, en effet, proportionnelles à b et à $-a$, puisqu'elles sont

$$\frac{b}{\sqrt{a^2+b^2-2ab\cos\theta}} \quad \text{et} \quad \frac{-a}{\sqrt{a^2+b^2-2ab\cos\theta}}$$

comme il est facile de le vérifier, en remarquant que ce point satisfait l'équation

$$ax+by=0$$

et que sa distance à l'origine est l'unité. Si donc on les représente par p et q, et si l'on appelle M un point quelconque de la droite cherchée (fig. 20), si par le point donné A sur cette droite on mène

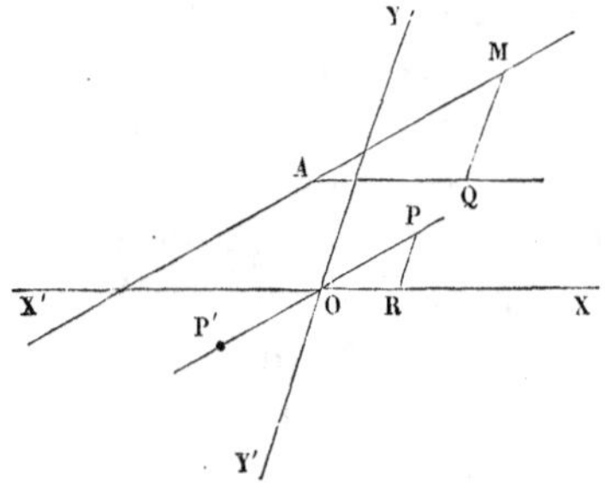

Fig. 20

une parallèle à l'axe X'OX, et par le point M une parallèle à l'axe Y'OY; si l'on mène aussi les coordonnées du point P, l'on obtient deux triangles semblables ORP, AQM, qui donnent les relations

$$\frac{AQ}{OR}=\frac{MQ}{PR}=\frac{AM}{OP}$$

entre les valeurs absolues de leurs côtés. Remplaçant chacune de ces quantités par leur valeur, il vient

$$\frac{x-x_1}{p}=\frac{y-y_1}{q}=\frac{\rho}{1}$$

en donnant à ρ la signification indiquée plus haut. On tire de là les relations

$$\begin{aligned} x &= x_1 + p\rho \\ y &= y_1 + q\rho \end{aligned} \qquad (43)$$

qui expriment les coordonnées d'un point variable de la droite, en fonction des données et de la variable ρ. L'équation de la droite elle-même s'obtiendrait en éliminant ρ entre ces deux équations. Elles sont souvent utiles ; on les emploie, par exemple, lorsque l'on cherche les points d'intersection de la droite avec une courbe donnée par son équation.

$$f(x,y) = 0$$

Au lieu de tirer x ou y de l'équation de la ligne droite pour les substituer dans l'équation de la courbe, et avoir ainsi l'équation dont les racines seraient soit les abscisses, soit les ordonnées des points d'intersection de la droite avec la courbe, on remplace dans cette équation x et y par les valeurs (43), ce qui donne

$$f(x_1 + p\rho, y_1 + q\rho) = 0$$

équation en ρ dont les racines sont les distances au point fixe A de la droite, des points d'intersection de cette droite et de la courbe ; ce qui, indépendamment d'une plus grande symétrie, offre souvent, dans les applications, de grands avantages.

Remarque. — Dans les équations (43), ρ indique une distance comptée suivant une des deux directions auxquelles donne lieu la droite MA. Si l'on avait choisi pour p et q les valeurs égales et de signes contraires à celles qui ont été adoptées, elles auraient représenté les coordonnées du point P′ symétrique du point P par rapport à l'origine ; mais changer de signe p et q, cela revient à changer le signe de ρ dans les équations (43) ; on peut donc dire que ces équations expriment les coordonnées d'un point variable de la droite en fonction de la distance de ce point au point donné, comptée dans un sens ou dans l'autre suivant que p et q sont les coordonnées du point P ou du point P′.

En coordonnées rectangulaires, on les met souvent sous la forme

$$\frac{x - x_1}{\cos\alpha} = \frac{y - y_1}{\sin\alpha}$$

ou

$$x = x_1 + \rho \cos\alpha$$
$$y = y_1 + \rho \sin\alpha$$

α désignant l'angle de la droite avec l'axe des x.

32. Équation de la ligne droite qui passe par deux points donnés. — Soient (x_1, y_1) et (x_2, y_2) les coordonnées des deux points. Si

$$ax + by + c = 0$$

est l'équation de la droite cherchée, elle devra être satisfaite par les coordonnées de chacun des points. On aura donc :

$$ax_1 + by_1 + c = 0$$

et

$$ax_2 + by_2 + c = 0$$

relations qui serviront à déterminer les valeurs proportionnelles des paramètres a, b, c : ces valeurs substituées dans l'équation de la droite donneront l'équation cherchée ; ce qui revient à dire que, pour obtenir cette équation, il suffit d'éliminer a, b, c entre les trois précédentes. Le résultat de l'élimination est, comme on sait

$$\begin{vmatrix} x & y & 1 \\ x_1 & y_1 & 1 \\ x_2 & y_2 & 1 \end{vmatrix} = 0 \qquad (44)$$

Lorsqu'une ligne droite est déterminée par deux points, on peut encore, comme dans le problème précédent, exprimer les coordonnées d'un point variable de la droite en fonction d'un paramètre variable qui est le rapport $\frac{\lambda}{\mu}$, suivant lequel ce point partage le segment ayant pour extrémités les points donnés. Si, en effet, A et B sont ces deux points (fig. 21) et M un point variable pris sur la droite entre A et B ; si par chacun d'eux on mène des parallèles à l'axe Y'OY jusqu'à leur rencontre avec l'autre axe, les triangles semblables CAP, CMR, CBQ, donneront :

$$\frac{PR}{QR} = \frac{MA}{MB}$$

relation dans laquelle les quantités qui y figurent y entrent par leurs valeurs absolues. D'ailleurs, le point M étant à l'intérieur

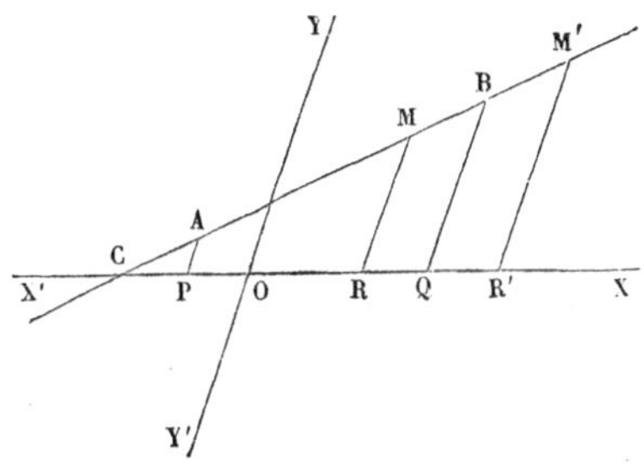

Fig. 21

du segment AB, le rapport des valeurs absolues de PR et de QR est $\frac{x-x_1}{x_2-x}$. Si donc le rapport donné est $\frac{\lambda}{\mu}$ on a l'égalité :

$$\frac{x-x_1}{x_2-x}=\frac{\lambda}{\mu}$$

D'où l'on tire

$$x=\frac{\lambda x_2+\mu x_1}{\lambda+\mu} \tag{45}$$

On aurait de même en projetant sur l'axe Y'OY,

$$y=\frac{\lambda y_2+\mu y_1}{\lambda+\mu} \tag{45}$$

et ces deux équations fournissent les coordonnées du point M, en fonction du paramètre variable $\frac{\lambda}{\mu}$; celle de la droite s'obtiendrait d'ailleurs, par l'élimination de ce paramètre entre les équations (45). Il faut remarquer qu'elles s'appliquent à tous les points de la droite, et non pas seulement à ceux du segment AB, à la condition de changer le signe du rapport $\frac{\lambda}{\mu}$, si le point M est en dehors du segment AB. Si l'on considère en effet un point M' sur le prolongement de ce segment, et si l'on appelle $\frac{\lambda_1}{\mu_1}$ le rapport des valeurs absolues des distances de ce point aux extrémités du segment, le rapport des valeurs absolues de PR′ et de QR′ devient alors $\frac{x-x_1}{x-x_2}$, et l'on obtient pour les coordonnées du point cherché les expressions :

$$x=\frac{\mu x_1-\lambda x_2}{\mu-\lambda}$$

$$y=\frac{\mu y_1-\lambda y_2}{\mu-\lambda}$$

qui ne diffèrent des équations (45) que par le signe de λ. On peut donc dire que les équations (45) expriment les coordonnées d'un point variable de la droite en fonction du rapport variable $\frac{\lambda}{\mu}$ suivant lequel ce point partage le segment AB, à la condition de supposer, comme d'ailleurs l'indique la règle des signes des segments, que ce rapport change de signe si le point M est en dehors du segment. Si donc on l'a considéré comme positif dans le premier cas, il devra être négatif dans le second (*).

Exemples. — Coordonnées du point M situé entre A et B, tel que l'on ait en valeur absolue $\frac{MA}{MB}=\frac{2}{3}$.

$$x=\frac{2x_2+3x_1}{5}, \quad y=\frac{2y_2+3y_1}{5}$$

coordonnées du point M situé en dehors de A et de B, tel que l'on

(*) A la vérité le rapport $\frac{MA}{MB}$ est négatif si le point est à l'intérieur du segment, puisque ses deux termes sont comptés dans des sens différents et positif, dans le cas contraire. Mais rien n'empêche d'appeler $\frac{\lambda}{\mu}$, ainsi que nous l'avons fait, non pas le rapport des distances du point M aux extrémités du segment, mais le rapport suivant lequel le point M partage le segment, que l'on peut alors considérer comme positif lorsque le point M est à l'intérieur du segment, mais qui devra être négatif dans le cas contraire. On est en effet habitué, par la géométrie élémentaire, lorsqu'on cherche le point qui partage un segment donné dans un rapport donné, qui alors est toujours positif, à le chercher à l'intérieur du segment. Pour concilier cette habitude avec la règle des signes, il suffira donc de regarder toujours ce rapport comme égal et de signe contraire au rapport des distances du point aux extrémités du segment ; l'un et l'autre varient de $-\infty$ à $+\infty$ lorsque le point M décrit toute la droite et ne passent qu'une fois par une valeur donnée.

ait en valeur absolue $\frac{MA}{MB} = \frac{2}{3}$.

$$x = \frac{3x_1 - 2x_2}{1} \qquad y = \frac{3y_1 - 2y_2}{1}$$

Ce point est évidemment à gauche du point A.

Coordonnées du point milieu du segment AB : il faut supposer $\lambda = \mu$, ce qui donne :

$$x = \frac{x_1 + x_2}{2} \qquad y = \frac{y_1 + y_2}{2}$$

Pour que x et y deviennent infinis, il faut et il suffit que l'on ait :

$$\lambda + \mu = 0 \quad \text{ou} \quad \frac{\lambda}{\mu} = -1$$

Telle est la valeur du rapport $\frac{\lambda}{\mu}$ correspondante au point à l'infini de la droite. Il partage le segment donné dans le rapport -1 ou encore le rapport des distances de ce point aux extrémités du segment est égal à l'unité.

Deux points M et M′ situés l'un entre A et B, l'autre en dehors du segment et correspondants à des rapports $\frac{\lambda}{\mu}$ égaux en valeur absolue, mais de signes contraires, sont dits *conjugués harmoniques*, par rapport à A et à B. On voit donc que le point milieu d'un segment et le point à l'infini de la droite sur laquelle est compté le segment sont conjugués harmoniques par rapport aux extrémités du segment.

Les équations (45) sont utiles dans les mêmes circonstances que les équations (43). Si l'on veut chercher les points d'intersection avec la courbe

$$f(x, y) = 0$$

de la droite déterminée par les deux points donnés, on pourra remplacer x et y par les valeurs (45) dans l'équation de la courbe : on aura ainsi une équation homogène en λ et μ dont les racines seront les rapports suivant lesquels les points cherchés partagent le segment AB.

33. Condition pour que trois points soient en ligne droite. — Soient (x_1, y_1), (x_2, y_2) et (x_3, y_3) les coordonnées des trois points; la droite qui joint les deux derniers a pour équation

$$\begin{vmatrix} x & y & 1 \\ x_2 & y_2 & 1 \\ x_3 & y_3 & 1 \end{vmatrix} = 0$$

Pour que le premier soit sur cette droite, il faudra qu'on ait la relation

$$\begin{vmatrix} x_1 & y_1 & 1 \\ x_2 & y_2 & 1 \\ x_3 & y_3 & 1 \end{vmatrix} = 0 \qquad (46)$$

qui est la condition cherchée.

34. Exercices. — 1. *Démontrer que les médianes d'un triangle sont concourantes.*

Si (x_1, y_1), (x_2, y_2) et (x_3, y_3) sont les coordonnées des trois sommets, les coordonnées du milieu de la droite qui joint les deux derniers sont

$$\frac{x_2 + x_3}{2} \quad \text{et} \quad \frac{y_2 + y_3}{2}$$

la droite qui joint ce point au premier sommet a pour équation

$$\begin{vmatrix} x & y & 1 \\ x_1 & y_1 & 1 \\ x_2 + x_3 & y_2 + y_3 & 2 \end{vmatrix} = 0$$

on vérifie immédiatement qu'elle passe par le point dont les coordonnées sont

$$\frac{x_1 + x_2 + x_3}{3} \quad \frac{y_1 + y_2 + y_3}{3}$$

puisqu'en remplaçant x et y par ces valeurs et multipliant la première ligne par 3, les termes de cette ligne sont respectivement égaux à la somme des termes correspondants dans les deux autres. Il en est de même, par symétrie, des deux autres. Si l'on cherche le rapport suivant lequel ce point partage la médiane, prise du sommet du triangle à son autre extrémité, les formules (45) donnent :

$$\frac{x_1+x_2+x_3}{3}=\frac{\lambda\frac{x_2+x_3}{2}+\mu x_1}{\lambda+\mu} \qquad \frac{y_1+y_2+y_3}{3}=\frac{\lambda\frac{y_2+y_3}{2}+\mu y_1}{\lambda+\mu}$$

d'où l'on tire $\frac{\lambda}{\mu}=2$.

Ainsi la distance du point de concours au sommet est double de sa distance à l'autre extrémité de la médiane, ce qui revient à dire que ce point est aux $\frac{2}{3}$ de la médiane à partir du sommet.

2. *Étant donnés* n *points dans le plan P_1, P_2, ... P_n, que l'on suppose affectés de coefficients différents*, m_1, m_2, ... m_n, *positifs ou négatifs, on partage la droite qui joint deux d'entre eux P_1, P_2 dans le rapport inverse des coefficients* m_1, m_2 *et l'on affecte le point ainsi obtenu R_1 du coefficient* m_1+m_2*; on procède de la même façon avec ce nouveau point et le troisième point P_3, ce qui donne un second point R_2 que l'on affecte du coefficient* $m_1+m_2+m_3$, *et ainsi de suite jusqu'au dernier point P_n : démontrer que ce dernier point est indépendant de l'ordre dans lequel on a opéré.*

En appelant (x_1, y_1); (x_2, y_2); ..... (x_n, y_n) les coordonnées des n points considérés, les formules (45) donnent pour les coordonnées du premier point R_1 situé à l'intérieur ou à l'extérieur du segment P_1P_2 suivant que m_1 et m_2 sont ou ne sont pas de même signe

$$\xi_1=\frac{m_1x_1+m_2x_2}{m_1+m_2} \qquad \eta_1=\frac{m_1y_1+m_2y_2}{m_1+m_2}$$

Ce point étant affecté du coefficient m_1+m_2, on aura pour les coordonnées du second point R_2

$$\xi_2=\frac{(m_1+m_2)\,\xi_1+m_3x_3}{m_1+m_2+m_3}=\frac{m_1x_1+m_2x_2+m_3x_3}{m_1+m_2+m_3}$$
$$\eta_2=\frac{(m_1+m_2)\,\eta_1+m_3y_3}{m_1+m_2+m_3}=\frac{m_1y_1+m_2y_2+m_3y_3}{m_1+m_2+m_3}$$

De même, pour le dernier point

$$\xi_{n-1} = \frac{(m_1 + m_2 + \ldots\ldots + m_{n-1})\xi_{n-2} + m_n x_n}{m_1 + m_2 + \ldots\ldots + m_n} = \frac{\Sigma m x}{\Sigma m}$$

$$\eta_{n-1} = \frac{(m_1 + m_2 + \ldots\ldots + m_{n-1})\eta_{n-2} + m_n y_n}{m_1 + m_2 + \ldots\ldots + m_n} = \frac{\Sigma m y}{\Sigma m}$$

ce qui fait voir que ses coordonnées sont indépendantes de l'ordre qui a été adopté. Si l'on suppose que les coefficients sont les masses respectives des points donnés, ces coordonnées sont celles du centre de gravité du système. A un point de vue plus exclusivement géométrique, on appelle ce point *centre des distances proportionnelles* du système de points considérés. Ses coordonnées s'obtiennent de la même façon que lorsqu'on veut calculer la moyenne de quantités de même nature, mais affectées chacune d'un certain coefficient d'importance. Si les coefficients m_1, m_2, ... m_n deviennent égaux, on obtient alors le *centre des moyennes distances* dont les coordonnées sont les moyennes arithmétiques des coordonnées de même nom des points considérés, et qui, dans le cas d'un triangle, n'est autre que le point de rencontre des médianes.

On peut conclure de ce qui précède un théorème important relatif au triangle. Soit un triangle ABC (fig. 22); soit Aa une

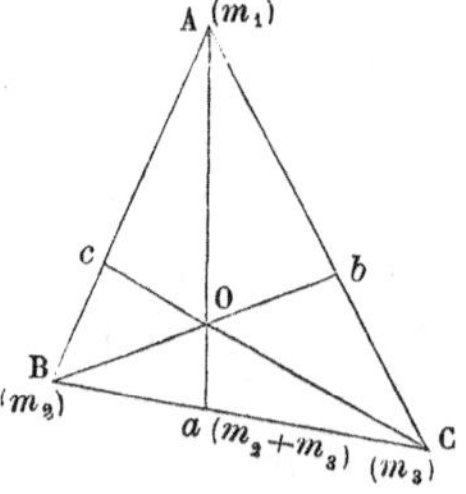

Fig. 22

droite issue du sommet A; elle partage le côté opposé en deux segments Ba, Ca dont on peut désigner par m_3 et m_2 les valeurs proportionnelles, en ayant soin d'affecter ces coefficients du même signe ou de signes différents suivant que le point a est sur le segment BC ou sur son prolongement. On aura alors en grandeur et en signe, si l'on se rappelle que le rapport suivant lequel un point partage un segment et le rapport des distances du point aux deux extrémités du segment sont égaux et de signes contraires,

$$\frac{Ba}{Ca} = -\frac{m_3}{m_2}.$$

Si l'on attribue respectivement aux sommets B et C les coefficients m_2 et m_3, et si, après avoir mené par le sommet B une droite Bb qui coupe la première en O, l'on représente par $\frac{m_2 + m_3}{m_1}$ le rapport suivant lequel le point O partage le segment Aa, m_1 étant un coefficient convenablement déterminé pour cela, de même signe que $m_2 + m_3$ ou de signe contraire suivant que le point O est à l'intérieur ou à l'extérieur du segment Aa, l'on voit que le point O est le centre des distances proportionnelles des trois points A, B, C respectivement affectés des coefficients m_1, m_2, m_3. On aura donc, en grandeur et en signe, le signe — s'expliquant comme plus haut,

$$\frac{Cb}{Ab} = -\frac{m_1}{m_3},$$

et si l'on mène la sécante OC,

$$\frac{Bc}{Ac} = -\frac{m_1}{m_2},$$

d'où

$$\frac{Ac}{Bc} \cdot \frac{Ba}{Ca} \cdot \frac{Cb}{Ab} = -\frac{m_2}{m_1} \cdot \frac{m_3}{m_2} \cdot \frac{m_1}{m_3} = -1$$

ou

$$Ac \, . \, Ba \, . \, Cb = - Ab \, . \, Ca \, . \, Bc \qquad (47)$$

théorème que l'on peut énoncer :

Trois droites concourantes, issues respectivement des trois sommets d'un triangle, déterminent sur les côtés opposés six segments tels que le produit de trois segments non adjacents, comptés chacun à partir d'un sommet du triangle, est égal et de signe contraire au produit des trois autres.

Il est clair que le choix de la direction positive sur chaque côté du triangle est arbitraire, puisqu'en changeant l'une d'elles, les deux membres de l'égalité (47) changent de signe. On voit aussi facilement que, quelle que soit la position du point O dans le plan du triangle, les trois points de partage a, b, c, sont toujours répartis en nombre impair sur les côtés du triangle et en nombre pair sur leurs prolongements.

3. *Condition pour que quatre points en ligne droite forment un rapport harmonique.* — Soient (x_1, y_1) et (x_2, y_2) les coordonnées de deux points conjugués ; si l'on appelle $\frac{\lambda}{\mu}$ le rapport suivant lequel un des deux autres points partage le segment des deux premiers, les formules (45) donnent pour les coordonnées de ce point

$$x_3 = \frac{\lambda x_2 + \mu x_1}{\lambda + \mu}, \qquad y_3 = \frac{\lambda y_2 + \mu y_1}{\lambda + \mu}.$$

Pour que le quatrième point soit conjugué harmonique du précédent par rapport aux deux premiers, il faudra qu'il partage leur segment dans le rapport $-\frac{\lambda}{\mu}$, ce qui donne pour ses coordonnées

$$x_4 = \frac{\lambda x_2 - \mu x_1}{\lambda - \mu} \qquad y_4 = \frac{\lambda y_2 - \mu y_1}{\lambda - \mu}.$$

Eliminant le rapport $\frac{\lambda}{\mu}$ entre les valeurs de x_3 et x_4, il vient

$$\frac{x_3 - x_2}{x_4 - x_2} = \frac{x_1 - x_3}{x_4 - x_1}.$$

D'où l'on conclut en chassant les dénominateurs et effectuant

$$2(x_1 x_2 + x_3 x_4) = (x_1 + x_2)(x_3 + x_4) \tag{48}$$

qui est la relation qui lie les abscisses des quatre points supposés d'ailleurs en ligne droite. On aurait de même la relation analogue entre les ordonnées. Elle sera souvent utile, et l'on peut observer dès à présent que les abscisses de deux points conjugués n'y figurent que par leur somme et par leur produit.

4. *Déterminer la surface d'un triangle en fonction des coordonnées des sommets.*

Il suffit pour cela de déterminer en valeur absolue la base et la hauteur. La hauteur est la distance de l'un des sommets (x_1, y_1)

par exemple, à la droite qui joint les deux autres (x_2, y_2) et (x_3, y_3). Or cette droite a pour équation

$$\begin{vmatrix} x & y & 1 \\ x_2 & y_2 & 1 \\ x_3 & y_3 & 1 \end{vmatrix} = 0$$

dans laquelle les coefficients de x et de y sont $y_2 - y_3$ et $x_3 - x_2$. Il résulte de là et de la formule (29) que la valeur absolue de la distance du troisième sommet à cette droite aura pour expression l'une des deux quantités

$$\frac{\begin{vmatrix} x_1 & y_1 & 1 \\ x_2 & y_2 & 1 \\ x_3 & y_3 & 1 \end{vmatrix} \sin\theta}{\pm\sqrt{(x_2 - x_3)^2 + (y_2 - y_3)^2 + 2(x_2 - x_3)(y_2 - y_3)\cos\theta}}.$$

Mais si l'on remarque que la valeur absolue du dénominateur est précisément la distance des deux autres sommets, on voit que le numérateur, affecté de celui des deux signes qui le rend positif, est égal au produit des valeurs absolues de la base et de la hauteur, c'est-à-dire au double de la surface ; il en résulte pour la surface l'expression

$$S = \frac{1}{2}\begin{vmatrix} x_1 & y_1 & 1 \\ x_2 & y_2 & 1 \\ x_3 & y_3 & 1 \end{vmatrix} \sin\theta \qquad (49)$$

à la condition de permuter deux lignes dans le déterminant, si le second membre n'est pas positif. En rapprochant cette formule d'une condition déjà trouvée, l'on voit que, lorsqu'on exprime que trois points sont en ligne droite, on écrit que la surface du triangle dont ces points sont les sommets est nulle.

5. *Déterminer la surface d'un polygone en fonction des coordonnées des sommets.*

Soient (x_1, y_1), (x_2, y_2).... (x_n, y_n) les coordonnées des n sommets ; prenons à l'intérieur du polygone un point dont les coordonnées seront x_0 et y_0, et décomposons le polygone en triangles, en joignant ce point à tous les sommets du polygone. Les surfaces de ces divers triangles seront, au facteur près $\frac{1}{2}\sin\theta$, et au signe près

$$\begin{vmatrix} x_0 & y_0 & 1 \\ x_1 & y_1 & 1 \\ x_2 & y_2 & 1 \end{vmatrix}, \quad \ldots\ldots \quad \begin{vmatrix} x_0 & y_0 & 1 \\ x_{n-1} & y_{n-1} & 1 \\ x_n & y_n & 1 \end{vmatrix} \quad \text{et} \quad \begin{vmatrix} x_0 & y_0 & 1 \\ x_n & y_n & 1 \\ x_1 & y_1 & 1 \end{vmatrix}.$$

La surface cherchée devant être indépendante des coordonnées du point choisi à l'intérieur du polygone, il est clair qu'il faudra faire leur somme en prenant devant chaque déterminant le signe qui fera disparaître x_0 et y_0. Or on voit, en développant chacun d'eux par rapport aux termes de la troisième colonne et faisant leur somme en les affectant tous du signe $+$, que les termes en x_0 et y_0 disparaissent et qu'il reste définitivement

$$S = \frac{1}{2}\left(\begin{vmatrix} x_1 & y_1 \\ x_2 & y_2 \end{vmatrix} + \begin{vmatrix} x_2 & y_2 \\ x_3 & y_3 \end{vmatrix} + \ldots + \begin{vmatrix} x_{n-1} & y_{n-1} \\ x_n & y_n \end{vmatrix} + \begin{vmatrix} x_n & y_n \\ x_1 & y_1 \end{vmatrix}\right)\sin\theta \qquad (50)$$

qui est la surface cherchée.

On voit que, dans ce qui précède, on ne s'est appuyé nulle part sur ce que le point (x_0, y_0) a été choisi à l'intérieur du polygone; dans le cas où il aurait été extérieur, un certain nombre de triangles élémentaires auraient dû être pris négativement, pour constituer avec la somme des autres la surface du polygone. Cela prouve que, quelle que soit dans le plan la position du point (x_0, y_0), en écrivant les déterminants ainsi que cela a été fait, c'est-à-dire en augmentant, d'un déterminant à l'autre, d'une unité les indices des deux dernières lignes, chacun d'eux prendra de lui-même le signe qui doit lui être attribué pour que leur somme algébrique fasse la surface du polygone; de telle sorte que la formule trouvée est générale.

6. *Déterminer la surface d'un triangle dont les trois côtés sont donnés par leurs équations.*

Soient

$$\begin{aligned} a_1x + b_1y + c_1 &= 0 \\ a_2x + b_2y + c_2 &= 0 \\ a_3x + b_3y + c_3 &= 0 \end{aligned}$$

les équations des trois côtés; si l'on désigne respectivement par

$A_1, B_1, C_1, \ldots$ les mineurs correspondant aux éléments $a_1, b_1, c_1, \ldots$ dans le déterminant

$$\begin{vmatrix} a_1 & b_1 & c_1 \\ a_2 & b_2 & c_2 \\ a_3 & b_3 & c_3 \end{vmatrix}$$

la résolution des trois systèmes de deux équations fournis par les équations précédentes donne pour les coordonnées des trois sommets

$$\frac{x_1}{A_1} = -\frac{y_1}{B_1} = \frac{1}{C_1}$$
$$\frac{x_2}{A_2} = -\frac{y_2}{B_2} = \frac{1}{C_2}$$
$$\frac{x_3}{A_3} = -\frac{y_3}{B_3} = \frac{1}{C_3}$$

Remplaçant ces coordonnées par leurs valeurs dans l'expression de la surface du triangle en fonction des coordonnées des sommets, il vient

$$S = \frac{1}{2}\begin{vmatrix} \frac{A_1}{C_1} & -\frac{B_1}{C_1} & 1 \\ \frac{A_2}{C_2} & -\frac{B_2}{C_2} & 1 \\ \frac{A_3}{C_3} & -\frac{B_3}{C_3} & 1 \end{vmatrix} \sin\theta.$$

Multipliant la première ligne par C_1, la seconde par C_2, la troisième par C_3 et changeant les signes, ce qui est indifférent, puisque l'on doit prendre définitivement celui qui rendra la surface positive, on a

$$S = \frac{1}{2C_1C_2C_3}\begin{vmatrix} A_1 & B_1 & C_1 \\ A_2 & B_2 & C_2 \\ A_3 & B_3 & C_3 \end{vmatrix} \sin\theta;$$

mais le déterminant du second membre n'est autre que le réciproque du premier et comme tel égal à son carré; on a donc enfin en valeur absolue

$$S = \frac{1}{2C_1C_2C_3}\begin{vmatrix} a_1 & b_1 & c_1 \\ a_2 & b_2 & c_2 \\ a_3 & b_3 & c_3 \end{vmatrix}^2 \sin\theta, \qquad (51)$$

relation homogène séparément par rapport aux trois séries de coefficients et par suite par rapport à leur ensemble, comme on peut le vérifier immédiatement eu égard aux valeurs de C_1, C_2 et C_3.

35. Courbes et points imaginaires. — On dit qu'une courbe est *imaginaire* lorsqu'il n'existe aucune suite de points, reliés les uns aux autres par des arcs de la courbe, dont les coordonnées réelles satisfassent son équation. Si les coefficients de l'équation sont imaginaires, il est clair que la courbe sera imaginaire, car si l'on sépare les parties réelles des parties imaginaires, l'équation pourra toujours s'écrire

$$P+Q\sqrt{-1}=0,$$

P et Q étant des expressions réelles en x et y. Pour que cette équation soit satisfaite par des valeurs réelles de x et y, il faudrait que l'on eût en même temps

$$P=0 \qquad Q=0,$$

ce qui fait voir que les seuls points réels de la courbe sont les points d'intersection de deux autres courbes, et ne sont par conséquent reliés entre eux par aucun arc de la courbe, à moins que P et Q n'aient un facteur commun en x et y, auquel cas la courbe se compose de deux parties distinctes, l'une dont l'équation a ses coefficients réels, et l'autre à coefficients imaginaires et à laquelle le raisonnement s'applique. Mais la réciproque n'est pas vraie ; les courbes imaginaires que nous rencontrerons auront en général leurs coefficients réels. S'il s'agit d'une ligne droite, il faudra, pour qu'elle soit imaginaire, que les coefficients de l'équation soient imaginaires, car, s'ils ne l'étaient pas, nous avons appris à construire la droite, toujours réelle, qui est représentée par l'équation.

Un point est dit imaginaire, lorsque l'une, au moins, de ses coordonnées est imaginaire. Une droite imaginaire passe toujours par un point réel. Si en effet on ordonne son équation par rapport à $\sqrt{-1}$, on pourra toujours la mettre sous la forme

$$P+Q\sqrt{-1}=0,$$

dans laquelle P et Q sont des fonctions du premier degré en x et y.

Cette équation sera satisfaite par le point d'intersection des deux droites

$$P=0, \quad Q=0,$$

lequel peut d'ailleurs être à distance finie ou à l'infini. La droite n'a pas d'autre point réel, puisque la droite qui joint deux points réels est réelle.

Deux points sont imaginaires conjugués, lorsque les coordonnées de l'un s'obtiennent respectivement en changeant $\sqrt{-1}$ en $-\sqrt{-1}$ dans les coordonnées de l'autre. De même deux droites sont imaginaires conjuguées lorsque l'équation de l'une d'elles s'obtient en changeant $\sqrt{-1}$ en $-\sqrt{-1}$ dans l'équation de l'autre. Lorsque les paramètres qui déterminent une droite ont été déterminés par certaines conditions analytiques, il est clair qu'en changeant $\sqrt{-1}$ en $-\sqrt{-1}$ dans les équations qui les traduisent, on obtiendra la droite imaginaire conjuguée de la première. Si par exemple la droite est assujettie à passer par deux points imaginaires, la droite imaginaire conjuguée sera celle qui joindra respectivement les points imaginaires conjugués des points donnés. En particulier si ces points sont imaginaires conjugués, la droite sera à elle-même sa conjuguée, c'est-à-dire que, son équation ne changeant pas lorsqu'on y change $\sqrt{-1}$ en $-\sqrt{-1}$, la droite sera réelle. On voit donc que *la droite qui joint deux points imaginaires conjugués est réelle ;* ce dont on aurait pu s'assurer d'une façon moins élégante en cherchant son équation et vérifiant que le symbole $\sqrt{-1}$ en disparaît.

De même, si un point imaginaire est défini par l'intersection de deux droites imaginaires, il est clair que les deux droites respectivement conjuguées donneront par leur intersection le point imaginaire conjugué. Si les deux droites données sont imaginaires conjuguées, le point sera à lui-même son conjugué, par conséquent ses coordonnées, ne changeant pas lorsqu'on y changera $\sqrt{-1}$ en $-\sqrt{-1}$, seront nécessairement réelles. D'où l'on voit que *le point d'intersection de deux droites imaginaires conjuguées est réel.*

Une droite réelle passe par une infinité de points imaginaires, mais conjugués deux à deux. Il suffit en effet de donner à l'une des coordonnées une valeur imaginaire quelconque pour en déduire pour l'autre une valeur imaginaire. Mais il est clair que si l'on a

$$a(x_1+x_2\sqrt{-1})+b(y_1+y_2\sqrt{-1})+c=0,$$

on aura séparément, a, b et c étant réels,

$$ax_1+by_1+c=0; \qquad ax_2+by_2+c=0,$$

par suite

$$a(x_1-x_2\sqrt{-1})+b(y_1-y_2\sqrt{-1})+c=0,$$

c'est-à-dire que la droite passe par le point imaginaire conjugué.

De même un point réel est l'intersection commune d'une infinité de droites imaginaires, mais conjuguées deux à deux.

36. Ligne droite en coordonnées polaires. — Soient OX l'axe polaire et AB la droite donnée (fig. 23); soient p la lon-

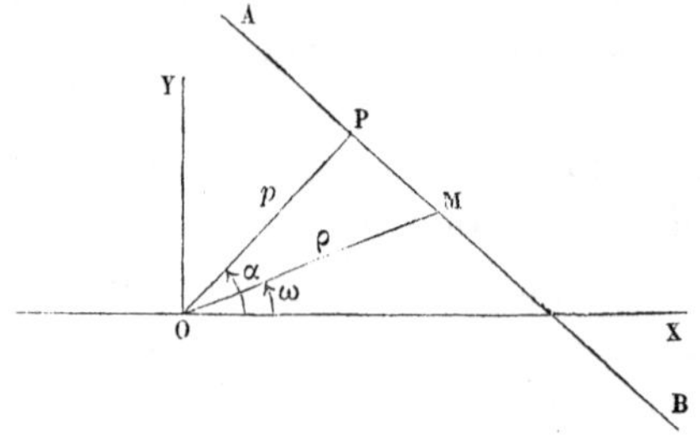

Fig. 23

gueur OP de la perpendiculaire abaissée de l'origine sur la droite et α l'angle que fait la direction OX de l'axe polaire avec la direction OP. Si l'on appelle ρ et ω les coordonnées d'un point quelconque M de la droite, et si l'on projette le contour OPM sur la perpendiculaire OP, on a

$$p=\rho\cos(\alpha-\omega),$$

d'où l'on tire

$$\rho=\frac{p}{\cos(\alpha-\omega)},$$

relation générale, comme il est facile de s'en assurer, quelle que soit la position du point M sur la droite.

Réciproquement, toute équation de la forme

$$\rho = \frac{c}{a\cos\omega + b\sin\omega} \tag{52}$$

représente une ligne droite, dont les paramètres p et α sont donnés, au moyen d'une identification, par les formules

$$\frac{a}{c} = \frac{\cos\alpha}{p}, \quad \frac{b}{c} = \frac{\sin\alpha}{p}.$$

On en tire

$$\frac{\cos\alpha}{a} = \frac{\sin\alpha}{b} = \frac{p}{c} = \pm\frac{1}{\sqrt{a^2+b^2}},$$

expressions qui répondent, par rapport aux axes de coordonnées rectangulaires OX et OY, à la droite dont l'équation est

$$ax + by - c = 0,$$

comme on le vérifie du reste en remplaçant dans cette équation x et y par les valeurs (22) $\rho\cos\omega$ et $\rho\sin\omega$.

Si la droite est parallèle à l'axe polaire, le coefficient a est nul; si elle lui est perpendiculaire, c'est le coefficient b qui s'évanouit. Enfin, si elle passe par l'origine, la distance p étant nulle, le coefficient c devient égal à zéro, et ρ n'étant pas nul pour toute valeur de ω, l'équation s'obtient en égalant à zéro le dénominateur ; d'où l'on tire, comme c'était évident directement

$$\omega = k.$$

L'équation générale (52) peut s'écrire

$$a\cos\omega + b\sin\omega - \frac{c}{\rho} = 0.$$

Si l'on veut que la droite passe par un point donné dont les coordonnées seraient ρ_1 et ω_1, on aura la condition

$$a\cos\omega_1 + b\sin\omega_1 - \frac{c}{\rho_1} = 0,$$

d'où il résulte, en multipliant la première par ρ, la seconde par ρ_1 et retranchant la seconde de la première

$$\rho(a \cos\omega + b \sin\omega) = \rho_1(a \cos\omega_1 + b \sin\omega_1)$$

qui est l'équation générale des droites passant par un point donné et qui ne renferme plus qu'un paramètre variable, le rapport $\frac{a}{b}$.

Si la droite doit passer par un second point (ρ_2, ω_2), on aura

$$a \cos\omega_2 + b \sin\omega_2 - \frac{c}{\rho_2} = 0,$$

d'où l'on tire, par l'élimination de a, b, c

$$\begin{vmatrix} \cos\omega & \sin\omega & \frac{1}{\rho} \\ \cos\omega_1 & \sin\omega_1 & \frac{1}{\rho_1} \\ \cos\omega_2 & \sin\omega_2 & \frac{1}{\rho_2} \end{vmatrix} = 0,$$

qui est l'équation de la droite passant par les deux points donnés.

Si le second point est à l'infini dans la direction ω_2, on a alors

$$\frac{1}{\rho_2} = 0$$

et il vient

$$\begin{vmatrix} \cos\omega & \sin\omega & \frac{1}{\rho} \\ \cos\omega_1 & \sin\omega_1 & \frac{1}{\rho_1} \\ \cos\omega_2 & \sin\omega_2 & 0 \end{vmatrix} = 0,$$

qui est l'équation de la parallèle menée par le point (ρ_1, ω_1) à la direction ω_2.

Si le second point est à l'infini dans la direction $\omega_2 + \frac{\pi}{2}$, l'équation devient

$$\begin{vmatrix} \cos\omega & \sin\omega & \frac{1}{\rho} \\ \cos\omega_1 & \cos\omega_1 & \frac{1}{\rho_1} \\ -\sin\omega_2 & \cos\omega_2 & 0 \end{vmatrix} = 0;$$

c'est l'équation de la perpendiculaire menée par le point (ρ_1, ω_1) à la direction ω_2.

L'équation de la droite qui joint deux points peut encore s'écrire, en développant

$$\frac{1}{\rho}\sin(\omega_1-\omega_2)+\frac{1}{\rho_1}\sin(\omega_2-\omega)+\frac{1}{\rho_2}\sin(\omega-\omega_1)=0.$$

Exercices. 1. — Lieu des points également distants de deux points donnés.

2. — Lieu des points dont la différence des carrés des distances à deux points fixes est constante.

3. — Par un point variable de la base d'un triangle on mène parallèlement à une direction donnée un segment de longueur fixe de façon qu'il soit partagé par la base dans un rapport donné ; trouver le lieu du point d'intersection des droites qui joignent ses extrémités à celles de la base.

4. — Si les n côtés d'un polygone tournent autour de n points fixes en ligne droite, tandis que $n-1$ sommets décrivent $n-1$ droites fixes, le n^{me} sommet décrit une ligne droite.

5. — Si les n sommets d'un polygone décrivent n droites fixes concourantes, tandis que $n-1$ côtés pivotent autour de $n-1$ points fixes, le n^{me} côté passe par un point fixe.

6. — Les points de rencontre des hauteurs des quatre triangles obtenus en combinant trois à trois quatre droites quelconques sont en ligne droite.

7. — Dans le cas de la même figure, il y a trois segments de droites qui joignent le point de rencontre de deux des quatre droites au point de rencontre des deux autres ; les milieux de ces trois segments sont sur une même ligne droite perpendiculaire à celle qui joint les quatre points de rencontre des hauteurs.

8. — Dans tout triangle, le point de rencontre des médianes, le point de concours des hauteurs et le point de concours des perpen-

diculaires élevées sur chaque côté en son milieu sont en ligne droite. La distance du premier point au second est double de celle du premier point au troisième.

9. — Si l'on appelle h_1, h_2, h_3 les trois hauteurs d'un triangle, et si l'on pose

$$h_1h_2+h_2h_3+h_3h_1=p^2,$$

l'expression de la surface du triangle en fonction des trois hauteurs est la suivante

$$S=\frac{h_1^2h_2^2h_3^2}{\sqrt{p^2(p^2-h_1h_2)(p^2-h_2h_3)(p^2-h_3h_1)}}.$$

10. — Si l'on coupe les trois côtés d'un triangle par une ligne droite, et si l'on construit les trois points, symétriques respectivement par rapport au milieu de chaque côté du triangle, des trois points d'intersection, ces trois points sont en ligne droite.

11. — Si l'on appelle médiane antiparallèle d'un triangle la droite issue d'un sommet qui passe par les milieux des cordes antiparallèles au côté opposé, les trois médianes antiparallèles sont concourantes en un point (*centre des médianes antiparallèles*). Ce point est tel que la somme des carrés de ses distances aux trois côtés du triangle est un minimum. Il est le point de concours des médianes du triangle dont les sommets sont les pieds de ces distances ; enfin les trois droites qui joignent les milieux d'un côté du premier triangle au milieu de la hauteur tombant sur ce côté, concourent en ce point.

12. — Étant donnés deux points fixes P et Q, et un triangle ABC, les couples de droites PA, QB et PB, QA interceptent sur les côtés AC et BC deux cordes qui concourent sur la droite PQ.

13. — Trouver le cosinus de l'angle des deux droites dont l'ensemble est représenté par l'équation

$$ax^2+2hxy+cy^2=0$$

et faire voir qu'il est toujours réel, si les coefficients a, h, c sont réels, même si les deux droites sont imaginaires.

14. — Démontrer par des considérations analogues à celles qui ont été développées (§ 35), que le cosinus de l'angle de deux droites imaginaires conjuguées est réel ; tandis que son sinus et sa tangente sont imaginaires et de la forme $b\sqrt{-1}$. Vérifier qu'alors le cosinus est plus grand que l'unité.

CHAPITRE III

COORDONNÉES TANGENTIELLES DE LA LIGNE DROITE. — ÉQUATION TANGENTIELLE DU POINT. — PRINCIPE DE DUALITÉ APPLIQUÉ AU POINT ET A LA LIGNE DROITE. — COORDONNÉES HOMOGÈNES.

37. — L'objet principal du présent chapitre est de signaler la première manifestation d'un grand principe qui régit toutes les propriétés de l'étendue, qui est connu sous le nom de *principe de dualité*, et qu'il est actuellement nécessaire de démontrer en ce qui concerne le point et la ligne droite, vu sa grande importance en géométrie.

Quelques considérations préliminaires sont indispensables à cet effet. On a vu dans le chapitre précédent que l'équation générale de la ligne droite (que nous écrirons maintenant

$$ux + vy + w = 0 \qquad (53)$$

parce que nous voulons faire varier les coefficients, et que les lettres $a, b, c, \ldots$ sont plus habituellement employées pour désigner des grandeurs constantes ou connues), on a vu que cette équation est homogène par rapport à trois paramètres u, v, w, et qu'il faut par conséquent deux relations entre ces trois paramètres pour fixer, en faisant connaître leurs valeurs proportionnelles (*), la position de la

(*) Toute relation entre u, v et w est nécessairement homogène par rapport à ces paramètres ; car, la droite restant la même si tous les termes de son équation sont multipliés par un même nombre, la solution u, v, w entraîne la solution $\lambda u, \lambda v, \lambda w$, quel que soit λ. On peut encore s'en rendre compte en remarquant que, en réalité, l'équation (53) ne renferme que deux paramètres qui sont les rapports de deux d'entre eux au troisième ; or toute relation entre ces deux paramètres devient homogène si l'on chasse le troisième qui est en dénominateur.

droite dans le plan. Si l'on appelle *condition* toute donnée, géométrique ou analytique, qui se traduit par une relation entre les paramètres, on peut dire que *la ligne droite est déterminée par deux conditions*. On en a vu plusieurs exemples simples dans lesquels le problème n'admet qu'une seule solution. Le même fait se représente évidemment toutes les fois que les relations qui lient les paramètres sont du premier degré par rapport à ces paramètres. En général, si ces relations sont respectivement de degrés m et p, la solution ne sera plus unique et le nombre des droites, réelles ou imaginaires, distinctes ou confondues, à distance finie ou à l'infini, qui répondent à la question est précisément égal au produit mp, comme l'indique le théorème de Bezout (*). Si maintenant, au lieu de donner deux relations entre les paramètres, on n'en donnait plus qu'une, la droite, sans être une droite quelconque du plan, ne serait plus déterminée. Elle occuperait dans le plan une suite *continue* de positions, puisque, la relation donnée étant toujours supposée algébrique, les paramètres de la droite varient d'une façon continue. On recherchera plus loin suivant quelle loi se succèdent les différentes positions d'une droite dont les paramètres ne sont assujettis qu'à une relation, mais l'on peut remarquer dès à présent que le degré de cette relation par rapport aux paramètres est encore un élément important de la question. Si, en effet, pour achever de déterminer la droite, on veut l'assujettir à passer par un point fixe, on aura entre les paramètres une nouvelle relation qui sera du premier degré, et qui, jointe à l'équation donnée, fournira un nombre de droites égal au degré de cette équation par rapport aux paramètres. On peut donc dire que, *lorsque les coefficients d'une droite sont assujettis à une seule condition, la droite varie suivant une loi telle que, par un point pris arbitrairement dans le plan, elle passe, réelle ou imaginaire, un nombre de*

(*) On suppose ce théorème démontré en algèbre, au moins pour le cas de deux équations à deux inconnues qui est celui dont il s'agit ici. Pour le rappeler, il consiste en ce que deux équations à deux inconnues admettent des systèmes de solutions communes en nombre égal au produit de leurs degrés, si l'on compte les solutions réelles et imaginaires, les solutions multiples avec leur degré de multiplicité, et enfin les solutions infinies. Ici les deux inconnues sont les rapports de deux des paramètres au troisième ; si une solution est infinie, cela veut dire que le troisième paramètre est nul, et comme les équations fournissent en même temps le rapport des inconnues qui sont devenues infinies, en remplaçant le troisième paramètre par zéro, on aura en général une droite déterminée à distance finie, puisqu'on connaît le rapport des deux autres paramètres. La droite ne s'éloignera à l'infini que si les deux paramètres u et v sont simultanément nuls, car il faut, pour qu'elle prenne cette position limite, que les segments qu'elle intercepte sur les axes de coordonnées grandissent indéfiniment, ce qui exige $u = 0$, $v = 0$.

fois égal au degré de la condition par rapport aux coefficients.

Examinons ce qui arrive si la relation donnée est du premier degré, et soit

$$au + bv + cw = 0 \tag{54}$$

cette relation. Si l'on élimine l'un des coefficients, w par exemple, entre elle et l'équation de la droite, cette dernière n'en renfermera plus que deux, et passera nécessairement par un point fixe. Son équation devient en effet, si on l'ordonne par rapport aux paramètres qui restent

$$u(cx - a) + v(cy - b) = 0$$

elle est satisfaite, quels que soient u et v, par le point dont les coordonnées annulent les parenthèses, c'est-à-dire sont

$$x_1 = \frac{a}{c} \qquad y_1 = \frac{b}{c}. \tag{55}$$

Ainsi *toute relation du premier degré entre les paramètres d'une ligne droite exprime qu'elle passe par un point fixe.*

On pouvait d'ailleurs aussi s'en assurer en identifiant l'équation (54) avec l'équation

$$ux_1 + vy_1 + w = 0$$

qui exprime que la droite (53) passe par le point (x_1, y_1) et en tirant de là les valeurs de x_1 et y_1.

On peut, si l'on veut, dire que les paramètres u, v, w, dont les valeurs proportionnelles fixent dans le plan la position de la droite (53), sont les *coordonnées* de cette droite. En réalité, elles ne sont que deux, savoir : les rapports de deux des paramètres au troisième; mais rien n'empêche, afin de conserver l'homogénéité dans les calculs, de mettre, ainsi que cela a toujours été fait, l'équation de la ligne droite sous forme homogène par rapport à trois paramètres, dont il suffit alors de connaître les valeurs proportionnelles et non pas les valeurs absolues, et ce qui ne change pas le nombre des équations nécessaires pour déterminer ces paramètres. Ainsi, si l'on dit que les paramètres u et v qui fixent la position de la droite

$$ux + vy + 1 = 0$$

sont les deux *coordonnées absolues* de cette droite, on pourra dire aussi que les paramètres u, v, w, dont les valeurs proportionnelles déterminent la droite

$$ux + vy + w = 0 \qquad (53)$$

sont ses *coordonnées homogènes*. Si la droite est donnée, l'une d'entre elles est tout à fait arbitraire, et, lorsqu'elle a été choisie, les deux autres sont connues en valeurs absolues : on peut en effet multiplier le premier membre de l'équation (53) par un nombre arbitraire, sans qu'elle cesse de représenter la même droite. Dans tous les cas, coordonnées absolues ou homogènes d'une droite sont dites coordonnées *tangentielles;* le sens de cette expression sera expliqué plus loin ; il est inutile de s'en préoccuper pour le moment.

38. — Ce qu'on a fait pour la droite, rien n'empêche de le faire pour le point. On a vu jusqu'à présent que la position d'un point dans le plan est déterminée par deux éléments qui sont ses coordonnées x et y; on pourra substituer aux valeurs absolues de ces deux éléments, trois éléments x', y', z' dont il suffira alors de connaître les valeurs proportionnelles. On posera pour cela

$$x = \frac{x'}{z'} \qquad y = \frac{y'}{z'} \qquad (56)$$

et l'on dira alors que les quantités x', y', z' sont les *coordonnées homogènes* du point, dont l'une z' est tout à fait arbitraire, tandis que le rapport des deux autres est le même que celui des coordonnées absolues. Ces dernières étant données, l'indétermination de z' permet d'en conclure une infinité de valeurs pour les coordonnées homogènes, tandis que, réciproquement, si l'on connaît les coordonnées homogènes, les coordonnées absolues s'en déduisent par les formules (56).

Exemple. — *Trouver les coordonnées homogènes du point dont les coordonnées absolues sont* $\frac{2}{3}$ et $\frac{7}{12}$.

Il suffira de prendre des valeurs proportionnelles à 8, à 7 et à 12. Réciproquement, si l'on demande les coordonnées absolues du point dont les coordonnées homogènes sont 8, 7 et 12, on trouve $\frac{8}{12}$ et $\frac{7}{12}$, ou $\frac{2}{3}$ et $\frac{7}{12}$.

Si l'on remplace x et y par les valeurs (56) et si l'on supprime les accents, l'équation de la ligne droite devient

$$ux + vy + wz = 0 \tag{57}$$

C'est l'équation qui détermine dans le plan la ligne droite dont les coordonnées homogènes sont u, v, w. Mais l'équation (54) détermine dans le plan le point dont les coordonnées absolues sont $\frac{a}{c}$ et $\frac{b}{c}$, c'est-à-dire dont les coordonnées homogènes sont a, b et c. On peut donc dire que cette équation représente le point au même titre que l'équation (57) représente la droite. Celle-ci est la condition pour que la droite dont les coordonnées homogènes sont u, v, w passe par le point (x, y, z), tandis que celle-là est la condition pour que le point dont les coordonnées homogènes sont a, b, c soit sur la droite (u, v, w). Un point sera donc représenté par une équation du premier degré entre les coordonnées tangentielles u, v, w; et l'on dira que l'équation (54) est l'équation tangentielle du point.

39. — L'on se trouve ainsi en possession des coordonnées de la droite et de l'équation du point, au moyen desquelles on peut faire la théorie du point, comme on a fait la théorie de la ligne droite au moyen des coordonnées du point et de l'équation de la droite. Pour en donner un exemple, cherchons la *condition pour que trois points donnés par leurs équations soient en ligne droite*. On peut pour cela procéder de deux façons.

1° On peut supposer connue la condition (46) qui exprime que trois points donnés par leurs coordonnées sont en ligne droite. Si en effet les équations des trois points sont

$$a_1u + b_1v + c_1w = 0$$
$$a_2u + b_2v + c_2w = 0$$
$$a_3u + b_3v + c_3w = 0$$

leurs coordonnées absolues sont données par les formules (55)

$$x_1 = \frac{a_1}{c_1} \quad y_1 = \frac{b_1}{c_1}$$
$$x_2 = \frac{a_2}{c_2} \quad y_2 = \frac{b_2}{c_2}$$
$$x_3 = \frac{a_3}{c_3} \quad y_3 = \frac{b_3}{c_3}$$

Substituant dans la condition (46) et multipliant par c_1, c_2, c_3, elle devient

$$\begin{vmatrix} a_1 & b_1 & c_1 \\ a_2 & b_2 & c_2 \\ a_3 & b_3 & c_3 \end{vmatrix} = 0 \qquad (58)$$

2° On peut procéder directement en remarquant que les paramètres de la droite qui joint les trois points doivent satisfaire à la fois leurs trois équations, et que pour qu'elles soient satisfaites par un même système de valeurs de u, v, w, il faut que le déterminant précédent soit nul.

Cherchons encore la *condition pour que trois droites données par leurs coordonnées soient concourantes*. Si les trois systèmes de coordonnées homogènes sont (u_1, v_1, w_1), (u_2, v_2, w_2) et (u_3, v_3, w_3), il résulte de la condition (39) que la condition cherchée est

$$\begin{vmatrix} u_1 & v_1 & w_1 \\ u_2 & v_2 & w_2 \\ u_3 & v_3 & w_3 \end{vmatrix} = 0$$

Mais on peut aussi l'établir directement en remarquant que si

$$au + bv + cw = 0$$

est l'équation du point de concours, on devra avoir identiquement

$$au_1 + bv_1 + cw_1 = 0$$
$$au_2 + bv_2 + cw_2 = 0$$
$$au_3 + bv_3 + cw_3 = 0$$

d'où résulte par l'élimination de a, b, c, la condition précédente.

Si l'on y regarde u_1, v_1, w_1 comme des coordonnées courantes, on obtient l'*équation du point d'intersection de deux droites don-*

nées, puisqu'elle exprime la condition pour qu'une droite variable passe par ce point.

40. — De ce qui précède ressort clairement le principe de dualité, pour ce qui concerne le point et la ligne droite. Supposons en effet que l'on ait démontré un théorème ou résolu un problème dans lequel il n'entre que des points et des lignes droites; et cela, dans le système de coordonnées que l'on s'était borné à considérer jusqu'à présent sous le nom de coordonnées cartésiennes, et que l'on désigne fréquemment, lorsque l'on fait en même temps usage de coordonnées tangentielles ou coordonnées *de droites*, par le nom de coordonnées *ponctuelles* parce que dans ce système c'est le point qui est déterminé par ses coordonnées, homogènes ou non. Dans ce calcul, figurent des équations de droites et des relations entre les coordonnées des points. Si, sans y rien changer, on les interprète différemment en donnant aux variables x, y, z la signification des variables u, v, w, et réciproquement, si l'on a considéré les unes et les autres, c'est-à-dire en supposant que les équations, au lieu de représenter des droites, représentent des points, en supposant en d'autres termes qu'on ait employé les coordonnées tangentielles et non pas les coordonnées ponctuelles, le théorème démontré ou le problème résolu sera totalement différent du premier, et l'on en découvrira l'énoncé si l'on sait interpréter par rapport aux points et aux droites de la nouvelle figure, et dans leur nouvelle signification, les relations qui existaient en coordonnées ponctuelles entre les droites et les points de l'ancienne figure. Cette interprétation va faire l'objet d'une étude spéciale; mais, quelle qu'elle soit, il est dès à présent démontré qu'à toute propriété entre des points et des droites, en correspond une nouvelle entre des droites et des points; à cette seconde correspond évidemment la première, puisque le nouveau mode d'interprétation appliqué à la seconde figure rend à toutes les variables leur ancienne signification. Les deux propriétés sont dites *corrélatives* et le principe qui énonce leur co-existence est le *principe de dualité* qui se trouve ainsi démontré en ce qui concerne le point et la ligne droite.

Pour pouvoir appliquer ce principe, et en faire saisir l'importance par quelques applications, il est nécessaire de trouver les nouvelles significations qui s'attachent à toutes les relations qui ont été démontrées dans la théorie de la ligne droite lorsqu'on vient à y supposer que les paramètres de droites sont des coordonnées de points et inversement.

a. — *A des points en ligne droite dans la première figure correspondent des droites concourantes dans la seconde, et réciproquement.*

La relation qui exprime que le point dont les coordonnées homogènes sont x_1, y_1, z_1 est sur la droite (57) est en effet

$$ux_1 + vy_1 + wz_1 = 0$$

Si l'on y considère x_1, y_1, z_1 comme les coordonnées homogènes d'une droite et u, v, w comme les paramètres de l'équation tangentielle d'un point, elle exprime que l'équation du point est satisfaite par les coordonnées de la droite, c'est-à-dire que la droite passe par le point. Donc à tous les points de la droite (57) correspondent des droites concourantes en un même point, qui est le point correspondant à la droite (57), c'est-à-dire le point dont les coordonnées sont les paramètres de la droite.

Il est clair que la réciproque a lieu, puisque la première figure est celle qui correspond à la seconde.

b. — *Si deux droites font un certain angle, les deux points correspondants sont vus de l'origine des coordonnées, supposées rectangulaires sous un angle égal ou supplémentaire.*

On a vu que l'équation qui exprime que les deux droites

$$u_1x + v_1y = 0$$
$$u_2x + v_2y = 0$$

font l'angle V est, en coordonnées rectangulaires

$$\cos V = \pm \frac{u_1u_2 + v_1v_2}{\sqrt{u_1^2 + v_1^2}\sqrt{u_2^2 + v_2^2}}$$

Mise sous forme entière, elle est du second degré par rapport aux coefficients de chaque droite, ce qui prouve (§ 37), si l'on suppose que l'une d'elles est connue et que l'autre ne l'est pas, qu'il y a deux droites passant par un point et faisant avec une droite donnée un angle donné ou son supplémentaire. Les deux droites coïncident si l'angle donné est nul

$$u_1v_2 - u_2v_1 = 0$$

ou droit

$$u_1 u_2 + v_1 v_2 = 0$$

et la condition exprime alors que la droite passe par le point à l'infini sur la direction de l'autre ou sur la direction perpendiculaire. En général, le point représenté par l'équation générale (54) s'éloigne à l'infini toutes les fois que c étant nul, elle ne renferme pas de terme en w, puisque les coordonnées (55) deviennent infinies.

Cela posé, si l'on remarque que l'équation

$$y_1 x - x_1 y = 0$$

représente la droite qui joint l'origine au point (x_1, y_1), on voit que la relation

$$\cos V = \pm \frac{x_1 x_2 + y_1 y_2}{\sqrt{x_1^2 + y_1^2}\,\sqrt{x_2^2 + y_2^2}}$$

exprime que les droites qui joignent l'origine aux points (x_1, y_1), (x_2, y_2) font l'angle V ou son supplémentaire. Si donc dans la première relation on suppose que les u et les v, au lieu d'être des paramètres de droites, sont des coordonnées de points, on voit que les deux points correspondants sont vus de l'origine sous l'angle V ou son supplémentaire.

Remarque. — Il faut observer que lorsque la première figure n'aura trait qu'à des propriétés *descriptives* (lesquelles consistent, lorsqu'il ne s'agit que de points et de lignes droites, en ce que les premiers sont sur des droites tandis que celles-ci passent par des points déterminés) la seconde figure ne renfermera absolument que les éléments correspondant à ceux de la première. L'on voit au contraire que si la première figure renferme des relations d'angles, l'origine des coordonnées s'introduira dans la seconde figure et le nouvel énoncé, sans être dépourvu d'intérêt, n'aura pas la simplicité du premier. Si même on n'avait pas supposé les axes de coordonnées rectangulaires, l'un d'eux se serait introduit dans la nouvelle figure ; aussi faudra-t-il toujours, en pareil cas, faire la même hypothèse ; faute de quoi le nouvel énoncé, pour être trop général, perdrait sa simplicité et cesserait d'être intéressant. Les relations d'angles rentrent dans la catégorie des propriétés que, par opposition aux propriétés descriptives, on appelle souvent *métriques,* c'est-à-dire qui renferment des éléments susceptibles de mesure, tels que segments de droites, angles, etc. En général, ces dernières sont d'une transformation moins simple que les premières ; la théorie du rapport anharmonique en fournira cependant, un peu plus loin, toute une classe dont la transformation est immédiate.

41. Droite de l'infini. — On a vu que, pour que le point représenté par l'équation générale

$$au + bv + cw = 0 \tag{54}$$

s'éloigne à l'infini, il faut que le terme en w disparaisse et qu'elle se réduise à

$$au + bv = 0 \tag{59}$$

Sa direction est alors déterminée par les formules (55) qui donnent

$$\frac{x_1}{a} = \frac{y_1}{b}$$

équation de la droite sur laquelle le point s'est éloigné à l'infini. Si maintenant, dans l'équation (59), on vient à considérer u et v comme des coordonnées de points, cette équation représente, quels que soient a et b, des droites concourantes (à l'origine). Il suit de là (a) que tous les points dont l'équation tangentielle est l'équation (59) sont en ligne droite.

On peut s'en rendre compte d'une façon non moins évidente en remarquant que si l'on donne, par leurs équations, trois points à l'infini

$$a_1 u + b_1 v = 0$$
$$a_2 u + b_2 v = 0$$
$$a_3 u + b_3 v = 0$$

la condition (58) est satisfaite puisque tous les termes d'une même colonne du déterminant sont nuls, et les trois points sont en ligne droite.

L'on est conduit par là à une proposition qui semble paradoxale au premier abord, mais dont la démonstration est rigoureuse et serait, à vrai dire, presque inutile dès que l'on a admis le postulatum d'Euclide, c'est-à-dire la notion du point unique à l'infini sur une droite. Cette proposition peut s'énoncer ainsi : *tous les points de l'infini sont sur une ligne droite.* Elle s'appelle la *droite de l'infini;* ses coordonnées sont, ainsi qu'on l'a vu dans une note précédente

$$u = 0 \qquad v = 0$$

w étant d'ailleurs quelconque ; et par suite son équation, en coordonnées homogènes, se réduit à

$$z = 0$$

Cette équation représente en effet le lieu des points dont les coordonnées absolues (56) sont infinies. La droite de l'infini est la seule qui, en coordonnées absolues, ne peut pas être représentée par une équation, et c'est peut-être dans ce fait qu'il faut chercher la raison de l'avantage que présentent souvent les coordonnées homogènes.

Il résulte encore de ce qui précède que :

c. — Le point correspondant à la droite de l'infini, dans une transformation par voie de dualité, est l'origine des coordonnées; car à tout point de l'infini correspond une droite passant par l'origine.

42. Exercices. — 1. *Transformer le théorème d'après lequel les trois hauteurs d'un triangle sont concourantes.*

Aux trois sommets A, B, C, du triangle correspondent trois droites que l'on peut désigner par les mêmes lettres ; au côté AB qui joint les sommets A et B correspond (*a*) le point d'intersection AB des droites A et B ; de même aux deux autres côtés du premier triangle correspondent les deux autres sommets du second (fig. 24). A la hauteur AH issue de A correspond en vertu du même principe un point AH situé sur la droite A, et comme la hauteur est perpendiculaire sur le côté opposé, ce point et le sommet BC seront vus de l'origine sous un angle droit ; on l'obtiendra donc en joignant le point O au sommet BC et menant en O une perpendiculaire à cette droite jusqu'à sa rencontre AH avec le côté A. On aura de même les points BH, CH, correspondants aux deux autres hauteurs par la condition que les angles (BH) O (CA) et (CH) O (AB) sont droits. Les trois points AH, BH, CH, qui correspondent à trois droites concourantes, sont en ligne droite, et le théorème pourra s'énoncer ainsi : *Etant donnés un triangle et un point fixe; les trois points, situés respectivement sur chaque côté du triangle, et tels que les segments de droites qui les joignent respec-*

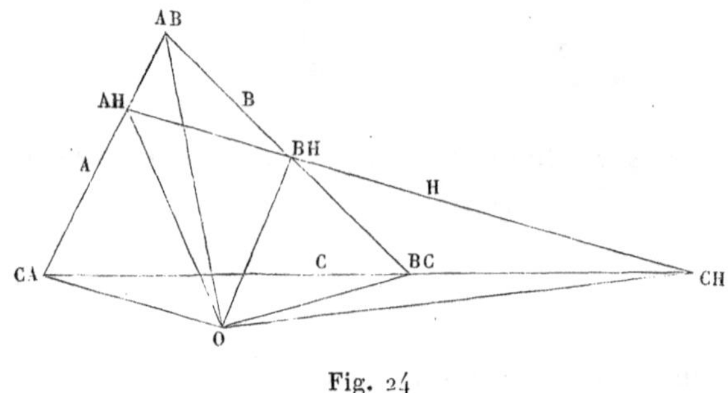

Fig. 24

tivement au sommet opposé sont vus du point fixe sous un angle droit, sont en ligne droite.

La figure formée par quatre droites indéfinies s'appelle un quadrilatère *complet :* il y a trois droites qui joignent le point d'intersection de deux des quatre droites à celui des deux autres, ce sont les trois *diagonales* du quadrilatère ; la longueur de la diagonale est la distance des deux sommets du quadrilatère qu'elle joint ; les quatre droites indéfinies déterminent par leurs intersections mutuelles six points, trois à trois en ligne droite qui sont les six *sommets* du quadrilatère.

Dans la figure précédente, les quatre droites A, B, C, H donnent lieu à un quadrilatère complet dans lequel les diagonales sont les droites qui joignent chaque sommet du triangle avec le point d'intersection de la droite H avec le côté opposé. Chacune des trois diagonales est vue du point O sous un angle droit. L'énoncé ainsi modifié ne distingue en aucune façon la droite H des trois autres, ce qui devait avoir lieu puisque dans la première figure formée par les sommets d'un triangle et le point de concours des hauteurs, l'un quelconque des quatre points est le point de concours des hauteurs du triangle dont les trois autres sont les sommets.

On démontre en géométrie élémentaire, et on vérifiera dans la théorie du cercle, que les cercles ayant pour diamètres respectifs les trois diagonales d'un quadrilatère complet ont les mêmes points d'intersection. C'est dire que, réciproquement, étant donné un quadrilatère complet, il y a deux points (réels ou imaginaires) d'où l'on voit les trois diagonales sous un angle droit ; on leur donne quelquefois le nom de sommets *orthoptiques* du quadrilatère, et le théorème précédent peut encore s'énoncer ainsi :

La figure corrélative des trois sommets d'un triangle et du point de concours des hauteurs est un quadrilatère complet dont l'origine est un des sommets orthoptiques.

Réciproquement, un quadrilatère complet transformé en prenant pour origine un des sommets orthoptiques donnerait lieu à quatre points dont l'un quelconque serait le point de concours des hauteurs du triangle dont les trois autres seraient les sommets.

2. *Transformer la figure formée par un triangle et les points de concours des trois couples de bissectrices.*

L'énoncé est le suivant :

Etant donnés un triangle et un point, si l'on mène les trois couples de bissectrices des angles sous lesquels on voit du point fixe les trois côtés d'un triangle, elles rencontrent respectivement les côtés correspondants en trois couples de points qui sont trois à trois en ligne droite sur les côtés d'un quadrilatère complet dont le point fixe est un sommet orthoptique.

THÉORIE DU RAPPORT ANHARMONIQUE

43. Rapport anharmonique de quatre points. — Cette théorie va nous fournir toute une série de propriétés métriques qui se transforment par le principe de dualité avec la plus grande facilité.

Etant donnés quatre points en ligne droite, a, b, c, d, on appelle *rapport anharmonique* de ces quatre points le quotient du rapport des distances de l'un d'eux à deux des trois autres par le rapport des distances du quatrième aux deux mêmes points, par exemple

$$\frac{ac}{ad} : \frac{bc}{bd}$$

on dit alors que les points a et b sont *conjugués*, ainsi que les points c et d ; il y a réciprocité entre les deux couples de points ; car le rapport précédent est évidemment égal en grandeur et en signe à

$$\frac{ca}{cb} : \frac{da}{db}$$

En conjuguant les points de la même façon, on aurait encore pu prendre le rapport inverse du précédent, mais il est clair que si le premier est connu, le second l'est également; et comme il y a trois façons de former deux couples avec quatre points, l'on voit que le rapport anharmonique de quatre points peut prendre six valeurs différentes, inverses deux à deux. Mais l'on va voir aussi que si l'une d'elles est connue, toutes les autres le sont en même temps. Remarquons pour cela que l'on a généralement, quel que soit l'ordre des quatre points a, b, c, d, la relation symétrique

$$ab.cd + ac.db + ad.bc = 0 \tag{60}$$

entre les six segments que ces points déterminent deux à deux, relation dans laquelle on observe la règle des signes des segments. Si en effet l'on rapporte ces points à une même origine O prise sur la droite qui les joint, et si leurs abscisses sont x_1, x_2, x_3, x_4 la relation précédente devient en tenant compte de la formule générale

$$ab = Ob - Oa$$

$$(x_2 - x_1)(x_4 - x_3) + (x_3 - x_1)(x_2 - x_4) + (x_4 - x_1)(x_3 - x_2) = 0$$

qui est une identité.

Cela posé, si l'on désigne par λ, μ, ν trois des six rapports anharmoniques des quatre points, dont deux ne sont pas inverses, on a

$$\lambda = \frac{ac}{ad} : \frac{bc}{bd} \qquad \mu = \frac{ad}{ab} : \frac{cd}{cb} \qquad \nu = \frac{ab}{ac} : \frac{db}{dc}$$

et l'on vérifie immédiatement, en tenant compte de la relation (60), les équations

$$\frac{1}{\mu} = 1 - \lambda \qquad \frac{1}{\nu} = 1 - \mu \qquad \frac{1}{\lambda} = 1 - \nu \tag{61}$$

qui permettent d'exprimer deux rapports en fonction du troisième. A l'avenir, nous parlerons donc du rapport anharmonique de quatre points comme s'il était unique, puisque la connaissance de l'un d'eux entraîne celle des cinq autres.

Lorsque, trois des points étant donnés, le quatrième d vient à varier sur la droite qui les joint, leur rapport anharmonique λ passe par toutes les valeurs possibles, positives ou négatives, et une fois par chaque valeur ; l'on a en effet

$$\lambda = \frac{ac}{ad} : \frac{bc}{bd} = \frac{ac}{bc} : \frac{da}{db}$$

or on a vu que le rapport $\frac{da}{db}$ passe une fois par toutes les valeurs lorsque le point d décrit la droite, il en sera donc de même du rapport λ. On peut dès lors se proposer, *étant donnés trois des points, de trouver la position du quatrième pour laquelle leur rapport anharmonique acquiert une valeur donnée.*

Au fond, le problème revient à partager un segment donné dans un rapport donné, rapport qui est fonction du rapport anharmonique donné et des distances mutuelles des trois points donnés ; la question est donc résolue analytiquement par les formules (45) : l'on a en effet

$$\frac{da}{db} = \frac{1}{\lambda} \frac{ac}{bc}$$

il suffira donc d'y remplacer le rapport $\frac{\lambda}{\mu}$ par

$$-\frac{1}{\lambda} \frac{x_3 - x_1}{x_3 - x_2}$$

le signe — provenant de ce que, dans l'établissement de ces formules, le rapport $\frac{\lambda}{\mu}$ est égal et de signe contraire au rapport des distances du point cherché aux points donnés. On aura alors pour l'abscisse du point d

$$x_4 = \frac{x_2(x_3 - x_1) - \lambda x_1(x_3 - x_2)}{x_3 - x_1 - \lambda(x_3 - x_2)} = \frac{x_3(x_2 - \lambda x_1) - x_1 x_2(1 - \lambda)}{x_3(1 - \lambda) - (x_1 - \lambda x_2)}$$

Si l'on résout par rapport à λ, on trouve facilement

$$\lambda = \frac{(x_3 - x_1)(x_4 - x_2)}{(x_4 - x_1)(x_3 - x_2)} = \frac{x_3 - x_1}{x_4 - x_1} : \frac{x_3 - x_2}{x_4 - x_2} \tag{62}$$

qui donne l'expression du rapport anharmonique de quatre points en fonction de leurs abscisses, et qu'on aurait pu trouver directement en remplaçant la projection de chaque segment sur l'axe OX par sa valeur dans celle de λ.

La solution géométrique du problème précédent, due à M. Chasles, est plus intéressante : soient a, b, c les trois points (fig. 25); par le conjugué c du point cherché menons une droite quelconque sur laquelle on prendra les longueurs $c\alpha$, $c\alpha'$ dont le rapport $\frac{c\alpha}{c\alpha'}$ soit égal au rapport donné, dans le même sens si ce rapport est positif,

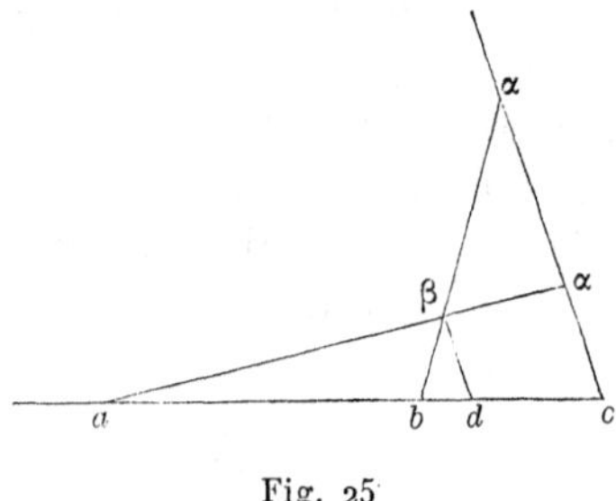

Fig. 25

et en sens contraire s'il est négatif. Si l'on joint $a\alpha$ et $b\alpha'$ qui se coupent en β, et si par le point β l'on même une parallèle à $c\alpha\alpha'$, elle passera par le point cherché, car les triangles semblables donnent entre les valeurs absolues des segments

$$\frac{bc}{bd}=\frac{c\alpha'}{d\beta} \qquad \frac{ac}{ad}=\frac{c\alpha}{d\beta}$$

d'où

$$\frac{ac}{ad}:\frac{bc}{bd}=\frac{c\alpha}{c\alpha'}=\lambda$$

L'on voit de plus facilement qu'en toute hypothèse le rapport $\frac{ac}{ad}:\frac{bc}{bd}$ est positif si les longueurs $c\alpha$, $c\alpha'$, ont été portées dans le même sens, et négatif dans le cas contraire.

Si l'on recherche toutes les valeurs que peut prendre le rapport anharmonique λ quand le point d décrit toute la droite abc, on trouve que les trois points étant dans l'ordre a, b, c, il est positif toutes les fois que le point d n'est pas situé entre a et b, variant de o à 1 de b en c, de 1 à $\frac{ac}{bc}$ lorsque d partant de c s'éloigne indéfiniment à droite, auquel cas les segments ad et bd peuvent être considérés comme égaux. Lorsqu'ensuite d passe à gauche et vient en a, λ varie de $\frac{ac}{bc}$ à $+\infty$. Enfin de a en b, il prend toutes les valeurs négatives de $-\infty$ à o ; pour une certaine position du point d entre a et b, il est égal à -1 ; on dit alors que les quatre points forment un *rapport harmonique*, ou encore que d est *conjugué harmonique* de c par rapport à a et b.

Rapport anharmonique de quatre droites.

THÉORÈME. — *Quatre droites concourantes sont rencontrées par une transversale quelconque suivant quatre points dont le rapport anharmonique est constant.*

Prenons pour origine des coordonnées le point de concours des quatre droites dont les équations seront

$$u_1x+v_1y=0$$
$$u_2x+v_2y=0$$
$$u_3x+v_3y=0$$
$$u_4x+v_4y=0$$

et soit

$$\frac{x-x_1}{a}=\frac{y-y_1}{b}=\rho$$

l'équation d'une droite variable, passant par un point fixe (x_1, y_1). La distance ρ de ce point au point d'intersection de la droite variable avec la première droite fixe sera donnée par

$$u_1(x_1+a\rho)+v_1(y_1+b\rho)=0$$

d'où

$$\rho_1=-\frac{u_1x_1+v_1y_1}{u_1a+v_1b}$$

On aura de même, par un changement d'indices, les longueurs ρ_2, ρ_3, ρ_4 et le rapport anharmonique des quatre points d'intersection sera

$$\frac{(\rho_3-\rho_1)(\rho_4-\rho_2)}{(\rho_4-\rho_1)(\rho_3-\rho_2)}$$

Substituant et chassant les dénominateurs, il devient

$$\frac{[(u_3x_1+v_3y_1)(u_1a+v_1b)-(u_1x_1+v_1y_1)(u_3a+v_3b)]\ [(u_4x_1+v_4y_1)(u_2a+v_2b)-(u_2x_1+v_2y_1)(u_4a+v_4b)}{[(u_4x_1+v_4y_1)(u_1a+v_1b)-(u_1x_1+v_1y_1)(u_4a+v_4b)]\ [(u_3x_1+v_3y_1)(u_2a+v_2b)-(u_2x_1+v_2y_1)(u_3a+v_3b)}.$$

Si d'ailleurs l'on remarque que chacune des quatre parenthèses renferme le facteur $bx_1 - ay_1$ et si on le supprime deux fois au numérateur et deux fois au dénominateur, il reste

$$\frac{(u_1v_3 - u_3v_1)(u_2v_4 - u_4v_2)}{(u_1v_4 - u_4v_1)(u_2v_3 - u_3v_2)} \qquad (63)$$

expression indépendante de a et de b, ainsi que de x_1 et de y_1, et ne dépendant que des directions des quatre droites données ; d'où résulte la proposition en question. Cette expression est dite le *rapport anharmonique des quatre droites*. Elle peut s'écrire

$$\frac{u_1v_3 - u_3v_1}{u_1v_4 - u_4v_1} : \frac{u_2v_3 - u_3v_2}{u_2v_4 - u_4v_2}$$

et l'on voit sous cette forme, eu égard à l'expression (34) du sinus de l'angle de deux droites, que le rapport anharmonique de quatre droites est formé, en grandeur et en signe, avec les sinus de leurs angles, comme celui de quatre points avec les segments qu'ils déterminent. Il est égal, en désignant par $\overline{AC}$ l'angle que fait la droite A avec la droite C, à

$$\frac{\sin \overline{AC}}{\sin \overline{AD}} : \frac{\sin \overline{BC}}{\sin \overline{BD}}$$

comme d'ailleurs la géométrie le fait voir immédiatement, si l'on coupe par une droite quelconque et si l'on applique le théorème relatif à la proportionnalité entre les côtés d'un triangle et les sinus des angles opposés. Il est susceptible, comme le rapport anharmonique de quatre points, de six valeurs inverses deux à deux et liées par les mêmes relations.

Il résulte de là que *si l'on joint un point variable du plan à quatre points fixes en ligne droite, le faisceau des quatre droites ainsi obtenues a un rapport anharmonique constant*, qui est celui des quatre points.

d. — Lors de la transformation d'une figure par le principe de dualité, le rapport anharmonique de quatre points en ligne droite, ou de quatre droites concourantes de la nouvelle figure, est égal à celui des quatre droites ou des quatre points correspondants de l'ancienne.

Remarquons en effet que le rapport anharmonique (63) ne change pas si, au lieu des quatre droites données, on considère les quatre droites

$$v_1x - u_1y = 0$$
$$v_2x - u_2y = 0$$
$$v_3x - u_3y = 0$$
$$v_4x - u_4y = 0$$

qui joignent respectivement l'origine aux points dont les coordonnées sont (u_1, v_1), (u_2, v_2), (u_3, v_3), (u_4, v_4). Si donc, dans l'expression (63), on regarde les u et les v comme des coordonnées de points, elle représente le rapport anharmonique des droites qui joignent l'origine aux quatre points considérés, qui n'est autre que le rapport anharmonique de ces quatre points, lesquels sont eux-mêmes, dans la transformation de la figure où se trouvaient les quatre premières droites, les points correspondants à ces droites.

44. — Un exemple va en même temps faire saisir l'importance du théorème et faire voir comment on peut procéder dans certains cas pour ramener une relation métrique à ne renfermer que des rapports anharmoniques. Supposons, pour cela, qu'il s'agisse de transformer le théorème exprimé (fig. 22) par l'égalité

$$\mathrm{A}c.\mathrm{B}a.\mathrm{C}b = -\mathrm{A}b.\mathrm{C}a.\mathrm{B}c \tag{47}$$

On peut l'écrire

$$\frac{\mathrm{A}c}{\mathrm{B}c}.\frac{\mathrm{B}a}{\mathrm{C}a}.\frac{\mathrm{C}b}{\mathrm{A}b} = -1$$

ou, en désignant par I, J, K les points respectivement à l'infini sur les trois côtés du triangle

$$\left(\frac{\mathrm{A}c}{\mathrm{B}c}:\frac{\mathrm{AI}}{\mathrm{BI}}\right)\left(\frac{\mathrm{B}a}{\mathrm{C}a}:\frac{\mathrm{BJ}}{\mathrm{CJ}}\right)\left(\frac{\mathrm{C}b}{\mathrm{A}b}:\frac{\mathrm{CK}}{\mathrm{AK}}\right) = -1$$

On a vu en effet que lorsqu'un point s'éloigne à l'infini sur une droite le rapport des distances du point à deux points quelconques de la droite devient égal à l'unité. L'égalité (47) ainsi transformée ne renferme plus que des rapports anharmoniques, et l'on obtiendra dès lors sans difficulté la proposition corrélative. Aux trois côtés du triangle correspondent les trois sommets d'un nouveau triangle. Sur chaque côté du premier, il y a quatre points qui sont : deux sommets du triangle, le point d'intersection du côté avec une certaine droite D issue du sommet opposé, et enfin le point à l'infini. A ces quatre points correspondent quatre droites issues dans le second triangle du sommet correspondant au côté considéré dans le premier triangle; ce sont : deux côtés du triangle, une droite allant rencontrer le côté opposé en un certain point P et une droite allant passer par l'origine, qui correspond, ainsi qu'on l'a vu, à la droite de l'infini. Seulement il faut observer que les trois droites D concourant dans la première figure en un point donné, les trois points correspondants P de la seconde sont sur une droite donnée. Les quatre droites issues du sommet considéré du second triangle ont un certain rapport anharmonique, qui est le même que celui des quatre points correspondants de la première figure, par suite le produit des trois rapports anharmoniques auxquels donnent lieu les trois sommets du second triangle est égal à -1. Le théorème pourrait donc s'énoncer ainsi :

Etant donnés un triangle, une droite fixe et un point fixe, si l'on joint chaque sommet du triangle au point fixe d'une part, au point d'intersection du côté opposé avec la droite fixe d'autre part, ces deux droites et les deux côtés du triangle issus du sommet considéré forment un faisceau tel que le produit des trois rapports anharmoniques des trois faisceaux obtenus avec les trois sommets du triangle est égal à -1.

Mais l'énoncé de ce théorème peut se simplifier considérablement

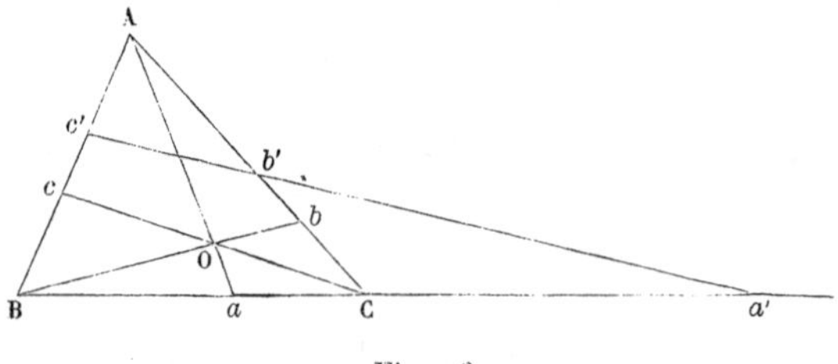

Fig. 26

si l'on tient compte de l'égalité (47). Soit en effet ABC le triangle, O le point fixe et $a'b'c'$ la droite fixe (fig. 26) ; si l'on remplace le rapport anharmonique de chaque faisceau par celui des points d'intersection des droites du faisceau avec le côté opposé au sommet du triangle point de concours des droites du faisceau, le théorème s'exprime par l'égalité

$$\left(\frac{Ba}{Ba'}:\frac{Ca}{Ca'}\right)\left(\frac{Cb}{Cb'}:\frac{Ab}{Ab'}\right)\left(\frac{Ac}{Ac'}:\frac{Bc}{Bc'}\right)=-1$$

ou

$$Ba.Ca'.Cb.Ab'.Ac.Bc'=-Ba'.Ca.Cb'.Ab.Ac'.Bc.$$

Divisant cette égalité par l'égalité (47), il reste

$$Ab'.Ca'.Bc'=Ac'.Ba'.Cb', \tag{64}$$

relation indépendante du point fixe, que l'on démontre facilement en géométrie pure, et qui, avec la relation (47), est le point de départ de la théorie des transversales. Elle s'énonce ainsi : *Une transversale tracée dans le plan d'un triangle donne lieu sur les côtés du triangle à six segments, tels que le produit de trois segments non adjacents est égal en grandeur et en signe au produit des trois autres.*

A peine est-il besoin d'ajouter que la façon dont les points ont été conjugués sur chaque côté du triangle pour former les rapports anharmoniques était forcée, eu égard au mode de groupement dans le premier théorème. L'on voit aussi que, pour que les deux membres de l'égalité (64) soient égaux en grandeur et en signe, il faut qu'il y ait toujours un nombre pair de points de partage sur les côtés du triangle et un nombre impair sur leurs prolongements.

45. Exercices. — *Étant données les quatre droites concourantes*

$$\begin{aligned} X &\equiv u_1x+v_1y+w_1z=0\\ Y &\equiv u_2x+v_2y+w_2z=0\\ \lambda_1X+\mu_1Y &\equiv u_3x+v_3y+w_3z=0\\ \lambda_2X+\mu_2Y &\equiv u_4x+v_4y+w_4z=0 \end{aligned}$$

trouver en fonction de λ_1, μ_1, λ_2, μ_2, *l'expression de leur rapport anharmonique.*

Si l'on identifie $\lambda_1X+\mu_1Y$ avec $u_3x+v_3y+w_3z$, il vient

$$\frac{\lambda_1u_1+\mu_1u_2}{u_3}=\frac{\lambda_1v_1+\mu_1v_2}{v_3}=\frac{\lambda_1w_1+\mu_1w_2}{w_3}=-\nu_1$$

en représentant par $-\nu_1$ la valeur commune des trois rapports. Il en résulte

$$\begin{aligned}\lambda_1 u_1 + \mu_1 u_2 + \nu_1 u_3 &= 0\\ \lambda_1 v_1 + \mu_1 v_2 + \nu_1 v_3 &= 0\\ \lambda_1 w_1 + \mu_1 w_2 + \nu_1 w_3 &= 0\end{aligned}$$

équations qui se réduisent à deux, puisque, les trois droites étant concourantes, on a

$$\begin{vmatrix} u_1 & u_2 & u_3 \\ v_1 & v_2 & v_3 \\ w_1 & w_2 & w_3 \end{vmatrix} = 0.$$

Les deux premières fournissent pour λ_1 et μ_1 les valeurs proportionnelles

$$\frac{\lambda_1}{u_2 v_3 - u_3 v_2} = \frac{\mu_1}{-u_1 v_3 + u_3 v_1}.$$

On aurait de même

$$\frac{\lambda_2}{u_2 v_4 - u_4 v_2} = \frac{\mu_2}{-u_1 v_4 + u_4 v_1}.$$

Remplaçant les binômes qui expriment ces valeurs proportionnelles dans l'expression (63) du rapport anharmonique des parallèles menées par l'origine aux droites données, on obtient pour le rapport cherché $\frac{\lambda_2 \mu_1}{\lambda_1 \mu_2}$.

Si l'on suppose

$$\frac{\mu_1}{y_1} = 1.$$

ce rapport devient $\frac{\lambda_2}{\mu_2}$, et l'on a par là l'interprétation géométrique du rapport $\frac{\lambda}{\mu}$, lorsqu'étant données deux droites

$$X = 0 \qquad Y = 0$$

on considère une troisième droite, passant par leur point de concours, et ayant pour équation

$$\lambda X + \mu Y = 0.$$

Ce rapport est le rapport anharmonique du faisceau des trois droites considérées et de la droite

$$X+Y=0.$$

Un calcul analogue et se déduisant du précédent par voie de dualité donnerait la même expression pour le rapport anharmonique de quatre points en ligne droite dont les équations tangentielles seraient respectivement

$$U=0 \qquad V=0 \qquad \lambda_1 U+\mu_1 V=0 \qquad \lambda_2 U+\mu_2 V=0,$$

c'est-à-dire dont les systèmes de coordonnées homogènes seraient par exemple

$$(x_1,\ y_1,\ z_1) \qquad (x_2,\ y_2,\ z_2)$$

et

$$\lambda_1 x_1+\mu_1 x_2, \quad \lambda_1 y_1+\mu_1 y_2, \quad \lambda_1 z_1+\mu_1 z_2$$
$$\lambda_2 x_1+\mu_2 x_2, \quad \lambda_2 y_1+\mu_2 y_2, \quad \lambda_2 z_1+\mu_2 z_2$$

et l'on en conclurait comme précédemment que si, étant donnés les deux premiers, on considère le point de la droite qui les joint dont les coordonnées sont

$$\lambda x_1+\mu x_2, \quad \lambda y_1+\mu y_2, \quad \lambda z_1+\mu z_2$$

le rapport $\frac{\lambda}{\mu}$ n'est autre que le rapport anharmonique du système des trois points considérés et du point dont les coordonnées sont

$$x_1+x_2, \quad y_1+y_2, \quad z_1+z_2.$$

Si, en particulier, pour revenir aux coordonnées absolues, on suppose que le coefficient de w soit égal à l'unité dans les équations des deux premiers points, ce coefficient devient égal à $\lambda+\mu$ dans l'équation du troisième, et à 2 dans celle du quatrième ; il en résulte que le rapport anharmonique des quatre points

$$(x_1, y_1) \quad (x_2, y_2) \quad \left[\frac{\lambda x_1+\mu x_2}{\lambda+\mu},\ \frac{\lambda y_1+\mu y_2}{\lambda+\mu}\right] \quad \left[\frac{x_1+x_2}{2},\ \frac{y_1+y_2}{2}\right]$$

est égal à $\frac{\lambda}{\mu}$. Or le quatrième est le milieu des deux premiers et le rapport de ses distances aux deux premiers est égal à -1 (page 60, note); l'expression $\frac{\lambda}{\mu}$ est donc égale au rapport changé de signe des distances du troisième point aux deux premiers, c'est-à-dire au rapport suivant lequel le troisième point partage le segment des deux premiers, ce qui est conforme aux formules (45).

46. Théorie du rapport harmonique. — Propriétés du quadrangle et du quadrilatère complets.

On a vu que quatre points a, b, c, d en ligne droite sont en *rapport harmonique*, ou encore forment une *division harmonique*, lorsque les segments qu'ils déterminent sur la ligne droite sont liés par la relation

$$\frac{ac}{bc} = -\frac{ad}{bd}.$$

Il résulte de là que, si l'on conjugue le point a avec le point b et le point c avec le point d, le rapport anharmonique des quatre points est égal à -1. Le point a est dit *conjugué harmonique* du point b par rapport aux points c et d, et réciproquement; pour la même raison le point c et le point d sont conjugués harmoniques l'un de l'autre par rapport aux extrémités du segment ab.

La théorie du rapport harmonique n'est donc qu'un cas particulier que celle du rapport anharmonique. Si l'on joint un point du plan aux quatre points a, b, c, d, le rapport anharmonique des quatre droites ainsi obtenues sera égal à -1, elles formeront un *faisceau harmonique*, et si on coupe ce faisceau par une droite quelconque, on obtiendra quatre points dont le rapport anharmonique sera égal à -1, et qui seront par conséquent en rapport harmonique.

On voit facilement que, pour que les deux membres de la relation indiquée soient égaux en grandeur et en signe, il faut que les deux segments ab, cd formés par les couples de points conjugués empiètent l'un sur l'autre. L'un d'eux, ab, étant donné, les extrémités de l'autre, c et d, sont les points qui partagent le premier suivant des rapports égaux et de signes contraires, et l'on sait que l'un d'eux est à l'intérieur du segment tandis que l'autre est à l'extérieur. Si celui qui est à l'intérieur vient à coïncider avec le milieu du segment, celui qui est à l'extérieur s'éloignera à l'infini et réciproquement; d'où il résulte que *les extrémités et le milieu d'un segment forment avec le point à l'infini une division harmonique.*

Si, dans un faisceau harmonique, on mène une parallèle à l'un des rayons du faisceau, les points d'intersection avec les trois autres rayons devront former avec le point à l'infini une division harmonique, donc l'un d'eux (celui qui correspond au rayon conjugué du rayon parallèle à la droite) sera le milieu des deux autres. Il en résulte une construction simple de la droite conjuguée harmonique d'une droite donnée par rapport à deux autres droites données, toutes les trois concourantes. Il suffira de joindre le point de concours au milieu du segment intercepté par une parallèle à la première droite sur les deux autres.

On a déjà trouvé quelle est la condition pour que quatre points en ligne droite, et donnés par leurs abscisses rapportées à une origine fixe prise sur la droite, forment une division harmonique: x_1, x_2, x_3, x_4 étant les quatre abscisses, cette condition est, en conjuguant les deux premières et les deux dernières,

$$2(x_1x_2+x_3x_4)=(x_1+x_2)(x_3+x_4). \qquad (48)$$

Cette relation importante est d'un usage fréquent: on peut en déduire, pour certaines positions particulières de l'origine, deux relations non moins utiles. Si l'on suppose d'abord que l'origine est l'un des quatre points, il suffit d'y faire $x_1=0$, elle devient

$$2x_3x_4=x_2(x_3+x_4)$$

ou

$$\frac{2}{x_2}=\frac{1}{x_3}+\frac{1}{x_4} \qquad (65)$$

c'est-à-dire que *la distance d'un point à son conjugué est l'inverse de la moyenne des inverses des distances du même point aux deux autres*, ou encore *est la moyenne harmonique des distances du même point aux deux autres*, en appelant, comme on le fait souvent, *moyenne harmonique* des distances d'un point O à n points donnés, a, b, c....., la distance Om déduite de la relation

$$\frac{n}{Om}=\frac{1}{Oa}+\frac{1}{Ob}+\frac{1}{Oc}\cdots\cdot$$

dans laquelle les longueurs sont prises en grandeur et en signe.

Si l'on prend ensuite pour origine le milieu de deux points conjugués, il faut dans la relation (48) faire $x_1 + x_2 = 0$. Elle devient alors

$$x_3 x_4 = x_1^2, \tag{66}$$

c'est-à-dire que le *carré de la moitié du segment dont les extrémités sont deux points conjugués est égal au produit des distances du milieu de ce segment aux deux autres points.*

Si l'on veut trouver aussi la condition pour que quatre droites concourantes forment un faisceau harmonique, il suffira de leur mener des parallèles par l'origine et d'écrire que le rapport anharmonique (63) est égal à -1; ce qui donne

$$(u_1 v_3 - u_3 v_1)(u_2 v_4 - u_4 v_2) + (u_1 v_4 - u_4 v_1)(u_2 v_3 - u_3 v_2) = 0,$$

formule susceptible de simplification et qui devient analogue à la précédente si l'on divise tout par le produit $v_1 v_2 v_3 v_4$, et si l'on pose comme on le fait quelquefois

$$\frac{u_1}{v_1} = m_1, \quad \frac{u_2}{v_2} = m_2, \quad \frac{u_3}{v_3} = m_3, \quad \frac{u_4}{v_4} = m_4;$$

elle devient alors

$$2(m_1 m_2 + m_3 m_4) = (m_1 + m_2)(m_3 + m_4) \tag{67}$$

et l'on voit que la relation est la même, soit entre les abscisses de quatre points en ligne droite, soit entre les coefficients angulaires de quatre droites concourantes.

Si les quatre droites sont données sous la forme

$$\mathbf{X} = 0, \quad \mathbf{Y} = 0, \quad \lambda_1 \mathbf{X} + \mu_1 \mathbf{Y} = 0, \quad \lambda_2 \mathbf{X} + \mu_2 \mathbf{Y} = 0,$$

on sait (§ 45) que leur rapport anharmonique est égal à $\frac{\lambda_2 \mu_1}{\lambda_1 \mu_2}$. Pour qu'elles forment un faisceau harmonique, on devra donc avoir

$$\lambda_2 \mu_1 + \lambda_1 \mu_2 = 0;$$

et comme on peut toujours supposer $\lambda_1 = \lambda_2$, ce qui revient à multiplier l'une des deux dernières équations par un coefficient convenable, il faudra alors que l'on ait

$$\mu_1 + \mu_2 = 0.$$

D'où il résulte que : *étant données deux droites* $X=0$, $Y=0$, *deux autres droites issues de leur point de concours formeront avec elles un faisceau harmonique si leurs équations sont de la forme*

$$\lambda X+\mu Y=0 \qquad \lambda X-\mu Y=0.$$

Si la première est l'équation de l'une des bissectrices de l'angle des droites $X=0$, $Y=0$, on sait que la seconde est l'équation de l'autre bissectrice, d'où l'on conclut que *les côtés d'un angle et ses bissectrices forment un faisceau harmonique* comme cela se voit immédiatement en coupant par une droite quelconque et appliquant le théorème relatif aux bissectrices d'un angle d'un triangle. On peut encore dire que *les côtés d'un angle droit et deux droites symétriques par rapport à ces côtés forment un faisceau harmonique*, puisque les premiers sont les bissectrices des dernières.

De même, si les coordonnées homogènes de trois points en ligne droite sont respectivement

$$(x_1, y_1 z_1), \qquad (x_2, y_2, z_2), \qquad (\lambda x_1+\mu x_2,\ \lambda y_1+\mu y_2,\ \lambda z_1+\mu z_2),$$

celles du conjugué harmonique du dernier par rapport aux deux premiers sont

$$\lambda x_1-\mu x_2, \qquad \lambda y_1-\mu y_2, \qquad \lambda z_1-\mu z_2.$$

Si ensuite, pour revenir aux coordonnées absolues, on fait $z_1=z_2=1$, on retrouve un résultat déjà énoncé (§ 32), savoir que le point conjugué harmonique du point

$$\frac{\lambda x_1+\mu x_2}{\lambda+\mu}, \qquad \frac{\lambda y_1+\mu y_2}{\lambda+\mu}$$

par rapport aux points (x_1, y_1), (x_2, y_2) a pour coordonnées

$$\frac{\lambda x_1-\mu x_2}{\lambda-\mu}, \qquad \frac{\lambda y_1-\mu y_2}{\lambda-\mu}.$$

47. — Le *quadrangle complet* a été défini (§ 30) comme étant la figure formée par quatre points A,B,C,D, et les trois couples de droites qui les joignent deux à deux. Deux droites d'un même couple sont dites deux *côtés opposés* du quadrangle, par exemple AB et CD. Les deux autres couples sont AD et BC d'une part, AC et BD de l'autre. Les points de concours de deux droites d'un même couple E,F,G, sont dits les *points diagonaux* du quadrangle (fig. 27).

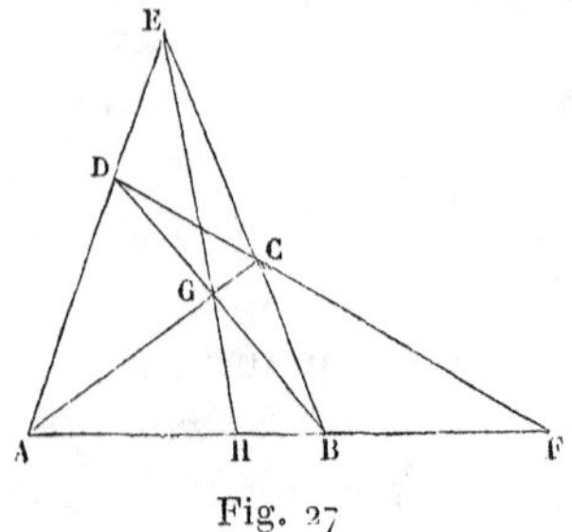

Fig. 27

On considère encore souvent la figure formée par quatre droites, qui est la corrélative de la précédente, et que l'on a appelée (§ 42) *quadrilatère complet*. Aux trois couples de droites du quadrangle correspondent trois couples de points du quadrilatère ; ces points sont les six sommets du quadrilatère. Deux sommets sont dits *opposés* lorsque l'un d'eux est le point de concours de celles des quatre droites qui ne passent pas par l'autre. Ainsi, dans le quadrilatère

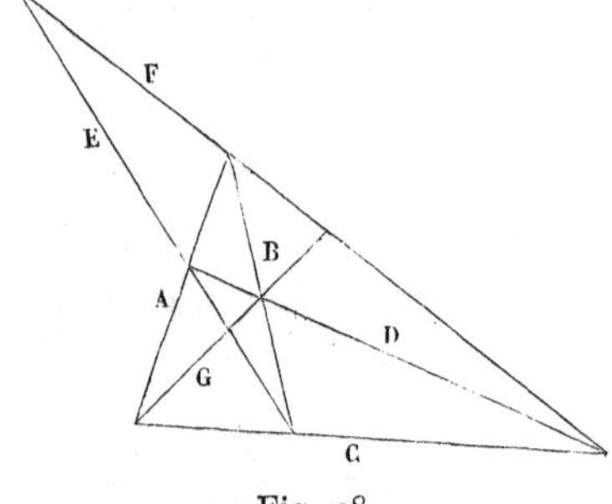

Fig. 28

complet formé par quatre droites A, B, C, D (fig. 28), le point de concours des droites A, B, et le point de concours des droites C, D, sont deux sommets opposés. Aux points diagonaux du quadrangle correspondent dans le quadrilatère les trois droites E, F, G, qui joignent deux sommets opposés. Ces droites sont les *diagonales* du quadrilatère. Les deux figures considérées ne diffèrent donc pas essentiellement et on les confond souvent l'une avec l'autre, ce qui peut quelquefois se faire sans inconvénient. Mais l'on remarquera que, toutes les fois que la figure sera déterminée par quatre points, ce qui est le cas du quadrangle, on aura à considérer le triangle dont les sommets sont les trois points diagonaux; tandis que, si elle est déterminée par quatre droites, ce qui est le cas du quadrilatère, on aura à considérer le triangle dont les côtés sont les trois diagonales.

THÉORÈME. — *Deux côtés opposés d'un quadrangle complet et les droites qui joignent leur point de concours aux deux autres points diagonaux forment un faisceau harmonique.*

Le triangle ABE (fig. 27) coupé par la transversale DCF donne en effet,

$$AF.BC.ED = +AD.EC.BF$$

d'où

$$\frac{AF}{BF} = \frac{AD.EC}{BC.ED};$$

d'autre part, dans le même triangle, les trois droites concourantes au point G donnent

$$AH.BC.ED = -AD.EC.BH,$$

d'où

$$\frac{AH}{BH} = -\frac{AD.EC}{BC.ED},$$

et par suite

$$\frac{AH}{BH} = -\frac{AF}{BF},$$

Il résulte de là que les quatre points A, B, F, H forment une division harmonique et que, par conséquent, les quatre droites qui les joignent au point E forment un faisceau harmonique (*).

Le théorème corrélatif se trouvera sans peine par voie de dualité et peut s'énoncer ainsi : *Dans un quadrilatère complet, chaque diagonale est partagée harmoniquement par les deux autres.*

Ces deux théorèmes complètent la théorie du rapport harmonique et permettent de construire : le premier, la conjuguée harmonique d'une droite donnée par rapport à deux droites données ; le second, le conjugué harmonique d'un point donné par rapport à deux points donnés.

On a déjà vu plus haut une solution du premier problème, mais celle dont il s'agit dispense de mener une parallèle à une droite

(*) On pourrait croire que cette démonstration est purement géométrique. Elle repose au contraire sur la juxtaposition de deux relations analytiques, démontrées analytiquement (§ 34 et 44), et est par conséquent purement algébrique.

donnée. Soient en effet OA, OC (fig. 29), les deux droites données et OG, celle dont on veut trouver la conjuguée harmonique. Par un point quelconque G de cette droite on mènera deux sécantes rencontrant les deux premières droites respectivement aux points A,B

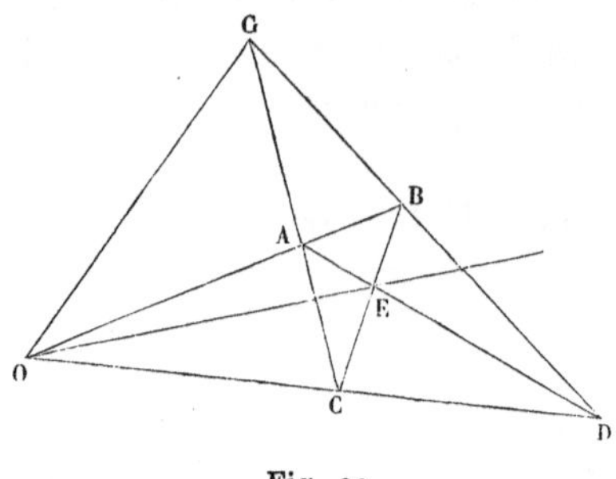

Fig. 29

et C,D ; et si l'on joint AD et BC, le point d'intersection E de ces deux droites appartiendra à la droite cherchée, qui sera la droite OE. Dans le quadrangle complet ABCD, les quatre droites OA, OC, OG, OE forment en effet un faisceau harmonique.

On appelle quelquefois polaire d'un point par rapport à un angle le lieu des points conjugués harmoniques du point donné par rapport aux deux points d'intersection avec les côtés de l'angle d'une sécante variable tournant autour du point donné. Il est clair que ce lieu est la conjuguée harmonique par rapport aux deux côtés de l'angle de la droite qui joint le point donné au sommet de l'angle ; on l'obtiendra par la construction précédente.

Corrélativement, si l'on veut construire le conjugué harmonique

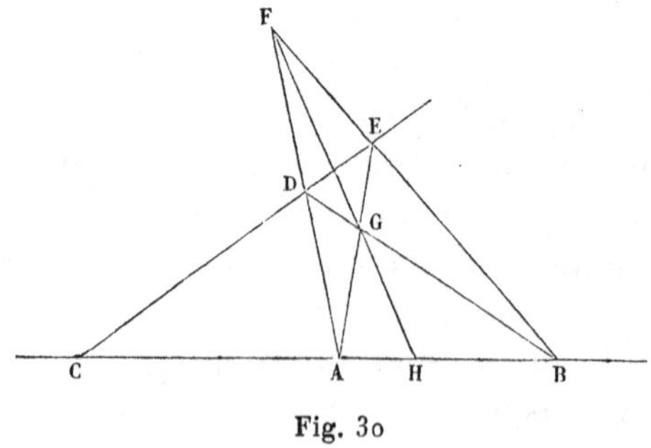

Fig. 30

d'un point par rapport à deux points donnés, le second théorème fournira la construction qui se déduit de la précédente par voie de dualité et qui est la suivante : soient A et B (fig. 30) les deux points donnés et C le troisième point; par le point C on mènera une droite quelconque sur laquelle on prendra arbitrairement deux points D et E; on joindra AE et BD qui se couperont en G; AD et BE qui se couperont en F, la droite FG passera par le point cherché.

48. Coordonnées homogènes ou trilinéaires. — Une seconde démonstration des théorèmes précédents va fournir l'occasion de signaler une nouvelle notation qui est souvent utile par les simplifications qu'elle apporte dans les calculs. Lorsque les variables x et y ne figurent que dans les premiers membres des équations des droites qui jouent un rôle dans la question, on peut souvent se borner à représenter synthétiquement par une lettre le premier membre de chaque équation. On en a déjà vu un exemple lorsqu'on a mis l'équation générale des droites qui passent par le point d'intersection de deux droites données par leurs équations $X=0$, $Y=0$, sous la forme

$$\lambda X+\mu Y=0.$$

Pour généraliser cette notation, on démontre le théorème suivant : *Étant données, dans le plan, trois droites non concourantes, par leurs équations* $X=0$, $Y=0$, $Z=0$; *il existe toujours pour* λ, μ, ν, *un système de valeurs proportionnelles telles que l'équation d'une droite donnée soit :*

$$\lambda X+\mu Y+\nu Z=0. \tag{68}$$

En d'autres termes, l'équation (68) représente toutes les droites du plan lorsqu'on y fait varier λ, μ, ν, de toutes les façons possibles.

Ce théorème important, qui paraît presque évident si l'on remarque que l'équation (68) est du premier degré en x, y, et homogène par rapport à trois paramètres λ, μ, ν, peut se démontrer rigoureusement de deux façons également simples. Il est d'abord évident que, si les trois droites étaient concourantes, Z étant une combinaison homogène de X et de Y, on aurait, par exemple, identiquement

$$Z\equiv\alpha X+\beta Y \tag{69}$$

et, en substituant cette valeur de Z dans l'équation (68), elle se réduirait elle-même à la forme

$$\lambda_1 X+\mu_1 Y=0$$

et ne représenterait par conséquent que les droites passant par le point de concours. Supposons donc que cela n'ait pas lieu : et soit ABC le triangle formé par les trois droites données (fig. 31). Soit D

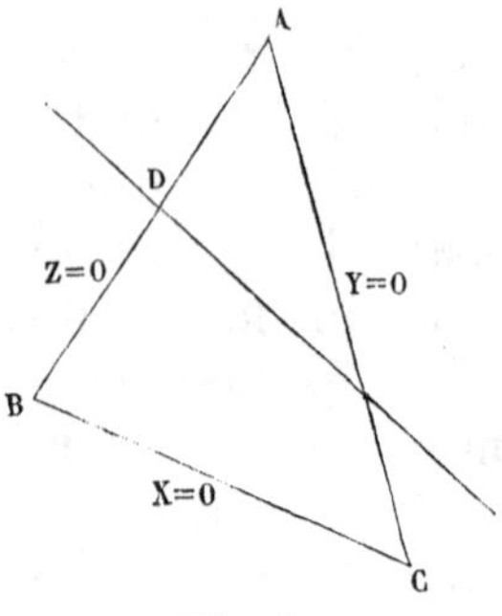

Fig. 31

le point où la droite dont on cherche l'équation rencontre la droite $\mathbf{Z} = 0$; la droite CD passant par le point C, point de concours des droites $\mathbf{X} = 0$, $\mathbf{Y} = 0$, aura une équation de la forme

$$\lambda\mathbf{X} + \mu\mathbf{Y} = 0,$$

d'où il résulte que l'équation cherchée, représentant une droite passant par le point D, sera une combinaison homogène de cette équation et de l'équation $\mathbf{Z} = 0$, c'est-à-dire qu'elle aura la forme (68).

On peut procéder d'une autre façon et trouver les valeurs de λ, μ, ν, en fonction des paramètres des équations des trois droites et de ceux de la quatrième. Soient en effet

$$\mathbf{X} \equiv u_1 x + v_1 y + w_1$$
$$\mathbf{Y} \equiv u_2 x + v_2 y + w_2$$
$$\mathbf{Z} \equiv u_3 x + v_3 y + w_3$$

et

$$ax + by + c = 0$$

l'équation de la droite que l'on veut mettre sous la forme (68). Pour que ces deux équations représentent la même droite, il faudra que leurs coefficients soient proportionnels ; ce qui donne, après avoir remplacé X, Y, Z, par leurs valeurs dans l'équation (68),

$$\frac{\lambda u_1 + \mu u_2 + \nu u_3}{a} = \frac{\lambda v_1 + \mu v_2 + \nu v_3}{b} = \frac{\lambda w_1 + \mu w_2 + \nu w_3}{c} = -\rho$$

en représentant par $-\rho$ la valeur commune des trois rapports ; d'où l'on tire

$$\begin{aligned} \lambda u_1 + \mu u_2 + \nu u_3 + \rho a = 0 \\ \lambda v_1 + \mu v_2 + \nu v_3 + \rho b = 0 \\ \lambda w_1 + \mu w_2 + \nu w_3 + \rho c = 0 \end{aligned} \tag{70}$$

équations qui donnent pour λ, μ, ν, les valeurs proportionnelles

$$\frac{\lambda}{\begin{vmatrix} u_2 & u_3 & a \\ v_2 & v_3 & b \\ w_2 & w_3 & c \end{vmatrix}} = -\frac{\mu}{\begin{vmatrix} u_1 & u_3 & a \\ v_1 & v_3 & b \\ w_1 & w_3 & c \end{vmatrix}} = \frac{\nu}{\begin{vmatrix} u_1 & u_2 & a \\ v_1 & v_2 & b \\ w_1 & w_2 & c \end{vmatrix}}$$

Pour ces valeurs de λ, μ, ν, l'équation (68) représente, en général, la droite donnée. Mais si les trois droites X,Y,Z, sont concourantes, ces valeurs substituées dans l'équation (68) fournissent une identité, ce qui tient à ce que le déterminant

$$\begin{vmatrix} u_1 & v_1 & w_1 \\ u_2 & v_2 & w_2 \\ u_3 & v_3 & w_3 \end{vmatrix}$$

est nul.

Le résultat de l'élimination de λ, μ, ν, ρ entre les équations (68) et (70) est en effet

$$\begin{vmatrix} X & Y & Z & 0 \\ u_1 & u_2 & u_3 & a \\ v_1 & v_2 & v_3 & b \\ w_1 & w_2 & w_3 & c \end{vmatrix} = 0 \tag{71}$$

D'ailleurs, le mineur qui correspond à l'élément zéro étant nul, et à cause de l'identité (69), on a entre les éléments des trois dernières lignes et des trois premières colonnes du déterminant (71) les relations

$$\begin{aligned} u_3 \equiv \alpha u_1 + \beta u_2 \\ v_3 \equiv \alpha v_1 + \beta v_2 \\ w_3 \equiv \alpha w_1 + \beta w_2 \end{aligned}$$

Ce déterminant ne peut donc être nul que si l'on a la même relation entre les éléments correspondants de la première ligne, ce qui donne l'identité (69). On peut encore s'en assurer en remplaçant u_3, v_3, w_3 par les valeurs précédentes dans celles de λ, μ, ν; chacune de ces dernières se décompose alors en deux déterminants dont l'un est nul, et il reste, en supprimant l'autre qui est facteur commun,

$$\frac{\lambda}{\alpha}=\frac{\mu}{\beta}=-\nu,$$

de telle sorte que l'équation (68) se réduit à l'identité (69).

On donne souvent à cette notation le nom de *notation abrégée;* mais, si l'on considère synthétiquement les expressions X,Y,Z, elle constitue, à proprement parler, un nouveau système de coordonnées que l'on appelle *homogènes* ou *trilinéaires* et dans lequel un point est déterminé par les rapports des quantités X_1, Y_1, Z_1, résultats obtenus en substituant ses coordonnées dans les expressions X,Y,Z ; c'est-à-dire par des valeurs proportionnelles à ses distances à trois droites fixes. Les trois droites auxquelles on rapporte ainsi toutes les droites du plan forment un triangle qu'on appelle *triangle de référence.*

Si l'on suppose que l'un des côtés du triangle s'éloigne à l'infini, on retombe sur le cas particulier des coordonnées cartésiennes, dans lequel les deux axes ont pour équations $x=0$, $y=0$, et la droite de l'infini, par l'introduction d'une troisième variable, $z=0$. Il est manifeste qu'un grand avantage de cette notation sera de permettre de supposer alternativement que l'un des côtés du triangle de référence est à l'infini ou à distance finie, c'est-à-dire de réaliser analytiquement l'opération géométrique de la perspective ou *projection conique*, dans laquelle on projette d'un point fixe tous les points d'une figure sur un autre plan non parallèle à celui de la figure ; et qui permet de généraliser les théorèmes qui n'ont trait qu'à des propriétés projectives, en introduisant une nouvelle droite qui est celle qui correspond à la droite de l'infini : d'où l'on conclut déjà que l'emploi des coordonnées homogènes sera surtout utile lorsqu'il ne s'agira que de propriétés projectives, au nombre desquelles il faut placer les propriétés descriptives et celles des propriétés métriques qui ne renferment, explicitement ou non, que des rapports anharmoniques.

Si l'on veut, par exemple, l'équation de la droite de l'infini dans ce nouveau système de coordonnées, il suffit de supposer $a=0$,

$b = 0$, on obtient alors, en remplaçant λ, μ, ν, par leurs valeurs proportionnelles,

$$(u_2 v_3 - u_3 v_2) X + (u_3 v_1 - u_1 v_3) Y + (u_1 v_2 - u_2 v_1) Z = 0.$$

49. — Un exemple fera ressortir le mode d'emploi de cette nouvelle notation. Si l'on considère un quadrilatère complet (fig. 32),

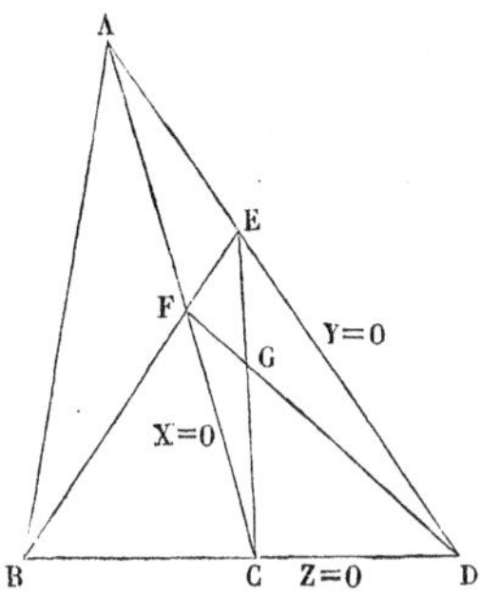

Fig. 32

dont trois côtés seront pris pour former le triangle de référence, on peut se proposer de chercher les équations des trois diagonales. D'abord, le quatrième côté étant donné, son équation aura la forme

$$\lambda X + \mu Y + \nu Z = 0 \tag{68}$$

dans laquelle λ, μ, ν, sont des quantités connues. La diagonale AB, passant par le point A, sera de la forme

$$\alpha X + \beta Y = 0.$$

Passant par le point B, elle devra en outre être une combinaison de (68) et de $Z = 0$. Mais, pour être de la première forme, elle ne doit pas renfermer de terme en Z, on obtiendra donc son équation en faisant $Z = 0$ dans (68), ce qui donne

$$\lambda X + \mu Y = 0.$$

On aurait de même, pour l'équation de la diagonale EC

$$\lambda X + \nu Z = 0$$

et pour celle de la diagonale DF

$$\mu Y + \nu Z = 0,$$

de telle sorte que les équations des trois diagonales s'obtiennent successivement en supprimant un terme dans l'équation (68).

Cherchons l'équation de la droite AG; cette droite passe par le point A, son équation ne doit donc pas renfermer de terme en Z; la droite passe aussi par le point G, par suite l'équation doit être une combinaison homogène de celles des deux droites qui déterminent le point G, c'est-à-dire qu'elle sera de la forme

$$\alpha(\lambda X + \nu Z) + \beta(\mu Y + \nu Z) = 0;$$

si on égale à zéro le terme en Z, il vient

$$\alpha + \beta = 0,$$

et l'équation cherchée devient alors

$$\lambda X - \mu Y = 0$$

c'est-à-dire que la droite AG est la conjuguée harmonique de la droite AB par rapport aux deux droites AC et AD, ce qui est le premier des deux théorèmes précédemment démontrés.

Si, au lieu de prouver cette proposition, on avait voulu prouver la suivante : *le faisceau formé par deux côtés adjacents d'un parallélogramme, la diagonale qui passe par leur point de concours et la parallèle à l'autre diagonale, est harmonique*, proposition évidente, et si l'on avait pris pour axes de coordonnées les deux côtés adjacents, en appelant

$$\lambda x + \mu y + \nu z = 0$$

l'équation de l'autre diagonale, le calcul eût été identiquement le même; l'on voit donc bien que la notation trilinéaire a eu l'avantage de prouver par le même calcul un théorème plus général, puisque c'est celui qui se déduit par *projection conique* de la proposition qui vient d'être énoncée. On s'en assure aisément, en remarquant que deux droites parallèles et la droite de l'infini se perspectivent suivant trois droites concourantes, et que les extrémités d'un segment d'une part, son milieu et le point à l'infini de l'autre, se projettent suivant quatre points en rapport harmonique.

Tout ce qui vient d'être dit sur les coordonnées homogènes pourrait se répéter identiquement en considérant les équations

$$X = 0, \quad Y = 0, \quad Z = 0$$

comme étant celles de trois points, en coordonnées tangentielles, pourvu que ces trois points ne soient pas en ligne droite. L'équation générale d'un point du plan serait alors l'équation (68) et le calcul qui vient d'être fait démontrerait, non plus le théorème précédent, mais son corrélatif, qui a également été énoncé plus haut, lequel peut lui-même se déduire par projection conique du suivant : *dans un parallélogramme les diagonales se coupent en parties égales.*

50. — Un dernier exemple achèvera de faire comprendre le mode d'application de cette méthode, en même temps qu'il fournira une nouvelle occasion d'invoquer le principe de dualité. Conservant les mêmes notations, désignons comme précédemment par X_1, Y_1, Z_1, les résultats des substitutions dans les fonctions X, Y, Z, des coordonnées d'un point donné P du plan. L'équation de la droite PA sera de la forme

$$\alpha X + \beta Y = 0$$

avec la condition

$$\alpha X_1 + \beta Y_1 = 0$$

c'est-à-dire que cette équation sera

$$XY_1 - X_1Y = 0$$

sa conjuguée harmonique par rapport aux deux droites $X = 0$, $Y = 0$ sera donc

$$XY_1 + X_1Y = 0 \qquad (72)$$

de même, l'équation de la droite PB sera de la forme

$$\alpha(\lambda X + \mu Y + \nu Z) + \beta Z = 0$$

avec la condition

$$\alpha(\lambda X_1 + \mu Y_1 + \nu Z_1) + \beta Z_1 = 0$$

dans laquelle il suffira de changer le signe de β si, au lieu de la droite PB, on cherche sa conjuguée harmonique par rapport aux droites

$$Z = 0, \qquad \lambda X + \mu Y + \nu Z = 0$$

on en tire pour cette droite l'équation

$$Z_1(\lambda X + \mu Y + \nu Z) + Z(\lambda X_1 + \mu Y_1 + \nu Z_1) = 0 \qquad (73)$$

Enfin l'équation de la droite PG sera de la forme

$$\alpha(\lambda X + \nu Z) + \beta(\mu Y + \nu Z) = 0$$

avec la condition

$$\alpha(\lambda X_1 + \nu Z_1) + \beta(\mu Y_1 + \nu Z_1) = 0$$

ce qui donne pour sa conjuguée harmonique par rapport aux droites

$$\lambda X + \nu Z = 0, \qquad \mu Y + \nu Z = 0$$

l'équation

$$(\mu Y_1 + \nu Z_1)(\lambda X + \nu Z) + (\mu Y + \nu Z)(\lambda X_1 + \nu Z_1) = 0 \qquad (74)$$

Or si on multiplie l'équation (72) par $\lambda\mu$, l'équation (73) par ν, et si on les ajoute, on retrouve précisément l'équation (74). On en conclut que les trois droites représentées par ces équations sont concourantes, d'où ce théorème :

Si l'on joint un point du plan respectivement aux trois points diagonaux d'un quadrangle complet et si l'on prend la conjuguée harmonique de chacune de ces droites respectivement par rapport aux deux côtés opposés du quadrangle avec lesquels elle concourt, ces trois droites sont concourantes.

Le théorème corrélatif est le suivant : *Si sur chaque diagonale d'un quadrilatère complet on prend le point conjugué harmonique par rapport aux extrémités de la diagonale du point de rencontre de cette droite avec une droite donnée du plan, les trois points ainsi obtenus sont en ligne droite.*

Ces quelques exemples et les explications qui les précèdent suffiront peut-être pour faire comprendre les deux modes généraux de transformation que l'on peut déduire de la seule géométrie de la ligne droite ; dont l'un procède par l'application pure et simple du principe de dualité, et l'autre par voie de projection conique, en ramenant à distance finie les éléments à l'infini, et réciproquement. L'étude des figures homographiques achèvera, dans le chapitre qui va suivre, de mettre en lumière les propriétés et l'usage de la transformation par projection.

Exercices. — 1. Former les équations des six côtés d'un quadrangle complet en prenant pour triangle de référence le triangle ayant pour sommets les trois points diagonaux.

2. — On coupe par une droite les trois côtés d'un triangle, on prend sur chaque côté le conjugué harmonique du point d'intersection par rapport aux extrémités du côté et on le joint au sommet opposé ; les trois droites ainsi obtenues sont concourantes.

CHAPITRE IV

NOTIONS SUR LA TRANSFORMATION HOMOGRAPHIQUE DES FIGURES PLANES ET SUR LES TRANSFORMATIONS QUI EN DÉRIVENT.

51. Divisions homographiques sur une même droite. — On dit que deux séries de points sur une même droite ou sur deux droites différentes forment deux divisions homographiques, lorsque ces points se correspondent un à un de telle façon qu'à un point de la première série correspond un seul point de la seconde et réciproquement. Deux points correspondants sont dits *homologues*. Si les points sont sur la même droite, et si l'on rapporte tous les points de la droite à une même origine prise sur cette droite, il est facile d'après cela de trouver la forme de la relation générale qui doit exister entre l'abscisse variable x_1 d'un point de la première série et l'abscisse x_2 du point homologue de la seconde. Si en effet dans cette relation on donne à x_2 une valeur arbitraire, on doit en tirer pour x_1 une seule valeur, elle est donc du premier degré en x_1, par exemple

$$Ax_1 + B = 0$$

pour la même raison elle est du premier degré en x_2, A et B sont donc des polynomes de la forme :

$$Cx_2 + D$$

dans lesquels C et D sont des constantes ; finalement la relation cherchée aura la forme générale :

$$ax_1x_2 + bx_1 + cx_2 + d = 0 \qquad (75)$$

et cette relation, résolue par rapport à l'une des variables, donnera l'abscisse du point de la droite qui correspond à l'autre, c'est-à-dire qu'elle permettra de trouver le point d'une série qui correspond à un point donné de l'autre. Il est évident par là qu'à un point de la droite correspondent deux points différents suivant qu'on le considère comme appartenant à la première ou à la seconde série, puisque l'équation (75), résolue soit par rapport à x_1 soit par rapport à x_2, ne fournit pas les mêmes valeurs. On examinera plus loin le cas particulier où ce fait se présente et qui exige $b = c$, résultat qui ne peut être atteint par aucun changement d'origine et qui est tout à fait spécial.

Théorème. — *Deux divisions, homographiques à une troisième, sont homographiques entre elles.* Si en effet les deux séries de points x_1 et x_2 sont homographiques à la série des points x_3, on a en même temps

$$a_1x_1x_3 + b_1x_1 + c_1x_3 + d_1 = 0$$
$$a_2x_2x_3 + b_2x_2 + c_2x_3 + d_2 = 0$$

d'où résulte, par l'élimination de x_3, une relation homographique entre x_1 et x_2.

Théorème. — *Etant données deux divisions homographiques sur une même droite, le rapport anharmonique de quatre points quelconques de l'une d'elles est égal au rapport anharmonique des quatre points homologues de l'autre.*

Soient en effet x_{11}, x_{12}, x_{13}, x_{14}, quatre points quelconques de la première série, le rapport anharmonique de ces quatre points est donné par l'expression (62), et est égal à

$$\frac{(x_{13} - x_{11})(x_{14} - x_{12})}{(x_{14} - x_{11})(x_{13} - x_{12})}$$

Or l'équation (75) donne pour l'abscisse x_{1p} d'un point quelconque de la première série en fonction de l'abscisse x_{2p} du point correspondant de la seconde, la valeur :

$$x_{1p} = -\frac{cx_{2p} + d}{ax_{2p} + b}$$

Substituant dans le rapport anharmonique précédent à la place de chaque abscisse sa valeur en fonction de l'abscisse du point homologue de la seconde série, il vient en chassant les dénominateurs :

$$\frac{\left[(cx_{23}+d)(ax_{21}+b)-(ax_{23}+b)(cx_{21}+d)\right]\left[(cx_{24}+d)(ax_{22}+b)-(ax_{24}+b)(cx_{22}+d)\right]}{\left[(cx_{24}+d)(ax_{21}+b)-(ax_{24}+b)(cx_{21}+d)\right]\left[(cx_{23}+d)(ax_{22}+b)-(ax_{23}+b)(cx_{22}+d)\right]}$$

Si d'ailleurs l'on remarque que chacune des quatre parenthèses renferme le facteur $bc-ad$, et si on le supprime deux fois au numérateur et deux fois au dénominateur, il reste

$$\frac{(x_{23}-x_{21})(x_{24}-x_{22})}{(x_{24}-x_{21})(x_{23}-x_{22})}$$

qui est le rapport anharmonique des quatre points de la seconde série homologues des quatre points donnés de la première. C.Q.F.D.

52. — Si on considère deux divisions homographiques sur une même droite, elles donnent lieu à plusieurs points remarquables que l'on peut prendre successivement pour origine de façon à simplifier l'équation générale (75). On peut d'abord se proposer de chercher s'il n'existe pas sur la droite de point qui, considéré comme appartenant à l'une des séries, coïncide avec son homologue dans l'autre. Il est clair que les points cherchés s'obtiendront en faisant $x_1=x_2$ dans l'équation (75) et que leurs abscisses seront données par conséquent par l'équation du second degré

$$ax^2+(b+c)x+d=0 \qquad (76)$$

Il y a donc deux points réels ou imaginaires, P et Q, répondant à la question ; on les désigne sous le nom de *points doubles* des deux divisions homographiques.

Si l'un d'eux est pris pour origine, le terme constant devra manquer dans l'équation précédente et manquera par conséquent aussi dans l'équation générale (75). Si on prend pour origine le milieu O des deux points doubles dont l'abscisse, toujours réelle, est donnée par la valeur

$$x=-\frac{b+c}{2a}$$

il faut, pour savoir ce que devient l'équation (75), y remplacer x_1 par $x_1 - \frac{b+c}{2a}$ et x_2 par $x_2 - \frac{b+c}{2a}$.

Elle devient alors

$$ax_1x_2 + \frac{b-c}{2}(x_1 - x_2) - \frac{(b+c)^2 - 4ad}{4a} = 0 \qquad (77)$$

où l'on voit que le terme indépendant a pour numérateur l'expression du signe de laquelle dépend la réalité des points doubles ; comme cela devait être, car si le terme indépendant de la relation homographique (77) s'annule, c'est que l'un des points doubles vient à l'origine : l'origine étant d'ailleurs le milieu des points doubles, il faudra pour cela que les points doubles coïncident ; d'où il suit que le terme indépendant doit s'annuler en même temps que les points doubles coïncident.

Réciproquement, toute relation homographique,

$$ax_1x_2 + b(x_1 - x_2) + d = 0 \qquad (78)$$

dans laquelle les coefficients de x_1 et de x_2 sont égaux et de signes contraires, représente deux divisions rapportées au milieu de leurs points doubles pris pour origine, puisque, si l'on y fait $x_1 = x_2$, l'équation qui donne les points doubles est

$$ax^2 + d = 0$$

qui donne par conséquent pour x deux valeurs égales et de signes contraires, et qui seront réelles ou imaginaires suivant que les coefficients a et d auront ou n'auront pas des signes contraires. Dans ce qui va suivre on supposera toujours que l'origine est le milieu des points doubles.

Il y a encore lieu de considérer deux couples particuliers de points qui sont : en premier lieu, les points I′ et J correspondants au point à l'infini de la droite suivant qu'on le considère comme appartenant à l'une ou à l'autre division ; en second lieu, les points K′ et H correspondants au milieu du segment des points doubles, suivant que l'on considère ce milieu comme appartenant à l'une ou à l'autre division.

En ce qui concerne les premiers, on aura l'abscisse du point homologue du point à l'infini considéré comme appartenant à la première série, en annulant le coefficient de x_1 dans la relation (78), ce qui donne

$$ax_2 + b = 0$$

d'où

$$x_2 = -\frac{b}{a}$$

On aura de même l'abscisse du point homologue du même point, mais considéré comme appartenant à la seconde série, en annulant le coefficient de x_2, d'où l'on tire :

$$x_1 = \frac{b}{a}$$

et les deux couples de points homologues qui viennent d'être ainsi déterminés sont alors

$$\begin{array}{r}\text{Infini}\\ \text{I}'\end{array}\left\{\begin{array}{l}x_1 = \infty\\ x_2 = -\dfrac{b}{a}\end{array}\right. \qquad \begin{array}{r}\text{J}\\ \text{Infini}\end{array}\left\{\begin{array}{l}x_1 = \dfrac{b}{a}\\ x_2 = \infty\end{array}\right.$$

d'où l'on voit que *les deux points homologues, respectivement dans chaque division, du point de l'infini sont situés de part et d'autre du milieu des points doubles à des di tances égales.* Le signe de b déterminera quel est celui des deux dont l'abscisse est positive.

Pour avoir les deux points homologues du milieu des points doubles considérés comme appartenant à l'une ou à l'autre série, on annulera les termes indépendants de x_1 et de x_2 au lieu d'annuler leurs coefficients, et l'on aura de même les deux couples :

$$\begin{array}{r}\text{O}\\ \text{K}'\end{array}\left\{\begin{array}{l}x_1 = 0\\ x_2 = \dfrac{d}{b}\end{array}\right. \qquad \begin{array}{r}\text{H}\\ \text{O}\end{array}\left\{\begin{array}{l}x_1 = \dfrac{d}{b}\\ x_2 = 0\end{array}\right.$$

ce qui prouve encore que *ces deux points sont situés de part et d'autre du milieu des points doubles à des distances égales.*

Si les points doubles sont réels, les coefficients a et d sont de signes contraires ; les points I' et K' sont alors situés du même côté du point O, parce que le produit de leurs abscisses est positif et égal à $-\frac{d}{a}$, c'est-à-dire à $\overline{OP}^2$. On a donc :

$$OI'.OK'.=\overline{OP}^2$$

ce qui fait voir, si l'on se reporte à la relation (66), que *les deux points doubles et les points qui correspondent dans la même série à leur point milieu et au point à l'infini, supposés appartenir à l'autre série, forment une division harmonique.*

Si les points doubles sont imaginaires, le produit OI'. OK' devient négatif, mais le théorème n'en subsiste pas moins ; et ce n'est que lorsque les quatre points d'une division harmonique sont tous réels que deux d'entre eux sont nécessairement du même côté par rapport au milieu du segment des deux autres.

Si on prend le point I' pour origine, il faut dans l'équation (78) remplacer x_1 par $x_1-\frac{b}{a}$, et x_2 par $x_2-\frac{b}{a}$; ce qui fait disparaître le terme en x_1 comme c'était à prévoir, puisque si l'on fait $x_2=0$, la valeur correspondante de x_1 doit être infinie. Si au contraire on avait pris le point J pour origine, c'est le terme en x_2 qui aurait disparu.

On a ainsi déterminé la signification géométrique de l'absence dans l'équation générale (75) de chacun des termes, le premier excepté. Il n'existe en effet aucun changement d'origine qui pourrait le faire disparaître et l'équation $bx_1+cx_2+d=0$ représente deux divisions homographiques d'une espèce particulière. L'équation qui en détermine les points doubles se réduit en effet à $(b+c)x+d=0$; l'un des points doubles est rejeté à l'infini, et si l'on prend l'autre pour origine la relation homographique se réduit à $b'x_1+c'x_2=0$; ce qui prouve que le rapport des distances de l'origine à deux points homologues est constant. On dit alors que les divisions sont *homothétiques ;* et le point double à distance finie est le *centre d'homothétie.*

Si l'on avait en outre $b'+c'=0$, l'équation se réduirait à $x_1=x_2$ et les deux divisions seraient *identiques.*

53. Théorème. — *Deux divisions homographiques à points doubles réels peuvent être considérées comme se composant des couples de points qui forment avec les points doubles un système dont le rapport anharmonique est constant.*

Soient en effet α_1 et α_2 les abscisses de deux points fixes de la droite, x_1 et x_2 les abscisses de deux points variables ; si l'on exprime que le rapport anharmonique de ces quatre points est constant et égal à λ, on aura la relation :

$$\lambda = \frac{\alpha_1 - x_1}{\alpha_2 - x_1} : \frac{\alpha_1 - x_2}{\alpha_2 - x_2} = \frac{(\alpha_1 - x_1)(\alpha_2 - x_2)}{(\alpha_2 - x_1)(\alpha_1 - x_2)}$$

ou en ordonnant par rapport aux variables x_1 et x_2

$$(1-\lambda)x_1x_2 + (\lambda\alpha_1 - \alpha_2)x_1 + (\lambda\alpha_2 - \alpha_1)x_2 + (1-\lambda)\alpha_1\alpha_2 = 0$$

qui est une relation homographique entre x_1 et x_2, ce qui prouve la réciproque du théorème énoncé. Pour démontrer le théorème lui-même, il faut chercher si en identifiant la relation précédente avec la relation générale

$$ax_1x_2 + bx_1 + cx_2 + d = 0 \qquad (75)$$

on peut déterminer les valeurs de α_1, α_2 et λ. L'identification donne

$$\frac{1-\lambda}{a} = \frac{\lambda\alpha_1 - \alpha_2}{b} = \frac{\lambda\alpha_2 - \alpha_1}{c} = \frac{(1-\lambda)\alpha_1\alpha_2}{d}$$

en ajoutant respectivement les termes du second et du troisième rapport, on voit que les rapports précédents sont encore égaux à

$$\frac{(\lambda - 1)(\alpha_1 + \alpha_2)}{b + c}$$

On tire de là :

$$\alpha_1\alpha_2 = \frac{d}{a} \qquad \alpha_1 + \alpha_2 = -\frac{b+c}{a}$$

Ce qui prouve que α_1 et α_2 sont les racines de l'équation du second degré

$$ax^2 + (b+c)x + d = 0$$

c'est-à-dire les abscisses des points doubles des deux divisions homographiques. Quant au rapport anharmonique λ, les rapports précédents donnent

$$\lambda = \frac{c\alpha_2 - b\alpha_1}{c\alpha_1 - b\alpha_2}$$

En substituant dans cette valeur celles des racines de l'équation précédente, dans un ordre quelconque, ce qui est indifférent puisque les deux combinaisons donneront pour λ deux valeurs inverses qui peuvent toutes les deux convenir également pour un rapport anharmonique, on obtient, tout calcul fait,

$$\lambda = \frac{b - c + \sqrt{(b+c)^2 - 4ad}}{b - c - \sqrt{(b+c)^2 - 4ad}} \qquad (79)$$

On voit que ce rapport peut être réel ou imaginaire, et qu'il sera, en général, réel en même temps que les points doubles : toutefois, pour $b = c$, le radical disparaît et λ est toujours égal à -1, que les points doubles soient réels ou imaginaires. Si l'on prend le point O pour origine, sa valeur se simplifie et devient, en remplaçant c par $-b$, et divisant les deux termes de la fraction par 2

$$\lambda = \frac{b + \sqrt{-ad}}{b - \sqrt{-ad}}$$

valeur réelle en même temps que les doubles, car on se rappelle que pour que ceux-ci soient réels, lorsque le point O est pris pour origine, il faut que les coefficients a et d soient de signes contraires. On peut, si l'on veut, dans la valeur de λ, rendre le dénominateur rationnel en multipliant les deux termes de la fraction par le numérateur ; ce qui donne

$$\lambda = \frac{b^2 - ad + 2b\sqrt{-ad}}{b^2 + ad}$$

Il est facile de trouver l'expression géométrique de la valeur de λ : si on considère en effet le couple $(\infty\, \mathrm{I}')$, il forme avec les deux points doubles un système pour lequel l'une des valeurs du rapport anharmonique est $\frac{\mathrm{I'P}}{\mathrm{I'Q}}$.

L'une des valeurs de λ est donc le rapport des distances du point I' aux deux points doubles, ou son inverse suivant la façon dont on combine les quatre points pour trouver le rapport anharmonique. Si l'on considère au contraire le couple (O,K') il forme avec les points doubles un système dont le rapport anharmonique, pris dans le même sens, est $-\frac{K'P}{K'Q}$.

La même valeur de λ est donc encore égale au rapport changé de signe des distances du point K' aux points doubles, et l'on vérifie facilement, en remplaçant les segments par leurs valeurs algébriques, et supposant que l'abscisse du point double P est celle des racines de l'équation (76) qui s'obtient en prenant le signe + devant le radical, que cette valeur est précisément celle qui a été trouvée plus haut (79). Ainsi, il résulte de ce qui précède que l'on a

$$\lambda = \frac{I'P}{I'Q} = -\frac{K'P}{K'Q}$$

d'où il suit que *les quatre points* P, Q, I' et K' *forment une division harmonique*, ce qui a déjà été démontré.

54. — Théorème. — *Deux divisions homographiques, à points doubles imaginaires, peuvent être considérées comme engendrées par les points d'intersection de la droite qui les porte avec les côtés respectifs d'un angle de grandeur constante, tournant dans le même sens autour de son sommet pris en un certain point de la perpendiculaire élevée au milieu des points doubles, sur la droite qui porte les deux divisions.*

Prenons la droite pour axe des abscisses, la perpendiculaire au milieu des points doubles pour axe des ordonnées, et considérons le point S de cette perpendiculaire dont l'ordonnée β est égale à l'abscisse des points doubles, au coefficient $\sqrt{-1}$ près. Cette dernière étant égale à $\sqrt{-\frac{d}{a}}$, on aura

$$\beta = \sqrt{\frac{d}{a}}$$

et β sera réel, puisque par hypothèse les points doubles sont imaginaires. Cela posé, l'équation de la droite joignant le point S au point de la première division dont l'abscisse est x_1 sera

$$\frac{y}{\beta}+\frac{x}{x_1}=1$$

ou

$$x_1y+\beta x-\beta x_1=0$$

De même, l'équation de la droite joignant le point S au point de la seconde division dont l'abscisse est x_2, est

$$x_2y+\beta x-\beta x_2=0$$

Les coordonnées étant rectangulaires, le cosinus de l'angle de ces deux droites est donné par la formule

$$\cos V=\pm\frac{x_1x_2+\beta^2}{\sqrt{x_1^2+\beta^2}\sqrt{x_2^2+\beta^2}}$$

ou, en remplaçant β^2 par sa valeur, élevant au carré et chassant le dénominateur,

$$\cos^2 V=\frac{(ax_1x_2+d)^2}{(ax_1^2+d)(ax_2^2+d)}$$

On voit facilement que le dénominateur peut s'écrire :

$$(ax_1x_2+d)^2+ad(x_1-x_2)^2$$

Si maintenant l'on remplace ax_1x_2+d par $-b(x_1-x_2)$, quantité qui lui est égale en vertu de la relation homographique, et si l'on supprime le facteur commun $(x_1-x_2)^2$, il reste :

$$\cos^2 V=\frac{b^2}{b^2+ad}$$

quantité constante. On en conclut

$$\sin^2 V=\frac{ad}{b^2+ad}$$

d'où

$$\operatorname{tang} V=\pm\sqrt{\frac{ad}{b^2}}=\pm\frac{1}{b}\sqrt{ad}$$

valeur réelle, puisque les coefficients a et d sont de même signe. Les deux signes conviennent également pour la tangente trouvée, et l'on voit sans peine que l'angle aigu ne peut fournir dans chaque division que les points de la droite qui, partant du point qui correspond à l'infini dans l'autre, s'éloignent à l'infini dans la direction de l'origine. Ainsi, si les points de la droite sont rangés dans l'ordre $-\infty$, I′, O, J, $+\infty$; au segment $-\infty$ I′ de la seconde division correspond par le moyen d'un angle obtus le segment J∞ de la première, et il n'y a que le segment I′∞ de la seconde qui fournisse, par le moyen d'un angle aigu, le segment $-\infty$ J de la première.

Dans le cas qui vient d'être étudié, où les points doubles sont imaginaires, le rapport anharmonique λ est encore constant, mais il est imaginaire. On a alors

$$\lambda = \frac{b^2 - ad + 2b\sqrt{-ad}}{b^2 + ad} = \frac{b^2 - ad}{b^2 + ad} + \frac{2b\sqrt{ad}}{b^2 + ad}\sqrt{-1} =$$
$$= \cos 2V \pm \sqrt{-1}\,\sin 2V = e^{\pm 2V\sqrt{-1}}$$

les signes $\pm$ correspondant aux deux façons inverses de compter le rapport λ. On en conclut

$$V = \pm \frac{1}{2\sqrt{-1}}\, L.\lambda \qquad (80)$$

Si, d'ailleurs, on remarque que les droites qui joignent le point S aux deux points doubles, ont pour coefficients angulaires $\pm\sqrt{-1}$ on en conclut le théorème suivant, d'une grande utilité dans les transformations d'angles par voie homographique :

L'angle de deux droites est égal au coefficient $\frac{1}{2\sqrt{-1}}$ *multiplié par le logarithme nepérien du rapport anharmonique formé par les côtés de l'angle avec les deux droites issues du sommet et dont les coefficients angulaires sont* $\pm\sqrt{-1}$.

Les directions imaginaires ainsi déterminées ont une importance particulière, comme cela ressortira de la théorie du cercle, et deux droites parallèles à ces directions sont dites *isotropes*.

Le système des droites isotropes menées par l'origine a pour équation

$$(x + y\sqrt{-1})(x - y\sqrt{-1}) \equiv x^2 + y^2 = 0$$

et si les coordonnées sont obliques

$$x^2+2xy\cos\theta+y^2\equiv[x+y(\cos\theta+\sqrt{-1}\sin\theta)]\,[x+y(\cos\theta-\sqrt{-1}\sin\theta)]=0$$

Ces droites jouissent de deux propriétés caractéristiques : la première consiste en ce que *chacune d'elles est perpendiculaire à elle-même;* on le vérifie facilement au moyen de la condition de perpendicularité (37), ou de la condition (36) si les axes sont obliques. En faisant dans ces conditions $a_1=a_2$, $b_1=b_2$, on démontre que ce sont les seules droites qui jouissent de cette propriété (*). Secondement, *deux points quelconques de l'une d'elles sont à une distance nulle;* on a en effet, si l'on désigne par (x_1, y_1) et (x_2, y_2), les coordonnées rectangulaires des deux points, et en faisant correspondre les signes

$$x_1\pm y_1\sqrt{-1}=0$$
$$x_2\pm y_2\sqrt{-1}=0$$

d'où

$$x_1-x_2\pm\sqrt{-1}\,(y_1-y_2)=0$$
$$(x_1-x_2)^2+(y_1-y_2)^2=0$$

En prenant l'un d'eux pour origine, on voit aussi que cette propriété caractérise les droites isotropes, car on a pour l'autre

$$x^2+y^2\equiv(x+y\sqrt{-1})\,(x-y\sqrt{-1})=0$$

Si l'on fait $V=\frac{\pi}{2}$ dans la relation (80), on en tire

$$\lambda=-1$$

d'où résulte cette troisième propriété des droites isotropes : *deux droites rectangulaires et les droites isotropes issues de leur point d'intersection forment un faisceau harmonique.* On aurait encore pu s'en assurer en faisant dans la relation (67)

$$m_1m_2=-1 \qquad m_3=-m_4=\sqrt{-1}$$

55. — Il reste à examiner le cas où les points doubles coïncident. Alors, si l'on prend toujours leur milieu pour origine, ils se con-

(*) A vrai dire, le cosinus de l'angle que fait avec elle-même une droite isotrope se présente sous la forme $\frac{0}{0}$; on peut donc considérer cet angle comme ayant une valeur quelconque, arbitrairement choisie.

fondent avec ce point et leur abscisse est nulle ; on a donc $d=0$, et l'équation (78) se réduit à

$$ax_1x_2 + b(x_1 - x_2) = 0$$

On en conclut

$$\frac{x_1x_2}{x_1 - x_2} = -\frac{b}{a}$$

ou

$$\frac{1}{x_1} - \frac{1}{x_2} = \frac{a}{b} = \frac{1}{\text{OJ}}$$

Ainsi, la différence des inverses des abscisses de deux points homologues est constante, et cette constante s'obtient en supposant l'un d'eux à l'infini. Si l'un d'eux, partant de l'origine, s'éloigne vers le point J, par exemple, qui correspond à l'infini dans l'autre division, son homologue, d'abord confondu avec lui, s'en éloigne dans le même sens jusqu'à ce que, le premier étant arrivé en J, il soit lui-même à l'infini. Le premier continuant son mouvement jusqu'à l'infini, il passe de l'autre côté de la droite et se rapproche de l'origine jusqu'en I′ ; enfin il parcourt le segment I′O en même temps que l'autre décrit le chemin $-\infty$ O. Les points K′ et H, homologues du point O dans chaque division, sont confondus avec lui ; enfin, le rapport anharmonique λ prend une valeur limite égale à l'unité et l'angle V, dont le sommet devient l'origine, est égal à zéro.

56. — L'équation générale (75) est homogène par rapport à quatre paramètres variables a, b, c, d; il faudra donc, pour la déterminer et faire connaître en même temps les deux divisions homographiques, trois équations entre ces paramètres. Les données peuvent être des couples de points homologues ; les points doubles, lorsqu'ils sont réels, et le rapport anharmonique λ; l'angle V lorsqu'ils sont imaginaires. Supposons, par exemple, que l'on donne trois couples de points homologues, savoir (x_{11}, x_{21}), (x_{12}, x_{22}), (x_{13}, x_{23}), les premiers indices indiquant comme toujours la série à laquelle appartient le point considéré. On aura alors pour déterminer la relation homographique, les trois équations

$$ax_{11}x_{21} + bx_{11} + cx_{21} + d = 0$$
$$ax_{12}x_{22} + bx_{12} + cx_{22} + d = 0$$
$$ax_{13}x_{23} + bx_{13} + cx_{23} + d = 0$$

Les valeurs proportionnelles de a, b, c, d, tirées de ces trois équations et substituées dans l'équation (75) fourniront la relation homographique cherchée. Mais cette substitution revient à l'élimination de a, b, c, d, entre l'équation (75) et les trois équations précédentes ; élimination dont le résultat est

$$\begin{vmatrix} x_1 x_2 & x_1 & x_2 & 1 \\ x_{11}x_{21} & x_{11} & x_{21} & 1 \\ x_{12}x_{22} & x_{12} & x_{22} & 1 \\ x_{13}x_{23} & x_{13} & x_{23} & 1 \end{vmatrix} = 0$$

Le problème est ainsi résolu analytiquement, puisque la relation homographique permet de déterminer tous les éléments des deux divisions. Pour le résoudre géométriquement, il faut savoir construire le point homologue d'un point donné ; les points doubles, s'ils sont réels, et le rapport anharmonique λ ; l'angle V, s'ils sont imaginaires.

Pour trouver, par exemple, le point d' homologue d'un point donné d de la première série, il suffira d'opérer la construction déjà indiquée (§ 43) du point qui, avec les trois points donnés, a', b', c', forme le même rapport anharmonique que les quatre points a, b, c, d. Cette construction, appliquée au point à l'infini considéré comme appartenant à l'une ou à l'autre série, fournira les points I′ et J dont le milieu O est aussi le milieu des points doubles. En cherchant dans l'une ou l'autre série les homologues du point O, on aura les points K′ et H ; enfin, les points doubles P et Q seront fournis par la relation

$$\text{OI}' . \text{OK}' = \overline{\text{OP}}^2$$

Il en résulte que les points doubles seront réels, si les points I′ et K′ sont situés du même côté du point O. Dans ce cas, leur construction revient à celle de la moyenne proportionnelle OP qu'on portera de part et d'autre du point O. Toutefois, il faut remarquer que le problème duquel dépend leur recherche, devant fournir deux solutions, diffère essentiellement par sa nature de tous ceux qui ont été traités jusqu'à présent, dont la solution est unique, et qui sont dits *linéaires* parce que c'est la théorie de la ligne droite qui les résout. Les points doubles une fois construits, on a vu que le rapport anharmonique λ est égal à $\frac{\text{I}'\text{P}}{\text{I}'\text{Q}}$.

Si les points I′ et K′ ne sont pas du même côté du point O, les points doubles sont imaginaires, mais alors la même moyenne proportionnelle portée à partir du point O sur la perpendiculaire à la droite qui porte les divisions, fournit le point S du plan d'où l'on voit sous l'angle constant V ou son supplémentaire le segment de deux points homologues quelconques. Enfin, si le point K′ coïncide avec le point O, les points doubles coïncident avec leur milieu en O.

De cette solution, on passe sans difficulté à celle des problèmes dans lesquels les données ne sont pas trois couples de points homologues.

57. Divisions homographiques sur deux droites différentes. — Il résulte de ce qui a été démontré (§ 43) que si, d'un point R du plan (fig. 33), on projette tous les points d'une droite A

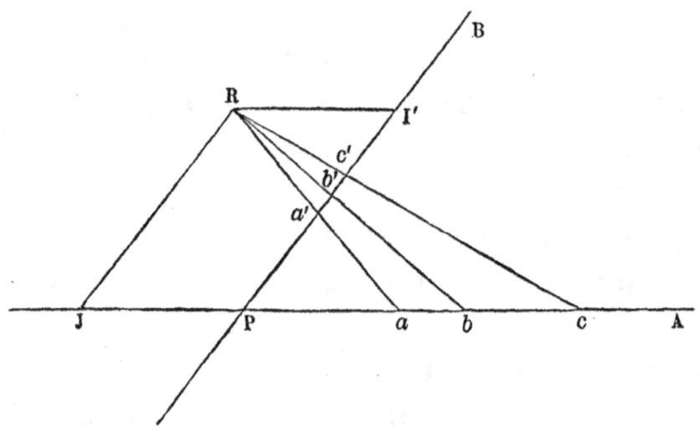

Fig. 33

sur une droite B, les points de la première correspondent un à un à ceux de la seconde, de telle façon que le rapport anharmonique de quatre points de la première est égal à celui des quatre points correspondants de la seconde. On obtient donc ainsi deux divisions homographiques situées sur des droites différentes, relativement auxquelles il faut observer que le point d'intersection des deux droites se correspond à lui-même dans les deux séries. Les points doubles n'existent plus, et ne peuvent apparaître que si l'on fait coïncider la droite A avec la droite B : leur position dépend alors de la façon dont a eu lieu la coïncidence, et ils varient si l'une des droites glisse sur l'autre, comme on le voit en remplaçant dans l'équation (75) l'une des variables, x_1 par exemple, par x_1+h. Le point I′ de la droite B qui correspond au point à l'infini de la droite A s'obtient en menant par le point R une parallèle à la droite A, et le point J de la droite A en menant par le point R une parallèle à la droite B.

Réciproquement, *étant données deux divisions homographiques sur une même droite, que l'on peut supposer portées par des droites différentes, mais coïncidentes, si l'on fait tourner la droite* B *qui porte la seconde autour de l'un des points doubles* P, *de telle façon que le point d'intersection des deux droites se corresponde à lui-même dans les deux séries, les droites qui joignent deux points homologues quelconques sont concourantes*. Soient en effet trois couples de points homologues (a,a'), (b,b') et (c,c'); soit R le point d'intersection des droites aa' et bb' : si la droite Rc rencontrait la droite B en un point c'' différent de c', le rapport anharmonique des quatre points P,a,b,c, serait égal à celui des quatre points P,a',b',c''; ce qui est impossible puisque, par hypothèse c', étant l'homologue de c, est le seul point qui puisse former avec les points P,a',b', un rapport anharmonique égal à celui des points P,a,b,c.

On peut obtenir facilement les coordonnées du point R. Si l'on suppose en effet les deux divisions coïncidentes, et si l'on prend le point double P pour origine, l'équation générale (75) se réduit à

$$ax_1x_2 + bx_1 + cx_2 = 0 \tag{81}$$

Si la droite qui porte la seconde division vient ensuite en PB, on aura toujours la même relation entre les x_1 et les x_2, seulement les premiers seront comptés sur PA et les autres sur PB. Prenant ces deux droites pour axes de coordonnées, la droite qui joint deux points homologues aura pour équation

$$\frac{x}{x_1} + \frac{y}{x_2} = 1$$

ou bien

$$x_1x_2 - x_1y - x_2x = 0$$

Elle est homogène et du premier degré par rapport à trois paramètres variables x_1x_2, x_1 et x_2 entre lesquels existe la relation (81) homogène et du premier degré; elle passe donc par un point fixe (§ 37) : ses coordonnées sont $x = -\frac{c}{a}$, $y = -\frac{b}{a}$. La figure fait voir que ces coordonnées doivent être celles des points J et I′; on le vérifie en faisant successivement $x_2 = \infty$ ou $x_1 = \infty$ dans l'équation (81).

Théorème. — *Étant données deux divisions homographiques, supposées d'abord coïncidentes, si l'une d'elles vient à tourner autour de l'un des points doubles, le point de concours des droites qui joignent deux points homologues décrit un cercle.*

Il suffit, pour s'en assurer, d'observer que dans ce mouvement le parallélogramme RJPI′ se déforme sans que les longueurs de ses côtés subissent de variations; d'ailleurs, le point J restant fixe, le point R décrit un cercle ayant pour centre le point J.

Lorsque le point d'intersection des deux droites qui portent deux divisions homographiques n'est pas à lui-même son homologue dans les deux séries, les droites qui joignent deux points homologues ne sont pas concourantes : la théorie des courbes du second degré apprendra suivant quelle loi elles sont distribuées dans le plan. Néanmoins, lorsque cette condition n'est pas remplie, on peut toujours, sans changer la distribution des points sur l'une des droites, la faire glisser sur elle-même de telle façon que son point d'intersection avec l'autre soit à lui-même son homologue dans les deux séries. L'on peut donc dire que la transformation homographique des points d'une droite n'est pas autre chose qu'une transformation par projection conique : c'est là la représentation géométrique la plus claire de la transformation homographique. Analytiquement, l'équation (75) résolue par rapport à x_2 donne

$$x_2 = -\frac{bx_1 + d}{ax_1 + c}$$

ou, en supposant que l'on fasse usage de coordonnées homogènes

$$\frac{x_2}{bx_1 + dz_1} = -\frac{z_2}{ax_1 + cz_1}$$

La transformation revient donc à remplacer chaque coordonnée x et z par une fonction linéaire et homogène des mêmes coordonnées; c'est ce qu'on appelle en algèbre faire une *substitution linéaire :* la substitution linéaire est donc la représentation analytique de la transformation homographique des points d'une droite. On verra plus loin que la transformation homographique des points d'un plan se traduit, soit géométriquement, soit analytiquement, par les mêmes opérations que la première.

58. Faisceaux homographiques à sommet commun. — Deux faisceaux de droites sont dits homographiques lorsqu'à une droite d'un faisceau ne correspond qu'une droite de l'autre, et réciproquement. Si les faisceaux ont même sommet, il est clair qu'une droite quelconque les coupera suivant deux divisions homographiques. La théorie de deux faisceaux homographiques à sommet commun ne diffère donc pas de celle de deux divisions homographiques sur une même droite. Les rayons d'un faisceau qui sont à eux-mêmes leurs homologues dans l'autre sont dits les *rayons doubles* du faisceau : il y en a deux, réels ou imaginaires, qu'on obtiendra en coupant toute la figure par une droite quelconque et cherchant sur cette droite les points doubles des deux divisions homographiques correspondantes.

Comme pour les divisions homographiques, les deux faisceaux peuvent être considérés comme constitués par les couples de droites formant avec les rayons doubles un système dont le rapport anharmonique est constant.

Analytiquement, si l'on suppose que le sommet commun est déterminé par l'intersection de deux droites dont les équations seraient

$$X=0 \qquad Y=0$$

un rayon du premier système aura pour équation

$$\lambda_1 X+Y=0$$

et un rayon du second

$$\lambda_2 X+Y=0$$

Une relation homographique entre λ_1 et λ_2

$$a\lambda_1\lambda_2+b\lambda_1+c\lambda_2+d=0$$

exprimera alors qu'à un rayon du premier système correspond un seul rayon du second et réciproquement. Toute la théorie s'en déduit comme dans le cas de deux divisions homographiques sur une droite, avec cette différence que la droite de l'un des systèmes que l'on obtient en donnant à λ une valeur infinie est la droite

$X = 0$, qui ne joue aucun rôle particulier dans la question, comme c'était le cas lorsqu'on considérait le point à l'infini sur la droite qui portait les deux divisions. La droite correspondante de l'autre système n'aura donc non plus rien de particulier.

Si l'on avait écrit les équations du rayon variable de chaque faisceau sous la forme homogène

$$\lambda_1 X + \mu_1 Y = 0 \qquad \lambda_2 X + \mu_2 Y = 0$$

il aurait fallu remplacer dans la relation homographique λ_1 et λ_2 par $\frac{\lambda_1}{\mu_1}$ et $\frac{\lambda_2}{\mu_2}$, ce qui aurait donné, en chassant les dénominateurs, la relation homographique homogène

$$a\lambda_1\lambda_2 + b\lambda_1\mu_2 + c\lambda_2\mu_1 + d\mu_1\mu_2 = 0$$

analogue à celle qu'on aurait obtenu dans le cas de deux divisions homographiques, en remplaçant les coordonnées x_1 et x_2 par $\frac{x_1}{z_1}$ et $\frac{x_2}{z_2}$, et chassant les dénominateurs.

Faisceaux homographiques à sommets différents. — Il suit de là que la figure corrélative de deux divisions homographiques est formée par deux faisceaux homographiques. Si les deux divisions sont sur des droites différentes, les deux faisceaux auront leurs sommets distincts ; et l'on pourra énoncer à leur sujet le théorème suivant, corrélatif de celui qui a été énoncé à propos de deux divisions homographiques sur deux droites différentes.

Si deux faisceaux homographiques ont leurs sommets distincts, et si la droite qui joint les sommets se correspond à elle-même dans les deux faisceaux, le lieu des points d'intersection de deux rayons homologues est une ligne droite.

On verra dans la théorie des courbes du second degré ce que devient ce lieu si la droite qui joint les deux sommets n'est pas à elle-même son homologue dans les deux faisceaux.

59. Figures homographiques dans un même plan. — Deux figures, situées dans un même plan ou dans deux plans différents, sont dites *homographiques* lorsqu'à un point de l'une correspond un seul point de l'autre, et réciproquement ; et lorsqu'à des points en ligne droite de l'une des figures correspondent des points en ligne droite dans l'autre figure. Il est facile d'après cela d'obtenir la forme générale des relations qui doivent lier les coordonnées de deux points homologues si l'on suppose les deux figures situées dans le même plan.

Puisqu'à un point de la première figure correspond un seul point de la seconde et réciproquement, ces relations doivent être du premier degré tant par rapport aux coordonnées (x_1, y_1) d'un point de l'ancienne figure que par rapport aux coordonnées (x_2, y_2) du point homologue de la nouvelle. Elles seront donc de la forme

$$P_1 x_1 + Q_1 y_1 + R_1 = 0$$
$$P_2 x_1 + Q_2 y_1 + R_2 = 0$$

P_1, Q_1, R_1, P_2, Q_2, R_2 étant des expressions du premier degré en x_2 et y_2. On tire de là

$$x_1 = \frac{Q_1 R_2 - Q_2 R_1}{P_1 Q_2 - P_2 Q_1} \qquad y_1 = \frac{R_1 P_2 - R_2 P_1}{P_1 Q_2 - P_2 Q_1}$$

expressions dans lesquelles le numérateur et le dénominateur de x_1 et de y_1 sont des fonctions du second degré de x_2 et de y_2. L'on voit donc que si l'on conservait aux polynomes P_1, Q_1, R_1, P_2, Q_2, R_2 toute leur généralité, la substitution de ces valeurs dans l'équation d'une droite altérerait le degré de l'équation, puisqu'en chassant le dénominateur commun $P_1 Q_2 - P_2 Q_1$, elle deviendrait du second degré. On verra des exemples de transformations de cette espèce, telles qu'à un point de l'une des figures ne corresponde qu'un point de l'autre, mais qu'à une droite de l'une des figures corresponde en général une courbe du second degré dans l'autre. Pour que la transformation soit homographique et n'altère par conséquent pas le degré de l'équation, il est nécessaire que les polynomes P_1, Q_1, R_1, P_2, Q_2, R_2 soient tels que les numérateurs de x_1 et de y_1, ainsi que le dénominateur commun, soient des fonctions linéaires de x_2 et de y_2. On posera donc d'une façon générale :

$$x_1 = \frac{a_1 x_2 + b_1 y_2 + c_1}{a_3 x_2 + b_3 y_2 + c_3} \qquad y_1 = \frac{a_2 x_2 + b_2 y_2 + c_2}{a_3 x_2 + b_3 y_2 + c_3} \tag{82}$$

On peut vérifier que, réciproquement, à un point (x_1, y_1) de la première figure ne correspond qu'un seul point (x_2, y_2) de la seconde. Les équations (82) mises sous forme entière et ordonnées par rapport à x_2 et y_2 deviennent en effet

$$x_2(a_3x_1 - a_1) + y_2(b_3x_1 - b_1) + c_3x_1 - c_1 = 0$$
$$x_2(a_3y_1 - a_2) + y_2(b_3y_1 - b_2) + c_3y_1 - c_2 = 0$$

d'où l'on tire

$$x_2 = \frac{(b_2c_3 - b_3c_2)x_1 + (b_3c_1 - b_1c_3)y_1 + b_1c_2 - b_2c_1}{(a_2b_3 - a_3b_2)x_1 + (a_3b_1 - a_1b_3)y_1 + a_1b_2 - a_2b_1} = \frac{A_1x_1 + A_2y_1 + A_3}{C_1x_1 + C_2y_1 + C_3}$$

$$y_2 = \frac{(a_3c_2 - a_2c_3)x_1 + (a_1c_3 - a_3c_1)y_1 + a_2c_1 - a_1c_2}{(a_2b_3 - a_3b_2)x_1 + (a_3b_1 - a_1b_3)y_1 + a_1b_2 - a_2b_1} = \frac{B_1x_1 + B_2y_1 + B_3}{C_1x_1 + C_2y_1 + C_3}$$

formules dans lesquelles les coefficients A_1, A_2, A_3 de x_1 et de y_1 désignent précisément les mineurs des éléments correspondants du déterminant

$$\Delta \equiv \begin{vmatrix} a_1 & b_1 & c_1 \\ a_2 & b_2 & c_2 \\ a_3 & b_3 & c_3 \end{vmatrix}$$

Ces valeurs, comparées aux valeurs (82), donnent lieu aux remarques suivantes : si l'équation dans laquelle, pour opérer la transformation de la courbe qu'elle représente, on substitue à la place des anciennes coordonnées x_1 et y_1 les valeurs (82), a préalablement été rendue homogène en posant, comme on l'a déjà fait,

$$x = \frac{x'}{z'} \qquad y = \frac{y'}{z'}$$

la substitution (82) revient alors à remplacer les variables x', y', z' par trois fonctions linéaires qui sont respectivement les numérateurs et le dénominateur commun de x_1 et de y_1. C'est ce qu'on a déjà appelé (§ 57) une substitution linéaire, et l'on voit que, lorsque les coordonnées homogènes d'un point subissent une telle substitution, une seconde substitution linéaire rend à l'équation sa forme primitive.

On trouve sans peine ce qu'il advient des coordonnées d'une droite. Si en effet

$$u_1x + v_1y + w_1z = 0$$

est l'équation de la droite dont on cherche l'homologue, l'équation de la transformée s'obtiendra en substituant aux anciennes coordonnées les valeurs (82), ce qui donne la nouvelle droite

$$u_1(a_1x+b_1y+c_1)+v_1(a_2x+b_2y+c_2)+w_1(a_3x+b_3y+c_3)=0$$

d'où l'on conclut, en désignant par u_2, v_2, w_2 ses coordonnées

$$\frac{u_2}{a_1u_1+a_2v_1+a_3w_1}=\frac{v_2}{b_1u_1+b_2v_1+b_3w_1}=\frac{w_2}{c_1u_1+c_2v_1+c_3w_1}$$

Les coordonnées d'une droite subissent donc aussi une substitution linéaire ; mais pour comparer cette substitution à celle qu'ont subie les coordonnées d'un point, il faut résoudre les équations précédentes comme les équations (82) par rapport aux anciennes coordonnées, ce qui donne

$$\frac{u_1}{A_1u_2+B_1v_2+C_1w_2}=\frac{v_1}{A_2u_2+B_2v_2+C_2w_2}=\frac{w_1}{A_3u_2+B_3v_2+C_3w_2}$$

Cette substitution, dont les éléments sont les mineurs, ligne par ligne, des éléments correspondants du déterminant Δ, est dite la substitution *inverse* de la substitution (82) ; le déterminant Δ est dit le *module* de la substitution, et l'on énonce alors le théorème suivant :

Lorsque les coordonnées homogènes d'un point subissent une substitution linéaire, les coordonnées homogènes d'une droite subissent la substitution inverse.

Théorème. — *Deux figures homographiques à une troisième sont homographiques entre elles.*

Car si l'on a les deux séries de relations homographiques

$$\begin{aligned} x_1&=\lambda(a_1x_2+b_1y_2+c_1z_2)\\ y_1&=\lambda(a_2x_2+b_2y_2+c_2z_2)\\ z_1&=\lambda(a_3x_2+b_3y_2+c_3z_2) \end{aligned}$$

et

$$\begin{aligned} x_2&=\mu(\alpha_1x_3+\beta_1y_3+\gamma_1z_3)\\ y_2&=\mu(\alpha_2x_3+\beta_2y_3+\gamma_2z_3)\\ z_2&=\mu(\alpha_3x_3+\beta_3y_3+\gamma_3z_3) \end{aligned}$$

on en conclut la troisième série, également homographique

$$x_1 = \lambda\mu(f_1 x_3 + g_1 y_3 + h_1 z_3)$$
$$y_1 = \lambda\mu(f_2 x_3 + g_2 y_3 + h_2 z_3)$$
$$z_1 = \lambda\mu(f_3 x_3 + g_3 y_3 + h_3 z_3)$$

dans laquelle les coefficients f, g, h, sont les éléments du déterminant qui est le produit, effectué suivant la règle, des deux déterminants modules des deux premières substitutions.

Théorème. — *Étant données deux figures homographiques dans un même plan, le rapport anharmonique de quatre points en ligne droite ou de quatre droites concourantes dans l'une d'elles, est égal au rapport anharmonique des quatre points ou des quatre droites homologues dans l'autre.*

A la droite D_1 sur laquelle se trouvent les quatre premiers points correspond par définition la droite D_2 qui contient les quatre autres, c'est-à-dire que le point homologue d'un point quelconque de l'une est située sur l'autre; et, puisqu'à un point d'une des figures n'en correspond qu'un dans l'autre, il en résulte que les deux divisions formées sur D_1 et sur D_2 par les points homologues sont homographiques ; la première partie du théorème énoncé en est la conséquence ; la seconde est la corrélative et en résulte par voie de dualité.

Corollaire I. — Quatre droites quelconques de la première figure déterminent sur une cinquième droite de la même figure quatre points dont le rapport anharmonique est le même que celui des quatre points obtenus au moyen des cinq droites homologues dans la seconde figure.

Corollaire II. — Si l'on joint un point de la première figure à quatre points de la même figure, on obtient un faisceau dont le rapport anharmonique est égal à celui du faisceau obtenu de la même façon avec les cinq points homologues dans la seconde figure.

60. — On peut se proposer de rechercher les points ou les droites remarquables dans chaque figure. Il est d'abord une droite remarquable du plan qui est la droite de l'infini : suivant qu'elle sera considérée comme appartenant à l'une ou à l'autre figure, elle donnera lieu à des droites homologues différentes. Si elle appartient à la première figure, son homologue est le lieu des points de la seconde dont les homologues dans la première sont à l'infini. On obtiendra évidemment son équation en annulant le dénominateur de x_1 et y_1, ce qui donne

$$a_3x + b_3y + c_3 = 0$$

Soit I′ cette droite : on aura de même l'équation de la droite J homologue de la droite de l'infini supposée appartenir à la seconde figure en annulant le dénominateur de x_2 et de y_2, ce qui donne

$$C_1x + C_2y + C_3 = 0$$

Toute droite parallèle à l'une des deux droites I′ et J, et supposée appartenir à la même figure, a son homologue dans l'autre figure parallèle à l'autre. Ainsi toute parallèle à la droite J de la première figure a son homologue parallèle à I′. Ceci est évident si l'on remarque que l'homologue du point à l'infini sur J est sur I′ parce que le premier est à l'infini, et à l'infini parce que le premier est sur J, c'est-à-dire qu'elle est parallèle à I′. Ce fait peut se vérifier analytiquement ; si l'on considère en effet une parallèle à I′ dont l'équation serait

$$a_3x + b_3y + c_3 + c = 0$$

son homologue dans la première figure s'obtiendra en y remplaçant x et y, coordonnées d'un point de la seconde figure par leurs valeurs, ce qui donne

$$a_3(A_1x + A_2y + A_3) + b_3(B_1x + B_2y + B_3) + (c_3 + c)(C_1x + C_2y + C_3) = 0$$

et en remarquant que l'on a identiquement, en vertu des propriétés des déterminants

$$\begin{aligned} A_1a_3 + B_1b_3 + C_1c_3 &= 0 \\ A_2a_3 + B_2b_3 + C_2c_3 &= 0 \\ A_3a_3 + B_3b_3 + C_3c_3 &= \Delta \end{aligned}$$

il reste

$$c(C_1x + C_2y + C_3) + \Delta = 0$$

équation d'une parallèle à la droite J.

Ces considérations mènent à la recherche des couples de droites homologues qui sont partagées de la même façon par leurs points homologues. Il est clair, si l'on envisage un pareil couple, que les points à l'infini, sur chaque droite du couple, sont homologues ; or il n'y a à l'infini que les points situés sur I′ ou sur J qui aient leurs homologues à l'infini ; il suit de là que les droites cherchées sont, dans la première figure, parallèles à J et dans la seconde parallèles à I′. Pour achever de les déterminer, il faut considérer deux points de la parallèle à I′

$$a_3 x + b_3 y + c_3 + c = 0$$

et chercher le paramètre c par la condition que la distance de ces points soit égale à celle de leurs homologues, ce qui donne en supposant les coordonnées rectangulaires,

$$(x' - x'')^2 + \left(\frac{c_3 + c + a_3 x'}{b_3} - \frac{c_3 + c + a_3 x''}{b_3}\right)^2$$
$$= \left[\frac{a_1 x' + b_1 y' + c_1}{a_3 x' + b_3 y' + c_3} - \frac{a_1 x'' + b_1 y'' + c_1}{a_3 x'' + b_3 y'' + c_3}\right]^2 + \left[\frac{a_2 x' + b_2 y' + c_2}{a_3 x' + b_3 y' + c_3} - \frac{a_2 x'' + b_2 y'' + c_2}{a_3 x'' + b_3 y'' + c_3}\right]^2$$

ou, en simplifiant et tenant compte de l'équation de la droite qui joint les deux points

$$\frac{a_3^2 + b_3^2}{b_3^2}(x' - x'')^2 = \frac{1}{c^2}\left[a_1 x' - \frac{b_1}{b_3}(a_3 x' + c_3 + c) - a_1 x'' + \frac{b_1}{b_3}(a_3 x'' + c_3 + c)\right]^2$$
$$+ \frac{1}{c^2}\left[a_2 x' - \frac{b_2}{b_3}(a_3 x' + c_3 + c) - a_2 x'' + \frac{b_2}{b_3}(a_3 x'' + c_3 + c)\right]$$

ou bien :

$$c^2 (a_3^2 + b_3^2)(x' - x'')^2 = (a_1 b_3 - a_3 b_1)^2 (x' - x'')^2 + (a_2 b_3 - a_3 b_2)^2 (x' - x'')^2$$
$$= (C_1^2 + C_2^2)(x' - x'')^2$$

Le facteur $(x' - x'')^2$ disparaît comme cela devait être, et l'on en tire en fonction des seuls coefficients de la transformation

$$c = \pm \sqrt{\frac{C_1^2 + C_2^2}{a_3^2 + b_3^2}}$$

ce qui prouve qu'*il y a dans chaque figure deux droites parallèles, équidistantes de l'homologue de la droite de l'infini supposée appar-*

tenir à l'autre figure, telles que chacune d'elles et son homologue sont partagées identiquement par leurs points homologues. Ces droites sont toujours réelles puisque la quantité sous le radical est essentiellement positive. Leurs équations peuvent s'écrire dans la seconde figure

$$a_3x + b_3y + c_3 \pm \sqrt{\frac{C_1^2 + C_2^2}{a_3^2 + b_3^2}} = 0$$

et si l'on y substitue à la place de x et y, coordonnées d'un point de la nouvelle figure, leurs valeurs, on trouve respectivement pour leurs homologues les droites

$$C_1x + C_2y + C_3 \pm \Delta\sqrt{\frac{a_3^2 + b_3^2}{C_1^2 + C_2^2}} = 0$$

Les droites de ces deux couples particuliers seront représentées par E, E′ et F, F′.

On peut se proposer ensuite de rechercher quels sont les points du plan qui sont à eux-mêmes leur homologue, quelle que soit celle des deux figures dont ils soient supposés faire partie. Il est clair que, pour les obtenir, il faut faire $x_1 = x_2$, $y_1 = y_2$ dans les formules (82), de telle sorte qu'ils sont donnés par les équations simultanées

$$\begin{aligned} x(a_3x + b_3y + c_3) - a_1x - b_1y - c_1 &= 0 \\ y(a_3x + b_3y + c_3) - a_2x - b_2y - c_2 &= 0 \end{aligned} \qquad (83)$$

Chacune de ces équations, considérée isolément, représente une courbe du second degré. Les coordonnées des points cherchés sont celles de leurs points communs. On verra d'ailleurs dans la théorie de ces courbes, et il résulte du théorème de Bezout, que deux courbes du second degré se coupent en quatre points, réels ou imaginaires conjugués deux à deux, distincts ou confondus, à distance finie ou à l'infini. Il semblerait donc qu'il y ait quatre points répondant à la question; mais il est facile de voir que l'un d'eux est une solution étrangère.

Les équations (82), rendues homogènes (*), peuvent s'écrire en effet sous la forme symétrique

(*) Dans ce qui va suivre, on fera généralement emploi de coordonnées homogènes. Il faut observer alors que les équations qui ont été données des droites I′ et J ne son

$$\frac{x_1}{a_1x_2+b_1y_2+c_1z_2}=\frac{y_1}{a_2x_2+b_2y_2+c_2z_2}=\frac{z_1}{a_3x_2+b_3y_2+c_3z_2} \qquad (84)$$

et si l'on y fait, pour obtenir les coordonnées des points doubles $x_1 = x_2$, $y_1 = y_2$, $z_1 = z_2$, elles deviennent

$$\frac{x}{a_1x+b_1y+c_1z}=\frac{y}{a_2x+b_2y+c_2z}=\frac{z}{a_3x+b_3y+c_3z} \qquad (85)$$

Les coordonnées des points cherchés doivent alors satisfaire à la fois les équations des trois courbes du second degré obtenues en combinant deux à deux les trois rapports (85).

Les deux équations (83), rendues homogènes, s'obtiendraient en combinant successivement les deux premiers rapports avec le troisième, d'où il résulte qu'elles seraient satisfaites toutes les deux par le point dont les coordonnées annulent les deux termes du troisième rapport, c'est-à-dire sont données par les équations

$$z=0 \qquad a_3x+b_3y+c_3z=0$$

point qui n'est autre que le point situé sur la droite

$$a_3x+b_3y+c_3z=0$$

à l'infini, si les coordonnées sont cartésiennes; sur un côté du trian-

exactes qu'autant qu'un des côtés du triangle de référence est supposé à l'infini. D'une façon générale, la droite

$$a_3x+b_3y+c_3z=0$$

de la seconde figure correspond dans la première au côté

$$z=0$$

du triangle de référence, de même que les droites

$$a_1x+b_1y+c_1z=0, \qquad a_2x+b_2y+c_2z=0$$

correspondent aux côtés

$$x=0, \qquad y=0$$

du même triangle. Si, au contraire, les trois côtés du triangle sont supposés appartenir à la seconde figure, ce sont les trois droites

$$A_1x+A_2y+A_3z=0, \qquad B_1x+B_2y+B_3z=0, \qquad C_1x+C_2y+C_3z=0$$

qui leur correspondent respectivement dans la première.

gle de référence, si on a adopté les coordonnées homogènes les plus générales.

Il est clair que, si l'on combinait maintenant le premier rapport avec le second, on obtiendrait l'équation d'une troisième courbe du second degré dont un des points communs avec la première serait donné par les équations

$$x=0 \qquad a_1x+b_1y+c_1z=0$$

tandis qu'elle aurait avec la seconde le point commun

$$y=0 \qquad a_2x+b_2y+c_2z=0$$

Ces trois courbes, considérées deux à deux, ayant un point d'intersection qui n'est pas sur la troisième, ne peuvent donc, considérées simultanément, avoir plus de trois points communs, réels ou imaginaires. Pour faire voir qu'elles les ont effectivement, appelons $\frac{1}{\rho}$ la valeur commune des rapports (85), il vient alors

$$\frac{x}{a_1x+b_1y+c_1z}=\frac{y}{a_2x+b_2y+c_2z}=\frac{z}{a_3x+b_3y+c_3z}=\frac{1}{\rho}$$

d'où l'on tire

$$\begin{aligned}(a_1-\rho)x+ \quad b_1y+ \quad c_1z&=0\\ a_2x+(b_2-\rho)y+ \quad c_2z&=0\\ a_3x+ \quad b_3y+(c_3-\rho)z&=0\end{aligned} \qquad (86)$$

L'élimination de x, y, z entre ces trois équations donne

$$\begin{vmatrix} a_1-\rho & b_1 & c_1 \\ a_2 & b_2-\rho & c_2 \\ a_3 & b_3 & c_3-\rho \end{vmatrix}=0 \qquad (87)$$

équation du troisième degré en ρ, pour chacune des racines de laquelle les équations (86) se réduisent à deux qui, étant linéaires et homogènes en x, y, z, fourniront les coordonnées du point double correspondant ; réelles ou imaginaires en même temps que ρ. D'où il suit que ces points sont, en général, au nombre de trois ; deux d'entre eux sont réels ou imaginaires conjugués, le troisième est nécessairement réel.

La droite qui joint deux de ces points est à elle-même son homologue dans les deux figures, puisque l'homologue d'une droite s'obtient en joignant les homologues de deux de ses points. Elle est donc porteur de deux divisions homographiques dont les points doubles sont les points considérés. Réciproquement, toute droite double, étant à elle-même son homologue dans les deux figures, est porteur de deux divisions homographiques, distinctes en général, et admettant par conséquent deux points doubles : la droite passe donc par deux des trois points précédemment déterminés et il n'y en a pas d'autres.

Il est facile de voir que la recherche des trois droites doubles se résout par la même équation que celle des trois points doubles. On a vu en effet (§ 59) que si les relations entre les coordonnées de deux points homologues sont les relations (84), on a entre celles de deux droites homologues les suivantes :

$$\frac{u_2}{a_1u_1+a_2v_1+a_3w_1}=\frac{v_2}{b_1u_1+b_2v_1+b_3w_1}=\frac{w_2}{c_1u_1+c_2v_1+c_3w_1}$$

Si l'on exprime que les deux droites coïncident, et si l'on appelle $\frac{1}{\rho}$ la valeur commune des trois rapports, il vient

$$\frac{u}{a_1u+a_2v+a_3w}=\frac{v}{b_1u+b_2v+b_3w}=\frac{w}{c_1u+c_2v+c_3w}=\frac{1}{\rho}$$

d'où

$$\begin{aligned}(a_1-\rho)u+\quad a_2v+\quad a_3w&=0\\ b_1u+(b_2-\rho)v+\quad b_3w&=0\\ c_1u+\quad c_2v+(c_3-\rho)w&=0\end{aligned}\qquad(88)$$

ce qui donne, par l'élimination de u,v,w, l'équation (87) ; de telle sorte que, si la substitution d'une valeur de ρ dans les équations (86) donne les coordonnées d'un des trois points doubles, la substitution de la même valeur dans les équations (88) fournit celles d'une des trois droites doubles. On va voir que cette droite est le côté opposé au point double correspondant à la valeur considérée de ρ, dans le triangle dont les sommets et les côtés sont les trois points et les trois droites. Il suffit, pour s'en assurer, de faire voir que, si l'on envisage deux valeurs distinctes de ρ, ρ_1 et ρ_2, racines de l'équation (87), le point fourni par l'une d'elles est sur la droite correspondant à l'autre; car alors, pour la même raison, il est sur la droite correspondant à la troisième racine, et se trouve, par conséquent, dans le triangle des points doubles, le sommet opposé à la droite correspondant à la même racine que lui. Multipliant pour cela les équations (86), dans lesquelles on aura remplacé ρ par ρ_1, respectivement par u, v, w, faisant leur somme et retranchant de là les équations (88) dans lesquelles on aura remplacé ρ par ρ_2 et multipliées de même par x, y, z, il vient, en supprimant le facteur $\rho_1 - \rho_2$, différent de zéro par hypothèse,

$$ux + vy + wz = 0$$

ce qui prouve la proposition en question.

Le cas où deux racines de l'équation (87) seraient égales est tout à fait particulier et sera examiné à part. Les deux cas généraux sont les suivants :

1° Les trois racines de l'équation (87) sont réelles, et, par suite, le triangle tout entier des points et droites doubles.

2° Deux racines sont imaginaires conjuguées, et la troisième réelle ; alors le triangle a seulement un sommet et le côté opposé réels ; ceux qui correspondent à la valeur réelle de ρ. Les deux autres sommets imaginaires conjugués sont sur le côté réel, de même que les deux autres côtés imaginaires conjugués se coupent au sommet réel.

Ces deux cas vont faire séparément l'objet d'une étude spéciale.

61. Premier cas. — Soient PQR le triangle des points doubles (fig. 34), et I'_1, I'_2, I'_3 ; J_1, J_2, J_3 les points d'intersection respectifs des droites I' et J avec les côtés du triangle. Dans les divisions homographiques dont chacun de ces côtés est porteur, ces points correspondent respectivement au point à l'infini pris dans l'une ou l'autre série : ils donnent donc lieu sur chacun d'eux à un segment dont le milieu est le même que celui des points doubles. Les droites I' et J déterminent donc sur les côtés du triangle des points respectivement symétriques par rapport aux milieux des côtés. Si l'on veut, maintenant, sur le côté QR par exemple, les homologues K'_1 et H_1 du point milieu O_1 considéré comme appartenant à la première où à la seconde figure, il suffira (§ 52) de construire respectivement les conjugués harmoniques des points I'_1 et J_1 par rapport aux points doubles Q et R. D'ailleurs, les points I'_1, I'_2, I'_3 étant en ligne droite, le point K'_1 et les analogues K'_2, K'_3 sur les deux autres côtés du triangle sont tels que les droites qui les joignent respectivement aux sommets opposés du triangle sont concourantes (§ 44) en un

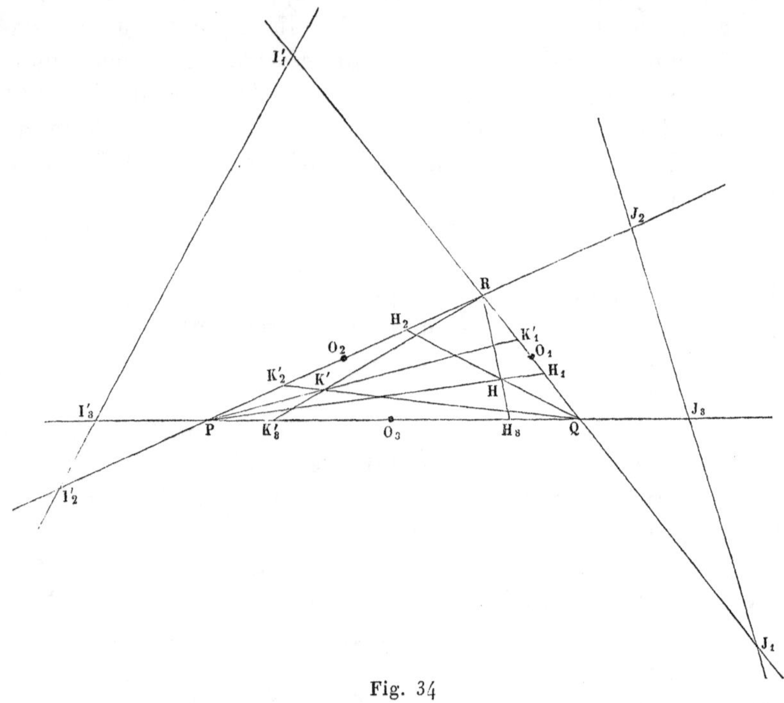

Fig. 34

point K'. De même les droites PH_1, QH_2, RH_3 sont concourantes en un point H. On verra que les points K' et H sont les homologues du point de concours O des médianes du triangle PQR, suivant qu'on le considère comme appartenant à la première ou à la seconde figure.

Théorème. — *Le produit des trois rapports anharmoniques, formés respectivement sur chaque côté du triangle* PQR *par deux points homologues quelconques et les deux points doubles des divisions homographiques situées sur ce côté, est égal à l'unité.*

Le choix des points homologues étant en effet arbitraire, on peut sur le côté QR, par exemple, choisir si l'on veut le point J_1, et le point à l'infini ; le rapport anharmonique est alors $\frac{J_1Q}{J_1R}$. On obtiendra de même par une permutation sur le côté RP le rapport anharmonique $\frac{J_2R}{J_2P}$, et enfin sur e côté PQ le rapport anharmonique

$\frac{J_3P}{J_3Q}$. Leur produit $\frac{J_1Q.J_2R.J_3P}{J_1R.J_2P.J_3Q}$ est égal à l'unité parce que les trois points J_1, J_2, J_3 sont en ligne droite (§ 44).

La transformation homographique est déterminée si l'on se donne le triangle PQR et les trois rapports anharmoniques $\lambda_1, \lambda_2, \lambda_3$. Il suffit, pour le faire voir, de démontrer que ces données permettront de construire l'homologue m' d'un point m arbitrairement choisi dans le plan. Joignons, en effet, le point donné m au sommet P du triangle ; puisque le point P est un point double, la droite homologue de la droite mP passera également par le point P ; d'autre part, tout point de la droite QR ayant son homologue sur ladite droite, la droite mP et son homologue intercepteront sur la droite QR deux points a et a' homologues. Il suit de là qu'elles formeront avec les droites PQ et PR un faisceau dont le rapport anharmonique est égal à λ_1 ; ce qui permettra de construire la droite homologue de la droite mP. On aurait de même, au moyen des rapports anharmoniques λ_2 et λ_3 les homologues des droites mQ et mR. Les trois droites ainsi déterminées devant passer par le point m' cherché, seront concourantes et détermineront ce point. La construction corrélative donnera la droite homologue d'une droite donnée et on peut alors énoncer les deux théorèmes suivants :

Lorsque le produit de trois rapports anharmoniques est égal à l'unité, les trois droites obtenues en joignant un point arbitrairement choisi dans le plan aux trois sommets d'un triangle, et traçant par chaque sommet la droite qui forme avec les deux côtés du triangle issus de ce sommet et la droite qui le joint au point fixe un faisceau dont le rapport anharmonique est un des rapports donnés, ces trois droites sont concourantes.

Lorsque le produit de trois rapports anharmoniques est égal à l'unité, les trois points obtenus en prenant les points d'intersection des côtés d'un triangle avec une droite fixe, et construisant sur chaque côté du triangle le point qui, avec les sommets du triangle et le point de la droite fixe situé sur ce côté, forme un rapport anharmonique égal à l'un des rapports donnés, ces trois points sont en ligne droite.

Le calcul permet de vérifier facilement ces théorèmes. Si l'on prend en effet pour triangle de référence le triangle PQR, et si l'on appelle x_1, y_1, z_1 les coordonnées homogènes d'un point, la droite qui joint ce point au point R a pour équation

$$y_1x - x_1y = 0$$

Une droite quelconque, passant par le point R, et dont l'équation serait

$$\alpha x + \beta y = 0$$

forme avec la précédente et les côtés RP, RQ du triangle un faisceau dont le rapport anharmonique est (§ 45)

$$\lambda_1 = -\frac{\alpha x_1}{\beta y_1}$$

d'où l'on tire

$$\frac{\alpha}{\beta} = -\frac{\lambda_1 y_1}{x_1}$$

et l'équation de la seconde droite devient alors

$$\lambda_1 y_1 x - x_1 y = 0 \tag{89}$$

On aurait de même, pour les deux droites, issues respectivement des points Q et R et correspondant aux rapports anharmoniques λ_2 et λ_3, les équations

$$\begin{aligned} \lambda_2 z_1 y - y_1 z &= 0 \\ \lambda_3 x_1 z - z_1 x &= 0 \end{aligned} \tag{89}$$

Les trois dernières droites seront concourantes si l'on a

$$\begin{vmatrix} \lambda_1 y_1 & -x_1 & 0 \\ 0 & \lambda_2 z_1 & -y_1 \\ -z_1 & 0 & \lambda_3 x_1 \end{vmatrix} = 0$$

ou, en supprimant le facteur $x_1 y_1 z_1$ qui n'est pas nul en général

$$\lambda_1 \lambda_2 \lambda_3 = 1$$

ce qui est l'hypothèse.

Comme cas particulier, si l'on fait $\lambda_1 = \lambda_2 = -1$ et par suite, $\lambda_3 = 1$ on a le théorème suivant :

Si l'on joint un point M *à deux sommets* P *et* Q *d'un triangle* PQR, *les deux droites* M'P, M'Q *respectivement conjuguées harmoniques des précédentes par rapport aux côtés du triangle, se coupent en un point* M' *de la droite* MR *qui joint le point donné au troisième sommet du triangle.*

En permutant les trois sommets du triangle et répétant la même construction, on obtient une figure analogue à celle qui est formée par le triangle et ses trois couples de bissectrices. Le théorème relatif aux points de concours de ces trois couples de droites n'est qu'un cas particulier du précédent, qui peut, à son tour, s'en déduire par la perspective : deux droites et leurs bissectrices se projettent en effet suivant un faisceau harmonique.

Si l'on résout les équations (89) par rapport à x,y,z, coordonnées du point homologue du point donné, l'on voit qu'en prenant pour triangle de référence le triangle des points et des droites doubles, les équations générales (84) qui définissent la correspondance homographique prennent la forme simple

$$\frac{x_2}{ax_1}=\frac{y_2}{by_1}=\frac{z_2}{cz_1}$$

a, b, c étant trois constantes qui déterminent les trois rapports anharmoniques $\lambda_1,\lambda_2,\lambda_3$ par les relations

$$\lambda_1=\frac{b}{a} \qquad \lambda_2=\frac{c}{b} \qquad \lambda_3=\frac{a}{c}$$

et l'équation du troisième degré (87) est alors résolue par les racines a, b, c; ce qui n'a rien d'étonnant, puisque les points doubles sont connus.

Si l'on applique la construction du point homologue d'un point donné, indiquée par le premier des deux théorèmes énoncés plus haut, au point de rencontre O des médianes du triangle PQR, on obtient le point K′ ou le point H, suivant que le point O est considéré comme appartenant à la première ou à la seconde figure.

Il suit, de ce qui précède, que la transformation homographique exige, pour être déterminée, la connaissance de huit éléments qui sont les six coordonnées des points P,Q,R; et les trois rapports anharmoniques $\lambda_1,\lambda_2,\lambda_3$ dont deux seulement sont distincts, puisque leur produit est égal à l'unité, ou bien les rapports des trois constantes a,b,c. Cela est d'accord avec le nombre des indéterminées qui figurent dans les équations générales (84), lequel est égal à neuf en apparence, mais se réduit à huit si l'on remarque que l'on peut multiplier les trois rapports par un même nombre, tel que l'un des neuf coefficients prenne une valeur donnée.

62. Second cas. — Considérons maintenant le cas où deux des racines de l'équation du troisième degré (87) sont imaginaires conjuguées. A ces deux valeurs de λ correspondent deux points imaginaires conjugués Q et R; mais, comme on sait, la droite QR est réelle. On peut encore dire, si l'on considère cette équation comme déterminant les coordonnées des droites doubles, qu'aux deux valeurs imaginaires de λ correspondent deux côtés PQ, PR du triangle qui sont imaginaires conjugués, mais dont le point d'intersection P est réel. Ainsi le triangle PQR a un sommet P et le côté opposé QR réels. A toute droite passant par le point P correspond une autre droite passant par le même point, ce qui détermine deux faisceaux homographiques ayant leur sommet en P; à tout point situé sur le côté QR correspond un point situé sur la même droite, ce qui donne lieu sur cette droite à deux divisions homographiques que l'on obtient également en considérant les couples de points d'intersection de cette droite avec les faisceaux homographiques ayant leur sommet en P. Les points Q et R étant imaginaires, les points doubles de ces divisions homographiques sont imaginaires; il existe donc un point du plan d'où l'on voit sous un angle constant les extrémités du segment formé par deux points homologues. Si, pour déterminer la transformation, on se donne, outre le point P et la droite QR, le sommet S et la valeur constante de cet angle, cela fera en tout sept conditions; il en manquera une pour que la transformation soit complètement déterminée. On pourra, pour achever de la déterminer, se donner par exemple un couple de points homologues a et a': mais comme les substitutions dans les équations (82) des coordonnées (x_1, y_1), (x_2, y_2) des deux points donne lieu à deux relations, on en aura maintenant une de trop; et en effet les droites Pa, Pa' étant homologues déterminent sur la droite QR deux points b et b' qui sont homologues et qui par conséquent doivent être vus du point S sous l'angle donné. Définitivement, une façon simple de définir la transformation homographique est la suivante. On donne le point double P, la droite double QR, le sommet S des deux divisions homographiques situées sur QR et un couple de points homologues. L'angle constant s'en déduit comme il vient d'être dit. Si l'on veut alors construire l'homologue c' d'un point donné c, on joindra Pc qui coupera QR en un point d dont l'homologue d' sur QR, qui se construira par l'angle constant, donnera une droite Pd' passant par le point cherché; on joindra de même ac qui coupera QR en un point e dont l'homologue e' donnera une seconde droite $a'e'$ qui achèvera de déterminer le point cherché.

63. — Tels sont les deux cas généraux de la transformation homographique; dans l'un et l'autre on peut chercher à la déterminer par un nombre suffisant de couples de points homologues. Ce nombre est évidemment égal à quatre puisque chaque couple fournit deux relations pour déterminer les rapports des neuf coefficients des équations (84). On voit ainsi que, ces équations étant linéaires par rapport aux coefficients, la transformation sera par là déterminée d'une façon unique. Quant à la solution géométrique du problème, elle est la suivante : soient a, b, c, d, quatre points de la première figure, et a', b', c', d', leurs homologues dans la seconde. Pour construire l'homologue e' d'un point e arbitrairement choisi dans la première figure, on remarquera que, les faisceaux (ab, ac, ad, ae) et $(a'b', a'c', a'd', a'e')$ ayant le même rapport anharmonique, le point cherché sera sur la droite $a'e'$ qui détermine avec les trois droites $a'b'$, $a'c'$, $a'd'$, un faisceau dont le rapport anharmonique est connu. La considération des faisceaux (ba, bc, bd, be) et $(b'a', b'c', b'd', b'e')$ fournira de même une seconde droite passant par le point cherché. Cette construction exige que, parmi les quatre points donnés, il n'y en ait pas trois en ligne droite.

La construction corrélative fournirait la droite homologue d'une droite donnée, lorsqu'on connaît quatre couples de droites homologues.

Dans l'un et dans l'autre cas la recherche du triangle PQR, qui dépend d'une équation du troisième degré, ne peut évidemment se faire, comme tous les problèmes résolus d'après la théorie de la ligne droite, à l'aide de la règle seule; on la trouvera comme application de la recherche des points communs à deux courbes du second degré.

C'est ici le lieu d'observer que, si l'on fait une transformation de coordonnées homogènes en substituant à l'ancien un nouveau triangle de référence, les calculs ne diffèrent pas de ceux auxquels donne lieu une transformation homographique; l'une ou l'autre opération se traduit par une substitution linéaire. Si en effet

$$\begin{aligned} X &\equiv a_1x + b_1y + c_1z = 0 \\ Y &\equiv a_2x + b_2y + c_2z = 0 \\ Z &\equiv a_3x + b_3y + c_3z = 0 \end{aligned}$$

sont, par rapport à l'ancien triangle de référence, les équations des trois droites qui sont les côtés du nouveau, il est clair qu'il existe entre les nouvelles coordonnées x_2, y_2, z_2 d'un point et les anciennes, les relations

$$\frac{x_2}{a_1x_1+b_1y_1+c_1z_1}=\frac{y_2}{a_2x_1+b_2y_1+c_2z_1}=\frac{z_2}{a_3x_1+b_3y_1+c_3z_1}$$

Si maintenant l'on veut rechercher quelle sera dans le nouveau système l'équation d'une droite donnée par son équation dans l'ancien, savoir

$$u_1x+v_1y+w_1z=0$$

on a vu (§ 48) que si l'on veut mettre cette équation sous la forme

$$u_2\mathbf{X}+v_2\mathbf{Y}+w_2\mathbf{Z}=0$$

les valeurs proportionnelles de u_2, v_2, w_2 sont données par les relations (70) qui peuvent s'écrire

$$\frac{u_2}{A_1u_1+B_1v_1+C_1w_1}=\frac{v_2}{A_2u_1+B_2v_1+C_2w_1}=\frac{w_2}{A_3u_1+B_3v_1+C_3w_1}$$

dans lesquelles A_1, B_1, C_1, ... désignent les mineurs des éléments correspondants dans le déterminant, module de la substitution. Ainsi, dans la transformation la plus générale de coordonnées homogènes, comme dans la transformation homographique, les coordonnées d'un point et celles d'une droite subissent des substitutions inverses. Les deux opérations ne diffèrent qu'en ce que, dans la première, c'est le triangle de référence qui est changé, la figure restant la même; tandis que dans la seconde la figure est transformée, et le triangle de référence subsiste. On peut encore dire que, par la transformation de coordonnées, les différentes lignes d'une figure prennent de nouvelles équations qui sont, dans l'ancien système, celles de lignes transformées homographiques des premières.

Il suit de là que, lorsque deux figures sont homographiques, si l'on déplace l'une d'elles dans le plan d'une façon quelconque, l'homographie subsiste, car si l'on suppose qu'elle ait entraîné les axes de coordonnées, il faudra, pour les ramener à leur ancienne position et avoir la nouvelle équation de la figure déplacée, faire une substitution linéaire. Elle demeure donc dans son déplacement homographique à elle-même, comme c'était d'ailleurs évident puisque ses points se correspondent un à un, et qu'à des points en ligne droite correspondent des points en ligne droite (§ 59).

64. Cas particuliers. — Comme transition de l'un à l'autre des deux cas généraux de la transformation homographique, il y a lieu d'examiner celui où deux des racines de l'équation du troisième degré (87) deviennent égales. Il arrive alors que deux des trois sommets du triangle PQR sont confondus, et par suite deux des trois côtés du triangle. Il est évident par continuité que les deux côtés qui se confondent sont ceux qui sont opposés aux deux sommets qui viennent à coïncider ; mais on peut s'en rendre compte par le calcul. Si l'on suppose, en effet, que l'on ait d'abord pris pour axes de coordonnées cartésiennes, pour l'axe OX par exemple, un des trois côtés du triangle des points doubles encore supposés distincts, et l'axe OY quelconque, il faudra, si l'on fait $y_2 = 0$ dans les formules (82) obtenir $y_1 = 0$ puisque le point correspondant à un point de l'axe OX est aussi sur cet axe. Elles se réduisent donc à

$$x_1 = \frac{a_1x_2 + b_1y_2 + c_1}{a_3x_2 + b_3y_2 + c_3} \qquad y_1 = \frac{b_2y_2}{a_3x_2 + b_3y_2 + c_2} \tag{90}$$

L'équation du troisième degré (87) se réduit elle-même à

$$\begin{vmatrix} a_1 - \rho & b_1 & c_1 \\ 0 & b_2 - \rho & 0 \\ a_3 & b_3 & c_3 - \rho \end{vmatrix} = 0$$

c'est-à-dire à

$$(b_2 - \rho)\Big[(a_1 - \rho)(c_3 - \rho) - a_3c_1\Big] = 0$$

et l'on en conclut la racine $\rho = b_2$. C'est celle qui correspond à l'axe OX, comme on le vérifie en la substituant dans les équations (88) qui, pour cette valeur de ρ, donnent $u = 0$, $w = 0$. Le point double correspondant est fourni par la première et la troisième des équations (86) et sera, en général, un point déterminé du plan. Les deux autres racines fournissent deux droites passant par ce point (§ 60), et les deux points doubles correspondants sont sur l'axe OX, la seconde des équations (86) se réduisant à $y = 0$. Si l'on vient à supposer que ces deux racines sont égales, les deux dernières droites ont mêmes coordonnées ; elles se confondent : il en est de même des deux derniers points doubles qui leur correspondent.

Cette hypothèse se traduit par la condition

$$(a_1 - c_3)^2 + 4a_3c_1 = 0 \tag{91}$$

La transformation subsiste, seulement c'est une transformation particulière qui ne dépend plus que de sept indéterminées au lieu de huit, puisqu'il y a une relation entre les coefficients. Ici, ces sept indéterminées sont la droite double qui a été prise pour axe OX, dont la connaissance équivaut à deux conditions, et les cinq rapports des coefficients des équations (90), coefficients dont le nombre se réduit à six en vertu de la relation (91).

65. Figures homologiques. — Si dans la première des équations (90) on fait $y_2 = 0$, on obtient l'équation

$$a_3x_1x_2 + c_3x_1 - a_1x_2 - c_1 = 0$$

qui définit les deux divisions homographiques situées sur l'axe OX. Leurs points doubles dépendent de l'équation

$$a_3x^2 + (c_3 - a_1)x - c_1 = 0$$

et viennent à coïncider si l'on fait l'hypothèse (91), comme cela doit être. Le cas qui vient d'être examiné devient spécialement intéressant, si on le particularise encore en supposant que les points doubles de ces deux divisions homographiques sont indéterminés, ou, ce qui revient au même, que les deux divisions sont identiques (§ 52). Il faudra qu'on ait pour cela

$$a_3 = 0 \qquad c_3 = a_1 \qquad c_1 = 0$$

ce qui ne fait qu'ajouter deux conditions à la condition (91) qui en est une conséquence, et fait voir que dans ce cas la transformation ne dépendra plus que de cinq indéterminées. Les deux racines de l'équation en ρ, racines différentes de b_2, demeurent égales et ont une valeur parfaitement déterminée, ce qui se voit en tenant compte des hypothèses dans l'équation

$$(a_1-\rho)(c_3-\rho)-a_3c_1=0 \qquad (92)$$

mais à cette racine double correspond une infinité de points doubles sur l'axe OX, et une infinité de droites doubles concourant au point double donné par la racine $\rho=b_2$. Il n'y a plus à proprement parler de triangle, mais une droite et un point. On obtient les coordonnées de la droite en donnant à ρ dans les équations (88) la valeur de la racine simple, et celles du point en donnant à ρ la même valeur dans les équations (86). Ces mêmes équations, dans lesquelles on donne à ρ la valeur de la racine double, se réduisent à une qui représente le lieu des points doubles correspondants, c'est-à-dire la droite double. On peut donc dire encore que les coordonnées du point double et l'équation de la droite double s'obtiennent respectivement en remplaçant ρ par la valeur de la racine simple et par celle de la racine double dans les équations (86). Ainsi dans le cas des axes qui ont été choisis, et avec les hypothèses faites, les équations (86) se réduisant à

$$\begin{aligned}(a_1-\rho)x+b_1y \qquad &=0\\ (b_2-\rho)y \qquad &=0\\ b_3y+(a_1-\rho)&=0\end{aligned}$$

si l'on y remplace ρ par la racine simple b_2, la seconde équation devient identique et les deux autres donnent pour les coordonnées du point double

$$x=\frac{b_1}{b_3} \qquad y=\frac{b_2-a_1}{b_3}$$

Si au contraire l'on y remplace ρ par la racine double de l'équation (92) qui, en tenant compte des hypothèses est $\rho=a_1$, la seconde équation donne pour la droite double $y=0$, c'est-à-dire l'axe OX et les deux autres sont identiquement satisfaites.

On dit alors que les figures sont *homologiques;* la droite double est l'*axe d'homologie* et le point double est le *centre d'homologie*. Les théorèmes qui vont être démontrés expliquent tout l'intérêt de cette transformation.

Tout d'abord, on peut se demander quelles sont les trois relations qui lient les coefficients de la transformation homographique générale, les axes étant quelconques, lorsque la transformation devient homologique : elles s'obtiennent sans difficulté. Si l'on veut en effet que, pour une racine ρ de l'équation (87), les coordonnées du point double correspondant deviennent indéterminées, il faut que ces trois équations qui, dans le cas général, pour cette valeur de ρ, se réduisent à deux, se réduisent maintenant à une seule. On devra donc avoir

$$\frac{a_1-\rho}{a_2}=\frac{b_1}{b_2-\rho}=\frac{c_1}{c_2}$$

et

$$\frac{a_2}{a_3}=\frac{b_2-\rho}{b_3}=\frac{c_2}{c_3-\rho}$$

Ces quatre équations n'en font que trois distinctes : en effet, en vertu des deux premières, l'équation (87) est nécessairement satisfaite pour la valeur considérée de ρ, puisque, pour cette valeur, tous les mineurs correspondants aux éléments de la troisième ligne du déterminant (87) sont nuls ; on peut en dire autant des deux dernières, eu égard aux éléments de la première ligne du déterminant; donc une des deux dernières rentre dans les deux premières. Pour obtenir effectivement ces trois conditions, indépendamment de ρ, on tire des deux premières

$$\rho=a_1-\frac{a_2c_1}{c_2}=b_2-\frac{b_1c_2}{c_1}$$

les deux autres donnent de même

$$\rho=b_2-\frac{b_3a_2}{a_3}=c_3-\frac{c_2a_3}{a_2}$$

On aurait encore, au moyen des rapports évidents

$$\frac{a_1-\rho}{a_3}=\frac{b_1}{b_3}=\frac{c_1}{c_3-\rho}$$

les conditions

$$\rho = a_1 - \frac{a_3 b_1}{b_3} = c_3 - \frac{c_1 b_3}{b_1}$$

et les trois conditions distinctes qui définissent l'homologie peuvent s'écrire symétriquement

$$\begin{gathered} a_1 - \frac{a_3 b_1}{b_3} = b_2 - \frac{b_1 c_2}{c_1} = c_3 - \frac{c_2 a_3}{a_2} \\ a_3 b_1 c_2 - a_2 b_3 c_1 = 0 \end{gathered} \tag{93}$$

La valeur commune des trois premiers rapports est celle de ρ; c'est une racine double de l'équation (87), car, si on la dérive par rapport à ρ, il vient

$$\begin{vmatrix} b_2 - \rho & c_2 \\ b_3 & c_3 - \rho \end{vmatrix} + \begin{vmatrix} a_1 - \rho & c_1 \\ a_3 & c_3 - \rho \end{vmatrix} + \begin{vmatrix} a_1 - \rho & b_1 \\ a_2 & b_2 - \rho \end{vmatrix} = 0$$

équation satisfaite pour la valeur considérée de ρ, puisque chacun des mineurs du premier membre est identiquement nul.

Théorème. — *Lorsque deux figures sont homologiques, deux droites homologues concourent sur l'axe d'homologie, et deux points homologues sont en ligne droite avec le centre d'homologie.*

La première partie du théorème est évidente si l'on remarque que tout point de l'axe d'homologie est à lui-même son homologue : quant à la seconde, il suffit d'observer que toute droite passant par le centre d'homologie est à elle-même son homologue et que, par conséquent, la droite qui joint un point donné au centre d'homologie étant à elle-même son homologue, l'homologue du point sera sur cette droite.

Pour vérifier ce théorème par le calcul, il faut chercher l'équation de l'axe d'homologie et les coordonnées du centre d'homologie. Si l'on remplace ρ par la valeur $a_1 - \frac{a_3 b_1}{b_3}$ dans la première des équations (86), on trouve pour l'axe d'homologie

$$\frac{a_3 b_1}{b_3} x + b y + c_1 = 0$$

Pour que la droite

$$ux + vy + w = 0$$

et son homologue concourent sur l'axe d'homologie, on devra donc avoir, quels que soient u, v, w

$$\begin{vmatrix} a_3 b_1 & b_1 b_3 & b_3 c_1 \\ u & v & w \\ a_1 u + a_2 v + a_3 w & b_1 u + b_2 v + b_3 w & c_1 u + c_2 v + c_3 w \end{vmatrix} = 0$$

condition qui est satisfaite, comme on le voit en ordonnant le déterminant par rapport aux puissances et produits de u, v, w et remarquant que tous les coefficients sont nuls, eu égard aux conditions (93).

On obtient de même les coordonnées homogènes

$$\frac{a_3 b_1}{b_3} \qquad a_2 \qquad a_3$$

du centre d'homologie en remplaçant ρ par sa valeur dans la première équation (88), ce qui donne son équation tangentielle dont les coefficients sont les coordonnées cherchées, et l'on vérifie que l'on a

$$\begin{vmatrix} a_3 b_1 & a_2 b_3 & a_3 b_3 \\ x & y & z \\ a_1 x + b_1 y + c_1 z & a_2 x + b_2 y + c_2 z & a_3 x + b_3 y + c_3 z \end{vmatrix} = 0$$

quels que soient x, y, z.

Corollaire I. — Les deux droites qui correspondent dans chaque figure à une même droite donnée, supposée appartenir successivement à l'une ou à l'autre figure, concourent avec la droite donnée sur l'axe d'homologie.

Corollaire II. — En particulier, les deux droites homologues dans chaque figure de la droite de l'infini supposée appartenir à l'autre sont parallèles à l'axe d'homologie.

Ces deux droites ont pour équations (§ 60)

$$a_3 x + b_3 y + c_3 = 0$$
$$C_1 x + C_2 y + C_3 = 0$$

Or on a

$$\rho = b_2 - \frac{b_3 a_2}{a_3} = a_1 - \frac{a_3 b_1}{b_3}$$

on en conclut

$$\frac{b_2a_3 - b_3a_2}{a_3} = \frac{a_1b_3 - a_3b_1}{b_3} \tag{94}$$

ou bien

$$\frac{C_1}{C_2} = \frac{a_3}{b_3}$$

ce qui prouve d'une autre façon la proposition énoncée.

Corollaire III. — Les deux points qui correspondent dans chaque figure à un même point, supposé appartenir successivement à l'une ou à l'autre figure, sont en ligne droite avec le point donné et le centre d'homologie.

66. — Des théorèmes qui précèdent résulte la définition géométrique la plus nette de la transformation homologique. Si l'on considère en effet une droite quelconque, passant par le centre d'homologie, on a vu qu'elle est à elle-même son homologue : elle est donc porteur de deux divisions homographiques dont les points

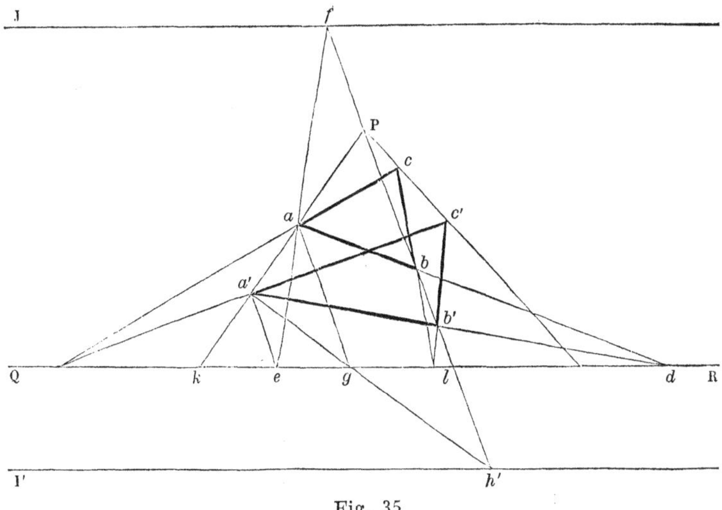

Fig. 35

doubles, réels, sont évidemment le centre d'homologie P (fig. 35) et le point d'intersection k de la droite avec l'axe d'homologie QR.

Le rapport anharmonique λ formé par deux points homologues quelconques a, a', et les points doubles est égal à

$$\frac{Pa}{Pa'} : \frac{ka}{ka'}$$

Il est le même pour toute autre droite Pbb' issue du centre d'homologie, puisque les droites homologues ab, $a'b'$ et l'axe d'homologie concourent en d. On voit donc que pour obtenir l'homologue a' du point variable a de l'une des figures, on joindra a au point fixe P par une droite, dont on cherchera le point d'intersection k avec la droite fixe QR, et le point cherché formera avec les trois premiers a, P, k un rapport anharmonique donné λ. La transformation dépend comme on sait de cinq indéterminées (§ 65) ; ce sont, si l'on veut, le centre et l'axe d'homologie, qui comptent chacun pour deux, et le rapport anharmonique λ.

On pourra encore, si l'on veut, remplacer le rapport anharmonique λ par deux points homologues a, a'. Cela revient évidemment au même puisque l'une des données peut se déduire de l'autre. Mais si la première est théorique et fournit une définition lumineuse de la transformation homologique, la seconde donne une construction immédiate du point homologue b' d'un point donné b, sans renvoyer à celle du quatrième point d'un rapport anharmonique. On joindra pour cela les points a et b par une droite qui coupera l'axe en un point d qui sera à lui-même son homologue. La droite da' sera alors l'homologue de la droite ab et coupera la droite Pb au point b' cherché. Cette construction, appliquée à un point pris à l'infini dans l'une ou l'autre figure, donnera les droites J et I'.

La droite J, par exemple, s'obtiendra en menant par a' une droite quelconque ea', joignant ea et prenant le point d'intersection f de cette droite avec la parallèle menée par le point P à ea'. Le point ainsi déterminé appartient à la droite J, qui est d'ailleurs (§ 65) parallèle à l'axe d'homologie.

Si l'on suppose le point a' à l'infini, a est sur la droite J ; celle-ci étant parallèle à l'axe, on voit qu'on aurait pu substituer à la donnée du couple aa' celle de l'une des droites J et I'.

Quoi qu'il en soit, la figure donne

$$\frac{lh'}{ea'} = \frac{lg}{ge} = \frac{Pa}{aa'} = \frac{Pf}{ea'}$$

D'où l'on conclut

$$lh' = Pf$$

ce qui fait voir que *les distances du centre d'homologie aux droites* J *et* I' *sont respectivement égales aux distances de l'axe d'homologie aux droites* I' *et* J.

De ce que l'axe d'homologie représente les droites E et E' confondues, il résulte (§ 60) que les symétriques de cet axe par rapport à J et à I' sont les droites F et F', non coïncidentes, qui sont partagées de la même façon par leurs points homologues; et le théorème qui vient d'être énoncé prouve que ces symétriques sont à égale distance de part et d'autre du centre d'homologie. Comme d'ailleurs les droites qui joignent deux points homologues passent par le centre d'homologie, il est nécessaire que les divisions identiques qu'elles portent aient des sens inverses.

On pourrait encore déterminer la transformation par trois couples aa', bb', cc' de points homologues, les deux premiers équivalant chacun à deux conditions et le troisième à une seule, puisque les droites aa' et bb' déterminent le point P, et que la droite cc' doit passer par ce point. On voit qu'alors les trois points d'intersection des couples de droites homologues $(ab, a'b')$, $(bc, b'c')$, $(ca, c'a')$ sont en ligne droite sur l'axe d'homologie, et l'on en conclut les théorèmes suivants :

Quand les sommets de deux triangles se correspondent de façon que les droites qui joignent deux sommets correspondants soient concourantes, les points d'intersection de deux côtés correspondants sont en ligne droite.

Et réciproquement, *quand les côtés de deux triangles se correspondent de façon que les points d'intersection de deux côtés correspondants soient en ligne droite, les droites qui joignent deux sommets correspondants sont concourantes.*

Les deux triangles sont alors deux figures homologiques.

67. Théorème. — *Quand deux figures, situées dans un même plan, sont homographiques, on peut toujours par un déplacement convenable de l'une d'elles les amener à être homologiques.*

Le déplacement d'une figure dans le plan dépend de trois indéterminées qui sont, par exemple, les coordonnées de la nouvelle origine, et l'angle dont il a fallu faire tourner les axes de coordonnées, dont l'inclinaison mutuelle n'a d'ailleurs pas changé. L'on conçoit donc, qu'étant données deux figures homographiques, on puisse déplacer l'une d'elles et disposer de ces trois arbitraires de telle façon que les trois conditions (93) soient satisfaites.

Il est facile de voir géométriquement quelle rotation et quelle translation il faut faire subir à la figure qui se déplace. Puisqu'en effet dans deux figures homologiques la droite I' et la droite J sont parallèles, la rotation sera déterminée par là; et il faudra faire tourner l'une des figures jusqu'à rendre ces deux droites parallèles. On a vu (§ 63) que, dans ce déplacement, les droites et les points homologues restent homologues, la droite I′ de la seconde figure sera donc encore dans sa nouvelle position, l'homologue de la droite de l'infini dans la première; de même que la droite de l'infini de la seconde figure, qui reste à l'infini pendant tout le déplacement, ne cesse pas d'avoir pour homologue la droite J de la première. Il résulte de là que, pour obtenir le parallélisme des droites I′ et J, il faut faire tourner la seconde figure précisément de l'angle que font ces deux droites, lequel est donné, en supposant toujours les coordonnées rectangulaires, par la relation

$$\cos V = \pm \frac{C_1 a_3 + C_2 b_3}{\sqrt{a_3^2 + b_3^2}\ \sqrt{C_1^2 + C_2^2}}$$

On a jusqu'à présent, comme on le voit, le choix entre deux rotations différentes de 180°.

En second lieu, dans deux figures homologiques, les divisions homographiques portées par l'axe d'homologie sont identiques; il faut donc qu'un des couples de droites homologues également divisées par leurs points homologues se réduise à deux droites coïncidentes. Or, dans le cas général (§ 60), ces droites sont respectivement parallèles aux droites I′ et J; par la rotation précédente, elles sont donc devenues parallèles : la translation devra les amener à coïncider. Supposons qu'il s'agisse comme précédemment (§ 66) du couple E,E′ : comme, dans le déplacement de la seconde figure, les points homologues n'ont pas cessé de l'être, il s'ensuit que la droite E′ n'a pas cessé d'être partagée par ses points comme la droite E par leurs homologues; il en sera de même pendant tout le temps de la translation qui aura par conséquent pour mesure, perpendiculairement aux droites E,E′ que la rotation a rendues parallèles, la distance même de ces droites. Il faudra enfin que sur ces droites coïncidentes les points homologues coïncident; il faudra donc encore faire glisser la seconde figure parallèlement à ces droites de la distance de deux quelconques de leurs points homologues. Il convient d'observer néanmoins qu'il est nécessaire, pour que cela soit possible, que les droites E,E′ soient partagées identiquement dans le même sens : c'est ce qui déterminera, si ce sont les droites E,E′ que l'on veut faire coïncider, celles des deux rotations, différentes de 180°, entre lesquelles on avait le choix. Mais on sait (§ 66) que les droites F,F′, qui sont aussi devenues parallèles, sont identiquement partagées en sens inverses, lorsque les droites E,E′, sont venues à coïncider ainsi que leurs points homologues. Chacune des rotations pouvait donc convenir, à la condition de déterminer ensuite convenablement celui des couples E,E′, ou F,F′ dont il faut opérer la coïncidence.

Il reste à faire voir qu'après ce déplacement les figures sont effectivement homologiques. Il est clair, tout d'abord, que, puisque sur la droite qui est la superposition des droites E et E′ tous les couples de points homologues coïncident, *deux droites homologues quelconques devront nécessairement concourir sur cette droite*. Le point d'intersection de ces deux droites sera donc à lui-même son homologue, par suite (§ 57) les droites qui joindront deux points homologues pris respectivement sur chacune d'elles *seront concourantes en un point fixe du plan*, qui sera le même pour tous les autres couples de droites homologues, comme on le voit en coupant les deux premières par les droites d'un autre couple. Ces deux conditions suffisent pour que les figures soient homologiques. On déterminera alors le centre d'homologie en joignant deux couples quelconques de points homologues.

68. — Il est évident (§ 66) que ce point doit alors se trouver à égale distance des deux droites F et F′, non coïncidentes, qui sont partagées également par leurs points homologues. On peut vérifier cette propriété par le calcul, ce qui fournit de nouvelles relations entre les coefficients de la transformation. On peut remarquer tout d'abord que l'on aurait pu faire la recherche des points et des droites doubles en partant des relations qui donnent x_2, y_2, z_2 en fonction de x_1, y_1, z_1 au lieu de partir des relations inverses (84). L'équation du troisième degré qui aurait résolu le problème eût été alors

$$\begin{vmatrix} A_1-\lambda & A_2 & A_3 \\ B_1 & B_2-\lambda & B_3 \\ C_1 & C_2 & C_3-\lambda \end{vmatrix} = 0 \qquad (95)$$

Il est clair que, lorsqu'elle est résolue, l'équation (87) doit l'être aussi, il y a donc une relation entre les racines des deux équations; on voit immédiatement que cette relation est la suivante

$$\lambda = \frac{\Delta}{\rho}$$

Δ désignant toujours le déterminant

$$\begin{vmatrix} a_1 & b_1 & c_1 \\ a_2 & b_2 & c_2 \\ a_3 & b_3 & c_3 \end{vmatrix}$$

Si l'on développe en effet l'équation (87), on obtient

$$\rho^3 - (a_1 + b_2 + c_3)\rho^2 + (b_2c_3 - b_3c_2 + a_1c_3 - a_3c_1 + a_1b_2 - a_2b_1)\rho - \Delta = 0$$

ou bien

$$\rho^3 - (a_1 + b_2 + c_3)\rho^2 + (A_1 + B_2 + C_3)\rho - \Delta = 0$$

De même, l'équation (95) développée devient

$$\lambda^3 - (A_1 + B_2 + C_3)\lambda^2 + (B_2C_3 - B_3C_2 + A_1C_3 - A_3C_1 + A_1B_2 - A_2B_1)\lambda - \Delta' = 0$$

dans laquelle Δ' représente le déterminant

$$\begin{vmatrix} A_1 & A_2 & A_3 \\ B_1 & B_2 & B_3 \\ C_1 & C_2 & C_3 \end{vmatrix}$$

formé avec les mineurs du premier ordre de Δ; c'est-à-dire le réciproque de Δ, lequel est égal, comme on sait, à Δ^2. On sait aussi qu'un mineur de Δ' est égal à Δ multiplié par l'élément correspondant dans Δ; on a donc

$$\begin{aligned} B_2C_3 - B_3C_2 &= a_1\Delta \\ A_1C_3 - A_3C_1 &= b_2\Delta \\ A_1B_2 - A_2B_1 &= c_3\Delta \end{aligned}$$

l'équation (95) peut donc s'écrire

$$\lambda^3 - (A_1 + B_2 + C_3)\lambda^2 + (a_1 + b_2 + c_3)\Delta\lambda - \Delta^2 = 0$$

et elle devient identique à l'équation (87) si l'on y remplace λ par $\frac{\Delta}{\rho}$. Il suit de là que, si l'on remplace λ par $\frac{\Delta}{\rho}$ dans l'équation

$$C_1x + C_2y + C_3 - \lambda = 0$$

on aura un lieu du point double correspondant à cette racine aussi bien qu'en remplaçant ρ par sa valeur dans l'équation

$$a_3x + b_3y + c_3 - \rho = 0$$

D'ailleurs dans le cas des figures homologiques, les droites représentées par ces équations sont confondues si ρ est la racine double de l'équation (87), puisqu'elles doivent déterminer une infinité de points doubles sur l'axe d'homologie, on a donc non seulement

$$\frac{C_1}{a_3} = \frac{C_2}{b_3} = -\rho \qquad (94)$$

mais aussi

$$\frac{C_1}{a_3} = \frac{C_2}{b_3} = \frac{C_3 - \frac{\Delta}{\rho}}{c_3 - \rho} = -\rho \qquad (95)$$

Cela posé, il résulte d'abord des relations (94) que, dans le cas des figures homologiques, une des droites E',F'

$$a_3x + b_3y + c_3 \pm \sqrt{\frac{C_1^2 + C_2^2}{a_3^2 + b_3^2}} = 0$$

est confondue avec sa conjuguée. La valeur arithmétique du radical se réduit en effet, en vertu de (94) à la valeur absolue de ρ, et l'équation des droites E',F' devient dans ce cas

$$a_3x + b_3y + c_3 \pm \rho = 0$$

les signes se correspondant ou non, suivant que ρ est positif ou non. L'équation des droites E, F, devient de même (§ 60)

$$C_1x + C_2y + C_3 \pm \frac{\Delta}{\rho} = 0$$

dans laquelle les signes correspondent à ceux de la précédente. L'on voit donc, en prenant partout le signe —, que la droite E'

$$a_3x + b_3y + c_3 - \rho = 0$$

se confond avec la droite E

$$C_1x + C_2y + C_3 - \frac{\Delta}{\rho} = 0$$

Cela résulte des relations (95); elle se confond aussi avec l'axe d'homologie dont on a trouvé l'équation

$$\frac{a_3 b_1}{b_3} x + b_1 y + c_1 = 0$$

ou

$$a_3 x + b_3 y + \frac{c_1 b_3}{b_1} = 0$$

puisque l'on a

$$c_3 - \rho = \frac{c_1 b_3}{b_1} \qquad (93)$$

Enfin le centre d'homologie est à égale distance des deux droites homologues F, F' qui sont celles qui ne coïncident pas. Leurs équations étant

$$a_3 x + b_3 y + c_3 + \rho = 0$$
$$C_1 x + C_2 y + C_3 + \frac{\Delta}{\rho} = 0$$

ou bien, pour la dernière, en remplaçant C_1 et C_2 par $-a_3\rho$ et $-b_3\rho$

$$a_3 x + b_3 y - \frac{1}{\rho}\left(C_3 + \frac{\Delta}{\rho}\right) = 0$$

la proposition sera démontrée si l'on fait voir que les coordonnées du centre d'homologie qui sont $\frac{b_1}{b_3}$ et $\frac{a_2}{a_3}$ satisfont l'équation

$$a_3 x + b_3 y + \frac{1}{2}\left[c_3 + \rho - \frac{1}{\rho}\left(C_3 + \frac{\Delta}{\rho}\right)\right] = 0$$

Or on a d'après (95)

$$c_3 - \rho + \frac{1}{\rho}\left(C_3 - \frac{\Delta}{\rho}\right) = 0$$

Si l'on pose

$$c_3 + \rho - \frac{1}{\rho}\left(C_3 + \frac{\Delta}{\rho}\right) = \alpha$$

et si l'on ajoute, il vient

$$2\left(c_3 - \frac{\Delta}{\rho^2}\right) = \alpha$$

et l'identité à satisfaire devient

$$\frac{a_3 b_1}{b_3} + \frac{b_3 a_2}{a_3} + c_3 - \frac{\Delta}{\rho^2} = 0$$

ou bien

$$a_1 - \rho + b_2 - \rho + c_3 - \frac{\Delta}{\rho^2} = 0$$

ou

$$a_1 + b_2 + c_3 = 2\rho + \frac{\Delta}{\rho^2}$$

ce qui est évident, si l'on observe que $a_1 + b_2 + c_3$ est la somme des racines de l'équation (87); et que, si ρ est la racine double, le produit des racines étant égal à Δ, la troisième racine est $\frac{\Delta}{\rho^2}$.

69. Figures homothétiques. — Les relations (93) qui caractérisent l'homologie se modifient si l'un des éléments du déterminant Δ, différent de a_1, b_2, c_3, vient à s'annuler. Supposons, par exemple, $a_3 = 0$: alors, pour que les équations (86) se réduisent à deux, il faudra ou bien que la troisième devienne identique, et que les deux autres aient leurs coefficients proportionnels, ce qui donne

$$b_3 = 0 \qquad c_3 - \rho = 0$$

$$\frac{a_1 - \rho}{a_2} = \frac{b_1}{b_2 - \rho} = \frac{c_1}{c_2}$$

et par l'élimination de ρ

$$b_3 = 0 \qquad \frac{a_1 - c_3}{a_2} = \frac{b_1}{b_2 - c_3} = \frac{c_1}{c_2} \tag{96}$$

ou bien que le premier terme manque également dans les deux autres équations, et que les autres coefficients soient deux à deux proportionnels, ce qui donne

$$a_2 = 0 \qquad a_1 - \rho = 0$$
$$\frac{b_1}{c_1} = \frac{b_2 - \rho}{c_2} = \frac{b_3}{c_3 - \rho}$$

et par l'élimination de ρ

$$a_2 = 0 \qquad \frac{b_1}{c_1} = \frac{b_2 - a_1}{c_2} = \frac{b_3}{c_3 - a_1}$$

Le second cas n'offre rien de particulier, si ce n'est que l'axe d'homologie passe par l'un des sommets du triangle de référence : la racine double est $\rho = a_1$.

Dans le premier cas, l'une des coordonnées du centre d'homologie est nulle ; il est sur l'un des côtés du triangle de référence, et cela ne constitue à vrai dire un cas particulier que si, les coordonnées étant cartésiennes, ce côté est la droite de l'infini. Une des racines de l'équation en ρ est $\rho = c_3$, et c'est une racine double, car, en vertu des relations (96), elle satisfait encore l'équation du second degré restante.

Dans ce cas particulier le rapport anharmonique λ (§ 66) devient égal au rapport des distances de deux points homologues au point d'intersection de la droite qui les joint avec l'axe d'homologie, et la transformation peut se définir ainsi : on mène par chaque point a de la première figure une parallèle à une direction fixe qui rencontre une droite fixe en un point k, et le point homologue a' de la seconde figure s'obtient en portant, à partir du point k dans le sens convenable, une longueur ka', telle que le rapport $\frac{ka}{ka'}$ soit égal en grandeur et en signe à un rapport donné λ.

Les deux cas qui viennent d'être étudiés peuvent se caractériser par ce fait que deux éléments appartenant à une même ligne ou colonne de Δ et différents de a_1, b_2, c_3 sont nuls. Une racine de l'équation en ρ apparaît alors, pour laquelle tous les mineurs du premier membre de l'équation (87) sont nuls. Mais il peut encore y avoir homologie si tous ces mineurs s'annulent pour une des deux autres valeurs de ρ. Si l'on suppose, par exemple,

$$a_3 = 0 \qquad b_3 = 0$$

l'équation (87) se réduit à

$$(c_3-\rho)\Big[(a_1-\rho)(b_2-\rho)-a_2b_1\Big]=0$$

et si ρ est une racine différente de c_3, l'homologie s'exprimera par

$$\begin{aligned}(b_2-\rho)(c_3-\rho)&=0\\ a_2(c_3-\rho)&=0\\ b_1(c_3-\rho)&=0\\ (a_1-\rho)(c_3-\rho)&=0\end{aligned}$$

relations qui expriment que tous les mineurs correspondant aux éléments des deux premières lignes sont nuls. Comme ρ est différent de c_3, elles se réduisent à

$$\begin{aligned}a_2=b_1&=0\\ \rho=a_1&=b_2\end{aligned} \qquad (97)$$

Les mineurs correspondants aux éléments de la troisième ligne s'annulent d'eux-mêmes, et l'équation (87) se réduit à

$$(c_3-\rho)(a_1-\rho)^2=0$$

la racine considérée est encore double : si on remplace ρ par cette valeur dans les équations (86), on voit que l'axe d'homologie est l'un des côtés du triangle de référence, tandis que les équations (88) donnent pour les coordonnées homogènes du centre d'homologie

$$c_1 \qquad c_2 \qquad c_3-\rho$$

Ce cas devient particulièrement intéressant si le côté considéré du triangle de référence est la droite de l'infini. Il suffit pour cela de supposer les coordonnées cartésiennes, les relations homographiques se réduisent alors en vertu de (97) à

$$\begin{aligned}x_1&=\frac{a_1x_2+c_1}{c_3}=\lambda x_2+p\\ y_1&=\frac{a_1y_2+c_2}{c_3}=\lambda y_2+q\end{aligned} \qquad (98)$$

en posant

$$\frac{a_1}{c_3}=\lambda \qquad \frac{c_1}{c_3}=p \qquad \frac{c_2}{c_3}=q$$

p et q sont évidemment dans la première figure les coordonnées de l'homologue de l'origine, considérée comme appartenant à la seconde figure ; il suffit, pour le voir, de faire dans les formules

$$x_2 = 0 \qquad y_2 = 0$$

et si on les écrit

$$\frac{x_1 - p}{x_2} = \frac{y_1 - q}{y_2} = \lambda$$

on voit qu'elles expriment que le rapport de la distance de deux points a et b d'une figure à celle de leurs homologues a' et b' est constant (fig. 36). D'ailleurs, les droites ab, $a'b'$, sur lesquelles se

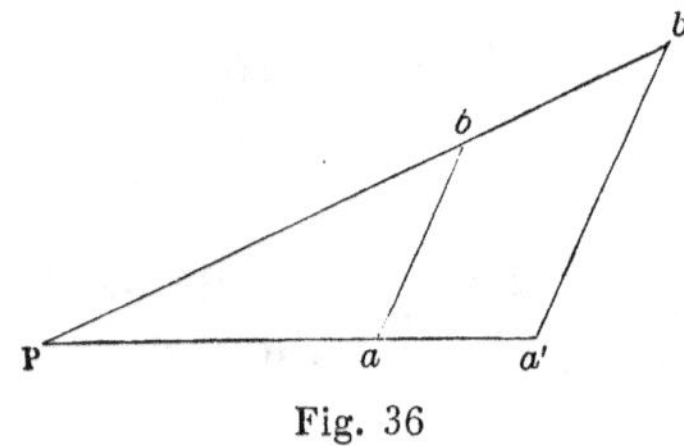

Fig. 36

mesurent ces distances, sont parallèles, puisqu'elles sont homologues et qu'elles doivent concourir sur l'axe d'homologie qui est à l'infini ; on a donc

$$\frac{Pa}{Pa'} = \frac{Pb}{Pb'} = \frac{ab}{a'b'} = \lambda$$

Mais le point de concours P des droites aa' et bb' qui joignent deux couples de points homologues est le centre d'homologie ; de plus, sur toute droite issue de P, porteur de deux divisions homographiques dont un point double est à l'infini, le rapport anharmonique constant se réduit au rapport des distances du point P à deux points homologues : la valeur de ce rapport est donc $\frac{Pa}{Pa'}$, ou λ. La transformation peut donc se définir ainsi : par un point fixe P on mène aux points a de la première figure des droites sur lesquelles on obtient les homologues a' de la seconde par la condition que le rapport $\frac{Pa}{Pa'}$ soit égal en grandeur et en signe à un rapport donné λ. On dit alors que les figures sont *homothétiques ;* le point P et le rapport λ sont respectivement le *centre* et le *rapport d'homothétie.* Si λ est positif, l'homothétie est dite *directe; inverse* dans le cas contraire : λ peut être imaginaire, comme on en verra des exemples. Si l'on compare la définition qui vient d'être donnée de la transformation homothétique à celle de la transformation homologique (§ 66), on voit bien que la seconde n'est que le cas particulier de la première ou l'axe d'homologie est rejeté à l'infini. Les principales propriétés de cette transformation, outre la définition, consistent en ce que les droites homologues sont parallèles, en ce que le rapport de la distance de deux points à celles de leurs homologues est constant et égal au rapport d'homothétie, et en ce que les deux figures ont les mêmes points à l'infini, de même qu'en général deux figures homologiques ont les mêmes points sur l'axe d'homologie.

Tandis qu'en général la transformation homologique dépend de cinq indéterminées, la transformation homothétique ne dépend plus que de trois arbitraires, les deux coordonnées du centre d'homothétie et le rapport λ. Cette différence provient de ce que les deux coordonnées de l'axe d'homologie, qui est à l'infini, sont maintenant connues.

Théorème. — *Deux figures homothétiques à une troisième sont homothétiques entre elles, et les centres d'homothétie des figures deux à deux sont en ligne droite.*

Si l'on a

$$x_1 = \lambda x_2 + p$$
$$y_1 = \lambda y_2 + q$$

les coordonnées du centre d'homothétie sont $\frac{p}{1-\lambda}$ et $\frac{q}{1-\lambda}$. ι seconde figure est homothétique à une troisième, on a

$$x_2 = \mu x_3 + r$$
$$y_2 = \mu y_3 + s$$

et les coordonnées du centre d'homothétie sont $\frac{r}{1-\mu}$ et $\frac{s}{1-\mu}$; on en tire

$$x_1 = \lambda(\mu x_3 + r) + p = \lambda\mu x_3 + \lambda r + p$$
$$y_1 = \lambda(\mu y_3 + s) + q = \lambda\mu y_3 + \lambda s + q$$

ce qui prouve que la première figure est homothétique à la troisième ; le rapport d'homothétie est $\lambda\mu$, et le centre d'homothétie a pour coordonnées

$$\frac{\lambda r + p}{1 - \lambda\mu} \quad \text{et} \quad \frac{\lambda s + q}{1 - \lambda\mu}$$

Les trois centres d'homothétie seront en ligne droite si l'on a

$$\begin{vmatrix} p & q & 1-\lambda \\ r & s & 1-\mu \\ \lambda r + p & \lambda s + q & 1-\lambda\mu \end{vmatrix} = 0$$

condition qui est identiquement satisfaite, comme on s'en aperçoit facilement en multipliant les éléments de la seconde ligne par λ, ajoutant ceux de la première, et retranchant ceux de la troisième.

70. Figures semblables. — Deux figures homothétiques ont entre elles non seulement une relation de position provenant de ce que les points homologues sont en ligne droite avec le centre d'homothétie, mais aussi une relation de forme provenant de ce que le rapport de deux segments homologues est constant. Si l'on déplace d'une façon quelconque l'une des figures, la relation de forme subsiste. Les figures cessent d'être homologiques, mais elles ne cessent pas d'être homographiques (§ 63) ; cependant ce ne sont pas des figures homographiques quelconques ; puisque, la droite de l'infini n'ayant pas changé dans le déplacement, une des droites doubles est à l'infini : on verra aussi que les deux points doubles sur cette droite ne sont pas quelconques. On dit alors que les figures sont *semblables*, et il suit de là que deux figures semblables peuvent toujours, par le déplacement de l'une d'elles, être amenées à être homothétiques. Pour savoir ce que deviennent les formules dans ce cas, il suffit de remarquer que, si l'on fait tourner l'une des deux figures homothétiques de l'angle α en entraînant les axes de coordonnées supposés rectangulaires, dans cette seconde opération l'équation de la seconde figure changera, et s'obtiendra par la substitution

$$\begin{aligned} x_2 &= x_3 \cos\alpha - y_3 \sin\alpha \\ y_2 &= x_3 \sin\alpha + y_3 \cos\alpha \end{aligned} \qquad (14)$$

Il est clair d'ailleurs qu'il n'est besoin de faire intervenir aucune translation, et qu'elle n'empêcherait pas les figures d'être homothétiques. Les formules (98) deviennent alors

$$x_1 = \lambda\,(x_3 \cos\alpha - y_3 \sin\alpha) + p$$
$$y_1 = \lambda\,(x_3 \sin\alpha + y_3 \cos\alpha) + q$$

On en conclut facilement que les relations homographiques générales (82) s'appliquent à des figures semblables si l'on a

$$a_2 = -b_1 \qquad b_2 = a_1 \qquad a_3 = 0 \qquad b_3 = 0$$

et elles deviennent alors, en supposant $c_3 = 1$, ce que l'on peut toujours faire, et changeant les indices

$$\begin{aligned} x_1 &= a_1 x_2 + b_1 y_2 + c_1 \\ y_1 &= -b_1 x_2 + a_1 y_2 + c_2 \end{aligned} \tag{99}$$

L'équation du troisième degré (87) se réduit alors à

$$\begin{vmatrix} a_1 - \rho & b_1 & c_1 \\ -b_1 & a_1 - \rho & c_2 \\ 0 & 0 & 1 - \rho \end{vmatrix} \equiv (1 - \rho)\left[(a_1 - \rho)^2 + b_1^2\right] = 0$$

La valeur réelle $\rho = 1$ substituée dans les équations (86) détermine le point double correspondant P par les équations

$$\begin{aligned} x &= a_1 x + b_1 y + c_1 \\ y &= -b_1 x + a_1 y + c_2 \end{aligned} \tag{100}$$

tandis que, substituée dans les équations (88), elle fait voir que la droite double correspondante est à l'infini.

Les racines imaginaires, substituées dans les équations (86), fournissent deux points doubles à l'infini, dans les directions isotropes (§ 54). tandis que, substituées dans les équations (88), elles donnent pour les coefficients angulaires des droites doubles correspondantes, qui d'ailleurs passent par le point P, les valeurs $\pm\sqrt{-1}$; et l'on voit que, si P est le point double réel à distance finie, le triangle s'achève par les droites isotropes issues de ce point et la droite de l'infini.

Reste à savoir quel est ce point P. Pour cela, transportons l'origine en ce point; si ses coordonnées sont r et s, les formules deviennent, eu égard aux équations (100)

$$x_1 + r = a_1 x_2 + b_1 y_2 + a_1 r + b_1 s + c_1 = a_1 x_2 + b_1 y_2 + r$$
$$y_1 + s = -b_1 x_2 + a_1 y_2 - b_1 r + a_1 s + c_2 = -b_1 x_2 + a_1 y_2 + s$$

ou bien

$$x_1 = a_1 x_2 + b_1 y_2$$
$$y_1 = -b_1 x_2 + a_1 y_2$$

comme cela devait être, puisqu'il est à lui-même son homologue.

es droites qui joignent l'origine à deux points homologues, ont dès lors pour équations

$$y_2 x - x_2 y = 0$$
$$(-b_1 x_2 + a_1 y_2)\,x - (a_1 x_2 + b_1 y_2) y = 0$$

et leur angle V, constamment évalué dans le même sens, est donné par la formule (35) où l'on supposera les coordonnées rectangulaires

$$\pm \operatorname{tg} V = \frac{-(a_1 x_2 + b_1 y_2) y_2 + (-b_1 x_2 + a_1 y_2)\,x_2}{(-b_1 x_2 + a_1 y_2) y_2 + (a_1 x_2 + b_1 y_2)\,x_2} = -\frac{b_1}{a_1}$$

Cet angle, sous lequel on voit du point P deux points homologues, reste le même en grandeur et en signe; et ce résultat était à prévoir (§ 54), puisque les droites doubles des faisceaux homographiques dont le sommet est le point P sont les droites isotropes. Il suit de là que, si l'on fait tourner l'une des figures autour de ce point de l'angle V dans un sens convenable, ou de l'angle supplémentaire dans l'autre sens, deux points homologues deviendront en ligne droite avec le point P. D'ailleurs les rayons issus du point P à deux points homologues, rayons dont l'angle est V, ont leurs longueurs proportionnelles; le calcul donne en effet pour la valeur absolue de ce rapport

$$\lambda = \left[\frac{x_2^2 + y_2^2}{(a_1 x_2 + b_1 y_2)^2 + (-b_1 x_2 + a_1 y_2)^2}\right]^{\frac{1}{2}} = \frac{1}{\sqrt{a_1^2 + b_1^2}}$$

On en conclut qu'après cette rotation les figures sont redevenues homothétiques, et que le centre d'homothétie est le point P. L'angle V doit être égal, par conséquent, à l'angle α dont on a fait tourner l'une des figures, ce qui est d'accord avec la valeur de sa tangente où l'on remplace a_1 et b_1, par $\lambda \cos\alpha$ et $\lambda \sin\alpha$. Le point P jouit dès lors de la propriété suivante : si, autour d'un point arbitraire du plan, on fait tourner l'une des figures de l'angle α dans un sens convenable, par définition elles deviennent homothétiques; si le point choisi est le point P, le centre d'homothétie est le centre de rotation; et ceci, à l'exclusion de tous les autres points du plan, car, si l'on revient à l'ancienne origine qui avait été primitivement choisie pour centre de rotation, on voit que les formules (100), qui déterminent le point P, ne fournissent l'origine que si l'on a $c_1 = c_2 = 0$, c'est-à-dire si la rotation a eu lieu autour du centre d'homothétie.

Les propriétés qui viennent d'être énoncées définissent la transformation; on joint le point P à un point m de l'une des figures, et le point homologue m' de l'autre s'obtient en faisant avec le rayon Pm un angle donné en grandeur et en signe, et prenant sur le rayon ainsi obtenu une longueur Pm' telle que le rapport $\frac{Pm}{Pm'}$ soit égal à un rapport donné λ. On dit alors que le point P est le *centre de similitude* des figures semblables, et le rapport λ, qui est aussi celui de deux segments homologues, est le *rapport de similitude*.

Il est clair, et l'on savait déjà, que dans cette transformation un point à l'infini reste à l'infini, tandis que les points à l'infini sur les directions isotropes ne changent pas (*). Ces propriétés peuvent également définir la transformation des figures semblables. Si en effet la droite de l'infini est à elle-même son homologue, on aura nécessairement, en coordonnées cartésiennes (§ 60),

$$a_3 = 0 \qquad b_3 = 0$$

et si, en faisant toujours $c_3 = 1$, on ne tient pas compte de la racine $\rho = 1$ qui fournit le point double opposé à la droite de l'infini, les deux autres points doubles sont donnés par l'équation

$$(a_1 - \rho)(b_2 - \rho) - a_2 b_1 = 0$$

dont les racines doivent être substituées par les suivantes :

$$\begin{aligned} (a_1 - \rho)x + b_1 y + c_1 &= 0 \\ a_2 x + (b_2 - \rho)y = c_2 &= 0 \end{aligned}$$

ce qui prouve que ces points sont à l'infini, puisqu'en vertu de la

(*) Ceci tient à ce que l'angle d'une direction quelconque avec une des directions isotropes est constant, sa tangente est $\pm\sqrt{-1}$, à moins que la direction considérée ne soit la direction isotrope elle-même, auquel cas l'angle est indéterminé.

première équation les droites représentées par les deux autres sont parallèles. Si les directions qui déterminent ces points à l'infini doivent être les directions isotropes, on devra avoir

$$\frac{a_1-\rho}{b_1}=\frac{a_2}{b_2-\rho}=\pm\sqrt{-1}$$

d'où l'on tire

$$\rho=a_1\mp b_1\sqrt{-1}=b_2\pm a_2\sqrt{-1}$$

ce qui exige

$$a_2=-b_1 \qquad b_2=a_1$$

c'est-à-dire que les figures sont semblables, et que par conséquent *toute transformation homographique dans laquelle deux points doubles sont à l'infini dans les directions isotropes transforme une figure en une figure semblable.*

Cette transformation dépend de quatre indéterminées qui sont les coefficients a_1, b_1, c_1, c_2. Il faut connaître un paramètre de plus que lors de la transformation homothétique, savoir l'angle de rotation α; ou, si l'on veut, quatre de moins que lors de la transformation homographique générale puisqu'on connaît deux points doubles. Elle est donc définie si l'on connaît deux couples de points homologues, et l'on peut se proposer, avec ces données, de trouver le point double P à distance finie et l'angle constant V. Pour cela

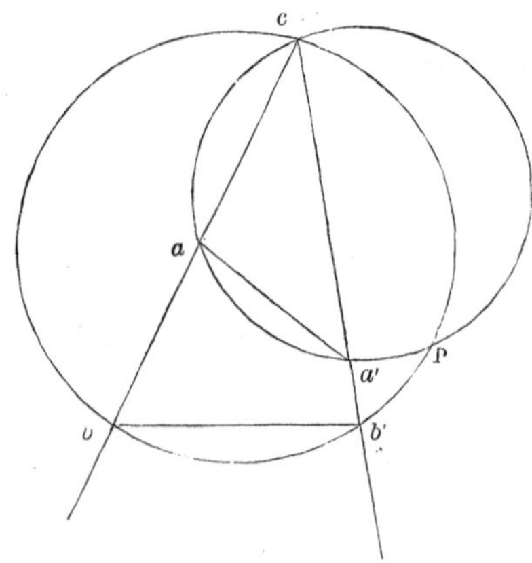

Fig. 37

il faut remarquer que deux droites homologues quelconques font entre elles l'angle V. L'homologue du point à l'infini sur l'une d'elles est en effet à l'infini sur l'autre, et ces deux points sont vus du point P et par suite d'un point quelconque du plan, puisqu'ils sont à l'infini, en particulier du point d'intersection des deux droites, sous l'angle V. Cela posé, soient a, a' et b, b' deux couples de points homologues (fig. 37), les droites ab, $a'b'$ sont homologues et font l'angle V cherché. Si ensuite, sur aa' comme corde, on décrit un segment capable de l'angle V, et un autre sur la corde bb', les deux cercles ainsi obtenus passent tous les deux au point c par construction, et leur second point d'intersection est le point P cherché ; ce qui revient à dire que ce point est le second point d'intersection des cercles circonscrits respectivement aux triangles $aa'c$, $bb'c$. Toutefois il faut observer que, théoriquement, cette construction n'exige pas l'emploi du compas, puisqu'on connaît les centres des deux cercles et un de leurs points d'intersection (*) ; et qu'elle est purement linéaire, comme cela doit être, puisque le point P est déterminé par les équations (100) où les coefficients a_1, b_1, c_1, c_2 auront été remplacés par leurs valeurs déduites de la connaissance des couples de points homologues.

71. Figures égales. — Si l'on suppose dans ce qui précède le rapport λ égal à l'unité, les figures deviennent égales et les formules de transformation deviennent, en supposant toujours les coordonnées rectangulaires,

$$\begin{aligned} x_1 &= a_1x_2 + b_1y_2 + c_1 \\ x_2 &= -b_1x_2 + a_1y_2 + c_2 \end{aligned} \qquad (101)$$

avec

$$a_1^2 + b_1^2 = 1$$

La transformation ne dépend plus que de trois indéterminées, comme cela est évident *à priori*, puisque tout déplacement se réduit à une rotation et à une translation. La première exige la connaissance d'un angle, la seconde de deux coordonnées. On voit, comme conséquence de la théorie des figures semblables, que le déplacement fini d'une figure dans son plan peut se ramener à une rotation autour d'un certain point; les coordonnées de ce point et l'angle de rotation constituent, si l'on veut, les trois indé-

(*) La recherche par la règle et l'équerre, sans le compas, du centre du cercle circonscrit à un triangle, et celle du point symétrique d'un point donné par rapport à une droite donnée, n'offrent aucune difficulté.

terminées desquelles dépend la transformation. Si, au lieu de considérer les positions extrêmes de la figure, on envisage le déplacement fini comme une suite de déplacements très petits, à chaque instant la figure aura tourné d'un angle très petit autour d'un point fixe pendant cet instant, mais variable à l'instant suivant; à l'instant considéré, on dit que ce point est le *centre instantané de rotation* de la figure mobile.

72. — On peut se borner à mentionner le cas où les trois racines de l'équation (87) sont égales, qui se particularise encore s'il y a homologie, en ce sens que le centre d'homologie est sur l'axe d'homologie (*); ainsi que celui où le déterminant des coefficients de la transformation

$$\begin{vmatrix} a_1 & b_1 & c_1 \\ a_2 & b_2 & c_2 \\ a_3 & b_3 & c_3 \end{vmatrix}$$

est nul, et où toutes les droites de l'un des systèmes se transforment suivant des droites concourantes, tandis que tous les points de l'autre se transforment suivant des points en ligne droite. Il n'y a plus alors, à proprement parler, de transformation ; une figure de l'un des systèmes se condensant autour d'un point et une figure de l'autre s'aplatissant sur une droite.

73. Figures homographiques dans des plans différents. — Deux figures qui sont homographiques lorsque leurs plans coïncident, restent homographiques lorsque le plan de l'une d'elles se déplace d'une façon quelconque dans l'espace. Ceci résulte de la définition générale qui a été donnée des figures homographiques (§ 59).

(*) Si l'on écrit que le centre d'homologie est sur l'axe d'homologie, il vient

$$\frac{a_3 b_1}{b_3} + \frac{b_3 a_2}{a_3} + \frac{c_1 b_3}{b_1} = 0$$

ou, en appelant toujours ρ la racine double,

$$a_1 - \rho + b_2 - \rho + c_3 - \rho = 0$$

d'où

$$3\rho = a_1 + b_2 + c_3$$

ce qui prouve que les trois racines sont égales, puisque la racine double est le tiers de la somme des racines. Mais la réciproque n'est pas vraie, et les trois racines peuvent être égales sans qu'il y ait homologie.

Tous les théorèmes précédemment démontrés relativement à deux pareilles figures subsisteront s'ils sont indépendants des distances relatives des points homologues : tels sont ceux qui se rapportent au rapport anharmonique de quatre points en ligne droite ou de quatre droites concourantes, et à celui de leurs homologues; mais il n'y a évidemment plus de points ni de droites doubles.

Théorème. — *Lorsque deux figures situées dans des plans différents sont homographiques, on peut toujours les amener par un déplacement convenable du plan de l'une d'elles à être en perspective.*

Il suffira pour cela, après avoir fait coïncider leurs deux plans, de les déplacer, en observant toujours la coïncidence, de façon à rendre les deux figures homologiques (§ 67); après quoi l'on fera tourner le plan de l'une d'elles autour de l'axe d'homologie d'un angle quelconque; dans cette nouvelle position l'une des figures est la perspective de l'autre. Si l'on considère en effet deux droites homologues, leur point d'intersection qui est sur l'axe d'homologie, se correspond à lui-même, et par conséquent (§ 57) les droites qui joignent leurs points homologues sont concourantes. De plus, le point de concours est le même pour tous les couples de droites homologues; on s'en assure aisément en considérant trois pareils couples tels que $(ab, a'b')$, $(bc, b'c')$, $(ca, c'a')$, déterminant chacun un plan, puisque deux droites d'un même couple sont concourantes, et pour lesquels les trois points de concours coïncident nécessairement avec le point d'intersection des trois plans, puisqu'il doit être en même temps sur les trois arêtes de leur trièdre qui sont les droites, aa', bb', cc'.

Ce point est alors le centre de la perspective : si, par ce point, on mène un plan P perpendiculaire à l'axe d'homologie, intersection des deux plans, il coupe les deux plans suivant deux droites homologues qui, considérées comme appartenant à leurs figures respectives, restent évidemment homologues si le plan de l'une des figures tourne autour de l'axe d'homologie. Il suit de là que, pendant toute la rotation, le centre de la perspective demeure constamment dans le plan P : d'ailleurs ce plan renferme deux droites homologues portant des divisions homographiques, dont l'une est mobile autour de leur point d'intersection qui est à lui-même son homologue ; d'où l'on conclut (§ 57) que *si, étant données deux figures homologiques situées dans le même plan ou dans des plans différents, le plan de l'une d'elles vient à tourner autour de l'axe d'homologie, le centre de la perspective décrit un cercle situé dans un plan perpendiculaire à l'axe de rotation du plan mobile.*

La limite des positions de ce point lorsque les deux plans viennent à coïncider est évidemment le centre d'homologie ; il suit de là que, *lorsque deux figures homologiques sont données dans le même plan, on peut faire tourner l'une d'elles de* 180° *autour de l'axe d'homologie, sans qu'elles cessent d'être homologiques*, ce qui a déjà été démontré (§ 67).

74. — On a pu remarquer, dans les calculs qui précèdent, qu'il a été fait usage tantôt de coordonnées ordinaires, tantôt de coordonnées homogènes, et que c'est lorsqu'il s'agit de propriétés métriques que les premières deviennent le plus indispensables, tandis que l'usage des coordonnées homogènes, cartésiennes ou non, convient surtout pour le cas des propriétés projectives.

On a vu que la transformation homographique revient à effectuer sur les variables x, y, z une substitution linéaire ; d'ailleurs la transformation homographique n'étant elle-même qu'une perspective, il suit de là que la substitution linéaire et la transformation perspective, ainsi que cela a déjà été remarqué dans le chapitre précédent, ne sont qu'une seule et même opération.

Pour terminer, et pour faire ressortir en même temps l'importance d'un théorème démontré plus haut (§ 54), il ne sera peut-être pas inutile de chercher la transformation du théorème suivant : *la somme des angles d'un polygone convexe est égale à autant de fois deux angles droits qu'il y a de côtés moins deux.*

$$V_1 + V_2 + V_3 + \cdots\cdots + V_n = (n-2)\pi$$

Considérant les droites isotropes menées par chaque sommet du polygone et le rapport anharmonique λ, pris dans un sens convenable, formé par ces deux droites avec les deux côtés de l'angle, on a d'après le théorème qui vient d'être rappelé

$$L.\lambda_1 + L.\lambda_2 + \cdots\cdots + L.\lambda_n = L.\lambda_1\lambda_2 \cdots\cdots \lambda_n = 2(n-2)\pi\sqrt{-1}$$

D'où

$$\lambda_1\lambda_2 \cdots\cdots \lambda_n = e^{2(n-2)\pi\sqrt{-1}} = \cos 2(n-2)\pi + \sqrt{-1}\,\sin 2(n-2)\pi = 1$$

D'où l'on conclut ce premier théorème : *si par tous les sommets d'un polygone, on mène des parallèles aux directions isotropes, le produit des rapports anharmoniques formés à chaque sommet par ces deux parallèles et les deux côtés du polygone est égal à l'unité.*

Par une transformation homographique, on substitue aux parallèles des droites concourantes et l'on généralise le théorème au cas où l'on joint chaque sommet du polygone à deux points fixes. Il est vrai que les deux points fixes sont imaginaires comme les directions fixes primitives, si les coefficients de la transformation sont réels ; mais, en choisissant convenablement les coefficients de la transformation, on peut étendre la proposition à deux points quelconques, réels ou imaginaires, arbitrairement choisis. Ce second théorème se démontre lui-même sans difficulté, comme le premier, mais il est curieux de les voir se déduire de celui qui a servi de point de départ.

On transforme de la même façon tous les théorèmes dans lesquels figurent des relations d'angle. En particulier, si les angles sont droits, on observera que les directions isotropes et deux directions rectangulaires sont les rayons d'un faisceau harmonique (§ 54). Ainsi, au lieu de dire que les trois hauteurs d'un triangle sont concourantes, on peut énoncer cette proposition :

Si, par chaque sommet d'un triangle, on mène une droite qui forme avec le côté opposé et les droites qui joignent leur point d'intersection à deux points fixes les rayons d'un faisceau harmonique. on obtient trois droites concourantes.

LIVRE DEUXIÈME

CHAPITRE PREMIER

NOTIONS GÉNÉRALES SUR LES COURBES PLANES

75. Points à l'infini. — Une courbe plane est représentée (§ 4) par une équation entre les coordonnées absolues x et y, ou entre les coordonnées homogènes x, y, z, dont l'une est arbitraire et dont les deux autres sont liées aux coordonnées absolues par les équations (56). Les coordonnées sont alors cartésiennes et les équations

$$x = 0 \qquad y = 0 \qquad z = 0$$

représentent respectivement les deux axes Y'OY, X'OX et la droite de l'infini.

Plus généralement, si l'on substitue aux coordonnées cartésiennes x, y, z, des fonctions linéaires et homogènes de nouvelles coordonnées x', y', z', qui leur soient liées par les équations

$$\frac{x}{a_1x' + b_1y' + c_1z'} = \frac{y}{a_2x' + b_2y' + c_2z'} = \frac{z}{a_3x' + b_3y' + c_3z'} \qquad (102)$$

on obtient, en supprimant les accents, l'équation d'une courbe qui, rapportée aux mêmes axes, est une transformée homographique de la première, mais qui reste la courbe proposée si l'on définit convenablement les nouvelles coordonnées. Pour cela, il est nécessaire de trouver quelles sont les trois droites représentées par les équations

$$x' = 0 \qquad y' = 0 \qquad z' = 0$$

ce qui s'obtient en résolvant les équations (102) par rapport aux nouvelles variables, c'est-à-dire en écrivant

$$\frac{x'}{A_1x + A_2y + A_3z} = \frac{y'}{B_1x + B_2y + B_3z} = \frac{z'}{C_1x + C_2y + C_3z}$$

et désignant par les coefficients des trois dénominateurs les mineurs respectivement correspondants dans le déterminant

$$\begin{vmatrix} a_1 & b_1 & c_1 \\ a_2 & b_2 & c_2 \\ a_3 & b_3 & c_3 \end{vmatrix}$$

qui est le module de la substitution (§ 59). Il suit de là que, dans la nouvelle équation, les coordonnées x', y', z', sont en réalité les premiers membres des équations de trois droites de l'ancien système, et chaque point du plan se trouve ainsi déterminé par les rapports de trois quantités proportionnelles à ses distances à trois droites fixes. C'est le système de coordonnées *trilinéaires* (§ 48) qui est par là étendu à une courbe quelconque, et qui diffère essentiellement du système cartésien en ce que l'équation

$$z' = 0$$

représente l'un des côtés du triangle de référence et non plus la droite de l'infini. L'équation de cette droite, on se le rappelle, a été indiquée (§ 48), en fonction des coefficients des équations, dans l'ancien système, des trois côtés du triangle de référence; ici elle est évidemment

$$a_3x' + b_3y' + c_3z' = 0$$

et l'application de la formule conduirait au même résultat.

Au fond, l'emploi du premier système donne, du moins en ce qui concerne les propriétés projectives des figures, des calculs identiques à ceux auxquels mènent les coordonnées cartésiennes lorsqu'elles ont été rendues homogènes. On a ainsi l'avantage, lorsqu'on n'a fait préalablement aucune hypothèse sur celui des deux systèmes qui est adopté, de démontrer pour une droite quelconque des propriétés qui s'étendent immédiatement à la droite de l'infini, qu'il faut, par conséquent, s'habituer à traiter, lorsqu'il ne s'agit que de propriétés projectives, sur le même pied que toutes les autres droites du plan.

Exemple. — Soit donnée une courbe algébrique de degré m dont le premier membre, ordonné par rapport à z, s'écrira conséquemment

$$f(x, y, z) \equiv$$
$$\underset{m}{\varphi}(x, y) + z\underset{m-1}{\varphi}(x, y) + z^2\underset{m-2}{\varphi}(x, y) + \ldots + z^{m-1}\underset{1}{\varphi}(x, y) + z_m\underset{0}{\varphi}(x, y) = 0 \quad (103)$$

Si l'on fait $z = 0$ dans cette équation, on obtient une équation qui est satisfaite par les coordonnées des points qui sont à la fois sur la courbe et sur la droite $z = 0$; d'ailleurs le résultat, étant indépendant de z, est une fonction homogène de x et y, puisque l'équation donnée est elle-même homogène en x, y, z : c'est l'ensemble des termes de degré supérieur en x et y dans l'équation de la courbe, c'est-à-dire

$$\underset{m}{\varphi}(x, y) = 0 \quad (104)$$

qui est décomposable en m facteurs du premier degré, homogènes en x et y, réels ou imaginaires, représentant autant de droites issues du point d'intersection des droites

$$x = 0 \qquad y = 0$$

et allant passer respectivement par les points de la courbe situés sur la droite $z = 0$; l'équation de la courbe est en effet satisfaite si l'un des facteurs est nul et si l'on fait en même temps $z = 0$. D'où il résulte que ces points, réels ou imaginaires, distincts ou confondus, sont au nombre de m. Parmi les droites représentées par l'équation (104), une ou plusieurs peuvent être parallèles à la droite $z = 0$. C'est ce qui arrivera si l'une des droites

$$ax + by = 0$$

correspondant à un facteur d'un certain ordre de multiplicité de

$\varphi_m(x, y)$ donne lieu à la relation

$$ab_3 - ba_3 = 0$$

parce qu'alors les trois droites

$$\begin{aligned} a_3x + b_3y + c_3z &= 0 \\ ax + by &= 0 \\ z &= 0 \end{aligned}$$

sont concourantes. Il est donc nécessaire, pour compléter l'énoncé précédent, d'ajouter qu'un certain nombre des m points peuvent être à l'infini, et, la droite $z = 0$ étant une droite quelconque du plan, l'on a définitivement ce résultat important : *une ligne droite coupe une courbe algébrique de degré m, en m points réels ou imaginaires, distincts ou confondus, à distance finie ou à l'infini.*

Si l'on suppose maintenant que les coordonnées soient cartésiennes, le théorème subsiste; la dernière restriction est évidemment inutile et il peut s'énoncer :

Une courbe algébrique de degré m a à l'infini m points réels ou imaginaires, distincts ou confondus.

L'équation

$$\varphi_m(x, y) = 0$$

dont le premier membre est l'ensemble des termes de degré supérieur en x et y, représente en coordonnées cartésiennes le *système des rayons infinis*, c'est-à-dire le système des droites menées par le point d'intersection des droites

$$x = 0 \quad y = 0$$

parallèlement aux directions des droites qui n'ont que $m - 1$ points sur la courbe à distance finie.

Réciproquement, s'il a été démontré qu'une courbe, cherchée comme lieu de points, est algébrique et possède m points réels ou imaginaires, sans plus, sur une droite du plan, on en conclura qu'elle est de degré m, à la condition de faire voir en outre qu'aucun d'eux n'est la superposition de plusieurs points confondus en un seul; ce qui peut avoir lieu de deux façons, comme cela ressortira de la théorie des tangentes et de la théorie des points singuliers. D'une façon générale, le degré de la courbe sera égal à la somme des ordres de multiplicité qui devront être attribués respectivement à chacun des points. Si l'on a reconnu qu'une droite a plus de m points sur une courbe de degré m, on conclura également de ce qui précède qu'elle en a une infinité et que, la courbe se décomposant en courbes de degrés inférieurs, elle fait partie de la courbe.

76. Théorème de Bezout. — Le théorème qui vient d'être démontré n'est qu'un cas particulier d'un théorème d'algèbre, qui a déjà été rappelé plusieurs fois et qui est le thèorème de Bezout. Il consiste, comme l'on sait, en ce que deux équations en x et y, l'une de degré m, l'autre de degré p, ont un nombre de solutions communes, réelles ou imaginaires, distinctes ou confondues, qui est *au plus* égal au produit mp, et qui atteint ce produit toutes les fois que l'on ne fait sur les coefficients des deux équations aucune hypothèse tendant à annuler un ou plusieurs termes de degrés supérieurs dans l'équation résultante, c'est-à-dire à rendre une ou plusieurs solutions infinies. La considération des courbes représentées par les deux équations permet de donner à l'énoncé une forme géométrique qui précise, en le complétant, l'énoncé algébrique.

Puisqu'en effet un système de valeurs de x et y qui satisfont simultanément les deux équations n'est autre que le système des coordonnées d'un point commun aux deux courbes qu'elles représentent, le nombre total des points communs, pris chacun avec l'ordre de multiplicité qui lui appartient, sera toujours mp en comptant les points rejetés à l'infini. La théorie du contact des courbes et celle des points singuliers apprendront comment on peut évaluer cet ordre de multiplicité, ainsi que les phénomènes géométriques qui en résultent aux environs du point considéré; et l'on peut énoncer le théorème suivant :

Le nombre total des points communs, réels ou imaginaires, distincts ou confondus, à distance finie ou non, de deux courbes algébriques est toujours égal au produit de leurs degrés.

77. Invariants et covariants. — Il suit de ce qui précède que, toutes les fois que dans la transformation (102), on aura

$$a_3 = 0 \qquad b_3 = 0$$

ou plus généralement, toutes les fois que les coefficients de la transformation la plus générale de coordonnées homogènes satisferont aux conditions nécessaires pour que la nouvelle équation de la droite de l'infini soit

$$z = 0$$

les coordonnées resteront ou redeviendront cartésiennes.

Quoi qu'il en soit, l'on conçoit que certaines propriétés géométriques d'une courbe soient complètement indépendantes du choix des coordonnées, du triangle de référence qui les définit. Si donc cette propriété se traduisait primitivement par une certaine relation, obtenue en égalant à zéro une certaine fonction des coefficients de l'équation, la même fonction des nouveaux coefficients, qui dans le nouveau système exprimera évidemment la même propriété géométrique, doit être aussi nulle, et, s'annulant en même temps que la première, doit conséquemment la renfermer en facteur. Mais il est clair que les nouveaux coefficients sont non seulement fonctions des anciens, mais aussi des coefficientsde la transformation. Il arrivera donc que dans la nouvelle fonction des coefficients de l'équation, il y aura une sorte de séparation des deux espèces de quantités qu'elle renferme, en deux facteurs, dépendant, l'un des coefficients de la transformation, l'autre de ceux de l'équation et identique à la primitive. Une telle fonction des coefficients de l'équation d'une courbe, qui ne varie pas, à un facteur près qui ne renferme que les paramètres de la transformation, est dite un *invariant :* il arrive que le facteur est toujours une puissance du déterminant, module de la substitution. Lorsque cette puissance est nulle, l'invariant est dit *absolu*, c'est-à-dire qu'il n'est pas modifié par la substitution, lors même que le module serait différent de l'unité; dans tous les autres cas, il est dit *relatif*.

La géométrie de la ligne droite a déjà offert des exemples de pareilles expressions. Ainsi, l'on a trouvé (§ 43) que l'une des expressions du rapport anharmonique de quatre droites concourantes, issues du point de concours des droites

$$x = 0 \qquad y = 0$$

est égale, en fonction des paramètres de ces droites, à

$$\frac{(u_1 v_3 - u_3 v_1)(u_2 v_4 - u_4 v_2)}{(u_1 v_4 - u_4 v_1)(u_2 v_3 - u_3 v_2)} \tag{63}$$

Il suit de là que, si l'on fait subir aux variables x et y, desquelles seules dépendent les équations des quatre droites, une substitution linéaire et homogène

$$\frac{x}{a_1x'+b_1y'}=\frac{y}{a_2x'+b_2y'}$$

l'expression précédente restera la même à un facteur près, lequel est ici égal à l'unité. Cela tient au fond à ce que chacune des parenthèses, égalée à zéro, exprime que deux des droites se confondent et se trouve être par conséquent un invariant, relativement à la même substitution. Seulement pour chacune d'elles le facteur est égal au module et disparaît dans la transformation de l'expression (63) qui est alors un invariant absolu, *commun* à quatre fonctions, parce qu'elle renferme les coefficients de quatre fonctions.

On a vu (§ 15) que, si l'on se donne en coordonnées cartésiennes deux lignes droites

$$u_1x+v_1y+w_1=0$$
$$u_2x+v_2y+w_2=0$$

les fonctions suivantes des coefficients et de l'angle θ

$$\frac{u_1v_2-u_2v_1}{\sin\theta} \qquad \frac{u_1u_2+v_1v_2-(u_1v_2+u_2v_1)\cos\theta}{\sin^2\theta} \tag{105}$$

ne changent pas de valeur, quelle que soit la transformation de coordonnées que l'on opère en conservant la même origine pourvu que l'on substitue à l'angle θ, l'angle θ_1 formé par les nouveaux axes. Il est clair d'ailleurs que, si l'on ne conservait pas la même origine, la propriété subsisterait, puisque les coefficients des variables ne changent pas, dans l'équation d'une ligne droite, lorsqu'on transporte les axes parallèlement à eux-mêmes. Doit-on en conclure que ces expressions soient des invariants *communs* aux deux fonctions? Pour le savoir, il faut examiner ce qui arrive si, à la transformation cartésienne par laquelle les points de l'infini demeurent à l'infini, on substitue la transformation homogène générale. Or la relation

$$u_1v_2-u_2v_1=0$$

exprime en coordonnées cartésiennes que les droites sont parallèles; elle exprimera en coordonnées trilinéaires qu'elles vont se rencontrer sur la droite $z=0$. C'est donc une propriété qui n'est pas indépendante du triangle de référence, et l'expression n'est pas un invariant. Elle ne peut être considérée comme telle, que si la droite $z=0$ demeure la même dans la transformation, en un mot si la transformation ne s'applique qu'aux variables x et y, et c'est dans ce sens que l'on peut dire que si les expressions

$$u_1x + v_1y = 0$$
$$u_2x + v_2y = 0$$

sont transformées par une substitution homogène, *la fonction*

$$u_1v_2 - u_2v_1$$

est un invariant commun aux deux expressions. C'est un invariant relatif, parce qu'elle est multipliée par le module de la substitution. En coordonnées cartésiennes, ce module est donné par la relation

$$\frac{\sin\beta\sin\alpha' - \sin\alpha\sin\beta'}{\sin\theta} = \frac{\sin\theta_1}{\sin\theta} \tag{16}$$

de telle sorte que l'expression

$$\frac{u_1v_2 - u_2v_1}{\sin\theta}$$

ne change pas de valeur; mais il ne faut pas dire que l'invariant soit cette expression ; il faudrait pour cela que $\sin\theta$ restât le même, et il devient $\sin\theta_1$. L'invariant est le numérateur, parce qu'il ne renferme que les coefficients des fonctions transformées, et qu'il reste le même, à un facteur près ne dépendant que de la substitution.

Quant au second numérateur, égalé à zéro, il exprime que les droites sont rectangulaires, ou, pour rendre la propriété projective, qu'elles sont conjuguées harmoniques par rapport aux droites isotropes (§ 54). En coordonnées trilinéaires, la fonction correspondante exprimerait que les deux droites sont conjuguées harmoniques par rapport à deux droites joignant leur point d'intersection à deux points déterminés, situés sur la droite $z=0$; et l'on voit encore que la propriété dépend de la droite $z=0$. D'ailleurs, la transformation ne s'appliquerait-elle qu'aux variables x et y, le numérateur est une fonction de l'angle θ qui devient θ_1, et ne doit être considéré à aucun titre comme un invariant commun à deux fonctions linéaires.

On verra un peu plus loin par suite de quelles considérations les expressions (105) peuvent être regardées comme la particularisation en coordonnées cartésiennes d'un invariant commun à deux fonctions du second degré homogènes, à deux variables.

78. — On a vu de même (§ 16) que trois fonctions des coefficients de la courbe générale du second degré et de l'angle θ ne changent pas, par une transformation cartésienne quelconque. On démontrerait comme précédemment que la première de ces fonctions

$$\frac{a+b-2h\cos\theta}{\sin^2\theta}$$

n'a droit *à aucun titre* au nom d'invariant du premier membre de l'équation de la courbe. Lorsqu'elle est nulle, cela exprime que les deux droites

$$ax^2+2hxy+by^2=0 \tag{106}$$

qui sont (§ 75) les rayons infinis de la courbe, sont rectangulaires, ce qui dépend de la droite $z=0$; et si, pour ne pas modifier la droite $z=0$, on ne fait subir la transformation qu'aux variables x et y, on voit que le numérateur dépend en outre de $\cos\theta$ qui devient $\cos\theta_1$: de telle sorte que l'expression considérée n'est pas non plus invariant de la fonction (106), mais on verra que c'est la particularisation en coordonnées cartésiennes d'un invariant commun à la fonction (106) et à une fonction analogue. De même,

$$ab-h^2=0$$

exprime que les rayons infinis coïncident; $ab-h^2$ est l'*unique* (*) invariant du premier membre de l'équation (106); c'est $ab-h^2$ et non pas $\frac{ab-h^2}{\sin^2\theta}$, et il est relatif à une transformation des seules

(*) On démontre, en algèbre, qu'une fonction homogène du second degré, à un nombre quelconque de variables, n'a pas d'autre invariant que son *discriminant*. Le discriminant d'une fonction homogène est le résultat de l'élimination des n variables entre les n dérivées.

variables x et y. Pour la même raison $bc-f^2$ et $ca-g^2$ sont respectivement les invariants des fonctions

$$by^2+2fyz+cz^2$$
$$cz^2+2gzx+ax^2$$

qui figurent aussi dans l'équation de la courbe rendue homogène, et ils sont relatifs respectivement à une transformation des seules variables y et z, ou z et x. Quant au premier membre de l'équation considéré dans son ensemble, il n'a d'autre invariant que le *numérateur* de la troisième fonction

$$\begin{vmatrix} a & h & g \\ h & b & f \\ g & f & c \end{vmatrix}$$

lequel, égalé à zéro, exprime, comme on le verra, que la courbe se réduit à deux lignes droites.

De même qu'une seule fonction, plusieurs fonctions peuvent avoir des invariants *communs*. On en a vu un exemple plus haut dans le cas de deux fonctions homogènes du premier degré en x et y. Si l'on considère deux fonctions du second degré

$$\begin{matrix} a_1x^2+2b_1xy+c_1y^2 \\ a_2x^2+2b_2xy+c_2y^2 \end{matrix} \qquad (107)$$

on voit facilement qu'elles admettent les invariants communs

$$a_1c_2+c_1a_2-2b_1b_2$$
$$(a_1c_2-a_2c_1)^2-4(a_1b_2-a_2b_1)(b_1c_2-b_2c_1)$$

dont le second peut encore s'écrire

$$(a_1c_2+c_1a_2-2b_1b_2)^2-4(a_1c_1-b_1^2)(a_2c_2-b_2^2)$$

et se trouve être, par conséquent, une combinaison du premier et des invariants de chaque fonction considérée isolément, lesquels sont pour la première $a_1c_1-b_1^2$ et pour la seconde $a_2c_2-b_2^2$.

Il suit de là que

$$\frac{a_1c_1-b_1^2}{a_2c_2-b_2^2} \qquad (108)$$

est un invariant *absolu* commun aux deux fonctions (107), car les deux invariants, termes du rapport, sont évidemment par la transformation multipliés par la même puissance du module.

Si l'on suppose maintenant que la première fonction (107) se décompose en facteurs de la façon suivante

$$(u_1x+v_1y)(u_2x+v_2y)$$

et que la seconde soit le premier membre de l'équation cartésienne des droites isotropes (§ 54), c'est-à-dire

$$x^2+2xy\cos\theta+y^2$$

l'invariant absolu devient

$$\frac{u_1v_2-u_2v_1}{\sin\theta}$$

D'ailleurs, la nouvelle équation des droites isotropes est formée avec l'angle θ_1 comme l'ancienne avec θ; on peut donc dire que l'expression précédente ne change pas de valeur, et ce fait correspond, comme on le voit, à une particularisation en coordonnées cartésiennes de l'invariant absolu (108).

Dans la même hypothèse, l'invariant commun

$$a_1c_2+c_1a_2-2b_1b_2 \qquad (109)$$

devient

$$u_1u_2+v_1v_2-(u_1v_2+u_2v_1)\cos\theta$$

c'est-à-dire le numérateur de la seconde expression (105) qui est alors la même particularisation de l'invariant *relatif* (109). Si on divise par $\sin^2\theta$, il devient la même particularisation de l'invariant *absolu*

$$\frac{a_1c_2+c_1a_2-2b_1b_2}{a_2c_2-b_2^2}$$

Enfin

$$a+b-2h\cos\theta \qquad \frac{a+b-2h\cos\theta}{\sin^2\theta} \qquad \frac{ab-h^2}{\sin^2\theta}$$

sont respectivement les mêmes particularisations des invariants

$$a_1c_2+c_1a_2-2b_1b_2 \qquad \frac{a_1c_2+c_1a_2-2b_1b_2}{a_2c_2-b_2^2} \qquad \frac{a_1c_1-b_1^2}{a_2c_2-b_2^2}$$

dont le premier est relatif et les deux autres sont absolus, au cas où la première fonction s'écrit

$$ax^2 + 2hxy + by^2$$

et la seconde

$$x^2 + 2xy\cos\theta + y^2$$

Si l'on ajoute aux deux fonctions (107) une nouvelle fonction du second degré à deux variables

$$a_3x^2 + 2b_3xy + c_3y^2$$

on vérifie sans peine que le déterminant

$$\begin{vmatrix} a_1 & b_1 & c_1 \\ a_2 & b_2 & c_2 \\ a_3 & b_3 & c_3 \end{vmatrix}$$

est un invariant commun aux trois fonctions.

Les invariants généraux dont il vient d'être question joueront un rôle fondamental dans la théorie de l'involution.

La théorie des courbes du second degré apprendra quels sont les invariants communs à deux fonctions homogènes à trois variables.

79. — On appelle *covariant* d'une fonction, toute expression jouissant des mêmes propriétés que l'invariant, mais renfermant les variables en même temps que les coefficients. Si elle renferme les coefficients de plusieurs fonctions, c'est un covariant *commun.* Égalé à zéro, un covariant représente une courbe qui jouit, par rapport aux courbes primitives, d'une propriété indépendante du triangle de référence, subsistant par conséquent entre les courbes transformées homographiques des premières et la nouvelle courbe covariante, et par suite projective.

L'exemple le plus simple d'un covariant est fourni par une courbe par rapport à elle-même : car la nouvelle équation est évidemment composée avec elle-même de la même manière que l'ancienne. Ainsi si l'on fait une transformation de coordonnées, la droite

$$ux + vy + wz = 0$$

devient

$$u'x' + v'y' + w'z' = 0$$

et si, dans une transformation cartésienne, la fonction des coefficients, des variables et de θ,

$$\frac{(ux + vy + w)^2 \sin^2\theta}{u^2 + v^2 - 2uv\cos\theta}$$

demeure la même (§ 24), c'est parce que la fonction

$$\frac{u^2 + v^2 - 2uv\cos\theta}{\sin^2\theta}$$

elle-même ne change pas.

On comprend sans peine l'importance du rôle que jouent les invariants et les covariants dans l'étude des courbes et des systèmes de courbes.

TANGENTES ET ASYMPTOTES. — EXTENSION DU PRINCIPE DE DUALITÉ A TOUS LES ÊTRES PLANS.

80. — Une courbe a été considérée jusqu'à présent comme la suite continue des positions successives d'un point dont les coordonnées sont reliées par une équation. La théorie des tangentes va permettre de l'envisager à un nouveau point de vue.

La *tangente* en un point m d'une courbe (fig. 38) est la limite des positions successives d'une sécante qui passe par le point m, et qui tourne autour de lui jusqu'à ce qu'un second point d'intersection m' vienne coïncider avec lui. Cette limite est, en général, unique ; et le point est dit *point de contact* de la droite et de la courbe : par définition, on doit le compter en général pour deux, dans l'évaluation du nombre des points d'intersection de la tangente avec la courbe.

Pour trouver cette limite, soient x_0 et y_0 les coordonnées cartésiennes du point m, $x_0 + \Delta x_0$ et $y_0 + \Delta y_0$ celles du point voisin m'; celle de la sécante peut alors s'écrire (§ 32)

$$\begin{vmatrix} x & y & 1 \\ x_0 & y_0 & 1 \\ x_0 + \Delta x_0 & y_0 + \Delta y_0 & 1 \end{vmatrix} = 0$$

ou bien

$$\begin{vmatrix} x & y & 1 \\ x_0 & y_0 & 1 \\ \Delta x_0 & \Delta y_0 & 0 \end{vmatrix} = 0$$

c'est-à-dire

$$y - y_0 = \frac{\Delta y_0}{\Delta x_0}(x - x_0)$$

Passant à la limite, le coefficient angulaire $\frac{\Delta y_0}{\Delta x_0}$ tend vers la dérivée de y considéré comme fonction de x définie par l'équation de la courbe, dérivée dans laquelle on a remplacé x et y par x_0 et y_0.

L'équation de la tangente devient alors

$$y - y_0 = f'(x_0)(x - x_0) \qquad (110,a)$$

si la fonction y est explicite sous la forme $y = f(x)$; et

$$y - y_0 = -\frac{f'_{x_0}}{f'_{y_0}}(x - x_0)$$

ou bien

$$(x - x_0)f'_{x_0} + (y - y_0)f'_{y_0} = 0 \qquad (110,b)$$

si la fonction y est implicite, c'est-à-dire si l'équation de la courbe a la forme générale

$$f(x, y) = 0$$

Elle peut s'écrire alors

$$xf'_{x_0} + yf'_{y_0} - (x_0 f'_{x_0} + y_0 f'_{y_0}) = 0$$

Supposons que l'on ait rendu homogène par la substitution (56) le premier membre de l'équation de la courbe, et qu'on l'ait multiplié par une certaine puissance de z afin de chasser les dénominateurs; soit m cette puissance de z qui sera le degré de l'équation si la courbe est algébrique. L'équation est alors devenue

$$z^m f\left(\frac{x}{z}, \frac{y}{z}\right) \equiv F(x, y, z) = 0$$

d'où l'on tire

$$F'_x \equiv z^{m-1} f'_{\frac{x}{z}} \qquad F'_y \equiv z^{m-1} f'_{\frac{y}{z}}$$

Mais $f'_{\frac{x}{z}}$ et $f'_{\frac{y}{z}}$ ne diffèrent de f'_x et f'_y qu'en ce que les variables x et y y ont été remplacées par $\frac{x}{z}$ et $\frac{y}{z}$; l'on voit donc que si dans l'équation de la tangente on remplace f'_{x_0} et f'_{y_0} par les nouvelles dérivées F'_{x_0} et F'_{y_0}, c'est comme si on rendait les dérivées homogènes par la substitution (56) et si on multipliait tout par z_0^{m-1}. Achevant de rendre homogène en remplaçant partout ailleurs x et y par $\frac{x}{z}$ et $\frac{y}{z}$, x_0 et y_0 par $\frac{x_0}{z_0}$ et $\frac{y_0}{z_0}$, elle devient

$$xF'_{x_0}+yF'_{y_0}-z\left(\frac{x_0}{z_0}F'_{x_0}+\frac{y_0}{z_0}F'_{y_0}\right)=0$$

D'ailleurs la fonction $F(x,y,z)$ est une fonction homogène de degré m, car l'on a

$$F(kx, ky, kz)=k^m z^m f\left(\frac{x}{z},\frac{y}{z}\right)=k^m F(x,y,z)$$

on a donc identiquement, en vertu du théorème d'Euler

$$x_0F'_{x_0}+y_0F'_{y_0}+z_0F'_{z_0}\equiv mF(x_0,y_0,z_0)=0$$

puisque le point de contact (x_0,y_0,z_0) est sur la courbe. L'on en tire

$$\frac{x_0}{z_0}F'_{x_0}+\frac{y_0}{z_0}F'_{y_0}\equiv-F'_{z_0}$$

et l'équation de la tangente prend la forme symétrique

$$xF'_{x_0}+yF'_{y_0}+zF'_{z_0}=0 \qquad (111)$$

qui s'applique à toute courbe plane, algébrique ou transcendante, dont l'équation aura préalablement été rendue homogène par la substitution (56), et à condition que y soit une fonction continue de x dans le voisinage du point considéré. Si cela n'avait pas lieu, dans un intervalle fini ou non, aux environs du point m supposé à distance finie, on ne pourrait pas en effet le regarder comme la limite du point m', ni faire *tendre* vers zéro les accroissements Δx_0,

Δy_0 : on verra plus loin ce qui se passe si le point est à l'infini.

La condition qui vient d'être indiquée est toujours remplie dans les courbes algébriques, et alors la forme (111) de l'équation a en outre l'avantage de faire voir qu'*elle ne renferme les coordonnées du point de contact qu'au degré* $m-1$, alors que dans l'équation (110, b) ces coordonnées paraissaient entrer au degré m : les termes de plus haut degré s'évanouissent si l'on tient compte de ce que le point de contact est sur la courbe. Cette remarque est fondamentale dans la théorie des tangentes aux courbes algébriques.

81. — Toutes les fois que le développement de Taylor est applicable au premier membre de l'équation de la courbe dans le voisinage du point m, et en particulier dans les courbes algébriques, le mode de démonstration suivant permet de se rendre compte de ce qui se passe aux environs du point de contact.

Soient

$$\begin{aligned} x &= x_0 + a\rho \\ y &= y_0 + b\rho \end{aligned} \qquad (43)$$

les équations d'une droite passant par le point m, en fonction de sa distance ρ au point (x, y) ; les distances ρ du point (x_0, y_0) aux points d'intersection de la droite et de la courbe sont données par l'équation

$$f(x_0 + a\rho, y_0 + b\rho) \equiv$$
$$f(x_0, y_0) + \rho(af'_{x_0} + bf'_{y_0}) + \cdots\cdots + \frac{\rho^p}{p!}(af'_{x_0} + bf'_{y_0})_p + \cdots\cdots = 0 \qquad (112)$$

où f'_{x_0} et f'_{y_0} représentent les dérivées partielles de $f(x, y)$ par rapport à x et à y dans lesquelles on a substitué x_0 et y_0 aux variables x et y, et où $(af'_{x_0} + bf'_{y_0})_p$ est une puissance symbolique que l'on a formée en algèbre. Si le point (x_0, y_0) est sur la courbe, le premier terme du second membre est nul, et par suite l'une des racines de l'équation en ρ. Pour qu'un second point d'intersection vienne coïncider avec le premier, il faut qu'une seconde racine s'annule, ce qui exige

$$af'_{x_0} + bf'_{y_0} = 0$$

et donne un système unique et parfaitement déterminé de valeurs pour les paramètres angulaires a et b de la sécante, si les dérivées

f''_{x_0} et f'_{y_0} ne sont pas simultanément nulles. On en conclut, en remplaçant a et b par leurs valeurs proportionnelles dans l'équation de la sécante

$$\frac{x-x_0}{a}=\frac{y-y_0}{b}$$

l'équation de la tangente

$$(x-x_0)f'_{x_0}+(y-y_0)f'_{y_0}=0 \qquad (110,b)$$

Théorème. — *Aux environs du point de contact d'une courbe avec une de ses tangentes, la courbe est en général du même côté par rapport à cette tangente et ne la traverse pas.*

Si l'on supprime en effet le terme $f(x_0,y_0)$ dans l'équation (112), et si l'on divise par ρ, on voit que, lorsque le terme indépendant $af'_{x_0}+bf'_{y_0}$ prend une valeur très petite et négative par exemple, une des valeurs de ρ tend vers zéro. Pour une certaine valeur du rapport des coefficients a et b, voisine de celle qui annule le terme indépendant, la racine qui tend vers zéro est assez petite pour qu'en la substituant dans le reste du premier membre, il prenne le signe du terme de degré inférieur. D'ailleurs, en vertu de l'équation (112) le reste du premier membre a toujours le signe contraire à celui du terme indépendant, on a donc alors, en désignant par ρ la racine qui tend vers zéro

$$\rho(af'_{x_0}+bf'_{y_0})_2>0$$

Lorsque ensuite, par la variation continue du rapport des paramètres angulaires a et b, le terme indépendant s'est annulé (en changeant de signe, puisqu'il est du premier degré en a et b), l'inégalité devient

$$\rho(af'_{x_0}+bf'_{y_0})_2<0$$

Si donc l'on suppose, ce qui arrive en général, que le facteur

$$af'_{x_0}+bf'_{y_0}$$

ne divise pas l'expression du second degré

$$(af'_{x_0}+bf'_{y_0})_2\equiv a^2f''_{x_0^2}+2abf''_{y_0x_0}+b^2f''_{y_0^2}$$

le signe de cette expression est demeuré le même, et il faut que ρ ait changé de signe en s'annulant. Par suite si, avant que le terme indépendant s'annule, le point m' (fig. 38), décrit l'arc de courbe

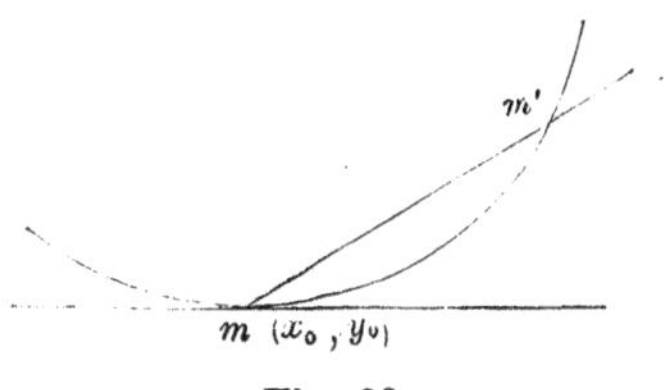

Fig. 38

mm', il arrivera nécessairement que, lorsque la sécante aura dépassé la position limite mt, la distance ρ, ayant changé de signe, devra être portée en sens inverse de la direction primitive, et le point décrira un arc de courbe mm'' situé, par rapport à la tangente, du même côté que l'arc mm'.

On verra plus loin ce qui arrive si le terme indépendant divise le coefficient de ρ; ou si, les dérivées s'annulant en même temps lorsqu'on y substitue les coordonnées du point donné, la tangente devient indéterminée. Dans ces deux cas, le point considéré sur la courbe est dit *singulier*.

82. Exercices. — 1. *Trouver l'équation de la tangente à la courbe représentée en coordonnées rectangulaires par l'équation*

$$y = x \sin \frac{1}{x}$$

et faire voir que les tangentes aux différents points de la courbe situés sur une même droite menée par l'origine passent par l'un ou l'autre de deux points fixes à déterminer.

La fonction étant explicite, on peut appliquer l'équation (110, a); on obtient alors pour la tangente cherchée

$$y - y_0 = \left(\sin \frac{1}{x_0} - \frac{1}{x_0} \cos \frac{1}{x_0}\right)(x - x_0)$$

on arriverait au même résultat en appliquant la forme générale (111); on a en effet, en rendant homogène

$$f(x,y,z) \equiv y - x \sin\frac{z}{x} = 0$$

$$f'_{x_0} \equiv -\sin\frac{z_0}{x_0} + \frac{z_0}{x_0}\cos\frac{z_0}{x_0}$$

$$f'_{y_0} \equiv 1$$

$$f'_{z_0} \equiv -\cos\frac{z_0}{x_0}$$

et on trouve pour l'équation de la tangente, en faisant $z = z_0 = 1$ pour revenir aux coordonnées absolues,

$$y = x\left(\sin\frac{1}{x_0} - \frac{1}{x_0}\cos\frac{1}{x_0}\right) + \cos\frac{1}{x_0}$$

équation équivalente à la première si l'on tient compte de ce que le point de contact est sur la courbe, et plus simple.

Si maintenant on coupe la courbe par la droite $y = mx$ issue de l'origine, les abscisses des points d'intersection sont donnés par

$$m = \sin\frac{1}{x}$$

d'où

$$x = \frac{1}{\operatorname{arc}\sin m}$$

On conclut de là pour x deux séries de valeurs qui sont

$$\frac{1}{\alpha + 2k\pi} \quad \text{et} \quad \frac{1}{\pi - \alpha + 2k\pi}$$

α étant, par exemple, le plus petit angle ayant m pour sinus.

La tangente au point de la première série correspondant à une valeur k_0 de k aura donc pour équation

$$y = x(\sin\alpha - (\alpha + 2k\pi)\cos\alpha) + \cos\alpha$$

et, quel que soit k_0, elle coupe l'axe Y'OY au point

$$x = 0$$
$$y = \cos\alpha$$

Pour la seconde série, on trouve de même

$$x = 0$$
$$y = -\cos\alpha$$

Ces deux points, dont l'ordonnée varie de -1 à $+1$, se confondent pour

$$\cos\alpha = \pm\sqrt{1-m^2} = 0$$

d'où

$$m = \pm 1:$$

ce qui prouve, comme on le vérifie d'ailleurs sur la double équation de la tangente qui, pour $\cos\alpha = 0$, devient $y = \pm x$, que les bissectrices de l'angle des axes sont tangentes à la courbe en tous leurs points d'intersection avec elle.

2. *Résoudre le même problème relativement à la courbe*

$$(x^2+y^2)\operatorname{arc\,tg}\frac{y}{x} + mx\sqrt{x^2+y^2} - ay = 0$$

Si, pour trouver la tangente, on rend l'équation homogène, il vient

$$(x^2+y^2)\operatorname{arc\,tg}\frac{y}{x} + mx\sqrt{x^2+y^2} - ayz = 0$$

$$f'_{x_0} \equiv 2x_0\operatorname{arc\,tg}\frac{y_0}{x_0} - y_0 + m\frac{2x_0^2+y_0^2}{\sqrt{x_0^2+y_0^2}}$$

$$f'_{y_0} \equiv 2y_0\operatorname{arc\,tg}\frac{y_0}{x_0} + x_0 + \frac{mx_0y_0}{\sqrt{x_0^2+y_0^2}} - az_0$$

$$f'_{z_0} \equiv -ay_0$$

et l'équation de la tangente est alors, après avoir fait $z = z_0 = 1$

$$\left(2x_0\operatorname{arc\,tg}\frac{y_0}{x_0} - y_0 + m\frac{2x_0^2+y_0^2}{\sqrt{x_0^2+y_0^2}}\right) + y\left(2y_0\operatorname{arc\,tg}\frac{y_0}{x_0} + x_0 + \frac{mx_0y_0}{\sqrt{x_0^2+y_0^2}} - a\right) - ay_0 = 0$$

L'avantage de la forme (111) apparaît encore d'une façon bien claire, car le terme indépendant $x_0f'_{x_0} + y_0f'_{y_0}$ se réduit ici à $-ay_0$, et l'emploi de la forme (110, b) nécessiterait, pour mettre en évidence cette réduction, un calcul dans lequel il serait tenu compte de ce que le point de contact est sur la courbe, calcul que le théorème d'Euler a permis de faire une fois pour toutes, en donnant à l'équation de la tangente la forme (111).

Il est clair d'ailleurs que, si l'on donne à $\frac{y}{x}$ une valeur constante t, déterminant une droite passant par l'origine, arc tg $\frac{y}{x}$ prend une infinité de valeurs comprises dans la formule $\alpha + k\pi$, et qu'alors cette droite coupe la courbe en un nombre infini de points. Ces points peuvent se partager en deux séries; soit α le plus petit angle positif dont la tangente est t, cet angle détermine une direction dont un point quelconque peut être regardé (§ 5) comme ayant pour coordonnées polaires $\sqrt{x^2+y^2}$ et $\alpha + 2k\pi$ ou bien $-\sqrt{x^2+y^2}$ et $\alpha + (2k+1)\pi$. Les points d'intersection de la droite et de la courbe s'obtiendront alors par l'une des deux équations

$$(x^2+y^2)(\alpha+2k\pi)+mx\sqrt{x^2+y^2}-ay=0$$
$$(x^2+y^2)(\alpha+(2k+1)\pi)-mx\sqrt{x^2+y^2}-ay=0$$

ou en remplaçant y par $x\,\mathrm{tg}\,\alpha$

$$x(1+\mathrm{tg}^2\alpha)(\alpha+2k\pi)+mx\sqrt{1+\mathrm{tg}^2\alpha}-a\,\mathrm{tg}\,\alpha=0$$
$$x(1+\mathrm{tg}^2\alpha)(\alpha+(2k+1)\pi)-mx\sqrt{1+\mathrm{tg}^2\alpha}-a\,\mathrm{tg}\,\alpha=0$$

relations qui donnent dans chaque série la valeur de x correspondant à une valeur de k.

L'équation de la tangente au point (x_0, y_0) de la première série correspondant à une valeur k_0 de k sera donc en remplaçant y_0 par $x_0\,\mathrm{tg}\,\alpha$:

$$xx_0\left(2(\alpha+2k_0\pi)-\mathrm{tg}\,\alpha+m\frac{2+\mathrm{tg}^2\alpha}{\sqrt{1+\mathrm{tg}^2\alpha}}\right)$$
$$+y\left(2x_0\,\mathrm{tg}\,\alpha(\alpha+2k_0\pi)+x_0+\frac{mx_0}{\sqrt{1+\mathrm{tg}^2\alpha}}-a\right)-ax_0\,\mathrm{tg}\,\alpha=0$$

Si l'on élimine $\alpha+2k_0\pi$ au moyen de l'équation

$$x_0(1+\mathrm{tg}^2\alpha)(\alpha+2k_0\pi)+mx_0\sqrt{1+\mathrm{tg}^2\alpha}-a\,\mathrm{tg}\,\alpha=0$$

et si l'on divise par x_0, on trouve une équation qui ne renferme plus x_0 qu'au premier degré : la droite qu'elle représente passe donc, quel que soit x_0, par un point fixe que l'on obtient en égalant à zéro le terme en x_0 et le terme indépendant. Ce dernier se trouve être, dans chaque série

$$y - x \operatorname{tg} 2\alpha$$

ce qui prouve que la droite qui joint les points fixes fournis par chaque série est la symétrique de l'axe X'OX par rapport à la droite donnée.

3. Trouver l'équation de la tangente à la courbe

$$y = x \operatorname{tg} \frac{1}{x}$$

et faire voir que les tangentes aux points d'intersection de la courbe avec une droite fixe passant par l'origine, passent par un point fixe, situé sur l'axe Y'OY, à une distance de l'origine variant de $+1$ à $+\infty$ lorsque l'angle de la sécante avec l'axe X'OX varie de 0 $\frac{\pi}{2}$ ou de 0 à $-\frac{\pi}{2}$.

83. — Il n'est pas inutile, vu le rôle fondamental de la tangente dans la théorie des courbes planes, de faire voir comment on peut arriver directement à l'équation (111), qui n'a d'ailleurs été démontrée jusqu'à présent que pour des coordonnées homogènes cartésiennes; mais qui, on le pressent, est applicable au cas où le triangle de référence n'a aucun côté à l'infini (*).

Supposons donc qu'il en soit ainsi, et soient

$$\frac{X}{\lambda x_0 + \mu x} = \frac{Y}{\lambda y_0 + \mu y} = \frac{Z}{\lambda z_0 + \mu z} = -\frac{1}{\nu}$$

les coordonnées homogènes, exprimées en fonction d'un paramètre variable $\frac{\lambda}{\mu}$, d'un point variable d'une droite passant par les points (x_0, y_0, z_0) et (x, y, z), et dont l'équation

(*) Ceci tient à ce que l'expression $xf'_{x_0} + yf'_{y_0} + zf'_{z_0}$ est un covariant, comme on peut le faire voir par la seule application du théorème des fonctions composées.

$$\begin{vmatrix} X & Y & Z \\ x_0 & y_0 & z_0 \\ x & y & z \end{vmatrix} = 0$$

s'obtiendrait en éliminant λ, μ, ν entre les trois équations précédentes. Si l'on remplace par ces valeurs les coordonnées courantes dans l'équation de la courbe, on aura une équation homogène en λ et μ donnant les valeurs du paramètre $\frac{\lambda}{\mu}$ correspondant aux points d'intersection de la droite et de la courbe

$$(113) \qquad f(\lambda x_0 + \mu x, \quad \lambda y_0 + \mu y, \quad \lambda z_0 + \mu z)$$
$$\equiv \lambda^m f(x_0, y_0, z_0) + \lambda^{m-1}\mu(xf'_{x_0} + yf'_{y_0} + zf'_{z_0}) + \frac{\lambda^{m-2}\mu^2}{1.2.}(xf'_{x_0} + yf'_{y_0} + zf'_{z_0})_2 + \ldots = $$

dans laquelle m désigne le degré d'homogénéité du premier membre de l'équation de la courbe, lequel est le degré de la courbe, si elle est algébrique. Si le point (x_0, y_0, z_0) est sur la courbe, le premier terme s'annule et en même temps une des valeurs de $\frac{\mu}{\lambda}$; et si l'on veut qu'un second point vienne se confondre avec le premier, ce qui exige évidemment que la valeur correspondante du rapport $\frac{\mu}{\lambda}$ devienne nulle comme la première, il faut que l'on ait

$$xf'_{x_0} + yf'_{y_0} + zf'_{z_0} = 0 \qquad (111)$$

Cette équation représente une droite passant par le point considéré sur la courbe, puisqu'on a

$$x_0 f'_{x_0} + y_0 f'_{y_0} + z_0 f'_{z_0} \equiv mf(x_0, y_0, z_0) = 0$$

et c'est la tangente cherchée, puisqu'en joignant deux de ses points (x_0, y_0, z_0) et (x, y, z), on obtient une sécante répondant à la question.

84. Enveloppe d'une droite mobile. — La tangente à une courbe plane, dont on vient de trouver l'équation, renferme deux paramètres variables, qui sont les valeurs proportionnelles des coordonnées du point de contact. Mais ces paramètres sont liés par l'équation de la courbe, de sorte qu'il n'en reste plus qu'un, dont la présence fait que la droite n'est pas déterminée; d'autre part, elle n'est pas quelconque dans le plan, puisque sa variation ne dépend que d'une arbitraire; son déplacement satisfait à une certaine loi qui est précisément d'être tangente à la courbe considérée.

Réciproquement, toute droite dont les coefficients sont des fonctions d'un seul paramètre variable, est constamment tangente à une certaine courbe dont on dit que la droite est l'*enveloppe*. Il est clair tout d'abord que, si cela est vrai, la courbe est le lieu du point d'intersection de la droite, dans chacune de ses positions, avec la position infiniment voisine, correspondant à une variation infiniment petite du paramètre. La tangente d'une courbe peut être en effet considérée comme la droite qui joint deux points infiniment voisins de cette courbe; d'où il suit que tout point de la courbe est à l'intersection de deux tangentes infiniment voisines et que, par conséquent, si une droite variable *enveloppe* une courbe, cette courbe ne saurait différer du lieu qui vient d'être défini. Cherchons donc l'équation de ce lieu, lorsque l'équation de la droite est

$$X \equiv ux + vy + wz = 0 \qquad (57)$$

dans laquelle u, v, w sont fonctions d'un même paramètre α. La droite infiniment voisine est

$$X + \Delta X \equiv (u + \Delta u)x + (v + \Delta v)y + (w + \Delta w)z = 0$$

Une droite passant par leur point d'intersection est

$$\Delta X \equiv x\Delta u + y\Delta v + z\Delta w = 0$$

ou, en divisant par $\Delta\alpha$ et passant à la limite,

$$X'_\alpha \equiv u'_\alpha x + v'_\alpha y + w'_\alpha z = 0 \qquad (114)$$

Éliminant ensuite le paramètre α entre cette équation et l'équation (57), on aura le lieu cherché. Pour vérifier que, pour toute valeur α_0 du paramètre, la droite $X = 0$ lui est tangente, remarquons que l'équation (57) peut être regardée comme l'équation du lieu si l'on y considère α comme une fonction de x, y, z, définie par la relation (114). L'équation de la tangente au point (x_0, y_0, z_0) sera donc, en appliquant le théorème des fonctions composées

$$x(u+X'_{\alpha_0}\alpha'_{x_0})+y(v+X'_{\alpha_0}\alpha'_{y_0})+z(w+X'_{\alpha_0}\alpha'_{z_0})=0$$

ou, à cause de (114)

$$ux+vy+wz=0$$

dans les coefficients de laquelle α aura la valeur α_0 correspondant à la position arbitrairement choisie de la droite mobile. — C. Q. F. D.

Ainsi *toute courbe est enveloppée par une droite dont les coefficients sont fonctions d'un paramètre variable* et réciproquement, *toute droite dont les coefficients sont fonctions d'un même paramètre, enveloppe une courbe.*

85. Extension du principe de dualité à des courbes quelconques. — Lorsque les coordonnées homogènes d'une droite sont fonctions d'un paramètre variable, ces coordonnées sont liées par une équation. Si l'on élimine en effet le paramètre variable α entre les équations

$$\frac{u}{\varphi_1(\alpha)}=\frac{v}{\varphi_2(\alpha)}=\frac{w}{\varphi_3(\alpha)}$$

on obtient une relation indépendante de α

$$F(u, v, w)=0 \qquad (115)$$

entre les coordonnées u, w, v. On peut donc modifier l'énoncé précédent de la façon suivante :

Toute courbe est enveloppée par une droite dont les coordonnées sont liées par une relation, et réciproquement, *toute droite dont les coordonnées sont liées par une relation enveloppe une courbe.*

L'équation (115) est dite *l'équation tangentielle* de la courbe enveloppe. C'est la condition pour que la droite (57) soit tangente à la courbe, puisque c'est la relation qui lie les coordonnées homogènes d'une de ses tangentes; et elle la définit, elle la représente aussi bien que son équation ordinaire, qui alors est dite *ponctuelle*, parce qu'elle a lieu entre les coordonnées d'un point de la courbe, tandis que celle-ci a lieu entre les coordonnées d'une tangente.

L'une permet de construire la courbe par points, l'autre en détermine les tangentes successives.

Dès lors deux problèmes se présentent :

1° *Une courbe étant donnée par son équation ponctuelle, trouver son équation tangentielle.*

C'est la relation entre les coordonnées homogènes de la droite qui exprime que cette droite est tangente à la courbe. Soit

$$f(x,y,z)=0$$

l'équation ponctuelle donnée. L'équation de la tangente au point (x_0, y_0, z_0) est

$$xf'_{x_0}+yf'_{y_0}+zf'_{z_0}=0 \qquad (111)$$

La droite (57) sera tangente au même point, si l'on a

$$\frac{f'_{x_0}}{u}=\frac{f'_{y_0}}{v}=\frac{f'_{z_0}}{w} \qquad (116)$$

et elle sera tangente en un certain point si ses coordonnées satisfont à la relation obtenue par l'élimination des coordonnées auxiliaires du point de contact, qui satisfont d'ailleurs à l'équation

$$f(x_0,y_0,z_0)=0 \qquad (117)$$

Mais les rapports (116) donnent

$$\frac{f'_{x_0}}{u}=\frac{f'_{y_0}}{v}=\frac{f'_{z_0}}{w}=\frac{x_0f'_{x_0}+y_0f'_{y_0}+z_0f'_{z_0}}{ux_0+vy_0+wz_0}=\frac{mf(x_0,y_0,z_0)}{ux_0+vy_0+wz_0}$$

On en conclut à cause de (117)

$$ux_0+vy_0+wz_0=0 \qquad (118)$$

relation qui est du premier degré et par laquelle on remplacera l'équation (117). Elle était évidente *à priori* puisqu'elle exprime que le point de contact est sur la tangente.

Ainsi l'équation tangentielle est le résultat de l'élimination de x_0, y_0, z_0 entre les équations (116) et (118). Elle est évidemment algébrique en même temps que la proposée, et l'on dit alors que son degré en u, v, w est la *classe* de la courbe considérée : telle est la définition analytique de ce nouvel élément qui joue un rôle si important dans l'étude des courbes algébriques. Géométriquement, la classe est le nombre des tangentes que l'on peut mener à la courbe par un point donné du plan ; car si l'on joint à l'équation (115)

$$F(u, v, w) = 0 \tag{115}$$

la relation

$$ux_1 + vy_1 + wz_1 = 0$$

qui exprime que les tangentes considérées de la courbe passent par un point donné, on a entre les coordonnées de ces droites deux relations dont l'une est du premier degré ; le nombre des solutions est, par conséquent, égal au degré de l'équation tangentielle (115) ; et l'on a ce théorème :

La classe d'une courbe algébrique est égale au nombre des tangentes réelles ou imaginaires, distinctes ou confondues, que l'on peut mener d'un point donné à la courbe.

Il y a lieu d'observer que, dans l'énoncé de ce théorème, il ne s'agit que des tangentes satisfaisant à la définition qui en a été donnée (§ 80). Cette remarque trouvera son application un peu plus loin.

2° *Trouver l'équation ponctuelle d'une courbe dont on connaît l'équation tangentielle.*

Cela revient à chercher l'enveloppe de la droite

$$ux + vy + wz = 0 \tag{57}$$

dont les coordonnées sont liées par la relation

$$F(u, v, w) = 0 \tag{115}$$

Pour cela, faisons subir aux paramètres u, v, w, les accroissements Δu, Δv, Δw, on aura :

$$F(u + \Delta u, v + \Delta v, w + \Delta w) = 0$$

et par suite, eu égard à (115),

$$\Delta u F'_u + \Delta v F_v + \Delta w F'_w = 0 \tag{119}$$

et, l'équation (115) étant homogène, on a aussi :

$$uF'_u + vF'_v + wF'_w = 0 \qquad (120)$$

D'ailleurs la droite qui donne le point du lieu est, comme plus haut :

$$x\Delta u + y\Delta v + z\Delta w = 0 \qquad (121)$$

Les équations (57) et (121) résolues par rapport a x, y, z, donnent les mêmes valeurs que les équations (119) et (120) résolues par rapport à F'_u, F'_v, F'_w. On en conclut les relations

$$\frac{F'_u}{x} = \frac{F'_v}{y} = \frac{F'_w}{z} \qquad (122)$$

qui peuvent remplacer (119) et (121) où figurent les accroissements; et, finalement, l'équation ponctuelle s'obtiendra par l'élimination de u, v, w, entre (57) et (122).

Il est essentiel d'observer que l'équation ponctuelle se déduit de l'équation tangentielle comme celle-ci se déduit de l'équation ponctuelle. Si, dans le calcul qui précède, on permute u, v, w, avec x, y, z, l'élimination qui reste à faire est précisément celle qui a été indiquée pour former l'équation tangentielle.

De tout ce qui précède découle l'extension du principe de dualité à des figures quelconques. Si, en effet, on fait subir à une figure qui renferme, outre des droites et des points, des courbes de toute espèce, la transformation qui a été indiquée (§ 40); c'est-à-dire si l'on permute dans les calculs dont elle est l'objet les variables x, y, z, et les variables u, v, w; tandis que les droites, courbes du premier degré, deviennent des points, courbes de première classe, et inversement, une courbe quelconque se transforme en une autre dont on peut dire d'une façon générale, si elle est algébrique, que sa classe est égale au degré de la première : ceci résulte de ce que la classe d'une courbe algébrique est le degré de son équation tangentielle. Si un point est sur la première courbe, ses coordonnées satisfaisaient l'équation primitive; par suite, les coordonnées de sa droite transformée satisfont la nouvelle équation; c'est-à-dire que sa droite transformée est tangente à la courbe transformée de la première.

Si la courbe primitive était donnée par son équation tangentielle, la transformation rend cette équation ponctuelle et donne une courbe dont le degré est la classe de l'ancienne et dont tous les points sont les transformés des tangentes de l'ancienne. Ainsi *une courbe algébrique se transforme par voie de dualité suivant une autre courbe algébrique dont l'équation ponctuelle est l'équation tangentielle de l'ancienne et inversement, dont la classe est le degré de l'ancienne et inversement, dont les points sont les transformés des tangentes de l'ancienne et inversement.*

Si la courbe est transcendante, sa transformée se définira par les propriétés transformées de celles qui définissent la proposée : la suite de l'étude des courbes apprendra comment on trouve la transformée par voie de dualité, la *corrélative* d'une propriété donnée ; particulièrement lorsque la propriété est projective, c'est-à-dire lorsqu'elle subsiste après une transformation homographique.

Enfin, comme cela a été observé (§ 40), une seconde transformation rendant aux variables leur ancienne signification, la corrélative de la seconde figure est la première, comme la première est la corrélative de la seconde.

Une courbe peut donc être considérée, d'après tout cela, non seulement comme lieu de points, mais comme enveloppe de droites, et, suivant l'un ou l'autre cas, il sera naturel d'employer les coordonnées ponctuelles ou les coordonnées tangentielles.

On aurait même pu, d'une façon moins lumineuse, mais aussi correcte, définir une courbe non pas comme le lieu des positions successives d'un point mobile, c'est-à-dire comme la limite du polygone formé par les droites joignant deux positions successives du point ; mais comme enveloppe de droites, c'est-à-dire comme la limite du polygone dont les sommets seraient les points d'intersection successifs de deux positions infiniment voisines d'une droite mobile. De cette définition serait résultée immédiatement la représentation de la courbe par une équation entre les coordonnées d'une droite. Poursuivant les conséquences de cette définition, on aurait été amené à chercher le *point de contact* de la droite mobile, dans une de ses positions, avec la courbe ; c'est-à-dire, par une nouvelle définition, *la limite des positions d'un point, se mouvant sur la droite considérée, jusqu'à ce que, parmi les positions particulières de la droite pour lesquelles elle passe par le point, une seconde vienne coïncider avec la première.* Cette définition est exactement la corrélative de celle qui a été donnée (§ 80) de la tangente en un point, et dès lors le calcul par lequel on a trouvé (§ 83) l'équation de la tangente en un point donné au moyen de l'équation ponctuelle, peut exactement servir pour trouver l'équation du point de contact au moyen de l'équation tangentielle (115), à condition de remplacer x, y, z, par u, v, w. Il suit de là que l'équation tangentielle du point de contact serait :

$$uF'_{u_0} + vF'_{v_0} + wF'_{w_0} = 0 \tag{123}$$

L'équation ponctuelle se déduirait ensuite de l'équation tangentielle par les calculs au moyen desquels on a déduit celle-ci de la première. Or il résulte de la théorie des tangentes (§ 84) que tout point de la courbe est à l'intersection de deux tangentes infiniment voisines, et que par suite la définition du point de contact est exactement celle qui vient d'être donnée. Il suit de là qu'effectivement l'équation du point de contact est bien l'équation (123) et que l'équation ponctuelle doit, ainsi que cela a été établi directement, se déduire de l'équation tangentielle comme celle-ci de la première. On tire encore de là cette conséquence que, de même que le point de contact doit compter pour deux dans l'évaluation du nombre des points d'intersection de la tangente avec la courbe, la tangente en un point d'une courbe doit compter pour deux, en général, dans l'évaluation des tangentes menées par ce point à la courbe.

Enfin il a été démontré (§ 76) comme application du théorème de Bezout, que deux courbes algébriques de degrés m et p ont mp points d'intersection réels ou imaginaires, distincts ou non, à distance finie ou à l'infini. Si les équations auxquelles s'applique la démonstration sont les équations tangentielles au lieu d'être les équations ponctuelles, on en conclut que :

Le nombre des tangentes communes, réelles ou imaginaires, distinctes ou confondues, à distance finie ou à l'infini, à deux courbes algébriques est égal au produit de leurs classes.

La théorie du contact des courbes et celle des tangentes singulières apprendront d'ailleurs à évaluer le degré de multiplicité de chacune d'elles.

86. Contravariants. — On sait (§ 59) que, lorsque les variables x, y, z, coordonnées d'un point, sont transformées par une substitution linéaire, les coordonnées u, v, w, d'une droite sont transformées par la substitution inverse. Si donc on fait subir à l'équation d'une courbe

$$f(x, y, z) = 0$$

une substitution linéaire, toute fonction des coordonnées tangentielles, u, v, w, subit la substitution inverse. Toute fonction de u, v, w et des coefficients de la courbe, qui par cette substitution demeure la même à un facteur près, ne dépendant que de la transformation, est dite un *contravariant* de la fonction primitive. Il est clair que, si une relation entre les coordonnées tangentielles d'une droite exprime que cette droite jouit par rapport à la courbe d'une propriété indépendante du triangle de référence, cette relation ne changera pas de forme si l'on fait une transformation quelconque de coordonnées et son premier membre sera conséquemment un contravariant du premier membre de l'équation de la courbe. En particulier, le premier membre de l'équation tangentielle et le premier membre de l'équation ponctuelle d'une courbe sont contravariants l'un de l'autre.

87. Mener par un point des tangentes à une courbe. — Ce problème peut se traiter de deux façons. Si on connaît l'équation tangentielle

$$F(u, v, w) = 0 \tag{115}$$

de la courbe, ou si on peut l'obtenir facilement, ce qu'il y a de plus simple consiste à lui joindre l'équation

$$ux_1 + vy_1 + wz_1 = 0$$

qui exprime que les droites cherchées passent par le point donné, et ces deux équations simultanées donnent les coordonnées des droites satisfaisant à la question. Appelant c la classe de la courbe proposée, qui est le degré de (115), on obtient ainsi (§ 85) un nombre de droites réelles ou imaginaires, distinctes ou confondues, égal au nombre c. Si u_0, v_0, w_0 sont les coordonnées de l'une d'elles, l'équation tangentielle du point de contact correspondant étant

$$uF'_{u_0} + vF'_{v_0} + wF'_{w_0} = 0 \tag{123}$$

les coordonnées ordinaires de ce point sont F'_{u_0}, F'_{v_0} et F'_{w_0}.

Si le point donné est à distance finie, aucune des tangentes trouvées ne pourra être rejetée à l'infini, mais il n'en sera pas de même du point de contact qui, dans certains cas particuliers, pourra n'être plus à distance finie ; il y aura alors, parmi les tangentes répondant à la question, une tangente dont le point de contact s'est éloigné indéfiniment. Ce sont des tangentes particulières qui seront étudiées un peu plus loin.

Si le point donné est à l'infini, ce qui revient à mener à la courbe des tangentes parallèles à une direction donnée, le nombre des solutions est le même, en tenant compte de celles des tangentes qui alors peuvent être rejetées à l'infini.

Si la courbe est donnée par son équation ponctuelle, l'équation d'une des tangentes cherchées sera, en appelant x_0, y_0, z_0 les coordonnées du point de contact

$$xf'_{x_0}+yf'_{y_0}+zf'_{z_0}=0; \qquad (111)$$

Si on exprime qu'elle passe par le point donné, il vient

$$x_1f'_{x_0}+y_1f'_{y_0}+z_1f'_{z_0}=0$$

on a d'ailleurs

$$f(x_0, y_0, z_0)=0.$$

Ces deux équations simultanées déterminent les coordonnées inconnues des points de contact des tangentes cherchées. Si on y considère les inconnues comme des coordonnées courantes, et si on les écrit

$$x_1f'_x+y_1f'_y+z_1f'_z=0$$
$$f(x, y, z)=0$$

elles représentent par conséquent deux courbes dont les points d'intersection sont les points de contact cherchés. L'une d'elles est la courbe proposée, comme cela doit être ; l'autre est une courbe, définie par le point donné et par la courbe proposée, qu'on appelle la *première polaire* du point par rapport à la courbe.

Si la courbe donnée est algébrique et du degré m, la première polaire est du degré $m-1$, et les deux courbes ont en tout $m(m-1)$ points d'intersection (§ 76). Il n'en faut pas conclure que la classe de la courbe soit égale à $m(m-1)$, parce que, parmi ces points, il peut s'en trouver qui, joints au point donné, fournissent des droites qui ne sont pas des tangentes satisfaisant à la définition qui en a été énoncée (§ 80), et que la première méthode de résoudre le problème ne donne pas comme solutions ; dont, par conséquent, il ne faut pas tenir compte dans l'évaluation de la classe qui est le nombre des solutions données par la première méthode. C'est ce que fera ressortir plus clairement la théorie des points singuliers.

88. Polaires successives d'un point par rapport à une courbe algébrique. — Si on opère sur la première polaire comme sur la courbe primitive, c'est-à-dire si l'on cherche par rapport à elle la première polaire du même point, on obtient la nouvelle courbe

$$x_1^2 f''_{x^2} + y_1^2 f''_{y^2} + z_1^2 f''_{z^2} + 2y_1 z_1 f''_{yz} + 2z_1 x_1 f''_{zx} + 2x_1 y_1 f''_{xy} \equiv (x_1 f'_x + y_1 f'_y + z_1 f'_z)_2 = 0.$$

C'est la *seconde polaire* du point par rapport à la courbe primitive; si celle-ci est algébrique et du degré m, elle est du degré $m-2$ et renferme les coordonnées du point au second degré. On peut répéter sur elle la même opération, et ainsi de suite ; on obtiendra les puissances symboliques successives de l'expression

$$x_1 f'_x + y_1 f'_y + z_1 f'_z$$

de telle sorte que la $p^{ième}$ polaire du même point aura pour équation

$$(x_1 f'_x + y_1 f'_y + z_1 f'_z)_p = 0.$$

Elle sera du degré $m-p$ et renfermera les coordonnées du point au degré p. Un point a ainsi, par rapport à une courbe algébrique du degré m, $m-1$ polaires successives dont les degrés vont en diminuant d'une unité d'une polaire à l'autre, et dont les équations renferment les coordonnées du point sous des degrés augmentant d'une unité d'une polaire à l'autre ; la dernière est une ligne droite. Chacune d'elles se déduit toujours de la même façon de la précédente, de sorte que la $p^{ième}$ polaire est la $(p-r)^{ième}$ polaire de la $r^{ième}$ polaire $(r < p)$.

Ces courbes sont susceptibles d'une autre définition aussi intéressante au point de vue géométrique qu'au point de vue analytique.

Si par le point O donné (x_1, y_1, z_1) on fait passer une droite déterminée par un second point M variable (x, y, z), et si l'on cherche comme précédemment (§ 83) les points a_1, a_2, ... suivant lesquels la droite variable coupe la courbe

$$f(x, y, z) = 0$$

on obtient une équation

$$f(\lambda x_1+\mu x,\quad \lambda y_1+\mu y,\quad \lambda z_1+\mu z)=0$$

dont le premier membre peut se développer d'après le théorème de Taylor, ce qui donne

$$\lambda^m f(x_1, y_1, z_1)+\lambda^{m-1}\mu(xf'_{x_1}+yf'_{y_1}+zf'_{z_1})+\cdots\cdots+\frac{\lambda^{m-p}\mu^p}{p!}(xf'_{x_1}+yf'_{y_1}+zf'_{z_1})_p+$$
$$\cdots\cdots+\frac{\lambda\mu^{m-1}}{(m-1)!}(xf'_{x_1}+yf'_{y_1}+zf'_{z_1})_{m-1}+\mu^m f(x, y, z)=0 \qquad (124)$$

et dont les racines sont les valeurs du rapport $\frac{\lambda}{\mu}$ correspondant aux points d'intersection de la droite et de la courbe. Comme il doit s'agir ici de relations métriques, l'emploi des coordonnées cartésiennes est indiqué : dans ce cas, il a été démontré (§ 45) (*) que $\frac{\lambda}{\mu}$ est le rapport suivant lequel le segment des deux points (x, y, z), (x_1, y_1, z_1) est partagé par le point $(\lambda x_1+\mu x,\ \lambda y_1+\mu y,\ \lambda z_1+\mu z)$. Les racines de l'équation (124) sont donc les rapports $\frac{\mathrm{M}a}{a\mathrm{O}}$ suivant lesquels les divers points a_1, $a_2 \cdots\cdots a_m$ partagent le segment OM.

Si l'on annule l'un des coefficients, celui de $\lambda^{m-p}\mu^p$ par exemple, on exprime que la somme des produits p à p de ces rapports est nulle ; et, si l'on y considère x, y, z, comme des coordonnées courantes, l'équation

$$(xf'_{x_1}+yf'_{y_1}+zf'_{z_1})_p=0 \qquad (125)$$

représente le lieu des points M tels que sur toute sécante OM cette

(*) L'interprétation donnée en cet endroit, du rapport $\frac{\lambda}{\mu}$ considéré comme rapport anharmonique, s'étend naturellement aux coordonnées homogènes trilinéaires ; mais cette extension n'a plus lieu dès qu'au rapport anharmonique on substitue un rapport de distances qui n'est plus projectif : en outre, il est nécessaire d'ajouter à ce qui a été dit à cette occasion que le quatrième point $(x+x_1, y+y_1, z+z_1)$ dont la considération permet de regarder $\frac{\lambda}{\mu}$ comme un rapport anharmonique n'est pas déterminé quand les deux premiers sont donnés et peut être un point quelconque de la droite qui les joint. Car si l'on multiplie les coordonnées du premier par un même facteur α, celles du second par β, ce qui ne change pas les deux points donnés, les deux autres $(\lambda x_1+\mu x, \cdots\cdots)$ $(x_1+x, \cdots\cdots)$ qui donnent lieu au rapport anharmonique $\frac{\lambda}{\mu}$, varient et peuvent décrire toute la droite.

somme soit nulle. L'équation de cette courbe montre qu'elle est de degré p, et il est facile de voir directement qu'elle a p points sur toute sécante menée par le point O. On a en effet en grandeur et en signe

$$\frac{\mathrm{M}a}{a\mathrm{O}} = \mathrm{OM}\left(\frac{1}{\mathrm{O}a} - \frac{1}{\mathrm{OM}}\right)$$

et la somme des produits p à p des rapports $\frac{\mathrm{M}a}{a\mathrm{O}}$ devient, en mettant en facteur la partie indépendante du point d'intersection variable a_1

$$\overline{\mathrm{OM}}^p \sum \left(\frac{1}{\mathrm{O}a_1} - \frac{1}{\mathrm{OM}}\right)_p$$

d'où il suit que l'équation obtenue en égalant cette somme à zéro est de degré p en $\frac{1}{\mathrm{OM}}$. Les p points réels ou imaginaires ainsi déterminés sur chaque sécante ont reçu le nom de *centres harmoniques d'ordre* p du point O par rapport aux m points $a_1, a_2, \ldots a_m$, et l'on voit que *la* $(m-p)^{\text{ième}}$ *polaire d'un point par rapport à une courbe algébrique de degré* m *est le lieu, sur toute sécante menée par le point considéré, des centres harmoniques d'ordre* p *du point par rapport aux points d'intersection de la sécante avec la courbe.*

En particulier, la $(m-1)^{\text{ième}}$ polaire, qui est une droite, est le lieu du centre harmonique du premier ordre que l'on appelle aussi *centre des moyennes harmoniques*. Ce point est défini géométriquement (§ 64) par la relation

$$\frac{m}{\mathrm{OM}} = \frac{1}{\mathrm{O}a_1} + \frac{1}{\mathrm{O}a_2} + \cdots\cdots + \frac{1}{\mathrm{O}a_m}$$

On dit aussi quelquefois que la $(m-1)^{\text{ième}}$ polaire est l'*axe harmonique* du point donné par rapport à la courbe. Son équation est

$$xf'_{x_1} + yf'_{y_1} + zf'_{z_1} = 0$$

elle devient la tangente au point considéré lorsque le point est sur la courbe.

89. — La première définition qui a été donnée de la première polaire d'un point est projective. C'est la courbe de degré $m-1$ (on verra plus loin par le nombre des conditions qui la détermi-nent qu'elle est unique) qui passe par les points de contact des tangentes menées par le point donné à la courbe considérée : il en est de même de chacune des polaires suivantes par rapport à la précédente. Il suit de là que, si l'on fait une transformation homographique, c'est-à-dire si l'on fait subir aux variables x, y, z, et x_1, y_1, z_1 une substitution linéaire, la nouvelle équation de la polaire sera formée avec la nouvelle équation de la courbe comme primitivement. Cela sera vrai, que l'on considère la substitution linéaire comme une transformation homographique ou bien comme une transformation de coordonnées, et l'on en conclut que, quel que soit le triangle de référence adopté, les équations des polaires successives se formeront toujours de la même façon avec les coordonnées du point et avec le premier membre de l'équation de la courbe donnée. Analytiquement, cette propriété résulte de ce que le premier membre de l'équation (125) de la polaire d'ordre quelconque $m-p$ ne change pas à un facteur près, lorsqu'on fait subir aux variables x, y, z et x_1, y_1, z_1 une même substitution linéaire, comme on le démontre immédiatement par le seul théorème des fonctions composées; de telle sorte que l'on peut dire que cette fonction est un covariant commun aux coordonnées du point et au premier membre de l'équation de la courbe : ces covariants, en nombre égal pour chaque point du plan, au degré de la courbe diminué d'une unité, ont reçu le nom d'*émanants*.

On en tire cette conséquence, que la définition des centres harmoniques d'ordre p d'un point d'une ligne droite par rapport à un système de m points sur cette droite est aussi projective, bien que ces points dépendent des rapports des distances de chacun d'eux au point donné et à l'un des m points fixes.

C'est ce dont on peut se rendre compte directement en remarquant que, si l'on désigne par P un point fixe arbitrairement choisi sur la droite, la somme des produits p à p des rapports $\frac{\mathrm{M}a}{a\mathrm{O}}$ peut s'écrire

$$(-1)^p\left(\frac{\mathrm{MP}}{\mathrm{OP}}\right)^p \sum\left[\frac{\mathrm{M}a}{\mathrm{O}a}:\frac{\mathrm{MP}}{\mathrm{OP}}\right]_p$$

et, sous cette forme, ne renferme plus, à un facteur constant près que l'indétermination du point P permet de supposer toujours différent de zéro, que des rapports anharmoniques.

Les polaires d'un point par rapport à une courbe algébrique ont d'importantes propriétés qui ressortiront de la théorie des points singuliers ; dès à présent on peut citer les suivantes.

L'équation (124) ne change pas si l'on permute λ et μ, ainsi que x_1, y_1, z_1, et x, y, z. Il suit de là que les termes équidistants des extrêmes se déduisent l'un de l'autre en permutant x_1, y_1, z_1, avec x, y, z. On a donc immédiatement :

$$\frac{1}{p!}(xf'_{x_1}+yf'_{y_1}+zf'_{z_1})_p \equiv \frac{1}{(m-p)!}(x_1f'_x+y_1f'_y+z_1f'_z)_{m-p}$$

et il est visible que les deux membres de l'identité renferment x, y, z, au degré p et x_1, y_1, z_1, au degré $m-p$. Si l'on a

$$(xf'_{x_1}+yf'_{y} +zf'_{z_1})_p=0$$

cela signifie que le point (x_1, y_1, z_1) est sur la $p^{\text{ième}}$ polaire du point (x, y, z); mais l'on a en même temps :

$$(x_1f'_x+y_1f'_y+z_1f'_z)_{m-p}=0$$

c'est-à-dire que le point x, y, z, est sur la $(m-p)^{\text{ième}}$ polaire du point (x_1, y_1, z_1). Ainsi

Lorsqu'un point a est sur la $p^{\text{ième}}$ *polaire d'un point b, le point b est sur la* $(m-p)^{\text{ième}}$ *polaire de a*; ou encore *la* $(m-p)^{\text{ième}}$ *polaire d'un point a est le lieu des points dont la* $p^{\text{ième}}$ *polaire passe en a*; par exemple, *l'axe harmonique d'un point a est le lieu des points dont la première polaire passe en a.* D'ailleurs cette droite est déterminée d'une façon unique par deux points dont les premières polaires ont $(m-1)^2$ points d'intersection, d'où il suit *que toute droite est axe harmonique par rapport à* $(m-1)^2$ *points*, ou si l'on veut *possède* $(m-1)^2$ *pôles.* De même, *la première polaire de a est le lieu des points dont l'axe harmonique passe en a.* D'autre part, l'équation générale des premières polaires renferme au premier degré deux paramètres variables, qui sont les coordonnées du pôle ; *il n'y a donc qu'une première polaire qui passe par deux points donnés du plan, et son pôle est à l'intersection des axes harmoniques de ces deux points*, car la première polaire de ce point passe par les deux points donnés, et elle est unique.

La dernière polaire (axe harmonique) est la seule qui puisse avoir plusieurs pôles, car si l'on identifie les équations des polaires d'ordre p de deux points distincts, on est conduit à écrire que les valeurs que prend une même dérivée, quelconque, d'ordre $m-p$, suivant que l'on y substitue à x, y, z, les coordonnées de l'un ou de l'autre point, sont proportionnelles. On obtient ainsi plus d'équations qu'il n'en faut pour déterminer les coordonnées des deux points, excepté dans le cas où $p=m-1$: $m-p$ est alors égal à l'unité, et l'on peut par les équations

$$\frac{f'_{x_1}}{f'_{x_2}}=\frac{f'_{y_1}}{f'_{y_2}}=\frac{f'_{z_1}}{f'_{z_2}}$$

déterminer $(m-1)^2$ systèmes de valeurs pour x_2, y_2, z_2, lorsqu'on se donne x_1, y_1, z_1 ; l'un d'eux est évidemment x_1, y_1, z_1.

L'équation de la $p^{ième}$ polaire renferme les coordonnées x_1, y_1, z_1, au degré p. Si donc le point $(x_1, y_1, z_1,)$ varie dans le plan, toutes les $p^{ièmes}$ polaires forment un système de courbes dont l'équation renferme deux paramètres variables : c'est ce qu'on appelle un *réseau*. On a vu que le réseau des premières polaires renferme les paramètres au premier degré; celui des secondes polaires les renferme au second : et ainsi de suite jusqu'à celui des axes harmoniques qui les renferme au degré $m-1$, mais si l'on considère comme paramètres, dans leur équation, non plus les coordonnées x_1, y_1, z_1, mais les coefficients des variables qui sont fonctions de degré $m-1$ de ces coordonnées (ce qu'on ne peut pas faire en général parce que les coefficients sont en nombre supérieur à deux), le réseau devient linéaire, comme c'est nécessaire toutes les fois qu'il s'agit d'un réseau de droites, courbes déterminées sans ambiguïté par deux points.

Il suit de là que, si l'on veut achever de déterminer une polaire d'ordre p par la connaissance de deux points (x_2, y_2, z_2) et (x_3, y_3, z_3), on aura, pour trouver son pôle (x_1, y_1, z_1), deux équations du degré p à deux inconnues

$$(x_1 f'_{x_2}+y_1 f'_{y_2}+z_1 f'_{z}\ )_p=0$$
$$(x_1 f'_{x_3}+y_1 f'_{y_3}+z_1 f'_{z_3})_p=0$$

qui admettent p^2 solutions, réelles ou imaginaires, et distinctes en général. Les p^2 points ainsi obtenus sont les points d'intersection des polaires d'ordre $m-p$ des deux points donnés; on sait d'ailleurs qu'à tous ces points correspondent des polaires distinctes. On peut donc dire, d'une façon générale, que *par deux points donnés passent p^2 polaires d'ordre p dont les pôles respectifs sont les points communs aux polaires d'ordre $m-p$ des deux points donnés.*

Si la courbe se compose d'un système de droites concourantes, auquel cas l'équation se réduit à un ensemble homogène en x et y

$$\varphi_m(x, y) = 0 \tag{104}$$

la polaire d'ordre p se réduit à $(x_1\varphi'_x + y_1\varphi'_y)_p = 0$.

Son équation est homogène en x_1 et y_1, de sorte qu'elle est la même pour tous les points de la droite qui joint ce point à l'origine : elle est aussi homogène en x et y, et représente un système de $m-p$ droites concourantes avec les premières. Ceci devait arriver nécessairement en vertu de la projectivité des centres harmoniques d'ordre p d'un point par rapport à un système de points en ligne droite. Il résulte en effet de cette propriété que si une droite passant par un point O rencontre m droites concourantes aux points $a_1, a_2, \ldots\ldots a_m$ dont les centres harmoniques d'ordre p sont $M_1, M_2, \ldots\ldots M_p$, toute autre droite menée par le même point rencontrera les mêmes droites en m nouveaux points dont les centres harmoniques d'ordre p décrivent les droites OM_1, OM_2, ..., lesquelles constituent par conséquent la polaire d'ordre p du point O par rapport aux m droites données.

Dans l'étude des fonctions homogènes à deux variables, telles que (104), on considère souvent en algèbre un covariant fort important de la fonction, que l'on appelle le Hessien du nom de l'auteur qui s'en est occupé le premier (*), et qui s'écrit

$$H \equiv \varphi''_{x^2}\varphi''_{y^2} - \varphi''^2_{xy} \equiv \begin{vmatrix} \varphi''_{x^2} & \varphi''_{xy} \\ \varphi''_{yx} & \varphi''_{y^2} \end{vmatrix}.$$

Ce covariant est du degré $2(m-2)$ et, si on l'égale à zéro, on obtient un système d'autant de droites concourantes, qui peut se définir géométriquement par la considération simultanée des droites (104). Si l'on exprime en effet que la $(m-2)^{ième}$ polaire du point x_1, y_1, z_1 par rapport au système (104), qui est

$$x^2\varphi''_{x_1^2} + 2xy\varphi''^2_{x_1y_1} + y^2\varphi''_{y_1^2} = 0$$

se réduit à deux droites confondues, on obtient précisément $H = 0$.

(*) Otto Hesse, géomètre allemand, mort en 1874.

d'où il suit *que le Hessien représente un système de* 2 (m — 2) *droites, lieu des points dont les polaires d'ordre* m — 2 *par rapport au système donné se réduisent à deux droites confondues.*

Si l'on considère encore la première polaire du point (x_1, y_1, z_1)

$$x_1\varphi'_x + y_1\varphi'_y = 0$$

et si l'on exprime que ses dérivées par rapport à x et à y ont une solution commune, c'est-à-dire que deux des droites qu'elle représente sont confondues, il vient

$$\begin{aligned} x_1\varphi''_{x^2} + y_1\varphi''_{xy} &= 0 \\ x_1\varphi''_{xy} + y_1\varphi''_{y^2} &= 0 \end{aligned}$$

Si l'on élimine maintenant x_1 et y_1, entre ces équations, on obtient

$$\mathrm{H} = 0$$

relation satisfaite, indépendamment du point donné, par les coordonnées de tout point de la droite double ; de sorte que le Hessien représente aussi *le lieu des droites doubles faisant partie des premières polaires qui en possèdent.*

Tout ce qui précède, relativement à un système de droites concourantes, s'applique aussi évidemment à un système de points en ligne droite, en remplaçant la polaire d'ordre p d'un point par les centres harmoniques d'ordre p d'un point de la droite.

90. Asymptotes. — On a vu (§ 75) comment on trouve en coordonnées cartésiennes les points à l'infini d'une courbe donnée par son équation, et l'on sait que si la courbe est algébrique et de degré m, leur nombre est le degré de l'équation. Si l'on suppose qu'un point, en décrivant la courbe, s'éloigne à l'infini dans la direction de l'un de ces points en entraînant sa tangente, cette droite tend vers une position limite qui est dite *asymptote*. Ainsi *l'asymptote à une branche infinie de courbe est la limite des positions de la tangente dont le point de contact s'éloigne indéfiniment sur cette branche.* Les coordonnées à adopter pour la recherche de ces droites sont tout indiquées ; il faut prendre les coordonnées homogènes cartésiennes qui sont celles qui donnent pour la droite de l'infini l'équation la plus simple. Si ensuite on suppose le triangle de référence quelconque, le problème résolu deviendra celui-ci : *trouver les tangentes aux points d'intersection d'une courbe donnée avec une droite donnée.*

La recherche des asymptotes comprend deux parties : premièrement celle des points à l'infini, ensuite celle de la tangente en chacun d'eux. La première partie a été traitée (§ 75) ; on rend l'équation homogène si elle ne l'est déjà et l'on fait $z = 0$, c'est un cas particulier de la recherche des points d'intersection de la courbe avec une droite donnée. On obtient alors une équation homogène en x et y, dont les racines sont les coefficients angulaires des rayons infinis, et qui s'obtient, si la courbe est algébrique, en égalant à zéro l'ensemble des termes de degré supérieur en x et y

$$\varphi_m(x, y) = 0 \tag{104}$$

Pour ce qui est de la seconde partie, on peut appliquer exactement aux points qui viennent d'être déterminés l'équation de la tangente, telle qu'elle a été trouvée (§ 80), bien qu'il n'y ait plus continuité dans le voisinage des points considérés. Cette sorte de discontinuité disparaît, en effet, par une transformation homographique ; le point est ramené à distance finie ; alors, s'il n'y en a pas d'une autre sorte et si le point n'est pas singulier, la nouvelle courbe admet en ce point une tangente qui est, par définition, la transformée de l'asymptote de la première. L'équation (111) lui est applicable, et comme le premier membre est un covariant, elle s'applique aussi à l'asymptote à la condition d'y remplacer les coordonnées homogènes du point de contact par celles du point considéré à l'infini.

Soit pour cela $\frac{x_1}{y_1}$ une racine simple de l'équation (104) ; cela veut dire qu'il y a un point de la courbe à l'infini sur la droite

$$xy_1 - x_1 y = 0$$

et les coordonnées homogènes de ce point peuvent être considérées comme étant x_1, y_1, et 0. L'équation de l'asymptote sera donc

$$xf'_{x_1} + yf'_{y_1} + zf'_0 = 0$$

en entendant par f'_{x_0}, f'_{y_0} et f'_0 les dérivées, par rapport aux trois variables, du premier membre de l'équation de la courbe, dérivées dans lesquelles on aura substitué aux variables x, y, z, les coordonnées du point de contact x_1, y_1, et o. On a d'ailleurs, pour le cas des courbes algébriques

$$f(x,y,z) \equiv \underset{m}{\varphi}(x,y) + z\underset{m-1}{\varphi}(x,y) + z^2\underset{m-2}{\varphi}(x,y) + \cdots\cdots + z^{m-1}\underset{1}{\varphi}(x,y)$$
$$+ z^m\underset{0}{\varphi}(x,y) = 0 \qquad (103)$$

d'où l'on tire

$$f'_x = \varphi'_{m_x} + z\varphi'_{m-1_x} + \cdots\cdots$$
$$f'_y = \varphi'_{m_y} + z\varphi'_{m-1_y} + \cdots\cdots$$
$$f'_z = \varphi_{m-1} + 2z\varphi_{m-2} + \cdots\cdots$$

Si l'on y fait $x = x_1$, $y = y_1$, $z = 0$, les dérivées se réduisent à

$$f'_{x_1} = \varphi'_{m_{x_1}} \qquad f'_{y_1} = \varphi'_{m_{y_1}} \qquad f'_0 = \varphi_{m-1}(x_1, y_1)$$

et l'on peut écrire l'équation de l'asymptote dans le cas où la courbe est algébrique

$$x\varphi'_{m_{x_1}} + y\varphi'_{m_{y_1}} + z\underset{m-1}{\varphi}(x_1, y_1) = 0$$

On voit qu'elle ne dépend que des termes de degrés m et $m-1$, et que par conséquent toutes les courbes de degré m qui ont mêmes termes de degrés m et $m=1$ ont les mêmes asymptotes, si du moins les rayons infinis sont simples.

Cette asymptote peut être réelle ou imaginaire, suivant que la racine simple considérée de l'équation (104) est elle-même réelle ou imaginaire; mais si elle est imaginaire et si l'équation de la courbe a, comme on le suppose toujours, ses coefficients réels, l'équation (104) admettra la racine imaginaire conjuguée et par conséquent, la courbe, l'asymptote imaginaire conjuguée. Enfin, l'asymptote pourra dans certains cas être rejetée à l'infini, et cela arrivera toutes les fois que la courbe sera tangente à la droite de l'infini. Mais il est clair qu'alors la racine considérée doit être double, puisque deux points consécutifs sont confondus à l'infini. Si l'on veut, en effet, que l'asymptote devienne

$$z = 0$$

il faut que l'on ait :

$$\varphi'_{x_1}=\varphi'_{y_1}=0 \qquad \underset{m-1}{\varphi}(x_1, y_1) \neq 0$$

Les deux premières équations expriment que la racine est double ; mais si l'inégalité n'était pas satisfaite, l'équation de l'asymptote deviendrait une identité, et la théorie des points singuliers expliquera ce que devient alors le point considéré à l'infini. Si elle est satisfaite, la tangente est tout entière rejetée à l'infini, et on dit que la branche de courbe est *parabolique.*

Remarque. — Si l'on fait $z'=0$ dans les formules (56), x et y deviennent infinis en même temps : ceci peut entraîner des difficultés dans la recherche des asymptotes correspondantes aux valeurs finies de l'une des variables x et y pour lesquelles l'autre devient infinie ; et bien qu'à la rigueur la méthode indiquée puisse s'appliquer, principalement dans les courbes algébriques comme cela sera expliqué sur un exemple, il sera en général plus simple de chercher séparément les valeurs de l'une des variables, x par exemple qui rendent l'autre infinie, et de remarquer que, pour une de ces valeurs, l'asymptote est précisément la parallèle à l'axe Y'OY correspondante ; de même pour les asymptotes parallèles à l'axe X'OX. L'équation de la tangente au point (x_1, y_1) s'écrit, en effet, en supposant l'équation résolue sous la forme $y=f(x)$

$$y-y_1=f'(x_1)(x-x_1)$$

Or y_1 étant infini, sa dérivée $f'(x_1)$ devient infinie en même temps, et le rapport $\frac{y_1}{f'(x)}$ tend vers zéro ; l'équation se réduit donc à

$$x=x_1$$

91. Exercices. — 1. *Trouver les asymptotes de la courbe*

$$x^3+y^3-3axy=0$$

Les points à l'infini sont donnés par

$$x^3+y^3=0$$

qui se décompose en

$$x+y=0$$
$$x^2-xy+y^2=0$$

On a ensuite, en rendant homogène

$$f'_x=3(x^2-ayz)$$
$$f'_y=3(y^2-axz)$$
$$f'_z=-3axy$$

pour $x=-y$ et $z=0$, on obtient l'équation

$$x+y+a=0$$

L'équation du second degré donne $x=2$, $y=1\pm\sqrt{-3}$; substituant ces valeurs dans les dérivées avec $z=0$, on obtient les asymptotes imaginaires conjuguées

$$2x+y(-1\pm\sqrt{-3})-a(1\pm\sqrt{-3})=0$$

dont le système peut s'écrire

$$x^2-xy+y^2-a(x+y-a)=0$$

Il n'y a pas d'asymptotes parallèles aux axes parce que la courbe, étant du troisième degré, n'a pas plus de trois asymptotes.

2. Si la courbe est algébrique, les asymptotes parallèles aux axes s'obtiennent sans aucune difficulté par la méthode générale. Pour nous borner au cas où le point n'est pas singulier, supposons que l'équation (104) fournisse la racine simple $x=0$, c'est-à-dire qu'il n'y ait pas de terme en y^m, l'asymptote correspondante sera (§ 90)

$$x\varphi'_{m_{x_1}}+y\varphi'_{m_{y_1}}+z\varphi_{m-1}(x_1,y_1)=0$$

Or pour $x_1=0$, $\varphi'_{m_{y_1}}$ se réduit au coefficient du terme en x_1y^{m-1} qui est le seul dont la dérivée par rapport à x_1, qui est y_1^{m-1}, ne renferme pas x_1 en facteur; $\varphi'_{m_{y_1}}$ s'annule et $\varphi_{m-1}(x_1,y_1)$ se réduit au terme en y^{m-1}; désignant par a et b les coefficients de ces deux termes et divisant par y_1^{m-1} on obtient pour l'asymptote

$$ax+b=0$$

Pour $a=0$, la branche de courbe considérée serait parabolique, à condition que b soit différent de zéro. Le rayon infini considéré $x=0$ deviendrait double, mais l'asymptote serait la droite parfaitement déterminée qui est à l'infini ; elle ne deviendrait indéterminée et le point considéré à l'infini ne deviendrait singulier que si b était nul. Ce cas sera examiné plus loin.

On arrivera au même résultat en cherchant les valeurs finies de x pour lesquelles y devient infini, c'est-à-dire en égalant à zéro le coefficient du terme de degré supérieur en y.

Si l'on veut chercher par exemple les asymptotes de la courbe

$$x^2-2py=0$$

on voit qu'elle ne renferme pas de terme en y^2, ni en xy; elle a donc deux points confondus à l'infini, pour lesquels la tangente est la droite de l'infini, le coefficient de y étant différent de zéro : la branche est parabolique.

3. *Trouver les asymptotes de la courbe*

$$y=xe^{\frac{1}{x}}$$

En rendant homogène, l'équation devient

$$y=xe^{\frac{z}{x}}$$

faisant $z=0$

$$y=x$$

La courbe a donc un point à l'infini sur la bissectrice de l'angle des axes. On a d'ailleurs

$$f'_x=-e^{\frac{z}{x}}+\frac{z}{x}e^{\frac{z}{x}}$$

$$f'_y=1$$

$$f'_z=-e^{\frac{z}{x}}$$

pour $y=x$ et $z=0$

$$f'=-1$$

$$f'_y=1$$

$$f'_z=-1$$

et l'asymptote a pour équation en faisant $z=1$, pour revenir, si l'on veut, aux coordonnées absolues

$$y=x+1$$

Quant aux asymptotes parallèles aux axes de coordonnées, on remarquera que, pour que y devienne infini pour une valeur finie de x, il faut que x tende vers zéro par des valeurs positives; l'axe Y'OY est donc une asymptote de la courbe. D'ailleurs pour x infini, y est aussi infini, il n'y a donc pas de valeur finie de y qui rende x infini et par suite pas d'asymptote parallèle à l'axe X'OX.

4. — *Trouver les asymptotes de la courbe*

$$y = e^x$$

La variable y ne devient infinie pour aucune valeur finie de x, il n'y a donc pas d'asymptote parallèle à l'axe Y'OY; mais si l'on fait $x = -\infty$, y est nul; l'axe X'OX est donc asymptote à la courbe du côté des x négatifs. Si maintenant l'on rend homogène, il vient

$$y = ze^{\frac{x}{z}}$$

d'où

$$x = z\mathrm{L}\frac{y}{z} = z\mathrm{L}y - z\mathrm{L}z$$

et pour $z = 0$, on a

$$x = 0$$

La courbe a donc un point à l'infini sur l'axe Y'OY. L'asymptote correspondante ne saurait être à distance finie, puisque y ne devient infini pour aucune valeur finie de x. C'est ce qu'on vérifie en remarquant que y augmente indéfiniment en même temps que x, pour $x > 0$; et qu'il en est de même du rapport $\frac{y}{x}$ ou $\frac{e^x}{x}$, coefficient angulaire de l'asymptote, pour les mêmes valeurs de x.

La branche correspondante de la courbe est donc parabolique.

92. Points d'arrêt, points saillants. — Il est difficile de ne pas remarquer l'analogie qui existe entre les équations des deux courbes

$$y = e^x \qquad y = xe^{\frac{1}{x}}$$

dont on a déterminé les asymptotes. Lorsqu'elles ont été rendues homogènes, elles deviennent

$$y = ze^{\frac{x}{z}} \qquad y = xe^{\frac{z}{x}}$$

et se déduisent l'une de l'autre en permutant les variables x et z. L'une est donc une transformée homographique de l'autre ; les formules de transformation sont

$$\frac{x}{z'}=\frac{y}{y'}=\frac{z}{x'}$$

d'où l'on tire en faisant $z=z'=1$ pour revenir aux coordonnées cartésiennes

$$x=\frac{1}{x'}, \qquad y=\frac{y'}{x} \tag{126}$$

Les équations étant résolues par rapport à y, la théorie de la dis-

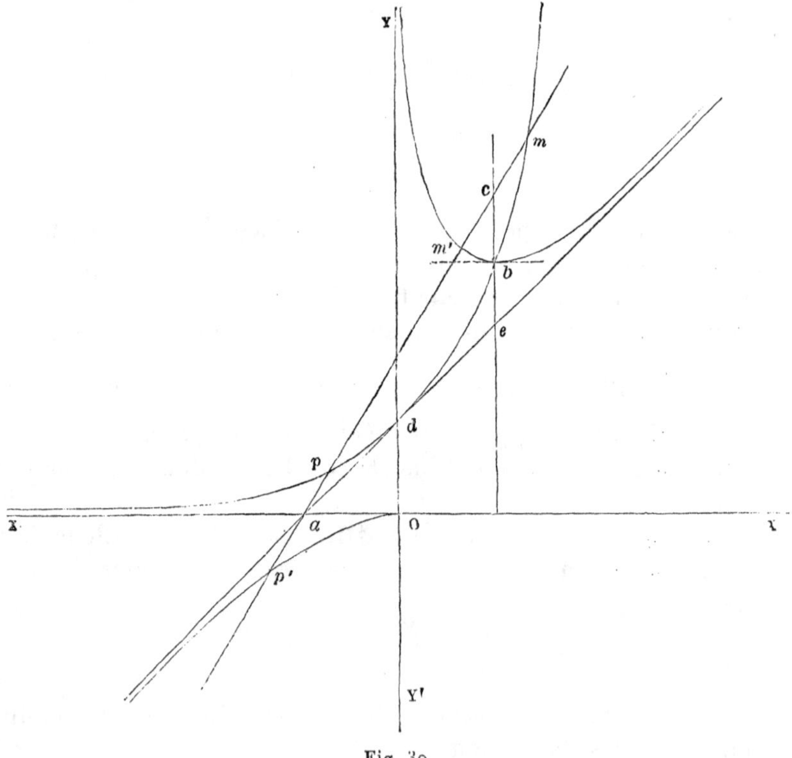

Fig. 39

cussion des fonctions d'une seule variable suffit pour permettre de construire les deux courbes (fig. 39), et l'on voit que l'une d'elles se déduit de l'autre par la permutation de l'axe Y'OY avec la droite de l'infini. Aux points de l'une situés sur cet axe et à leurs tangentes, correspondent par les formules (126) les points à l'infini de l'autre et leurs asymptotes. Il est même facile de vérifier que les coefficients de la transformation (126) satisfont aux relations (96) qui caractérisent l'homologie dans un cas particulier, et que le centre d'homologie est le point a, tandis que l'axe d'homologie est la droite bc, $x = 1$, parallèle menée à l'axe Y'OY par le point d'intersection des deux courbes, qui est en même temps celui de la seconde pour lequel y est minimum. Le rapport anharmonique λ est égal à -1, de telle sorte que l'une des courbes peut se déduire de l'autre par la transformation suivante : par le point a on fera passer une droite quelconque, qui coupera l'axe d'homologie au point c ; le point m' de la seconde courbe sur cette droite est le conjugué harmonique du point m de la première courbe par rapport aux points a et c ; de même pour p et p'. En particulier la droite ad, asymptote de l'une, est tangente à l'autre au point d, et ce point est le milieu du segment ae.

On a pu remarquer, à propos de la courbe

$$y = xe^{\frac{1}{x}}$$

que lorsque x tend vers zéro, y ne prend pas la même valeur suivant que x prend des valeurs positives ou des valeurs négatives. La fonction y n'est pas continue, lorsque x varie de $-\varepsilon$ à $+\varepsilon$; mais elle est continue jusqu'à $-\varepsilon$ et à partir de $+\varepsilon$, si petit que soit ε. On peut donc appliquer l'équation (111) de la tangente, séparément aux valeurs positives et aux valeurs négatives de x, et l'on trouve alors deux tangentes différentes (fig. 39) qui sont : pour $x < 0$ l'axe X'OX à l'origine, et pour $x > 0$ l'axe Y'OY à l'infini. Les points de contact sont des points *d'arrêt ;* on en rencontre toutes les fois que la fonction y, supposée finie, cesse d'être continue soit dans un intervalle fini, soit dans un intervalle infiniment petit; la discontinuité qui provient de ce que y est infini disparaît en général par projection. Le contraire peut arriver : par exemple, dans la transformée, $y = e^{x}$, les deux points d'arrêt sont rejetés à l'infini, comme cela ressortira des considérations qui vont suivre sur la façon dont, en général, une courbe est située relativement à une des asymptotes.

Il résulte du théorème du § 81 qu'*il n'y a jamais de points d'arrêt dans les courbes algébriques* puisque le développement de Taylor leur est toujours applicable. Si la discontinuité dont il vient d'être question, au lieu de se rencontrer dans la fonction y et par suite dans ses dérivées, apparaît seulement dans la dérivée, pour une valeur donnée de x, alors il arrive qu'en un point de la courbe il y a deux tangentes différentes (fig. 40), c'est ce qu'on ap-

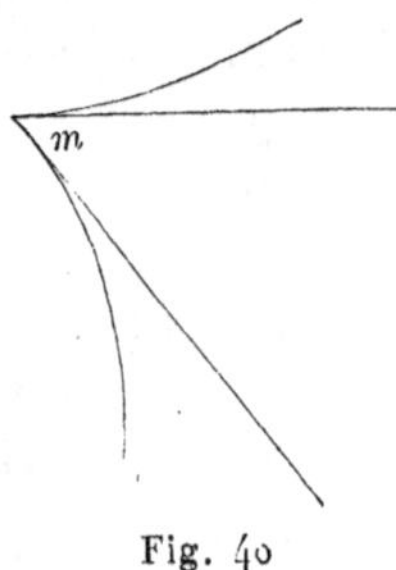

Fig. 40

pelle un point *saillant;* il est clair qu'on n'en rencontre pas davantage dans les courbes algébriques. On en trouve un exemple dans la courbe :

$$y = \frac{x}{1 + e^{\frac{1}{x}}}$$

y tend vers zéro, lorsque x tend vers zéro soit par des valeurs positives, soit par des valeurs négatives; mais la dérivée, qui a la même limite que $\frac{y}{x}$, tend vers zéro dans le premier cas et vers l'unité dans le second. Les points d'arrêt et les points saillants sont classés parmi les points singuliers.

La transformation (126) est souvent utile pour ramener à distance finie les éléments de l'infini; au fond, elle revient à une perspective dans laquelle la droite à l'infini de l'un des plans a pour transformée l'axe Y'OY dans l'autre. Supposons, par exemple, qu'une courbe soit tangente à l'origine à l'axe X'OX dont l'équation est

$$y = 0.$$

Sous certaines conditions qui font que le point considéré n'est pas singulier, il a été démontré (§ 81) que, de part et d'autre du point de contact, la tangente est extérieure à la courbe. Considérons une autre courbe qui possède une asymptote, en un point à l'infini qui ne soit pas singulier, c'est-à-dire qui, ramené à distance finie par une transformation homographique, satisfasse aux conditions spécifiées (§ 81). Si l'asymptote a été prise pour axe X'OX, la transformation précédente ramène à l'origine le point à l'infini sur cet axe, et ne change pas la tangente qui est toujours la droite,

$$y = 0$$

Par hypothèse la courbe transformée est, aux environs du point de contact, tout entière au-dessus ou tout entière au-dessous de l'axe X'OX (fig. 41). Pour un point de la branche Om

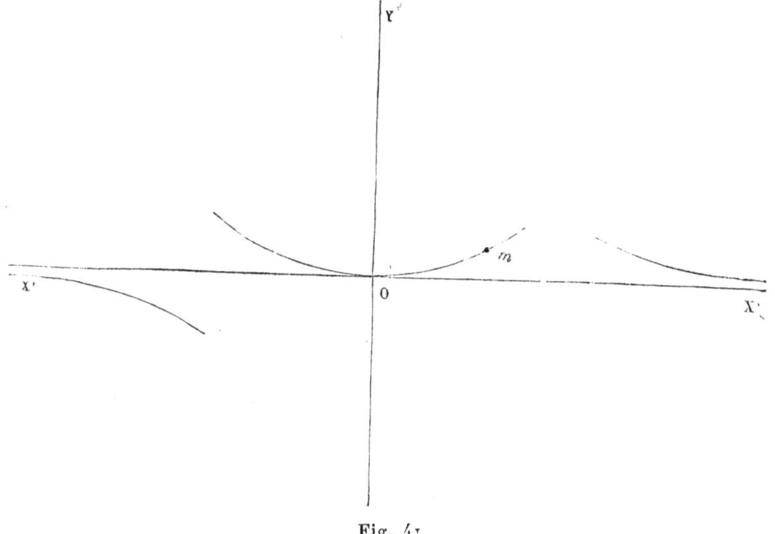

Fig. 41

$\frac{y}{x}$ est positif, l'ordonnée y de la branche correspondante de la première courbe est donc positive et comme les abscisses dans chaque courbe sont de même signe, cette branche est au-dessus de l'axe X'OX à droite. On verrait de même que l'autre branche est au-dessous du même axe à gauche. On en conclut ce théorème important :

Pour tout point à l'infini qui n'est pas singulier, il y a deux branches de courbe correspondant à l'asymptote en ce point; et ces deux branches sont situées de part et d'autre de l'asymptote, l'une vers l'infini positif, l'autre vers l'infini négatif.

Ce théorème peut se vérifier directement par la perspective. Considérons une branche de courbe MAM′ tangente en A à la droite Ab (fig. 42), et projetons-la d'un sommet S, pris pour point de

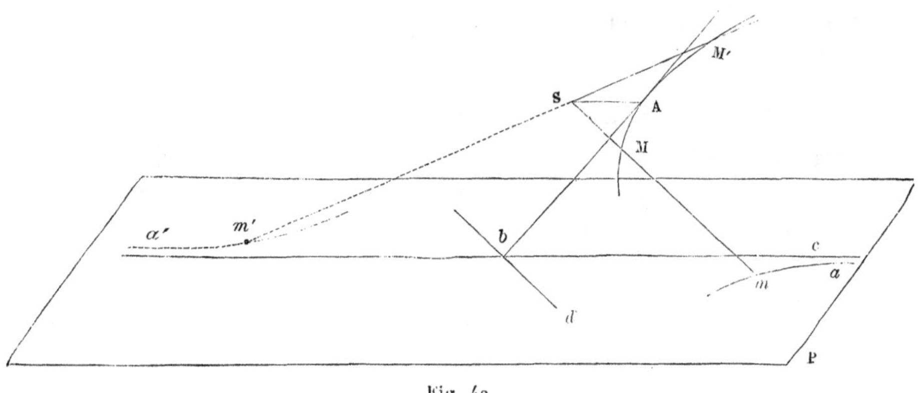

Fig. 42

vue, sur un plan P non parallèle au sien, choisi de telle façon que le point de contact soit rejeté à l'infini, c'est-à-dire parallèle au rayon SA. Supposons que le plan de la figure soit le plan passant par le point S et la tangente Ab, de telle sorte que la projection de la tangente, asymptote à la projection de la courbe, soit une certaine droite bc située dans le plan de la figure. Le point A n'étant pas un point singulier de la courbe donnée, la courbe est tout entière du même côté de la tangente, et si l'on suppose que la trace de son plan sur le plan P soit la droite bd, il est facile de trouver la position dans le plan P des branches de courbe correspondant aux arcs AM et AM′. Dans le cas de la figure, la courbe MAM′ est tout entière en avant du plan de la figure; donc une droite telle que SM, qui perce ce plan au point S, est tout entière en avant de ce plan à partir du point S dans la direction SM, et rencontre le plan P en un point m qui est en avant de bc et qui décrit une branche de courbe telle que ma. Au contraire une droite telle que SM′ est tout entière en arrière du plan de la figure à partir du point S dans la direction M′S et rencontre le plan P en un point m' qui est en arrière de bc et qui décrit une branche de courbe telle que $m'a'$. Les deux branches de courbe asymptotes à la droite bc offrent donc bien la disposition indiquée par le théorème qui a été énoncé plus haut.

93. — Un autre procédé permet de déterminer les asymptotes d'une courbe au moyen de son équation tangentielle. Le problème qui consiste à trouver les tangentes à une courbe en ses points d'intersection avec une droite donnée est en effet le corrélatif de celui par lequel on se propose de construire les points de contact des tangentes qui passent par un point donné. Comme lui, il doit pouvoir se traiter par les coordonnées ponctuelles et par les coordonnées tangentielles. Si en effet on applique le principe de dualité au calcul du § 87, on en déduit immédiatement que si une courbe est donnée par son équation tangentielle

$$F(u; v, w) = 0 \qquad (115)$$

les coordonnées des tangentes en ses points d'intersection avec la droite (u_0, v_0, w_0) sont les solutions communes à l'équation (115) et à la suivante

$$u_0 F'_u + v_0 F'_v + w_0 F'_w = 0. \qquad (127)$$

En particulier, si les coordonnées sont cartésiennes, et s'il s'agit de la droite de l'infini, il faut faire $u_0 = v_0 = 0$, et l'équation (127) se réduit à

$$F'_w(u, v, w) = 0$$

qui, combinée avec (115), donne les coordonnées des asymptotes : mais il faut observer, comme au § 87, que quelques-unes des solutions pourront être étrangères à la question, comme cela sera expliqué plus loin, à propos des tangentes singulières.

94. Normales, développées et développantes ; foyers. — La perpendiculaire à la tangente en un point d'une courbe s'appelle la *normale* en ce point ; plus généralement, deux courbes sont *normales* en un de leurs points d'intersection, ou encore *orthogonales* lorsque les tangentes menées en ce point à chaque courbe sont perpendiculaires. Il suit de là que l'équation de la normale au point (x_0, y_0) est

$$\frac{x - x_0}{f'_{x_0}} = \frac{y - y_0}{f'_{y_0}}$$

Elle renferme deux paramètres variables x_0 et y_0, liés par l'équation de la courbe ; les normales admettent donc une courbe enveloppe (§ 84) qui est dite la *développée* de la première courbe. Cette nouvelle courbe, fort importante, est évidemment algébrique en même temps que la proposée : quoi qu'il en soit, elle jouit de la propriété suivante que l'on démontre en analyse ; soient m et m' deux points quelconques de la première courbe (fig. 43), p et p', les

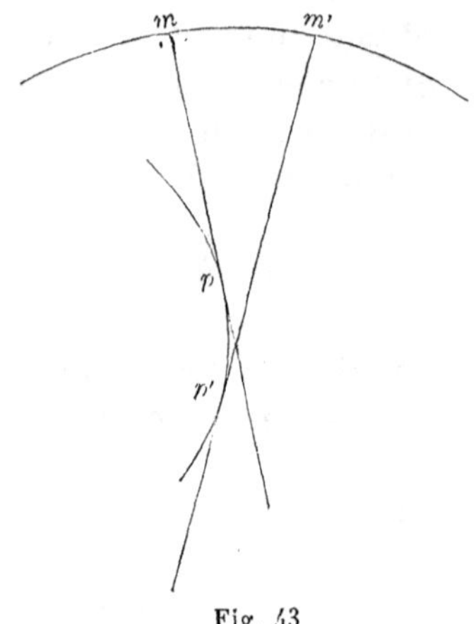

Fig. 43

points de contact des normales en m et m' avec leur enveloppe ; l'arc de l'enveloppe pp' est égal à la différence des longueurs mp et $m'p'$; de telle sorte que si l'on enroule la normale sur la développée, comme un fil inextensible, le point m décrit la courbe donnée. Réciproquement, si l'on enroule sur une courbe donnée une de ses tangentes, tout point de la tangente décrit une courbe qui est une *développante* de la proposée, et dont celle-ci est la développée ; une courbe admet donc une infinité de développantes.

Un point est dit *foyer* d'une courbe lorsque deux des tangentes menées de ce point à la courbe passent par les points situés à l'infini sur les directions isotropes, qui ont reçu le nom de points *cycliques*. La corde de contact des tangentes isotropes menées par un foyer est la *directrice* correspondante à ce foyer. Si la courbe est de classe c, on peut par chaque point cyclique mener à la courbe un faisceau de c tangentes qui, par leurs intersections mutuelles, donnent lieu à c^2 foyers. Les points cycliques sont imaginaires conjugués; il y a donc des foyers réels, ceux qui sont à l'intersection de deux tangentes imaginaires conjuguées. Toutes les tangentes d'un faisceau sont en effet imaginaires (la courbe étant supposée à coefficients réels), mais chacune d'elles a son imaginaire conjuguée dans l'autre faisceau ; d'où il suit que c foyers sont réels et par suite $c(c-1)$ imaginaires.

Pour nous borner au cas où la courbe n'admet pas de points ni de tangentes singulières, il peut arriver que l'un des points cycliques, et par suite l'autre, soit sur la courbe ; alors (§ 85) de chacun de ces points, on ne peut plus mener en dehors des tangentes en chacun d'eux que $c-2$ tangentes à la courbe : elles donnent lieu à $(c-2)^2$ foyers, dont $c-2$ sont réels et $(c-2)(c-3)$ sont imaginaires. De plus, la tangente en l'un des points cycliques coupe le faisceau des tangentes issues de l'autre en $c-2$ points, ce qui donne lieu à $2(c-2)$ foyers imaginaires et comptant chacun pour deux. Enfin les tangentes aux deux points cycliques se coupent en un point réel, qui est foyer *singulier* et qui compte pour quatre.

Il peut arriver aussi que la droite de l'infini soit tangente à la courbe ; si cette tangente n'est pas supposée singulière, le point de contact n'est aucun des points cycliques ; car si c'était l'un d'eux, l'autre le serait aussi. Alors parmi les c tangentes menées de chacun d'eux à la courbe se trouve la droite de l'infini. Il n'y a à distance finie que $c-1$ foyers réels et $(c-1)(c-2)$ foyers imaginaires : à l'infini il y a les points cycliques comptant chacun pour $c-1$ et le point de contact de la droite de l'infini, comptant pour un.

Théorème. — *Toute courbe est tangente à sa développée en chacun de ses points de contact avec ses tangentes isotropes.* — Pour démontrer ce théorème, il sera plus clair de transformer homographiquement la notion de la normale, et, au lieu de son enveloppe, de considérer plus généralement celle de la droite passant par un point m variable de la courbe et conjuguée harmonique de la tangente en ce point par rapport aux deux droites joignant le point à deux points fixes a et b. Si le point m est le point de contact de l'une des tangentes menées par le point a (fig. 44) il est clair que la conjuguée harmonique est la tangente elle-même ma ; pour avoir le point de

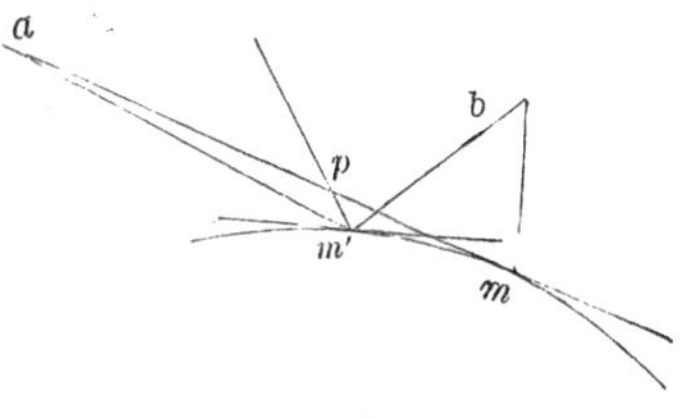

Fig. 44

contact de la droite dans cette position avec son enveloppe, il suffit de considérer le point infiniment voisin m' et la position $m'p$ de la droite mobile correspondant à ce point ; il est clair que lorsque le point m', en décrivant la courbe donnée, tend vers le point m, le point p tend aussi vers le point m et qu'alors le point de contact de la droite ma avec son enveloppe est le même que le point de contact avec la proposée, laquelle est, par conséquent, tangente en m à l'enveloppe cherchée. Si l'on suppose maintenant que les points a et b soient les points cycliques, la droite mobile devient la normale de la courbe proposée, laquelle a, par suite, avec sa développée un contact imaginaire en chacun des points indiqués dans l'énoncé. Il en résulte que *tout foyer de la proposée est un foyer de la développée.*

95. Contact des courbes. — Lorsqu'en l'un des points d'intersection de deux courbes, ces courbes admettent la même tangente, on dit qu'elles se touchent, ou encore qu'elles sont tangentes en ce point. Si l'on considère alors l'ordonnée y comme fonction de l'abscisse, il est clair que, pour la valeur de x correspondant au point de contact, non seulement y, mais aussi sa dérivée par rapport à x qui représente (§ 80) le coefficient angulaire de la tangente, prennent respectivement la même valeur, soit qu'on les calcule au moyen de l'équation de la première courbe, soit qu'on les tire de la seconde. S'il n'en est pas de même pour la dérivée seconde, on dit que les deux courbes ont *un contact du premier ordre.*

Plus généralement, deux courbes ont en un point *un contact d'ordre n,* lorsqu'en supposant leurs équations résolues par rapport à la même inconnue, y par exemple, l'ordonnée y et ses n premières dérivées, calculées dans l'une des équations, sont respectivement égales aux mêmes expressions tirées de l'autre équation, pour une même valeur de x : le point dont les coordonnées sont x et y est le *point de contact* et doit alors, ainsi que cela va être démontré, être regardé, dans l'évaluation des points d'intersection des deux courbes, comme résultant de la coïncidence de $n+1$ points consécutifs. On sait en effet que si l'on considère $n+1$ points voisins, mais dont les distances soient finies, et dont les ordonnées $y_0, y_1, \ldots\ldots y_n$ équidistantes répondent aux abscisses

$$x_0, x_0+\Delta x, \ldots\ldots x_0+n\Delta x$$

l'ordonnée y_n s'exprime en fonction entière de y et des différences finies $\Delta_1 y$, $\Delta_2 y \cdots\cdots$ par la relation

$$y_n = y_0 + n\Delta_1 y + \frac{n(n-1)}{2!}\Delta_2 y + \cdots\cdots + \Delta_n y$$

Il suit de là que si, dans le voisinage du point d'intersection (x_0, y_0) deux courbes ont en outre n différences finies communes, les n points voisins du point (x_0, y_0), répondant à ces différences, sont aussi communs. Si maintenant l'on suppose que Δx tende vers zéro, la notion de la dérivée d'ordre n qui est la limite de $\frac{\Delta_n y}{(\Delta x)^n}$ se substitue à celle de la $n^{ième}$ différence, et l'on voit que si y et ses n premières dérivées sont les mêmes pour les deux courbes, cela revient à dire qu'elles ont $n+1$ points consécutifs communs.

Réciproquement, si les deux courbes ont $n+1$ points communs consécutifs, y et ses n premières dérivées ont les mêmes valeurs, qu'on les calcule au moyen de l'une ou de l'autre équation. Cela résulte de ce qu'inversement $\Delta_n y$ s'exprime en fonction entière de $y_0, y_1, \cdots\cdots y_n$.

Ce raisonnement suppose que les $n+1$ points consécutifs sont, dans chaque courbe, sur une même branche de courbe, et il est par conséquent valable toutes les fois que le contraire n'a pas lieu, en particulier dans le cas de la figure 38, le seul considéré jusqu'à présent. On a ainsi, dans ce cas, l'interprétation de la présence de racines multiples dans l'équation résultante de l'élimination de l'une des inconnues entre les équations des deux courbes : elle se complète géométriquement par le théorème suivant.

Théorème. — *Lorsque deux courbes ont un point commun, elle se traversent ou ne se traversent pas, suivant que le contact en ce point est d'ordre pair ou d'ordre impair.*

On peut effet, d'après le théorème de Taylor, développer comme il suit la valeur de l'ordonnée d'un point voisin du point considéré, dans chaque courbe

$$y_1 = f(x+h) = f(x) + hf'(x) + \frac{h^2}{2!}f''(x) + \cdots\cdots + \frac{h^{n+1}}{(n+1)!}f^{n+1}(x) + \cdots\cdots$$

$$y_2 = F(x+h) = F(x) + hF'(x) + \frac{h^2}{2!}F''(x) + \cdots\cdots + \frac{h^{n+1}}{(n+1)!}F^{n+1}(x) + \cdots\cdots$$

d'où l'on tire, en tenant compte de ce que le point considéré est à la fois sur les deux courbes

$$y_1 - y_2 = h\Big[f'(x) - F'(x)\Big] + \cdots\cdots + \frac{h^{n+1}}{(n+1)!}\Big[f^{n+1}(x) - F^{n+1}(x)\Big] + \cdots\cdots$$

Si les courbes ne sont pas tangentes en ce point, auquel cas le contact peut être regardé comme étant d'ordre zéro, le coefficient de h est différent de zéro, et pour des valeurs très petites de h le second membre prend le signe du premier terme, c'est-à-dire qu'il change de signe avec h ; par conséquent, de part et d'autre du point d'intersection, la différence des ordonnées de chaque courbe correspondantes à une même abscisse, prend des signes contraires et les courbes se traversent.

Si les courbes ont un simple contact, le coefficient de h est nul, tandis que celui de h^2 est différent de zéro ; la différence des ordonnées ne change pas de signe avec h et les courbes ne se traversent pas ; c'est ce qui a déjà été démontré (§ 80) pour le cas d'une courbe et de sa tangente. Enfin, plus généralement, si les courbes ont un contact d'ordre n, le plus faible exposant de h dans le second membre est $n+1$, et l'on voit de même que les courbes se traversent ou non suivant que $n+1$ est impair ou pair, c'est-à-dire suivant que le contact est d'ordre pair ou d'ordre impair. C. Q. F. D.

Lorsqu'il est du second ordre, par exemple, les courbes se traversent, et l'on dit qu'elles sont *osculatrices*. Ainsi, par trois points consécutifs d'une courbe, on peut faire passer un cercle et un seul ; c'est le *cercle osculateur* de la courbe en ce point : il la traverse en général. Mais il peut arriver que quatre points consécutifs soient sur un même cercle, alors on dit que le point est *sommet* de la courbe ; le contact devient du troisième ordre et le cercle osculateur en ce point ne traverse pas la courbe. De même on verra que par cinq points on peut faire passer une courbe du second degré et une seule. Il y a donc en tout point d'une courbe une courbe du second degré unique ayant avec la première un contact du quatrième ordre ; elle la traverse en général. Mais si six points consécutifs sont sur une même courbe du second degré, le contact devient du cinquième ordre, et les courbes ne se traversent pas. Ces points remarquables, sur une courbe donnée, ont reçu le nom de points *sextactiques*, peut-être impropre, puisque le contact n'est pas du sixième ordre.

Tout ce qui précède suppose, bien entendu, que dans chaque courbe l'ordonnée voisine de celle du point de contact peut se développer d'après le théorème de Taylor, c'est-à-dire qu'elle est finie et continue, ainsi que ses dérivées, dans un intervalle très petit; ce qui, en particulier, a toujours lieu dans les courbes algébriques, si le point n'est pas singulier, s'il est à distance finie, et si la tangente n'est pas parallèle à l'axe Y'OY, puisque le numérateur d'une dérivée quelconque est toujours fini et que son dénominateur est une puissance de f'_y. Si le point est à l'infini, les deux courbes auront un contact d'ordre n toutes les fois qu'une transformation homographique donnera au point transformé un contact d'ordre n à distance finie : les dispositions relatives des deux courbes résultent alors facilement de la figure 42. Si la tangente est parallèle à l'axe Y'OY on changera cet axe, et le théorème qui vient d'être démontré subsiste.

Si l'on considère les courbes comme enveloppes de droites, au lieu de les regarder comme lieux de points, il est clair que, lorsque $n+1$ sommets du polygone infinitésimal inscrit sont venus se confondre en un seul, autant de côtés du polygone circonscrit ont opéré leur coïncidence, et réciproquement. Le contact d'ordre n peut donc aussi bien se définir par la coïncidence de $n+1$ tangentes consécutives que par celle de $n+1$ points infiniment voisins, qui le caractérise. D'ailleurs l'une des propriétés est la transformée de l'autre par voie de dualité ; il suit de là que deux courbes qui ont en un point un contact d'ordre n ont pour corrélatives deux courbes jouissant de la même propriété : au point et à la tangente de contact dans l'une des figures correspondent respectivement dans l'autre la tangente et le point de contact. On peut encore conclure de ce qui précède que dans l'évaluation des tangentes communes aux deux courbes la tangente commune au point de contact devra compter pour $n+1$, l'équation résultante de l'élimination de l'une des variables u et v entre les deux équations tangentielles ayant une racine multiple d'ordre $n+1$.

Enfin, la définition du contact d'ordre n est évidemment projective ; d'où il suit que les transformées homographiques de deux courbes qui ont un contact d'ordre n sont affectées de la même particularité, le point et la tangente de contact se transformant respectivement suivant le point et la tangente de contact. C'est ce qui justifie la définition, donnée plus haut, du contact d'ordre n à l'infini.

96. Exercice. — *Conditions pour que deux courbes algébriques aient à l'origine un contact du premier, du second, ou du troisième ordre.*

Soient en coordonnées absolues

$$f(x,y)=0=\varphi_1+\varphi_2+\varphi_3+\ldots\ldots$$
$$F(x,y)=0=\psi_1+\psi_2+\psi_3+\ldots\ldots$$

les équations des deux courbes passant l'une et l'autre à l'origine, décomposées en termes séparément homogènes.

Si l'on pose

$$\varphi_1\equiv a_0x+a_1y$$
$$\psi_1\equiv \alpha_0x+\alpha_1y$$

on en déduit sans peine, pour $x=0$ et $y=0$

$$f'_x=a_0 \qquad f'_y=a_1$$
$$F'_x=\alpha_0 \qquad F'_y=\alpha_1$$

On a d'ailleurs, en général

$$y'=-\frac{f'_x}{f'_y}$$

Pour que les dérivées premières soient égales, il faut donc que l'on ait

$$\frac{a_0}{a_1}=\frac{\alpha_0}{\alpha_1}$$

d'où

$$\frac{a_0}{\alpha_0}=\frac{a_1}{\alpha_1}=\lambda$$

et par suite

$$\varphi_1=\lambda\psi_1 \tag{128}$$

d'où l'on conclut que, *pour que les deux courbes soient tangentes à l'origine, il faut que l'ensemble des termes du premier degré soit le même à un facteur près dans les deux équations.*

On a ensuite

$$y''=-\frac{f'^2_x f''_{y^2}-2f'_x f'_y f''_{xy}+f'^2_y f''_{x^2}}{f'^3_y}$$

Si l'on pose

$$\varphi_2 \equiv b_0 x^2 + 2b_1 xy + b_2 y^2$$
$$\psi_2 \equiv \beta_0 x^2 + 2\beta_1 xy + \beta_2 y^2$$

on trouve, pour $x = 0$ et $y = 0$

$$f''_{x^2} = 2b_0 \qquad f''_{xy} = 2b_1 \qquad f''_{y^2} = 2b_2$$
$$F''_{x^2} = 2\beta_0 \qquad F''_{xy} = 2\beta_1 \qquad F''_{y^2} = 2\beta_2$$

On en conclut, pour l'égalité des dérivées secondes

$$\frac{b_0 a_1^2 - 2b_1 a_1 a_0 + b_2 a_0^2}{a_1^3} = \frac{\beta_0 \alpha_1^2 - 2\beta_1 \alpha_1 \alpha_0 + \beta_2 \alpha_0^2}{\alpha_1^3}$$

ou

$$\frac{R_2}{P_2} = \frac{a_1^3}{\alpha_1^3} = \lambda^3 \qquad (129)$$

en désignant respectivement dans chaque équation par R_2 et par P_2 les résultants de l'ensemble des termes du premier degré avec l'ensemble des termes du second degré. C'est la condition à ajouter à la précédente pour le contact du second ordre.

La façon la plus simple d'obtenir l'expression générale de la dérivée troisième consiste à dériver l'équation qui fournit la dérivée seconde, en la mettant sous la forme

$$\begin{vmatrix} f''_{x^2} & f''_{xy} & f'_x \\ f''_{xy} & f''_{y^2} & f'_y \\ f'_x & f'_y & 0 \end{vmatrix} - y'' f'^3_y = 0$$

et appliquant le théorème d'algèbre d'après lequel la dérivée d'un déterminant est égale à la somme des déterminants, chacun desquels s'obtient en remplaçant dans le déterminant proposé les éléments d'une même colonne par leurs dérivées.

Si l'on pose d'ailleurs

$$\varphi_3 \equiv c_0 x^3 + 3c_1 x^2 y + 3c_2 xy^2 + c_3 y^3$$
$$\psi_3 \equiv \gamma_0 x^3 + 3\gamma_1 x^2 y + 3\gamma_2 xy^2 + \gamma_3 y^3$$

on en déduit, pour $x = 0$ et $y = 0$

$$f'''_{x^3} = 6c_0 \qquad f'''_{x^2y} = 6c_1 \qquad f'''_{xy^2} = 6c_2 \qquad f'''_{y^3} = 6c_3$$
$$F'''_{x^3} = 6\gamma_0 \qquad F'''_{x^2y} = 6\gamma_1 \qquad F'''_{xy^2} = 6\gamma_2 \qquad F'''_{y^3} = 6\gamma_3$$

Remplaçant dans l'équation qui donne la dérivée troisième toutes les dérivées par leurs valeurs, on obtient finalement

$$-6a_1(c_0a_1^3-3c_1a_1^2a_0+3c_2a_1a_0^2-c_3a_0^3)+12R_2(a_1b_1-a_0b_2)-a_1^5y'''=0$$

d'où, en désignant par R_3 le résultant de l'ensemble des termes du premier degré avec l'ensemble des termes du troisième degré

$$y'''=-6\frac{a_1R_3-2(a_1b_1-a_0b_2)R_2}{a_1^5}$$

et par conséquent la condition à ajouter aux précédentes pour le contact du troisième ordre sera, en désignant par P_3 la quantité analogue dans l'équation de l'autre courbe

$$a_1\alpha_1(\alpha_1^4R_3-a_1^4P_3)-2\alpha_1^5(a_1b_1-a_0b_2)R_2+2a_1^5(\alpha_1\beta_1-\alpha_0\beta_2)P_2=0 \quad (130)$$

En vertu de (128) et de (129), elle peut encore s'écrire, si l'on veut

$$a_0\alpha_0(\alpha_0^4R_3-a_0^4P_3)-2\alpha_0^5(a_1b_0-a_0b_1)R_2+2a_0^5(\alpha_1\beta_0-\alpha_0\beta_1)P_2=0$$

En désignant de même par R_n et P_n les résultants, dans chaque équation, de l'ensemble des termes du premier degré avec l'ensemble des termes de degré n, il y aura contact d'ordre n à l'origine toutes les fois que R_2, R_3,..... R_n et P_2, P_3,..... P_n seront nuls. C'est le cas particulier où les $n+1$ points consécutifs communs sont en ligne droite. On peut en conclure que la condition pour le contact d'ordre n, lorsqu'il y a déjà contact d'ordre $n-1$, est une relation dont chaque terme renferme R_2, R_3,.... R_n ou P_2, P_3,..... P_n.

CHAPITRE II

DES POINTS SINGULIERS ET DES TANGENTES SINGULIÈRES DANS LES COURBES ALGÉBRIQUES

97. Points d'inflexion. — On a trouvé (§ 80) l'équation de la tangente en un point d'une courbe plane. Dans plusieurs cas particuliers qui ont été spécifiés, il arrive qu'elle cesse d'être valable, ou que la tangente n'est pas située par rapport à la courbe comme l'indique le théorème du § 81 ; toutes les fois que l'un de ces cas se présente, on dit que le point est *singulier*.

Avant d'aborder l'étude des points singuliers, nous établirons le lemme suivant.

Lorsque, par suite de la variation d'un paramètre, les coefficients des p termes de degré inférieur d'une équation algébrique, et par suite autant de racines de l'équation, tendent vers zéro, ces racines tendent respectivement vers les racines de l'équation de degré p obtenue en égalant à zéro l'ensemble des $p+1$ derniers termes; c'est-à-dire que l'on peut disposer du paramètre de telle façon que le rapport de l'une des racines qui tendent vers zéro à la racine correspondante de l'équation indiquée soit aussi voisin de l'unité qu'on voudra.

Soit

$$a_0x^m + \cdots\cdots + a_{m-p}x^p + \alpha(a_{m-p+1}x^{p-1} + \cdots\cdots + a_{m-1}x + a_m) = 0$$

l'équation considérée, dans laquelle le paramètre α tend vers zéro. Désignant par x_0 l'une des racines qui tendent vers zéro, on peut mettre x_0^p en facteur dans la première partie de l'équation, qui s'écrit alors

$$x_0^p(a_0x_0^{m-p} + \cdots\cdots + a_{m-p})$$

et, pourvu que a_{m-p} soit fini, on peut prendre α assez petit pour que tous les termes de la parenthèse disparaissent devant le dernier, c'est-à-dire pour que la racine considérée satisfasse à l'équation obtenue en égalant à zéro l'ensemble des $p+1$ derniers termes.

C. Q. F. D.

Supposons maintenant que a_m ait une valeur finie, et posons

$$x_0^p = \alpha \xi^p.$$

Substituant dans le premier membre de l'équation limite à laquelle satisfont les p racines qui tendent vers zéro, et divisant par α, il vient

$$a_{m-p}\xi^p + \alpha^{\frac{p-1}{p}} a_{m-p+1}\xi^{p-1} + \ldots\ldots + \alpha^{\frac{1}{p}} a_{m-1}\xi + a_m = 0$$

équation n'ayant aucune racine nulle et aucune racine infinie; d'où il suit que x_0 et ξ étant liés par la relation (131), ξ tend vers une limite finie : ξ n'augmentant pas indéfiniment, tous les termes que contiennent α sont négligeables, et l'équation se réduit à

$$a_{m-p}\xi^p + a_m = 0$$

d'où, en multipliant par α,

$$a_{m-p}x_0^p + \alpha a_m = 0$$

de sorte que l'on peut encore dire que, *lorsque par suite de la variation d'un paramètre, qui n'entre pas dans le terme constant à une puissance supérieure, les coefficients des p termes de degré inférieur d'une équation algébrique, et par suite autant de racines de l'équation tendent vers zéro, ces racines tendent respectivement vers les racines de l'équation binôme de degré p formée du terme en x^p dans l'équation proposée et du terme indépendant.*

La considération des grandeurs infiniment petites permet d'expliquer ce résultat. L'on voit d'abord que, a_m étant supposé fini, si l'on prend pour infiniment petit principal la racine x_0 qui tend vers zéro, α est un infiniment petit d'ordre p en vertu de l'équation (131) dans laquelle ξ est fini. Il suit de là que toutes les racines qui tendent vers zéro sont de même ordre, puisque l'ordre de α ne peut changer avec la racine considérée; et, comme vérification, le produit des racines de l'équation donnée, qui est en valeur absolue $\alpha \frac{a_m}{a_0}$, est d'ordre p. Mais la somme des produits $m-1$ à $m-1$ des mêmes racines est, en valeu absolue, $\alpha \frac{a_{m-1}}{a_0}$; c'est donc un infiniment petit d'ordre p : il faut donc que l'ensemble des termes de cette somme dans lesquels ne figurent que $p-1$ des racines qui tendent vers zéro soit rigoureusement nul; ce qui exige que la somme des produits $p-1$ à $p-1$ de ces racines soit nulle : et ainsi de suite pour toutes les autres sommes des racines qui tendent vers zéro.

Au fond, la démonstration du théorème du § 81 repose sur le lemme qui vient d'être établi. Si l'on simplifie maintenant l'équation (112) en supprimant le terme $f(x_0, y_0)$ qui est nul et divisant par ρ, elle s'écrit

$$0 = af'_{x_0} + bf'_{y_0} + \frac{\rho}{2!}(af'_{x_0} + bf'_{y_0})_2 + \frac{\rho^2}{3!}(af'_{x_0} + bf'_{y_0})_3 + \cdots \quad (132)$$

et si l'on suppose que le terme indépendant de cette équation divise le coefficient de ρ, le théorème ne subsiste plus.

Pour savoir ce qui arrive alors, il faut remarquer que, lorsque le rapport λ des paramètres a et b prend une valeur voisine de la valeur λ_0 qui annule le terme indépendant de l'équation (132), deux valeurs de ρ tendent vers zéro puisque le coefficient de ρ renferme comme facteur le terme indépendant. En vertu du lemme précédent, ces racines ont pour limites respectives celles de l'équation binôme

$$\frac{\rho^2}{3!}(af'_{x_0} + bf'_{x_0})_3 + af'_{x_0} + bf'_{y_0} = 0$$

qui sont réelles ou imaginaires suivant le signe du terme indépendant, et dans le premier cas de signes contraires. Il en résulte que

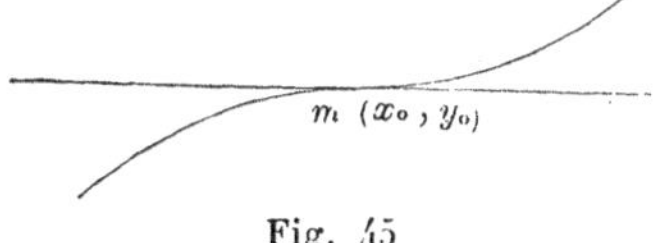

Fig. 45

lorsque λ tend vers λ_0, les deux valeurs de ρ qui tendent vers zéro sont réelles et de signes contraires un peu avant, imaginaires un peu après, ou inversement. La courbe affecte alors aux environs du point de contact la forme de la figure 45 et traverse sa tangente;

on dit que le point considéré est un *point d'inflexion*. Trois des points d'intersection de la sécante variable (43) sont confondus en un seul, et ce résultat est d'accord avec le théorème général démontré dans la théorie du contact des courbes.

Plus généralement, si le terme indépendant de l'équation (132) est facteur dans les $p-1$ coefficients suivants, p valeurs de ρ tendront vers zéro en même temps que λ tendra vers λ_0, et leurs limites respectives seront celles des racines de l'équation binôme

$$\frac{\rho^p}{(p+1)!}(af'_{x_0}+bf'_{y_0})_{p+1}+af'_{x_0}+bf'_{y_0}=0$$

dont une seule est réelle et change de signe en même temps que le terme indépendant s'annule, si p est impair; tandis que deux sont réelles et de signes contraires un peu avant, imaginaires un peu après, si p est pair. La courbe affectera donc dans le premier cas la forme de la figure 38, dans le second celle de la figure 45; mais avec cette différence que, dans l'un et l'autre, $p+1$ des points d'intersection de la sécante et de la courbe sont confondus, et que, par conséquent, les dérivées f'_{x_0} et f'_{y_0} ayant toujours été supposées différentes de zéro et la tangente restant bien déterminée (§ 95), elle offre avec la courbe un contact d'ordre p: on verra plus loin que le point doit être regardé comme étant la superposition de $p-1$ points d'inflexion.

Ces résultats demeurent d'accord avec le théorème qui vient d'être rappelé, puisque la tangente traverse la courbe ou ne la traverse pas suivant que le contact est d'ordre pair ou d'ordre impair. Ils subsistent d'ailleurs si un ou plusieurs des coefficients des puissances de ρ, dans lesquels le terme indépendant est supposé facteur, différents de ce dernier, viennent à manquer dans l'équation; ce qui exige que les groupes correspondants de dérivées de même ordre s'annulent identiquement pour $x=x_0$ et $y=y_0$. La démonstration du lemme ne suppose en effet aucun des $p+1$ derniers coefficients de l'équation donnée différent de zéro, sauf a_m, et dans ce qui précède les dérivées f'_{x_0}, f'_{y_0} et par suite le terme indépendant, ont été expressément supposés différents de zéro.

98. — La théorie qui vient d'être exposée fournit immédiatement le moyen de déterminer les points d'inflexion. Si l'on exprime en effet que le facteur

$$af'_{x_0}+bf'_{y_0}$$

divise l'expression du second degré

$$a^2 f''_{x_0^2} + 2ab f''_{x_0 y_0} + b^2 f''_{y_0^2}$$

on obtient, par l'élimination de a et b, la condition

$$f'^2_{y_0} f''_{x_0^2} - 2 f'_{x_0} f'_{y_0} f''_{x_0 y_0} + f'^2_{x_0} f''_{y_0^2} = 0 \qquad (133)$$

équation d'une courbe dont les points d'intersection avec la proposée comprennent les points cherchés. On a en effet écarté le cas où les dérivées premières s'annulent identiquement pour $x = x_0$ et $y = y_0$, et il est manifeste dès à présent que ces points appartiennent à la courbe (133).

Le premier membre de cette équation est précisément (§ 96), le numérateur de la dérivée seconde de y_0 considéré comme fonction de x_0 définie par l'équation de la courbe proposée. Les points d'inflexion sont donc les points de la courbe pour lesquels cette dérivée est nulle sans que la dérivée première soit indéterminée. Ceci était évident *à priori*, car la dérivée seconde est nulle pour tous les points d'une ligne droite; or, la tangente en un point d'inflexion ayant avec la courbe un contact du second ordre, les deux premières dérivées sont les mêmes pour la tangente et pour la courbe.

La courbe (133), qui passe par les points d'inflexion, est de degré $3m - 4$; mais il est facile de voir que, au point de vue de la recherche des points d'inflexion, on doit la remplacer par une courbe de degré $3(m-2)$, inférieur de deux unités. Son équation peut s'écrire

$$\begin{vmatrix} f''_{x^2} & f''_{xy} & f'_x \\ f''_{yx} & f''_{y^2} & f'_y \\ f'_x & f'_y & 0 \end{vmatrix} = 0$$

Si l'on rend homogène, on a identiquement

$$(m-1) f'_x \equiv x f''_{x^2} + y f''_{xy} + z f''_{xz}$$
$$(m-1) f'_y \equiv x f''_{yx} + y f''_{y^2} + z f''_{yz}$$

Remplaçant les dérivées premières par leurs valeurs, multipliant le déterminant par $(m-1)^2$ et simplifiant, il vient

$$z^2 \begin{vmatrix} f''_{x^2} & f''_{xy} & f''_{xz} \\ f''_{yx} & f''_{y^2} & f''_{yz} \\ f''_{zx} & f''_{zy} & f''_{z^2} \end{vmatrix} - m(m-1) \begin{vmatrix} f''_{x^2} & f''_{xy} \\ f''_{yx} & f''_{y^2} \end{vmatrix} f(x, y, z) = 0$$

Les points communs à cette courbe et à la proposée sont, abstraction faite du facteur z^2 qui est évidemment étranger à la question, les mêmes que ceux de la proposée et de la courbe

$$\begin{vmatrix} f''_{x^2} & f''_{xy} & f''_{xz} \\ f''_{yx} & f''_{y^2} & f''_{yz} \\ f''_{zx} & f''_{zy} & f''_{z^2} \end{vmatrix} = 0 \tag{134}$$

dont l'équation de degré $3(m-2)$ s'obtient en égalant à zéro le déterminant symétrique des six dérivées secondes. Par analogie avec le Hessien d'une fonction homogène à deux variables (§ 89), et en souvenir du même auteur, elle a reçu le nom de *Hessienne*.

On peut obtenir plus rapidement ce résultat, et l'étendre en même temps à un système quelconque de coordonnées trilinéaires, en faisant immédiatement emploi des coordonnées homogènes. Si l'on détermine en effet les points d'intersection avec la courbe proposée de la sécante mobile menée par le point (x_0, y_0, z_0) au moyen de l'équation (113), il est clair qu'on arrivera, par une discussion analogue à la précédente, à trouver les points d'inflexion par la condition que le facteur

$$xf'_{x_0} + yf'_{z_0} + zf'_{z_0}$$

divise l'expression du second degré

$$x^2 f''_{x_0^2} + y^2 f_{y_0^2} + z^2 f''_{z_0^2} + 2yz f''_{y_0 z_0} + 2zx f_{z_0 x_0} + 2xy f''_{x_0 y_0}$$

Il faudra d'abord pour cela que cette expression soit décomposable en un produit de deux facteurs linéaires, ce qui n'arrive pas généralement. Géométriquement, la courbe du second degré polaire d'ordre $m-2$ du point considéré se décomposera en deux droites. Or l'on verra, dans la théorie des courbes du second degré, que la condition nécessaire et suffisante pour que cela ait lieu est, en supprimant les indices, l'équation (134). Mais il résulte de la théorie des polaires que toutes les polaires d'un point d'une courbe passent par ce point et y admettent la même tangente. L'une des deux droites résultant de la décomposition de la polaire d'ordre $m-2$ est donc la tangente en ce point, c'est-à-dire que réciproquement, lorsque la condition (134) est remplie pour un point de la courbe, l'un des facteurs est

$$xf'_{x_0} + yf''_{y_0} + zf'_{z}$$

et le point considéré est d'inflexion. Il faut toutefois excepter le cas, qui a toujours été écarté jusqu'à présent, où les dérivées f'_{y_0} et f'_{x_0} sont nulles, ce qui entraîne $f'_{z_0} = 0$ puisque les coordonnées du point satisfont l'équation de la courbe. On dit alors que le point est *multiple;* on a vu d'ailleurs qu'il est sur la Hessienne, il en résulte que tous les points d'intersection de la courbe avec la Hessienne sont des points d'inflexion ou bien des points multiples.

99. — La Hessienne se présente donc comme jouissant des propriétés les plus importantes. Elle est susceptible d'une définition simple, puisqu'elle est le lieu des points dont la polaire d'ordre $m-2$ se réduit à deux droites. Dans la théorie des points multiples, elle sera définie d'une autre façon comme lieu de points; toutes ces propriétés sont évidemment projectives, et le premier membre de son équation est un covariant du premier membre de l'équation de la courbe comme l'analyse le vérifie sans peine.

Au point de vue de la recherche du nombre des points d'inflexion d'une courbe algébrique, il est nécessaire d'étudier ce qui se passe en chacun des points d'intersection de la Hessienne avec la courbe proposée; on supposera d'abord, comme on l'a fait jusqu'à présent, que les dérivées $f'_{x_0}, f'_{y_0}, f'_{z_0}$ ne soient pas simultanément nulles et que par conséquent le point soit d'inflexion; la marche à suivre, qu'on peut se borner à indiquer, est la suivante. On écrira l'équation de la courbe, décomposée en termes séparément homogènes

$$0 = f(x, y, z) \equiv \varphi_0 z^m + \varphi_1 z^{m-1} + \varphi_2 z^{m-2} + \ldots\ldots$$

on prendra les dérivées secondes, et l'on formera leur déterminant. On vérifiera alors que le terme indépendant de x et y n'est nul avec φ_0 que si φ_1 est facteur de φ_2 : car si l'on y fait $\varphi_0 = 0$ il se réduit au résultant de φ_1 et de φ_2 : ce qui prouve que la Hessienne ne passe par un point simple de la courbe que si le point est d'inflexion. Ceci admis, on cherchera l'ensemble des termes du premier degré, par les principes de la décomposition des déterminants, et l'on vérifiera que la courbe et la Hessienne ne sont tangentes à l'origine que si φ_1, qui est déjà facteur de φ_2, est aussi facteur de φ_3 ; c'est-à-dire si la courbe a à l'origine avec sa tangente un contact du troisième ordre. On peut donc dire que *deux points d'inflexion se superposent lorsqu'il y a quatre points consécutifs en ligne droite*. Plus généralement, l'on peut admettre que *$p-2$ points d'inflexion viennent en coïncidence lorsque p points consécutifs sont en ligne droite*. Il suffit pour cela de considérer chacun d'eux, d'abord distincts, comme formés de trois points consécutifs en ligne droite, et d'amener successivement les deux premiers points consécutifs de chaque droite en coïncidence avec les deux derniers de la précédente. Pour démontrer ce fait rigoureusement, on peut, par un calcul analogue au précédent, faire voir que *si φ_1 est facteur dans $\varphi_2, \varphi_3, \ldots\ldots \varphi_{p-1}$*, ce qui est le cas du contact d'ordre $p-1$ avec la tangente, ou de p points en ligne droite (§ 95), *la Hessienne a en ce point $p-2$ points communs avec sa tangente*, et par suite avec la courbe proposée, qui admet la même tangente, sur laquelle elle a plus de $p-2$ points confondus à l'origine. Pour cela on posera

$$f(x,y,z) \equiv (a_0x+a_1y)\,\chi(x,y,z)+\varphi(x,y,z)=0$$

avec

$$\chi(x,y,z) \equiv z^{m-1}+\psi_1 z^{m-2}+\psi_2 z_{m-3}+\ldots\ldots+\psi_{p-2}z^{m-p+1}$$

et $\varphi(x,y,z)$ désignant l'ensemble des termes indépendants de φ_1, dont le moindre degré en x et y est égal à p; car le cas où les termes de degré p manqueraient doit être, au point de vue du nombre des points confondus à l'origine sur la tangente, assimilé à celui où leur ensemble serait divisible par φ_1, ce qui est contraire à l'hypothèse. On arrive alors à mettre l'équation de la Hessienne sous la forme

$$\mathrm{H}(x,y,z) \equiv (a_0x+a_1y)\,\Theta(x,y,z)+\Phi(x,y,z)=0$$

Θ désignant une fonction de degré $2m+p-4$, et Φ une fonction dont le terme de degré inférieur, *qui existe toujours*, est de degré $p-2$; d'où il suit que la tangente à l'origine coupe la Hessienne en $p-2$ points consécutifs, et pas plus.

Ce théorème entraîne sa réciproque, c'est-à-dire que si la Hessienne a $p-2$ points consécutifs en ligne droite communs avec la courbe, cette dernière a deux points de plus communs avec sa tangente. Car si cela n'était pas, si, par exemple, elle n'en avait que $p-1$, la Hessienne n'en aurait que $p-3$. Il suit de là que lorsque, la courbe et la Hessienne ayant déjà n points communs consécutifs en ligne droite, l'ordre du contact vient à augmenter d'une unité, le nouveau point commun est encore sur la tangente. Par exemple, si, les deux courbes étant tangentes, le contact devient du second ordre, les trois points communs seront en ligne droite, puisqu'il y en avait déjà quatre en ligne droite sur la proposée. On en conclut que *lorsque les deux courbes ont un contact d'ordre quelconque, les points consécutifs communs sont en ligne droite ; et le nombre des points consécutifs communs à la proposée et à la tangente leur est supérieur de deux unités.* Si donc on dit que des points d'inflexion coïncident lorsqu'autant de points communs à la courbe et à la Hessienne sont confondus, on peut affirmer que $p-2$ points d'inflexion sont réunis lorsqu'il y a p points consécutifs en ligne droite : et c'est alors en tenant compte de cette équivalence que l'on pourra énoncer ce théorème qui complète la théorie du point simple : *les points simples de la courbe, réels ou imaginaires, distincts ou confondus, qui sont sur la Hessienne, valent autant de points d'inflexion.*

100. Points d'inflexion à l'infini. — Il peut arriver que la proposée et la Hessienne aient un point simple commun à l'infini ; toutes les propriétés précédentes étant projectives, la courbe se transforme homographiquement suivant une autre courbe ayant un point d'inflexion au point transformé du point considéré, c'est pourquoi l'on dit alors que la proposée a un point d'inflexion à l'infini. Si l'on veut savoir quelle est, dans ce cas, la figure formée par la branche de courbe et son asymptote, il suffit de se reporter à la figure 42 et de supposer qu'au lieu de faire la projection d'un arc de courbe extérieur à sa tangente, on fait celle d'un arc de

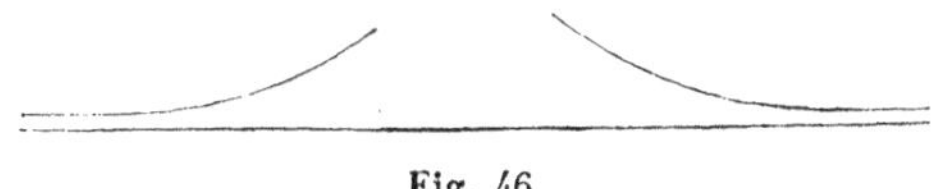

Fig. 46

courbe qui traverse sa tangente; on obtient alors la figure 46 et l'on voit que la courbe reste du même côté de l'asymptote toutes les fois que la première traverse sa tangente, c'est-à-dire si le contact est d'ordre pair pour la courbe projetée.

Analytiquement, pour qu'une courbe ait un point simple d'inflexion à l'infini, il faut que les systèmes de rayons infinis dans la courbe et dans la Hessienne aient un rayon commun. Soit pour cela

$$f(x, y, z) \equiv \varphi_m + z\varphi_{m-1} + z^2\varphi_{m-2} + \cdots\cdot\cdot$$

l'équation de la courbe ordonnée par rapport aux puissances croissantes de z, en coordonnées cartésiennes. L'ensemble des termes de degré supérieur dans l'équation de la Hessienne s'obtiendra en y faisant $z = 0$, ce qui donne

$$\begin{vmatrix} \varphi''_{m_{x^2}} & \varphi''_{m_{xy}} & \varphi'_{m-1_x} \\ \varphi''_{m_{yx}} & \varphi''_{m_{y^2}} & \varphi'_{m-1_y} \\ \varphi'_{m-1_x} & \varphi'_{m-1_y} & 2\varphi_{m-2} \end{vmatrix} \qquad (135)$$

Toutes les fois que cet ensemble homogène et de degré $3(m-2)$ en x et y aura une ou plusieurs racines simples communes avec $\underset{m}{\varphi}(x, y)$, la proposée aura autant de points simples d'inflexion à l'infini. On voit que la fonction homogène (135) ne dépend que des termes de degrés m, $m-1$ et $m-2$ en x et y : il n'en serait pas de même si les deux courbes, au lieu d'avoir simplement un point commun à l'infini, y avaient un contact d'ordre quelconque.

Plus généralement, on connaîtra l'ordre du contact à l'infini de la courbe avec son asymptote en ramenant le point à l'origine par la transformation homographique (126) et cherchant l'ordre du contact de la courbe transformée. Par ce moyen le théorème énoncé plus haut subsiste, si les points simples considérés, communs à la courbe et à la Hessienne, sont à l'infini.

101. Points multiples. — Nous examinerons maintenant le cas où, les coordonnées du point (x_0, y_0) annulant les dérivées f'_{x_0} et f'_{y_0}, le terme indépendant de ρ dans l'équation (132) se trouve identiquement nul. Cela veut dire que toute droite passant par le point coupe la courbe en deux points confondus, puisque deux racines sont nulles quels que soient a et b, mais sans pouvoir pour cela être considérée comme tangente, l'idée de contact entraînant nécessairement, d'après la définition, celle de limite. L'équation (132) devient alors, en supprimant le terme qui est nul, et divisant par ρ

$$0 = \frac{1}{2!}(af'_{x_0} + bf'_{y_0})_2 + \frac{\rho}{3!}(af'_{x_0} + bf'_{y_0})_3 + \frac{\rho^2}{4!}(af'_{x_0} + bf'_{y_0})_4 + \cdots\cdot\cdot \qquad (136)$$

et le terme indépendant peut s'écrire, à un facteur constant près,

$$[af'_{x_0}+bf'_{y_0}]_2 \equiv a^2 f''_{x_0^2} + 2ab f''_{x_0 y_0} + b^2 f''_{y_0^2}$$

Il peut se décomposer en deux facteurs du premier degré en a et b, en général distincts, réels ou imaginaires conjugués. Les valeurs de a et b qui annulent l'un de ces facteurs, substituées dans les équations (43) de la sécante, fournissent celle d'une droite telle que, lorsque la sécante s'en approche, une nouvelle valeur de ρ tend à s'annuler. On peut donc dire, conformément à la définition, que chacune de ces droites est tangente à la courbe et l'on conclut de là deux branches de courbe réelles ou imaginaires se croisant au point (x_0, y_0) : on dit alors que le point est *double*. Si l'on suppose maintenant que les deux valeurs du rapport λ des paramètres a et b qui annulent le terme indépendant de ρ dans l'équation (136) soient réelles et distinctes, on aura deux branches réelles à chacune desquelles on peut appliquer ce qui a été dit plus haut (§ 97); et si, par une extension toute naturelle des phénomènes relatifs au point simple, on dit que le contact de chaque tangente avec la branche correspondante est d'ordre p lorsque le facteur correspondant à cette branche dans le terme indépendant se trouve également compris dans les coefficients des $p-1$ premières puissances de ρ, on conclut de là que chaque branche traversera sa tangente ou non, suivant qu'elle présentera avec elle un contact d'ordre pair ou d'ordre impair, ce qui donne lieu aux trois figures suivantes, dont

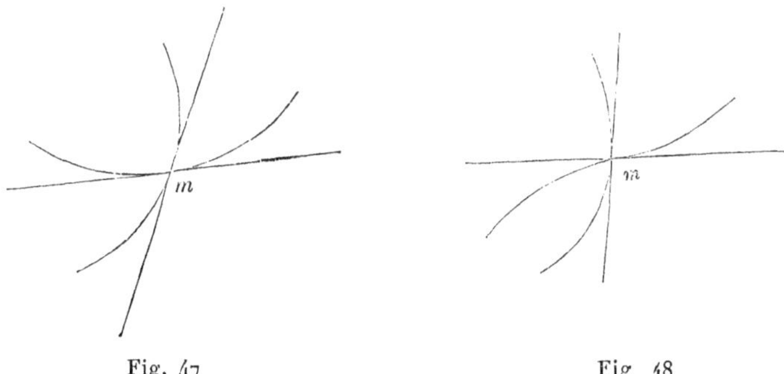

Fig. 47 Fig 48

la plus générale est la figure 47, parce que c'est celle qu'affecte la courbe aux environs du point (x_0, y_0), lorsqu'aucun des deux facteurs n'annule le coefficient de ρ, ce qui est le cas général. On dit alors que le point double est réel.

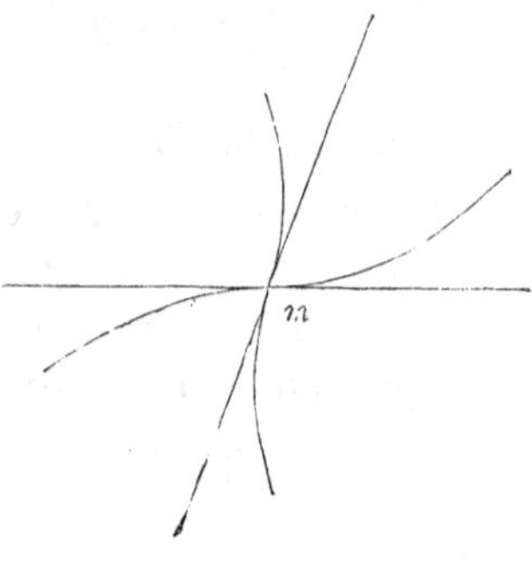

Fig. 49

Si les deux facteurs du premier degré suivant lesquels se décompose le terme indépendant de l'équation (136) sont imaginaires conjugués, il n'y a aucune position réelle de la sécante variable pour laquelle un nouveau point d'intersection vienne se confondre avec le point donné; il n'arrive jamais qu'une nouvelle valeur de ρ tende vers zéro, il n'y a donc aucun point de la courbe voisin du point donné. Le point est encore double, parce que deux branches imaginaires de la courbe s'y croisent et que toute sécante qui le contient doit être regardée comme ayant là deux de ses points d'intersection avec la courbe; mais on lui donne plus spécialement le nom de point *isolé*.

Enfin si ces deux facteurs sont égaux, c'est-à-dire si les valeurs du rapport λ sont égales, et qu'on ait

$$\lambda_0 = \frac{a_0}{b_0} \qquad (a_0 f'_{x_0} + b_0 f'_{y_0})_3 \neq 0$$

lorsque λ tend vers λ_0 par des valeurs supérieures ou par des valeurs inférieures, une racine de l'équation (136) tend vers zéro, racine réelle et conservant le même signe de part et d'autre de λ_0, puisque le terme indépendant ne change pas de signe, ni le coefficient de ρ

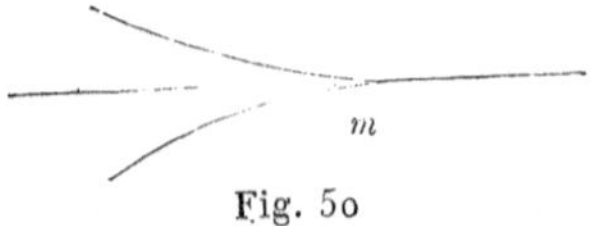

Fig. 50

par hypothèse. La courbe offre alors en (x_0, y_0) la disposition de la figure 50; si un point mobile décrit la courbe, il paraît y rebrousser chemin, c'est pourquoi le point (x_0, y_0) est dit de *rebroussement*. Mais il est bon d'observer que si l'on considère la courbe comme enveloppe de ses tangentes, il n'en est pas de même de la droite mobile, ce qui a lieu au contraire lorsqu'il s'agit d'un point d'inflexion.

Bien que la forme de la courbe ne reste pas la même dans les cas qui vont être étudiés, on les considère néanmoins comme des cas particuliers du point de rebroussement, qui est la dénomination générique du point double dont les tangentes coïncident. Supposons donc que l'on ait

$$(a_0 f'_{x_0} + b_0 f'_{y_0})_3 = 0 \qquad (a_0 f'_{x_0} + b_0 f'_{y_0})_4 \neq 0$$

alors deux nouvelles racines de l'équation (136), au lieu d'une seule, tendent vers zéro en même temps que λ tend vers λ_0 ; et, d'après le lemme du § 97, elles ont pour limites respectives les racines de l'équation du second degré

$$k(ab_0 - a_0 b)^2 + \frac{\rho}{3!}(ab_0 - a_0 b)\varphi_2(a, b) + \frac{\rho^2}{4!}(af'_{x_0} + bf'_{y_0})_4 = 0 \qquad (137)$$

dans laquelle $\varphi_2(a,b)$ désigne l'expression du second degré en a et b, quotient de la division par $ab_0 - a_0 b$ du coefficient de $\frac{\rho}{3!}$ dans l'équation (136). Les racines de cette équation sont réelles ou imaginaires suivant le signe de l'expression

$$\varphi_2^2(a, b) - 6k(af'_{x_0} + bf'_{y_0})_4$$

Il suit de là que la réalité des deux racines de l'équation (136) qui tendent vers zéro dépend du signe de

$$\varphi_2^2(a_0, b_0) - 6k(a_0 f'_{x_0} + b_0 f'_{y_0})_4 \qquad (138)$$

Si cette quantité est négative, comme elle est continue elle l'est un peu avant que λ soit égale à λ_0, elle l'est aussi un peu après, et aucune des deux racines considérées n'est réelle. On a alors *un point double à deux tangentes confondues, sans aucune branche réelle de courbe, bien que la tangente unique soit réelle*. C'est ce qui arrive, par exemple, à l'origine pour la courbe

$$x^4 + x^2 y + y^2 = 0$$

laquelle, comme on s'en aperçoit facilement, n'a d'autre point réel que l'origine et le point situé à l'infini sur l'axe Y'OY puisque son équation peut s'écrire

$$\left(x^2+\frac{y}{2}\right)^2+\frac{3}{4}y^2=0$$

Si au contraire l'expression (138) est positive, deux valeurs réelles de ρ tendent vers zéro, soit que λ tende vers λ_0 par des valeurs supérieures, soit qu'il y tende par des valeurs inférieures. Deux cas peuvent alors se présenter : ou bien l'on a

$$k(a_0 f'_{x_0}+b_0 f'_{y_0})_4>0 \tag{a}$$

alors les deux racines sont de même signe un peu avant et un peu après; d'ailleurs ce signe change au passage de λ par λ_0 puisque le coefficient de ρ dans l'équation (137) change de signe, si l'on suppose toutefois

$$\varphi_2(a_0,b_0)\neq 0$$

Fig. 51 Fig. 52

on a donc la disposition de la figure 51 : ou bien l'on a

$$k(a_0 f'_{x_0}+b_0 f'_{y_0})_4<0 \tag{b}$$

alors les deux racines sont de signes contraires un peu avant et un peu après, et l'on a la disposition de la figure 52. Si l'on a

$$\varphi_2(a_0,b_0)=0$$

les deux racines sont imaginaires dans le cas (*a*), et la courbe n'a aucune branche réelle; réelles dans le cas (*b*) et alors la courbe présente encore la forme de la figure 52.

Les deux formes qui viennent d'être étudiées répondent en particulier au cas où la courbe se décompose en deux autres se touchant intérieurement ou extérieurement, aussi dit-on quelquefois qu'en un pareil point *la courbe se touche elle-même* (*). Il est facile de montrer directement que, toutes les fois que la courbe se décompose en deux autres qui sont tangentes, l'un de ces cas se présente. Prenons en effet le point pour origine et considérons le système des deux courbes

$$\begin{aligned} o &= (b_0 x - a_0 y)\varphi_0 + \varphi_2(x,y) + \varphi_3(x,y) + \cdots\cdots \\ o &= (b_0 x - a_0 y)\psi_0 + \psi_2(x,y) + \psi_3(x,y) + \cdots\cdots \end{aligned}$$

admettant la même tangente à l'origine; la courbe résultante sera

$$\begin{aligned} o = (b_0 x - a_0 y)^2 \varphi_0\psi_0 &+ (b_0 x - a_0 y)(\varphi_0\psi_2 + \varphi_2\psi_0) \\ &+ \Big[(b_0 x - a_0 y)(\varphi_0\psi_3 + \varphi_3\psi_0) + \varphi_2\psi_2\Big] + \cdots\cdots \end{aligned}$$

On voit qu'elle rentre dans le cas considéré, puisque l'ensemble des termes de degré inférieur est le carré d'une expression du premier degré, laquelle est aussi facteur dans les termes du troisième degré.

Si l'on remplace x et y par $a\rho$ et $b\rho$, et si l'on divise par ρ^2, le criterium de réalité pour les racines qui tendent vers zéro est

$$(ab_0 - a_0 b)^2 \Big[(\varphi_0\psi_2 + \varphi_2\psi_0)^2 - 4\varphi_0\psi_0\varphi_2\psi_2 - 4\varphi_0\psi_0(ab_0 - a_0 b)(\varphi_0\psi_3 + \varphi_3\psi_0)\Big]$$

Cette expression tend vers zéro, à cause du premier facteur; ce qui doit arriver puisque les racines tendent à devenir égales, mais pour $\lambda = \lambda_0$ le dernier terme de la parenthèse s'annule, et elle tend vers

$$[\varphi_0\psi_2 - \varphi_2\psi_0]^2$$

le produit tend donc vers zéro par des valeurs positives; les racines sont toujours réelles, et l'on se trouve dans le cas (a) ou dans le cas (b) suivant le signe de $\varphi_0\psi_0\varphi_2\psi_2$; ce qui devait être, puisque la première courbe est d'un côté ou de l'autre de sa tangente suivant le signe de $\varphi_0\varphi_2$, et la seconde suivant celui de $\psi_0\psi_2$.

On a supposé l'expression (138) positive ou négative : si elle s'annule pour $\lambda = \lambda_0$, il peut arriver qu'elle change de signe, ou non. Si elle change de signe, les valeurs de ρ sont réelles d'un côté,

(*) Les Allemands disent *Selbstberührungspunkt*.

imaginaires de l'autre ; et, du côté où elles sont réelles, elles sont de même signe puisque le second terme de l'expression (138), étant égal au premier, est positif : on a alors la figure 53 qui est celle du

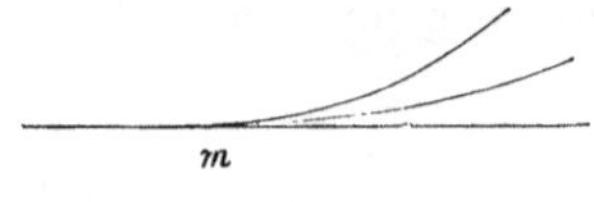

Fig. 53

point de rebroussement de seconde espèce; ceci aura lieu, par exemple, à l'origine, pour la courbe

$$x^4+2xy(x+ay)+y^2=0$$

Si l'expression (138), tout en s'annulant pour $\lambda=\lambda_0$, conserve son signe, ce signe peut être le signe —, alors les valeurs de ρ qui tendent vers zéro sont toujours imaginaires, et l'on a comme plus haut un point double à deux tangentes confondues, sans aucune branche réelle de courbe; si ce signe est le signe +, les deux valeurs de ρ qui tendent vers zéro sont réelles un peu avant λ_0 et un peu après λ_0; l'une et l'autre ont toujours le même signe parce que le second terme de l'expression (138) est positif; enfin ce signe commun change lorsque λ passe par λ_0, parce que le coefficient de ρ dans l'équation (137) change de signe au même moment, et l'on retombe sur le cas (a) (fig. 51). Il se pourrait néanmoins que le coefficient de ρ ne changeât pas de signe pour $\lambda=\lambda_0$, ce qui exigerait que $\varphi_2(a,b)$ renfermât une seule fois ce facteur (ab_0-a_0b). Mais alors on aurait

$$\varphi_2(a_0,b_0)=0$$

et comme l'expression (138) est nulle, et conserve son signe pour $\lambda=\lambda_0$, le même facteur entrerait deux fois dans les termes du quatrième degré en a et b, ce qui est contre l'hypothèse, puisque l'on a supposé

$$(a_0f'_{x_0}+b_0f'_{y_0})_4 \neq 0$$

L'expression (138) peut être identiquement nulle; alors il est facile de voir qu'on a un rebroussement de seconde espèce. L'ensemble des termes du second, du troisième et du quatrième degré est alors un carré parfait, et si l'on opérait sur l'équation (137), on aurait toujours deux racines égales. Pour les différencier dans le voisinage du point $(x_0.y_0)$, on peut envisager les termes du cinquième degré, et par suite l'équation

$$k(ab_0-a_0b)^2+\frac{\rho}{3!}(ab_0-a_0b)\varphi_2(a,b)+\frac{\rho^2}{4!}(af'_{x_0}+bf'_{y_0})_4+\frac{\rho^3}{5!}(af'_{x_0}+bf'_{y_0})_5=0$$

qui, d'après le lemme du § 97, admet aussi à la limite les racines considérées.

Les trois premiers termes de cette équation forment un carré parfait, et elle peut s'écrire alors

$$\left[k_1(ab_0-a_0b)+\frac{\rho}{12k_1}\varphi_2(a,b)\right]^2+\frac{\rho^3}{5!}(af'_{x_0}+bf'_{y_0})_5=0 \quad (139)$$

en joignant à la précédente l'inégalité

$$(a_0f'_{x_0}+b_0f'_{y_0})_5 \neq 0$$

Si on fait tendre λ vers λ_0, deux valeurs de ρ tendent vers zéro; pour savoir si elles sont réelles, il suffit de rappeler que, pour que l'équation

$$ax^3+a_1x^2+a_2x+a_3=0$$

ait ses racines réelles, on doit avoir

$$(a_1a_2-9aa_3)^2-4(3aa_2-a_1^2)(3a_1a_3-a_2^2)<0$$

Remplaçant les coefficients par ceux de l'équation (139), il vient, en supposant λ très voisin de λ_0, et par conséquent ab_0-a_0b très petit et égal à ε

$$(\varepsilon\varphi_2^3-54.144k^2\varepsilon^2\varphi_5)^2+\varepsilon^2\varphi_2^2(72\ 144k^2\varepsilon\varphi_2\varphi_5-\varphi_2^4)<0$$

en désignant par φ_5 l'ensemble des termes du cinquième degré formant le coefficient de ρ^3. L'inégalité se simplifie et peut s'écrire

$$k^2\varepsilon^3\varphi_5(54^2.4k^2\varepsilon\varphi_5-\varphi_2^3)<0$$

et, lorsque ε tend vers zéro, elle se réduit, en laissant de côté les facteurs toujours positifs, à

$$\varepsilon\varphi_5\varphi_2 > 0$$

L'expression change donc de signe avec ε, par suite les deux valeurs de ρ qui tendent vers zéro sont réelles d'un côté, imaginaires de l'autre : elles ont le même signe ; en effet dans le voisinage de $\lambda = \lambda_0$, φ_5 conserve toujours le même signe ; si c'est le signe $+$, lequel a été supposé celui du terme indépendant, $\varepsilon\varphi_2$ est positif, et l'équation (139) n'ayant que des permanences, a toutes ses racines négatives; si c'est le signe $-$, $\varepsilon\varphi_2$ est négatif et l'équation, n'ayant que des variations, a toutes ses racines positives. Il suit de là qu'on a un rebroussement de seconde espèce (fig. 53).

102. — Ce qui précède suffit pour faire saisir l'esprit de la méthode (*). La discussion du point double ne serait complète que si l'on examinait le cas général où le facteur $\lambda - \lambda_0$ est renfermé dans un nombre quelconque de coefficients des puissances inférieures de ρ, ce qui ne peut se faire que dans des cas particuliers lorsque le degré de l'équation à discuter surpasse le troisième. Dans le cas où $\lambda - \lambda_0$ divise seulement les trois premiers coefficients, la discussion se fait encore par la méthode qui vient d'être indiquée et l'on trouve sans peine que la courbe offre, en général, aux environs du point

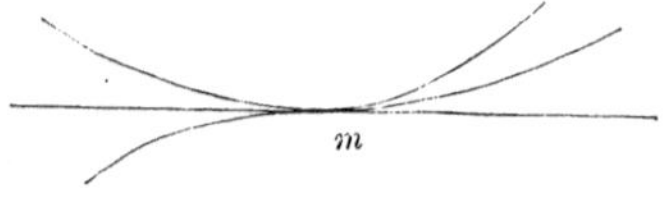

Fig. 54

considéré la forme de la figure 54 qui est l'ensemble d'une branche simple et d'une branche avec inflexion. Réciproquement, on vérifie aisément que l'ensemble de deux courbes dont l'une a une branche simple à l'origine, et l'autre une branche avec inflexion, est représenté par une équation dans laquelle les termes de degré inférieur forment un carré parfait dont la racine divise les termes du troisième et ceux du quatrième degré. Si cependant $\lambda - \lambda_0$ entrait au carré dans le second coefficient, c'est-à-dire en prenant le

(*) Elle est tirée, dans son ensemble, du cours de mathématiques spéciales de M. Lemonnier.

point pour origine, si le carré qui forme les termes de degré inférieur divisait les termes du troisième degré, on aurait la figure du rebroussement de première espèce (fig. 50), avec cette différence que la tangente en ce point, au lieu d'avoir trois points confondus avec la courbe, en aurait cinq.

Pour qu'une courbe soit douée d'un point double, il faut que les coordonnées de ce point annulent les dérivées f'_{x_0} et f'_{y_0} et par suite la dérivée f'_{z_0}, puisque le point est sur la courbe. Il suit de là que le résultat de l'élimination des trois variables entre les trois dérivées, c'est-à-dire (§ 78) le discriminant du premier membre de l'équation est nul. C'est *une* condition à satisfaire; si l'on ajoute la connaissance du point qui est double, on impose alors à la courbe *trois* conditions. On verra plus loin que l'existence des points doubles influe profondément sur la nature de la courbe, et, en particulier, qu'elle ne peut pas en posséder plus de $\frac{(m-1)(m-2)}{2}$ sans se décomposer en courbes de degrés inférieurs.

L'équation du système des deux tangentes au point double (x_0, y_0) s'obtiendra d'ailleurs en éliminant a, b et ρ entre les équations (43) de la sécante mobile et l'équation

$$(af'_{x_0}+bf'_{y_0})_2=0$$

qui exprime qu'une troisième valeur de ρ tend vers zéro. On obtient alors

$$(x-x_0)^2 f''_{x_0^2}+2(x-x_0)(y-y_0)f''_{x_0 y_0}+(y-y_0)^2 f''_{y_0^2}=0$$

équation qui représente évidemment un système de deux droites passant par le point (x_0, y_0) puisque le premier membre est le produit de deux facteurs de la forme

$$\mathrm{A}(x-x_0)+\mathrm{B}(y-y_0)$$

103. — Si les dérivées secondes par rapport à x et à y sont nulles en même temps que les premières, les termes de degré inférieur en ρ dans l'équation (112) deviennent du troisième degré, et toute droite passant par le point (x_0, y_0) y coupe la courbe en trois point confondus. On considère alors le coefficient de ρ^3

$$(af'_{x_0}+bf'_{y_0})_3$$

qui peut se décomposer en trois facteurs, correspondant à trois positions de la sécante pour lesquelles un quatrième point d'intersection est venu se confondre avec les trois premiers. Si ces trois facteurs sont réels et différents, on a trois branches de courbe à chacune desquelles on peut appliquer ce qui a été dit sur le point simple, relativement à la façon dont elle se comporte avec la tangente (§ 97) : en général, on aura la figure 55. Il en est de même,

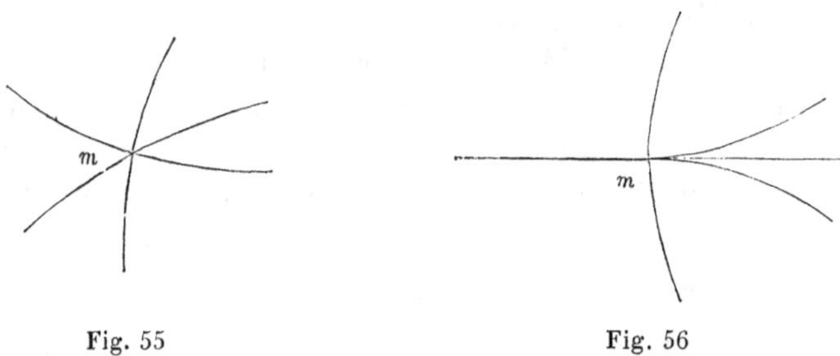

Fig. 55 Fig. 56

si un seul de ces facteurs est réel, pour la branche réelle de courbe qui lui correspond. Si deux des facteurs sont les mêmes, et par conséquent tous les trois réels, on peut appliquer aux deux premiers la discussion du point double pour lequel les deux tangentes sont confondues, et au troisième celle du point simple : en général, on aura la figure 56. Si les trois facteurs sont égaux, une discussion analogue à celle du point double fait voir que, si le même facteur ne divise pas les termes du quatrième degré en a et b, la forme affectée par la courbe est la même que celle du point simple ; s'il y entre au premier degré, on a (fig. 57) la réunion d'un

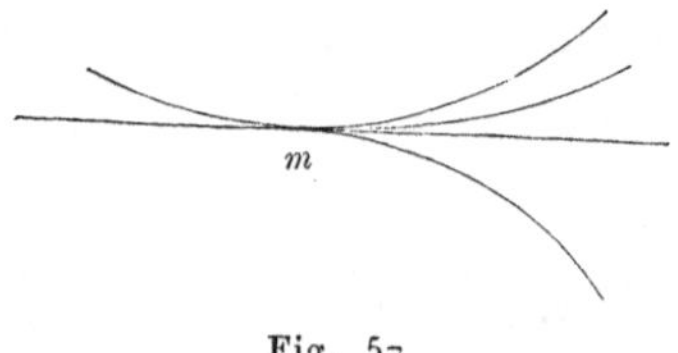

Fig. 57

rebroussement et d'un point simple à même tangente, et ainsi de suite ; le nombre des cas à examiner devient évidemment de plus en plus grand à mesure que l'ordre de multiplicité du point augmente. Ce qui précède donne les formes les plus générales du point *triple*, et le système des trois tangentes a pour équation

$$((x-x_0)f'_{x_0}+(y-y_0)f'_{y_0})_3=0$$

104. — Plus généralement, si les coordonnées du point (x_0, y_0) annulent toutes les dérivées par rapport à x et y jusqu'à celles d'ordre $p-1$ inclusivement, les coefficients des puissances inférieures de ρ dans l'équation (112) sont nuls jusqu'à celui de ρ^{p-1}, p racines sont nulles, quels que soient a et b; toute droite passant par le point peut être regardée comme ayant là p de ses points d'intersection avec la courbe, confondus. On dit que le point est un *point multiple d'ordre p*, et la figure affectée par la courbe aux environs du point est formée d'autant de branches réelles qu'il y a de facteurs réels distincts dans le coefficient de ρ^p et se comportant relativement à leur tangente, comme dans le cas du point simple. Quant aux branches correspondant aux facteurs multiples, il faut se reporter à la discussion du point multiple de même ordre de multiplicité que chaque facteur, et dont toutes les tangentes sont confondues. Dans tous les cas, l'équation du système des tangentes s'obtient toujours de la même façon, et peut s'écrire symboliquement

$$\left[(x-x_0)f'_{x_0}+(y-y_0)f'_{y_0}\right]_p=0. \qquad (140)$$

Il est souvent avantageux de rendre cette équation homogène, et alors elle se simplifie comme cela est arrivé (§ 80) pour celle de la tangente en un point simple. On peut procéder au moyen de la substitution (56), comme dans ce dernier cas, pour effectuer la simplification, mais on peut aussi arriver directement à l'équation homogène par l'emploi de l'équation (113) qui détermine en coordonnées homogènes cartésiennes les rapports des distances de chaque point d'intersection de la sécante variable avec la courbe à deux points fixes, dont l'un est le point (x_0, y_0), et l'autre un point arbitraire de la sécante. L'équation de la tangente en ce point ayant été mise sous la forme symétrique et homogène

$$xf'_{x_0}+yf'_{y_0}+zf'_{z_0}=0 \qquad (111)$$

on supposera que les deux dérivées f'_{x_0} et f'_{y_0} sont nulles, auquel cas l'on sait (§ 101) qu'il ne s'agit plus d'un point simple. Si l'on tient compte en effet de ce que ses coordonnées satisfont l'équation de la courbe, la troisième dérivée f'_{z_0} est aussi nulle en vertu du théorème d'Euler, et l'équation de la tangente est, comme cela devait être, indéterminée. Pour toute sécante passant par le point (x_0, y_0) deux valeurs du rapport $\frac{\lambda}{\mu}$ sont nulles, et, pour qu'une troisième racine soit nulle, il faut que le coefficient du $\lambda^{m-2}\mu^2$ soit nul, ce qui donne l'équation du système des deux tangentes au point double sous la nouvelle forme

$$(xf'_{x_0} + yf'_{y_0} + zf'_{z_0})_2 = 0$$

C'est, comme on le voit, la courbe du second degré, polaire d'ordre $m-2$ du point double, laquelle se décompose par suite en un système de deux lignes droites. L'équation développée peut s'écrire

$$x^2 f''_{x_0^2} + y^2 f''_{y_0^2} + z f''_{z_0^2} + 2yz f''_{y_0 z_0} + 2zx f''_{z_0 x_0} + 2xy f''_{x_0 y_0} = 0 . \quad (141)$$

On sait d'ailleurs (§ 98) qu'une pareille courbe se décompose en deux droites en même temps que le déterminant du système des coefficients des trois dérivées, qui est son discriminant, s'annule. On a donc ici

$$\begin{vmatrix} f''_{x_0^2} & f''_{x_0 y_0} & f''_{x_0 z_0} \\ f''_{y_0 x_0} & f''_{y_0^2} & f''_{y_0 z_0} \\ f''_{z_0 x_0} & f''_{z_0 y_0} & f''_{z_0^2} \end{vmatrix} = 0$$

ce qui prouve que le point est sur la Hessienne (§ 98). Cette remarque importante trouvera son application plus loin. L'équation du système des rayons infinis de la courbe est (§ 75)

$$x^2 f''_{x_0^2} + 2xy f''_{x_0 y_0} + y^2 f''_{y_0^2} = 0$$

si les coordonnées sont cartésiennes ; sinon, elle représente le système des droites joignant un sommet du triangle de référence aux points d'intersection des deux droites avec le côté opposé. Dans tous les cas, ces droites, et en même temps les deux tangentes, sont réelles ou imaginaires suivant le signe du déterminant

$$\delta \equiv \begin{vmatrix} f''_{x_0^2} & f''_{x_0 y_0} \\ f''_{y_0 x_0} & f''_{y_0^2} \end{vmatrix}$$

S'il est plus grand que zéro, on a un point isolé ; s'il est nul, on a un point de rebroussement, ou ses variétés ; s'il est négatif, on a un point double effectif.

En général, si les dérivées par rapport à x et à y sont nulles jusqu'à celles d'ordre $p-1$, auquel cas le point est multiple d'ordre p, l'application répétée du théorème d'Euler prouve qu'il en est de même pour les dérivées par rapport à z, par suite tous les coefficients de l'équation (113) sont nuls jusques et y compris celui de $\lambda^{m-p+1}\mu^{p-1}$, et l'on obtient l'équation du système des tangentes en annulant le suivant, ce qui donne

$$(xf'_{x_0}+yf'_{y_0}+zf'_{z_0})_p=0 \tag{142}$$

C'est la courbe de degré p, polaire d'ordre $m-p$ du point multiple ; elle se décompose en p droites tandis que toutes les polaires d'ordre supérieur du même point sont indéterminées.

105. — Quant aux polaires d'ordre inférieur, *elles ont toutes, au même point, un point multiple d'ordre p.* Si l'on prend en effet, en coordonnées absolues, le point multiple pour origine, l'équation de la courbe séparée en groupes homogènes peut s'écrire

$$\varphi_m(x,y)+\varphi_{m-1}(x,y)+\cdots\cdots+\varphi_1(x,y)+\varphi_0=0$$

Posant

$$\frac{x}{a}=\frac{y}{b}=\rho$$

pour trouver les points d'intersection de la courbe avec une sécante passant par l'origine, il vient

$$\rho^m\varphi_m(a,b)+\rho^{m-1}\varphi_{m-1}(a,b)+\cdots\cdots+\rho\varphi_1(a,b)+\varphi_0=0$$

Puisque, quels que soient a et b, p valeurs de ρ doivent être nulles, il faut que tous les termes de degrés inférieurs manquent, jusques et y compris les termes de degré $p-1$. L'équation de la courbe se réduit alors à

$$\varphi_m(x,y)+\varphi_{m-1}(x,y)+\cdots\cdots+\varphi_p(x,y)=0$$

Si l'on veut qu'une nouvelle valeur de ρ soit nulle, il faut annuler le terme en ρ^p, ce qui donne

$$\varphi_p(a,b)=0$$

et par suite pour le système des tangentes au point multiple

$$\varphi_p(x,y)=0$$

Ces propriétés sont évidemment projectives, et l'on peut dire qu'en coordonnées quelconques, l'*ordre de multiplicité d'un sommet du triangle de référence* ($x=0$, $y=0$), *par exemple, s'obtient en ordonnant par rapport à* z, *et cherchant le degré des termes de moindre degré en* x *et* y. *L'ensemble de ces termes, égalé à zéro, représente le système des tangentes au point considéré.*

La première polaire de ce point est évidemment

$$f'_z=0$$

L'équation de la courbe rendue homogène est d'ailleurs

$$\varphi_m(x,y)+z\varphi_{m-1}(x,y)+\ldots\ldots z^{m-p-1}\varphi_{p+1}(x,y)+z^{m-p}\varphi_p(x,y)=0 \quad (143)$$

On a donc pour la première polaire

$$f'_z\equiv\varphi_{m-1}(x,y)+2z\varphi_{m-2}(x,y)+\ldots\ldots+(m-p)z^{m-p-1}\varphi_p(x,y)=0$$

L'ensemble des termes de degré moindre en x et y est encore de degré p; le même point est donc encore point multiple d'ordre p. De même l'équation de la polaire d'ordre q se réduit au terme en z_0^q puisque x_0 et y_0 sont nuls, c'est-à-dire à

$$f^q_{z_0^q}=0$$

Or il est clair qu'une dérivée quelconque, prise par rapport à z, de l'équation (143) ne changera pas le degré des termes de moindre degré en x et y, et par suite toutes les polaires du point multiple jouissent en ce point d'un multiple de même ordre. L'ensemble des termes de degré moindre dans les équations de ces polaires est toujours $\varphi_p(x,y)$, d'où il suit que *le système des* p *tangentes en ce point est le même pour toutes les polaires.* C. Q. F. D.

Si la polaire est d'ordre $m-p$, la dérivée se réduit à

$$\varphi_p(x,y)=0$$

c'est-à-dire que la polaire d'ordre $m-p$ se réduit au système des tangentes au point multiple; enfin les polaires d'ordre supérieur cessent d'exister, ce qu'on sait déjà. En particulier, *toutes les polaires d'un point simple de la courbe passent par ce point et y admettent la même tangente qui est la tangente de la courbe en ce point.*

Si, au lieu de prendre la polaire du point multiple, on considère la polaire d'un point quelconque du plan, on remarque que l'on a

$$f'_x \equiv \varphi'_{m_x} + z\varphi'_{m-1_x} + \cdots\cdots + z^{m-p}\varphi'_{p_x}$$
$$f'_y \equiv \varphi'_{m_y} + z\varphi'_{m-1_y} + \cdots\cdots + z^{m-p}\varphi'_{p_y}$$

d'où il suit que dans la première polaire du point considéré les termes de degré moindre seront de degré $p-1$. On verrait de même que dans la polaire d'ordre q, ils seront de degré $p-q$, de telle sorte qu'*un point multiple d'ordre p est multiple d'ordre $p-q$ pour la polaire d'ordre q d'un pôle quelconque.* Pour $q=p-1$, la polaire passe simplement par le point multiple de la courbe étudiée, et pour $q>p-1$, l'influence du point multiple cesse de se faire sentir.

Supposons qu'il s'agisse d'un faisceau de p droites concourantes tel que

$$\varphi_p(x,y)=0$$

la polaire d'ordre q du point quelconque (x_0, y_0) est alors (§ 89) le système des $p-q$ droites

$$[x_1\varphi'_{p_x} + y_1\varphi'_{p_y}]_q = 0$$

D'ailleurs le premier membre est en même temps l'ensemble des termes de degré moindre dans l'équation de la polaire de même ordre du même point par rapport à la courbe (143). On peut donc dire que *les $p-q$ tangentes au point multiple d'ordre $p-q$ de la polaire d'ordre q d'un pôle quelconque par rapport à une courbe douée d'un point multiple d'ordre p ne diffèrent pas de la polaire de même ordre du même pôle par rapport au système des p tangentes au point multiple de la courbe donnée.*

En particulier, *si l'on considère la première polaire d'un point a par rapport à une courbe douée d'un point double m, la tangente en m est la polaire de a par rapport aux deux tangentes en m de la proposée, c'est-à-dire la conjuguée harmonique de am par rapport à ces deux tangentes.*

Le centre harmonique d'un point par rapport à deux autres ne diffère pas en effet du conjugué harmonique du même point par rapport aux deux points donnés.

Si l'expression $\varphi_p(x, y)$ renferme un facteur multiple d'ordre r, ce facteur sera d'ordre $r - q$ dans l'expression

$$[x_1 \varphi'_{p_x} + y_1 \varphi'_{p_x}]_q$$

et par conséquent, *si r tangentes de la courbe, au point multiple considéré, coïncident en une seule droite, $r - q$ tangentes de la polaire d'ordre q d'un pôle quelconque coïncident avec la même droite.*

106. — Si une courbe est douée d'un point multiple d'ordre p, les coordonnées du point annulent toutes les dérivées jusques et y compris celles d'ordre $p - 1$; mais il suffit pour cela que celles d'ordre $p - 1$ soient nulles, car on peut au moyen du théorème d'Euler exprimer toute dérivée en fonction homogène de trois dérivées d'ordre immédiatement supérieur. Or les dérivées d'ordre $p - 1$ sont en nombre égal à celui des termes d'une fonction homogène à trois variables de degré $p - 1$, c'est-à-dire à $\frac{p(p+1)}{2}$; tel est le nombre des conditions qu'on impose à la courbe lorsqu'on l'assujettit à avoir en un point donné un point multiple d'ordre p: si l'on ne donne pas le point, le nombre des conditions imposées est diminué de deux unités.

107. Points multiples à l'infini. — La théorie des points multiples à l'infini ne diffère pas de celle des points multiples à distance finie. Lorsqu'après avoir déterminé, comme il a été dit (§ 90), les coordonnées homogènes cartésiennes (x_0, y_0, z_0) d'un point à l'infini sur la courbe, on aura reconnu que ces coordonnées annulent les trois dérivées, on en conclura que l'asymptote correspondante est indéterminée; et, par extension de ce qui se passe dans les mêmes circonstances à distance finie, circonstances qui se reproduisent d'ailleurs par une transformation homographique au transformé du point considéré, on dit alors que la courbe a un point double à l'infini. L'équation de l'asymptote étant (§ 90), lorsque la courbe est algébrique

$$x \varphi'_{m_{x_0}} + y \varphi'_{m_{y_0}} + z \varphi_{m-1}(x_0, y_0) = 0 \qquad (144)$$

il est nécessaire, pour que la courbe ait un point double à l'infini, que l'on ait en même temps

$$\varphi'_{m_{x_0}} = 0 \qquad \varphi'_{m_{y_0}} = 0$$

ce qui prouve que le facteur $xy_0 - x_0y$ est double dans φ_m; et

$$\varphi_{m-1}(x_0, y_0) = 0$$

ce qui prouve qu'il est simple dans φ_{m-1}. Le système des deux asymptotes est alors, comme on le trouve facilement en prenant les dérivées secondes de l'équation (103)

$$(xf'_{x_0} + yf'_{y_0} + zf'_0)_2 \equiv (x\varphi'_{m_{x_0}} + y\varphi'_{m_{y_0}})_2 + 2z(x\varphi'_{m-1_{x_0}} + y\varphi'_{m-1_{y_0}}) \\ + 2z^2 \varphi_{m-2}(x_0, y_0) = 0 \qquad (145)$$

Il suit de là que, pour que le point devienne triple, il faut : en premier lieu que toutes les dérivées secondes de φ_m s'annulent, c'est-à-dire que $xy_0 - x_0y$ soit facteur triple de φ_m; en second lieu que les dérivées premières de φ_{m-1} s'annulent, c'est-à-dire que $xy_0 - x_0y$ soit facteur double de φ_{m-1}, et enfin que $\varphi_{m-2}(x_0, y_0)$ soit aussi nul, c'est-à-dire que φ_{m-2} renferme une fois le même facteur.

Plus généralement, les dérivées d'ordre $p-1$ de $f(x, y, z)$ comprennent : premièrement, des dérivées par rapport à x ou à y, qui, pour $z=0$, se réduisent toutes à la dérivée par rapport aux mêmes variables de φ_m. Si elles sont toutes nulles pour $x = x_0$, $y = y_0$, cela prouve que le facteur $xy_0 - x_0y$ entre à la puissance p dans φ_m. En second lieu, il y a des dérivées prises une fois par rapport à z et $p-1$ fois par rapport à x ou à y; pour $z=0$, ces dérivées se réduisent aux dérivées d'ordre $p-2$ par rapport à x ou à y de φ_{m-1}; si elles sont toutes nulles, cela prouve que $xy_0 - x_0y$ entre à la puissance $p-1$ dans φ_{m-1}, et ainsi de suite jusqu'à φ_{m-p+1} qui devra renfermer une fois le même facteur, si le point $(x_0, y_0, 0)$ doit être un point multiple d'ordre p. Ainsi, *pour qu'une courbe algébrique de degré m, rapportée à des coordonnées cartésiennes, soit douée d'un point multiple d'ordre p à l'infini, il faut que l'ensemble des termes de degrés supérieurs depuis m jusqu'à $m-p+1$ forme une suite ordonnée par rapport aux puissances décroissantes du facteur*

$xy_0 - x_0y$ *qui détermine la direction du point multiple*. Si un ou plusieurs termes de la suite viennent à manquer, cela n'empêche pas les dérivées d'être nulles, puisque les termes correspondants manquent dans ces dérivées, et le point est encore multiple d'ordre p.

Dans tous les cas, le système des p asymptotes aura pour équation

$$\begin{aligned}(xf'_{x_0}+yf'_{y_0}+zf'_0)_p \equiv \left(x\varphi'_{m_{x_0}}+y\varphi'_{m_{y_0}}\right)_p + pz\left(x\varphi'_{m-1_{x_0}}+y\varphi'_{m-1_{y_0}}\right)_{p-1} \\ + p(p-1)z^2\left(x\varphi'_{m-2_{x_0}}+y\varphi'_{m-2_{y_0}}\right)_{p-2}+\cdots\cdots \\ +p(p-1)\cdots\cdots 3.2.z^{p-1}\left(x\varphi'_{m-p+1_{x_0}}+y\varphi'_{m-p+1_{y_0}}\right)+p!\,z^p\underset{m-p}{\varphi}(x_0,y_0)=0 \quad (146)\end{aligned}$$

Pour reconnaître la disposition par rapport aux asymptotes des branches de courbe correspondantes, on opérera comme si le point était à distance finie, en examinant si l'un ou plusieurs des facteurs simples ou multiples de l'expression (146) divise une ou plusieurs des puissances symboliques suivantes de

$$xf'_{x_0}+yf'_{y_0}+zf'_0$$

Si, par exemple, aucun des facteurs de (146) ne divise

$$(xf'_{x_0}+yf'_{y_0}+zf'_0)_{p+1}$$

et si ces facteurs sont tous distincts, la courbe transformée homographique de la proposée par l'hypothèse que la droite $z=0$ au lieu d'être à l'infini soit une droite quelconque du plan, aura au point correspondant de cette droite autant de branches réelles, extérieures à leur tangente, qu'il y aura de facteurs réels; il en résultera pour la proposée autant d'asymptotes distinctes situées par rapport à la courbe comme l'indique la figure 41. Si, au contraire, un certain nombre de branches traversaient leur tangente, les asymptotes correspondantes seraient disposées comme à la figure 46. En général, pour chaque facteur multiple la transformée aura, tangentiellement à une même droite, diverses branches de courbe offrant une certaine combinaison de branches simples, d'inflexion ou de rebroussement; la même combinaison se répétera à l'infini. On sait déjà quelle est la figure du point simple ou du point d'inflexion à l'infini; en se reportant à la figure 42, on trouve aisément que le rebroussement de première espèce affecte la forme de la figure 58, et celui de seconde espèce celle de la figure 59.

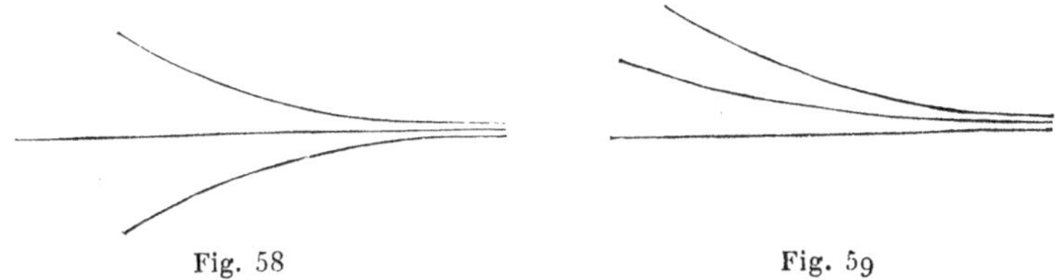

Fig. 58 Fig. 59

Si l'on préfère étudier le point multiple à l'origine, on pourra faire la transformation

$$x = \frac{x' + x_0}{ax' + by'} \qquad y = \frac{y' + y_0}{ax' + by'}$$

ce qui donne, en supprimant les accents et négligeant les termes nuls par hypothèse

$$\begin{aligned} 0 = f(x+x_0, y+y_0, ax+by) \equiv \frac{1}{p!}\Big[xf'_{x_0} + yf'_{y_0} + (ax+by)f'_0\Big]_p \\ + \frac{1}{(p+1)!}\Big[xf'_{x_0} + yf'_{y_0} + (ax+by)f'_0\Big]_{p+1} + \cdots\cdots \end{aligned}$$

On est encore ramené par là au cas d'un point multiple à distance finie, et de la figure à laquelle il donnera lieu on conclura comme précédemment la situation des asymptotes par rapport à la courbe proposée. Il est manifeste que les deux modes de discussion conduisent au même résultat.

108. Exercice. — *Déterminer les points multiples de la courbe représentée en coordonnées absolues par l'équation*

$$(a^2x^2 + b^2y^2 - c^4)^3 + 27a^2b^2c^4x^2y^2 = 0$$

soit

$$\mathrm{P} \equiv a^2x^2 + b^2y^2 - c^4$$

Si l'on rend homogène, et si l'on prend les trois dérivées, il vient

$$\begin{aligned} f'_x &\equiv 6a^2x\,(\mathrm{P}^2 + 9b^2c^4y^2z^2) \\ f'_y &\equiv 6b^2y\,(\mathrm{P}^2 + 9a^2c^4x^2z^2) \\ f'_z &\equiv 6c^4z\,(-\mathrm{P}^2 + 9a^2b^2x^2y^2) \end{aligned}$$

Chacune d'elles, égalée à zéro, se décompose suivant une droite et deux courbes du second degré, formant par leur ensemble la courbe du cinquième degré, première polaire par rapport à la courbe du sixième degré donnée de l'un des points à l'infini sur les axes, ou de l'origine.

On a ainsi les trois courbes

$$\begin{array}{ll} x=0 & P\pm 3bc^2yz\sqrt{-1}=0 \\ y=0 & P\pm 3ac^2xz\sqrt{-1}=0 \\ z=0 & P\pm 3abxy \quad =0 \end{array} \qquad (148)$$

Les points cherchés, s'il y en a, sont communs à ces trois courbes et par suite à la courbe proposée. Si leurs coordonnées n'annulent pas les dérivées secondes, ils sont doubles, et la considération de ces dérivées fournira alors les tangentes de chacun d'eux.

En premier lieu, sur les axes de coordonnées et sur la droite de l'infini, la recherche n'offre aucune difficulté. Si l'on fait par exemple $z=0$ dans les deux premières équations, on trouve le même résultat

$$a^2x^2+b^2y^2=0 \qquad (149)$$

et comme la droite $z=0$ fait partie de la troisième courbe, on en conclut que les deux points ainsi déterminés à l'infini, qui d'ailleurs sont imaginaires, sont deux points multiples. On a pour les dérivées secondes

$$\begin{array}{l} f''_{x^2}\equiv 6a^2(P^2+4a^2Px^2+9b^2c^4y^2z^2) \\ f''_{y^2}\equiv 6b^2(P^2+4b^2Py^2+9a^2c^4x^2z^2) \\ f''_{z^2}\equiv 6c^4(-P^2+4c^4Pz^2+9a^2b^2x^2y^2) \\ f''_{yz}\equiv 12b^2c^4yz(-2P+9a^2x^2) \\ f''_{zx}\equiv 12a^2c^4zx(-2P+9b^2y^2) \\ f''_{xy}\equiv 12a^2b^2xy(2P+9c^4z^2) \end{array}$$

Si l'on y fait en même temps

$$\begin{array}{l} z=0 \\ a^2x^2+b^2y^2=0 \end{array}$$

ce qui revient à

$$\begin{array}{l} z=0 \\ P=0 \end{array}$$

toutes les dérivées s'annulent, excepté la troisième. On en conclut que les deux points considérés sont doubles ; mais comme le système des tangentes est alors

$$z^2 = 0$$

c'est-à-dire deux droites confondues à l'infini, ce sont deux points de rebroussement. L'équation (149) qui détermine leurs directions montre qu'ils sont imaginaires.

On trouve de même deux points de rebroussement réels sur l'axe X'OX

$$y = 0 \qquad x = \pm \frac{c^2}{a}$$

et deux points de rebroussement réels sur l'axe YO'Y

$$x = 0 \qquad y = \pm \frac{c^2}{b}$$

pour chacun desquels la tangente de rebroussement est l'axe qui les renferme.

En second lieu, les trois systèmes de deux courbes du second degré peuvent s'écrire

$$P = \pm 3bc^2yz\sqrt{-1} = \pm 3ac^2xz\sqrt{-1} = \pm 3abxy$$

Si ces trois systèmes ont des points communs, les deux dernières équations montrent que ces points sont sur les systèmes de droites

$$\pm ax = \pm by = \pm c^2z\sqrt{1}$$

d'où l'on tire en faisant $z = 1$

$$x = \pm \frac{c^2}{a}\sqrt{-1}$$
$$y = \pm \frac{c^2}{b}\sqrt{-1}$$

et l'on vérifie facilement qu'effectivement les coordonnées de chacun de ces points, en nombre égal à quatre, satisfont l'une des deux équations dont se compose chaque polaire (148), et conséquemment celle de la courbe. Si, par exemple, l'on prend partout le signe +, et si l'on substitue dans les dérivées secondes, on trouve qu'elles sont différentes de zéro, et l'on obtient pour le système des tangentes en ce point les deux droites distinctes représentées par l'équation

$$a^2x^2 - abxy + b^2y^2 - ac^2\sqrt{-1}\,x - bc^2\sqrt{-1}\,y - c^4 = 0$$

qui peut se décomposer comme il suit

$$2ax - by(1 \pm 3\sqrt{-1}) - c^2(\sqrt{-1} \pm 3) = 0$$

En résumé, cette courbe possède deux points de rebroussement réels sur chacun des axes de coordonnées, deux points de rebroussement imaginaires à l'infini, et quatre points doubles imaginaires symétriques par rapport aux axes. On verra plus loin que cette courbe est la développée de l'ellipse, et on achèvera de la construire.

109. — Il est maintenant nécessaire de revenir sur les propriétés de la Hessienne, pour arriver à la détermination du nombre des points d'inflexion d'une courbe algébrique. Tout d'abord, la théorie des points multiples permet d'une nouvelle façon de la considérer comme lieu de points. L'équation (134) peut être en effet regardée comme le résultat de l'élimination de x_0, y_0, z_0 entre les suivantes

$$\begin{aligned} x_0 f''_{x^2} + y_0 f''_{xy} + z_0 f''_{xz} &= 0 \\ x_0 f''_{yx} + y_0 f''_{y^2} + z_0 f''_{yz} &= 0 \\ x_0 f''_{zx} + y_0 f''_{zy} + z_0 f''_{z^2} &= 0 \end{aligned}$$

dont les premiers membres sont les dérivées de $x_0 f'_x + y_0 f'_y + z_0 f'_z$; et qui, par conséquent, ont une solution commune en x, y, z toutes les fois que la première polaire de (x_0, y_0, z_0) a un point double (§ 102). Si donc entre ces équations on élimine $x_0, y_0\, z_0$, on aura le lieu du point double. Ainsi *la Hessienne est le lieu des points doubles des premières polaires qui en sont douées.*

On a vu (§ 98) que tout point commun à la courbe et à la Hessienne est un point d'inflexion, s'il n'est pas multiple : on sait aussi (§ 104) que tout point double appartient à la Hessienne. Plus généralement, pour savoir ce qui se passe en un point multiple d'ordre p, il suffira de choisir ce point pour origine, auquel cas l'équation de la proposée peut se mettre sous la forme (143), on formera alors le déterminant des dérivées secondes, et l'on cherchera, par les règles de décomposition d'un déterminant, l'ensemble des termes de degré inférieur en x et y. On trouve ainsi à un facteur constant près, pour cet ensemble

$$\mathrm{H}\underset{p}{\varphi}(x,y)$$

en désignant par H le Hessien (§ 89)

$$\begin{vmatrix} \varphi''_{p_{x^2}} & \varphi''_{p_{xy}} \\ \varphi''_{p_{yx}} & \varphi''_{p_{y^2}} \end{vmatrix}$$

de la fonction homogène $\varphi_p(x,y)$. Il en résulte ce théorème : *en un point multiple d'ordre p de la proposée, la Hessienne est douée en général d'un point multiple d'ordre $3p-4$, dont les tangentes sont : d'une part les p tangentes, réelles ou imaginaires, distinctes ou non, de la courbe proposée ; d'autre part, les $2p-4$ rayons, issus du point considéré, représentés par le Hessien du système de ces p tangentes.*

Ce théorème subit une exception si le Hessien s'annule identiquement, ce qui arrive, comme on le démontre en algèbre et en analyse, lorsque la fonction φ_p est une puissance exacte, c'est-à-dire lorsque toutes les tangentes au point multiple de la proposée sont confondues. Si l'on cherche alors l'ensemble des termes de degré $3p-3$, on a à calculer une somme de trois déterminants dont l'un est nul, et si l'on pose

$$\varphi_p \equiv (a_0 x + a_1 y)^p$$

on obtient

$$(a_0 x + a_1 y)^{2(p-1)}\left(a_1^2 \varphi''_{p+1_{x^2}} - 2a_1 a_0 \varphi''_{p+1_{xy}} + a_0^2 \varphi''_{p+1_{y^2}}\right)$$

On démontre en algèbre et en analyse que le second facteur ne devient identiquement nul que si φ_{p+1} est divisible par $(a_0 x + a_1 y)^p$, c'est-à-dire par φ_p. Il suit de là que, *lorsque les tangentes à toutes les branches qui se croisent au point multiple de la proposée sont confondues, la Hessienne admet ce point pour point multiple d'ordre $3(p-1)$ pour lequel $2(p-1)$ tangentes sont confondues avec celle de la proposée. L'ordre de multiplicité ne s'élève à $3p-2$ que* *si l'ensemble des termes de degré $p+1$ en x et y dans l'équation de la proposée est divisible par φ_p.*

Il peut encore devenir plus grand, mais les conditions se compliquent : quoi qu'il en soit, il résulte de ce qui précède que parmi les $3m(m-2)$ points d'intersection de la courbe et de la Hessienne, il s'en trouve qui proviennent des points multiples de la première. Pour les évaluer, il est nécessaire de démontrer le théorème suivant.

Théorème. — *En un point, qui est multiple d'ordre p pour une courbe C_1, et d'ordre q pour une courbe C_2, les deux courbes ont en général pq points d'intersection réunis.*

On sait en effet que, si l'on élimine z entre les équations

$$0=\varphi_0 z^{m-p}+\varphi_1 z^{m-p-1}+\ldots\ldots+\varphi_{m-p}$$
$$0=\psi_0 z^{n-q}+\psi_1 z^{n-q-1}+\ldots\ldots+\psi_{n-q}$$

le résultant est une fonction homogène et de degré $n-q$ des φ, homogène et de degré $m-p$ des ψ ; et dans chacun de ses termes la somme des indices ou *poids* est constante et égale à $(m-p)(n-q)$. Si maintenant l'on augmente tous les indices des φ de p unités, ceux des ψ de q unités, on a

$$0=\varphi_p z^{m-p}+\varphi_{p+1} z^{m-p-1}+\ldots\ldots+\varphi_m$$
$$0=\psi_q z^{n-q}+\psi_{q+1} z^{n-q-1}+\ldots\ldots+\psi_n$$

équations qui représentent deux courbes ayant le point $(x=0, y=0)$ pour point multiple la première d'ordre p et la seconde d'ordre q, si φ_h et ψ_h désignent des fonctions homogènes et de degré h en x et y. Mais alors, comme il y a $n-q$ facteurs φ dans chaque terme du résultant, de ce chef le poids s'est augmenté de $p(n-q)$; à cause des ψ, il s'est accru de $q(m-p)$, il est donc devenu

$$(m-p)(n-q)+p(n-q)+q(m-p)\equiv mn-pq$$

Le résultant est donc une fonction homogène de dégré $mn-pq$ en x et y, et représente autant de droites issues du point $(x=0, y=0)$ et allant passer par les points d'intersection des deux courbes. Comme ils sont au nombre de mn, il suit de là que le point multiple à lui seul en absorbe pq. C. Q. F. D.

Il peut en absorber davantage : pour voir dans quelles circonstances, supposons d'abord tous les facteurs de φ_p distincts, ainsi que ceux de ψ_q. Il est clair que, si l'un des $mn-pq$ points restants vient se réunir à ceux qui sont au point multiple, la direction limite de la droite qui joint les deux points est l'une des tangentes en ce point de chaque courbe. Ceci ne peut donc arriver que si φ_p et ψ_q ont un facteur commun; et réciproquement, si cela est, le résultant est nul pour la valeur correspondante du rapport $\frac{y}{x}$ parce qu'il peut se mettre sous la forme

$$A\varphi_p + B\psi_q$$

Il peut aussi s'en réunir plusieurs au point multiple, sur une même branche de chaque courbe. Pour ne pas avoir à définir le contact d'ordre quelconque d'une branche de la première courbe avec une branche de la seconde, il est un cas dans lequel ce phénomène peut se vérifier facilement; c'est celui où les points qui viennent se réunir au point multiple, viennent se réunir sur la tangentê commune aux deux branches, alors un certain nombre de φ à partir de φ_p et autant de ψ à partir de ψ_q sont divisibles par le même facteur, et il suffit de regarder le résultant formé par la méthode de Bezout, par exemple, pour voir qu'après avoir divisé dans tous les éléments de la première colonne φ_p et ψ_q par ce facteur, on peut encore diviser φ_p et φ_{p+1}, ψ_q et ψ_{q+1} dans ceux de la seconde, φ_p, φ_{p+1} et φ_{p+2}; ψ_q, ψ_{q+1} et ψ_{q+2} dans ceux de la troisième et et ainsi de suite.

Si l'on suppose maintenant qu'un facteur de φ_p y entre avec l'ordre de multiplicité p' sans entrer dans φ_{p+1}, et que le même facteur entre dans ψ_q avec l'ordre q' sans entrer dans ψ_{q+1} le résultant est divisible par ce facteur élevéà la plus petite des des deux puissances p' et q', et c'est autant de points d'intersection à ajouter à ceux qui sont déjà absorbés par le point multiple. On peut se borner à ces cas simples.

110. Formules de Plücker. — Ces formules établissent des relations entre le degré et la classe d'une courbe algébrique d'une part, et les singularités de cette courbe d'autre part. On distingue, pour une telle courbe, les singularités *ordinaires* et les singularités *extraordinaires*. Les premières sont celles qui se rencontrent en général, c'est-à-dire lorsque les coefficients de l'équation ne sont liés par aucune relation particulière. Mais comme on fait intervenir le degré et la classe, rien ne dit que la courbe soit la plus générale de son degré, plutôt que la plus générale de sa classe : il est donc absolument nécessaire de ranger également parmi les singularités ordinaires celles qui se rencontrent sur une courbe dont les coefficients tangentiels ne satisfont à aucune condition, quoique, dans les mêmes circonstances, les coefficients ponctuels ne soient pas quelconques. Ainsi l'on a vu (§ 102) que ces derniers satisfont à une condition lorsque la courbe est assujettie à avoir un point double. Néanmoins, les points doubles sont classés parmi les singularités ordinaires, parce qu'une courbe représentée par une équation tangentielle écrite au hasard admet des points doubles. Pour s'en rendre compte, il suffit de démontrer la proposition corrélative, à savoir qu'une courbe, en coordonnées ponctuelles, admet en général des *tangentes doubles*, c'est-à-dire des tangentes à deux points de contact distincts (fig. 60). Si l'on veut en effet que deux points distincts

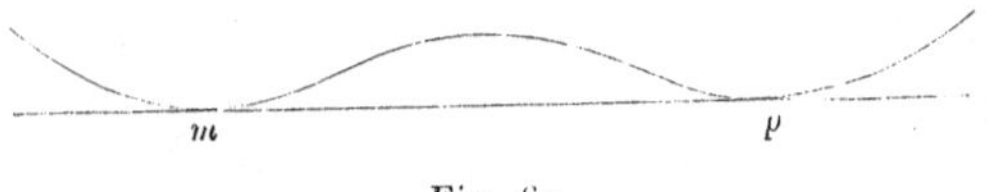

Fig. 60

de la courbe (x_1, y_1, z_1) et (x_2, y_2, z_2), admettent la même tangente, on doit avoir

$$\frac{f'_{x_1}}{f'_{x_2}} = \frac{f'_{y_1}}{f'_{y_2}} = \frac{f'_{z_1}}{f'_{z_2}}$$

avec

$$f(x_1, y_1, z_1) = 0 \qquad f(x_2, y_2, z_2) = 0$$

ce qui fait quatre équations, qui sont nécessaires et suffisantes pour déterminer les coordonnées homogènes des deux points. Ainsi le problème est déterminé ; par suite, points doubles et tangentes doubles seront considérés comme singularités ordinaires : on représentera leur nombre par d et t.

De même, les points d'inflexion rentrent dans les singularités ordinaires, puisqu'ils sont à l'intersection de la courbe et de la Hessienne ; et les points de rebroussement, ou, pour mieux dire, leurs tangentes répondent à la singularité corrélative. Car on a un point d'inflexion lorsque deux côtés consécutifs du polygone infinitésimal inscrit étant dans le prolongement l'un de l'autre, trois points consécutifs de la courbe sont en ligne droite, alors (§ 97) la tangente traverse la courbe qu'elle enveloppe, son mouvement change de sens, et elle est un moment stationnaire : la singularité corrélative arrivera donc lorsque, deux sommets consécutifs du polygone infinitésimal circonscrit coïncidant, trois tangentes consécutives passeront par le même point, auquel cas les considérations corrélatives de celles du § 97 montreraient que le point qui décrit la courbe, reste stationnaire et change le sens de son mouvement. Toutes les fois que la première courbe, traversant sa tangente, aura avec elle $2n+1$ points communs consécutifs, la courbe corrélative aura un rebroussement par lequel viendront passer $2n+1$ tangentes consécutives. Si au contraire le contact de la première courbe avec sa tangente est d'ordre impair, auquel cas elle ne présente à l'œil aucune singularité, la même disposition se reproduit nécessairement dans la courbe corrélative, et l'on a deux singularités corrélatives pour lesquelles la courbe présente le même aspect, qui est l'aspect ordinaire. On se rappelle en effet que ce fait s'est rencontré aussi bien lorsque la courbe a un contact d'ordre impair avec sa tangente que lorsqu'elle a un point multiple d'ordre impair dont toutes les tangentes sont confondues : dans chacun de ces cas la courbe ne paraît avoir aucune singularité ; elle peut en posséder deux, bien distinctes, qui sont corrélatives. Si les points de contact d'une tangente double (fig. 60) viennent à coïncider, deux tangentes consécutives sont réunies et il y a inflexion ordinaire. Le rebroussement corrélatif est donc celui qui provient d'un point double dont les deux tangentes se sont confondues; c'est le rebroussement ordinaire. Si c'étaient les points de contact d'une tangente triple qui vinssent en coïncidence, le contact deviendrait du troisième ordre, il y aurait superposition de deux points d'inflexion (§ 99) et pas de singularité apparente ; la courbe corrélative aurait alors un point triple à tangentes confondues, et pas plus de singularité apparente (§ 103) : il suit de là que ce dernier peut être regardé comme la superposition de deux points de rebroussement (fig. 61) :

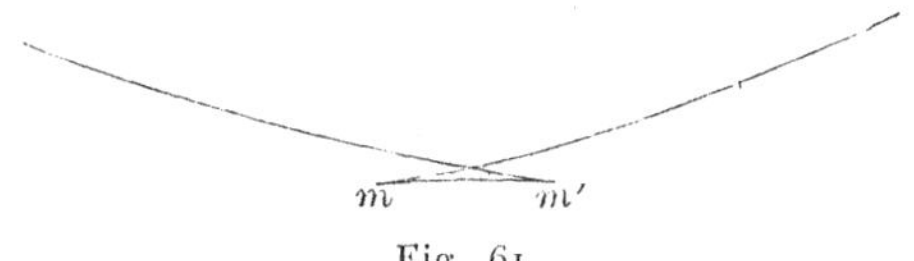

Fig. 61

et ainsi de suite. Quoi qu'il en soit, la singularité ordinaire consiste dans les points d'inflexion simple dont le nombre sera représenté par i, qui figurent en général dans les courbes en coordonnées ponctuelles, et dans les points de rebroussement simple, dont le nombre sera r, dont les tangentes sont les corrélatives des points d'inflexion, et qui figurent par conséquent, en général, dans les courbes en coordonnnées tangentielles.

Cela posé, proposons-nous de déterminer la classe c d'une courbe algébrique : elle est égale (§ 85) au nombre total des tangentes que l'on peut mener à la courbe par un point quelconque a du plan ; leurs points de contact sont à l'intersection de la courbe et de la polaire de a; cette dernière est de degré $m-1$, les deux courbes ont donc $m(m-1)$ points d'intersection, en comptant ceux qui peuvent être à l'infini, auquel cas les tangentes correspondantes sont asymptotes. Parmi ces points plusieurs peuvent coïncider ; on vérifie, en prenant l'un d'eux pour origine, que cela n'a pas lieu en général ; cependant si le point est sur une tangente d'inflexion, les deux courbes sont tangentes, mais alors deux des tangentes menées à la courbe par le point considéré sont confondues ; si le point est sur une tangente double, deux tangentes sont encore confondues, mais correspondent à deux points d'intersection. Le nombre des tangentes cherchées, réelles ou imaginaires, distinctes ou confondues, serait donc $m(m-1)$, s'il n'y avait ni point double, ni point de rebroussement ; car, réciproquement, si l'on considère un quelconque b des points d'intersection, il a pour axe harmonique la tangente en b (§ 105), et, comme il est sur la première polaire de a, son axe harmonique passe par a, donc la tangente en b passe par a. Mais cela suppose que le point est simple : s'il est double, la polaire de a y passe une fois, quel que soit le point a, elle y admet pour tangente une droite différente de l'une et de l'autre des deux tangentes de la courbe. Les deux courbes ont donc en b deux points d'intersection, sans que pour cela la droite ab satisfasse à la définition de la tangente (§ 80) ; par suite chaque point double absorbe deux points d'intersection. Si le point b est un point de rebroussement, la polaire de a passe en b et y admet pour tangente la tangente de rebroussement, il faut donc ajouter (§ 109) aux deux points d'intersection déjà absorbés par le point double le plus petit des ordres de multiplicité, ce qui prouve que chaque point de rebroussement en absorbe trois ; on a donc enfin :

$$c = m(m-1) - 2d - 3r \qquad (150)$$

Si l'on veut chercher maintenant le nombre des points d'inflexion, il suffit d'observer que les points communs à la courbe et à la Hessienne sont les points multiples et les points d'inflexion. Si donc il n'y avait pas de points multiples, comme la Hessienne est de degré $3(m-2)$, le nombre des points d'inflexion réels ou imaginaires, distincts ou confondus (§ 99), à distance finie ou à l'infini (§ 100), serait $3m(m-2)$. Mais en chaque point double de la courbe, la Hessienne est douée d'un point double avec les mêmes tangentes (§ 109); d'ailleurs un calcul analogue à celui qui a été esquissé (§ 99) montre que si, la courbe étant douée d'un point multiple d'ordre p, un même facteur du premier degré en x et y divise les q premières fonctions, séparément homogènes en x et y et de degrés inférieurs dans le premier membre de l'équation de la courbe, il en est de même dans l'équation de la Hessienne. Il arrivera donc de deux choses l'une: ou bien aucune branche de la courbe n'offrira d'inflexion au point double (fig. 47); alors, comme plusieurs points consécutifs de la courbe ne peuvent être sur la Hessienne que s'ils sont en ligne droite, le nombre des points d'intersection des deux courbes absorbés par le point multiple ne dépassera pas celui qui a été indiqué (§ 109) et sera égal au produit des deux ordres de multiplicité, c'est-à-dire à 4, plus le nombre des facteurs communs aux termes de degré le plus bas dans l'équation de chaque courbe, qui est 2 puisque le système des tangentes est le même pour chacune d'elles; ou bien l'une des branches ou toutes les deux présenteront une inflexion ou plusieurs inflexions réunies; alors le même phénomène se reproduira dans la Hessienne, autant de points d'intersection en plus seront absorbés; mais alors ces points doivent être considérés comme de véritables points d'inflexion et ne doivent pas être déduits du nombre total des points d'intersection, de telle sorte que d points doubles absorbent toujours $6d$ points d'intersection. De même, en chaque point de rebroussement la Hessienne est douée d'un point triple, dont deux tangentes sont confondues avec la tangente de rebroussement (§ 109). Si l'on prend le point pour origine, et si l'on désigne par φ_1^2 et par φ_3 l'ensemble des termes du second et du troisième degré, l'équation de la troisième tangente est (§ 109)

$$a_1^2\varphi''_{3_{x^2}} - 2a_1a_0\varphi''_{3_{xy}} + a_0^2\varphi''_{3_{y^2}} = 0$$

on vérifie sans peine que, pour qu'elle soit identique avec celle de la tangente de rebroussement qui est

$$a_0x + a_1y = 0$$

il faut que le résultant de φ_1 et de φ_3 soit nul, c'est-à-dire que φ_3 renferme φ_1 en facteur. Mais alors on obtient la figure 52 (§ 101), qui correspond à une singularité extraordinaire. Si l'on écarte ce cas, on voit que la courbe et la Hessienne ont au point de rebroussement un nombre de points communs égal au produit des deux ordres de multiplicité, ce qui fait 6, plus le plus petit des deux ordres qui est 2, en tout 8, soit $8r$ pour r points de rebroussement; d'où enfin

$$i = 3m(m-2) - 6d - 8r \tag{151}$$

Les formules corrélatives de (150) et (151) s'écrivent alors immédiatement

$$\left.\begin{aligned} m &= c(c-1) - 2t - 3i \\ r &= 3c(c-2) - 6t - 8i \end{aligned}\right\} \tag{152}$$

et l'on a ainsi quatre relations entre le degré et la classe d'une courbe algébrique et ses singularités. Mais elles se réduisent à trois, car si l'on élimine d entre (150) et (151), ou t entre les équations (152), on obtient le même résultat qui est

$$3(m-c) = r - i \tag{153}$$

Si l'on connaît trois des six quantités qui y figurent, on peut donc déterminer les trois autres : elles sont dues à Plücker.

Si la courbe possède des singularités extraordinaires, chaque cas doit faire l'objet d'une étude spéciale. Ainsi il est facile de voir que dans le cas qui vient d'être signalé, qui correspond à la figure 52, le point double fait diminuer la classe de 4 unités, et absorbe 12 points d'inflexion. Dans le cas du point multiple d'ordre p dont toutes les tangentes sont distinctes, la première polaire a un point multiple d'ordre $p-1$ à tangentes distinctes, la classe est donc diminuée de $p(p-1)$ unités; de même la Hessienne a un point multiple d'ordre $3p-4$ dont p tangentes sont les mêmes que celles de la courbe; les deux courbes ont donc en ce point $p(3p-4)+p$ ou bien $3p(p-1)$ points d'intersection réunis; il diminue donc la classe d'autant d'unités et absorbe autant de points d'inflexion que $\dfrac{p(p-1)}{2}$

points doubles, ce dont on peut se rendre compte *à priori* par la combinaison des branches deux à deux. Si, parmi les p tangentes au point multiple, q sont confondues, alors le point multiple de la première polaire en a $q-1$ qui sont réunies (§ 105), et la classe est en général diminuée d'un nombre égal à $p(p-1)$ augmenté du plus petit des deux exposants du facteur correspondant à la tangente qui est la réunion de plusieurs autres (§ 109), c'est-à-dire à $q-1$. Ainsi une courbe du quatrième degré qui a un point triple pour lequel deux tangentes sont confondues, est en général de cinquième classe. En ce qui concerne les points d'inflexion, un pareil point paraît en absorber $p(3p-4)+q$, puisque q est le plus petit des deux ordres de multiplicité du facteur multiple, que l'on sait devoir entrer (§ 109) au moins avec le même exposant dans l'ensemble des termes de degré inférieur de la Hessienne (*). Mais il arrive alors que le même facteur divise un certain nombre des termes de degrés immédiatement supérieurs dans l'équation de la Hessienne, d'où il suit que les résultats du § 109 ne sont plus applicables. Ainsi la courbe du quatrième degré qui vient d'être citée n'a que cinq points d'inflexion.

111. Exercices. — 1. *Trouver les singularités de la courbe*

$$(x^2+y^2)^2=a^2(x^2-y^2)$$

Cette courbe est du quatrième degré ; elle admet pour points doubles les points cycliques, puisque, l'ensemble des termes du quatrième degré étant $(x^2+y^2)^2$, ceux du troisième degré manquent ; elle a aussi un point double à l'origine, avec deux inflexions (fig. 49), parce que, les termes de degré inférieur étant du second degré, il n'y a pas de termes du troisième degré. Il ne saurait y en avoir davantage, puisque la courbe est du quatrième degré et qu'elle ne se décompose pas (§ 102). D'ailleurs, en appliquant la formule (145), on trouve que les tangentes en chaque point cyclique sont distinctes et ont pour équation

$$(x\pm y\sqrt{-1})^2=\frac{a^2}{2}$$

La classe est donc diminuée de six unités et doit être égale à 6. En

(*) Le calcul fait voir qu'il y entre au degré $3q-2$; cela tient à ce que tout facteur d'ordre q d'une fonction homogène à deux variables entre dans son Hessien au degré $2(q-1)$.

effet, si l'on cherche l'équation de la première polaire d'un point, et si l'on élimine z entre cette équation et celle de la courbe, rendues homogènes, on trouve une équation du sixième degré. Si on fait la même opération pour la Hessienne, on trouve une équation du sixième degré renfermant le facteur x^2-y^2 qui correspond aux deux points d'inflexion à l'origine. C'est aussi le résultat indiqué par la formule (151). On en conclut par les formules (152) que le nombre des tangentes doubles est égal à 4. On trouvera facilement qu'elles sont parallèles deux à deux aux axes de coordonnées et qu'elles ont pour équations

$$x = \pm \frac{a\sqrt{-1}}{2\sqrt{2}} \qquad y = \pm \frac{a}{2\sqrt{2}}$$

2. *Appliquer les formules de Plücker à la développée de l'ellipse.*

Cette courbe est du sixième degré (§ 108); elle a quatre points doubles et six points de rebroussement ; la formule (150) fait voir qu'elle est de quatrième classe ; on verra en effet que par un point on peut mener quatre normales à l'ellipse, et par suite quatre tangentes à sa developpée. La formule (151) ne lui assigne aucun point d'inflexion, et on en conclut alors par les formules (152) qu'elle admet trois tangentes doubles. On a vu que ces droites sont les deux axes de coordonnées et la droite de l'infini : les six points de contact sont des points de rebroussement, mais cela ne constitue pas une singularité extraordinaire ; c'est la singularité corrélative du point double dont les deux branches distinctes ont une inflexion.

CHAPITRE III

DÉTERMINATION DES COURBES ALGÉBRIQUES. THÉORÈMES GÉNÉRAUX.

112. — Le premier membre de l'équation d'une courbe algébrique de degré m est une fonction homogène, du même degré, à trois variables : on démontre, en algèbre, que le nombre de ses termes est égal au nombre figuré

$$\frac{1}{2}(m+1)(m+2)$$

Elle renferme autant de coefficients, dont il suffit de connaître les valeurs proportionnelles, pour que la courbe représentée par l'équation soit déterminée. Si donc l'on entend par *condition* (§ 37), toute donnée, analytique ou géométrique, qui se traduit par une relation entre les coefficients, on peut dire qu'*une courbe algébrique de degré m est déterminée par*

$$\frac{1}{2}(m+1)(m+2)-1 \equiv \frac{1}{2}m(m+3)$$

conditions. Il ne faut pas entendre par là que la solution soit unique : le problème est déterminé, et le nombre des solutions dépend du degré des relations entre les coefficients. Elle est unique toutes les fois que les relations sont linéaires et distinctes ; et, comme la courbe est aussi bien représentée par son équation tangentielle que par son équation ponctuelle, ce qui précède s'applique aussi bien aux coefficients de la première qu'à ceux de la seconde. On doit juger par là de l'importance qu'il faut attribuer au degré d'une relation donnée entre les coefficients d'une courbe. L'étude des relations linéaires, en particulier, offre le plus grand intérêt : on a vu, dans la théorie de la ligne droite, qu'une relation linéaire entre ses paramètres exprime qu'elle passe par un point fixe. Il est évident que la réciproque est toujours vraie, c'est-à-dire que la connaissance d'un point se traduit toujours, pour une courbe de degré quelconque, par une relation linéaire; mais, pour les courbes de degré supérieur au premier, on ne peut pas affirmer qu'inversement toute relation linéaire exprime qu'elle passe par un point.

La relation linéaire la plus générale entre les paramètres d'une courbe A de degré m renferme autant de termes que l'équation de la courbe ; si l'on y considère les coefficients des paramètres comme les coefficients tangentiels correspondants d'une nouvelle courbe B qui sera alors de classe m, il est clair que la relation considérée exprime une propriété relative de ces deux courbes.

Si maintenant l'on considère les transformées par voie de dualité, A_1 et B_1, de l'une et de l'autre, la première a pour coefficients tangentiels les coefficients ponctuels de A (§ 85), et la seconde a pour coefficients ponctuels les coefficients tangentiels de B ; comme la relation considérée est symétrique par rapport aux deux séries de coefficients, il suit de là qu'elle exprime la même propriété relative entre A et B, ou bien entre B_1 et A_1. Transformant la propriété entre B_1 et A_1, on voit enfin que la corrélative de la propriété en question existe entre B et A. On peut donc énoncer ce théorème important :

La relation linéaire la plus générale entre les paramètres d'une courbe algébrique de degré m exprime entre cette courbe et une courbe de même classe, dont les coefficients tangentiels sont les coefficients de la relation, une propriété dont la corrélative existe en même temps entre la seconde et la première courbe.

Il est clair que ce qui vient d'être dit subsiste si l'on considère comme coefficients tangentiels de B, non plus les paramètres de la relation linéaire donnée, mais les quotients de ces paramètres par certains coefficients numériques déterminés. Si ces coefficients numériques sont ceux de la puissance $m^{\text{ième}}$ du trinôme, on démontre que la relation en question n'est pas modifiée, à un facteur près ne dépendant que de la substitution, lorsqu'on transforme les coefficients ponctuels de A par une substitution linéaire effectuée dans cette courbe, et les coefficients tangentiels de B par la substitution inverse (§ 59) effectuée dans l'autre : c'est ce qu'on peut appeler un *invariant mixte*. Il résulte de là que la propriété exprimée par la relation est invariante, puisque, lorsqu'on change le triangle de référence, l'équation ponctuelle de A et l'équation tangentielle de B subissent précisément des substitutions inverses.

Un problème intéressant est alors celui de la recherche de l'expression géométrique de cette propriété ; pour la ligne droite, elle consiste à passer par un point, qui, corrélativement, est situé sur la droite. Pour les courbes de degrés supérieurs, elle se complique, mais reste fondamentale. Quelle qu'elle soit, nous désignerons par P la propriété entre les deux courbes A et B ; et par Π la propriété corrélative existant en même temps entre les deux courbes B et A.

113. — Il suit de ce qui précède que $\frac{1}{2}m(m+3)$ conditions linéaires distinctes déterminent une courbe de degré m et une seule. En particulier, $\frac{1}{2}m(m+3)$ points distincts déterminent une courbe de degré m et une seule : il est nécessaire d'ajouter *distincts*, parce qu'il peut arriver, comme on en verra des exemples, qu'un ou plusieurs points, ou même une infinité, résultent d'une partie des points déjà connus ; c'est-à-dire, algébriquement, que les équations qui expriment que la courbe passe par les premiers soient des conséquences de celles qui expriment qu'elle renferme les seconds.

Si l'on imagine, par exemple, que parmi les $\frac{1}{2}m(m+3)$ points donnés, supposés distincts, *il y en ait plus de*

$$mp-\frac{1}{2}(p-1)(p-2)$$

sur une courbe C_p de degré p inférieur à m, cette courbe fait tout entière partie de la courbe cherchée. S'il y en avait un de plus, soit

$$mp-\frac{1}{2}(p-1)(p-2)+1$$

on pourrait, en effet, par ceux qui restent, en nombre égal à

$$\frac{1}{2}m(m+3)-mp+\frac{1}{2}(p-1)(p-2)-1\equiv\frac{1}{2}(m-p)(m-p+3)$$

faire passer une courbe de degré $m-p$, laquelle, avec la courbe de degré p, constituerait une courbe de degré m qui serait la courbe cherchée puisque, les points étant supposés distincts, le problème n'admet qu'une solution.

Ainsi, tous les points de la courbe C_p résultent, indépendamment des points restants, des

$$mp - \frac{1}{2}(p-1)(p-2)+1$$

premiers points donnés, et si, parmi les autres, il s'en trouve un ou plusieurs qui soient aussi sur C_p, leur connaissance ne servira de rien, et le problème, n'étant plus déterminé, admettra une infinité de solutions.

On appelle *système* de courbes de degré m l'ensemble formé par toutes celles de ces courbes qui satisfont à un certain nombre de mêmes conditions données. L'ordre du système est l'ordre d'indétermination dont ces courbes sont affectées : un nombre fini de courbes, satisfaisant à $\frac{1}{2}m(m+3)$ conditions communes, forme un système d'ordre zéro; toutes celles qui satisfont à $\frac{1}{2}m(m+3)-1$ conditions communes forment un système du premier ordre ou *faisceau;* si le nombre des conditions est $\frac{1}{2}m(m+3)-2$, on a le système du second ordre, ou *réseau*, etc...; enfin, toutes les courbes de degré m forment un système d'ordre $\frac{1}{2}m(m+3)$. Si toutes les conditions sont linéaires, on dit que le système est *linéaire;* le système linéaire du premier ordre, ou *faisceau linéaire* est formé par toutes les courbes d'un même degré qui satisfont à $\frac{1}{2}m(m+3)-1$ conditions linéaires. On a vu plus haut qu'une condition linéaire n'exprime pas nécessairement que la courbe passe par un point donné; mais il peut se faire que d'un certain nombre de conditions linéaires données résultent quelques autres, ou même une infinité d'autres, qui équivalent à des points; par exemple, si l'on connaît $\frac{1}{2}m(m+3)$ conditions linéaires distinctes, tous les points de la courbe en résultent. Il se passe un fait analogue dans le cas du faisceau linéaire, c'est-à-dire lorsque l'on connaît une condition de moins. Si, en effet

$$C_1 = 0 \qquad C_2 = 0$$

sont les épuations de deux courbes du faisceau,

$$\lambda_1 C_1 + \lambda_2 C_2 = 0$$

est l'équation générale des courbes du faisceau, car elle représente une courbe du même degré, dont les coefficients sont des combinaisons linéaires des coefficients respectivement correspondants des deux premières courbes et satisfont par conséquent aux mêmes conditions linéaires; dont, enfin, l'indétermination est du premier ordre, ce qui permettra d'achever de la déterminer sans ambiguïté par une nouvelle condition linéaire et, par suite, de la faire coïncider avec une quelconque des courbes satisfaisant aux conditions données. Cela posé, elle passe évidemment par tous les points communs à C_1 et à C_2, lesquels sont en nombre égal à m^2. On peut donc dire que *toutes les courbes de degré* m *qui satisfont à* $\frac{1}{2}m(m+3)-1$ *conditions linéaires distinctes passent par* m^2 *points fixes*. En particulier, si les conditions données sont des points, *toutes les courbes de degré* m, *qui passent par* $\frac{1}{2}m(m+3)-1$ *points distincts, passent par*

$$m^2 - \frac{1}{2}m(m+3) + 1 \equiv \frac{1}{2}(m-1)(m-2)$$

autres points fixes. Un de ces derniers points joints aux premiers n'achèverait pas de déterminer la courbe ; c'est un nouvel exemple du cas où des points ne sont pas distincts.

Du théorème précédent, on en déduit deux autres :

1° *Si, parmi les* m^2 *points d'intersection de deux courbes de degré* m, mp *sont situés sur une courbe de degré* p *inférieur à* m, *les* $m(m-p)$ *restants sont sur une courbe de degré* $m-p$.

Si, en effet, parmi ces derniers, on en choisit $\frac{1}{2}(m-p)(m-p+3)$ pour déterminer une courbe de degré $m-p$; ce qui est toujours possible, car l'on a si p est inférieur à m

$$\frac{1}{2}(m-p)(m-p+3) + mp < m^2$$

elle forme, avec la courbe de degré p, une courbe de degré m passant par

$$\frac{1}{2}(m-p)(m-p+3)+mp$$

points, pris parmi les points donnés ; mais ce nombre étant égal à

$$\frac{1}{2}m(m+3)+\frac{1}{2}(p-1)(p-2)-1$$

ne saurait être inférieur à $\frac{1}{2}m(m+3)-1$, la courbe complète passe donc par tous les points restants ; et, comme ils ne sont pas, par hypothèse, sur la courbe de degré p, ils sont sur la courbe de degré $m-p$.

2° *Toute courbe de degré m qui passe par $mp-\frac{1}{2}(p-1)(p-2)$ points d'une courbe de degré p inférieur à m, coupe cette courbe en $\frac{1}{2}(p-1)(p-2)$ autres points fixes.*

On a, en effet, d'après ce qui précède

$$mp-\frac{1}{2}(p-1)(p-2)+\frac{1}{2}(m-p)(m-p+3)=\frac{1}{2}m(m+3)-1.$$

Si donc, par $\frac{1}{2}(m-p)(m-p+3)$ autres points pris sur la courbe de degré m, on fait passer une courbe de degré $m-p$, elle constitue, avec la courbe de degré p un ensemble de degré m, ayant avec la première courbe de degré m un nombre de points communs égal à $\frac{1}{2}m(m+3)-1$, et qui en ont par conséquent $\frac{1}{2}(m-1)(m-2)$ autres. Ces derniers doivent être distribués sur la courbe de degré p et sur la courbe de degré $m-p$ de façon que la courbe de degré m soit coupée par la première en mp points et par la seconde en $m(m-p)$ points, il faut donc qu'il y en ait $\frac{1}{2}(p-1)(p-2)$ sur la courbe de degré m.

Tous les résultats qui viennent d'être démontrés s'appliquent évidemment à une courbe de la classe m, à la condition de remplacer les relations entre les coefficients ponctuels par des relations entre les coefficients tangentiels, et les points par des tangentes.

114. Systèmes linéaires. — L'équation générale des courbes de degré m faisant partie d'un système linéaire d'ordre p est, en désignant par C_1, C_2, ... C_{p+1}, les premiers membres des équations de $p+1$ courbes du système

$$\lambda_1 C_1 + \lambda_2 C_2 + \cdots\cdots + \lambda_{p+1} C_{p+1} = 0 \tag{154}$$

dans laquelle $\lambda_1, \lambda_2, \cdots\cdots \lambda_{p+1}$ sont $p+1$ paramètres variables qui se réduisent à p puisque l'un d'eux est arbitraire. Cette équation représente en effet une courbe de même degré, dont les coefficients sont des combinaisons linéaires des coefficients respectivement correspondants des $p+1$ courbes C_1, C_2, ... C_{p+1} et satisfont par conséquent aux mêmes conditions linéaires, dont enfin l'indétermination est d'ordre p, ce qui permettra d'achever de la déterminer sans ambiguïté par p nouvelles conditions linéaires, et par suite de la faire coïncider avec une quelconque des courbes satisfaisant aux conditions données, en nombre égal à $\frac{1}{2} m(m+3) - p$. On peut donc dire que le système est défini par $p+1$ des courbes qu'il renferme, aussi bien que par les relations auxquelles elles sont assujetties ; à la condition toutefois que ces courbes soient *distinctes*, c'est-à-dire qu'il n'y en ait pas plus de $r+1$ faisant partie d'un système linéaire d'ordre r inférieur à p, car $r+1$ de ces courbes entraînent toutes les autres. Il est clair, par exemple, que si l'une d'entre elles, différente de C_1 et de C_2, fait partie du faisceau

$$\lambda_1 C_1 + \lambda_2 C_2 = 0$$

sa connaissance ne sert de rien, parce que pour des valeurs quelconques de λ_1 et de λ_2, la courbe dont l'équation vient d'être écrite rentre dans le système plus général (154) ; il suffit, pour le voir, d'attribuer aux autres paramètres la valeur zéro.

On dit alors que le système est *ponctuel ;* mais si les relations linéaires données ont lieu entre les coefficients tangentiels, il est clair qu'on démontrera de même que l'équation générale tangentielle des courbes d'un système d'ordre q est, en désignant par Γ_1, Γ_2, ... Γ_{q+1} les premiers membres des équations tangentielles de

$q+1$ courbes du système

$$\mu_1\Gamma_1+\mu_2\Gamma_2+\cdots\cdots+\mu_{q+1}\Gamma_{q+1}=0 \qquad (155)$$

dans laquelle μ_1, μ_2, ... μ_{q+1} sont des paramètres arbitraires ; et le système est *tangentiel.*

Cela posé, considérons le système linéaire ponctuel (154); les courbes qui le composent sont assujetties à $\frac{1}{2}m(m+3)-p$ conditions linéaires distinctes, ce qui revient à dire qu'elles jouissent de la propriété P (§ 112) vis-à-vis d'autant de courbes de classe m, distinctes, données ; lesquelles, par conséquent, définissent un système linéaire tangentiel dont l'équation générale sera l'équation (155), si l'on pose

$$\frac{1}{2}m(m+3)-p=q+1$$

ou

$$p+q=\frac{1}{2}m(m+3)-1$$

Mais il résulte du théorème démontré (§ 112) qu'inversement les $q+1$ courbes Γ, et par suite toutes celles du système linéaire (155), jouissent vis-à-vis des courbes du système (154) de la propriété Π ; on peut donc énoncer le théorème suivant, fort important, qui est la base de la théorie des systèmes linéaires, et qui sera rendu plus clair par l'application qui en sera faite aux courbes du second degré :

Étant donné un système linéaire, ponctuel ou tangentiel, un autre système en résulte, tangentiel ou ponctuel, tel que toutes les courbes du système ponctuel sont douées vis-à-vis de toutes les courbes de l'autre de la propriété P, tandis que toutes celles du système tangentiel jouissent relativement à toutes celles du premier de la propriété Π. *Le degré des courbes du système ponctuel est égal à la classe des courbes du système tangentiel, et la somme des ordres des deux systèmes, augmentée d'une unité, est égale au nombre des conditions qui déterminent en général une courbe de l'un ou de l'autre système.*

Les deux systèmes sont dits *contravariants.*

115. Genre d'une courbe algébrique. — Il convient maintenant de démontrer le théorème suivant, complément indispensable de la théorie des points multiples.

Une courbe algébrique de degré m ne peut pas posséder plus de $\frac{1}{2}(m-1)(m-2)$ *points doubles, sans se décomposer en courbes de degrés inférieurs.*

Car si elle en avait un de plus, soit $\frac{1}{2}(m-1)(m-2)+1$, on pourrait par ces points et par $2m-3$ autres points fixes pris sur la courbe, soit en tout

$$\frac{1}{2}(m-1)(m-2)+1+2m-3 \equiv \frac{1}{2}(m-1)(m+2)$$

faire passer une courbe de degré $m-1$ qui couperait la proposée en un nombre de points égal à

$$2\left(\frac{1}{2}(m-1)(m-2)+1\right)+2m-3 \equiv m(m-1)+1$$

ce qui est impossible à moins que la courbe de degré $m-1$, ou une de ses courbes élémentaires, si elle se décompose, ne fasse partie de la proposée; laquelle se décomposera nécessairement, dans tous les cas, en courbes de degrés inférieurs. Dans ce raisonnement, il n'est fait aucune distinction entre les points doubles ordinaires et les points de rebroussement.

Si la courbe a des points multiples, la propriété subsiste en remplaçant chaque point multiple d'ordre h par $\frac{1}{2}k(k-1)$ points doubles. Soient pour cela, d_i le nombre des points multiples d'ordre i, et n le plus élevé de ces ordres; supposons en outre que l'on ait

$$d_2+3d_3+6d_4+\ldots\ldots+\frac{1}{2}n(n-1)d_n=\frac{1}{2}(m-1)(m-2)+1$$

et considérons une courbe de degré $m-1$ assujettie : premièrement, à passer par $2m-3$ points choisis arbitrairement sur la courbe proposée ; deuxièmement à avoir pour point multiple d'ordre $i-1$ tout point multiple d'ordre i de la proposée : cette courbe est déterminée sans ambiguïté, car ces conditions sont linéaires, et leur nombre (§ 106) est égal à

$$2m-3+d_2+3d_3+\cdots\cdots+\frac{1}{2}n(n-1)d_n=2m-3+\frac{1}{2}(m-1)(m-2)+1\equiv\frac{1}{2}(m-1)(m+$$

et elle rencontre la proposée suivant des points dont le nombre est égal à

$$2m-3+2d_2+6d_3+\cdots\cdots+n(n-1)d_n=2m-3+(m-1)(m-2)+2\equiv m(m-1)+$$

d'où l'on conclut, comme précédemment, que cette dernière se décompose.

Réciproquement, si elle se décompose en deux courbes, elle peut acquérir un point double de plus que son maximum; il suffit pour cela que les deux courbes aient chacune leur maximum et que leurs points d'intersection soient distincts. On doit en effet considérer chacun de leurs points d'intersection comme un point double de la courbe complète, et si ces points sont tous distincts, l'on a en désignant par p et q les degrés des courbes composantes, et remarquant que $p+q$ est égal à m

$$\frac{1}{2}(p-1)(p-2)+\frac{1}{2}(q-1)(q-2)+pq\equiv\frac{1}{2}(m-1)(m-2)+1$$

Il suit de là que si le nombre des points doubles de la proposée doit dépasser le maximum de deux unités, elle se décomposera nécessairement en trois courbes au moins. Plus généralement, si le maximum doit être dépassé de k unités, elle se décomposera au moins en $k+1$ courbes élémentaires, car si l'on suppose que chacune d'elles ait son maximum de points doubles, en observant que la somme de leurs degrés $p, q, s, \cdots\cdots$ est égale à m, on a l'identité

$$\frac{1}{2}(p-1)(p-2)+\frac{1}{2}(q-1)(q-2)+\frac{1}{2}(s-1)(s-2)+\cdots\cdots+pq+qs$$
$$+sp+\cdots\cdots\equiv\frac{1}{2}(m-1)(m-2)+k \qquad (156)$$

On appelle *genre* d'une courbe algébrique la différence entre le nombre maximum des points doubles qu'elle peut avoir sans se décomposer et le nombre des points doubles effectifs ; les points de rebroussement étant, comme précédemment, compris parmi les points doubles, et tout point multiple d'ordre h étant considéré comme équivalent à $\frac{1}{2}h(h-1)$ points doubles, si toutefois les tangentes en ce point sont distinctes. Si la courbe ne se décompose pas, le genre peut varier depuis $\frac{1}{2}(m-1)(m-2)$, ce qui est le cas où elle n'a pas de points doubles, jusqu'à zéro ce qui est le cas où le nombre de ces points atteint son maximum. Si elle se décompose, il peut devenir négatif, et la valeur minima dont il est susceptible correspond au cas où la courbe a le plus grand nombre des points doubles qu'elle peut acquérir en se décomposant, ce qui arrivera, d'après ce qui précède, lorsqu'elle se réduira à m droites, auquel cas elle possède $\frac{1}{2}m(m-1)$ points doubles, ce qui donne pour le genre la valeur

$$\frac{1}{2}(m-1)(m-2) - \frac{1}{2}m(m-1) \equiv -(m-1).$$

L'identité (156) fournit une relation entre le genre d'une courbe qui se décompose, et celui des courbes élémentaires; on a en effet, en désignant par g le genre de la première, par d le nombre de ses points doubles et par r le nombre de ses points de rebroussement

$$\frac{1}{2}(m-1)(m-2) = g + d + r$$

de même pour les courbes élémentaires

$$\frac{1}{2}(p-1)(p-2) = g_a + d_a + r_a \quad \frac{1}{2}(q-1)(q-2) = g_b + d_b + r_b, \text{ etc.....}$$

L'identité (156) devient alors, en supposant distincts les points d'intersection deux à deux des courbes composantes,

$${}_a + g_b + \cdots\cdots + d_a + d_b + \cdots\cdots + r_a + r_b + \cdots\cdots + pq + qs + \cdots\cdots = g + d + r + k$$

Mais les points doubles ou de rebroussement de la courbe résultante sont ceux des courbes composantes et leurs points d'intersection deux à deux ; on a donc

$$d_a + d_b + \cdots\cdots + r_a + r_b + \cdots\cdots + pq + qs + \cdots\cdots = d + r$$

d'où

$$g_a + g_b + \cdots\cdots = g + k$$

Ainsi, *lorsqu'une courbe se décompose en plusieurs autres, dont les points d'intersection sont distincts, son genre est égal à la somme des genres des composantes diminuée d'autant d'unités qu'il y a de courbes composantes moins une.*

En particulier, *si toutes les composantes sont de genre* 1, *la résultante est aussi de genre* 1.

Cette démonstration suppose tous les points d'intersection distincts. D'ailleurs, s'ils ne le sont pas, la courbe résultante peut acquérir en l'un de ces points un point multiple dont plusieurs tangentes sont confondues ; et la définition du genre doit alors être modifiée.

116. Courbes unicursales. — Toute courbe de genre zéro est dite *unicursale ;* la propriété caractéristique des courbes unicursales consiste en ce que les coordonnées absolues d'un point de la courbe sont exprimables rationnellement en fonction d'un paramètre variable, sous la forme

$$x = \frac{\varphi_1(t)}{\varphi_3(t)} \qquad y = \frac{\varphi_2(t)}{\varphi_3(t)}$$

ce qui revient à dire que les coordonnées homogènes peuvent s'exprimer en fonction entière du paramètre, comme il suit

$$\frac{x}{\varphi_1(t)} = \frac{y}{\varphi_2(t)} = \frac{z}{\varphi_3(t)} \tag{157}$$

Pour la démontrer, il suffit d'observer que, par les $\frac{1}{2}(m-1)(m-2)$ points doubles et par $2m-3$ autres points pris sur la courbe, soit en tout

$$\frac{1}{2}(m-1)(m+2)-1$$

on peut faire passer une infinité de courbes de degré $m-1$ formant faisceau linéaire (§ 113), et dont l'équation générale est

$$\lambda_1 C_1 + \lambda_2 C_2 = 0 \qquad (158)$$

Si donc on élimine l'une des inconnues entre l'équation de la courbe et l'équation (158), l'autre sera fournie par une équation de degré $m(m-1)$, renfermant au degré m le paramètre $\frac{\lambda_1}{\lambda_2}$. D'ailleurs, tous les points d'intersection des deux courbes, sauf un, sont connus, puisque l'on a

$$(m-1)(m-2) + 2m - 3 + 1 = m(m-1).$$

Divisant alors l'équation résultante par les facteurs connus, on voit que la dernière racine est une fonction rationnelle du paramètre, fonction dans laquelle il entre au degré m.

Si la courbe a des points multiples d'ordre supérieur, la propriété subsiste en remplaçant chaque point multiple par le nombre de points doubles équivalent. Soient pour cela, comme plus haut, d_i le nombre des points multiples d'ordre i, et n le plus élevé de ces ordres, et supposons

$$d_2 + 3d_3 + 6d_4 + \cdots\cdots + \frac{1}{2} n(n-1)d_n = \frac{1}{2}(m-1)(m-2)$$

Considérons une courbe de degré $m-1$ passant par $2m-3$ points fixes de la proposée et admettant pour point multiple d'ordre $i-1$ tout point multiple d'ordre i de cette dernière; elle est assujettie (§ 106) à

$$m-3+d_2+3d_3+\cdots\cdots+\frac{1}{2}n(n-1)d_n = 2m-3+\frac{1}{2}(m-1)(m-2) \equiv \frac{1}{2}(m-1)(m+2)-1$$

conditions linéaires. Il y en a donc une infinité formant, comme plus haut, un faisceau linéaire dont chaque courbe coupe la proposée suivant des points dont le nombre est égal à

$$n-3+2d_2+6d_3+\cdots\cdots+n(n-1)d_n = 2m-3+(m-1)(m-2) \equiv m(m-1)-1$$

et la conclusion demeure la même.

Cette propriété caractérise les courbes unicursales ; si l'on suppose, en effet, que les coordonnées d'un point de la courbe s'expriment rationnellement en fonction d'un paramètre t par les équations (157), dans lesquelles les fonctions φ_1, φ_2 et φ_3 sont de degré m, on peut observer d'abord que la courbe est elle-même de degré m, car une droite

$$ux + vy + wz = 0$$

la coupe suivant des points pour lesquels les valeurs de t sont données par l'équation de degré m

$$u\varphi_1(t) + v\varphi_2(t) + w\varphi_3(t) = 0.$$

On a ensuite, en coordonnées absolues,

$$y'_x = \frac{y'_t}{x'_t} = \frac{\varphi_3\varphi'_2 - \varphi_2\varphi'_3}{\varphi_3\varphi'_1 - \varphi_1\varphi'_3} \tag{159}$$

Les deux termes de cette fraction paraissent être de degré $2m-1$, mais par suite de réductions, ce degré s'abaisse d'une unité et devient $2(m-1)$, de telle sorte que l'on peut mener à la courbe $2(m-1)$ tangentes parallèles à une direction donnée. La classe de la courbe est donc égale à $2(m-1)$, à moins qu'il n'y ait dans l'expression de y'_x des réductions provenant de facteurs communs aux deux termes de la fraction. S'il en est ainsi, et si pour $t = t_1$ les deux termes s'annulent, on a pour cette valeur de t

$$\alpha = \frac{\varphi_1}{\varphi_3} = \frac{\varphi'_1}{\varphi'_3} \qquad \beta = \frac{\varphi_2}{\varphi_3} = \frac{\varphi'_2}{\varphi'_3}$$

en désignant par α et β les coordonnées du point qui lui correspond.

Cela revient à dire que, pour $x = \alpha$, les équations

$$x\varphi_3(t) - \varphi_1(t) = 0$$
$$x\varphi'_3(t) - \varphi'_1(t) = 0$$

ont une racine commune en t, qui est aussi commune aux équations

$$y\varphi_3(t) - \varphi_2(t) = 0$$
$$y\varphi'_3(t) - \varphi'_2(t) = 0$$

pour $y=\beta$; ou encore que les équations

$$x\varphi_3(t)-\varphi_1(t)=0$$
$$y\varphi_3(t)-\varphi_2(t)=0$$

acquièrent une racine double commune, pour $x=\alpha$ et $y=\beta$. L'interprétation géométrique de ce fait est évidente : si, pour deux valeurs différentes de t, t_1 et t_2, x prend la même valeur α et y la même valeur β, le point correspondant est un point double pour lequel les directions des deux tangentes sont données par les deux valeurs, différentes en général, que prend y'_x pour $t=t_1$ et $t=t_2$; les deux équations acquièrent alors, pour $x=\alpha$ et $y=\beta$, non plus une racine commune comme cela arrive lorsque x et y sont les coordonnées d'un point quelconque de la courbe, mais deux racines communes t_1 et t_2 ; si t_1 devient égal à t_2, les deux termes de y'_x ont, comme on vient de le voir, un facteur commun, et les deux valeurs de cette expression deviennent égales à celle qu'elle acquiert par la suppression du facteur commun ; le point double, ayant ses deux tangentes confondues, devient un point de rebroussement. Si donc r est le nombre des points de rebroussement, l'équation (159) se réduira au degré $2(m-1)-r$ en t, et la classe c de la courbe sera donnée par l'équation

$$c=m(m-1)-2d_2-3r-6d_3-\cdots\cdots-n(n-1)d_n=2(m-1)-r$$

d'où

$$d_2+r+3d_3+\cdots\cdots+\frac{1}{2}n(n-1)d_n=\frac{1}{2}(m-1)(m-2)$$

d'où, enfin

$$g=\frac{1}{2}(m-1)(m-2)-d_2-r-3d_3-\cdots\cdots-\frac{1}{2}n(n-1)d_n=0$$

On peut tirer la même conclusion de la considération de la dérivée seconde. On trouve en effet facilement

$$y''=\frac{\Delta\varphi_3(t)}{(\varphi_3\varphi'_1-\varphi_1\varphi'_3)^2}$$

Δ désignant le déterminant

$$\begin{vmatrix} \varphi_1 & \varphi_2 & \varphi_3 \\ \varphi_1' & \varphi_2' & \varphi_3' \\ \varphi_1'' & \varphi_2'' & \varphi_3'' \end{vmatrix}$$

Les points d'inflexion s'obtiendront en égalant cette dérivée à zéro : les valeurs de t qui annulent φ_3 sont évidemment des solutions étrangères, puisqu'elles donnent les points à l'infini de la courbe ; il ne reste donc que celles qui annulent Δ, dont le degré par rapport à t, qui paraît être $3(m-1)$, s'abaisse en réalité à $3(m-2)$; comme on le voit sans peine en cherchant, d'après les règles de la décomposition d'un déterminant, les termes de degré $3m-3$, $3m-4$ et $3m-5$: ces termes sont identiquement nuls, tandis que ceux qui renferment t au degré $3m-6$ ne le sont pas en général : s'ils l'étaient, la valeur correspondante de t serait infinie, ce qui donnerait pour x et y des valeurs déterminées. La courbe a donc $3(m-2)$ points d'inflexion. Mais il peut arriver qu'un facteur du dénominateur, ne divisant pas φ_3, divise Δ ; si l'on remarque alors que le dénominateur est un mineur de Δ, on voit que, pour une certaine valeur de t, Δ est nul ainsi qu'un mineur du premier ordre, sans qu'un mineur du second ordre le soit en même temps, puisque φ_3 n'est pas nul. On sait qu'alors tous les mineurs correspondant aux éléments de la ligne ou de la colonne dont l'élément qui correspond au mineur qui est nul est l'intersection sont nuls en même temps. On aura donc, pour cette valeur de t, soit

$$\alpha = \frac{\varphi_1}{\varphi_3} = \frac{\varphi_1'}{\varphi_3'} = \frac{\varphi_1''}{\varphi_3''}$$

ce qui prouverait que l'équation

$$x\varphi_3(t) - \varphi_1(t) = 0$$

aurait, pour $x = \alpha$, une racine triple, et fournirait un point d'inflexion dont la tangente serait parallèle à l'axe Y'OY, ce qui ne diminuerait pas leur nombre ; soit

$$\frac{\varphi_1}{\varphi_1'} = \frac{\varphi_2}{\varphi_2'} = \frac{\varphi_3}{\varphi_3'}$$

et l'on retombe alors dans le cas considéré plus haut, où le point correspondant est un point de rebroussement. Mais il faut observer que, d'après un théorème déjà rappelé (§ 96), la dérivée de Δ par rapport à t est

$$\Delta'_t \equiv \begin{vmatrix} \varphi_1 & \varphi_2 & \varphi_3 \\ \varphi'_1 & \varphi'_2 & \varphi'_3 \\ \varphi'''_1 & \varphi'''_2 & \varphi'''_3 \end{vmatrix}$$

d'où il suit que le même facteur divise Δ'_t, et par conséquent entre au carré dans Δ ; comme le dénominateur de y'' est lui-même au carré, on en conclut que la présence de ce facteur abaissera de deux unités le degré de l'équation obtenue en égalant à zéro la dérivée seconde. Finalement, si le nombre des points de rebroussement est r, celui des points d'inflexion est $3(m-2)-2r$: il en résulte

$$i = 3m(m-2) - 6d_2 - 8r - 6\left(3d_3 + \cdots\cdots + \frac{n(n-1)}{2}d_n\right) = 3(m-2) - 2r$$

d'où il suit

$$g = \frac{1}{2}(m-1)(m-2) - d_2 - r - 3d_3 - \cdots\cdots - \frac{n(n-1)}{2}d_n = 0 \quad \text{C.Q.F.D.}$$

117. Transformations uniformes. — La notion du genre acquiert une importance particulière par ce fait que le genre d'une courbe reste invariable lorsqu'on la transforme par voie homographique, par voie de dualité, et, en général, par toute transformation telle qu'à un point de la première courbe corresponde un seul point de la seconde et réciproquement; une pareille transformation est dite *uniforme*.

Si la transformation est homographique, la chose est évidente, puisqu'à un point double correspond un point double, le degré restant d'ailleurs le même.

Si la transformation est corrélative, les formules de Plücker donnent, en retranchant (152) de (150) :

$$m^2 - 2d - 3r = c^2 - 2t - 3i$$

d'où, en retranchant l'équation (153) qui peut s'écrire

$$3m - r = 3c - i$$

l'on tire

$$m(m-3)-2d-2r=c(c-3)-2t-2i$$

et enfin, ajoutant l'unité de part et d'autre et divisant par 2

$$\frac{1}{2}(m-1)(m-2)-d-r=\frac{1}{2}(c-1)(c-2)-t-i \qquad (160)$$

c'est-à-dire que *le genre de la corrélative est le même que celui de la proposée*, puisque c, t et i représentent respectivement son degré, le nombre de ses points doubles et le nombre de ses points de rebroussement.

On démontre également que toute transformation uniforme laisse le genre invariable. Pour ne citer que la plus simple après les précédentes, si l'on suppose que les coordonnées x_1, y_1, z_1 d'un point de la première figure soient liées aux coordonnées x_2, y_2, z_2 d'un point de la seconde par les relations

$$\frac{x_1}{f_1(x_2,y_2,z_2)}=\frac{y_1}{f_2(x_2,y_2,z_2)}=\frac{z_1}{f_3(x_2,y_2,z_2)} \qquad (161)$$

dans lesquelles les dénominateurs sont des fonctions du second degré, à un point de la seconde figure correspondra un seul point de la première, mais réciproquement il est clair que, si l'on ne fait aucune hypothèse sur ces fonctions, à un point de la première figure correspondront en général quatre points de la seconde. Si l'on suppose, au contraire, que les trois courbes

$$\begin{aligned} f_1(x,y,z)&=0\\ f_2(x,y,z)&=0\\ f_3(x,y,z)&=0 \end{aligned} \qquad (162)$$

ont trois points communs, il est facile de voir que les quatre points se réduisent à un seul. Les équations (161) peuvent s'écrire en effet

$$x_1f_2-y_1f_1=0 \qquad y_1f_3-z_1f_2=0 \qquad z_1f_1-x_1f_3=0 \quad (163)$$

Elles représentent, si l'on y considère x_2, y_2, z_2 comme des coordonnées courantes, trois courbes du second degré d'un même faisceau linéaire, puisqu'en multipliant la première par z_1, la seconde par x_1, la troisième par y_1 et ajoutant, on obtient une identité. Elles ont donc quatre points communs qui seraient les points correspondants au point (x_1, y_1, z_1) si les trois courbes (162) n'avaient aucun point commun; mais si elles ont trois points communs, ils sont aussi communs aux courbes (163), dont dès lors un seul point d'intersection est variable, et correspond dans la seconde figure au point (x_1, y_1, z_1) dans la première. Les points communs aux courbes (162) sont les points *principaux* de la seconde figure; il y en a également dans la première. Si l'on prend, en effet, ces trois points pour sommets du triangle de référence, les équations (161) peuvent s'écrire

$$\frac{x_1}{a_1 y_2 z_2 + b_1 z_2 x_2 + c_1 x_2 y_2} = \frac{y_1}{a_2 y_2 z_2 + b_2 z_2 x_2 + c_2 x_2 y_2} = \frac{z_1}{a_3 y_2 z_2 + b_3 z_2 x_2 + c_3 x_2 y_2}$$

d'où l'on tire

$$\frac{y_2 z_2}{\begin{vmatrix} b_1 & c_1 & x_1 \\ b_2 & c_2 & y_1 \\ b_3 & c_3 & z_1 \end{vmatrix}} = - \frac{z_2 x_2}{\begin{vmatrix} a_1 & c_1 & x_1 \\ a_2 & c_2 & y_1 \\ a_3 & c_3 & z_1 \end{vmatrix}} = \frac{x_2 y_2}{\begin{vmatrix} a_1 & b_1 & x_1 \\ a_2 & b_2 & y_1 \\ a_3 & b_3 & z_1 \end{vmatrix}}$$

ou, en désignant les déterminants par Δ_1, Δ_2, Δ_3

$$\frac{x_2}{\Delta_2 \Delta_3} = \frac{y_2}{\Delta_3 \Delta_1} = \frac{z_2}{\Delta_1 \Delta_2}$$

Les expressions de x_2, y_2, z_2 en fonction de x_1, y_1, z_1 sont donc analogues aux expressions inverses, avec cette différence que les trois courbes du second degré

$$\Delta_2 \Delta_3 = 0 \qquad \Delta_3 \Delta_1 = 0 \qquad \Delta_1 \Delta_2 = 0$$

se décomposent chacune en deux droites : elles ont trois points communs, points principaux de la première figure, qui sont les sommets du triangle

$$\Delta_1 = 0 \qquad \Delta_2 = 0 \qquad \Delta_3 = 0.$$

L'on voit maintenant qu'à un point principal de la seconde figure, par exemple au point $x_2 = 0$, $y_2 = 0$, correspond une droite dans la première, $\Delta_3 = 0$; de même à un point principal de la première $\Delta_1 = 0$, $\Delta_2 = 0$ correspond une droite dans la seconde $z_2 = 0$. On en conclut sans peine, en considérant les points d'intersection d'une courbe de l'une des figures avec les côtés du triangle principal, que si elle est du degré m et si elle passe respectivement p, q, s fois par les sommets du triangle principal, les mêmes éléments de la courbe qui lui correspond dans l'autre figure sont liés aux premiers par les relations

$$m' = 2m - p - q - s \quad p' = m - q - s \quad q' = m - p - s \quad s' = m - p - q$$

d'où l'on tire réciproquement

$$m = 2m' - p' - q' - s' \quad p = m' - q' - s' \quad q = m' - p' - s' \quad s = m' - p' - q'$$

On conclut de là l'identité

$$\begin{aligned} &\frac{1}{2}(m-1)(m-2) - \frac{1}{2}p(p-1) - \frac{1}{2}q(q-1) - \frac{1}{2}s(s-1) \\ &= \frac{1}{2}(m'-1)(m'-2) - \frac{1}{2}p'(p'-1) - \frac{1}{2}q'(q'-1) - \frac{1}{2}s'(s'-1) \end{aligned}$$

et comme, en dehors des points principaux, un point multiple d'une des courbes se transforme en un point multiple de même ordre, il en résulte que le genre n'est pas altéré par la transformation.

Toute transformation uniforme analogue à la précédente et dans laquelle, à un point de la première figure, correspond un seul point de la seconde et réciproquement, est dite *rationnelle*. Pour chaque degré donné des fonctions f_1, f_2, f_3 on démontre qu'il y a un nombre limité de transformations possibles, suivant les points multiples de divers ordres communs aux trois courbes (162), et le degré de ces courbes est alors le *degré de la transformation*. Celle qui vient d'être indiquée est la transformation rationnelle du second ordre ; elle a son importance spéciale en ce sens que l'on fait voir que *toute transformation rationnelle peut s'effectuer par une série de transformations du second ordre*. Il n'est, d'ailleurs, pas nécessaire, pour qu'une transformation soit uniforme, qu'elle soit rationnelle lorsqu'il ne s'agit que de transformer une courbe, et non pas tout le plan ; car, si dans les formules (161) on suppose que les fonctions f_1, f_2, f_3 soient de degré p et si le nombre des points simples, communs aux courbes (162), équivalent aux points donnés, simples ou multiples, qui leur sont communs est $p^2 - h$, à un point de la seconde figure correspond un seul point de la première, qui décrit la courbe C_1 de la première figure correspondante à une courbe donnée C_2 dans la seconde, lorsque le point de la seconde décrit la courbe C_2 ; mais à un point de la courbe C_1 correspondent h points de la seconde figure, dont un seul, en général, est sur la courbe C_2, de telle sorte que les deux courbes se correspondent points par points. Le théorème relatif à l'invariabilité du genre est vrai pour toute transformation uniforme. Par exemple, une courbe algébrique et sa développée se correspondent points par points ; elles ont le même genre. Si l'une est unicursale, il en est de même de l'autre ; l'ellipse en offre un premier exemple, elle est unicursale, puisqu'étant du second degré, elle ne peut pas avoir de points doubles, et sa développée l'est aussi, puisqu'étant du sixième degré (§ 108), elle a dix points doubles.

Dans tout ce qui précède, on a supposé que les points multiples d'ordre supérieur au second avaient toutes leurs tangentes distinctes. Dans le cas contraire, tous les théorèmes subsistent, à la condition de modifier, d'une certaine façon, dans l'évaluation du genre, le nombre des points doubles équivalents à chaque point multiple.

118. Théorèmes de Newton et de Carnot. — Il reste à indiquer deux théorèmes d'une très grande utilité dans l'étude des courbes, et qui sont l'expression de propriétés métriques très générales. Le premier est dû à Newton et s'énonce ainsi :

Le rapport du produit des segments, comptés à partir d'une même origine jusqu'aux points d'intersection d'une droite donnée avec une courbe algébrique, au produit analogue relatif à une autre droite issue de la même origine, est constant lorsque les deux droites varient parallèlement à elles-mêmes, en entraînant l'origine des segments, qui est leur point d'intersection.

Si l'on prend les deux droites pour axes de coordonnées absolues, l'équation de la courbe sera

$$Ax^m + By^m + \ldots\ldots + H = 0$$

Si l'on y fait $y = 0$, $(-1)^m \frac{H}{A}$ est le produit des abscisses des points d'intersection de la courbe avec l'axe X′OX, $(-1)^m \frac{H}{B}$ est le produit analogue pour l'axe Y′OY : le rapport des deux produits est $\frac{B}{A}$. Si maintenant l'on transporte les axes parallèlement à eux-mêmes, en prenant pour origine un point(x_1, y_1), les deux produits deviennent

$$(-1)^m \frac{f(x_1, y_1)}{A}, \qquad (-1)^m \frac{f(x_1, y_1)}{B}$$

leur rapport est le même.

On conclut de là la signification géométrique de l'expression $f(x_1, y_1)$, résultat de la substitution des coordonnées absolues d'un point dans l'équation de la courbe. C'est, à un facteur constant près, ne dépendant que de la direction de la transversale, le produit des segments déterminés sur une transversale quelconque menée par le point, pris avec leur signe. Si l'on considère maintenant un polygone $abc \ldots\ldots l$ de n côtés, situé dans le plan de la courbe, chacun de ses côtés la rencontrera en m points ; soient $p_1 p_2 \ldots\ldots p_m$ les points d'intersection avec ab ; $q_1, q_2, \ldots\ldots q_m$ les points d'intersection avec bc, et ainsi de suite ; on a, d'après ce qui précède, en appelant x_1 et y_1 les coordonnées du point a, x_2 et y_2 celles du point b

$$\frac{f(x_1, y_1)}{f(x_2, y_2)} = \frac{ap_1 . ap_2 \ldots\ldots ap_m}{bp_1 . bp_2 \ldots\ldots bp_m}$$

puisque la direction de la transversale est la même dans l'évaluation des deux produits. De même

$$\frac{f(x_2, y_2)}{f(x_3, y_3)} = \frac{bq_1 . bq_2 \ldots\ldots bq_m}{cq_1 . cq_2 \ldots\ldots cq_m}$$

jusqu'à

$$\frac{f(x_n, y_n)}{f(x_1, y_1)} = \frac{ls_1 . ls_2 \ldots\ldots ls_m}{as_1 . as_2 \ldots\ldots as_m}$$

Multipliant membre à membre

$$1 = \frac{(ap_1 . ap_2 \ldots\ldots ap_m)(bq_1 . bq_2 \ldots\ldots bq_m) \ldots\ldots (ls_1 . ls_2 \ldots\ldots ls_m)}{(bs_1 . bs_2 \ldots\ldots bs_m) \ldots\ldots (cq_1 . cq_2 \ldots\ldots cq_m)(bp_1 . bp_2 \ldots\ldots bp_m)}$$

ce qui s'énonce ainsi : *le produit des segments déterminés par la courbe sur ab à partir de a, sur bc à partir de b, et ainsi de suite, est égal au produit analogue compté en sens inverse.*

Ce théorème est dû à Carnot : il est d'une application fréquente.

Si l'on suppose, par exemple, qu'une courbe du troisième degré ait trois points d'inflexion réels a, b, c et si l'on applique ce théorème au triangle dont les côtés sont les trois tangentes, on aura

$$(\mathrm{A}c.\mathrm{B}a.\mathrm{C}b)^3 = (\mathrm{A}b.\mathrm{B}c.\mathrm{C}a)^3$$

d'où

$$\mathrm{A}c.\mathrm{B}a.\mathrm{C}b = \mathrm{A}b.\mathrm{B}c.\mathrm{C}a$$

d'où l'on conclut (§ 44) que *la droite qui passe par deux points d'inflexion d'une courbe du troisième degré passe par un troisième point d'inflexion.*

LIVRE TROISIÈME

CHAPITRE PREMIER

DU CERCLE. — THÉORIE DE L'INVOLUTION

119. Points cycliques. — Les résultats déjà acquis vont à présent nous permettre d'entreprendre utilement la théorie des lignes du second degré. Le cercle est celle de ces courbes qui, par sa simplicité, et par l'importance des résultats auxquels mène son étude, doit, en premier lieu, attirer notre attention.

Tout d'abord, il est clair que le cercle est une ligne du second degré ; il apparaît, en effet, en géométrie élémentaire, comme le lieu des points également distants d'un point fixe. Si donc l'on désigne par x_1 et y_1 les coordonnées du point fixe qui est le *centre*, et par r la distance fixe qui est le *rayon*, x et y représentant les coordonnées d'un point variable de la courbe rapportée à un système quelconque d'axes de coordonnées faisant entre eux l'angle θ, on aura

$$(x-x_1)^2+(y-y_1)^2+2(x-x_1)(y-y_1)\cos\theta-r^2=0 \quad (163)$$

équation qui subsiste entre les coordonnées d'un point quelconque de la courbe et les données de la question ; c'est donc l'équation de la courbe, et elle est du second degré.

Réciproquement, si l'on considère l'équation générale du second degré à deux variables, qui, lorsqu'elle a été rendue homogène par la substitution (56), peut s'écrire

$$ax^2+by^2+cz^2+2fyz+2gzx+2hxy=0 \tag{164}$$

et que, pour cette raison, nous écrirons, lorsqu'elle ne renferme que les variables x et y

$$ax^2+2hxy+by^2+2gx+2fy+c=0 \tag{165}$$

on peut se demander à quelles conditions elle représentera un cercle, et quelles sont les relations qui doivent lier les coefficients a, b, c, f, g, h, pour que cela ait lieu.

Les équations (163) et (165) représentant la même courbe, leurs coefficients doivent être proportionnels ; on aura donc, en identifiant

$$\frac{a}{1}=\frac{h}{\cos\theta}=\frac{b}{1}=-\frac{g}{x_1+y_1\cos\theta}=-\frac{f}{x_1\cos\theta+y_1}=\frac{c}{x_1^2+2x_1y_1\cos\theta+y_1^2-r^2} \tag{166}$$

cinq équations qui devront subsister entre les coefficients de l'équation (165) pour qu'elle représente un cercle de centre (x_1, y_1) et de rayon r. On aura les conditions pour qu'elle représente un cercle quelconque en éliminant x_1, y_1 et r entre ces cinq équations. Mais si l'on observe que ces quantités ne figurent pas dans les trois premiers rapports, on voit que l'élimination est toute faite et que les conditions cherchées sont

$$a=\frac{h}{\cos\theta}=b \tag{167}$$

de telle sorte qu'en remplaçant b et h par leurs valeurs, l'ensemble des termes du second degré devra se présenter, à un facteur près, sous la forme

$$x^2+2xy\cos\theta+y^2$$

qui est l'expression du carré de la distance du point (x_1, y_1) à l'origine.

On peut traduire géométriquement ce résultat analytique ; il suit, en effet, de ce qui précède, que l'équation d'un cercle quelconque peut s'écrire

$$a(x^2+2xy\cos\theta+y^2)+2gx+2fy+c=0 \tag{168}$$

Le système des rayons infinis (§ 75) est donc le même pour tous les cercles du plan, puisqu'il s'obtient en égalant à zéro l'ensemble des termes de degré supérieur, ce qui donne

$$x^2+2xy\cos\theta+y^2=0$$

d'où

$$\frac{x}{y}=-(\cos\theta\pm\sqrt{-1}\sin\theta)$$

Les directions ainsi déterminées sont imaginaires conjuguées; elles sont indépendantes des axes de coordonnées (§ 14), et, si l'on suppose $\theta=\frac{\pi}{2}$, on voit que ce sont précisément les directions isotropes (§ 54).

Les points à l'infini sur ces directions sont donc les *points cycliques* (§ 94), et le cercle se présente dès à présent comme étant celle des courbes du second degré qui passe par ces deux points. Son équation, au lieu de renfermer, comme l'équation générale (164), cinq paramètres arbitraires qui sont les rapports de cinq des coefficients a, b, c, f, g, h au sixième, n'en renferme plus que trois desquels dépend dès lors la recherche du centre et du rayon.

On peut ajouter que, si l'on fait subir à l'équation d'un cercle la transformation générale homographique (84), elle deviendra celle d'une courbe du second degré passant par les points transformés des points cycliques, c'est-à-dire dont les coordonnées homogènes sont

$$x=a_1(-\cos\theta\mp\sqrt{-1}\sin\theta)+b_1$$
$$y=a_2(-\cos\theta\mp\sqrt{-1}\sin\theta)+b_2$$
$$z=a_3(-\cos\theta\mp\sqrt{-1}\sin\theta)+b_3$$

points qui sont absolument quelconques, réels ou imaginaires, à distance finie ou non, suivant les valeurs que l'on attribue aux paramètres de la transformation; d'où il résulte que l'opération transforme le cercle suivant une courbe du second degré passant par deux points que l'on peut se donner arbitrairement.

120. Centre et rayon. — Proposons-nous maintenant, les conditions (167) étant supposées remplies, et l'équation de la courbe se présentant par conséquent sous la forme (168), de déterminer les coordonnées du centre et la valeur du rayon. Remarquons, pour cela, que les trois derniers rapports (166) donnent

$$\begin{aligned} &a(x_1+y_1\cos\theta)+g=0\\ &a(x_1\cos\theta+y_1)+f=0\\ &a(x_1^2+2x_1y_1\cos\theta+y_1^2-r^2)-c=0. \end{aligned} \qquad (169)$$

Les deux premières équations donnent les coordonnées du centre qui sont toujours possibles, puisque leur dénominateur est $a^2\sin^2\theta$ et que le coefficient a ne saurait être nul, sans quoi l'équation de la courbe se réduirait au premier degré. Mais il est inutile, pour construire le centre, de trouver explicitement les valeurs de ces coordonnées ; si l'on considère, en effet, x_1 et y_1 comme des coordonnées courantes, le centre est à l'intersection des deux droites représentées par ces deux équations, puisque ses coordonnées sont les valeurs de x et y qui les satisfont simultanément. Or, si l'on prend sur l'axe X'OX une abscisse OA égale en grandeur et en signe à $-\frac{g}{a}$ (fig. 62), et si, par ce point, on mène une perpendiculaire à cet axe,

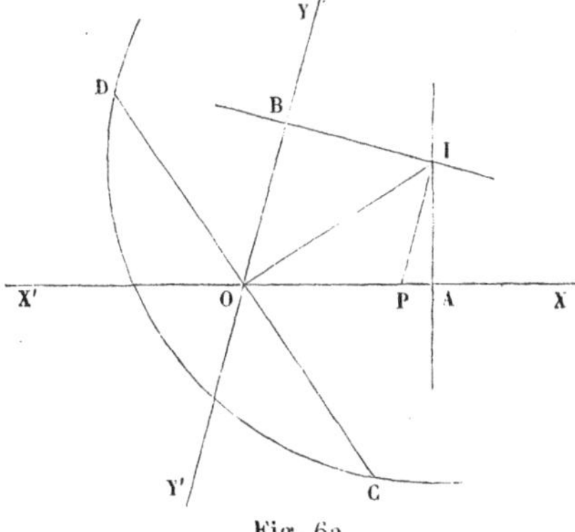

Fig. 62

le théorème des projections donne, pour un point quelconque I de cette perpendiculaire

$$x+y\cos\theta=-\frac{g}{a}$$

ou

$$a(x+y\cos\theta)+g=0$$

La première droite est donc la droite IA. On verrait de même que la seconde est la perpendiculaire à l'axe Y'OY au point de cet axe obtenu en prenant une ordonnée OB égale à $-\frac{f}{a}$; le centre cherché sera le point d'intersection de ces deux droites, qui sont toujours à distance finie, puisque a n'est pas nul, et qui ne sont jamais parallèles.

Quant au rayon, on a

$$r^2 = x_1^2 + 2x_1y_1\cos\theta + y_1^2 - \frac{c}{a}$$

Or, l'ensemble des termes en x_1 et y_1 dans le second membre n'est autre que le carré de la distance IO, il y aura donc deux cas à distinguer, suivant que $\frac{c}{a}$ est positif ou négatif. Dans le premier, $\frac{c}{a}$ est le carré d'une certaine longueur l; et le rayon s'obtiendra comme côté de l'angle droit d'un triangle rectangle dont IO est l'hypoténuse et dont l est l'autre côté ; il suffira, pour avoir deux points du cercle, de chercher les points communs au cercle décrit sur OI comme diamètre, et au cercle décrit de l'origine comme centre et dont le rayon est l. Si, au contraire $\frac{c}{a}$ est négatif et égal à $-l'$, le rayon est l'hypoténuse du triangle rectangle dont les deux côtés de l'angle droit sont IO et l', et l'on aura deux points du cercle en portant sur la perpendiculaire à la droite IO à l'origine, de part et d'autre de l'origine, des longueurs OC et OD égales à l'.

On peut remarquer que, suivant l'un ou l'autre cas, l'origine est extérieure ou intérieure au cercle. Ceci pouvait être prévu ; car il est évident par continuité, pour le cercle comme pour la ligne droite, que le cercle partage le plan en deux régions, l'une renfermant les points dont les coordonnées, substituées dans son équation, rendent le premier membre positif ; ce sont les points extérieurs au cercle lorsque a est positif, comme on le vérifie facilement sur l'équation (163); l'autre renfermant les points dont les coordonnées le rendent négatif, lesquels, dans la même hypothèse, sont les points intérieurs au cercle : or, le résultat de la substitution des coordonnées de l'origine est précisément le coefficient c; il fallait donc que, pour $a > 0$, l'origine fût extérieure ou intérieure suivant que c est positif ou négatif ; ou bien, en toute hypothèse, suivant que $\frac{c}{a}$ est positif ou négatif.

Lorsque cette quantité est négative, il est clair que la valeur de r^2 est toujours positive; la construction précédente elle-même fait voir que le cercle est toujours possible. Mais si elle est positive, r^2 peut devenir négatif, auquel cas le cercle décrit de l'origine comme centre avec la longueur l pour rayon contient le cercle décrit sur OI comme diamètre, et la construction précédente ne donne plus rien. Tant que l'on a $l < \mathrm{OI}$, elle s'applique; pour $l = \mathrm{OI}$, elle fournit un cercle de rayon nul, qui se réduit à son centre; enfin, pour $l > \mathrm{OI}$, il n'y a plus aucun point dont les coordonnées réelles satisfassent l'équation; mais il est clair qu'il y a une infinité de points de coordonnées imaginaires; il suffit, pour s'en apercevoir, de donner à l'une des variables une valeur imaginaire; on en conclut alors pour l'autre deux valeurs imaginaires. Les coordonnées homogènes des points cycliques satisfont toujours l'équation, et l'on dit que la courbe devient un *cercle imaginaire*. Les coefficients de l'équation sont d'ailleurs toujours supposés réels, et il ne s'agit, dans ce qui va suivre, que des cercles à coefficients réels.

On peut se demander quelle est la condition, pour que le cercle représenté par l'équation générale (168) soit réel. Il faut, pour la trouver, exprimer r^2 en fonction des coefficients a, f, g, h et écrire qu'il est positif. Pour y arriver, il suffit d'éliminer x_1 et y_1 entre les équations (169); afin de remplacer la troisième qui est du second degré en x_1 et y_1 par une équation du premier degré, multiplions la première par x_1, la seconde par y_1; ajoutons-les et retranchons-en la troisième, il vient

$$gx_1 + fy_1 + ar^2 + c = 0$$

Éliminant maintenant x_1 et y_1 entre les deux premières équations (169) et la précédente, on obtient

$$\begin{vmatrix} a & a\cos\theta & g \\ a\cos\theta & a & f \\ g & f & ar^2 + c \end{vmatrix} = 0$$

d'où l'on tire

$$r^2 = -\frac{1}{a^3 \sin^2\theta} \begin{vmatrix} a & a\cos\theta & g \\ a\cos\theta & a & f \\ g & f & c \end{vmatrix} \qquad (170)$$

En représentant par Δ_3 le déterminant précédent, que l'on rencontrera souvent sous le nom de *discriminant* dans la théorie des courbes du second degré, on voit que la condition cherchée est

$$a\Delta_3 < 0$$

Le premier membre de cette inégalité est de degré pair par rapport aux coefficients, comme cela doit arriver pour toute fonction du signe de laquelle dépend une propriété intrinsèque de la courbe. Si l'on change en effet de signe tous les coefficients, l'équation ne cesse pas de représenter la même courbe, et la fonction considérée doit conserver le même signe.

Si les coordonnées sont rectangulaires, les valeurs de x_1, y_1 et r se simplifient, et l'on a

$$x_1 = -\frac{g}{a} \qquad r^2 = \frac{g^2+f^2}{a^2} - \frac{c}{a}$$
$$y_1 = -\frac{f}{a}$$

l'équation du cercle se réduisant d'ailleurs à

$$a(x^2+y^2)+2gx+2fy+c=0$$

121. Tangente. — L'équation de la tangente en un point du cercle est (§ 80)

$$xf'_{x_0}+yf'_{y_0}+zf'_{z_0}=0 \qquad (111)$$

c'est-à-dire, en faisant $z=z_0=1$ pour revenir aux coordonnées absolues

$$x\Big[a(x_0+y_0\cos\theta)+g\Big]+y\Big[a(x_0\cos\theta+y_0)+f\Big]+gx_0+fy_0+c=0 \qquad (171$$

On vérifie aisément qu'elle est perpendiculaire au rayon qui passe par le point de contact : si, en effet, x_1 et y_1 sont, comme plus haut, les coordonnées du centre, l'équation de ce rayon est

$$\begin{vmatrix} x & y & 1 \\ x_0 & y_0 & 1 \\ x_1 & y_1 & 1 \end{vmatrix} = 0 \qquad (44)$$

Une droite passant par le point de contact

$$u(x-x_0)+v(y-y_0)=0$$

lui sera perpendiculaire, si l'on a

$$u(y_0-y_1)-v(x_0-x_1)+\left[u(x_0-x_1)-v(y_0-y_1)\right]\cos\theta=0$$

ou, en ordonnant par rapport à u et v, et tenant compte des équations (169)

$$u\left[a(x_0\cos\theta+y_0)+f\right]-v\left[a(x_0+y_0\cos\theta)+g\right]=0$$

d'où résulte, pour l'équation de la perpendiculaire

$$(x-x_0)\left[a(x_0+y_0\cos\theta)+g\right]+(y-y_0)\left[a(x_0\cos\theta+y_0)+f\right]=0$$

qui est précisément l'équation (171) de la tangente, si l'on remarque que le terme indépendant de x et y peut s'écrire

$$gx_0+fy_0+c$$

en vertu de l'équation (168) du cercle à laquelle satisfont les coordonnées du point de contact.

122. Équation tangentielle du cercle. — Si l'on applique les résultats du paragraphe 85, on voit que, pour obtenir l'équation tangentielle du cercle, il faut éliminer x_0 y_0 et z_0 entre les équations

$$ux_0+vy_0+wz_0=0 \qquad (118)$$

et

$$\frac{a(x_0+y_0\cos\theta)+g}{u}=\frac{a(x_0\cos\theta+y_0)+f}{v}=\frac{gx_0+fy_0+c}{w}$$

Si l'on égale ces rapports à une indéterminée λ, cela revient à éliminer x_0, y_0, z_0, et λ entre les équations linéaires

$$\begin{aligned} a(x_0+y_0\cos\theta)+g+\lambda u&=0\\ a(x_0\cos\theta+y_0)+f+\lambda v&=0\\ gx_0+fy_0+c+\lambda w&=0 \end{aligned}$$

et l'équation (118). Le résultat de l'élimination est

$$\begin{vmatrix} a & a\cos\theta & g & u\\ a\cos\theta & a & f & v\\ g & f & c & w\\ u & v & w & 0 \end{vmatrix}=0 \tag{172}$$

L'examen de cette équation fait voir immédiatement qu'elle est du second degré par rapport aux variables u, v, w : il suit de là (§ 85) que le cercle est une courbe de seconde classe. On se rappelle que l'équation générale du premier degré en u, v, u représente un point ; la courbe de première classe, celle à laquelle on ne peut mener par un point du plan qu'une tangente, est donc le point : le cercle offre à présent un premier exemple d'une courbe de seconde classe ; on verra un peu plus loin quelle est la propriété qui le distingue parmi les courbes de seconde classe, c'est-à-dire les particularités que doit présenter l'équation générale du second degré en u, v, w pour représenter un cercle.

123. Points d'intersection d'une droite et d'un cercle. — On peut supposer, par exemple, la droite déterminée par un point et sa direction. Si l'on écrit alors son équation sous la forme

$$\frac{x-x_0}{p}=\frac{y-y_0}{q}=\rho \tag{43}$$

les valeurs de ρ s'obtiendront (§ 31) en remplaçant x et y dans l'équation du cercle, ce qui donne

$$f(x_0+p\rho, y_0+q\rho)\equiv f(x_0,y_0)+\rho(pf'_{x_0}+qf'_{y_0})+\rho^2\varphi(p,q)=0 \tag{173}$$

si l'on désigne par $\varphi(p,q)$ l'ensemble homogène

$$p^2+2pq\cos\theta+q^2$$

et si l'on suppose que l'on ait pris l'équation du cercle sous la forme (163). Cette somme est égale à 1, puisque p et q sont les coordonnées d'un point dont la distance à l'origine est l'unité. Les valeurs de ρ seront donc réelles ou imaginaires, suivant le signe de l'expression

$$(pf'_{x_0}+qf'_{y_0})^2-4f(x_0,y_0).$$

Si l'on y remplace f'_{x_0}, f'_{y_0} et $f(x_0,y_0)$ par leurs valeurs, on trouve facilement, en calculant les coefficients de $(x_0-x_1)^2$, $(x_0-x_1)(y_0-y_1)$, $(y_0-y_1)^2$, et tenant compte de la valeur de $\varphi\,(p,q)$, qu'elle peut s'écrire

$$r^2-\Big[q(x_0-x_1)-p(y_0-y_1)\Big]^2\sin^2\theta$$

c'est-à-dire

$$r^2-\delta^2$$

en désignant par δ la distance du centre à la droite (43) : on vérifie par là que les points d'intersection cherchés sont réels ou imaginaires conjugués, suivant que cette distance est plus petite ou plus grande que le rayon.

124. Tangentes menées par un point donné. — Le cercle est une courbe de seconde classe ; on peut donc, par un point, lui mener deux tangentes réelles ou imaginaires ; la courbe qui, par son intersection avec le cercle, détermine les points de contact, a pour équation (§ 87)

$$x_0f'_x+y_0f'_y+z_0f'_z=0$$

en désignant par x_0 et y_0 les coordonnées du point donné, c'est-à-dire

$$x_0\Big[a(x+y\cos\theta)+g\Big]+y_0\Big[a(x\cos\theta+y)+f\Big]+gx+fy+c=0$$

Cette équation est symétrique en x et x_0, ainsi qu'en y et y_0 ; si on l'ordonne par rapport à x et y, on retrouve l'équation (171) de la tangente, dont elle ne diffère qu'en ce que le point donné n'est pas sur le cercle : elle représente la droite qui joint les deux points de contact, ou *corde de contact*.

Si l'on ne tient pas compte de ce que le point (x_0, y_0) est sur le cercle, la démonstration donnée (§ 121) prouve que la droite qui joint le centre à ce point est perpendiculaire à la droite (171). On en conclut que *la droite qui joint le centre d'un cercle à un point donné est perpendiculaire à la corde de contact des tangentes menées par ce point.*

Si, au lieu de prendre l'équation du cercle sous la forme (168), on la prend sous la forme (163), la corde de contact devient

$$x\left[x_0-x_1+(y_0-y_1)\cos\theta\right]+y\left[(x_0-x_1)\cos\theta+y_0-y_1\right]-x_1(x_0-x_1)$$
$$-y_1(y_0-y_1)-\cos\theta\left[x_1(y_0-y_1)+y_1(x_0-x_1)\right]-r^2=0$$

Si l'on cherche sa distance au centre (fig. 63), on a

$$\text{OC}=\frac{r^2}{\sqrt{(x_0-x_1)^2+(y_0-y_1)^2+2(x_0-x_1)(y_0-y_1)\cos\theta}}=\frac{r^2}{\text{OP}}$$

Les points de contact sont réels ou imaginaires, suivant qu'elle

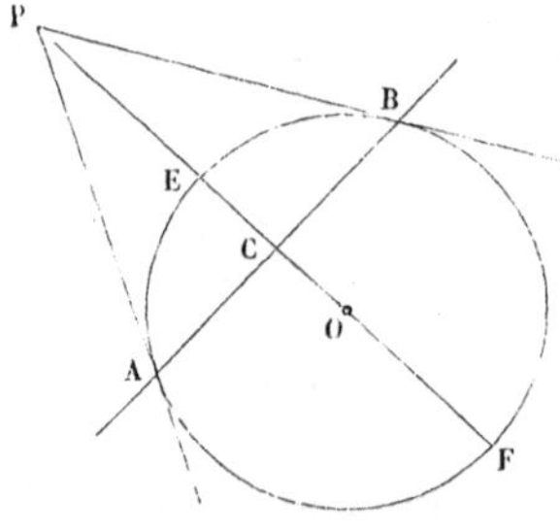

Fig. 63

est plus petite ou plus grande que le rayon, c'est-à-dire suivant que OP est plus grand ou plus petit que le rayon, ou enfin suivant que le point donné est extérieur ou intérieur.

De la relation OC. OP$=r^2$, on conclut encore (§ 46) que, sur le diamètre OP, les quatre points P, C, E, F forment une division harmonique, ce qui est conforme à la définition de la polaire dans le cas des courbes du second degré (§ 88) et doit avoir lieu sur toute sécante menée par le point P.

Si le point donné est intérieur au cercle, l'équation de la corde de contact subsiste réelle ; on a toujours la relation OC. OP $= r^2$. Si le point est le centre, OC étant nul, OP devient infini, et la corde s'éloigne indéfiniment, comme on le voit aussi sur l'équation qui se réduit à $r^2 = 0$, pour $x_0 = x_1$, $y_0 = y_1$. Les tangentes menées par le centre ont donc leurs points de contact à l'infini, et, comme les points à l'infini du cercle sont les points cycliques, on peut dire que *les asymptotes imaginaires du cercle sont les droites isotropes menées par le centre.*

Inversement, si le point de contact s'éloigne indéfiniment, la même relation fait voir que la corde de contact passe par le centre, et les deux tangentes sont parallèles.

On obtient tous ces résultats immédiatement en prenant le centre pour origine et supposant les coordonnées rectangulaires ; l'équation du cercle prend alors la forme simple

$$x^2 + y^2 = r^2$$

La tangente et la corde de contact deviennent

$$xx_0 + yy_0 = r^2$$

Une forme simple souvent employée de l'équation de la tangente est alors la suivante

$$ux + vy = \pm r\sqrt{u^2 + v^2}$$

elle ne renferme que les paramètres angulaires u et v ; on l'obtient en déterminant w, de telle sorte que la droite $ux + vy + w = 0$ soit tangente à la courbe.

125. Exercices. — 1. Vérifier que, sur toute sécante menée par le point P (fig. 63), les quatre points P, C, E, F forment une division harmonique.

2. Faire voir que l'équation du cercle ayant pour diamètre le segment dont les extrémités sont (x_0, y_0) et (x_1, y_1) est la suivante

$$x^2 + 2xy\cos\theta + y^2 - \left[x_0 + x_1 + (y_0 + y_1)\cos\theta\right]x - \left[y_0 + y_1 + (x_0 + x_1)\cos\theta\right]y$$
$$+ x_0x_1 + y_0y_1 + (x_0y_1 + x_1y_0)\cos\theta = 0$$

3. En conclure que les points de contact des tangentes menées

par un point à un cercle sont sur le cercle ayant pour diamètre le segment dont les extrémités sont le point donné et le centre du cercle donné.

4. Faire voir que les points de contact des tangentes menées par un point donné peuvent encore s'obtenir par la construction suivante ; on décrira du point comme centre un cercle passant par le centre du cercle donné ; on décrira un cercle concentrique au cercle donné et de rayon double ; les cordes joignant les points d'intersection de ces deux cercles au centre du cercle donné déterminent sur celui-ci les points de contact cherchés.

126. Équation du cercle passant par trois points. — L'équation générale (168) renferme trois paramètres arbitraires qui sont les rapports de trois des coefficients a, f, g, h au quatrième. Il faut donc trois conditions (§ 112) pour déterminer un cercle : si l'on écrit que le cercle passe par un point $(x_1\ y_1)$, cette relation est du premier degré entre les paramètres a, f, g, h ; ce n'est pas la relation linéaire la plus générale, mais elle est linéaire, et, par suite, trois points (x_1, y_1), (x_2, y_2), (x_3, y_3) déterminent un cercle et un seul, dont les paramètres a, f, g, h sont donnés par les équations

$$a(x_1^2+2x_1y_1\cos\theta+y_1^2)+2gx_1+2fy_1+c=0$$
$$a(x_2^2+2x_2y_2\cos\theta+y_2^2)+2gx_2+2fy_2+c=0$$
$$a(x_3^2+2x_3y_3\cos\theta+y_3^2)+2gx_3+2fy_3+c=0$$

En les substituant dans l'équation générale (168), on aura l'équation du cercle cherché ; mais cela revient à éliminer a, f, g, h entre cette équation et celles qui viennent d'être écrites, élimination dont le résultat est

$$\begin{vmatrix} x^2+2xy\cos\theta+y^2 & x & y & 1 \\ x_1+2x_1y_1\cos\theta+y_1^2 & x_1 & y_1 & 1 \\ x_2^2+2x_2y_2\cos\theta+y_2^2 & x_2 & y_2 & 1 \\ x_3^2+2x_3y_3\cos\theta+y_3^2 & x_3 & y_3 & 1 \end{vmatrix}=0 \qquad (174)$$

Ce cercle est toujours possible, sauf le cas où le coefficient de $x^2+2xy\cos\theta+y^2$ qui est le mineur

$$\begin{vmatrix} x_1 & y_1 & 1 \\ x_2 & y_2 & 1 \\ x_3 & y_3 & 1 \end{vmatrix}$$

étant nul, c'est-à-dire les trois points donnés étant en ligne droite, les termes du second degré disparaissent, et où il se réduit à une droite, ce qui est conforme à la géométrie élémentaire. On interprète facilement les autres coefficients : celui de x, dans lequel on considère x_1 et y_1 comme des coordonnées courantes, représente, lorsqu'il est nul, un cercle passant par les deux autres points et dont le centre est sur une perpendiculaire élevée, à l'origine, à l'axe X'OX, parce qu'il n'a pas de terme en x ; il signifie donc, lorsqu'il est nul, que le cercle passant par les trois points a son centre sur cette perpendiculaire ; de même, celui de y, égalé à zéro, signifie que le cercle, passant par les trois points, a son centre sur la perpendiculaire élevée à l'origine à l'axe Y'OY ; enfin, le terme indépendant, égalé à zéro, signifie que les trois points et l'origine sont sur un même cercle. Il suit de là que tous les coefficients ne sauraient être simultanément nuls, si les trois points donnés ne coïncident pas à l'origine.

On peut également obtenir l'équation du cercle circonscrit à un triangle, en fonction des équations des trois côtés. Soient données ces trois équations

$$\begin{aligned} X &\equiv a_1x + b_1y + c_1 = 0 \\ Y &\equiv a_2x + b_2y + c_2 = 0 \\ Z &\equiv a_3x + b_3y + c_3 = 0. \end{aligned}$$

Remarquons que l'équation générale

$$\lambda YZ + \mu ZX + \nu XY = 0$$

représente une courbe du second degré circonscrite au triangle, car elle est satisfaite par les coordonnées du point d'intersection de deux quelconques des côtés, et elle renferme deux paramètres variables qui permettent d'exprimer qu'elle est un cercle. Si l'on applique pour cela les conditions (167), il vient

$$a_2a_3 - b_2b_3) + \mu(a_3a_1 - b_3b_1) + \nu(a_1a_2 - b_1b_2) = 0$$
$$a_2b_3 + a_3b_2 - 2a_2a_3\cos\theta) + \mu(a_3b_1 + a_1b_3 - 2a_3a_1\cos\theta) + \nu(a_1b_2 + a_2b_1 - 2a_1a_2\cos\theta) = 0$$

d'où l'on peut tirer les valeurs proportionnelles λ, μ, ν : celle de λ, par exemple, est

$$\begin{vmatrix} a_3a_1 - b_3b_1 & a_1a_2 - b_1b_2 \\ a_3b_1 + a_1b_3 - 2a_3a_1\cos\theta & a_1b_2 + a_2b_1 - 2a_1a_2\cos\theta \end{vmatrix}$$

c'est-à-dire

$$(a_2b_3 - a_3b_2)(a_1^2 + b_1^2 - 2a_1b_1 \cos\theta).$$

L'équation cherchée peut donc s'écrire :

$$(a_2b_3 - a_3b_2)(a_1^2 + b_1^2 - 2a_1b_1 \cos\theta)\mathrm{YZ} + (a_3b_1 - a_1b_3)(a_2^2 + b_2^2 - 2a_2b_2 \cos\theta)\mathrm{ZX}$$
$$+ (a_1b_2 - a_2b_1)(a_3^2 + b_3^2 - 2a_3b_3 \cos\theta)\mathrm{XY} = 0.$$

Elle se simplifie si l'on prend les équations des côtés sous la forme

$$x \cos\alpha_1 + y \cos\beta_1 - p_1 = 0$$
$$x \cos\alpha_2 + y \cos\beta_2 - p_2 = 0$$
$$x \cos\alpha_3 + y \cos\beta_3 - p_3 = 0$$

parce qu'alors les parenthèses renfermant $\cos\theta$ sont égales à $\sin\theta$ (4), et elle devient

$$(\cos\alpha_2 \cos\beta_3 - \cos\beta_2 \cos\alpha_3)\mathrm{YZ} + (\cos\alpha_3 \cos\beta_1 - \cos\alpha_1 \cos\beta_3)\mathrm{ZX}$$
$$+ (\cos\alpha_1 \cos\beta_2 - \cos\alpha_2 \cos\beta_1)\mathrm{XY} = 0.$$

Mais, eu égard aux identités

$$\theta = \alpha_1 - \beta_1 = \alpha_2 - \beta_2 = \alpha_3 - \beta_3$$

on voit facilement, en y remplaçant β_1, β_2, β_3 par leurs valeurs, que les parenthèses deviennent respectivement

$$\sin\theta \sin(\alpha_3 - \alpha_2), \quad \sin\theta \sin(\alpha_2 - \alpha_3) \quad \text{et} \quad \sin\theta \sin(\alpha_2 - \alpha_1).$$

L'équation cherchée se réduit donc définitivement à

$$\mathrm{YZ} \sin(\alpha_2 - \alpha_3) + \mathrm{ZX} \sin(\alpha_3 - \alpha_1) + \mathrm{XY} \sin(\alpha_1 - \alpha_2) = 0$$

qui est absolument générale, et ne nécessite aucune hypothèse sur la position de l'origine.

Ceci est d'accord avec le théorème de Simson, que l'on démontre en géométrie élémentaire, et d'après lequel le cercle circonscrit à un triangle est le lieu des points tels que les pieds des perpendiculaires abaissées de ce point sur les trois côtés sont en ligne droite. Pour exprimer cette condition, il faut se rappeler que, lorsque l'équation de la ligne droite a été mise sous la forme

$$x \cos\alpha + y \cos\beta - p = 0 \tag{25}$$

le pied de la perpendiculaire abaissée de l'origine sur la droite a été considéré comme étant à la distance p de l'origine sur la direction dont l'angle directeur, par rapport à X'OX, est l'angle α, ou à la distance $-p$ sur la direction définie par l'angle $\pi+\alpha$. En un mot, p et α sont les coordonnées polaires du pied de la perpendiculaire par rapport à l'axe X'OX pris pour axe polaire, l'origine restant en O. Il suit de là, par une translation des axes, que si, au lieu de l'origine, on considère un point quelconque du plan, le pied de la perpendiculaire abaissée du point sur la droite peut être considéré comme ayant pour coordonnées polaires par rapport à ce point pris pour origine et à un axe polaire parallèle à l'ancien, le même angle α et le résultat, changé de signe, de la substitution des coordonnées du point dans l'ancienne équation de la droite.

Si l'on rapproche ce fait de la condition

$$\frac{1}{\rho_1}\sin(\omega_2-\omega_3)+\frac{1}{\rho_2}\sin(\omega_3-\omega_1)+\frac{1}{\rho_3}\sin(\omega_1-\omega_2)=0$$

qui exprime (§ 36) que trois points donnés par leurs coordonnées polaires sont en ligne droite, on en conclut immédiatement, en multipliant tout par $\rho_1\,\rho_2\,\rho_3$, que les pieds des perpendiculaires abaissées d'un point du lieu sur les trois côtés du triangle sont en ligne droite, si l'on a

$$\mathrm{YZ}\sin(\alpha_2-\alpha_3)+\mathrm{ZX}\sin(\alpha_3-\alpha_1)+\mathrm{XY}\sin(\alpha_1-\alpha_2)=0 \tag{175}$$

Il suffit, pour cela, de considérer un axe polaire fictif mené par chaque point du lieu parallèlement à l'axe X'OX, ce point étant pris lui-même pour origine.

127. Longueur de la tangente menée d'un point à un cercle. Puissance d'un point. — Si l'on se reporte à l'équation (173), on voit que le produit des distances d'un point (x_0, y_0) aux deux points d'intersection avec un cercle d'une sécante quelconque menée par le point est constant, lorsque cette sécante varie, et égal à $f(x_0, y_0)$, puisque tel est le terme constant de l'équation du second degré en ρ dont ces distances sont les racines. Ainsi se trouve démontré un théorème de géométrie élémentaire, et l'on obtient en même temps par là la longueur de la tangente menée au cercle par le point (x_0, y_0). Si l'on suppose, en effet, que la sécante variable devienne tangente, les deux racines deviennent égales à la longueur cherchée, et leur produit $f(x_0, y_0)$ représente, par conséquent, le carré de cette longueur. Il faut observer, toutefois, qu'il a été supposé, lorsqu'on a établi l'équation (173), que l'équation du cercle avait la forme particulière (163), dans laquelle le coefficient de l'ensemble des termes du second degré est égal à l'unité. Si ce coefficient était quelconque et égal à a, il faudrait, pour ramener l'équation à la forme précédente, diviser le premier membre par a, et le carré de la longueur de la tangente deviendrait $\frac{1}{a}f(x_0, y_0)$.

On peut s'en rendre compte d'une autre façon ; on a, en effet, dans le triangle POA (fig. 63) :

$$\overline{PA}^2=\overline{PO}^2-\overline{OA}^2=(x_0-x_1)^2+(y_0-y_1)^2+2(x_0-x_1)(y_0-y_1)\cos\theta-r^2=f(x_0,y_0$$

en représentant par $f(x, y)$ le premier membre de l'équation (163).

Si maintenant l'équation avait la forme générale (168), il résulte de l'identification (166) que le premier membre est alors identique à l'expression

$$a\left[(x-x_1)^2+(y-y_1)^2+2(x-x_1)(y-y_1)\cos\theta-r^2\right].$$

On peut donc dire, d'une façon générale, que l'expression de la longueur t de la tangente menée par le point (x_0, y_0) à un cercle dont l'équation est

$$f(x,y)=0$$

est donnée par

$$t^2=\frac{1}{a}f(x_0,y_0) \qquad (176)$$

dans laquelle a désigne le coefficient de l'ensemble des termes du second degré.

La longueur t, qui est encore la moyenne proportionnelle entre les distances du point considéré aux points d'intersection avec le cercle d'une sécante quelconque tracée par le point, se désigne aussi quelquefois sous le nom de puissance du point par rapport au cercle. Afin de concilier la définition de la puissance d'un point par rapport à un cercle avec celle qui sera donnée plus loin de la puissance d'un point par rapport à une courbe du second degré, et dont le carré aura pour expression

$$\frac{f(x_0, y_0)\sin^2\theta}{a+b-2h\cos\theta}$$

expression qui se réduit dans le cas du cercle à

$$\frac{f(x_0, y_0)}{2a}$$

nous dirons que la *puissance* p d'un point par rapport à un cercle est donnée par la relation

$$p^2 = \frac{1}{2a} f(x_0, y_0) \qquad (177)$$

de telle sorte que la puissance s'obtiendra en divisant par $\sqrt{2}$ la longueur de la tangente.

L'une et l'autre sont réelles pour tous les points extérieurs au cercle, nulles pour les points du cercle et imaginaires pour les points intérieurs, ce qui tient à ce qu'alors les distances comptées sur une sécante quelconque menée par le point, étant prises dans des sens contraires, sont de signes contraires; par conséquent, leur produit t^2 est négatif : t est donc de la forme $b\sqrt{-1}$ et le coefficient b est la valeur absolue de la moyenne proportionnelle entre les deux distances, laquelle s'obtient lorsque le point est intérieur au cercle en menant par ce point une perpendiculaire au diamètre qui le contient jusqu'à son point de rencontre avec le cercle.

PROPRIÉTÉS DE DEUX CERCLES.

128. Points d'intersection de deux cercles. — Il résulte du théorème (§ 76), que deux courbes du second degré quelconques, qui ne coïncident dans aucune de leurs parties, ont toujours quatre points communs, réels ou imaginaires, distincts ou confondus, à distance finie ou à l'infini. On a vu, d'ailleurs (§ 119), que, s'il s'agit de deux cercles, deux de leurs points communs sont les points cycliques. Il est facile de trouver la droite qui contient les deux autres : soient pour cela

$$a_1(x^2+2xy\cos\theta+y^2)+2g_1x+2f_1y+c_1=0$$
$$a_2(x^2+2xy\cos\theta+y^2)+2g_2x+2f_2y+c_2=0$$

les équations des deux cercles. Si, pour éliminer l'ensemble des termes du second degré qui est le même dans les deux équations, on multiplie la première par a_2, la seconde par a_1, et si on retranche la seconde de la première, il vient

$$2(a_2g_1-a_1g_2)x+2(a_2f_1-a_1f_2)y+a_2c_1-a_1c_2=0 \qquad (178)$$

équation du premier degré entre x et y, qui est celle de la corde commune cherchée, puisqu'elle est une combinaison des deux premières, et que, par conséquent, les points communs à la droite qu'elle représente et à l'un des deux cercles doivent également appartenir à l'autre.

On obtiendra donc les deux autres points d'intersection en cherchant les points communs à cette droite et à l'un des cercles (§ 123). L'équation de cette droite se simplifie d'ailleurs, si les coefficients des termes du second degré dans les deux cercles sont les mêmes.

Si les deux équations ont la forme (163), on trouve facilement, en désignant par (x_2, y_2) les coordonnées du centre du second cercle, que les coefficients de x et de y dans l'équation de la corde commune sont respectivement proportionnels à

$$(x_1-x_2)+(y_1-y_2)\cos\theta \quad \text{et} \quad (x_1-x_2)\cos\theta+y_1-y_2.$$

Les coefficients des mêmes variables dans l'équation de la droite qui joint les centres sont d'ailleurs y_1-y_2 et x_2-x_1, de telle sorte qu'il suffit, pour faire voir que ces deux droites sont perpendiculaires, de remplacer ces coefficients par leurs valeurs dans la condition de perpendicularité (36), laquelle peut, d'ailleurs, s'écrire sous forme de déterminant

$$\begin{vmatrix} 1 & \cos\theta & a_1 \\ \cos\theta & 1 & b_1 \\ a_2 & b_2 & 0 \end{vmatrix}=0$$

et de vérifier que l'identité a lieu, en retranchant des termes de la troisième colonne la somme des termes correspondants de la première et de la seconde respectivement multipliés par $x_1 - x_2$ et $y_1 - y_2$.

Pour simplifier les calculs et rendre la chose plus immédiate, si c'est possible, on peut supposer les coordonnées rectangulaires et les centres des deux cercles sur l'axe X'OX. Leurs équations deviennent

$$(x - x_1)^2 + y^2 = r_1^2$$
$$(x - x_2)^2 + y^2 = r_2^2$$

en désignant par x_1, x_2 les abscisses des deux centres, et r_1, r_2, les deux rayons.

Celle de la corde commune est alors

$$2x(x_1 - x_2) + x_2^2 - x_1^2 = r_2^2 - r_1^2$$

elle est parallèle à l'axe Y'OY, par conséquent perpendiculaire à la droite des centres.

Pour que les cercles se coupent, il faut que la corde commune rencontre l'un d'eux, le premier, par exemple; par conséquent (§ 123) sa distance au centre doit être plus petite que le rayon; ce qu'on exprimera en écrivant que l'abscisse de cette corde sur la droite des centres est comprise entre $x_1 + r_1$ et $x_1 - r_1$. On a alors la double inégalité

$$2(x_1 + r_1) > x_1 + x_2 - \frac{r_1^2 - r_2^2}{x_1 - x_2} > 2(x_1 - r_1). \qquad (179)$$

La première inégalité peut s'écrire

$$x_1 - x_2 > \frac{r_2^2 - r_1^2}{x_1 - x_2} - 2r_1$$

ou en supposant, ce que l'on peut toujours faire, que x_1 est la plus grande des deux abscisses, et multipliant alors par $x_1 - x_2$

$$(x_1 - x_2)^2 + 2r_1(x_1 - x_2) + r_1^2 - r_2^2 > 0.$$

Pour que ce trinome du second degré en $(x_1 - x_2)$ soit positif, il faut que $x_1 - x_2$ soit compris en dehors des racines, ce qui se traduit, l'une d'elles étant toujours négative, par la seule inégalité

$$x_1 - x_2 > r_2 - r_1.$$

De même, la seconde inégalité (179) peut s'écrire

$$(x_1 - x_2)^2 - 2r_1(x_1 - x_2) + r_1^2 - r_2^2 < 0$$

ce qui donne, de la même façon

$$r_1 - r_2 < x_1 - x_2 < r_1 + r_2.$$

x_1 ayant été supposée la plus grande des deux abscisses $x_1 - x_2$ est la valeur absolue d de la distance des centres, et les trois inégalités qui viennent d'être obtenues peuvent s'écrire

$$\pm(r_1 - r_2) < d < r_1 + r_2.$$

Il est clair que pour celui des deux signes qui rend négative la différence $r_1 - r_2$, la condition est toujours satisfaite, de telle sorte qu'elle se réduit finalement aux inégalités de la géométrie élémentaire d'après lesquelles la différence des centres doit être comprise entre la somme et la différence des rayons.

129. Axe radical. — La corde commune est la droite, toujours réelle, qui joint les deux points, réels ou imaginaires conjugués, communs aux deux cercles. Lorsqu'on la considère à ce point de vue général, on lui donne souvent le nom d'*axe radical* des deux cercles.

Si l'on représente par

$$C_1 = 0 \qquad C_2 = 0$$

les équations des deux cercles, l'équation (178) de l'axe radical peut s'écrire

$$a_2 C_1 - a_1 C_2 = 0$$

ou

$$\frac{C_1}{a_1} = \frac{C_2}{a_2}$$

ce qui exprime, eu égard à (176), que *cette droite est le lieu des points d'où l'on peut mener aux deux cercles des tangentes de longueurs égales.* Cette proposition, que la géométrie élémentaire démontre aussi très simplement, est indépendante de la position relative des deux cercles et subsiste lorsque leurs points d'intersection sont imaginaires; elle fournira un peu plus loin (§ 136) un procédé pour construire la corde commune dans ce dernier cas. On peut remarquer également, en remplaçant la longueur de la tangente par sa valeur donnée par le triangle POA (fig. 63) que l'axe radical de deux cercles se présente aussi comme *le lieu des points tels que la différence des carrés de leurs distances aux deux centres est constante et égale à la différence des carrés des rayons.*

130. Condition pour que deux cercles soient tangents. — Pour exprimer que deux cercles donnés par leurs équations sont tangents, il suffit d'écrire que l'un d'eux est tangent à leur axe radical ; pour cela, il faut substituer dans l'équation tangentielle du cercle les coordonnées de cette droite. On obtient ainsi, en remplaçant u, v, w par les coordonnées de la droite (178) dans l'équation (172)

$$\begin{vmatrix} a_1 & a_1\cos\theta & g_1 & a_2g_1 - a_1g_2 \\ a_1\cos\theta & a_1 & f_1 & a_2f_1 - a_1f_2 \\ g_1 & f_1 & c_1 & \frac{1}{2}(a_2c_1 - a_1c_2) \\ a_2g_1 - a_1g_2 & a_2f_1 - a_1f_2 & \frac{1}{2}(a_2c_1 - a_1c_2) & 0 \end{vmatrix} = 0.$$

Cette relation ne paraît pas symétrique par rapport aux coefficients des deux cercles ; pour la rendre telle comme elle doit l'être, supposons les coefficients a_1 et a_2 égaux à l'unité, ce que l'on peut toujours faire en divisant chaque équation par le coefficient correspondant ; retranchons ensuite des éléments de la quatrième ligne respectivement ceux de la troisième, et changeons les signes ; effectuant la même opération sur les éléments de la quatrième colonne, il vient alors

$$\begin{vmatrix} 1 & \cos\theta & g_1 & g_2 \\ \cos\theta & 1 & f_1 & f_2 \\ g_1 & f_1 & c_1 & \frac{1}{2}(c_1 + c_2) \\ g_2 & f_2 & \frac{1}{2}(c_1 + c_2) & c_2 \end{vmatrix} = 0 \qquad (180)$$

relation qui est symétrique par rapport aux coefficients des deux cercles, puisqu'elle ne change pas si l'on permute les lettres d'indice 1 avec les lettres d'indice 2, et dans laquelle il ne faut pas oublier que les coefficients des termes du second degré dans chaque cercle ont été supposés égaux à l'unité.

131. Condition pour que deux cercles se coupent orthogonalement. — On démontre, en géométrie élémentaire, que lorsque deux cercles sont orthogonaux (§ 94), le carré de la distance des centres est égal à la somme des carrés des rayons, et que la longueur de la tangente menée à l'un d'eux par le centre de l'autre est égale au rayon de ce dernier. Ces propositions évidentes n'ont besoin que d'être rappelées. La dernière permet d'écrire immédiatement la relation entre les coefficients des deux cercles qui exprime qu'ils se coupent à angle droit. Soient en effet x_1, y_1 et r_1 les coordonnées du centre et le rayon de l'un d'eux. Si l'équation du second est

$$f(x,y) = a_2(x^2 + 2xy\cos\theta + y^2) + 2g_2x + 2f_2y + c_2 = 0$$

il résulte de ce qui précède et de la valeur (176) de la longueur de la tangente que la condition cherchée pourra s'écrire

$$\frac{1}{a_2}f(x_1, y_1) - r_1^2 = 0$$

ou bien

$$a_2(x_1^2 + 2x_1y_1\cos\theta + y_1^2 - r_1^2) + 2g_2x_1 + 2f_2y_1 + c_2 = 0.$$

Si, d'ailleurs, l'équation du premier cercle est donnée comme celle du second sous la forme générale

$$a_1(x^2 + 2xy\cos\theta + y^2) + 2g_1x + 2f_1y + c_1 = 0$$

r_1 est donné par la troisième équation (169)

$$x_1^2 + 2x_1y_1\cos\theta + y_1^2 - r_1^2 = \frac{c_1}{a_1}$$

et la condition devient, en remplaçant le premier membre par sa valeur

$$a_1(2g_2x_1 + 2f_2y_1 + c_2) + a_2c_1 = 0$$

x_1 et y_1 étant donnés par les deux premières équations (169).

L'élimination de x_1 et de y_1 donne finalement

$$\begin{vmatrix} 1 & \cos\theta & g_1 \\ \cos\theta & 1 & f_1 \\ g_2 & f_2 & \frac{1}{2}(a_1c_2+a_2c_1) \end{vmatrix} = 0. \qquad (181)$$

Cette relation est remarquable à plus d'un point de vue. D'abord elle est linéaire séparément par rapport aux coefficients de chaque cercle, d'où il suit que, si l'on a à déterminer un cercle par trois relations analogues, la solution est unique, puisque les inconnues sont fournies par un système d'équations linéaires. Ainsi, l'on voit dès à présent qu'*il n'y a qu'un cercle orthogonal à trois cercles donnés*, et l'on écrira plus loin son équation.

De plus, parmi toutes les relations linéaires qui peuvent être imposées aux coefficients d'un cercle, celle qui exprime qu'il est orthogonal à un cercle donné est la plus générale ; elle renferme, en effet, trois arbitraires qui sont les coefficients de l'autre cercle et qui permettent de l'identifier avec la relation linéaire la plus générale, nécessairement homogène (§ 37) et de la forme

$$\mathrm{A}a_1 + 2\mathrm{G}g_1 + 2\mathrm{F}f_1 + \mathrm{C}c_1 = 0 \qquad (182)$$

dans laquelle on suppose que le premier cercle est le cercle inconnu, et le second le cercle donné. L'identification donne

$$\frac{\mathrm{A}}{c_2\sin^2\theta} = \frac{\mathrm{G}}{f_2\cos\theta - g_2} = \frac{\mathrm{F}}{g_2\cos\theta - f_2} = \frac{\mathrm{C}}{a_2\sin^2\theta} \qquad (183)$$

trois équations permettant de déterminer les paramètres du cercle orthogonal au premier en vertu de la relation générale linéaire donnée. Ce cercle peut se réduire à une ligne droite, si son rayon est infini, ou à un point si son rayon est nul, et la relation donnée exprime alors que le cercle cherché coupe à angle droit une droite donnée ou passe par un point donné ; conditions qui s'expriment, en effet, par des relations linéaires entre les paramètres du cercle.

132. Exercices. — Trouver les conditions qui doivent lier les paramètres A, G, F, C de la relation linéaire la plus générale entre les coefficients d'un cercle pour que cette relation exprime :

1° Que le centre du cercle est sur une droite donnée ;

2° Que le cercle passe par un point donné.

On trouve, en résolvant les équations (183) par rapport à a_2, g_2, f_2, c_2, que l'équation générale (182) exprime que le cercle inconnu coupe orthogonalement le cercle dont l'équation est la suivante

$$C(x^2+2xy\cos\theta+y^2)-2(G+F\cos\theta)x-2(G\cos\theta+F)y+A=0$$

La condition d'orthogonalité se vérifie d'ailleurs immédiatement en remplaçant dans le déterminant

$$\begin{vmatrix} 1 & \cos\theta & -(G+F\cos\theta) \\ \cos\theta & 1 & -(G\cos\theta+F) \\ g_1 & f_1 & \frac{1}{2}(Aa_1+Cc_1) \end{vmatrix}$$

tous les éléments de la troisième colonne respectivement par le résultat obtenu en multipliant ceux de la première par G, ceux de la seconde par F, ceux de la troisième par l'unité et ajoutant. Cela posé, pour que le centre du premier cercle soit sur une droite donnée, il suffit d'exprimer que le cercle qui la coupe orthogonalement se réduit à une ligne droite, par suite de la disparition des termes du second degré, ce qui exige $C=0$. La relation donnée se réduit alors à

$$Aa_1+2Gg_1+2Ff_1=0.$$

Elle exprime que le centre du cercle inconnu est sur la droite

$$2(G+F\cos\theta)x+2(G\cos\theta+F)y-A=0.$$

Si l'on veut, au contraire, exprimer que le cercle inconnu passe par un point fixe, il faut que le rayon du cercle qui le coupe orthogonalement se réduise à zéro ; ce qui exige, eu égard à la valeur (170) du rayon du cercle donné par l'équation générale, que l'on ait

$$\begin{vmatrix} C & C\cos\theta & -G-F\cos\theta \\ C\cos\theta & C & -G\cos\theta-F \\ -G-F\cos\theta & -G\cos\theta-F & A \end{vmatrix}=0$$

ou bien, en remplaçant les termes de la troisième colonne par les résultats obtenus en multipliant ceux de la première par G, ceux de la seconde par F, ceux de la troisième par C et ajoutant

$$G^2 + 2GF\cos\theta + F^2 - AC = 0 \qquad (184)$$

qui est la relation entre les coefficients A, G, F, C pour que la condition linéaire générale (182) exprime que le cercle inconnu passe par un point donné. On l'obtiendrait encore en identifiant la condition (182) avec celle qui exprime que le cercle passe par un point donné, et éliminant des équations d'identification les coordonnées du point.

133. Théorème. — *Lorsque deux cercles sont orthogonaux, toute droite passant par le centre de l'un d'eux les coupe suivant quatre points en proportion harmonique.*

Ce théorème est évident si l'on remarque qu'en vertu de l'hypothèse la longueur de la tangente menée à l'un des cercles par le

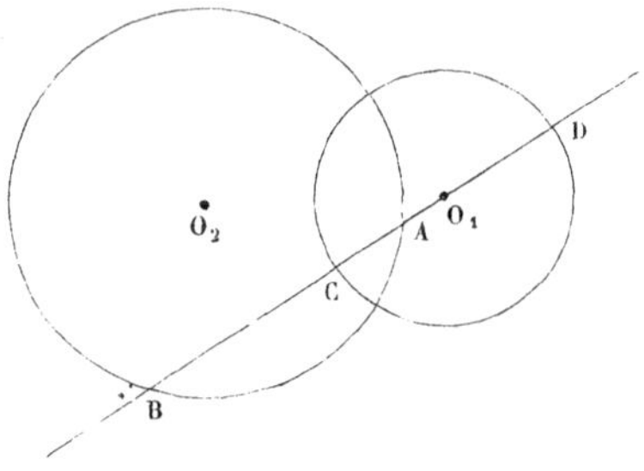

Fig. 64

centre de l'autre est égale au rayon de ce dernier. On a donc, sur toute droite menée par O_1 (fig. 64)

$$O_1A \times O_1B = \overline{O_1C}^2$$

ce qui prouve (§ 46) que les points A, B, C, D sont en proportion harmonique.

Réciproquement, *si les quatre points sont en proportion harmonique, le cercle ayant pour diamètre le segment de deux points conjugués, coupe à angle droit tout cercle passant par les deux autres;* car la longueur de la tangente menée au second par le centre du premier est égale au rayon du premier. Il suit de là que, pour un cercle, la condition d'être conjugué à deux points doit être linéaire, puisqu'elle équivaut à celle de couper orthogonalement le cercle ayant pour diamètre le segment dont les deux points sont les extrémités.

La vérification analytique de ces propositions n'est pas moins simple : si x_1 et y_1 sont les coordonnées du point O_1, et si

$$f(x,y)=0$$

est l'équation du second cercle, prise sous la forme (163), on sait (§ 123) que les distances ρ_1 et ρ_2 du point O_1 aux points d'intersection avec le second cercle d'une sécante quelconque menée par ce point sont données par l'équation

$$\rho^2+(pf'_{x_1}+qf'_{y_1})\rho+f(x_1,y_1)=0. \tag{173}$$

Si ρ_3 et ρ_4 sont les distances aux points d'intersection avec le premier cercle, on a $\rho_3+\rho_4=0$. Pour que les quatre points forment une division harmonique, il faut donc (§ 34) que l'on ait

$$\rho_1\rho_2+\rho_3\rho_4=0$$

ou bien, en désignant par r_1 le rayon du premier

$$f(x_1,y_1)-r_1^2=0$$

condition qui exprime que les cercles sont orthogonaux.

Cette démonstration ne diffère, à proprement parler, de la précédente que par la forme. Réciproquement, si les cercles sont orthogonaux, la dernière condition est remplie, d'où l'on conclut la précédente et par conséquent la relation demandée entre les quatre points, à cause de $\rho_3+\rho_4=0$.

134. Faisceau linéaire de cercles. Faisceaux orthogonaux. — Le cercle est une courbe du second degré dont les coefficients satisfont aux deux conditions linéaires (167). Si donc l'on considère un faisceau linéaire de courbes du second degré dont l'équation générale est (§ 113)

$$\lambda_1C_1+\lambda_2C_2=0 \tag{185}$$

ces courbes sont toutes des cercles, dès que deux d'entre elles, par exemple les courbes C_1 et C_2 qui définissent le système, sont des cercles. De plus, l'équation générale (185) ne renferme qu'un paramètre arbitraire ; par conséquent, tous les cercles du système sont assujettis d'ailleurs à deux conditions linéaires, et, par suite (§ 131), coupent orthogonalement deux cercles donnés. Mais si l'on désigne par

$$\Gamma_1 = 0 \qquad \Gamma_2 = 0$$

les équations de ces deux nouveaux cercles, ils sont assujettis eux-mêmes à deux conditions linéaires qui sont de couper orthogonalement deux cercles, et par suite tous les cercles, du faisceau (185) ; ils définissent donc un nouveau faisceau linéaire

$$\mu_1 \Gamma_1 + \mu_2 \Gamma_2 = 0 \qquad (186)$$

résultant du premier, et tel que tout cercle de l'un des faisceaux

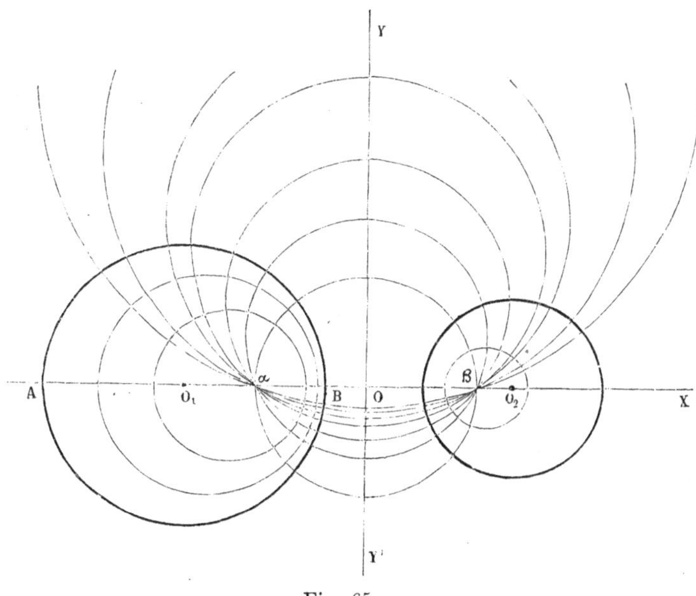

Fig. 65

coupe orthogonalement tout cercle de l'autre. On dit que les deux faisceaux (fig. 65) sont *orthogonaux*.

Il est aisé de construire, au moyen des cercles C_1 et C_2, un cercle quelconque de l'un des systèmes. Pour ce qui est du premier, remarquons d'abord que tous les cercles représentés par l'équation générale (185) passent évidemment par les points, réels ou imaginaires, communs aux cercles C_1 et C_2. On peut donc dire que tous les cercles d'un faisceau linéaire sont ceux qui ont, à distance finie, deux points communs réels ou imaginaires. Ces deux points sont ceux des cercles du système (186) qui se réduisent à un point, et il est clair que, dans un tel système, il doit toujours y avoir deux cercles réduits à un point; si l'on considère, en effet, entre les variables a, g, f, c les deux équations simultanées

$$f_1(a,g,f,c) \equiv A_1 a + 2G_1 g + 2F_1 f + C_1 c = 0$$
$$f_2(a,g,f,c) \equiv A_2 a + 2G_2 g + 2F_2 f + C_2 c = 0$$

il y a deux combinaisons linéaires de ces équations, de la forme

$$\lambda_1 f_1 + \lambda_2 f_2 = 0$$

telles que, pour les paramètres $\lambda_1 A_1 + \lambda_2 A_2$, $\lambda_1 G_1 + \lambda_2 G_2$, ... de chacune d'elles, la condition (184) se trouve remplie.

La géométrie élémentaire apprend que le lieu des centres des cercles qui ont deux points communs est une ligne droite. La géométrie analytique généralise cette propriété au cas de deux points quelconques, réels ou imaginaires, en cherchant les équations (169) qui déterminent le centre du cercle (185), qui sont

$$(\lambda_1 a_1 + \lambda_2 a_2)(x + y\cos\theta) + \lambda_1 g_1 + \lambda_2 g_2 = 0$$
$$(\lambda_1 a_1 + \lambda_2 a_2)(x\cos\theta + y) + \lambda_1 f_1 + \lambda_2 f_2 = 0$$

et éliminant entre elles les paramètres λ_1 et λ_2, ce qui donne la droite

$$(a_1 f_2 - a_2 f_1)(x + y\cos\theta) + (a_2 g_1 - a_1 g_2)(x\cos\theta + y) - g_1 f_2 - g_2 f_1 = 0. \quad (18$$

Mais ce calcul était, à vrai dire, inutile; si l'on considère, en effet, la droite qui joint les centres des deux cercles qui définissent le faisceau, elle peut être regardée comme le cercle de rayon infini qui les coupe orthogonalement; elle coupera donc orthogonalement tous les cercles du faisceau, et, par conséquent, contiendra tous les centres, parce qu'il n'y a que les droites passant par le centre d'un cercle qui le coupent à angle droit. Il n'y a qu'un seul cercle orthogonal de rayon infini, parce que la combinaison linéaire considérée plus haut

$$\lambda_1 f_1 + \lambda_2 f_2 = 0$$

ne devient la condition linéaire correspondant à un cercle orthogonal de rayon infini que pour une valeur du rapport des paramètres λ_1 et λ_2, celle qui annule le terme en c (§ 132).

Pour ce qui est du second système, il résulte des propriétés de l'axe radical que les cercles qui coupent orthogonalement deux cercles donnés sont ceux qui ont pour centres respectifs tous les points de leur axe radical, et pour rayon la longueur commune de la tangente correspondant au point pris pour centre. Ainsi, le lieu des centres des cercles du second système est l'axe radical commun aux cercles du premier ; et, pour la même raison, le lieu des centres des cercles du premier est l'axe radical commun aux cercles du second : il y a parfaite réciprocité entre les deux.

Sur l'axe radical de l'un d'eux, les points communs aux cercles du faisceau sont conjugués harmoniques à la fois par rapport à tous les couples de points d'intersection de cet axe radical avec les cercles de l'autre ; c'est une conséquence du théorème du § 133, puisqu'il renferme tous les centres de ces derniers. Or, il sera démontré un peu plus loin que le segment de deux points conjugués harmoniques à la fois par rapport à deux couples de points donnés sur une même droite est unique, et réel ou imaginaire suivant que les deux couples donnés n'empiètent pas ou empiètent l'un sur l'autre. Les deux points communs aux cercles de l'un des faisceaux sont donc réels ou imaginaires, suivant que les deux cercles qui définissent l'autre ne se coupent pas ou se coupent ; d'où il suit que, dans l'un des systèmes, les points communs aux cercles du faisceau sont réels, tandis qu'ils sont imaginaires dans l'autre.

Tout ce qui précède peut se démontrer avec la plus grande facilité par un choix convenable des axes de coordonnées. Si l'on prend, en effet, pour axes de coordonnées rectangulaires les deux axes radicaux (fig. 65), l'équation d'un cercle quelconque du premier système, ayant son centre sur l'axe X'OX est

$$x^2 + y^2 + 2gx + c = 0$$

dans laquelle g est le paramètre variable, tandis que c est une constante qui détermine la position des points communs sur l'axe Y'OY aux cercles du faisceau. Pour obtenir l'équation générale des cercles du second, d'un point quelconque de l'axe radical des premiers, situé par conséquent sur Y'OY et donné par son ordonnée β, pris pour centre, décrivons un cercle ayant pour rayon la longueur commune de la tangente menée de ce point aux cercles du premier. Cette longueur est égale (§ 127) à β^2+c. L'équation du cercle sera donc

$$x^2+(y-\beta)^2=\beta^2+c$$

Les points communs aux cercles du premier faisceau s'obtiennent en faisant $x=0$, ce qui donne

$$y=\pm\sqrt{-c}$$

ceux du second, en faisant $y=0$ dans l'autre équation, ce qui donne

$$x=\pm\sqrt{c}.$$

Les uns sont réels et les autres sont imaginaires. Si, d'ailleurs, l'on fait $y=0$ dans la première équation, on obtient

$$x^2+2gx+c=0$$

ce qui prouve que l'on a, en désignant par A et B les points d'intersection, et quel que soit c

$$\text{OA.OB}=c=\overline{\text{O}\alpha}^2$$

Ils sont ou non du même côté du point O suivant que c est positif ou négatif, c'est-à-dire suivant que les points communs aux cercles de l'autre système sont réels ou imaginaires ; et, dans tous les cas, cette égalité montre que les quatre points A, B, α, β, sont en proportion harmonique.

Il suit de là la construction suivante : étant donnés les cercles de centres O_1 et O_2 qui définissent le premier faisceau, s'ils se coupent, on aura immédiatement un cercle quelconque du faisceau ; un cercle quelconque de l'autre s'obtiendra en décrivant d'un point quelconque de l'axe radical comme centre un cercle ayant pour rayon la longueur de la tangente commune. S'ils ne se coupent pas on construira l'axe radical comme il sera démontré (§ 36); tous les cercles du second faisceau s'en déduiront comme dans le premier cas et auront cette fois deux points communs réels α et β; on obtiendra alors un cercle quelconque du premier en décrivant d'un point comme centre pris arbitrairement sur la droite O_1O_2 un cercle ayant pour rayon la longueur commune de la tangente menée de ce point aux cercles du second faisceau.

135. Centres d'homothétie de deux cercles. Tangentes communes.

Théorème. — *Deux cercles peuvent toujours être regardés de deux façons différentes comme des figures homothétiques.*

Si l'on considère, en effet, le cercle donné par l'équation générale

$$f(x,y)=a(x^2+2xy\cos\theta+y^2)+2gx+2fy+c=0 \qquad (168)$$

l'équation générale des figures homothétiques à ce cercle s'obtiendra en remplaçant x et y par les valeurs (98) $\lambda x+p$ et $\lambda y+q$; ce qui donne, en appliquant le développement de Taylor, et remarquant qu'il n'y a pas de dérivées du troisième ordre

$$f(\lambda x+p,\ \lambda y+q)=\frac{\lambda^2}{1.2}\left[x^2f''_{p^2}+2xyf''_{pq}+y^2f''_{q^2}\right]+\lambda\left[xf'_p+yf'_q\right]+f(p,q)$$
$$=\lambda^2\varphi(x,y)+\lambda(xf'_p+yf'_q)+f(p,q)=0 \qquad (188)$$

équation dans laquelle $\varphi(x,y)$ désigne l'ensemble des termes du second degré de $f(x,y)$.

L'ensemble des termes du second degré demeure donc le même à un facteur près, et l'équation, qui d'ailleurs est restée du second degré, ne cesse pas de représenter un cercle.

Réciproquement, tout cercle

$$a_1(x^2+2xy\cos\theta+y^2)+2g_1x+2f_1y+c_1=0$$

peut être considéré comme homothétique au premier. Pour le démontrer, il faut identifier son équation avec l'équation générale (188) des courbes homothétiques au premier, et faire voir qu'on peut toujours en conclure le centre et le rapport d'homothétie. L'identification donne

$$\frac{\lambda^2 a}{a_1}=\frac{\lambda f'_p}{2g_1}=\frac{\lambda f'_q}{2f_1}=\frac{f(p,q)}{c_1}$$

ou bien, en traitant chaque rapport avec le premier, remplaçant les dérivées par leurs valeurs, et ramenant tout dans le premier membre

$$\begin{aligned} & p+q\cos\theta+\frac{g}{a}-\lambda\frac{g_1}{a_1}=0 \\ & p\cos\theta+q+\frac{f}{a}-\lambda\frac{f_1}{a_1}=0 \\ & p^2+2pq\cos\theta+q^2+2\frac{g}{a}p+2\frac{f}{a}q+\frac{c}{a}-\lambda^2\frac{c_1}{a_1}=0 \end{aligned} \tag{189}$$

trois équations, dont les deux premières peuvent servir à déterminer p et q, tandis qu'après la substitution de leurs valeurs, la troisième donnera λ. Si l'on multiplie la première par p, la seconde par q, et si l'on ajoute, il vient

$$p^2+2pq\cos\theta+q^2+\frac{g}{a}p+\frac{f}{a}q=\lambda\left(\frac{g_1}{a_1}p+\frac{f_1}{a_1}q\right)$$

équation en vertu de laquelle la troisième se réduit à

$$\left(\frac{g}{a}+\lambda\frac{g_1}{a_1}\right)p+\left(\frac{f}{a}+\lambda\frac{f_1}{a_1}\right)q+\frac{c}{a}-\lambda^2\frac{c}{a_1}=0$$

Elle est ainsi réduite au premier degré en p et q, et le résultat de l'élimination de p et q entre les trois équations peut maintenant s'écrire sous forme de déterminant

$$\begin{vmatrix} 1 & \cos\theta & \frac{g}{a}-\lambda\frac{g_1}{a_1} \\ \cos\theta & 1 & \frac{f}{a}-\lambda\frac{f_1}{a_1} \\ \frac{g}{a}+\lambda\frac{g_1}{a_1} & \frac{f}{a}+\lambda\frac{f_1}{a_1} & \frac{c}{a}-\lambda^2\frac{c_1}{a_1} \end{vmatrix}=0$$

équation du second degré en λ, qui s'ordonne facilement en décomposant le déterminant en déterminants à éléments monômes, et qui peut s'écrire

$$\begin{vmatrix} 1 & \cos\theta & \frac{g}{a} \\ \cos\theta & 1 & \frac{f}{a} \\ \frac{g}{a} & \frac{f}{a} & \frac{c}{a} \end{vmatrix} - \lambda^2 \begin{vmatrix} 1 & \cos\theta & \frac{g_1}{a_1} \\ \cos\theta & 1 & \frac{f_1}{a_1} \\ \frac{g_1}{a_1} & \frac{f_1}{a_1} & \frac{c_1}{a_1} \end{vmatrix} = 0.$$

Les termes du premier degré se détruisent, et l'on tire de là pour λ deux valeurs égales et de signes contraires qui sont, en remarquant que les deux déterminants qui figurent dans l'équation sont les discriminants Δ et Δ_1 (§ 120) des deux cercles, divisés respectivement par a^3 et par a_1^3

$$\lambda = \pm \left(\frac{a_1}{a}\right)^{\frac{3}{2}} \sqrt{\frac{\Delta}{\Delta_1}} = \pm \frac{r}{r_1} \qquad (190)$$

eu égard à l'expression (170) qui fournit le rayon du cercle donné par l'équation générale (165).

Ainsi, les deux valeurs toujours réelles des rapports d'homothétie sont égales en grandeur absolue au rapport des rayons. Subtituées dans les deux premières équations (189), ces expressions de λ donnent lieu pour p et q respectivement à deux systèmes de valeurs toujours possibles, puisque le dénominateur commun est $\sin^2\theta$. Il en résulte, pour les coordonnées des centres d'homothétie qui sont (§ 69) $\frac{p}{1-\lambda}$ et $\frac{q}{1-\lambda}$ des valeurs toujours possibles, ce qui démontre le théorème.

Pour voir comment sont situés les centres d'homothétie par rapport aux deux cercles, il suffit de remarquer que les deux premières équations (189) se déduisent des deux premières équations (169) en y remplaçant $\frac{g}{a}$ et $\frac{f}{a}$ par $\frac{g}{a} - \lambda\frac{g_1}{a_1}$ et $\frac{f}{a} - \lambda\frac{f_1}{a_1}$ et qu'on en tire alors

$$p = x_1 - \lambda x_2$$
$$q = y_1 - \lambda y_2$$

en désignant respectivement par (x_1, y_1) et (x_2, y_2) les coordonnées des centres des deux cercles ; d'où il résulte, pour celles des centres d'homothétie

$$\frac{p}{1-\lambda} = \frac{x_1 - \lambda x_2}{1-\lambda} \qquad \frac{q}{1-\lambda} = \frac{y_1 - \lambda y_2}{1-\lambda}$$

ce qui fait voir, eu égard aux expressions (45) des coordonnées du point qui partage un segment donné dans un rapport donné, que ces deux points partagent la droite des centres dans le rapport λ, qui est le rapport des rayons, l'un extérieurement, celui qui correspond à la valeur positive de λ, l'autre intérieurement, celui qui correspond à la valeur négative. Le premier est le centre d'homothétie directe (§ 69), le second est le centre d'homothétie inverse. Il suit de là que *les centres des deux cercles et leurs centres d'homothétie forment une division harmonique.*

Ce qui précède permet de trouver les tangentes communes aux deux cercles. Il est clair, tout d'abord, qu'elles sont au nombre de quatre, réelles ou imaginaires, puisque les deux courbes sont de seconde classe (§ 85) ; aucune d'entre elles ne pouvant, d'ailleurs, être rejetée à l'infini, parce que les points à l'infini d'un cercle, qui sont les points cycliques, sont distincts. Cela posé, si d'un centre d'homothétie S_1 (fig. 66), on mène des tangentes à l'un des cercles,

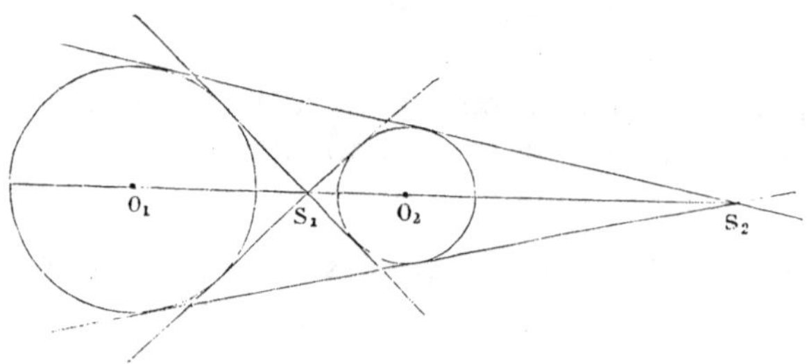

Fig. 66

les points d'intersection de l'une d'elles avec le second cercle sont les homologues de ses points communs avec le premier, et, par suite, les premiers étant confondus, les seconds le sont également. Les quatre tangentes communes sont donc les tangentes menées à l'un des deux cercles par les centres d'homothétie. Celles qui passent par le centre d'homothétie directe sont les *tangentes communes extérieures;* celles qui passent par le centre d'homothétie inverse sont les *tangentes communes intérieures.* Il est évident, d'après la position des centres d'homothétie, qu'elles sont toutes les quatre réelles quand les deux cercles sont extérieurs, toutes les quatre imaginaires quand l'un des cercles est intérieur à l'autre ; qu'enfin, les tangentes communes extérieures seules sont réelles lorsque les deux cercles se coupent.

PROPRIÉTÉS DE TROIS CERCLES.

136. Théorème. — *Les trois axes radicaux obtenus en considérant trois cercles deux à deux concourent en un même point.*

Soient en effet

$$C_1 = 0 \qquad C_2 = 0 \qquad C_3 = 0$$

les équations des trois cercles. Les axes radicaux de ces trois cercles considérés deux à deux ont pour équations

$$\frac{C_1}{a_1} = \frac{C_2}{a_2} \qquad \frac{C_2}{a_2} = \frac{C_3}{a_3} \qquad \frac{C_3}{a_3} = \frac{C_1}{a_1}$$

L'une quelconque de ces équations est une combinaison des deux autres ; par suite, les trois droites qu'elles représentent sont concourantes. Le point de concours s'appelle *centre radical* des trois cercles. Il jouit de cette propriété que les tangentes menées de ce point aux trois cercles ont la même longueur, ou encore (§ 127) qu'il a même puissance par rapport aux trois cercles.

On déduit de là la construction géométrique de l'axe radical de deux cercles qui ne se coupent pas. Il suffira de tracer un troisième cercle quelconque, mais qui coupe les deux premiers ; le point d'intersection des axes radicaux de ce cercle combiné successivement avec chacun des cercles donnés, étant le centre radical des trois cercles, appartient à l'axe radical des deux premiers. On peut en déterminer de la même façon un second point, ou bien abaisser du premier une perpendiculaire sur la droite des centres des deux cercles donnés.

137. Cercle orthogonal à trois cercles. — Si du centre radical comme centre, avec la longueur commune de la tangente pour rayon, on décrit un cercle, il est clair qu'il coupera orthogonalement les trois cercles donnés. C'est le cercle orthogonal aux trois cercles, qui est unique, ainsi que cela a été déjà remarqué (§ 131). Son centre est toujours réel ; mais le cercle peut être imaginaire, le carré du rayon devenant négatif lorsque le centre radical est à la fois intérieur aux trois cercles donnés.

Pour avoir son équation, rappelons la condition (181) qui exprime que deux cercles se coupent à angle droit

$$\begin{vmatrix} 1 & \cos\theta & g_1 \\ \cos\theta & 1 & f_1 \\ g_2 & f_2 & \frac{1}{2}(a_1c_2+a_2c_1) \end{vmatrix} = 0$$

qui, développée, peut s'écrire

$$a_1c_2 \sin\theta + 2g_1(f_2\cos\theta - g_2) + 2f_1(g_2\cos\theta - f_2) + c_1a_2\sin^2\theta = 0$$

Soit donc

$$a(x^2+2xy\cos\theta+y^2)+2gx+2fy+c=0$$

l'équation du cercle cherché. S'il doit couper orthogonalement les trois cercles C_1, C_2, C_3, les coefficients a, g, f, c sont déterminés par les trois équations

$$\begin{aligned} ac_1\sin^2\theta + 2g(f_1\cos\theta - g_1) + 2f(g_1\cos\theta - f_1) + ca_1\sin^2\theta &= 0 \\ ac_2\sin^2\theta + 2g(f_2\cos\theta - g_2) + 2f(g_2\cos\theta - f_2) + ca_2\sin^2\theta &= 0 \\ ac_3\sin^2\theta + 2g(f_3\cos\theta - g_3) + 2f(g_3\cos\theta - f_3) + ca_3\sin^2\theta &= 0 \end{aligned}$$

Tirant de ces trois équations les valeurs proportionnelles de a, g, f, c, on obtient l'équation cherchée sous la forme

$$\begin{vmatrix} x^2+2xy\cos\theta+y^2 & x & y & 1 \\ c_1\sin^2\theta & f_1\cos\theta-g_1 & g_1\cos\theta-f_1 & a_1\sin^2\theta \\ c_2\sin^2\theta & f_2\cos\theta-g_2 & g_2\cos\theta-f_2 & a_2\sin^2\theta \\ c_3\sin^2\theta & f_3\cos\theta-g_3 & g_3\cos\theta-f_3 & a_3\sin^2\theta \end{vmatrix} = 0 \quad (191)$$

Cette équation se simplifie si les coordonnées sont rectangulaires ; et dans tous les cas le cercle qu'elle représente se réduit à une ligne droite si l'ensemble des termes du second degré disparaît, c'est-à-dire si le mineur correspondant à $x^2+2xy\cos\theta+y^2$ s'annule; ce qui exprime, comme on le voit facilement, que les centres des trois cercles donnés sont en ligne droite. Dans ce cas, la droite des centres (cercle de rayon infini) coupe en effet les trois cercles donnés à angle droit.

Remarque. — La construction du cercle orthogonal à trois cercles donnés renferme évidemment comme cas particulier celle du cercle passant par un point et orthogonal à un cercle donné, ou passant par deux points et orthogonal à un cercle donné.

138. Réseau linéaire de cercles. — Si les équations de trois cercles donnés sont

$$C_1 = 0 \qquad C_2 = 0 \qquad C_3 = 0$$

on voit, comme dans le cas du faisceau (§ 134) que toutes les courbes du réseau linéaire (§ 113)

$$\lambda_1 C_1 + \lambda_2 C_2 + \lambda_3 C_3 = 0 \qquad (192)$$

sont aussi des cercles, ou la variété ligne droite. L'équation générale (192) ne renferme que deux paramètres variables; tous les cercles du réseau sont donc assujettis à une condition, et comme il est linéaire, cette condition consiste à couper orthogonalement un même cercle, réel ou imaginaire. Tous les cercles du système ont donc même centre radical, comme il est facile de s'en assurer directement. Réciproquement, si les cercles d'un système sont tels que le centre radical de trois d'entre eux, quelconques, soit toujours le même, le système est un réseau linéaire; si on laisse en effet deux des cercles fixes et si l'on fait varier le troisième, on en conclut qu'il coupe orthogonalement un cercle fixe.

Comme cas particulier, le cercle orthogonal commun peut se réduire à un point, et le réseau se compose alors de tous les cercles qui ont un point commun; ou à une ligne droite, et alors tous les cercles ont leurs centres sur une droite fixe.

Théorème. — *Tous les cercles d'un réseau linéaire qui coupent orthogonalement un cercle donné, ont deux points communs, réels ou imaginaires.*

Car ils satisfont à deux conditions linéaires; leur axe radical commun est la droite qui joint le centre radical du réseau avec le centre du cercle donné.

Théorème. — *Si, par un point du plan, et respectivement par les points communs à trois cercles pris deux à deux, on fait passer trois cercles, ces trois cercles ont même centre radical.*

Car si deux cercles font partie d'un réseau, tous les cercles passant par leurs points d'intersection, et ayant par conséquent les mêmes cercles orthogonaux, font aussi partie du réseau. Les trois cercles considérés font donc partie du réseau déterminé par les trois cercles donnés ; de plus, ils ont un point commun, par hypothèse. Ils ont donc même axe radical, qui est la droite obtenue en joignant le point donné au centre radical des trois cercles donnés.

139. Centres d'homothétie de trois cercles deux à deux. — Si l'on considère dans le plan la figure formée par trois cercles O_1, O_2, O_3, ces trois courbes ont deux à deux (§ 135) deux centres d'homothétie.

Soient A_3 et B_3 (fig. 67) les centres d'homothétie inverse et directe

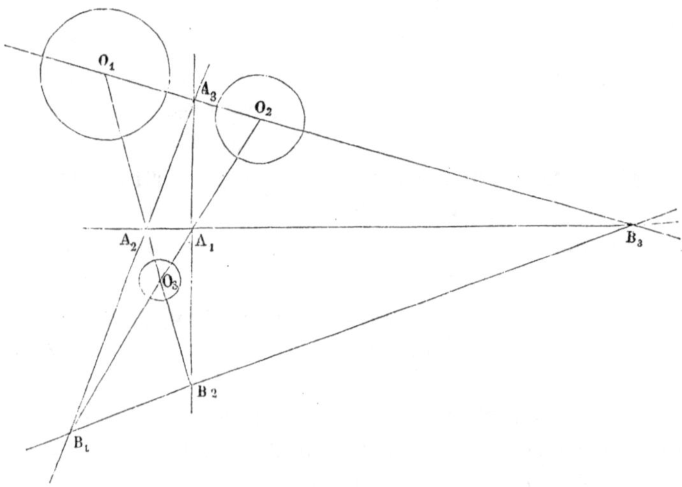

Fig. 67

des cercles O_1 et O_2, A_2 et B_2 les centres d'homothétie inverse et directe des cercles O_3 et O_1, enfin A_1 et B_1 les cercles d'homothétie inverse et directe des cercles O_2 et O_3. On a, en grandeur et en signe (§ 135) en désignant par r_1, r_2 et r_3 les rayons des trois cercles

$$\frac{B_1O_2}{B_1O_3}=\frac{r_2}{r_3} \qquad \frac{B_2O_3}{B_2O_1}=\frac{r_3}{r_1} \qquad \frac{B_3O_1}{B_3O_2}=\frac{r_1}{r_2}$$

on en conclut en multipliant membre à membre et chassant les dénominateurs

$$B_1O_2.B_2O_3.B_3O_1 = B_1O_3.B_2O_1.B_3O_2 \qquad (193)$$

égalité qui subsiste entre les segments déterminés par les points B_1, B_2, B_3 sur les côtés du triangle dont les sommets sont les centres des trois cercles ; on en conclut (§ 44) que les trois centres d'homothétie directe sont en ligne droite. On démontrerait de la même façon que deux centres d'homothétie inverse sont en ligne droite avec le centre d'homothétie directe qui a le troisième indice. Il a, d'ailleurs, été démontré (§ 69) que, lorsque trois figures sont homothétiques deux à deux, les trois centres d'homothétie sont en ligne droite. Comme deux cercles ont deux centres d'homothétie, ce qui précède précise quel est celui des centres d'homothétie de deux d'entre eux qui est sur la droite joignant un centre d'homothétie du premier et du troisième avec un centre d'homothétie du second et du troisième. On voit que les six points A_1, A_2, A_3, B_1, B_2, B_3 sont distribués sur quatre droites et sont par conséquent les sommets d'un quadrilatère complet : les côtés du quadrilatère sont les *axes d'homothétie* des trois cercles, et les diagonales du quadrilatère sont les côtés du triangle dont les sommets sont les trois centres.

Réciproquement, étant donné un quadrilatère complet (fig. 67), ses côtés peuvent être considérés comme les axes d'homothétie d'une infinité de systèmes de trois cercles dont les centres sont les sommets du triangle des diagonales et dans lesquels on peut se donner arbitrairement le rayon d'un des trois cercles. Supposons en effet que du point O_1 comme centre, avec un rayon arbitraire r_1, on décrive un cercle, le rayon r_2 du cercle O_2 est alors déterminé par la relation

$$\frac{B_3O_1}{B_3O_2} = \frac{r_1}{r_2}$$

et le point B_3 est par là leur centre d'homothétie directe. D'ailleurs, dans le quadrilatère complet, les quatre points O_1, O_2, A_3, B_3 forment une division harmonique, le centre d'homothétie inverse est donc le point A_3. On déterminera de même le rayon r_3 du cercle O_3 par la relation

$$\frac{B_2O_3}{B_2O_1} = \frac{r_3}{r_1}$$

et les centres d'homothétie des cercles O_1 et O_3 seront les points

A_2 et B_2. Mais, dans le triangle $O_1O_2O_3$ coupé par la transversale $B_1B_2B_3$, on a l'identité (193) ; il suit de là, en tenant compte des relations qui ont servi à déterminer r_2 et r_3

$$\frac{B_1O_2}{B_1O_3} = \frac{r_2}{r_3}$$

ce qui prouve que les points A_1 et B_1 sont les centres d'homothétie des cercles O_2 et O_3.

140. Exercices. — 1. Lieu des points dont les puissances, par rapport à deux cercles donnés, ont un rapport donné.

2. Lieu des points dont le rapport des distances à deux points donnés est constant.

3. Lieu des points d'où deux cercles donnés sont vus sous le même angle.

4. Les deux cercles, passant par les points d'intersection réels ou imaginaires de deux cercles donnés et ayant respectivement pour centre leurs centres d'homothétie, sont bissecteurs de l'angle sous lequel se coupent les deux cercles donnés.

5. Lieu des milieux des cordes interceptées dans un cercle par une sécante tournant autour d'un point fixe.

6. Étant donné un cercle O et un diamètre AB, on joint le point fixe A à un point variable M du cercle et on prolonge AM d'une longueur égale jusqu'en P ; trouver le lieu du point d'intersection des droites OP et BM, lorsque la sécante tourne autour du point A.

7. Lorsqu'un cercle est circonscrit à un triangle, les six segments qui joignent les quatre points de concours des bissectrices sont partagés par le cercle en leur milieu.

8. Lorsqu'un cercle est circonscrit à un triangle, le second point d'intersection du cercle avec chaque hauteur est symétrique, par rapport au côté du triangle perpendiculaire à cette hauteur, du point de concours des hauteurs.

9. Si l'on appelle *puissance* d'un triangle la racine carrée du produit constant, pris en grandeur et en signe, des segments suivant lesquels le point de concours des hauteurs partage chaque hauteur, la puissance, réelle ou imaginaire, d'un point par rapport à un cercle (§ 127) est égale à la puissance de tous les triangles inscrits dans le cercle et dont ce point est le point de concours des hauteurs.

10. On dit qu'un triangle est *conjugué* par rapport à un cercle,

ou réciproquement, lorsque chaque côté du triangle est, par rapport au cercle, la polaire du sommet opposé. Faire voir que tout triangle admet un cercle conjugué et un seul, qui est le cercle réel ou imaginaire, ayant pour centre le point de concours des hauteurs et pour rayon la puissance du triangle, prise avec son signe. Son équation est, en prenant les notations du § 126

$$X^2 \sin 2(\alpha_2 - \alpha_3) + Y^2 \sin 2(\alpha_3 - \alpha_1) + Z^2 \sin 2(\alpha_1 - \alpha_2) = 0.$$

11. Faire voir que l'équation du cercle passant par les pieds des trois hauteurs d'un triangle, est

$$\begin{gathered} X^2 \sin 2(\alpha_2 - \alpha_3) + Y^2 \sin 2(\alpha_3 - \alpha_1) + Z^2 \sin 2(\alpha_1 - \alpha_2) \\ - 2YZ \sin(\alpha_2 - \alpha_3) - 2ZX \sin(\alpha_3 - \alpha_1) - 2XY \sin(\alpha_1 - \alpha_2) = 0 \end{gathered}$$

et déterminer le second point d'intersection du cercle avec chaque côté et chaque hauteur.

12. Étant donné un triangle, le cercle circonscrit, le cercle conjugué et le cercle passant par les pieds des trois hauteurs ont même axe radical. Cet axe radical est la polaire, par rapport au cercle conjugué, du point de concours des médianes du triangle.

13. L'axe radical de deux cercles est à égale distance des polaires de chaque centre d'homothétie.

14. Deux cercles peuvent être considérés de deux façons différentes comme des figures homologiques (§ 65). L'axe radical est l'axe d'homologie, et le centre d'homologie est l'un des centres d'homothétie.

15. Les pôles de l'axe radical de deux cercles sont conjugués harmoniques par rapport aux centres d'homothétie.

16. Le cercle ayant pour diamètre la distance des centres de deux cercles est circonscrit au quadrilatère formé par les tangentes communes.

17. Si, sur une transversale menée arbitrairement, on prend les deux points conjugués à la fois par rapport à deux cercles, ces points sont vus sous un angle droit de chacun des points communs aux cercles orthogonaux aux deux cercles.

18. Les cercles ayant pour diamètres les trois diagonales d'un quadrilatère complet (§ 42) ont même axe radical. Cette droite passe par les quatre points de concours des hauteurs des triangles obtenus en combinant trois à trois les quatre côtés du quadrilatère.

19. Étant donnés trois cercles, il existe deux points, réels ou imaginaires, d'où on les voit tous les trois sous le même angle. Ces points sont les sommets orthoptiques (§ 42) du quadrilatère complet dont les six sommets sont les centres d'homothétie des trois cercles (§ 139).

20. Trouver les cercles d'un faisceau linéaire qui coupent un cercle donné sous un angle donné. En conclure les cercles passant par deux points et tangents à un cercle.

21. On joint un point fixe O à un point variable M d'une droite, trouver le lieu du point P de la droite OM, tel que $OM.OP = k^2$, k étant une constante donnée.

22. Résoudre la même question en remplaçant la droite par un cercle : examiner le cas où le point O est sur le cercle, et le cas où la constante k est la longueur de la tangente menée du point O au cercle.

23. Faire voir que, dans cette transformation, les courbes transformées de deux cercles se coupent sous le même angle que les deux cercles, et en conclure les deux systèmes obtenus par la transformation, par rapport à un point quelconque, de deux faisceaux orthogonaux (§ 134). Examiner le cas où le point est l'un des points communs aux cercles de l'un des faisceaux.

24. Démontrer, par la même transformation, que si deux cercles sont isogonaux à trois cercles donnés, il en est de même de tous les cercles ayant les mêmes points d'intersection, et que leur axe radical commun est un des quatre axes d'homothétie des trois cercles donnés.

25. En conclure l'existence de huit cercles coupant sous un même angle donné trois cercles donnés : ces cercles se partagent en quatre groupes de deux, dont les points d'intersection sont les points communs au cercle orthogonal des trois cercles donnés et à l'un des quatre axes d'homothétie. Examiner le cas où l'angle donné est nul.

26. Les quatre cercles circonscrits aux triangles obtenus en combinant trois à trois quatre droites données ont un point commun.

THÉORIE DE L'INVOLUTION.

141. — On dit que des couples de points aa', bb', ... situés sur une même ligne droite, *sont en involution*, ou encore *forment* *une involution* lorsque les deux points variables d'un même couple sont conjugués harmoniques par rapport à deux points fixes, qui, d'ailleurs, peuvent être réels ou imaginaires. Si l'on se reporte à la condition (48)

$$2(x_1x_2+x_3x_4)=(x_1+x_2)(x_3+x_4)$$

qui exprime que deux points x_1 et x_2 sont conjugués harmoniques par rapport à deux points x_3 et x_4, et, si l'on y considère x_1 et x_2 comme variables, x_3 et x_4 comme fixes, elle définit une involution dont le couple variable est celui des points x_1 et x_2. Réciproquement, toute relation linéaire entre le produit et la somme des abscisses x_1 et x_2, de la forme

$$ax_1x_2+b(x_1+x_2)+d=0 \qquad (194)$$

définit une involution. Pour le faire voir, et déterminer en même temps le couple fixe, il suffit de l'identifier avec la précédente, ce qui donne

$$\frac{2}{a}=-\frac{x_3+x_4}{b}=\frac{2x_3x_4}{d}$$

d'où l'on tire le produit et la somme des abscisses x_3 et x_4, lesquelles sont alors les racines de l'équation du second degré

$$ax^2+2bx+d=0$$

que l'on obtient, comme l'on voit, en faisant $x_1=x_2$ dans la relation *involutive* (194); ceci était à prévoir, puisque, si l'on suppose que l'un des points fixes x_3 et x_4 appartient à la série des points x_1, le point x_2 correspondant, conjugué harmonique de x_1 par rapport à x_3 et x_4, vient aussi coïncider avec x_3, et que, par conséquent, x_3 doit être solution de l'équation obtenue en faisant $x_1=x_2$. C'est pour cela que les deux points fixes, réels ou imaginaires, x_3 et x_4 sont dits les *points doubles* de l'involution.

La relation involutive (194) peut encore, si l'on veut, se déduire de la relation homographique générale (75) dans laquelle on supposera, suivant la définition de l'involution, que le rapport anharmonique λ (§ 53) est égal à -1. Or, on a trouvé

$$\lambda=\frac{b-c+\sqrt{(b+c)^2-4ad}}{b-c-\sqrt{(b+c)^2-4ad}} \qquad (79)$$

Pour $\lambda = -1$, on a

$$b - c = 0$$

et la relation homographique prend la forme (194). Il suit de là que, *dans une involution, les points du couple variable décrivent deux divisions homographiques*. Ce sont deux divisions homographiques particulières, dont la relation caractéristique est symétrique en x_1 et x_2, telles, par conséquent, qu'à un point donné correspond toujours le même point suivant qu'on le considère comme appartenant à l'une ou à l'autre série.

142. Théorie analytique. — La relation (194) renferme deux paramètres arbitraires qui sont les rapports de deux des coefficients a, b, d au troisième ; il faut donc deux conditions pour déterminer une involution. Si l'on connaît les points doubles, par exemple, elle est évidemment déterminée ; et l'équation aux points doubles donne la relation involutive. Si on veut la déterminer par des couples de points, il est nécessaire d'en connaître deux : soient (x_{11}, x_{21}) et (x_{12}, x_{22}) les deux couples donnés, on a alors, pour déterminer les paramètres a, b, d, les équations

$$a x_{11} x_{21} + b(x_{11} + x_{21}) + d = 0$$
$$a x_{12} x_{22} + b(x_{12} + x_{22}) + d = 0$$

et la relation involutive cherchée est

$$\begin{vmatrix} x_1 x_2 & x_1 + x_2 & 1 \\ x_{11} x_{21} & x_{11} + x_{21} & 1 \\ x_{12} x_{22} & x_{12} + x_{22} & 1 \end{vmatrix} = 0. \qquad (195)$$

Les points doubles s'obtiennent en faisant $x_1 = x_2$ et sont donnés par l'équation du second degré

$$\begin{vmatrix} x^2 & 2x & 1 \\ x_{11} x_{21} & x_{11} + x_{21} & 1 \\ x_{12} x_{22} & x_{12} + x_{22} & 1 \end{vmatrix} = 0.$$

On peut également se proposer, et c'est souvent utile dans les applications, de déterminer l'involution dont on connaît deux couples, lorsque les abscisses des points de chacun d'eux sont données comme racines de deux équations du second degré

$$a_1x^2+2b_1x+c_1=0$$
$$a_2x^2+2b_2x+c_2=0.$$

La relation involutive devient alors, en remplaçant les sommes et produits par leurs valeurs

$$\begin{vmatrix} x_1x_2 & x_1+x_2 & 1 \\ c_1 & -2b_1 & a_1 \\ c_2 & -2b_2 & a_2 \end{vmatrix}=0$$

et l'équation aux points doubles

$$\begin{vmatrix} x^2 & -x & 1 \\ c_1 & b_1 & a_1 \\ c_2 & b_2 & a_2 \end{vmatrix}=0.$$

Ces points sont réels ou imaginaires, suivant que l'expression

$$(a_1c_2-a_2c_1)^2-4(a_1b_2-a_2b_1)(b_1c_2-b_2c_1) \qquad (196)$$

est positive ou négative. Or elle est nulle lorsque les deux équations du second degré données ont une racine commune ; son signe est donc déterminé par ce fait que les segments formés par chaque couple empiètent ou n'empiètent pas l'un sur l'autre. On voit facilement, par des cas particuliers, qu'elle est négative dans le premier cas et positive dans le second, d'où il suit que

Le couple des points conjugués harmoniques à la fois par rapport à deux couples donnés, points doubles de l'involution déterminée par les deux couples, est réel ou imaginaire, suivant que les deux couples n'empiètent pas ou empiètent l'un sur l'autre.

Ceci est relatif au cas où les deux couples donnés sont réels ; il peut arriver que l'un d'eux ou tous les deux soient imaginaires, soient définis, par exemple, comme couple de points à la fois conjugués harmoniques à deux couples réels empiétant l'un sur l'autre. Mais l'on sait que l'expression (196) peut encore s'écrire

$$(a_1c_2+a_2c_1-2b_1b_2)^2-4(a_1c_1-b_1^2)(a_2c_2-b_2^2).$$

Si l'un des couples seulement est imaginaire, les quantités $a_1c_1-b_1^2$ et $a_2c_2-b_2^2$ étant de signes contraires, il est clair que l'expression (196) est positive. S'ils sont imaginaires tous les deux, on écrira cette expression, sous la forme d'une somme de deux carrés, ainsi qu'il suit

$$\frac{1}{a_2c_2}\left[[2a_2c_2b_1-(a_1c_2+a_2c_1)\,b_2]^2+(a_2c_2-b_2^2)(a_1c_2-a_2c_1)^2\right]$$

d'où il suit qu'elle est nécessairement positive, puisque $a_2c_2-b_2^2$ est positif, et que par conséquent a_2 et c_2 ne sauraient être de signes contraires. Il résulte de là que *le couple conjugué commun à deux couples, dont l'un au moins est imaginaire, est toujours réel.*

L'involution est déterminée par deux couples; si donc l'on en considère un troisième qui satisfasse à la relation involutive, les trois couples ne sont pas quelconques, et *sont en involution.* La relation (195) où x_1 et x_2 sont considérées comme connues, exprime que trois couples donnés par leurs abscisses sont en involution. Si chacun des trois couples est donné par une équation du second degré, cette relation devient, en y remplaçant les sommes et produits de racines par leurs valeurs

$$\begin{vmatrix} a_1 & b_1 & c_1 \\ a_2 & b_2 & c_2 \\ a_3 & b_3 & c_3 \end{vmatrix}=0 \qquad (197)$$

condition simple qui exprime que les trois couples sont en involution. On peut la trouver d'une autre façon qui n'est pas sans intérêt.

Si, dans la relation (48) qui exprime que deux couples de points donnés par leurs abscisses sont conjugués harmoniques, on suppose que chacun des couples soit donné par une équation du second degré

$$\begin{aligned} Ax^2+2Bx+C&=0\\ a_1x^2+2b_1x+c_1&=0 \end{aligned}$$

et, si l'on y remplace les sommes et produits de racines par leurs valeurs, elle devient

$$Ac_1+Ca_1-2Bb_1=0 \qquad (198)$$

et la relation harmonique des quatre points se traduit par l'évanouissement de l'invariant commun aux deux trinomes du second degré. Si l'on veut exprimer maintenant que trois couples de points donnés par trois équations du second degré

$$a_1x^2+2b_1x+c_1=0$$
$$a_2x^2+2b_2x+c_2=0$$
$$a_3x^2+2b_3x+c_3=0$$

sont en involution, on devra avoir, en désignant par

$$Ax^2+2Bx+C=0$$

l'équation dont les racines sont les abscisses des points doubles

$$Ac_1+Ca_1-2Bb_1=0$$
$$Ac_2+Ca_2-2Bb_2=0$$
$$Ac_3+Ca_3-2Bb_3=0$$

d'où, en éliminant les paramètres auxiliaires A, B, C, l'on conclut la condition (197).

Cette condition est fondamentale : elle signifie que, lorsque trois équations du second degré déterminent des couples en involution, les coefficients de l'une d'elles sont des fonctions linéaires des coefficients respectivement correspondants des deux autres : c'est, en effet, la condition nécessaire et suffisante pour que le déterminant des neuf coefficients soit nul. On peut donc dire que, *lorsque dans l'équation*

$$(\lambda_1a_1+\lambda_2a_2)x^2+2(\lambda_1b_1+\lambda_2b_2)x+\lambda_1c_1+\lambda_2c_2=0$$

l'on fait varier arbitrairement le rapport des paramètres λ_1 et λ_2, on obtient des couples de points en involution.

C'est à ce caractère que l'on reconnaît souvent, dans les applications, que des couples de points sont en involution. Si l'on considère, par exemple, les cercles d'un faisceau linéaire et une droite quelconque, que l'on peut toujours prendre pour axe X'OX, les couples de points d'intersection de cette droite avec les cercles du système s'obtiennent en faisant $y=0$ dans l'équation (185)

$$\lambda_1C_1+\lambda_2C_2=0 \qquad (185)$$

et dépendent, par conséquent, d'une équation du second degré dont les coefficients sont des fonctions linéaires d'un paramètre variable, d'où il suit que *tous les cercles ayant même axe radical sont coupés par une droite suivant des couples de points en involution.*

Les points doubles s'obtiennent en écrivant que l'équation a ses racines égales, ce qui donne

$$(\lambda_1 a_1+\lambda_2 a_2)(\lambda_1 c_1+\lambda_2 c_2)-(\lambda_1 b_1+\lambda_2 b_2)^2=0$$

ou

$$(a_1c_1-b_1^2)\lambda_1^2+(a_1c_2+a_2c_1-2b_1b_2)\lambda_1\lambda_2+(a_2c_2-b_2^2)\lambda_2^2=0$$

et l'on voit encore que leur réalité dépend du signe de l'expression

$$(a_1c_2+a_2c_1-2b_1b_2)^2-4(a_1c_1-b_1^2)(a_2c_2-b_2^2)$$

qui est, comme l'on sait, une seconde forme du résultant des équations

$$a_1x^2+2b_1x+c_1=0$$
$$a_2x^2+2b_2x+c_2=0.$$

Théorème. — *Les trois couples de côtés opposés d'un quadrangle complet* (§ 30) *déterminent sur une transversale quelconque trois couples de points en involution.*

Il a été démontré (§ 49) que si

$$X=0 \qquad Y=0 \qquad Z=0 \qquad \lambda X+\mu Y+\nu Z=0$$

sont les équations de deux couples de côtés opposés du quadrangle dont les sommets sont C, D, E, F (fig. 32), les équations du troisième couple EC, DF, sont

$$\lambda X+\nu Z=0 \qquad \mu Y+\nu Z=0.$$

La courbe formée par le système de ces deux droites a donc pour équation

$$(\lambda X+\nu Z)(\mu Y+\nu Z)=0$$

qui peut s'écrire

$$\lambda\mu XY+\nu Z(\lambda X+\mu Y+\nu Z)=0$$

ce qui fait voir, comme on devait s'y attendre puisque ce couple de droites renferme les quatre points communs aux deux premiers couples, qu'elle est une combinaison linéaire des équations des deux premiers couples

$$XY = 0 \qquad Z(\lambda X + \mu Y + \nu Z) = 0.$$

Si donc on prend la transversale considérée pour axe X'OX, ses couples de points d'intersection avec les trois couples de côtés opposés s'obtiennent au moyen de trois équations du second degré dont l'une est une combinaison linéaire des deux autres, et, par suite, les trois couples de points sont en involution.

143. Théorie géométrique. — On peut se proposer de disposer de l'origine de façon à simplifier la relation involutive (194). On reconnaît facilement que, pour faire disparaître le terme constant d, il faut prendre pour origine l'un des points doubles, et que le terme en x_1x_2 ne peut disparaître par aucun changement d'origine, parce que l'équation

$$b(x_1 + x_2) + d = 0$$

représente une involution particulière, dont un point double est à l'infini, et dont par suite tous les couples ont même point milieu.

Si l'on veut faire disparaître le terme en $x_1 + x_2$, il vient, en remplaçant x_1 par $x_1 + h$ et x_2 par $x_2 + h$

$$ax_1x_2 + (ah + b)(x_1 + x_2) + ah^2 + 2bh + d = 0.$$

On devra donc avoir $ah + b = 0$, d'où

$$h = -\frac{b}{a}$$

Si l'on cherche, au moyen de la relation involutive, le conjugué de ce point, qu'on appelle *centre* de l'involution, on trouve le point de l'infini : le centre de l'involution est aussi le milieu des points doubles, dont la demi-somme des abscisses est égale à $-\frac{b}{a}$. L'on voit donc qu'en prenant pour origine ce point qui est toujours réel, la relation involutive peut s'écrire

$$x_1x_2 = k^2$$

et exprime en effet (§ 46) que les points x_1 et x_2 sont conjugués harmoniques par rapport aux points obtenus en portant de part et d'autre de l'origine une longueur égale à k ; ce qui prouve que l'abscisse des points doubles est $\pm k$, comme on s'en assure en faisant $x_1 = x_2$.

Suivant le signe du terme constant dans la nouvelle relation involutive, la constante k peut être réelle ou imaginaire, ce qui donne lieu à deux espèces d'involutions qu'il faut étudier séparément.

1° *k réel.* — Alors, les points doubles sont réels, et la représentation géométrique la plus lumineuse de l'involution est celle qui résulte de la définition. Les couples variables sont conjugués à un couple fixe et la théorie du rapport harmonique apprend comment varie le second point du couple variable lorsque le premier décrit la droite. Le couple variable jouit, en outre, des propriétés suivantes résultant du théorème démontré (§ 133) et évidentes sur simple énoncé.

Le cercle ayant pour diamètre le segment des points doubles coupe orthogonalement tous les cercles passant par les deux points d'un des couples variables, lesquels ont conséquemment pour centre radical commun le centre de l'involution.

Les cercles ayant pour diamètres respectifs les segments formés par le couple variable ont même axe radical, et leurs cercles orthogonaux sont tous les cercles passant par les points doubles.

2° *k imaginaire.* — Les points doubles sont imaginaires ; le produit $x_1 x_2$ étant négatif, deux points conjugués sont situés de part et d'autre du centre, et si en ce point on élève une perpendiculaire à la droite, dont la longueur soit la quantité réelle $k\sqrt{-1}$, de ce point on voit, sous un angle droit, tous les couples variables.

Ainsi, *dans l'involution à points doubles imaginaires, les couples variables sont les couples de points d'intersection de la droite avec les côtés d'un angle droit pivotant autour de son sommet.*

Ce point et son symétrique sont dits les *sommets* de l'involution.

Les deux propriétés énoncées pour k réel subsistent, avec cette différence que, dans la première, le cercle orthogonal commun devient imaginaire, son centre demeurant réel ; et que, dans la seconde, les points communs aux cercles orthogonaux aux cercles ayant pour diamètres les segments formés par le couple variable devenant imaginaires, les points d'intersection des derniers sont réels (§ 134) et sont les sommets de l'involution.

Il suit de là que, si l'on suppose que l'angle constant V, relatif à deux divisions homographiques à points doubles imaginaires (§ 54), devienne égal à $\frac{\pi}{2}$, on obtient une involution à points doubles imaginaires. Il est visible, en effet, que, si l'on fait pivoter un angle droit autour de son sommet d'un angle égal à lui-même, il vient occuper la même position dans le plan, ce qui n'arrive pas dans le cas d'un angle quelconque ; et qu'alors les divisions homographiques deviennent telles qu'un point a le même conjugué dans les deux séries, ce qui est le caractère de l'involution.

Théorème. — *Tous les cercles ayant même axe radical, sont coupés par une droite, suivant des couples de points en involution.*

Cette proposition, déjà démontrée par la théorie analytique de l'involution, est évidente géométriquement ; car la puissance du point d'intersection de la droite avec l'axe radical commun par rapport à tous les cercles est la même. Ce point est donc le centre de l'involution, et les points doubles s'obtiendront en portant de part et d'autre du centre une longueur égale à la tangente menée de ce point à tous les cercles ; ils seront réels ou imaginaires suivant que la droite coupera l'axe radical en dehors ou à l'intérieur du segment des points communs à tous les cercles considérés.

Réciproquement, *si, par deux couples d'une involution, on fait passer deux cercles, tout cercle passant par leurs points communs, coupe la droite qui porte l'involution suivant un autre couple.*

Car cette droite détermine dans le faisceau des cercles une involution qui a deux couples communs avec la proposée et coïncide avec elle.

Problèmes. — 1. *Construire les points doubles de l'involution déterminée par deux couples.*

Cela revient à rechercher le couple conjugué commun aux deux couples donnés, qui a déjà été trouvé analytiquement (§ 142). Les deux propriétés énoncées précédemment peuvent servir à le déterminer géométriquement. La première donne la construction suivante : par chaque couple *ab*, *cd* (fig. 68), on fera passer respectivement deux cercles O_1 et O_2 qui se coupent en *g* et *h*, et les points cherchés seront les points où la droite donnée coupe celui de leurs cercles orthogonaux qui a son centre sur elle, c'est-à-dire au point I où elle rencontre l'axe radical *gh* des deux cercles O_1 et O_2. Menant du point I des tangentes à ces deux cercles, on aura le rayon du cercle orthogonal commun considéré, et par conséquent les points doubles en P et Q. Il est visible qu'ils seront réels ou imaginaires, suivant que le point I sera extérieur ou intérieur aux

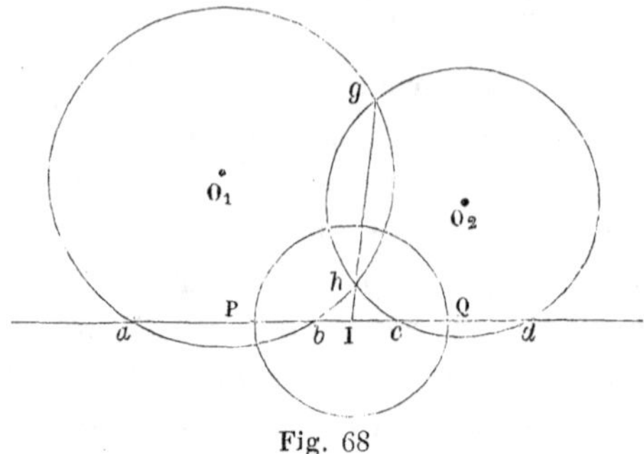

Fig. 68

cercles O_1 et O_2, c'est-à-dire suivant que les couples donnés n'empiètent pas ou empiètent l'un sur l'autre.

Le seconde propriété donne la construction suivante : on décrira les cercles ayant pour diamètres respectifs les couples donnés ; on construira leur axe radical, et l'un quelconque de leurs cercles orthogonaux donnera, par son intersection avec la droite, les points cherchés. Elle est moins simple que la première, parce que dans le cas, qui est le seul auquel la construction s'applique, où les points cherchés sont réels, elle exige une construction particulière pour l'axe radical des deux cercles.

Il peut arriver (§ 142) que l'un des deux couples ou tous les deux soient imaginaires, et l'on peut se proposer de construire le couple conjugué commun qui demeure réel. On supposera alors chaque couple imaginaire comme déterminé par la condition d'être à la fois conjugué à deux couples réels empiétant l'un sur l'autre.

1° *Un couple réel ab, et un couple imaginaire cd conjugué commun aux deux couples* $\alpha\beta$, $\gamma\delta$ *empiétant l'un sur l'autre* (fig. 69).

Le couple cherché, étant conjugué à *cd*, fait partie de l'involution déterminée par les couples $\alpha\beta$, $\gamma\delta$, dont les points doubles sont *c* et *d*. Si donc, sur $\alpha\beta$ et $\gamma\delta$ comme diamètres, on décrit deux cercles O_1 et O_2, ces cercles se coupent nécessairement en des points S et S' parce que les segments $\alpha\beta$, $\gamma\delta$ empiètent l'un sur l'autre; et les points cherchés sont sur un cercle passant par leurs points d'intersection : de plus, ce cercle, ayant son centre sur la droite *ab* et la coupant suivant des points conjugués au segment *ab*, est orthogonal à tout cercle passant par les points *a* et *b* (§ 133). La solution du problème est donc ramenée à la construction d'un cercle passant par deux points et orthogonal à un cercle donné :

c'est un cas particulier du cercle orthogonal à trois cercles, et l'on pourra procéder ainsi qu'il suit. Par les points a et b on fera passer un cercle quelconque O, et l'on tracera l'un des cercles orthogonaux à O_1 et O_2, assujetti à la seule condition de couper le cercle O.

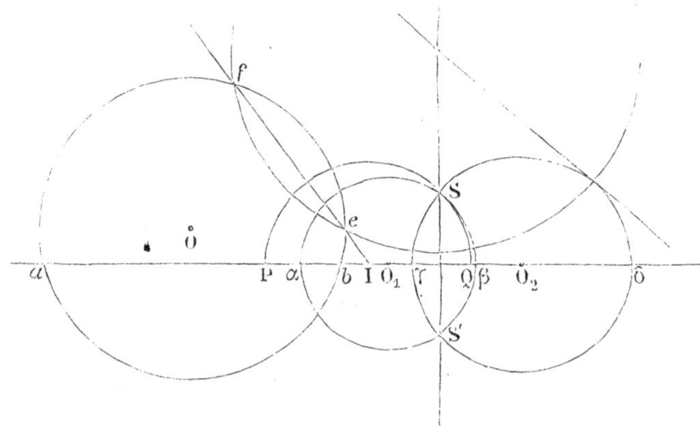

Fig. 69

Leur axe radical ef coupera alors la droite ab en un point I qui sera le centre du cercle cherché ; et les points P et Q de ce cercle situés sur ab sont nécessairement réels.

2° *Deux couples imaginaires définis respectivement comme conjugués communs à* $\alpha\beta$, $\gamma\delta$, *et à* $\varepsilon\zeta$, $\lambda\mu$ (fig. 70).

Si, sur les segments $\alpha\beta$ et $\gamma\delta$, pris respectivement pour diamètres, on décrit deux cercles, ils déterminent, par leur intersection, le

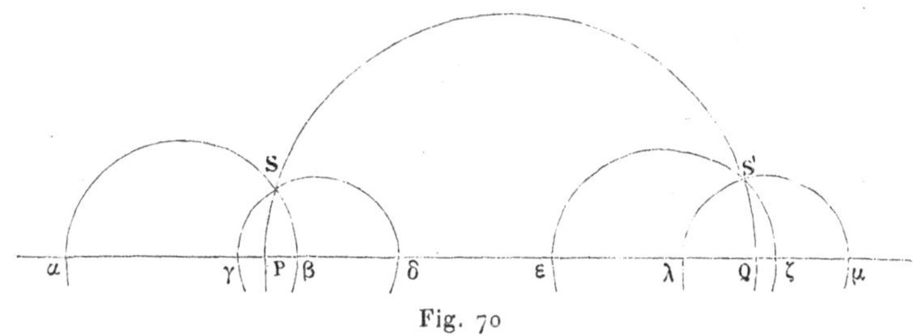

Fig. 70

sommet S d'une involution à points doubles imaginaires dont font partie les points cherchés. On obtient de même un sommet S' d'une autre involution dont font partie les points cherchés, au moyen des couples $\varepsilon\zeta$, $\lambda\mu$. Le cercle passant par les points S, S' et ayant son centre sur la droite $\alpha\beta$, la coupe aux points cherchés, puisque ces points doivent être vus sous un angle droit de chacun des points S, S′ ; et ces points sont nécessairement réels.

2. *Construire le point conjugué d'un point donné dans l'involution déterminée par deux couples.*

On pourrait déterminer, comme il vient d'être fait, les points doubles de l'involution, et chercher, par rapport à ces points, s'ils sont réels, le conjugué harmonique du point donné ; s'ils sont imaginaires, faire passer, par les deux couples donnés, deux cercles quelconques qui se coupent en deux points réels, puisqu'alors les deux couples empiètent l'un sur l'autre ; le point cherché est alors, sur la droite de l'involution, le second point d'intersection du cercle passant par le point donné et les points communs aux deux premiers. Mais ces constructions exigent l'emploi du compas pour la solution d'un problème qui, étant linéaire, doit se résoudre par la règle seule. La construction linéaire est la suivante : par les points *a* et *b* du premier couple, on fera passer deux droites quelconques *ag*, *bh*, et, par le point *e* donné, une droite quelconque *egh* (fig. 71),

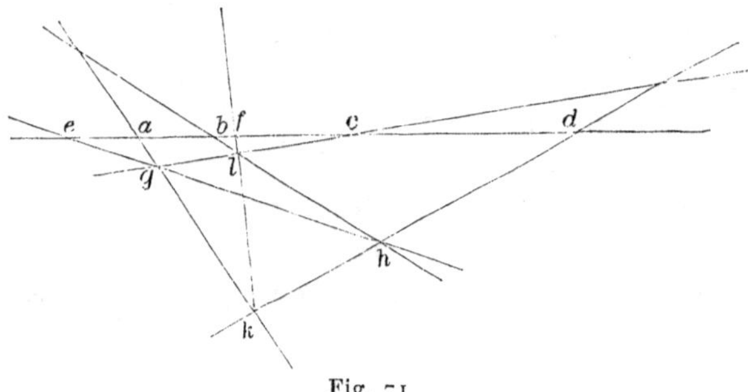

Fig. 71

on joindra les points *c* et *d* du second couple aux points *g* et *h* par deux droites qui couperont de nouveau *ag* et *bh* en deux points *k* et *l* ; la droite *kl* passera par le point *f* cherché, car les trois couples de côtés opposés du quadrangle *ghkl* coupent la droite *ab* suivant des couples de points en involution.

La théorie de l'involution n'est, comme on le voit, au point de vue analytique, qu'une extension de celle du trinôme du second degré, et, au point de vue géométrique, qu'une extension de la théorie du cercle.

144. Faisceaux en involution. — Les propriétés des couples de points en involution sont évidemment projectives; si donc on les joint à un point fixe du plan, on obtiendra un faisceau de droites qui sera coupé par une droite quelconque suivant des points en involution. On dit alors que les couples de droites *sont en involution*, ou encore donnent lieu à deux *faisceaux en involution*. La relation (67) qui exprime que deux couples de droites forment un faisceau harmonique ayant la même forme que la relation analogue (48) relative à deux couples de points, la théorie des faisceaux de droites et celle des couples de points en involution ne diffèrent pas. Il arrivera plus généralement que les droites, au lieu d'être données par leurs coefficients angulaires m, le seront par leurs paramètres angulaires u et v; on voit alors, en chassant les dénominateurs que la forme générale de la relation involutive entre des couples de droites

$$u_1x+v_1y=0$$
$$u_2x+v_2y=0$$

concourantes au point $x=0, y=0$

$$au_1u_2+b(u_1v_2+u_2v_1)+cv_1v_2=0. \qquad (199)$$

On en conclut comme au § 142 la relation

$$\begin{vmatrix} u_1u_2 & u_1v_2+u_2v_1 & v_1v_2 \\ c_1 & -2b_1 & a_1 \\ c_2 & -2b_2 & a_2 \end{vmatrix}=0$$

qui exprime que deux droites variables appartiennent à l'involution déterminée par les deux couples

$$a_1u^2+2b_1uv+c_1v^2=0$$
$$a_2u^2+2b_2uv+c_2v^2=0$$

ainsi que l'équation aux rayons doubles

$$\begin{vmatrix} u^2 & -uv & v_2 \\ c_1 & b_1 & a_1 \\ c_2 & b_2 & a_2 \end{vmatrix}=0$$

qui sont les droites à la fois conjuguées harmoniques par rapport aux couples donnés, et qui sont réelles ou imaginaires suivant que ces couples n'empiètent pas ou empiètent l'un sur l'autre.

On obtient également comme au § 142 la condition pour que trois couples de droites soient en involution; elle ne diffère pas de celle qui est relative à trois couples de points, et on en déduit le théorème corrélatif du théorème du § 142, qui s'énonce ainsi : *les trois couples de droites qui joignent un point fixe du plan aux extrémités des diagonales d'un quadrilatère complet sont en involution.*

145. Exercice. — *Trouver les droites qui coupent les cercles d'un réseau linéaire suivant des points en involution, et déterminer le lieu des points doubles.*

Tous les cercles d'un faisceau linéaire coupent une droite suivant des points en involution. On peut dire que la raison en est (§ 133) que, pour un cercle, la condition d'être conjugué à deux points est linéaire.

Si, au lieu de deux cercles, on en considère trois, il y aura certaines droites du plan qui couperont ces trois cercles, et, par suite, tous ceux du réseau qu'ils déterminent, suivant des points en involution. Si cela a lieu pour une certaine droite du plan, il est clair (§ 143) que la puissance du centre de l'involution, par rapport aux trois cercles, est la même ; ce point ne peut donc être que le centre radical du réseau (§ 138). Réciproquement, toute droite passant par le centre radical jouit de la propriété demandée, et les points doubles de l'involution sont sur le cercle orthogonal commun, dont cette droite est un diamètre (§ 133).

Le cercle orthogonal commun est donc le lieu cherché, et les droites dont il s'agit concourent à son centre. Lorsque la même question sera traitée pour trois courbes du second degré quelconques, on verra que le lieu est du troisième degré, et que les droites correspondantes sont tangentes à une courbe de troisième classe. Dans le cas traité, on peut compléter la solution en remarquant que toute droite passant par un des points cycliques, coupe tous les cercles du plan suivant une involution dont les points doubles sont confondus en ce point ; tandis que la droite de l'infini, les rencontrant en deux points fixes, les coupe suivant une involution dont les points doubles sont indéterminés. Cette droite doit donc s'ajouter au lieu précédemment trouvé, tandis que les droites cherchées se composent aussi de toutes les droites isotropes du plan et peuvent passer conséquemment, en dehors du centre radical commun, par deux autres points fixes qui sont les points cycliques.

CHAPITRE II

DISCUSSION DE L'ÉQUATION GÉNÉRALE DU SECOND DEGRÉ. CLASSIFICATION DES COURBES QU'ELLE REPRÉSENTE.

146. — L'équation générale rendue homogène, de courbes du second degré, a été écrite (§ 119) sous la forme

$$ax^2 + by^2 + cz^2 + 2fyz + 2gzx + 2hxy = 0. \qquad (164)$$

En coordonnées absolues, elle devient, si l'on groupe les termes de même degré en x et y

$$ax^2 + 2hxy + by^2 + 2gx + 2fy + c = 0. \qquad (165)$$

Si l'on cherche la transformée homographique de la courbe représentée par cette équation, on obtient (§ 59) une courbe du même degré, et l'on pourra toujours d'une infinité de manières disposer des coefficients de la transformation (82) de manière que ce soit un cercle. Non seulement les équations de condition qui résultent de là entre ces coefficients sont toujours possibles ; mais encore on verra, lors de la recherche des points communs à deux courbes du second degré, que deux pareilles courbes, sans qu'il soit besoin de transporter l'une d'elles (§ 67), peuvent toujours, de plusieurs façons différentes, être regardées comme homologiques. Il suit de là que, si l'on trace un cercle quelconque dans le plan d'une courbe du second degré donnée, et si l'on fait tourner le plan de cette dernière autour de l'un des axes d'homologie, les deux courbes sont en perspective (§ 73). *Toute courbe du second degré peut donc être considérée comme la section plane d'un cône à base circulaire.* Si le cercle est tracé d'une façon quelconque, le cône sera oblique, mais on trouvera plus loin que, si l'on choisit convenablement le centre du cercle et l'angle de rotation du plan mobile, ce cône devient le cône droit, de révolution. Les courbes du second degré ne diffèrent donc pas des sections coniques, dont l'étude fut poursuivie avec tant d'ardeur par les géomètres de l'antiquité (*). Elles affectent par suite trois formes bien distinctes; et prennent, suivant les cas, les noms d'*ellipse*, *parabole* ou *hyperbole*.

La considération des rayons infinis conduit à la même distinction; leur équation peut s'écrire (§ 75), si les coordonnées sont cartésiennes,

$$ax^2 + 2hxy + by^2 = 0.$$

Ils sont donc réels ou imaginaires suivant le signe de l'expression $ab - h^2$. Si elle est positive, la courbe n'a aucun point réel à l'infini ; c'est une courbe fermée qui occupe une région limitée du plan ; c'est l'*ellipse*. Si elle est négative, la courbe a des branches infinies, dont on construira plus loin les asymptotes; c'est l'*hyperbole*. Enfin, si elle est nulle, la courbe doit être considérée comme tangente à la droite de l'infini ; c'est la *parabole*.

La discussion de l'équation générale (164) confirme cette classification et fait ressortir, en la complétant, les variétés auxquelles peut donner lieu chacune des espèces précédentes. L'équation (164) peut s'écrire

$$\frac{1}{a}(ax + hy + gz)^2 + \left(b - \frac{h^2}{a}\right)y^2 + 2\left(f - \frac{gh}{a}\right)yz + \left(c - \frac{g^2}{a}\right)z^2 = 0$$

ou bien, en multipliant tout par a, qui sera alors supposé différent de zéro,

$$(ax + hy + gz)^2 + (ab - h^2)y^2 + 2(af - gh)yz + (ca - g^2)z^2 = 0.$$

Les trois derniers termes ne renferment pas x ; et peuvent, d'a-

(*) Le plus ancien géomètre qui paraît s'en être occupé est Platon, dont l'école date de l'an 388 avant l'ère chrétienne : il les considérait comme sections planes d'un cône droit. Ce fut Apollonius (247 av. J.-C.) qui les regarda, le premier, comme les sections par un plan d'un cône oblique à base circulaire. Les mots *ellipse* et *parabole* apparaissent pour la première fois dans les travaux d'Archimède (288 av. J.-C.), et le mot *hyperbole* dans les *sections coniques* d'Apollonius.

près la théorie du trinôme du second degré, se mettre sous la forme

$$\frac{1}{ab-h^2}\left[(ab-h^2)y+(af-gh)z\right]^2+\left[(ca-g^2)-\frac{(af-gh)^2}{ab-h^2}\right]z^2.$$

De sorte que, si l'on multiplie encore le premier membre de l'équation (164) par $ab-h^2$, il devient

$$(ab-h^2)(ax+hy+gz)^2+\left[(ab-h^2)y+(af-gh)z\right]^2$$
$$+\left[(ca-g^2)(ab-h^2)-(af-gh)^2\right]z^2=0.$$

Si donc l'on a

$$a \neq 0 \qquad ab-h^2 \neq 0$$

si l'on représente en même temps, pour abréger, $ab-h^2$ et $af-gh$ par C et $-$ F (*) ; et si l'on remarque que le coefficient de z^2 n'est autre que le déterminant

$$\Delta_3 \equiv \begin{vmatrix} a & h & g \\ h & b & f \\ g & f & c \end{vmatrix} \tag{200}$$

multiplié par a, on peut écrire l'équation (164)

$$C(ax+hy+gz)^2+(Cy-Fz)^2+a\Delta_3 z^2=0 \tag{201}$$

dont le premier membre se trouve ainsi mis sous la forme de somme des carrés de trois expressions linéaires, qui, égalées à zéro, ne représentent jamais trois droites concourantes ; car si l'on fait $z=0$ dans les deux premières, on ne peut obtenir le même résultat à cause des hypothèses

$$a \neq 0 \qquad C \neq 0.$$

147. — Nous déduirons d'abord de cette décomposition des conséquences indépendantes de toute hypothèse faite sur les coordon-

(*) Conformément à la notation qui sera désormais employée, et qui consiste à représenter chaque mineur du déterminant Δ_3 par la majuscule de l'élément complémentaire, alternativement affectée du signe + et du signe —.

nées qui, jusqu'à nouvel ordre, seront quelconques, trilinéaires ou cartésiennes.

A cause des restrictions admises, le troisième carré seul peut manquer dans l'équation (201), et cela dans le cas où l'on aurait $\Delta_3 = 0$. Le premier membre se réduit alors à la somme de deux carrés, qui sont affectés du même signe, ou non, suivant que C est positif ou négatif ; il est par conséquent décomposable en deux facteurs linéaires en x, y, z ; réels dans le second cas, imaginaires dans le premier. Ceci est d'accord avec un résultat déjà acquis, puisque l'on a vu que du signe de C dépend la réalité, des rayons infinis si les coordonnées sont cartésiennes, des droites joignant le point $(x=0, y=0)$ aux points d'intersection de la courbe avec la droite $z=0$ si elles sont quelconques. Ces rayons sont réels si $C<0$, imaginaires si $C>0$; et, lorsque la courbe se réduit à deux droites, le même criterium doit indiquer si elles sont réelles ou imaginaires. De plus, si elles sont imaginaires, elles sont nécessairement conjuguées, puisque leur ensemble est représenté par une équation à coefficients réels.

Dans le cas où C est nul, la courbe se réduit encore à deux droites, si l'on a $\Delta_3 = 0$. En effet, l'équation s'écrit alors

$$(ax+hy+gz)^2 + 2(af-gh)yz + (ca-g^2)z^2 = 0 \tag{202}$$

on a d'ailleurs, conformément à un théorème déjà rappelé (§ 68) sur les déterminants

$$a\Delta_3 \equiv (ca-g^2)(ab-h^2) - (af-gh)^2 \equiv BC - F^2. \tag{203}$$

Si donc Δ_3 est nul en même temps que C, on en conclut $F=0$, et l'équation se réduisant à

$$(ax+hy+gz)^2 + (ca-g^2)z^2 = 0$$

représente un système de deux droites, réelles ou imaginaires, suivant que $ca-g^2$ est négatif ou positif, et se coupant sur la droite $z=0$, parallèles par conséquent si les coordonnées sont cartésiennes.

Si a est nul, sans que b et c le soient en même temps, on pourra opérer avec l'une des variables y et z comme on vient de le faire avec x. Si les coefficients des carrés sont nuls tous les trois, Δ_3 se réduit à $2fgh$; s'il est nul, l'un des rectangles est nul et l'équation représente deux droites dont l'une est l'un des côtés du triangle de référence.

Ainsi, quoi qu'il arrive, $\Delta_3 = 0$ *est la condition suffisante pour que la courbe se réduise à deux droites. Elle est aussi nécessaire*, comme on le vérifie sans peine en formant l'équation d'un système de deux droites situées d'une façon quelconque par rapport au triangle de référence.

Si l'on veut maintenant que les deux droites se confondent, on verra facilement en formant l'équation des deux droites superposées

$$(ux + vy + wz)^2 = 0$$

que tous les mineurs de Δ_3 sont nuls. Mais ces conditions, au nombre de six, ne sont pas distinctes ; et il suffit, l'un des coefficients des carrés étant différent de zéro, que Δ_3, soit nul ainsi que deux de ses mineurs convenablement choisis. Si en effet a est différent de zéro, et si l'on a en même temps

$$\Delta_3 = 0 \qquad B = 0 \qquad C = 0$$

on en conclut, à cause de (203), $F = 0$; alors a n'étant pas nul, l'équation peut s'écrire sous la forme (202) et la courbe se réduit aux deux droites confondues

$$(ax + hy + gz)^2 = 0.$$

Si a est nul, les conditions indiquées ne sont pas suffisantes, car l'équation

$$by^2 + 2fyz + cz^2 = 0$$

pour laquelle elles sont remplies, ne représente deux droites confondues que si l'on a

$$bc - f^2 \equiv A = 0$$

mais alors b est différent de zéro, et les conditions nécessaires et suffisantes pour que l'équation représente deux droites confondues sont

$$\Delta_3 = 0 \qquad C = 0 \qquad A = 0.$$

Enfin si les coefficients des carrés sont nuls tous les trois, l'équation se réduit à

$$fyz + gzx + hxy = 0.$$

La courbe ne peut se réduire à deux droites que si l'un des termes manque, et dans aucun cas ces droites ne peuvent se confondre. Ainsi *lorsque la courbe se réduit à deux droites confondues, tous les mineurs du discriminant sont nuls : les conditions nécessaires et suffisantes pour que cela ait lieu sont que le coefficient d'un carré soit différent de zéro et que les mineurs correspondant aux deux autres carrés soient nuls, ainsi que le discriminant.*

Si l'on a

$$a \neq 0 \qquad B = 0 \qquad C = 0 \qquad F = 0$$

on conclut de (203) $\Delta_3 = 0$, et par conséquent les conditions indiquées sont remplies. On peut donc dire encore *qu'il faut et il suffit que, le coefficient d'un carré étant différent de zéro, les mineurs correspondant aux éléments du mineur complémentaire de ce coefficient soient tous les trois nuls.*

Δ_3 est le *discriminant* du premier membre de l'équation (164) parce qu'il est le résultant des trois dérivées (§ 78).

148. — Revenons maintenant à l'équation générale (201) dans laquelle a et C sont différents de zéro, et supposons la courbe rapportée à deux axes quelconques de coordonnées absolues, auquel cas l'équation s'écrira

$$C(ax + hy + g)^2 + (Cy - F)^2 + a\Delta_3 = 0. \qquad (204)$$

Le coefficient a peut toujours être regardé comme positif, car, s'il ne l'était pas, on pourrait changer tous les signes : C peut être positif ou négatif. Supposons-le positif; alors Δ_3 sera positif, nul ou négatif.

1. Si Δ_3 est positif, l'équation exprime qu'une somme de trois carrés est nulle, et elle ne peut être satisfaite que par des valeurs imaginaires de x, y, z. Comme on va voir que l'hypothèse $C > 0$ caractérise le genre *ellipse*, on dit alors que la courbe est une *ellipse imaginaire*. Mais il faut bien remarquer que ses coefficients sont réels ; il n'y a pas d'autre courbe du second degré imaginaire à coefficients réels. Si les coefficients n'étaient pas réels, la courbe imaginaire pourrait appartenir à l'un des trois genres ; il arrivera

même, en général, qu'elle n'appartiendra à aucun d'eux puisque C, ou $ab - h^2$, étant imaginaire, n'aura pas de signe.

2. Si Δ_3 est nul, C étant d'ailleurs toujours positif, on a déjà vu que l'équation représente un système de deux droites imaginaires conjuguées. Elles se coupent, par conséquent (§ 35), en un point réel. Le premier membre est en effet une somme de deux carrés, et ne peut être satisfait par des valeurs réelles que si l'on a simultanément

$$\begin{aligned} X &\equiv ax + hy + g = 0 \\ Y &\equiv \quad Cy - F = 0. \end{aligned} \tag{205}$$

On verra plus loin que le point déterminé par ces équations est, en toute hypothèse, le *centre* de la courbe : c'est pourquoi l'on dit alors que l'ellipse est *réduite à son centre*, ou encore à deux droites imaginaires conjuguées issues de ce point. Par exemple, un cercle de rayon nul peut être considéré comme réduit aux droites isotropes menées par son centre.

3. Si Δ_3 est négatif, l'équation (204) est satisfaite par les coordonnées d'une infinité de points réels, et la courbe est réelle. Pour la construire (fig. 72), traçons les deux droites (205) qui ne sont pas

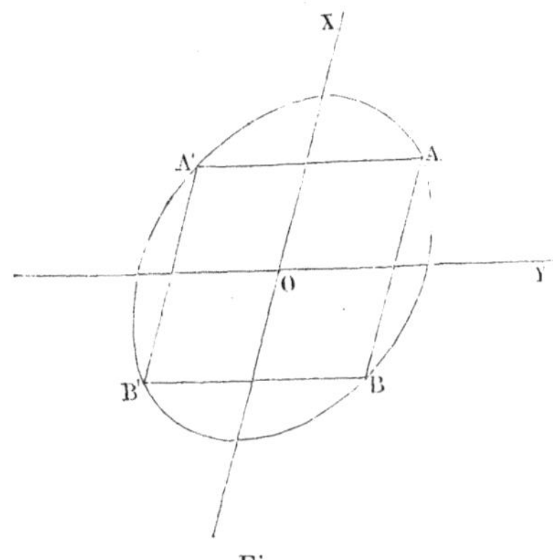

Fig. 72

parallèles. Toute parallèle à l'une d'elles, coupant la courbe en deux points, intercepte une corde, et l'on va voir que le milieu de cette corde est sur l'autre. Si en effet

$$Y = \mu.$$

est l'équation d'une parallèle à la seconde, ses points d'intersection A,A' avec la courbe seront sur le lieu

$$CX^2+\mu^2+a\Delta_3=0 \tag{206}$$

qui représente deux droites AB, A'B', équidistantes de $X=0$, ce qui démontre la proposition. La substitution $Y=-\mu$ correspondant à la droite BB' fournit le même résultat, d'où il suit que les points B et B' sont sur les mêmes parallèles à la droite $X=0$. Les droites AA',BB' étant équidistantes de la droite $Y=0$, et les droites AB, A'B' étant équidistantes de la droite $X=0$, la figure AB A'B' est un parallélogramme dont le point O est le centre. Il suit de là que si un point A est sur la courbe, le point symétrique B' par rapport au point O lui appartient aussi ; toute corde passant par ce point est donc partagée en deux parties égales ; c'est le *centre* de la courbe.

Deux droites telles que les droites (205), dont l'une partage en deux parties égales les cordes parallèles à l'autre, sont dites *diamètres conjugués*. Il y en a une infinité de systèmes, et ils passent tous par le centre. Si l'on pose en effet

$$\begin{aligned} X_1&=X\sqrt{C}\cos\alpha-Y\sin\alpha \\ Y_1&=Y\sqrt{C}\sin\alpha+Y\cos\alpha \end{aligned}$$

on en conclut, quel que soit α,

$$X_1^2+Y_1^2=CX^2+Y^2.$$

Il suit de là que, quel que soit α, les droites X_1 et Y_1, qui sont réelles puisque C est positif, jouissent de la même propriété que les droites (205), et forment un système de diamètres conjugués. D'ailleurs, leurs équations sont des combinaisons des équations (205) ; ces deux droites ont donc le même point d'intersection que les deux premières ; la théorie des diamètres fera voir qu'il n'y en a pas d'autres, et que deux diamètres conjugués se coupent au centre.

La courbe est nécessairement limitée ; car, μ croissant à partir de zéro, la somme des deux derniers carrés de l'équation (206) est d'abord négative puisque le dernier est négatif ; puis elle augmente et devient nulle pour une certaine valeur de μ, au delà de laquelle elle est positive, et alors les points d'intersection de la sécante avec la courbe sont imaginaires. Il en est de même lorsque μ prend des valeurs négatives, puisqu'il n'entre dans l'équation (206) que par son carré; on peut donc inscrire (*) la courbe dans l'intérieur d'un parallélogramme dont les côtés sont respectivement parallèles aux droites X et Y. Cette courbe est l'*ellipse*.

4. Soit maintenant $C<0$. Quel que soit le signe de Δ_3, deux des carrés de l'équation (204) sont affectés d'un signe, et le troisième du signe contraire. Considérons celui de deux premiers carrés qui n'a pas le signe de Δ_3; supposons par exemple que ce soit le second auquel cas Δ_3 est négatif, et coupons la courbe par des parallèles à la droite correspondante, en faisant

$$Y=\mu.$$

On verra, comme précédemment, que les deux droites X et Y forment un système de diamètres conjugués ; mais avec cette différence, que les droites parallèles à Y ne commencent à couper la courbe en des points réels que lorsque μ a pris une valeur telle que l'on ait

$$X^2=\frac{\mu^2}{-C}-a\frac{\Delta_3}{C}>0$$

et que les parallèles à X

$$X=\lambda$$

rencontrent toujours la courbe en des points réels, parce que le résultat de cette substitution dans l'équation (204) donne, quel que soit λ, pour Y^2 une valeur positive. D'ailleurs, λ et μ augmentant, les points d'intersection de l'une ou de l'autre droite avec la courbe s'éloignent de plus en plus ; elle a donc la forme de la figure 73. Elle admet, comme l'ellipse, une infinité de systèmes de diamètres conjugués, mais dont l'un ne rencontre pas la courbe en des points réels ; et qui passent tous par un même point, qui est le *centre*.

(*) Lorsqu'une droite tourne autour d'un point fixe, à distance finie ou non, et que deux de ses points d'intersection avec une courbe viennent à coïncider, elle ne lui est pas nécessairement tangente si le point fixe n'est pas sur la courbe : car si la courbe a des points multiples, il y aura coïncidence toutes les fois qu'elle viendra à passer par l'un d'eux. Mais on peut remarquer (§ 102) qu'une courbe du second degré n'a de point double que si le discriminant est nul, c'est-à-dire si elle se réduit à deux droites : on peut donc dire dans tous les autres cas que, lorsqu'une corde se meut parallèlement à elle-même jusqu'à ce que ses deux points d'intersection avec la courbe soient confondus, elle est devenue tangente.

Si l'on pose en effet,

$$\left.\begin{aligned}X_1 &= \frac{1}{\cos\alpha}\left[-X\sqrt{-C}+Y\sin\alpha\right]\\ Y_1 &= \frac{1}{\cos\alpha}\left[-X\sqrt{-C}\sin\alpha+Y\right]\end{aligned}\right\} \quad (207)$$

ce qui donne pour X_1 et Y_1 des valeurs réelles, puisque C est négatif, on a, quel que soit α

$$-X_1^2+Y_1^2=CX^2+Y^2.$$

Il suit de là que, pour toute valeur de α, l'équation de la courbe

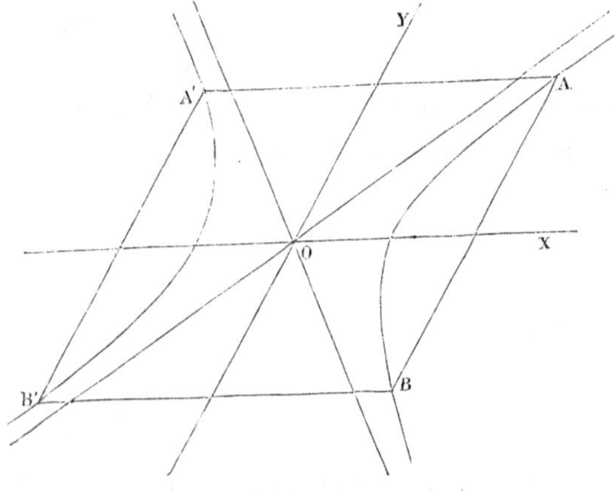

Fig. 73

prend la même forme et que, par conséquent, les droites X_1 et Y_1 sont deux diamètres conjugués, dont le second, comme précédemment pour $\mu=0$, ne rencontre pas la courbe en des points réels.

L'équation de la courbe étant mise sous la forme

$$CX^2+Y^2+a\Delta_3=0$$

considérons les droites réelles, passant par le centre

$$X\sqrt{-C}+Y=0 \qquad X\sqrt{-C}-Y=0.$$

En rendant homogène, on voit que les points d'intersection de chacune d'elles avec la courbe sont tous les deux sur la droite $z=0$, c'est-à-dire à l'infini (*). Ce sont donc les deux asymptotes (§ 90) de la courbe; elles passent par le centre et sont conjuguées harmoniques par rapport aux diamètres conjugués X et Y. Deux diamètres conjugués quelconques (207) sont aussi conjugués harmoniques par rapport aux asymptotes, car leurs équations peuvent s'écrire

$$(1-\sin\alpha)(X\sqrt{-C}+Y)\pm(1+\sin\alpha)(X\sqrt{-C}-Y)=0.$$

On conclut de là que *les systèmes de diamètres conjugués forment un faisceau en involution dont les asymptotes sont les rayons doubles.* Cette propriété subsiste dans l'ellipse dont les asymptotes doivent être regardées comme imaginaires.

Il est bon de noter aussi que, si l'on remplace X et Y par leurs valeurs (205), et si l'on divise par le produit $a(ab-h^2)$, l'équation du système des asymptotes prend la forme

$$ax^2+2hxy+by^2+2gx+2fy+c'=0$$

qui ne diffère de l'équation de la courbe que par le terme constant c' qui a pour valeur

$$\frac{bg^2+af^2-2fgh}{ab-h^2}.$$

C'est celle que l'on obtiendrait si, considérant toutes les courbes du second degré représentées par l'équation précédente dans la-

(*) On a vu (§ 113) que l'équation générale des courbes du second degré passant par les points d'intersection de deux courbes du second degré est

$$\lambda_1 C_1+\lambda_2 C_2=0.$$

Si l'une d'elles se réduit à deux droites confondues $P^2=0$, l'équation devient

$$\lambda_1 C_1+\lambda_2 P^2=0$$

et représente les courbes du second degré doublement tangentes à $C_1=0$ en ses points d'intersection avec $P=0$. L'équation

$$CX^2+Y^2+a\Delta_3 z^2=0$$

représente donc les courbes du second degré tangentes aux deux droites

$$CX^2+Y^2=0$$

la corde de contact étant $z=0$.

quelle on regarderait c' comme un paramètre variable, on déterminait ce paramètre par la condition que l'équation représente deux lignes droites. La courbe qui vient d'être étudiée est l'*hyperbole*.

5. C étant toujours supposé négatif, si Δ_3 est nul, l'équation de la courbe se réduit à une différence de deux carrés, et représente, comme on sait, deux lignes droites réelles. On dit alors que l'hyperbole est *réduite à ses asymptotes*.

4 *bis*. On a supposé jusqu'à présent

$$a \neq 0 \qquad C \neq 0.$$

Si a était nul sans que b le fût, la décomposition en carrés s'effectuerait de même en prenant le carré de la dérivée par rapport à y, au lieu de prendre celui de la dérivée par rapport à x. Si a et b sont nuls tous les deux, l'équation se réduit à

$$2hxy + 2gx + 2fy + c = 0$$

qui peut s'écrire, h étant nécessairement différent de zéro,

$$2(hx+f)(hy+g)+(ch-2fg)=0.$$

Si $ch-2fg$ est différent de zéro, on retombe sur un type déjà étudié parce qu'un produit de deux facteurs linéaires peut toujours se mettre sous forme d'une différence de deux carrés. La courbe est encore une hyperbole, et comme C est négatif, on peut dire que ce genre est caractérisé par

$$C < 0.$$

Si l'on a

$$ch - 2fg = 0$$

la courbe se réduit à un système de deux droites réelles; on voit d'ailleurs facilement que cette condition exprime que le discriminant est nul.

6. Enfin si C est nul, l'ensemble des termes du second degré en x et y forme un carré parfait. L'équation peut s'écrire, si a est différent de zéro

$$(ax + hy + g)^2 + 2(af - gh)y + (ca - g^2) = 0$$

ou

$$X^2 + Y_1 = 0$$

en posant

$$Y_1 = 2(af - gh)y + (ca - g^2).$$

Les points A et A′ (fig. 74) où la courbe rencontre la droite

$$Y_1 = \mu.$$

sont situés sur le lieu

$$X^2 + \mu = 0$$

ce qui prouve que les cordes parallèles à Y_1 sont partagées en deux parties égales par X; mais une corde parallèle à X, telle que

$$X = \lambda$$

donne

$$\lambda^2 + Y_1 = 0$$

équation d'une droite sur laquelle se trouve un de ses points d'intersection avec la courbe : l'autre est à l'infini, comme on le voit en rendant homogène, auquel cas l'équation de la courbe s'écrit

$$X^2 + zY_1 = 0$$

et pour $X = \lambda z$

$$z(\lambda^2 z + Y_1) = 0.$$

On peut remarquer d'ailleurs que la droite X dont l'équation est

$$X \equiv ax + hy + g = 0$$

est parallèle à la direction unique déterminée par l'équation des parallèles aux asymptotes

$$ax^2 + 2hxy + by^2 = 0$$

dont les deux racines sont égales, en vertu de l'hypothèse $C = 0$. Les deux points à l'infini sont donc confondus ; ou encore, la courbe est tangente à la droite de l'infini ; c'est ce qui caractérise la *parabole*.

L'asymptote au point unique à l'infini est cette droite elle-même

(§ 91); elle est rejetée à l'infini (*) : c'est de là que provient la dénomination de branche *parabolique* qui s'applique à toute branche de courbe dont l'asymptote s'est éloignée indéfiniment.

Les droites

$$Y_1 = \mu$$

coupent la courbe en deux points situés respectivement sur les deux droites

$$X = \pm\sqrt{-\mu}.$$

Les points d'intersection ne sont donc réels que pour des valeurs négatives de μ; pour $\mu = 0$, ils sont confondus et la courbe est tangente à la droite $Y_1 = 0$; il suit de tout cela la figure 74.

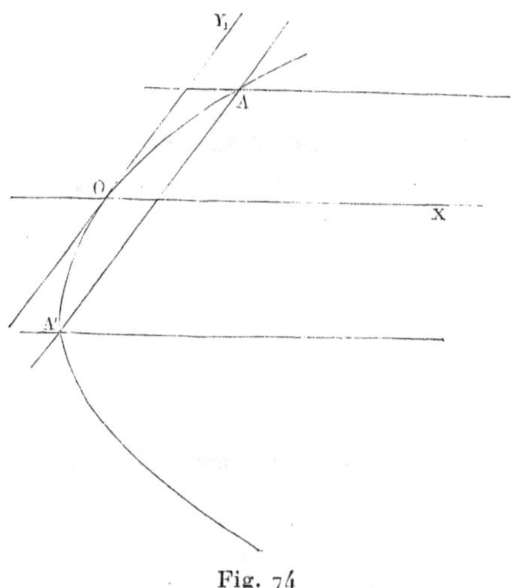

Fig. 74

On peut encore écrire l'équation

$$(X - \lambda)^2 + (Y_1 + 2\lambda X - \lambda^2) = 0.$$

(*) Il résulte d'ailleurs de ce qui a été dit un peu plus haut que

$$X^2 + zY_1 = 0$$

est l'équation d'une courbe tangente aux droites $Y_1 = 0$, $z = 0$, en leurs points d'intersection avec la droite $X = 0$.

Elle est conforme au même type que la première, d'où il suit que, quel que soit λ, la droite

$$X = \lambda$$

partage en deux parties égales les cordes parallèles à

$$Y_1 + 2\lambda X - \lambda^2 = 0$$

qui est la tangente à la courbe en son point d'intersection, à distance finie avec $X = \lambda$. D'ailleurs cette dernière droite, quel que soit λ, est parallèle à $X = 0$, il en résulte que, *dans la parabole, toute droite parallèle à la direction du rayon infini partage en deux parties égales les cordes parallèles à la tangente à la courbe au point, situé à distance finie, où elle est rencontrée par cette droite.*

Si l'on suppose maintenant $a = 0$, à cause de $C = 0$, on en conclut $h = 0$ et l'équation prend la forme

$$by^2 + 2gx + 2fy + c = 0$$

analogue à la précédente : elle représente une parabole tangente à la droite $2gx + 2fy + c = 0$ en son point d'intersection avec $y = 0$.

7. Revenant maintenant au cas où C est nul et a différent de zéro, si l'on $af - gh = 0$, l'équation se réduit à

$$X^2 + ca - g^2 = 0$$

qui représente deux parallèles à la droite X, réelles ou imaginaires suivant le signe de $ca - g^2$, et confondues si $ca - g^2$ est nul : résultat déjà acquis (§ 147) où l'on a vu qu'alors Δ_3 est nul. Les conditions nécessaires et suffisantes *pour que la courbe se réduise à deux droites parallèles* sont donc, en coordonnées cartésiennes

$$C = 0 \qquad F = 0$$

si toutefois a n'est pas nul. Dans le cas contraire, h sera nul à cause de $C = 0$, b sera donc différent de zéro ; opérant alors avec y comme on l'a fait avec x, on trouvera les conditions

$$C = 0 \qquad G = 0.$$

On peut donc dire qu'*il faut et il suffit que* C *soit nul, ainsi que celui des mineurs qui correspond au terme du premier degré dont le carré peut manquer dans l'équation.*

149. Équation tangentielle. — La discussion précédente fait donc ressortir, comme représentées par l'équation générale (165), les trois sections coniques étudiées par les anciens, et leurs variétés; en même temps qu'elle démontre déjà quelques-unes de leurs propriétés principales. Généralisée par l'hypothèse que la droite $z = 0$, au lieu d'être à l'infini, soit une droite quelconque du plan, elle mettrait en évidence les propriétés transformées homographiques des précédentes, qui ne tarderont pas du reste à ressortir de la suite de la théorie. Enfin on peut lui appliquer également la transformation corrélative (§ 40) et en tirer alors la classification des courbes de la seconde classe. Mais cette classification sera faite, si l'on démontre que la courbe générale du second degré est en même temps la courbe générale de la seconde classe : pour cela il convient de rechercher l'équation tangentielle des courbes du second degré.

L'équation de la tangente en un point de la courbe peut s'écrire (§ 80)

$$\begin{aligned} xf'_{x_0}+yf'_{y_0}+zf'_{z_0} \equiv x(ax_0+hy_0+gz_0)+y(hx_0+by_0+fz_0) \\ +z(gx_0+fy_0+cz_0)=0. \end{aligned} \tag{208}$$

Elle renferme les coordonnées du point de contact au premier degré, et ne change pas si on les permute avec les coordonnées courantes. L'équation tangentielle s'obtiendra (§ 85) en éliminant x_0, y_0, z_0 entre les équations

$$\frac{f'_{x_0}}{u}=\frac{f'_{y_0}}{v}=\frac{f'_{z_0}}{w} \tag{116}$$

$$ux_0+vy_0+wz_0=0. \tag{118}$$

Si l'on égale les rapports (116) à une indéterminée $-\lambda$, on obtient

$$\begin{aligned} f'_{x_0}+\lambda u &= 0 \\ f'_{y_0}+\lambda v &= 0 \\ f'_{z_0}+\lambda w &= 0 \end{aligned} \tag{209}$$

et les équations linéaires (209) et (118) fournissent, par l'élimination de x_0, y_0, z_0 et λ

$$\begin{vmatrix} a & h & g & u \\ h & b & f & v \\ g & f & c & w \\ u & v & w & 0 \end{vmatrix} = 0 \qquad (210)$$

qui est l'équation tangentielle cherchée. On voit sans peine qu'elle est du second degré en u, v, w; développée par rapport à ces variables, elle peut s'écrire

$$Au^2 + Bv^2 + Cw^2 + 2Fvw + 2Gwu + 2Huv = 0 \qquad (211)$$

équation dans laquelle les coefficients A, B, C, F, G, H désignent, comme dans la discussion de l'équation, les six mineurs distincts du discriminant Δ_3 pris tantôt avec le signe +, tantôt avec le signe — : on leur donne pour cette raison le nom de *coefficients tangentiels* de la courbe, tandis que les premiers sont les *coefficients ponctuels*. Leur usage étant très fréquent, il importe d'écrire leurs valeurs qui sont

$$\begin{array}{ll} A \equiv bc - f^2 & F \equiv gh - af \\ B \equiv ca - g^2 & G \equiv hf - bg \\ C \equiv ab - h^2 & H \equiv fg - ch. \end{array} \qquad (212)$$

Comme on le voit, l'équation ponctuelle et l'équation tangentielle renferment deux séries de coefficients, ceux des carrés et ceux des rectangles, chacune desquelles donne lieu à deux permutations circulaires distinctes.

L'équation ponctuelle se déduisant de l'équation tangentielle comme celle-ci se déduit de l'équation ponctuelle (§ 85), les six binômes analogues formés avec les coefficients tangentiels doivent représenter les valeurs proportionnelles des coefficients ponctuels. On a en effet

$$\begin{array}{ll} a\Delta_3 \equiv BC - F^2 & f\Delta_3 \equiv GH - AF \\ b\Delta_3 \equiv CA - G^2 & g\Delta_3 \equiv HF - BG \\ c\Delta_3 \equiv AB - H^2 & h\Delta_3 \equiv FG - CH. \end{array} \qquad (213)$$

Il suit de là qu'il n'existe aucune relation entre les coefficients tangentiels, puisqu'on peut en déduire les coefficients ponctuels, et que par conséquent l'équation (211) est l'équation générale des courbes de la seconde classe. *La courbe générale du second degré est donc en même temps la courbe générale de la seconde classe.*

Il convient néanmoins de remarquer que les variétés fournies par l'une des deux équations générales (164) et (211) ne sont pas données par l'autre. Examinons en effet ce que devient l'équation tangentielle lorsque Δ_3 est nul. Si on lui applique le même mode de décomposition qu'à l'équation (164), on peut l'écrire

$$(AB-H^2)(Au+Hv+Gw)^2+\Big[(AB-H^2)v-(GH-AF)w\Big]^2+A\Delta'_3w^2=0 \quad (21$$

en désignant par Δ'_3 le déterminant formé avec les coefficients tangentiels comme Δ_3 l'est avec les coefficients ponctuels, lequel n'est autre que le réciproque de Δ_3 et comme tel égal à son carré; d'où il suit que l'équation devient, en remplaçant par leurs valeurs les binômes formés avec les coefficients tangentiels et divisant par Δ_3

$$c(Au+Hv+Gw)^2+\Delta_3(cv-fw)^2+A\Delta_3w^2=0.$$

Pour $\Delta_3=0$, elle se réduit à

$$(Au+Hv+Gw)^2=0$$

et représente deux points confondus, dont les coordonnées homogènes sont A, H, G, c'est-à-dire confondus avec le point d'intersection des deux droites auxquelles la courbe se réduit. Il semble donc que la courbe reste de la seconde classe, ce qui serait contraire à la théorie générale puisqu'elle acquiert un point double par l'hypothèse $\Delta_3=0$ et qu'alors sa classe doit se réduire à zéro; ou encore puisqu'une droite est de classe zéro, et par suite un nombre quelconque de droites. Mais il faut remarquer que, dans l'établissement de l'équation tangentielle, on a identifié l'équation de la droite variable avec

$$xf'_{x_0}+yf'_{y_0}+zf'_{z_0}=0$$

qui cesse de représenter la tangente lorsque le point de contact devient un point double. Dans ce cas limite, elle représente (§ 81) toutes les droites passant par le point. Il est donc tout naturel que, par l'hypothèse $\Delta_3=0$, l'équation tangentielle soit satisfaite par les coordonnées de toutes les droites qui passent par le point d'intersection des deux droites auxquelles la courbe s'est réduite. Mais cette solution est étrangère à la question, puisque ces droites ne sont pas de vraies tangentes ; et comme il n'y en a pas d'autre, la courbe est bien de la classe zéro. Il en serait de même si les deux droites étaient confondues ; on a vu d'ailleurs que dans ce cas tous les coefficients tangentiels sont nuls.

Ainsi les variétés ponctuelles de la courbe du second degré, système de deux droites, réelles, confondues ou imaginaires, ne sont pas comprises dans l'équation générale tangentielle (211). En revanche, la discussion de cette équation fait ressortir les variétés tangentielles corrélatives qui, pour les mêmes raisons, ne sont pas comprises dans l'équation ponctuelle (164), et qui sont un système *de deux points* réels, confondus, ou imaginaires, courbe de la seconde classe et du degré zéro. Si, en effet, la courbe étant donnée par son équation tangentielle, on met cette équation sous la forme (214), et si l'on suppose $\Delta'_3 = 0$, elle se réduit à une somme algébrique de deux carrés et se décompose en deux facteurs linéaires, réels, confondus ou imaginaires ; par suite elle représente deux points. C'est donc la propre courbe du second degré, ellipse, hyperbole ou parabole, qui doit être regardée comme identique avec la courbe générale de la seconde classe ; c'est elle qui sera désormais désignée pour abréger, et pour rappeler en même temps de quelle façon elle s'est introduite en géométrie, sous le nom de *conique*.

Cette identité remarquable des courbes du second degré et de la seconde classe fait que, dans toute transformation par voie de dualité, une conique se transforme en une conique.

On observera également que le premier membre de l'équation ponctuelle (164) et celui de l'équation tangentielle (211) sont *contravariants;* c'est-à-dire (§ 86) que, lorsque l'un d'eux est transformé par une substitution linéaire effectuée sur les variables qu'il renferme, l'autre est transformé par la substitution inverse.

CHAPITRE III

DES POLES ET POLAIRES

150. Polaire d'un point, pôle d'une droite. — La première polaire d'un point par rapport à une conique, courbe qui, par son intersection avec elle, détermine (§ 87) les points de contact des tangentes menées par le point, est une ligne droite. C'est donc l'unique polaire du point; elle joint les points de contact des tangentes menées par le point donné, et à ce titre prend quelquefois le nom de *corde de contact*. Elle est toujours réelle, même quand les points de contact sont imaginaires, et *peut être considérée* dans tous les cas (§ 88) *comme le lieu sur toute sécante menée par le point*, de son centre harmonique du premier ordre, c'est-à-dire *de son conjugué harmonique par rapport aux deux points d'intersection de la sécante variable avec la courbe*. Cette propriété devant être invoquée très fréquemment, il ne sera pas inutile de répéter sur ce cas particulier la démonstration générale du § 88. Soient donc, en coordonnées cartésiennes (x_1, y_1, z_1), les coordonnées du point donné, et (x, y, z) celles d'un point variable achevant de déterminer la sécante tournant autour du premier qui est fixe. Les coordonnées d'un point variable de cette sécante peuvent s'écrire

$$\lambda x_1 + \mu x, \qquad \lambda y_1 + \mu y, \qquad \lambda z_1 + \mu z$$

$\frac{\lambda}{\mu}$ désignant le rapport suivant lequel le point partage le segment limité par les deux premiers. La substitution dans le premier membre de l'équation donne

$$\lambda^2 f(x_1, y_1, z_1) + \lambda\mu(xf'_{x_1} + yf'_{y_1} + zf'_{z_1}) + \mu^2 f(x, y, z) = 0$$

équation dont les racines sont les valeurs du rapport $\frac{\lambda}{\mu}$ correspondant aux points d'intersection. Pour que ces deux points soient conjugués harmoniques par rapport aux deux points (x_1,y_1,z_1), (x,y,z), il faut que la somme de ces racines soit nulle, c'est-à-dire que le point (x,y,z) décrive la droite

$$xf'_{x_1}+yf'_{y_1}+zf'_{z}=0$$

qui est la polaire de (x_1,y_1,z_1). C. Q. F. D.

L'équation développée devient

$$x(ax_1+hy_1+gz_1)+y(hx_1+by_1+fz_1)+z(gx_1+fy_1+cz_1)=0. \quad (215)$$

Comme celle de la tangente en un point, avec laquelle elle se confond lorsque le point est sur la courbe, elle est symétrique en x,y,z et x_1,y_1,z_1, et peut s'écrire encore

$$x_1f'_x+y_1f'_y+z_1f'_z\equiv x_1(ax+hy+gz)+y_1(hx+by+fz)+b_1(gx+fy+cz)=0$$

en vertu de la propriété générale des courbes d'après laquelle la permutation de x,y,z et x_1,y_1,z_1, transforme l'équation de la polaire d'ordre p en celle de la polaire d'ordre $m-p$.

Réciproquement, toute droite du plan

$$u_1x+v_1y+w_1z=0$$

est la polaire d'un point ; l'identification avec (215) donne en effet,

$$\frac{ax_1+hy_1+gz_1}{u_1}=\frac{hx_1+by_1+fz_1}{v_1}=\frac{gx_1+fy_1+cz_1}{w_1}=-\lambda$$

d'où

$$\begin{aligned} ax_1+hy_1+gz_1+\lambda u_1&=0\\ hx_1+by_1+fz_1+\lambda v_1&=0\\ gx_1+fy_1+cz_1+\lambda w_1&=0 \end{aligned} \quad (216)$$

(*) A peine est-il besoin d'ajouter que cette équation, démontrée pour des coordonnées cartésiennes, subsiste si la courbe est rapportée à un triangle de référence quelconque, c'est-à-dire si la droite $z=0$ n'est pas à l'infini (voir § 89).

d'où enfin

$$\frac{x_1}{\begin{vmatrix} h & g & u_1 \\ b & f & v_1 \\ f & c & w_1 \end{vmatrix}} = \frac{-y_1}{\begin{vmatrix} a & g & u_1 \\ h & f & v_1 \\ g & c & w_1 \end{vmatrix}} = \frac{z_1}{\begin{vmatrix} a & h & u_1 \\ h & b & v_1 \\ g & f & w_1 \end{vmatrix}}$$

ou

$$\frac{x_1}{Au_1 + Hv_1 + Gw_1} = \frac{y_1}{Hu_1 + Bv_1 + Fw_1} = \frac{z_1}{Gu_1 + Fv_1 + Cw_1}. \quad (217)$$

Pour qu'il y ait indétermination, il faut que les trois coordonnées homogènes soient nulles, ce qui exige, par l'élimination de u_1, v_1, w_1 la condition $\Delta_3 = 0$. En outre, l'une quelconque des trois conditions telles que

$$Au_1 + Hv_1 + Gw_0 = 0$$

exprime que la droite donnée passe par le point O commun aux deux droites OP, OQ auxquelles la courbe est réduite.

Les trois équations (216) se réduisent alors à deux ; et les deux premières, par exemple, font voir par l'élimination de λ que le pôle cherché décrit la droite

$$v_1 f'_x - u_1 f'_y = 0$$

qui est la *conjuguée harmonique* de la droite donnée par rapport aux droites OP, OQ : cette propriété se vérifie immédiatement en considérant un système de deux droites $XY = 0$, et prenant l'équation de la droite donnée sous la forme $X + \lambda Y = 0$.

Si, Δ_3 étant nul, la droite donnée ne passe pas par le point O, le problème reste déterminé, et l'on vérifie sans peine que les coordonnées du point O qui sont à volonté, à cause de $\Delta_3 = 0$, A, H, G ; ou H, B, F ; ou G, F, C, sont celles du pôle cherché. On a donc ce premier résultat, qui d'ailleurs est une conséquence de la théorie du faisceau harmonique : *le pôle d'une droite quelconque par rapport à un système de deux droites est leur point de rencontre; si la droite passe par ce point, il est indéterminé sur sa conjuguée harmonique par rapport aux droites données.*

En dehors de ces cas particuliers, le pôle d'une droite par rapport à une conique est toujours déterminé, à distance finie ou non. Ses coordonnées (217) sont corrélatives de celles de la polaire d'un point, et, par conséquent, son équation tangentielle

$$u(Au_1 + Hv_1 + Gw_1) + v(Hu_1 + Bv_1 + Cw_1) + w(Gu_1 + Fv_1 + Cw_1) = 0$$

est celle qu'on aurait obtenue en appliquant à l'équation tangentielle (211), $F(u,v,w)=0$, le calcul qui a servi à déduire de l'équation ponctuelle la polaire d'un point donné. Elle peut s'écrire en effet

$$uF'_{u_1}+vF'_{v_1}+wF'_{w_1}=0.$$

On en conclut que *le pôle d'une droite est soit le point de rencontre des tangentes aux points d'intersection, réels ou imaginaires, de la droite et de la courbe; soit l'enveloppe des droites obtenues en prenant un point quelconque sur la droite donnée, menant par ce point les tangentes à la courbe, et traçant la conjuguée harmonique par rapport à ces dernières de la droite donnée.*

On doit aussi conclure de ce qui précède, puisque tout est corrélatif entre le pôle et la polaire, que *la polaire d'un point quelconque par rapport à un système de deux points est la droite qui les joint; si le point est sur cette droite, c'est une droite quelconque passant par son conjugué harmonique par rapport aux points donnés.*

On peut déduire des propriétés qui viennent d'être démontrées deux façons d'obtenir soit la polaire d'un point, soit le pôle d'une droite : celle qui est basée sur les propriétés harmoniques est plus générale, parce qu'elle subsiste si la droite ne coupe pas la courbe, ou si le point est intérieur.

Les propriétés harmoniques du quadrangle complet en fournissent une troisième : si par le point donné a (fig. 75) on mène deux cordes quelconques de, fh, leurs extrémités forment un quadrangle

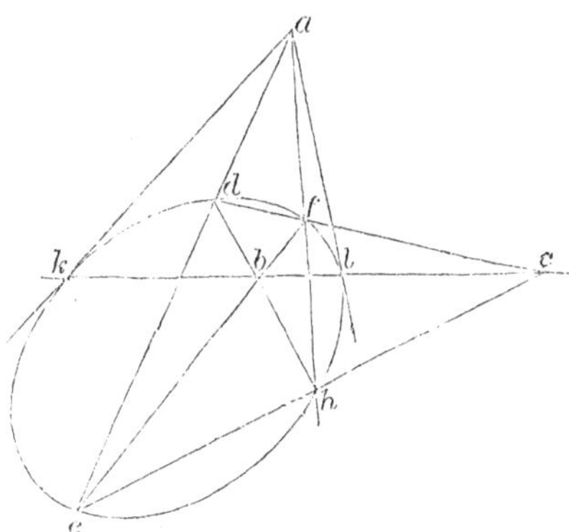

Fig. 75

dont a est un point diagonal; les deux autres points diagonaux b et c sont sur la polaire du point a, car la droite bc coupe chacune des cordes au point conjugué harmonique de a par rapport à ses extrémités (§ 47).

L'équation (215) de la polaire d'un point renferme au premier degré deux paramètres variables, qui sont les coordonnées du point : on peut en disposer de façon à la faire coïncider avec une droite quelconque du plan. Mais si ces coordonnées sont assujetties à une relation, c'est-à-dire si le pôle décrit une courbe, la polaire n'est plus une droite quelconque du plan ; elle enveloppe une courbe. Pour ne considérer que le cas le plus simple, si le pôle décrit une droite, si l'on a par exemple

$$u_1x_1+v_1y_1+w_1z_1=0$$

l'élimination de l'une des coordonnées fait voir que l'équation de la polaire renferme l'autre au premier degré ; elle passe donc par un point fixe. On obtient ainsi, en ordonnant l'équation de la polaire par rapport à x_1, y_1, z_1, la multipliant par w_1, et retranchant de là la précédente multipliée par f'_z

$$x_1(w_1f'_x-u_1f'_z)+y_1(w_1f'_y-v_1f'_z)=0$$

équation d'une droite qui passe, quels que soient x_1 et y_1, par le point dont les coordonnées sont déterminées par les équations

$$\frac{f'_x}{u_1}=\frac{f'_y}{v_1}=\frac{f'_z}{w_1}$$

qui sont précisément celles d'où dépend le pôle de la droite décrite par le point (x_1, y_1, z_1). Ainsi, *lorsqu'un point décrit une droite, sa polaire pivote autour du pôle de cette droite.* Cette proposition entraîne sa réciproque, parce qu'elle est sa corrélative ; *lorsqu'une droite tourne autour d'un point, son pôle décrit la polaire du point.*

Ces propriétés proviennent au fond de ce que l'équation de la polaire d'un point est symétrique par rapport aux coordonnées courantes et par rapport aux coordonnées du point : il suit en effet de là que, si la polaire du point (x_1, y_1, z_1) passe par le point (x, y, z), la polaire du second passe par le premier. Par suite, si le second point est fixe, le premier, pôle de la droite variable, décrit sa polaire. Elles sont du reste évidentes géométriquement, car si le point b est sur la polaire de a (fig. 75), cela veut dire que, sur la droite ab, ces deux points sont conjugués harmoniques par rapport aux deux points d'intersection, réels ou imaginaires, de la droite avec la courbe, donc la polaire de b passe par a.

Des propriétés plus générales ont été démontrées (§ 89) sur la polaire d'ordre p et la polaire d'ordre $m-p$ d'un point par rapport à une courbe algébrique.

Il suit de là que, si l'on veut construire la polaire d'un point, on peut encore joindre les pôles de deux droites arbitraires passant par le point. Corrélativement, pour trouver le pôle d'une droite, on peut chercher le point d'intersection des polaires de deux points quelconques de cette droite. Le procédé à choisir, parmi tous ceux qui ont été indiqués, dépendra de la façon dont la courbe est définie. Si, par exemple, on en connaît cinq points, ce qui la définit sans ambiguïté, on cherchera le second point d'intersection avec elle des droites joignant le point donné avec deux des cinq points; ce problème, on le verra plus loin, est linéaire; et on en conclura linéairement, sur chacune de ces droites, un point de la polaire. Si la conique est définie par cinq tangentes, on appliquera la construction corrélative à la recherche des pôles de deux droites passant par le point donné; ces pôles seront sur la polaire cherchée.

151. Points et droites conjugués. — Deux points tels que a et b, conjugués harmoniques par rapport aux points d'intersection, réels ou imaginaires, de la droite ab avec la conique, sont dits *conjugués* à la conique. La polaire de l'un d'eux passe par l'autre; et réciproquement, si b est sur la polaire de a, les deux points sont conjugués. Si donc leurs coordonnées homogènes sont (x_1, y_1, z_1) et (x_2, y_2, z_2), elles sont liées par la relation

$$x_2(ax_1+hy_1+gz_1)+y_2(hx_1+by_1+fz_1)+z_2(gx_1+fy_1+cz_1)=0$$

qui peut s'écrire

$$c_1x_2+by_1y_2+cz_1z_2+f(y_1z_2+y_2z_1)+g(z_1x_2+z_2x_1)+h(x_1y_2+x_2y_1)=0. \quad (218)$$

On voit que, si les points coïncident, on obtient l'équation de la conique, qui est par suite le lieu des points conjugués coïncidant : cela devait être puisque, sur une droite quelconque, les couples de points conjugués forment une involution dont les points doubles sont les points d'intersection de la droite et de la courbe.

On peut remarquer que la condition, qui exprime que deux points sont conjugués par rapport à une conique, est linéaire (§ 112), comme celle qui exprime que la conique passe par un point donné; et plus générale, parce bu'elle dépend de quatre arbitraires au lieu de deux : mais ce n'est pas encore, on le verra, la condition linéaire la plus générale. Il y a donc une conique et une seule, conjuguée à cinq couples de points.

Corrélativement, deux droites sont conjuguées lorsqu'elles sont conjuguées harmoniques par rapport aux deux tangentes réelles ou imaginaires que l'on peut mener à la conique par leur point d'intersection. Chacune d'elles passe par le pôle de l'autre, et leurs coordonnées (u_1, v_1, w_1), (u_2, v_2, w_2) sont liées par la relation

$$Au_1u_2 + Bv_1v_2 + Cw_1w_2 + F(v_1w_2 + v_2w_1) + G(w_1u_2 + w_2u_1) + H(u_1v_2 + u_2v_1) = 0 \quad (21$$

qui est linéaire par rapport aux coefficients tangentiels. Tous les couples de droites conjuguées issues d'un même point donnent lieu par définition à un faisceau en involution dont les rayons doubles sont les tangentes menées par le point à la conique. Pour le vérifier sur la relation (219), il suffira de supposer que le point ait pour coordonnées ($x = 0$, $y = 0$) alors on aura pour toute droite qui le renferme $w = 0$, et la relation se réduit à

$$Au_1u_2 + H(u_1v_2 + u_2v_1) + Bv_1v_2 = 0 \qquad (220)$$

qui est (§ 144) la relation involutive entre deux couples de droites. Les rayons doubles s'obtiennent en faisant $u_1 = u_2$, $v_1 = v_2$, ce qui donne

$$Au^2 + 2Huv + Bv^2 = 0 \qquad (221)$$

équation qui a pour racines les paramètres angulaires des tangentes menées par le point à la courbe, puisqu'elle est le résultat de la substitution $w = 0$ dans l'équation tangentielle.

Théorème. — *Par tout point du plan, on peut mener deux droites conjuguées rectangulaires.*

La propriété n'étant pas projective, nous supposerons les coordonnées cartésiennes, et ce point sera pris à l'origine. Alors tous les couples de droites conjuguées satisfont à la relation (220); si en outre les droites doivent être rectangulaires, on aura

$$u_1u_2 - (u_1v_2 + u_2v_1)\cos\theta + v_1v_2 = 0$$

deuxième relation involutive; ce qui montre que les droites cherchées sont les rayons communs à deux involutions. L'une d'elles, la dernière, ayant ses rayons doubles imaginaires, puisque ce sont les droites isotropes, les droites cherchées sont réelles (§ 142). Pour le vérifier, il suffit de former (§ 144) l'équation aux paramètres angulaires des droites conjuguées harmoniques à la fois par rapport aux droites (221) et aux droites isotropes

$$u^2 - 2uv\cos\theta + v^2 = 0$$

on obtient

$$\begin{vmatrix} u^2 & uv & v^2 \\ B & -H & A \\ 1 & \cos\theta & 1 \end{vmatrix} = 0$$

et ces droites sont réelles, si l'on a

$$(A-B)^2 + 4(H + A\cos\theta)(H + B\cos\theta) > 0.$$

Or cette expression est évidemment positive pour $\theta = \frac{\pi}{2}$; et par conséquent doit l'être dans tous les cas, car la réalité des racines est indépendante du choix des axes. Si on veut le constater pour une valeur quelconque de θ, il suffit de l'ordonner par rapport à H, et de remarquer qu'en résolvant, les racines sont toujours imaginaires, à cause de

$$(A-B)^2 \sin^2\theta > 0.$$

Par conséquent le trinôme en H, dans lequel le coefficient de H^2 est positif, est toujours positif.

152. Triangles conjugués. — Un triangle est conjugué à une conique lorsque chaque sommet est le pôle du côté opposé. Pour construire un pareil triangle, on peut s'en donner arbitrairement un sommet a (fig. 75): alors le côté opposé est la polaire bc de a. Sur cette polaire on peut choisir arbitrairement le sommet b; alors le côté opposé, polaire de b, passe par a puisque b est sur la polaire de a, et coupe la polaire de a en un point c qui est le troisième sommet du triangle. Sa polaire est le côté opposé ab, parce que c est à l'intersection des polaires de a et de b.

Deux sommets quelconques du triangle sont conjugués, puisque chacun d'eux est sur la polaire de l'autre; de même deux côtés quelconques sont des droites conjuguées. On voit que, pour le construire, on choisira arbitrairement un point du plan; les deux autres sommets seront deux points conjugués quelconques situés sur sa polaire. Corrélativement, on pourra prendre pour un des côtés une droite arbitraire du plan, les deux autres côtés seront deux droites conjuguées quelconques issues du pôle de cette droite. Un triangle est déterminé dans le plan par six conditions qui sont les six coordonnées de ses trois sommets ou de ses trois côtés. Si le triangle est conjugué à une conique, trois des six éléments qui le déterminent sont arbitraires, les autres sont donnés.

Dans un triangle conjugué, *deux sommets sont toujours extérieurs, et le troisième intérieur à la courbe*. Les points extérieurs à une conique sont ceux d'où les tangentes menées à la courbe sont réelles; les points intérieurs sont ceux pour lesquels elles sont imaginaires conjuguées. Il est clair, et l'étude particulière des trois courbes le vérifiera, que les points extérieurs sont ceux vers lesquels la courbe tourne sa convexité. Si donc on choisit le point a, sommet d'un triangle conjugué, à l'extérieur de la courbe (fig. 75), sa polaire bc, qui est la corde de contact des tangentes issues de a, coupera la courbe en deux points réels k et l; les points b et c étant conjugués harmoniques par rapport à k et l, l'un d'eux sera extérieur et l'autre intérieur au segment kl, et par suite à la courbe. Si la courbe est une hyperbole, et si la droite bc rencontre les deux branches de l'hyperbole, ce sera le point intérieur au segment kl qui sera extérieur à la courbe, et inversement; quoi qu'il arrive, *deux sommets du triangle sont extérieurs à la courbe et le troisième lui est intérieur*. Si le premier sommet choisi avait été intérieur, la polaire aurait été tout entière extérieure et par suite les deux autres sommets; le théorème subsiste donc toujours.

Si l'un des sommets a est choisi sur la courbe, sa polaire est la tangente en ce point (§ 150); les deux autres sommets sont donc conjugués harmoniques par rapport à deux points confondus en a; ce sont le point a et un point quelconque de la tangente, par exemple le point a lui-même. Ainsi tout point de la courbe peut être regardé comme la superposition de deux ou de trois sommets d'un triangle conjugué.

Il suit de ce qui précède que deux côtés d'un triangle conjugué rencontrent toujours la conique en des points réels, le troisième lui est extérieur.

Toute tangente de la conique peut être regardée comme la superposition de deux côtés d'un triangle conjugué. Le troisième est alors une droite quelconque passant par le point de contact, par exemple la tangente elle-même.

L'équation d'une conique rapportée à un triangle conjugué, pris pour triangle de référence, prend une forme particulière qu'il importe de signaler. La polaire du sommet ($x=0, y=0$) de ce triangle est

$$\frac{1}{2}f'_z \equiv gx+fy+cz=0.$$

Si elle doit être le côté opposé $z=0$ de ce triangle, cela entraîne

$$g=f=0.$$

La polaire du sommet ($y=0$, $z=0$) se réduit alors à

$$\frac{1}{2}f'_x \equiv ax+hy=0.$$

Si elle doit être le côté opposé $x=0$, on en conclut

$$h=0$$

et alors la polaire du troisième sommet ($z=0$, $x=0$) est le côté opposé $y=0$. L'équation se réduit donc à la somme de trois carrés

$$ax^2+by^2+cz^2=0.$$

C'est ce qu'on appelle la forme *canonique*.

153. Centre. — Les propriétés dont il va être question n'étant pas projectives, la courbe sera supposée rapportée à deux axes quelconques de coordonnées absolues.

Si dans les équations (217) qui déterminent les coordonnées du pôle d'une droite donnée

$$ux+vy+w=0$$

on fait $u=v=0$, c'est-à-dire si l'on suppose que la droite soit rejetée à l'infini, on obtient pour les coordonnées absolues du pôle

$$x_1=\frac{G}{C}=\frac{hf-bg}{ab-h^2} \qquad y_1=\frac{F}{C}=\frac{gh-af}{ab-h^2}. \tag{222}$$

On voit que ce point peut être considéré comme déterminé par les deux équations

$$\left.\begin{aligned}\frac{1}{2}f'_x &\equiv ax+hy+g=0\\ \frac{1}{2}f'_y &\equiv hx+by+f=0\end{aligned}\right\}\qquad(223)$$

auxquelles se réduisent les deux premières équations (216) pour $u=v=0$. Il jouit de la propriété de partager en deux parties égales toute corde qui le renferme; en effet, d'après la propriété de la polaire d'un point, il est le conjugué harmonique par rapport aux extrémités de cette corde, du point où elle coupe la droite de l'infini : il est donc le milieu de la corde. Si on prend ce point pour origine et si l'on rend homogène, la droite $z=0$ étant la polaire du point ($x=0$, $y=0$), on aura, comme on l'a vu plus haut

$$g=f=0$$

et l'équation se réduira, en faisant ensuite $z=1$ pour revenir aux coordonnées absolues

$$ax^2+2hxy+by^2+c=0.$$

Si maintenant on coupe la courbe par la droite

$$\frac{x}{\alpha}=\frac{y}{\beta}=\rho$$

on obtient pour ρ deux valeurs égales et de signes contraires, et la propriété se vérifie aisément. C'est pourquoi ce point, qui est le pôle de la droite de l'infini, a reçu le nom de *centre*. La discussion de l'équation générale en a fait ressortir l'existence dans le cas de l'ellipse et dans le cas de l'hyperbole. On voit qu'en effet, dans chacun de ces cas, le coefficient C est différent de zéro, et que par suite les valeurs (222) des coordonnées du centre sont toujours finies et déterminées. En particulier, si la courbe se réduit à deux droites, leur point d'intersection satisfait l'équation $f'_x=0$ (§ 148), et pour la même raison les équations $f'_y=0$, $f'_z=0$: c'est donc le centre de la courbe.

Dans le cas de la parabole, on a $C=0$; le centre est donc rejeté à l'infini : cela devait être puisque la parabole est tangente à la droite de l'infini et que le pôle d'une tangente est le point de contact. Il suit de là que la direction dans laquelle il est rejeté à l'infini doit être celle du rayon infini de la parabole. En effet, les deux droites (223) qui déterminent le centre sont parallèles à cause de $ab - h^2 = 0$, et parallèles à la direction du rayon infini qui est donné par la racine double de l'équation

$$ax^2 + 2hxy + by^2 = 0.$$

Si, en même temps que C est égal à zéro, l'un des numérateurs, F par exemple, est nul, l'autre numérateur sera nul aussi, si l'on ne suppose aucun coefficient nul, et il y aura indétermination. Dans ce cas, il y a une infinité de centres ; ces centres sont en ligne droite parce que les équations (223) se réduisent à une seule. D'ailleurs, en vertu des hypothèses, l'équation représente deux droites parallèles (§ 148), et la droite des centres est alors la parallèle à ces droites menée par le milieu de leur distance commune.

Il est souvent avantageux de savoir ce que devient l'équation générale lorsqu'on transporte les axes parallèlement à eux-mêmes de façon à prendre le centre pour nouvelle origine. Soient x_1 et y_1, les coordonnées du centre ; l'équation devient alors

$$f(x + x_1, y + y_1) \equiv \frac{1}{2}(xf'_{x_1} + yf'_{y_1})_2 + xf'_{x_1} + yf'_{y_1} + f(x_1, y_1) = 0.$$

Mais il est facile de voir, par le calcul des dérivées secondes, que l'ensemble des termes du second degré ne change pas ; les termes du premier degré disparaissent si l'on tient compte de ce que x_1 et y_1 satisfont aux équations du centre. Il reste donc à calculer $f(x_1, y_1)$, résultat de la substitution dans le premier membre de l'équation des coordonnées du centre. L'on a, à cet effet, en rendant homogène et faisant $z_1 = 1$

$$\frac{1}{2}f'_{x_1} \equiv ax_1 + hy_1 + g = 0$$

$$\frac{1}{2}f'_{y_1} \equiv hx_1 + by_1 + f = 0$$

$$f(x_1, y_1) \equiv \frac{1}{2}(x_1 f'_{x_1} + y_1 f'_{y_1} + f'_{z_1}) \equiv gx_1 + fy_1 + c = c_1$$

d'où, par l'élimination de x_1 et y_1

$$\begin{vmatrix} a & h & g \\ h & b & f \\ g & f & c-c_1 \end{vmatrix} = 0$$

d'où enfin

$$c_1 = \frac{\Delta_3}{C}.$$

L'équation se réduit donc à

$$ax^2 + 2hxy + by^2 + \frac{\Delta_3}{C} = 0.$$

154. Diamètres. — On appelle *diamètre* dans une courbe quelconque le lieu des milieux des cordes parallèles à une direction donnée. Dans le cas des courbes du second degré, il n'y a évidemment sur chaque corde qu'un point du lieu; d'ailleurs le point à l'infini commun à toutes ces cordes n'appartient pas au lieu, si leur direction n'est pas celle de l'une des asymptotes: le lieu sera donc une ligne droite. Ceci se vérifie immédiatement, si l'on remarque que le lieu indiqué est le lieu du point conjugué harmonique du point (à l'infini) autour duquel pivote la corde, par rapport à ses extrémités: c'est donc (§ 150) la polaire du point situé à l'infini dans la direction des cordes. Ce point est sur la droite de l'infini, par conséquent la polaire passe par le pôle de cette droite, qui est le centre. Ainsi, *lorsque la direction des cordes varie, tous les diamètres correspondants passent par le centre.*

Réciproquement, *toute droite passant par le centre est un diamètre,* car son pôle est à l'infini.

Si la direction des cordes est déterminée par la parallèle menée par l'origine

$$\frac{x}{\alpha} = \frac{y}{\beta} \qquad (224)$$

leur point commun à l'infini peut être regardé comme ayant pour coordonnées homogènes α, β et 0. Sa polaire aura donc pour équation

$$\alpha f''_x + \beta f''_y = 0 \qquad (225)$$

ou

$$\alpha(ax + hy + g) + \beta(hx + by + f) = 0.$$

On peut encore l'ordonner par rapport à x et y ; elle devient alors

$$xf'_\alpha + yf'_\beta + f'_0 \equiv x(a\alpha + h\beta) + y(h\alpha + b\beta) + g\alpha + f\beta = 0 \qquad (226)$$

f'_α, f'_β et f'_0 désignant respectivement les trois dérivées dans lesquelles on a remplacé les coordonnées courantes par celles du point, qui sont α, β et o.

La première forme fait voir que le diamètre passe par le centre, puisque son équation est évidemment satisfaite, quels que soient α et β, par les coordonnées du point d'intersection des droites

$$f'_x = 0 \qquad f'_y = 0.$$

Réciproquement toute droite passant par le centre a une équation telle que (225); c'est le diamètre des cordes parallèles à (224).

Ce qui précède suppose que la courbe est une ellipse ou une hyperbole. Si c'est une parabole, la droite de l'infini est tangente; la polaire de tout point d'une tangente passe par le pôle de la tangente, qui est le point de contact, donc tout diamètre passera par le point de contact à l'infini ; c'est ce que l'on peut vérifier directement sur l'équation du diamètre, car les deux droites

$$f'_x = 0 \qquad f'_y = 0$$

étant parallèles, la seconde peut s'écrire

$$\lambda f'_x + \mu = 0$$

l'équation du diamètre devient alors

$$(\alpha + \lambda\beta) f'_x + \mu\beta = 0$$

qui représente une parallèle au rayon infini (*).

(*) On sait d'ailleurs que l'équation

$$\lambda X + \mu Y = 0$$

dans laquelle X et Y sont les premiers membres des équations de deux droites rapportées à des coordonnées trilinéaires quelconques, représente une droite passant par le point d'intersection des droites

$$X = 0, \ Y = 0.$$

On peut supposer qu'elles se coupent sur la droite $z = 0$; donc si les coordonnées deviennent cartésiennes et, si les droites sont parallèles, la propriété subsiste, et la droite

$$\lambda X + \mu Y = 0$$

leur est aussi parallèle.

Enfin si la courbe se réduit à deux droites parallèles, les deux équations du centre n'en font plus qu'une, à laquelle se réduit également l'équation générale (225) des diamètres ; tout diamètre coïncide donc avec la droite des centres.

155. Diamètres conjugués. — Les diamètres sont les polaires des points de l'infini ; et, d'après la théorie générale des droites conjuguées, deux points conjugués pris à l'infini donnent lieu à deux polaires, issues du centre, par conséquent à deux diamètres, qui sont des droites conjuguées et qui, avec la droite de l'infini, forment un triangle conjugué à la conique. Or, dans un triangle conjugué, chaque côté, étant la polaire du sommet opposé, est le lieu, sur toute corde menée par ce sommet, du conjugué harmonique de ce point par rapport aux extrémités de la corde. Donc, dans un triangle conjugué dont un côté est à l'infini, et dont les deux autres sont par conséquent deux droites conjuguées issues du centre, l'une de ces droites est le lieu des milieux des cordes parallèles à l'autre. Mais deux droites conjuguées sont conjuguées harmoniques par rapport aux tangentes menées à la courbe par leur point d'intersection ; d'ailleurs les tangentes, réelles ou imaginaires, menées par le centre sont les asymptotes, puisque leur corde de contact, polaire du centre, est la droite de l'infini ; on peut donc énoncer le théorème suivant : *étant donnés deux diamètres, conjugués harmoniques par rapport aux asymptotes, chacun d'eux est le lieu des milieux des cordes parallèles à l'autre*. Deux pareils diamètres sont dits *conjugués;* tous les couples de diamètres conjugués sont conjugués harmoniques à deux droites fixes et forment conséquemment un faisceau en involution ; les rayons doubles sont les asymptotes ; il suit de là que dans l'ellipse, dont les asymptotes sont imaginaires, deux couples de diamètres conjugués empiètent l'un sur l'autre, tandis que dans l'hyperbole ils n'empiètent pas. Dans le cercle, par exemple, dont les asymptotes sont les droites isotropes menées par le centre, deux diamètres conjugués quelconques sont rectangulaires ; et deux angles droits de même sommet empiètent toujours l'un sur l'autre.

Les tangentes aux extrémités d'un diamètre vont passer par le pôle de ce diamètre et sont par suite parallèles à son diamètre conjugué.

Si la courbe est une parabole, c'est-à-dire tangente à la droite de l'infini, deux points conjugués sur cette tangente sont le point de contact et un point quelconque de la droite (152). Le centre est le point de contact, et le triangle conjugué n'existe plus, ses trois côtés étant confondus à l'infini. Mais il n'en subsiste pas moins que, si l'on considère un point quelconque à l'infini, sa polaire passe par le point de contact de la droite de l'infini, c'est-à-dire que le lieu des milieux des cordes parallèles à une direction donnée est une parallèle au rayon infini, telle que la tangente au point, à distance finie, où elle coupe la courbe, est parallèle aux cordes ; la direction du rayon infini est donc conjuguée à toute direction du plan.

Toutes ces propriétés se vérifient aisément par un calcul direct. Si l'on exprime que deux points à l'infini sont conjugués, en faisant $z_1=z_2=0$ dans la relation générale (218), il vient

$$ax_1x_2+h(x_1y_2+x_2y_1)+by_1y_2=0$$

d'où, par l'élimination de x_1, y_1 et x_2, y_2 au moyen des équations

$$u_1x_1+v_1y_1=0 \qquad u_2x_2+v_2y_2=0$$

on tire la relation

$$av_1v_2-h(u_1v_2+u_2v_1)+bu_1u_2=0 \tag{227}$$

entre les paramètres angulaires de deux directions conjuguées.

On voit que cette relation est involutive (§ 144); elle définit par conséquent des couples de droites conjuguées harmoniques à deux droites fixes, dont les directions s'obtiendront en faisant $u_1=u_2$ et $v_1=v_2$, ce qui donne entre leurs paramètres angulaires

$$av^2-2huv+bu^2=0$$

et, pour leur équation, par l'élimination de u et v au moyen de $ux+vy=0$

$$ax^2+2hxy+by^2=0$$

c'est-à-dire les directions des rayons infinis.

Il suit de l'équation générale (226) des diamètres que la relation

(227) a lieu entre les paramètres angulaires du diamètre et ceux des cordes qu'il partage en deux parties égales. Or elle est symétrique en u_1, v_1 et u_2, v_2; il résulte de là que le diamètre parallèle aux cordes partage lui-même en deux parties égales les cordes parallèles au premier diamètre. Chaque diamètre partage donc en deux parties égales les cordes parallèles à l'autre.

Si l'une des directions est celle de l'une des asymptotes, la relation (227) donne pour l'autre direction celle de la même asymptote, comme cela doit être, puisque les asymptotes sont les rayons doubles du faisceau. Il est bon d'expliquer néanmoins comment une asymptote peut être regardée comme le lieu des milieux des cordes parallèles à elle-même. Sur toute corde parallèle à l'asymptote, le milieu de la corde est en effet rejeté à l'infini, et le lieu paraît se réduire au point à l'infini sur l'asymptote. Mais il faut observer que, pour une position particulière, la corde est l'asymptote elle-même, dont les deux points d'intersection avec la courbe sont confondus (à l'infini); le conjugué harmonique du point de l'infini par rapport aux deux points est donc indéterminé, et à ce titre l'asymptote tout entière fait partie du lieu.

Ramenant tous les éléments de la figure à distance finie par une projection, on voit que l'asymptote, comme toute tangente, est la polaire de son point de contact, c'est-à-dire du point où elle touche la courbe à l'infini. Il faut donc se demander comment il se fait qu'une tangente quelconque soit le lieu du conjugué harmonique du point de contact par rapport aux extrémités d'une corde pivotant autour de ce point, alors que sur une telle corde le conjugué harmonique est le point de contact. Cela tient à ce que pour la position particulière où la corde est tangente, le conjugué harmonique est indéterminé sur la tangente qui dès lors appartient tout entière au lieu.

Si une conique à centre est rapportée à deux diamètres conjugués pris pour axes de coordonnées absolues, cela revient à dire que le triangle de référence est formé de ces deux diamètres et de la droite de l'infini. C'est donc un triangle conjugué, par suite l'équation prend la forme canonique (§ 152), qui s'écrit en coordonnées absolues

$$ax^2 + by^2 + c = 0. \qquad (228)$$

Réciproquement, tout système d'axes de coordonnées absolues pour lequel l'équation prend cete forme est celui de deux diamètres conjugués, car il est clair que pour une valeur donnée de l'une des coordonnées, l'autre prend des valeurs égales et de signes contraires.

S'il s'agit de la parabole, la même simplification ne peut pas avoir lieu. On a alors $ab-h^2=0$, et la relation (227) qui peut s'écrire

$$v_1(av_2-hu_2)+u_1(-hv_2+bu_2)=0$$

donne, quels que soient u_1 et v_1,

$$av_2-hu_2\equiv -hv_2+bu_2=0$$

c'est-à-dire la direction du rayon infini $ax+hy=0$. Prenant l'axe X'OX parallèle à cette direction, on en conclut $a=0$, et par suite $h=0$ à cause de $ab-h^2=0$: transportant l'origine au point à distance finie où l'axe X'OX rencontre la courbe, le terme constant disparaît ; enfin si l'on prend pour axe Y'OY la tangente en ce point, le terme en y disparaît aussi, et finalement l'équation prend la forme

$$by^2+2gx=0 \qquad (229)$$

sur laquelle il est visible que les cordes parallèles à Y'OY, c'est-à-dire à la tangente à l'extrémité du diamètre, sont partagées par le diamètre en deux parties égales.

Réciproquement, il est manifeste que toute équation telle que (229) représente une parabole rapportée à une tangente et au diamètre qui passe par le point de contact (*).

156. Axes. — Par le centre, comme par tout point du plan (§ 151) passent deux droites conjuguées, dans ce cas deux diamètres conjugués, rectangulaires. Toute corde parallèle à l'un d'eux est partagée par l'autre en deux parties égales, ce qui revient à dire que toute corde perpendiculaire à l'un d'eux est partagée par lui en deux parties égales; la courbe est donc symétrique par rapport à chacun d'eux. C'est pourquoi ils ont reçu le nom d'*axes* de la courbe.

(*) Plus généralement,

$$by^2+2gxz=0$$

est l'équation générale des coniques rapportées au triangle de référence formé de deux tangentes et de la corde de contact (§ 148). Si $z=0$ est la droite de l'infini, on a la parabole rapportée en coordonnées absolues à une tangente et au diamètre qui passe par le point de contact.

Pour avoir les paramètres angulaires des axes, il suffit de joindre à l'équation (227) qui a lieu entre les paramètres angulaires de deux diamètres conjugués, la relation

$$u_1 u_2 - (u_1 v_2 + u_2 v_1)\cos\theta + v_1 v_2 = 0.$$

On en tire par l'élimination de u_2 et v_2,

$$\begin{vmatrix} b u_1 - h v_1 & -h u_1 + a v_1 \\ u_1 - v_1 \cos\theta & -u_1\cos\theta + v_1 \end{vmatrix} = 0$$

qui est l'équation du second degré dont les racines sont les paramètres cherchés. Développant, et supprimant les indices, on obtient

$$(h - b\cos\theta)u^2 + (b - a)uv + (a\cos\theta - h)v^2 = 0 \qquad (230)$$

équation dont on verrait comme plus haut (§ 151) que les deux racines sont réelles. Eliminant u et v entre cette équation et

$$ux + vy = 0$$

on aurait l'équation du système des parallèles aux axes menées par l'origine. Mais il est plus avantageux de chercher l'équation même du système des axes : pour cela on remarque que si $\frac{u}{v}$ est une racine de cette équation, le diamètre conjugué de la direction correspondante, dont l'équation est

$$vf'_x - uf'_y = 0 \qquad (231)$$

est précisément l'autre axe. On aura donc le système des axes en éliminant u et v entre (230) et (231), ce qui donne

$$(h - b\cos\theta)f'^2_x + (b - a)f'_x f'_y + (a\cos\theta - h)f'^2_y = 0. \qquad (232)$$

Lorsque les axes de la courbe sont pris pour axes de coordonnées absolues l'équation prend la forme canonique ; c'est le seul système d'axes rectangulaires qui permette de la réduire à cette forme.

Si la courbe est une parabole, on a

$$C \equiv ab - h^2 = 0$$

d'où

$$\frac{a}{h} = \frac{h}{b} = \lambda.$$

Remplaçant a et b par λh et $\frac{h}{\lambda}$ dans (230), il vient

$$(\lambda - \cos\theta)u^2 + (1 - \lambda^2)uv + \lambda(\lambda\cos\theta - 1)v^2 = 0 \qquad (233)$$

équation qui est satisfaite pour $\frac{u}{v} = \lambda$. L'une des directions est donc

$$ax + hy = 0$$

c'est-à-dire la direction commune de tous les diamètres, et l'autre est la direction perpendiculaire.

L'équation de l'axe s'obtiendra alors facilement par la formule (232) : les termes du second degré disparaissent eu égard à l'identité (233) et il reste, en simplifiant

$$(a + b - 2h\cos\theta)(ax + hy) + ag + fh - \cos\theta(hg + af) = 0. \quad (234)$$

On arriverait au même résultat, en écrivant l'équation de la parabole

$$\frac{1}{a}(ax + hy + \lambda)^2 + 2(g - \lambda)x + 2\left(f - \lambda\frac{h}{a}\right)y + c - \frac{\lambda^2}{a} = 0$$

a étant celui des deux coefficients des carrés qui n'est pas nul, car l'un d'eux au moins est différent de zéro, remarquant que la parallèle aux diamètres

$$ax + hy + \lambda = 0$$

coupe la courbe au point où elle est touchée par la droite

$$2(g - \lambda)x + 2\left(f - \lambda\frac{h}{a}\right)y + c - \frac{\lambda^2}{a} = 0$$

et déterminant λ de façon que ces deux droites soient perpendiculaires. Pour cette valeur de λ, la première est l'axe de la parabole.

La recherche des axes peut se faire d'une autre manière ; soit

$$\alpha f'_x + \beta f'_y \equiv x(a\alpha + h\beta) + y(h\alpha + b\beta) + g\alpha + f\beta = 0$$

l'équation du diamètre conjugué des cordes parallèles à la direction

$$\frac{x}{\alpha} = \frac{y}{\beta}.$$

La perpendiculaire à ces cordes a pour équation

$$(\alpha + \beta \cos\theta)x + (\alpha \cos\theta + \beta)y = 0$$

leur diamètre conjugué sera parallèle à cette droite, si l'on a

$$\frac{a\alpha + h\beta}{\alpha + \beta \cos\theta} = \frac{ha + b\beta}{\alpha \cos\theta + \beta} = S \tag{235}$$

d'où

$$\begin{aligned} (a - S)\alpha + (h - S\cos\theta)\beta &= 0 \\ (h - S\cos\theta)\alpha + (b - S)\beta &= 0. \end{aligned} \tag{236}$$

Pour que l'on puisse tirer de ces équations des valeurs de α et β différentes de zéro, il faut que l'on ait

$$(a - S)(b - S) - (h - S\cos\theta)^2 = 0$$

équation du second degré qui peut s'écrire

$$S^2 \sin^2\theta - (a + b - 2h\cos\theta)S + ab - h^2 = 0 \tag{237}$$

et dont les deux racines sont réelles, parce que l'expression

$$(a + b - 2h\cos\theta)^2 - 4(ab - h^2)\sin^2\theta$$

peut s'écrire sous forme d'une somme de deux carrés

$$(2h - (a + b)\cos\theta)^2 + (a - b)^2\sin^2\theta.$$

Chacune d'elles, substituée dans les équations (236), réduit leur système à une seule équation donnant des valeurs déterminées pour les paramètres angulaires α et β des directions *principales*. Il est facile de voir que ces directions sont rectangulaires : soient en effet S_1 et S_2 les deux racines supposées différentes, de l'équation (237); soit α_1, β_1 et α_2, β_2 les deux systèmes de valeurs correspondantes tirées des équations (236) pour α et β, on a alors

$$(a - S_1)\alpha_1 + (h - S_1 \cos\theta)\beta_1 = 0$$
$$(h - S_1 \cos\theta)\alpha_1 + (b - S_1)\beta_1 = 0$$

et

$$(a - S_2)\alpha_2 + (h - S_2 \cos\theta)\beta_2 = 0$$
$$(h - S_2 \cos\theta)\alpha_2 + (b - S_2)\beta_2 = 0.$$

Multipliant les premières équations par α_2 et β_2, retranchant de là les dernières multipliées de même par α_1 et β_1 il vient

$$(S_1 - S_2)\left[\alpha_1\alpha_2 + \beta_1\beta_2 - \cos\theta\,(\alpha_1\beta_2 + \alpha_2\beta_1)\right] = 0$$

et comme S_1 est différent de S_2, le second facteur est nul, ce qui exprime que les deux droites

$$\frac{x}{\alpha_1} = \frac{y}{\beta_1} \qquad \frac{x}{\alpha_2} = \frac{y}{\beta_2}$$

sont perpendiculaires.

Les valeurs de S ont une signification géométrique simple : rapportons la courbe à son centre pris pour origine en transportant les axes parallèlement à eux-mêmes. L'équation devient alors (§ 153)

$$ax^2 + 2hxy + by^2 + \frac{\Delta_3}{C} = 0 \qquad (238)$$

et soient

$$\frac{x}{\alpha} = \frac{y}{\beta} = \rho$$

les équations d'une parallèle menée par l'origine à une direction principale, dans lesquelles on supposera que α et β sont les coordonnées du point de cette droite situé à l'unité de distance de l'origine. On en conclut pour ρ^2 la valeur

$$\rho^2 = -\frac{\Delta_3}{C(a\alpha^2 + 2h\alpha\beta + b\beta^2)}$$

qui est (§ 31) le carré du demi-axe parallèle à la direction considérée puisque le centre est l'origine. Si maintenant l'on multiplie les deux termes du premier rapport (235) par α, ceux du second par β, et si on ajoute les termes correspondants, il vient

$$S = a\alpha^2 + 2h\alpha\beta + b\beta^2 = -\frac{\Delta_3}{C\rho^2} \qquad (239)$$

si l'on tient compte de ce que

$$\alpha^2 + 2\alpha\beta\cos\theta + \beta^2 = 1.$$

Les valeurs de S sont donc, à un facteur près, les inverses des carrés des demi-axes ; elles sont indépendantes du choix des coordonnées ; d'où l'on conclurait, si on ne le savait déjà (§ 16), que les coefficients de l'équation (237)

$$\frac{a + b - 2h\cos\theta}{\sin^2\theta} \qquad \frac{ab - h^2}{\sin^2\theta}$$

ne changent pas, par une transformation cartésienne quelconque. Si, dans cette équation, l'on remplace S par sa valeur (239) il vient

$$C^3\rho^4 + (a + b - 2h\cos\theta)\Delta_3 C\rho^2 + \Delta_3^2\sin^2\theta = 0 \qquad (240)$$

qui est l'équation aux carrés des demi-axes d'une conique donnée par l'équation générale. Comme vérification, pour $C = 0$, qui est le cas de la parabole, les deux racines sont infinies ; pour $a + b - 2h\cos\theta = 0$ qui correspond au cas où les asymptotes sont perpendiculaires, et où l'on dit que l'hyperbole est *équilatère*, les carrés des axes sont égaux et de signes contraires, ce qui sera démontré plus loin ; enfin pour $\Delta = 0$, ce qui est le cas de deux droites réelles ou imaginaires, les deux racines sont nulles. Elles deviennent égales, si l'on a

$$(a + b - 2h\cos\theta)^2 - 4(ab - h^2)\sin^2\theta = 0$$

ou

$$\left[2h - (a + b)\cos\theta\right]^2 + (a - b)^2\sin^2\theta = 0$$

ce qui exige

$$a = \frac{h}{\cos\theta} = b$$

auquel cas la courbe est un cercle. Alors l'équation (237) donne $S = a$, et pour cette valeur de S, les équations (236) deviennent indéterminées; ce qui tient à ce que tout diamètre du cercle est perpendiculaire aux cordes qu'il partage en leur milieu.

157. Réduction de l'équation. — A vrai dire, la réduction de l'équation générale (164) à sa forme canonique est déjà faite. Elle résulte en même temps de la discussion générale (§ 148) et de la théorie des triangles conjugués. Dans la première, l'équation a été réduite, dans les courbes à centre, à une somme de trois carrés; et si l'on généralise les résultats auxquels elle a conduit en supposant l'équation donnée homogène, on voit qu'après l'avoir mise sous la forme

$$C(ax + hy + gz)^2 + (Cy - Fz)^2 + a\Delta_3 z^2 = 0 \qquad (201)$$

si, en conservant le côté $z = 0$ du triangle de référence, on substitue aux deux autres les droites (205), le sommet opposé est le pôle du côté $z = 0$, tandis que les deux côtés qui s'y coupent sont deux droites conjuguées, eu égard à la forme particulière de l'équation (201): de sorte que le triangle de référence est un triangle conjugué (§ 152). En supposant que $z = 0$ soit la droite de l'infini on retrouve les résultats déjà acquis. Ce qui vient d'être dit est d'ailleurs applicable à la parabole qui admet, comme les autres coniques, une infinité de triangles conjugués.

Dans le cas de la parabole, on a trouvé au contraire que l'équation de la courbe, rapportée à des coordonnées absolues, peut s'écrire

$$(ax + hy + g)^2 + 2(af - gh)y + ca - g^2 = 0.$$

En la rendant homogène, elle devient

$$(ax + hy + gz)^2 + z\left[2(af - gh)y + (ca - g^2)z\right] = 0$$

et si l'on substitue aux côtés $x = 0, y = 0$ du triangle de référence les droites

$$X \equiv ax + hy + gz = 0$$
$$Y \equiv 2Fy - Bz = 0$$

elle prend la forme

$$X^2 + Yz = 0$$

qui est, comme on l'a déjà remarqué, celle d'une conique rapportée à un triangle de référence formé de deux tangentes et de la corde de contact. Sous cette forme, le résultat est applicable à une conique quelconque.

Si l'on revient au cas où les coordonnées sont absolues, on peut obtenir la réduction, qui consiste alors à rapporter la courbe à son centre et à deux diamètres conjugués, par une transformation directe de coordonnées. On sait d'abord que lorsque le centre est pris pour origine, l'équation devient

$$ax^2 + 2hxy + by^2 + \frac{\Delta_3}{C} = 0. \qquad (241)$$

Supposons maintenant que, conservant la même origine, on prenne deux nouveaux axes de coordonnées définis comme ils l'ont été dans la transformation générale (§ 13), alors l'équation deviendra

$$a'x'^2 + 2h'x'y' + b'y'^2 + \frac{\Delta_3}{C} = 0 \qquad (242)$$

dans laquelle les valeurs de a', b', h' sont celles qui ont été écrites (§ 16), savoir

$$a' = \frac{1}{\sin^2\theta}\left[a\sin^2\beta - 2h\sin\alpha\sin\beta + b\sin^2\alpha\right]$$
$$b' = \frac{1}{\sin^2\theta}\left[a\sin^2\beta' - 2h\sin\alpha'\sin\beta' + b\sin^2\alpha'\right]$$
$$h' = \frac{1}{\sin^2\theta}\left[a\sin\beta\sin\beta' - h(\sin\beta\sin\alpha' + \sin\alpha\sin\beta') + b\sin\alpha\sin\alpha'\right].$$

Si l'on veut que le terme en $x'y'$ disparaisse, il faut que h' soit nul, ce qui exprime bien (§ 155) la condition pour que les nouveaux axes, dont les équations par rapport aux anciens sont

$$x\sin\alpha + y\sin\beta = 0$$
$$x\sin\alpha' + y\sin\beta' = 0$$

soient deux diamètres conjugués.

Pour calculer maintenant les valeurs de a' et b' il suffit de tenir compte des identités (19) et (20) (§ 16) ; si l'on y fait $h'=0$, elles deviennent

$$a'+b'=\frac{\sin^2\theta_1}{\sin^2\theta}(a+b-2h\cos\theta)$$

$$a'b'=\frac{\sin^2\theta_1}{\sin^2\theta}(ab-h^2)$$

a' et b' sont donc les racines de l'équation du second degré

$$S^2\sin^2\theta-(a+b-2h\cos\theta)\sin^2\theta_1 S+(ab-h^2)\sin^2\theta_1=0. \quad (243)$$

Les racines de cette équation sont, à un facteur constant près, les inverses des carrés des demi-diamètres conjugués choisis pour axes, car si l'on fait, par exemple, $x'=0$ dans l'équation (242), y'^2 est le carré du demi-diamètre pris pour axe Y'OY, et l'on en tire

$$b'=-\frac{\Delta_3}{Cy'^2}.$$

Si donc on remplace dans l'équation (243) l'inconnue S par $-\frac{\Delta_3}{C\rho^2}$ on en conclut

$$C^3\rho^4\sin^2\theta_1+(a+b-2h\cos\theta)\Delta_3 C\rho^2\sin^2\theta_1+\Delta_3^2\sin^2\theta=0 \quad (244)$$

qui est l'équation dont les racines sont les carrés des demi-diamètres conjugués faisant entre eux l'angle θ_1. Pour $\theta_1=\frac{\pi}{2}$ on retrouve l'équation aux carrés des demi-axes ; et on a alors effectué la réduction de l'équation à sa forme canonique au moyen de nouveaux axes rectangulaires.

On en conclut deux théorèmes fort importants, dus à Apollonius : l'équation (244) donne pour la somme des carrés des demi-diamètres

$$\rho'^2+\rho''^2=-\frac{\Delta_3}{C^2}(a+b-2h\cos\theta)$$

elle est indépendante de θ_1 ; *elle est donc constante et égale à la somme des carrés des demi-axes*. On a de même

$$\rho'^2\rho''^2\sin^2\theta_1=\frac{\Delta_3^2}{C^3}\sin^2\theta$$

c'est-à-dire que *l'aire du parallélogramme construit sur deux demi-diamètres conjugués est constante et égale au rectangle des demi-axes.*

Si la courbe est une parabole, on a vu (§ 155) par quel transport d'axes on peut réduire l'équation à la forme simple

$$by^2 + 2gx = 0 \qquad (229)$$

par laquelle la courbe est rapportée à un diamètre et à la tangente à son extrémité.

On peut l'écrire

$$y^2 - 2px = 0 \qquad (245)$$

en posant $\frac{g'}{b'} = -p$, p pouvant d'ailleurs être considéré comme positif, en faisant tourner au besoin l'axe X'OX de l'angle $\pi : 2p$ est alors une longueur qu'il est facile de construire au moyen d'une troisième proportionnelle; c'est le *paramètre* relatif au diamètre choisi pour axe X'OX (fig. 76).

Pour $\theta_1 = \frac{\pi}{2}$, les nouveaux axes seront l'axe de la courbe et la tangente au sommet.

Pour trouver le point de la courbe qui, pris pour origine, réduirait l'équation à la même forme en coordonnées rectangulaires, il suffit de remarquer que l'équation (245) peut s'écrire

$$(y + \beta)^2 - 2px - 2\beta y - \beta^2 = 0.$$

Si l'on prend alors pour axes de coordonnées les droites

$$y + \beta = 0$$
$$2px + 2\beta y + \beta^2 = 0$$

l'équation prend une forme analogue à la précédente : ces droites sont rectangulaires si l'on a

$$\beta - p \cos\theta = 0$$

et leurs équations sont alors

$$y + p \cos\theta = 0$$
$$x + y \cos\theta + \frac{p}{2} \cos^2\theta = 0.$$

Pour savoir ce que devient l'équation, remarquons que l'on a en valeur absolue (fig. 76)

$$OA = \frac{p}{2}\cos^2\theta \quad OB = p\cos\theta \quad OA = p'\sin\theta\cos\theta.$$

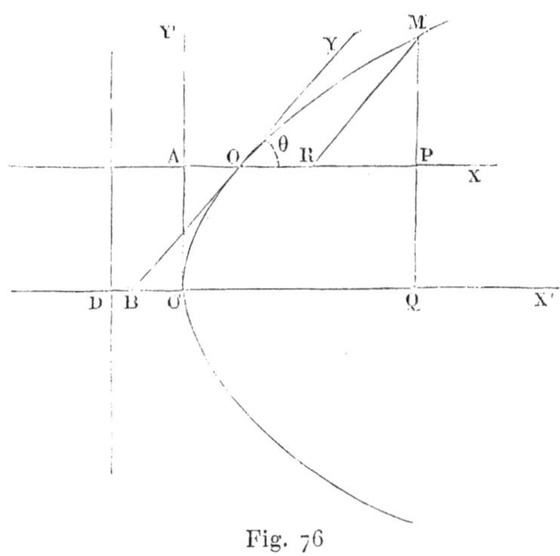

Fig. 76

Mais, si par un point quelconque **M** de la courbe on mène des parallèles aux axes OY, O'Y', on a

$$MP = MQ - PQ = MR\sin\theta$$

c'est-à-dire

$$y' - p\sin\theta\cos\theta = y\sin\theta$$

ou

$$y + p\cos\theta = \frac{y'}{\sin\theta}.$$

On a aussi

$$x' = O'Q = AO + OR + RP = x + y\cos\theta + \frac{p}{2}\cos^2\theta$$

l'équation devient donc

$$y'^2 - 2px'\sin^2\theta = 0. \tag{246}$$

Le nouvel axe O'X' est l'*axe* de la parabole, et le paramètre 2P relatif à l'axe est donné par

$$2P = 2p\sin^2\theta$$

ce qui peut s'écrire à cause de la valeur de OA, prise cette fois avec son signe

$$\frac{p}{2} = \text{OA} + \frac{\text{P}}{2}$$

c'est-à-dire *que le quart du paramètre relatif à un diamètre quelconque est égal au quart du paramètre relatif à l'axe plus la distance de l'extrémité du diamètre à la tangente au sommet.* Si l'on appelle *directrice* la parallèle à O'Y' telle que $\text{O'D} = \frac{\text{P}}{2}$, on en conclut que *la distance de l'extrémité d'un diamètre à la directrice est le quart du paramètre relatif à ce diamètre.*

158. Exercices. — 1. Faire voir que deux coniques à centre admettent un système de deux diamètres conjugués parallèles, réels ou imaginaires conjugués : les déterminer analytiquement, et montrer pourquoi ils sont nécessairement réels si l'une des coniques est un cercle, auquel cas le problème revient à la recherche des axes de l'autre.

2. Trouver l'équation du cercle concentrique à la conique donnée par l'équation générale, et dont le rayon est la racine carrée de la somme des carrés des demi-axes : démontrer que c'est *une fonction linéaire des coefficients tangentiels*; examiner le cas de la parabole et faire voir qu'alors ce cercle se réduit à la directrice.

3. Les équations

$$(ax+by)^2+(a'x+b'y)^2=c^2 \qquad (ax+a'y)^2+(bx+b'y^2=c^2$$

représentent deux ellipses équivalentes (voir, § 159, l'expression de la surface de l'ellipse) ; et en outre superposables si les axes sont rectangulaires.

CHAPITRE IV

LES TROIS CONIQUES

L'ELLIPSE

159. — L'équation d'une conique à centre ayant été ramenée à la forme canonique

$$Mx^2+Ny^2=P$$

la courbe sera une ellipse ou une hyperbole (§ 148) suivant que M et N seront ou non de même signe. Dans le premier cas, ils peuvent être supposés positifs; et pour que l'ellipse soit réelle il faut (§ 148) que P le soit aussi ; posons alors

$$\frac{M}{P}=\frac{1}{a^2} \qquad \frac{N}{P}=\frac{1}{b^2}$$

l'équation devient

$$\frac{x^2}{a^2}+\frac{y^2}{b^2}=1 \tag{247}$$

et les quantités a et b représentent évidemment les longueurs des demi-diamètres interceptés respectivement par les axes X'OX, Y'OY; qui sont les demi-axes si l'on suppose les axes rectangulaires. Cette hypothèse étant admise, coupons la courbe par des parallèles aux axes ; on trouve alors que les points d'intersection ne sont réels que si x est compris entre $-a$ et $+a$, y entre $-b$ et $+b$; la courbe est donc inscrite dans un rectangle dont les côtés sont $AA'=2a$ et $BB'=2b$; elle est d'ailleurs symétrique par rapport aux axes, et a la forme ABA′B′ représentée par la figure 77. L'origine est le centre de la courbe, les extrémités des axes sont

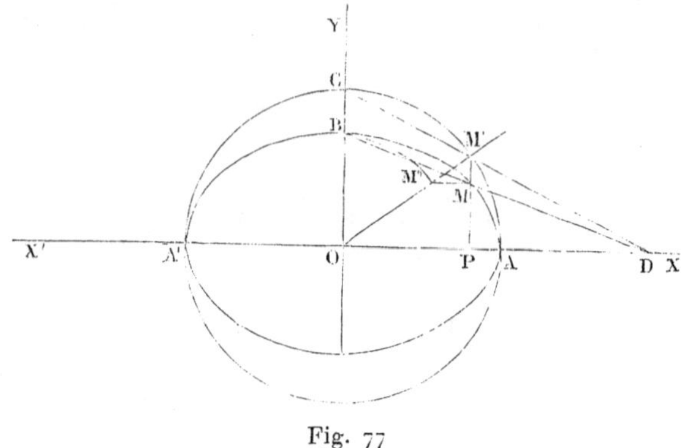

Fig. 77

ses sommets, et la courbe se réduit à un cercle pour $a = b$. Une droite quelconque menée par l'origine

$$\frac{x}{\cos\alpha} = \frac{y}{\sin\alpha} = \rho$$

intercepte dans la courbe un demi-diamètre dont la longueur ρ s'obtient en remplaçant x et y par leurs valeurs dans l'équation, ce qui donne

$$\frac{\cos^2\alpha}{a^2} + \frac{\sin^2\alpha}{b^2} = \frac{1}{\rho^2}$$

qui est la relation entre l'angle α et le demi-diamètre correspondant. Si l'on suppose $a > b$, on en conclut sans peine que a est le maximum et b le minimum de ρ. Si un autre diamètre ρ' correspond à l'angle α', on a

$$\frac{\cos^2\alpha'}{a^2} + \frac{\sin^2\alpha'}{b^2} = \frac{1}{\rho'^2}.$$

Supposant les deux diamètres perpendiculaires, et ajoutant

$$\frac{1}{a^2} + \frac{1}{b^2} = \frac{1}{\rho^2} + \frac{1}{\rho'^2}$$

d'où l'on conclut que *la somme des inverses des carrés de deux dia-*

mètres rectangulaires est constante et égale à la somme des inverses des carrés des axes.

La courbe partage le plan en deux régions se distinguant par le signe que les coordonnées de leurs points donnent au premier membre de l'équation : les points intérieurs à la courbe donnent le signe — et les autres le signe +.

Si l'on résout par rapport à y, on trouve

$$\frac{y^2}{a^2-x^2}=\frac{b^2}{a^2}$$

ou

$$\frac{\overline{\mathrm{MP}}^2}{\mathrm{AP}.\mathrm{A'P}}=\frac{b^2}{a^2}$$

c'est-à-dire que *le carré de l'ordonnée est proportionnel au produit des segments qu'elle intercepte sur le grand axe :* cette propriété peut définir la courbe.

Une autre propriété fondamentale consiste en ce que l'ellipse peut être considérée comme la projection orthogonale du cercle ayant pour diamètre le grand axe, à la condition de faire tourner son plan d'un angle convenable autour de cet axe. Si l'on compare en effet les ordonnées des deux courbes, correspondantes à une même abscisse, on a

$$\frac{\mathrm{MP}}{\mathrm{M'P}}=\frac{\frac{b}{a}\sqrt{a^2-x^2}}{\sqrt{a^2-x^2}}=\frac{b}{a}.$$

On conclut de là que si l'on fait tourner le plan du cercle d'un angle α défini par

$$\cos\alpha=\frac{b}{a}$$

le point M est la projection du point M', et par conséquent l'ellipse est la projection du cercle : on peut déduire de là toutes les propriétés de l'ellipse. Si l'on veut, par exemple, construire la courbe par points, on joindra OM', on prendra sur ce diamètre $\mathrm{OM''}=b$ et par le point M″ on mènera la parallèle au grand axe qui passera par le point M correspondant à M'. On pourra encore joindre CM' qui coupera le grand axe au point D; la droite BD passera par le même point M. Une droite du plan de l'ellipse et la droite du plan du cercle dont elle est la projection se coupent évidemment sur le grand axe; les droites qui joignent deux points correspondants sont concourantes (à l'infini), il suit de là que les deux courbes sont homologiques. Cette propriété n'est pas particulière aux deux courbes, on sait en effet (§ 145) et il sera démontré plus loin que deux coniques sont homologiques de plusieurs façons différentes; mais ici l'homologie est définie simplement. Ce qui précède suffit pour montrer comment on pourra, par exemple, trouver par cette méthode les points d'intersection d'une droite avec la courbe, les tangentes menées par un point donné du plan, la surface de l'ellipse qui, étant la projection de celle du cercle, est égale à $\pi a^2 \cos \alpha$, c'est-à-dire à πab, etc.

160. — La tangente en un point de la courbe a pour équation (§ 149)

$$\frac{xx_0}{a^2}+\frac{yy_0}{b^2}=1. \qquad (248)$$

Si le point n'est pas sur la courbe, l'équation représente comme on sait la polaire du point, ou corde de contact des tangentes menées par le point. Pour déterminer les points de contact, on peut, en faisant usage d'une notation souvent employée, poser

$$x=a\cos\varphi \qquad y=b\sin\varphi.$$

Quel que soit l'angle φ, les coordonnées de ce point satisfont l'équation de l'ellipse à cause de

$$\sin^2\varphi+\cos^2\varphi=1.$$

Géométriquement, l'angle φ est l'angle que fait avec le grand axe le rayon OM′ passant par le point M′ du cercle du rayon OA correspondant au point M de l'ellipse : on lui donne quelquefois le nom d'*anomalie*. Pour trouver les points de contact des tangentes menées par le point (x_0, y_0), on aura alors en substituant dans la polaire

$$\frac{x_0\cos\varphi}{a}+\frac{y_0\sin\varphi}{b}=1$$

d'où, en posant, ce qui est toujours possible

$$\frac{bx_0}{ay_0} = \operatorname{tg} \omega$$

on tire

$$\sin(\omega+\varphi) = \frac{b}{y_0}\cos\omega = \pm \frac{1}{\sqrt{\frac{x_0^2}{a^2}+\frac{y_0^2}{b^2}}}.$$

Pour que ce sinus soit inférieur à l'unité, il faut que l'on ait

$$\frac{x_0^2}{a^2}+\frac{y_0^2}{b^2} > 1$$

c'est-à-dire que le point soit extérieur à l'ellipse; s'il est sur la courbe, les deux solutions sont confondues; s'il est extérieur, elles sont imaginaires : la corde de contact n'en est pas moins la droite réelle (248). Quant au système des deux tangentes, il a pour équation

$$\left(\frac{x^2}{a^2}+\frac{y^2}{b^2}-1\right)\left(\frac{x_0^2}{a^2}+\frac{y_0^2}{b^2}-1\right)-\left(\frac{xx_0}{a^2}+\frac{yy_0}{b^2}-1\right)^2 = 0.$$

Cette équation représente en effet (§ 148) une conique passant par les points d'intersection de l'ellipse et des deux droites confondues

$$\left(\frac{xx_0}{a^2}+\frac{yy_0}{b^2}-1\right)^2 = 0$$

c'est-à-dire doublement tangente à l'ellipse en ses points d'intersection avec la corde de contact : de plus elle passe par le point (x_0, y_0) et il ne peut pas y avoir (§ 113) d'autre conique que le système des deux tangentes passant par ces cinq points, dont quatre sont confondus deux à deux. On vérifie d'ailleurs facilement que son discriminant est nul.

Si le point est le centre, les deux tangentes imaginaires ont pour équation

$$\frac{x^2}{a^2}+\frac{y^2}{b^2} = 0$$

ce sont les asymptotes imaginaires de l'ellipse, puisque la corde de contact est à l'infini.

Une forme souvent utile de l'équation de la tangente est celle qui ne renferme que les paramètres angulaires de cette droite. Pour que la droite

$$ux + vy + w = 0$$

soit tangente à la courbe, il faut que l'on ait (§ 149)

$$\begin{vmatrix} b^2 & 0 & 0 & u \\ 0 & a^2 & 0 & v \\ 0 & 0 & -a^2b^2 & w \\ u & v & w & 0 \end{vmatrix} = 0$$

d'où l'on tire

$$w^2 = a^2u^2 + b^2v^2.$$

L'équation devient alors

$$ux + vy = \pm\sqrt{a^2u^2 + b^2v^2} \tag{249}$$

le double signe tient à ce que l'on peut mener à la courbe deux tangentes parallèles à une droite donnée.

Si dans cette équation on considère u et v comme des inconnues, x et y comme des données, on en tire les paramètres angulaires des tangentes menées par le point (x, y). Si on l'ordonne alors par rapport à u et v, elle devient

$$u^2(x^2 - a^2) + 2xyuv + v^2(y^2 - b^2) = 0. \tag{250}$$

Si l'on veut, par exemple, trouver les points d'où l'on peut mener des tangentes isotropes, il faut identifier avec

$$u^2 + v^2 = 0$$

qui est l'équation aux paramètres angulaires des droites isotropes, ce qui donne

$$x^2 - a^2 = y^2 - b^2 \qquad xy = 0$$

équations satisfaites par les systèmes de valeurs

$$\begin{array}{ll} y = 0 & \qquad y = \pm c\sqrt{-1} \\ x = \pm\sqrt{a^2 - b^2} = \pm c & \qquad x = 0 \end{array}$$

Il y a donc quatre points répondant à la question, c'est-à-dire quatre *foyers* (§ 94) ; deux réels sur le grand axe et toujours intérieurs à la courbe, deux imaginaires sur le petit axe : il en sera plus longuement question ailleurs.

Si l'on veut encore le lieu des points d'où l'on peut mener à l'ellipse deux tangentes parallèles à deux diamètres conjugués d'une conique fixe, les couples de paramètres angulaires de ces tangentes sont liés par une équation de la forme

$$\alpha v_1 v_2 - \gamma(u_1 v_2 + u_2 v_1) + \beta u_1 u_2 = 0.$$

Remplaçant alors la somme et le produit des racines de l'équation (250) par leurs valeurs, on obtient

$$\alpha(x^2 - a^2) + 2\gamma xy + \beta(y^2 - b^2) = 0$$

équation d'une conique concentrique à l'ellipse et ayant les mêmes points à l'infini que la conique donnée. En particulier, si cette dernière est un cercle, courbe dont deux diamètres conjugués quelconques sont rectangulaires, on obtient pour le lieu des sommets des angles droits circonscrits à l'ellipse, le cercle concentrique

$$x^2 + y^2 = a^2 + b^2$$

dont le rayon est la racine carrée de la somme des carrés des demi-axes. Nous aurons souvent à revenir sur ce cercle, qui jouit de propriétés importantes et nous lui donnerons le nom de cercle *orthoptique*, suffisamment justifié par sa définition : on se rappelle (§ 158) que lorsque la conique est donnée par son équation générale, l'équation de ce cercle est une fonction linéaire des coefficients tangentiels.

161. Droites et diamètres conjugués. — Deux droites conjuguées, menées par un point (x_1, y_1) du plan, sont conjuguées harmoniques par rapport aux tangentes menées de ce point : l'équation (250) fait voir alors (§ 144) que leurs paramètres angulaires satisfont à la relation

$$(x^2 - a^2) u_1 u_2 + 2xy(u_1 v_2 + u_2 v_1) + (y^2 - b^2) v_1 v_2 = 0.$$

Si l'on veut les droites conjuguées rectangulaires menées par le point, il faut ajouter à la précédente l'équation

$$u_1 u_2 + v_1 v_2 = 0.$$

Les paramètres angulaires des deux droites sont alors donnés par l'équation du second degré

$$\begin{vmatrix} u^2 & -uv & v^2 \\ y^2 - b^2 & 2xy & x^2 - a^2 \\ 1 & 0 & 1 \end{vmatrix} = 0$$

ou

$$2(u^2 - v^2)xy = uv(x^2 - y^2 + b^2 - a^2)$$

équation dont les racines sont toujours réelles, puisque leur produit est -1. Elles sont indéterminées, si l'on a

$$x^2 - y^2 + b^2 - a^2 = 0 \qquad xy = 0.$$

Ces équations sont celles qui déterminent les foyers; on en conclut que *les foyers de l'ellipse sont les points tels que deux droites conjuguées quelconques menées par eux soient rectangulaires.*

Si, dans l'équation qui lie les paramètres angulaires de deux droites conjuguées issues d'un point, on suppose $x = y = 0$, on a la relation

$$a^2 u_1 u_2 + b^2 v_1 v_2 = 0 \tag{251}$$

entre les paramètres angulaires de deux diamètres conjugués de l'ellipse. On se rappelle (§ 155) que deux couples de diamètres conjugués empiètent toujours l'un sur l'autre, parce que les deux droites qui leur sont conjuguées harmoniques, les asymptotes de l'ellipse, sont imaginaires. Il en résulte que deux diamètres conjugués quelconques Oa, Ob sont situés de part et d'autre du grand axe ou du petit axe (fig. 79).

Les tangentes aux extrémités d'un diamètre sont parallèles au diamètre conjugué, parce que le point à l'infini sur ce dernier est le pôle du premier. La vérification analytique de cette propriété est immédiate, car le point à l'infini sur le diamètre

$$ux + vy = 0$$

a pour polaire

$$vf'_x - uf'_y \equiv \frac{vx}{a^2} - \frac{uy}{b^2} = 0$$

qui est le conjugué du premier.

On vérifie encore aisément que la corde de contact des tangentes menées par un point

$$\frac{xx_0}{a^2} + \frac{yy_0}{b^2} - 1 = 0$$

est parallèle au diamètre conjugué de celui qui passe par le point : on en conclut que ce dernier la partage en son milieu.

162. — On appelle *cordes supplémentaires* deux cordes joignant un même point de l'ellipse aux extrémités d'un diamètre. Elles sont parallèles à deux directions conjuguées; car la droite OI, qui joint le centre au milieu d'une des cordes, est parallèle à l'autre dans le triangle ABC dont elle partage deux côtés en parties égales (fig. 78). Cette propriété est encore évidente, si l'on consi-

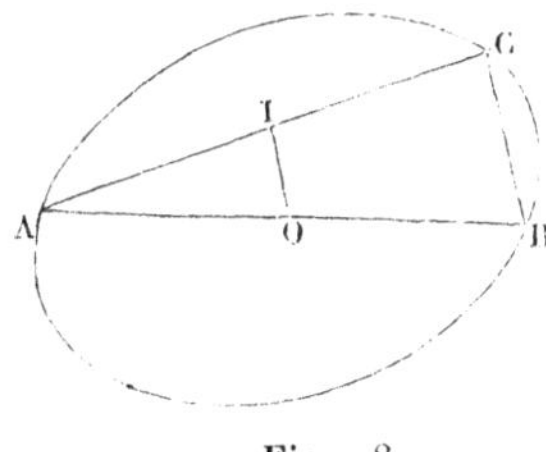

Fig. 78

dère un triangle rectangle inscrit dans le cercle dont l'ellipse est la projection.

La considération de ce cercle permet encore de démontrer simplement les théorèmes d'Apollonius, déjà prouvés d'une façon générale pour les courbes à centre (§ 157). On a en effet, en désignant par φ l'anomalie d'un point (x_1, y_1) de l'ellipse et par a' la longueur du demi-diamètre passant par ce point

$$a'^2 = x_1^2 + y_1^2 = a^2 \cos^2\varphi + b^2 \sin^2\varphi.$$

Deux diamètres conjugués de l'ellipse étant d'ailleurs la projection de deux rayons perpendiculaires du cercle, l'anomalie correspondant au demi-diamètre b' conjugué de a' sera $\varphi+\frac{\pi}{2}$, d'où

$$b'^2=a^2\sin^2\varphi+b^2\cos^2\varphi$$

et par suite

$$a'^2+b'^2=a^2+b^2$$

ce qui est le premier théorème d'Apollonius. Le second se démontrera en remarquant que le rectangle construit sur deux rayons perpendiculaires Oa', Ob' du cercle, se projette (fig. 79) suivant le parallélogramme construit sur deux diamètres conjugués; la mesure de sa surface est le carré a^2, on aura donc pour sa projection

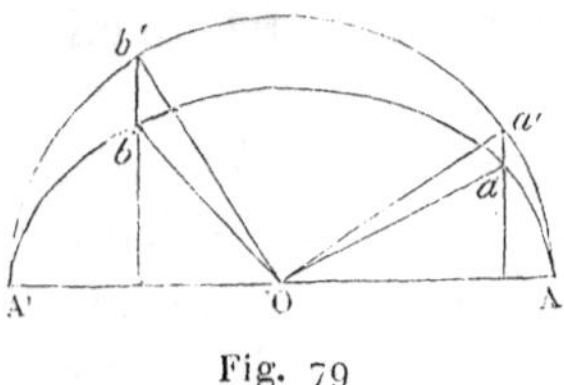

Fig. 79

$$S=a^2\cos\alpha=ab=a'b'\sin\theta$$

ce qui est l'expression du second théorème d'Apollonius.

La réduction de l'équation a fait voir que si l'on prend pour axes deux diamètres conjugués quelconques, l'équation conserve la même forme. Si donc on rapporte l'ellipse aux deux demi-diamètres a' et b', son équation sera

$$\frac{x^2}{a'^2}+\frac{y^2}{b'^2}=1.$$

En particulier, si ces diamètres sont égaux, on pourra l'écrire

$$x^2+y^2=a'^2.$$

Pour trouver les diamètres conjugués égaux, on remarquera que deux diamètres de longueurs égales sont évidemment symétriques par rapport aux axes. Si donc, l'ellipse étant rapportée à ses axes, l'équation du premier est

$$ux+vy=0$$

celle du second sera

$$ux - vy = 0$$

d'où, en vertu de (251)

$$a^2u^2 - b^2v^2 = 0$$

ce qui donne pour leurs équations

$$ay \pm bx = 0$$

ce sont les diagonales du rectangle construit sur les axes.

En vertu du premier théorème d'Apollonius, leur longueur commune a' sera donnée par

$$a'^2 = \frac{a^2 + b^2}{2}$$

l'équation de la courbe est par suite

$$x^2 + y^2 = \frac{1}{2}(a^2 + b^2)$$

ce qui exprime que *la somme des carrés des distances d'un point de la courbe aux diamètres conjugués égaux est constante*, car cette somme est égale à

$$(x^2 + y^2)\sin^2\theta$$

θ étant l'angle que font ces deux diamètres.

163. Problème. — *Construire les axes d'une ellipse dont on connaît deux diamètres conjugués en grandeur et en direction.*

Une solution élégante de ce problème est due à Chasles : on démontre d'abord le lemme suivant : *deux diamètres conjugués variables de l'ellipse interceptent sur une tangente quelconque deux segments dont le produit est constant, et égal au carré du demi-diamètre parallèle à la tangente.* On vérifie aisément cette propriété par le calcul en prenant pour axes le diamètre parallèle à la tangente et son conjugué. Mais la démonstration suivante en indique la raison d'être.

Les couples de diamètres conjugués formant en effet un faisceau en involution, une tangente quelconque les coupe suivant des couples de points en involution, dont le centre est le point de contact parce que le conjugué de ce point, qui est le point d'intersection de la tangente avec le diamètre conjugué de celui qui passe par le point de contact, est à l'infini. Le produit des deux segments est donc constant; il est d'ailleurs négatif parce que les points doubles de l'involution, qui sont les points d'intersection de la sécante avec les asymptotes, sont imaginaires; la figure fait voir effectivement qu'ils sont toujours, dans l'ellipse, situés de part et d'autre du point de contact. Pour trouver la valeur constante du produit, par les points a et b où les diamètres conjugués rencontrent la tangente fixe (fig. 80), on mènera une seconde tangente à l'ellipse. Les points

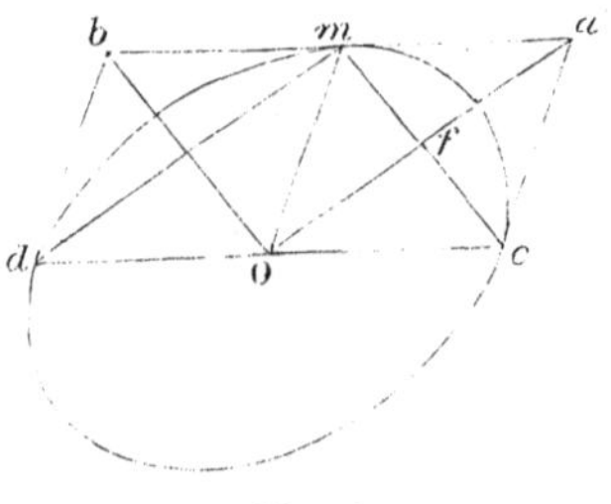

Fig. 80

de contact c et d de ces tangentes sont aux extrémités d'un même diamètre, car la corde de contact mc des tangentes menées du point a est parallèle au diamètre Ob conjugué de Oa; de même md est parallèle à Oa, d'où il suit que ces deux cordes sont supplémentaires et par suite les tangentes ac, bd, sont parallèles. Si maintenant l'on choisit, parmi tous les couples de diamètres conjugués, ceux qui interceptent sur la tangente donnée un segment dont le point de contact m soit le milieu, la droite mc menée par le milieu de ab parallèlement au côté Ob du triangle Oab partage le côté Oa en son milieu; le point f est donc le milieu de Oa; il est aussi le milieu de mc parce que la corde de contact mc est parallèle aux cordes conjuguées de Oa; le quadrilatère $Ocam$, dont les diagonales se coupent en leur milieu, est donc un parallélogramme, et l'on a en grandeur et en signe, en désignant par ρ le demi-diamètre Oc parallèle à la tangente

$$ma.mb = -\rho^2 \qquad \text{C. Q. F. D.}$$

Cela posé, pour déterminer les directions des axes, étant donnés deux diamètres conjugués OA′, OB′ (fig. 81), on mènera par le point A′ une parallèle à OB′ qui sera la tangente en ce point; ses points d'intersection A et B avec les axes s'obtiendront en remar-

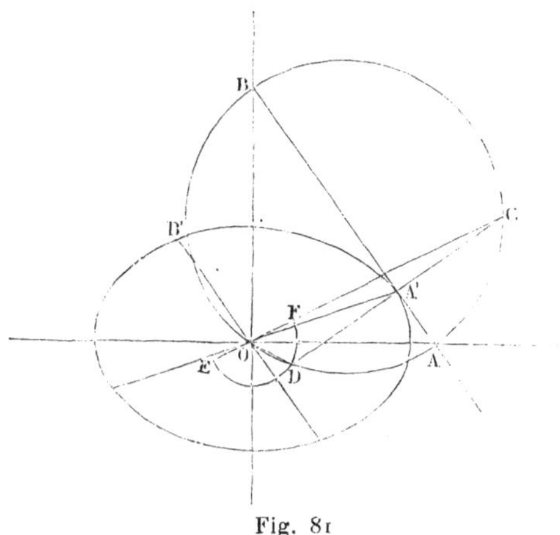

Fig. 81

quant que le cercle décrit sur AB comme diamètre passe par le point O puisque l'angle AOB est droit, et par les points C et D obtenus en élevant sur la tangente en A′ une perpendiculaire sur laquelle on prendra les longueurs

$$A'C = A'D = OB'$$

puisque l'on doit avoir

$$A'A \times A'B = -\overline{OB'}^2$$

Le cercle OCD détermine donc les points A et B qui sont sur les axes : on voit aussi que ces axes sont les bissectrices de l'angle COD.

Pour avoir maintenant les longueurs des axes, on remarquera que l'on a en vertu des théorèmes d'Apollonius, en désignant par a' et b' les diamètres conjugués donnés, par a et b les axes cherchés

$$a^2 + b^2 = a'^2 + b'^2 \qquad ab = a'b' \sin\theta$$

d'où

$$(a+b)^2 = a'^2 + b'^2 + 2a'b' \sin\theta = a'^2 + b'^2 - 2a'b' \cos\left(\frac{\pi}{2} + \theta\right)$$

$$(a-b)^2 = a'^2 + b'^2 - 2a'b' \sin\theta = a'^2 + b'^2 - 2a'b' \cos\left(\frac{\pi}{2} - \theta\right).$$

Or les angles OA'C, OA'D sont précisément égaux à $\frac{\pi}{2}+\theta$ et $\frac{\pi}{2}-\theta$, OA' est égal à a', A'C et A'D sont égaux à b'; on a donc dans les triangles OA'C, OA'D

$$OC = a + b \qquad OD = a - b$$

d'où, en rabattant le côté OD sur OC en E et F

$$2a = CE \qquad 2b = CF.$$

164. Exercices. — 1. Si, dans une ellipse, deux cordes supplémentaires variables passent par les extrémités d'un diamètre donné, et que par un point fixe pris sur l'ellipse, on mène des parallèles à ces cordes, la diagonale libre du parallélogramme qu'elles forment avec elles passe par un point fixe. Déterminer ce point, et en conclure la construction d'une ellipse donnée par son centre et par trois points.

2. OA et OB étant deux diamètres conjugués d'une ellipse, on abaisse BP perpendiculaire sur OA, et l'on prend BM = OA ; trouver le lieu des points M.

3. Lieu des milieux des cordes d'une ellipse qui passent par un point fixe.

4. Faire voir que tout point d'une droite de longueur constante dont les extrémités glissent sur deux droites fixes décrit une ellipse. En déterminer les axes et construire la tangente en un point quelconque.

5. Les points de rencontre d'une tangente de l'ellipse avec deux tangentes parallèles sont sur deux diamètres conjugués. En conclure que le produit des segments interceptés sur une tangente fixe par deux tangentes parallèles variables, et comptés à partir du point de contact, est constant et égal au carré du demi-diamètre parallèle à la tangente fixe.

6. Le produit des segments que chaque tangente à l'ellipse fait sur deux tangentes fixes parallèles, à partir de leurs points de contact, est constant et égal au carré du demi-diamètre parallèle aux tangentes fixes.

7. Si, par les extrémités de deux diamètres conjugués de l'ellipse, on mène deux cordes parallèles quelconques, leurs extrémités appartiennent à deux diamètres conjugués.

8. La corde de contact de deux tangentes de l'ellipse est parallèle à la corde comprise entre les deux diamètres parallèles aux tangentes.

9. Sur deux demi-diamètres conjugués OA, OB de l'ellipse on construit le parallélogramme OACB ; on mène un diamètre quelconque OA' qui rencontre AC en A' ; on mène par ce point la parallèle à la diagonale OC qui rencontre OA en C', puis par ce point une parallèle à la seconde diagonale AB ; le point B' où elle rencontre CB est sur le diamètre conjugué de OA'.

10. La somme des carrés des segments compris, sur deux normales menées à l'ellipse par les extrémités de deux diamètres conjugués, entre le pied de la normale et l'un des axes de la courbe, est constante pour le même axe, quels que soient les deux diamètres conjugués.

11. Lieu des points d'intersection des droites parallèles respectivement à deux

directions données, menées par les extrémités d'une corde de longueur constante inscrite dans un cercle donné.

12. Si les côtés d'un angle mobile glissent sur les sommets opposés d'un rectangle, fixe ou mobile, circonscrit à une ellipse, les droites qui joignent les poles des côtés de cet angle respectivement aux sommets sur lesquels ils glissent, font un angle constant.

L'HYPERBOLE

165. — Si l'on suppose maintenant que dans l'équation réduite

$$Mx^2+Ny^2=P$$

les coefficients M et N soient de signes contraires, l'un d'eux, M par exemple, aura le même signe que P : si l'on pose alors

$$\frac{M}{P}=\frac{1}{a_2} \quad \frac{N}{P}=-\frac{1}{b^2}$$

l'équation prend la forme

$$\frac{x^2}{a^2}-\frac{y^2}{b^2}=1. \qquad (252)$$

Si l'on coupe la courbe par des parallèles à l'axe X'OX on trouve que les points d'intersection, confondus pour $x=a$, ne sont réels que pour des valeurs égales ou supérieures à a, la corde interceptée augmentant d'ailleurs indéfiniment avec x. La courbe a donc des branches infinies; ses deux points à l'infini sont situés (§ 146) sur les droites

$$\frac{x}{a}\pm\frac{y}{b}=0 \qquad (253)$$

qui sont d'ailleurs les asymptotes elles-mêmes, parce qu'il n'y a pas de termes du premier degré. Elles passent par le centre comme cela a été remarqué d'une façon générale pour les coniques. La courbe présente donc la forme de la figure 82 ; la longueur a est le demi-axe OA, et la longueur b est l'ordonnée des asymptotes correspondant au point A, l'axe OY ne rencontre pas la courbe en des points réels, les points d'intersection étant donnés par

$$y = \pm b\sqrt{-1}$$

c'est pourquoi l'on dit que a est le demi-axe transverse, tandis que b est le demi-axe imaginaire ; son carré est $-b^2$ et doit être con-

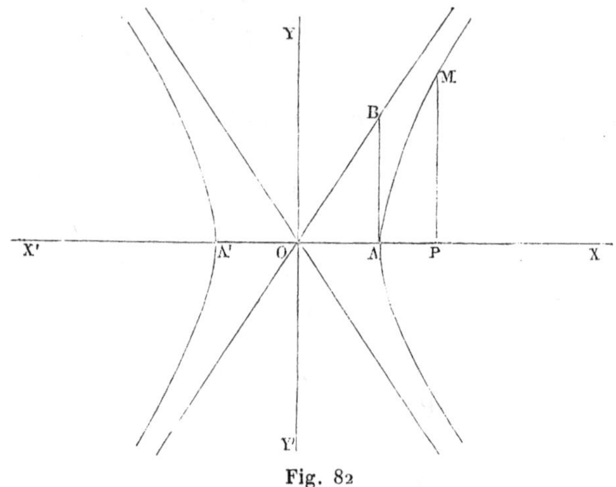

Fig. 82

sidéré comme tel toutes les fois qu'il est question des carrés des demi-axes. Dans l'hyperbole

$$\frac{x^2}{a^2} - \frac{y^2}{b^2} = -1$$

c'est l'inverse qui a lieu : elle est située dans l'autre angle des asymptotes et l'on dit quelquefois que c'est l'hyperbole *conjuguée* de la première. Si les axes a et b deviennent égaux, l'équation prend la forme simple

$$x^2 - y^2 = a^2$$

on dit alors que l'hyperbole est *équilatère;* ses asymptotes sont les deux bissectrices de l'angle des axes ; elles sont donc perpendiculaires. Réciproquement, si les asymptotes (253) sont perpendiculaires, on en conclut

$$\frac{1}{a^2} - \frac{1}{b^2} = 0$$

et l'hyperbole est équilatère. Il suit de là que lorsqu'une conique est donnée par l'équation générale (165), si l'on veut exprimer, en coordonnées absolues, qu'elle est une hyperbole équilatère, on cherchera le cosinus (§ 36) de l'angle des deux droites

$$ax^2 + 2hxy + by^2 = 0$$

et l'on exprimera qu'il est nul. On trouve alors la condition *linéaire*

$$a + b - 2h\cos\theta = 0. \tag{254}$$

Toute la théorie de l'hyperbole peut se déduire de celle de l'ellipse par le simple changement de b^2 en $-b^2$; aussi est-il inutile d'insister sur les propriétés suivantes qu'il suffit d'énoncer.

La somme algébrique des inverses des carrés de deux diamètres rectangulaires est constante et égale à la somme algébrique des inverses des carrés des demi-axes

$$\frac{1}{a^2} - \frac{1}{b^2} = \frac{1}{\rho'^2} + \frac{1}{\rho''^2}.$$

Le carré de l'ordonnée perpendiculaire à l'axe transverse est proportionnel au produit des segments qu'elle intercepte sur cet axe

$$\frac{\overline{\text{MP}}^2}{\text{AP}.\text{A}'\text{P}} = \frac{b^2}{a^2}.$$

Si $b < a$, la courbe peut être considérée comme la projection de l'hyperbole équilatère

$$x^2 + y^2 = a^2$$

dont le plan aurait tourné autour de l'axe de l'angle α donné par

$$\cos\alpha = \frac{b}{a}.$$

Si $b > a$, c'est la seconde qui est la projection de la première dont le plan aura tourné autour du même axe de l'angle α tel que

$$\cos\alpha = \frac{a}{b}.$$

Mais cette propriété est moins utile que la propriété correspondante de l'ellipse, l'hyperbole équilatère n'étant pas plus simple à construire qu'une hyperbole quelconque.

Le premier membre de l'équation (252) est positif pour tous les points situés entre les branches de l'hyperbole, négatif pour tous les autres.

L'équation de la tangente au point (x_0, y_0) est

$$\frac{xx_0}{a^2} - \frac{yy_0}{b^2} = 1.$$

Si le point n'est pas sur la courbe, c'est la polaire du point. Les points de contact des tangentes menées par le point sont réels ou imaginaires suivant que le point est ou non entre les branches de l'hyperbole : d'où il suit que les points extérieurs, qui sont par définition, lorsque la courbe n'est pas fermée, ceux pour lesquels les deux tangentes sont réelles (§ 152), sont entre les branches de l'hyperbole ; tandis que les autres sont intérieurs.

Le système des tangentes menées par le point a pour équation

$$\left(\frac{x^2}{a^2} - \frac{y^2}{b^2} - 1\right)\left(\frac{x_0^2}{a^2} - \frac{y_0^2}{b^2} - 1\right) - \left(\frac{xx_0}{a^2} - \frac{yy_0}{b^2} - 1\right)^2 = 0.$$

Si le point est le centre, les deux tangentes sont réelles, et l'on retrouve, comme cela devait être, les asymptotes.

L'équation de la tangente en fonction de ses paramètres angulaires est

$$ux + vy = \pm\sqrt{a^2u^2 - b^2v^2}$$

et conduit, comme dans le cas de l'ellipse, à la détermination des quatre foyers

$$\begin{array}{ll} y = 0 & \qquad y = \pm c\sqrt{-1} \\ x = \pm c & \qquad x = 0 \end{array}$$

dont deux sont réels sur l'axe transverse, et deux imaginaires sur l'autre ; la longueur c étant égale cette fois à $\sqrt{a^2 + b^2}$.

Le cercle orthoptique de l'hyperbole est

$$x^2 + y^2 = a^2 - b^2$$

il peut être imaginaire, et cela arrive si l'on a $b>a$, c'est-à-dire si l'angle des asymptotes qui comprend la courbe est supérieur à $\frac{\pi}{2}$. On voit en effet sur l'équation (253) de ces droites que l'angle qu'elles font avec l'axe transverse, qui est la moitié de leur angle, a pour tangente $\frac{b}{a}$. Pour $b>a$ leur angle est donc supérieur à $\frac{\pi}{2}$, et l'on ne voit la courbe sous un angle droit d'aucun point du plan : pour $b=a$, on sait que les asymptotes sont perpendiculaires; l'hyperbole est équilatère, et le cercle orthoptique se réduit à son centre, c'est-à-dire que le centre de l'hyperbole équilatère est le seul point d'où l'on puisse la voir sous un angle droit.

On trouve facilement dans l'hyperbole, comme dans l'ellipse, que *les foyers sont les seuls points pour lesquels tous les couples de droites conjuguées sont rectangulaires.*

La relation qui lie les paramètres angulaires de deux diamètres conjugués est

$$a^2u_1u_2 - b^2v_1v_2 = 0.$$

Comme ils sont conjugués harmoniques par rapport aux asymptotes, ils sont situés de part et d'autre de ces deux droites; l'un d'eux rencontre donc toujours l'hyperbole en des points réels, tandis que l'autre ne la rencontre pas. De plus, les droites fixes par rapport auxquelles ils sont conjugués harmoniques étant réelles, deux systèmes de diamètres conjugués de l'hyperbole n'empiètent jamais l'un sur l'autre (§ 155).

Les tangentes aux extrémités d'un diamètre sont, comme dans l'ellipse, parallèles au diamètre conjugué, et la corde de contact des tangentes menées par un point est parallèle au diamètre conjugué de celui qui passe par le point.

Dans l'hyperbole équilatère, deux diamètres conjugués, étant conjugués harmoniques par rapport aux asymptotes, qui sont perpendiculaires, sont symétriques par rapport à ces droites.

Les théorèmes d'Apollonius s'expriment dans l'hyperbole par les relations

$$a'^2 - b'^2 = a^2 - b^2$$
$$a'b' \sin\theta = ab.$$

Pour les démontrer encore par un procédé analogue à celui qui a été employé dans l'ellipse, posons

$$x' = a\frac{\cos\varphi}{\sqrt{\cos^2\varphi - \sin^2\varphi}}$$

on obtient alors, si le point est sur l'hyperbole

$$y' = b\frac{\sin\varphi}{\sqrt{\cos^2\varphi - \sin^2\varphi}}$$

et la longueur du demi-diamètre y aboutissant est donnée par

$$a'^2 = x'^2 + y'^2 = \frac{a^2\cos^2\varphi + b^2\sin^2\varphi}{\cos^2\varphi - \sin^2\varphi}.$$

Dans ces formules, φ représente l'angle que fait avec l'axe transverse le diamètre passant par le point qui se projette en (x', y') dans l'hyperbole équilatère dont l'hyperbole considérée est la projection, si toutefois b est plus petit que a.

On a en effet, entre la longueur ρ d'un diamètre de l'hyperbole équilatère et l'angle φ qu'il fait avec l'axe transverse, la relation

$$\frac{1}{\rho^2} = \frac{\cos^2\varphi - \sin^2\varphi}{a^2}$$

et sa projection sur l'axe est égale à x'. Considérant maintenant le diamètre conjugué de l'hyperbole équilatère, il est symétrique du premier par rapport aux asymptotes et fait par suite avec l'axe l'angle $\frac{\pi}{2} - \varphi$. Son extrémité se projette donc en un point (x'', y''), situé sur le diamètre conjugué de celui qui passe en (x', y') dans la première hyperbole, dont les coordonnées sont

$$x'' = a\frac{\sin\varphi}{\sqrt{\cos^2\varphi - \sin^2\varphi}}$$

$$y'' = b\frac{\cos\varphi}{\sqrt{\cos^2\varphi - \sin^2\varphi}}$$

d'où

$$b'^2 = x''^2 + y''^2 = \frac{a^2\sin^2\varphi + b^2\cos^2\varphi}{\cos^2\varphi - \sin^2\varphi}$$

d'où enfin

$$a'^2 - b'^2 = a^2 - b^2.$$

Si l'on avait $b > a$, on opérerait sur l'hyperbole conjuguée.

Pour ce qui est du second théorème, remarquons d'abord que les longueurs de deux diamètres conjugués de l'hyperbole équilatère sont données par

$$\frac{1}{\rho^2} = \frac{\cos^2\varphi - \sin^2\varphi}{a^2} \qquad \frac{1}{\rho'^2} = \frac{\sin^2\varphi - \cos^2\varphi}{a^2}$$

d'ailleurs leur angle θ_1 est $\frac{\pi}{2} - 2\varphi$, on a donc entre leurs valeurs absolues $\rho\rho' \sin\theta_1 = a^2$, ce qui démontre le théorème pour l'hyperbole équilatère. Projetant maintenant le parallélogramme construit sur deux diamètres conjugués de cette courbe

$$a'b' \sin\theta = a^2 \cos\alpha = ab.$$

166. Propriétés relatives aux asymptotes. — L'équation de l'hyperbole et celle de ses asymptotes ne diffèrent que par le terme constant; les deux courbes admettent donc les mêmes systèmes de diamètres conjugués. Il suit de là que les portions d'une sécante comprise entre la courbe ou entre les asymptotes admettent le même point milieu ; ou encore que *les portions d'une sécante comprise entre la courbe et ses asymptotes sont égales.* En particulier, si la sécante est tangente, *le segment d'une tangente compris entre les deux asymptotes est partagé en deux parties égales au point de contact.*

Supposons maintenant que l'hyperbole soit rapportée à deux diamètres conjugués, de longueurs a' et b', dont l'un soit parallèle à la sécante. L'équation de la courbe étant

$$\frac{x^2}{a'^2} - \frac{y^2}{b'^2} = 1$$

on a pour l'ordonnée de l'hyperbole correspondante à l'abscisse de la sécante donnée (fig. 83)

$$\overline{AP}^2 = \frac{b'^2}{a'^2}(\overline{OP}^2 - a'^2)$$

et pour celle des asymptotes

$$\overline{CP}^2 = \frac{b'^2}{a'^2}\overline{OP}^2$$

d'où

$$\overline{CP}^2 - \overline{AP}^2 \equiv (CP + AP)(CP - AP) = AE.AC = b'^2$$

c'est-à-dire que *le vroduit des segments d'une sécante compris entre*

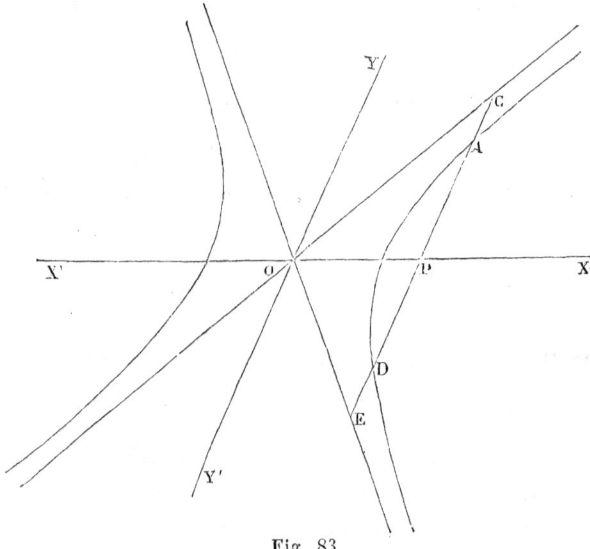

Fig. 83

la courbe et les asymptotes est égal, en valeur absolue, au carré du demi-diamètre qui lui est parallèle.

Les propriétés qui précèdent permettent évidemment de construire par points l'hyperbole dont on connaît les asymptotes et un point A (fig. 83). Il suffira de mener des sécantes par le point A et de déterminer sur chacune d'elles le second point D tel que l'on ait AC = DE. La courbe sera comprise dans le même angle des asymptotes que le point A ; les axes seront les bissectrices de cet angle, et leurs longueurs s'obtiendront par la dernière propriété démontrée, en menant par le point donné une sécante perpendiculaire à l'axe transverse.

Ceci permet de construire simplement une hyperbole dont on connaît deux diamètres conjugués en grandeur et en position. Les asymptotes sont en effet les diagonales du parallélogramme construit sur les deux diamètres, et comme on connaît deux points de la courbe, on est ramené à la construction précédente.

Si l'on prend pour axes de coordonnées les asymptotes de l'hyperbole, son équation prend une forme particulièrement simple. Lorsque l'un des rayons infinis est parallèle à l'un des axes, leur équation fait voir que l'un des coefficients des carrés est nul. Si les deux asymptotes sont parallèles aux axes, les deux carrés manquent dans l'équation ; si en outre l'origine est le centre, il ne reste plus que le terme en xy et le terme constant. L'équation peut donc s'écrire

$$xy = k$$

k étant positif ou négatif suivant l'angle des axes dans lequel la courbe est comprise. Dans le cas de la figure par exemple, k est po-

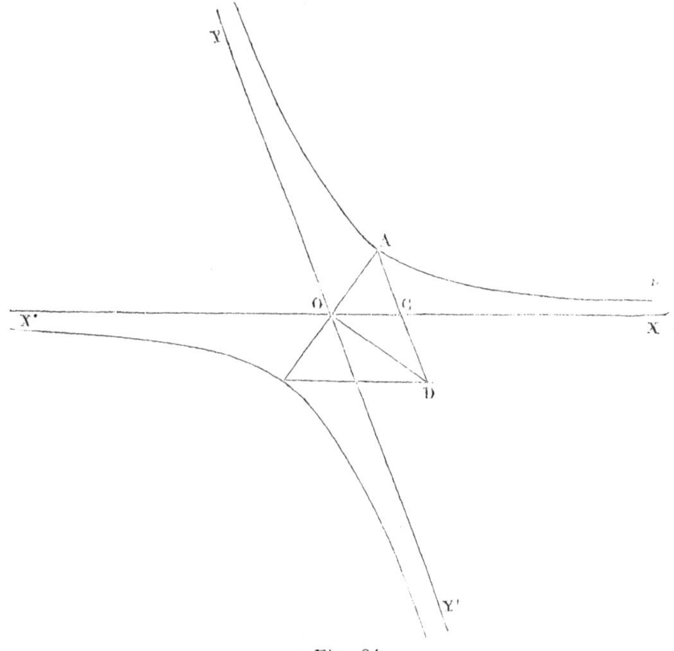

Fig. 84

sitif et, pour en trouver la valeur, on voit que l'on a pour le sommet de l'hyperbole

$$x = y = \mathrm{AC} = \frac{\mathrm{AD}}{2} = \frac{1}{2}\sqrt{a^2 + b^2}$$

et l'équation devient

$$4xy = a^2 + b^2.$$

Elle est souvent utile et permet de vérifier les propriétés déjà démontrées. La tangente est alors

$$2(xx_0 + yy_0) = a^2 + b^2.$$

167. Exercices. — 1. Résoudre, dans les cas de l'hyperbole, les problèmes proposés sur l'ellipse ; trouver quels sont ceux qui subsistent, et faire voir quelles sont les modifications que doivent subir leurs énoncés.

2. Les points de contact des tangentes menées à une hyperbole par un point extérieur sont ou non sur la même branche de courbe suivant que le point est ou n'est pas dans l'angle des asymptotes qui comprend la courbe.

3. Une ellipse et une hyperbole ayant un système de diamètres conjugués communs en grandeur et en position, trouver le lieu des pôles par rapport à l'une des courbes des tangentes de l'autre.

4. Étant donnée une conique inscrite dans un angle, on lui mène une tangente quelconque ; trouver : 1° le lieu du point de concours des médianes ; 2° le lieu du point de concours des hauteurs ; 3° le lieu du centre du cercle circonscrit, eu égard au triangle formé par la tangente mobile et les côtés de l'angle.

5. Trouver les mêmes lieux relativement au triangle formé de deux droites fixes et d'une droite variable pivotant autour d'un point fixe.

6. A partir du point de contact d'une droite avec un cercle donné on prend des longueurs qui soient entre elles dans un rapport donné : par les points ainsi obtenus, on mène la seconde tangente au cercle : trouver le lieu de leurs points de rencontre.

7. Lieu des points de rencontre des droites pivotant respectivement autour de deux points fixes et interceptant sur une droite donnée un segment de longueur donnée.

8. Si, dans le plan d'une hyperbole équilatère, on déplace d'une façon arbitraire un angle donné, la droite qui joint les milieux des cordes déterminées par la courbe sur les côtés de cet angle est vue du centre sous un angle constant.

9. Si l'on prend par rapport à deux hyperboles équilatères les diamètres conjugués d'une même direction, l'angle de ces diamètres conjugués reste fixe quand la direction varie.

10. Dans l'hyperbole équilatère, le centre, le milieu d'une corde, une de ses extrémités et le pied de la perpendiculaire menée par l'autre à la tangente à la courbe à la première extrémité, sont sur un même cercle. En déduire la construction de l'hyperbole équilatère dont on connaît le centre, une tangente et un point.

11. Lorsqu'une hyperbole équilatère est circonscrite à un triangle, elle passe par le point de rencontre des hauteurs. Si le triangle est rectangle, la normale au sommet de l'angle droit est parallèle à l'hypoténuse.

12. Réciproquement, toute conique circonscrite à un triangle et passant par le point du concours des hauteurs est une hyperbole équilatère.

13. Lieu des centres des hyperboles équilatères circonscrites à un triangle.

LA PARABOLE

168. — L'équation de la parabole a été ramenée à la forme simple

$$y^2 = 2px \qquad (245)$$

elle est alors rapportée à un diamètre et à la tangente à l'extrémité de ce diamètre (fig. 85). Si les axes sont rectangulaires, elle

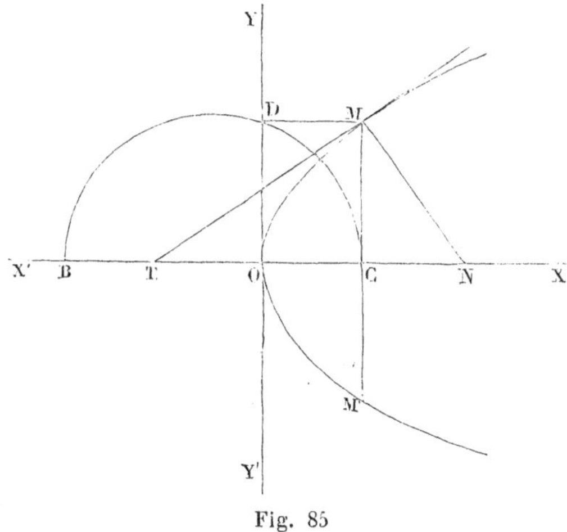

Fig. 85

est rapportée à son axe et à la tangente au sommet, et l'on a trouvé (§ 157) la relation qui lie le paramètre p relatif à l'axe au paramètre p' relatif au diamètre qui fait avec la tangente à son extrémité l'angle θ.

Supposons les axes rectangulaires ; on voit que l'ordonnée y n'est réelle que pour les valeurs positives de x, et que sa valeur, d'abord nulle pour $y=0$, va sans cesse en croissant et grandit indéfiniment avec x ; la courbe est d'ailleurs symétrique par rapport à l'axe X′OX, elle offre donc la forme de la figure 85. La direction du rayon infini est celle de l'axe, et l'asymptote correspondante est rejetée à l'infini (§ 148), ce qui doit être puisque la parabole est la conique tangente à la droite de l'infini.

L'équation (245) fournit immédiatement la construction de la courbe par points : elle exprime en effet que *le carré de l'ordonnée perpendiculaire à l'axe est proportionnel aux segments de l'axe compris entre le sommet et le pied de l'ordonnée*. Si donc on porte sur OX′, à partir de l'origine, une longueur OB égale à $2p$, le cercle ayant pour diamètre le segment BC compris entre le point B et le pied C d'une ordonnée arbitrairement choisie interceptera sur OY la longueur OD de l'ordonnée qui, portée à partir du point C en dessus et en dessous de l'axe, fournira deux points M et M′ de la courbe.

La tangente en un point (x_0, y_0) de la courbe a pour équation (§ 149)

$$yy_0 = p(x + x_0). \tag{255}$$

Si l'on y fait $y=0$, on trouve $x=-x_0$, c'est-à-dire que l'on a en valeur absolue OT = OC, ce qui fournit un moyen simple de construire la tangente en un point, et ce qu'on exprime en disant que *la sous-tangente est double de l'abscisse du point de contact:* la sous-tangente est la projection CT sur l'axe de la portion de la tangente comprise entre le point de contact et l'axe. La normale MN a pour équation

$$p(y-y_0)+y_0(x-x_0)=0$$

si l'on y fait $y=0$, on trouve

$$x-x_0=p$$

c'est-à-dire que la longueur CN, qui est *la sous-normale, est égale au paramètre.*

Si le point (x_0, y_0) n'est pas sur la courbe, l'équation (255) représente alors la polaire du point. Si l'on cherche les points d'intersection de la courbe et de cette droite, on trouve

$$x=\frac{y^2}{2p} \qquad y^2-2yy_0+2px_0=0$$

et les racines de l'équation en y sont réelles ou imaginaires suivant que l'expression

$$y_0^2-2px_0$$

est positive ou négative. On voit facilement, en faisant $x_0=0$, qu'elle est positive pour tous les points du plan situés dans la même région que la tangente au sommet, ce sont les points extérieurs ; les points situés par rapport à la courbe dans la même région que la partie OX de l'axe sont les points intérieurs.

L'équation du système des tangentes menées par le point (x_0, y_0) est d'ailleurs

$$(y^2-2px)(y_0^2-2px_0)-[yy_0-p(x+x_0)]^2=0.$$

On trouve facilement par un calcul direct que la condition pour que la droite

$$ux+vy+w=0$$

soit tangente à la courbe, c'est-à-dire l'équation tangentielle de la parabole, est

$$pv^2-2uw=0.$$

Si l'on en tire w, on en conclut l'équation de la tangente en fonction de ses paramètres angulaires, qui est

$$ux+vy+\frac{pv^2}{2u}=0 .$$

Elle montre qu'on ne peut mener à la courbe qu'une tangente parallèle à une direction donnée, ce qui tient à ce que le point par lequel on mène les tangentes à la courbe est choisi à l'infini, c'est-à-dire sur une tangente déjà connue, la droite de l'infini. Si on l'écrit

$$2u^2x+2uvy+pv^2=0$$

elle admet pour racines les paramètres angulaires des tangentes menées par le point (x,y).

Les foyers de la parabole s'obtiendront en identifiant avec

$$u^2+v^2=0$$

ce qui donne

$$x=\frac{p}{2} \quad y=0$$

et fournit un seul foyer réel situé sur l'axe OX, ce qui est bien conforme à ce qui a été dit (§ 94) sur les foyers d'une courbe de classe donnée, lorsqu'elle est tangente à la droite de l'infini. La polaire de ce foyer, c'est-à-dire sa directrice (§ 94) est la droite $x=-\frac{p}{2}$ qui a déjà été ainsi désignée (§ 157). Cette droite est en même temps le lieu des sommets des angles droits circonscrits à la parabole, car si l'on exprime que les tangentes menées du point (x_0,y_0) sont perpendiculaires, c'est-à-dire

$$u_1u_2+v_1v_2=0$$

on en conclut le lieu

$$2x+p=0.$$

Plus généralement, le lieu des points tels que les tangentes menées par ces points sont parallèles aux diamètres conjugués de la conique

$$\alpha x^2+2\gamma xy+\beta y^2+\ldots\ldots=0$$

est la droite

$$2\alpha x+2\gamma y+p\beta=0.$$

Cette équation peut être identifiée avec celle d'une droite quelconque du plan, on en conclut que *les couples de tangentes menées à la parabole par les différents points d'une droite sont parallèles aux couples de diamètres conjugués d'une même conique*, et par suite de toutes les coniques qui ont les mêmes termes du second degré. Si la droite donnée est la droite

$$ux+vy+w=0$$

les coefficients des termes du second degré de la conique correspondante sont donnés par les équations

$$\frac{2\alpha}{u}=\frac{2\gamma}{v}=\frac{p\beta}{w}.$$

Cette conique a donc pour équation

$$ux^2+2vxy+\frac{2w}{p}y^2+\ldots\ldots=0.$$

C'est une parabole, si l'on a

$$pv^2-2uw=0$$

c'est-à-dire si la droite est tangente à la parabole donnée ; c'est une ellipse si la même expression est négative, c'est-à-dire si la droite est extérieure à la parabole ; en particulier, pour la directrice c'est un cercle : enfin c'est une hyperbole, si la droite donnée rencontre la parabole en des points réels ; si l'on veut, par exemple, que la conique soit une hyperbole équilatère, il faut que l'on ait

$$pu+2w=0$$

ce qui exprime que la droite donnée passe par le foyer ; c'était évident *à priori*. On voit aussi facilement que si la droite donnée est parallèle à l'axe, la conique a une asymptote parallèle à la même direction ; si la droite passe par l'origine, elle a une asymptote perpendiculaire à l'axe ; enfin si elle est perpendiculaire à l'axe, les axes de la conique sont parallèles aux axes de coordonnées.

169. Droites et diamètres conjugués. — L'équation aux paramètres angulaires des tangentes issues d'un point étant

$$2u^2x + 2uvy + pv^2 = 0$$

deux droites, issues du même point, leur seront conjuguées harmoniques si l'on a

$$2xu_1u_2 + 2y(u_1v_2 + u_2v_1) + pv_1v_2 = 0.$$

Elles seront rectangulaires si l'on a en même temps

$$u_1u_2 + v_1v_2 = 0$$

et leurs paramètres angulaires seront alors donnés par l'équation du second degré

$$\begin{vmatrix} u^2 & -uv & v^2 \\ p & 2y & 2x \\ 1 & 0 & 1 \end{vmatrix} = 0$$

ou

$$2(u^2 - v^2)y + uv(p - 2x) = 0.$$

Les racines de cette équation sont toujours réelles; elles sont indéterminées, si l'on a

$$y = 0 \qquad 2x - p = 0$$

c'est-à-dire si le point donné est le foyer. De sorte que, pour la parabole comme pour les coniques à centre, *le foyer est le seul point tel que deux droites conjuguées quelconques issues de ce point soient rectangulaires.*

L'équation du diamètre qui partage en deux parties égales les cordes parallèles à la direction

$$ux + vy = 0$$

est (§ 155)

$$uy + pv = 0.$$

Tous les diamètres sont donc, comme on le sait déjà, parallèles à l'axe; et réciproquement, toute parallèle à l'axe est un diamètre. Un diamètre quelconque coupe la courbe en un point dont l'ordonnée est $-\frac{pv}{u}$; la tangente en ce point a donc pour équation

$$\frac{pv}{u}y + p(x + x_0) = 0$$

ou

$$ux + vy + ux_0 = 0$$

ce qui fait voir qu'elle est parallèle aux cordes que le diamètre partage en parties égales.

On sait (§ 157) que, si l'on prend pour axes de coordonnées un diamètre quelconque et la tangente à son extrémité, l'équation garde la même forme

$$y^2 - 2p'x = 0$$

et que les paramètres p et p' relatifs à l'axe et au diamètre considéré sont liés par la relation

$$p = p' \sin^2 \theta$$

dans laquelle θ désigne l'angle du diamètre et de ses cordes.

L'équation de la tangente conserve alors la forme

$$yy_0 = p'(x + x_0)$$

et l'on voit que la sous-tangente, comptée parallèlement aux cordes, est toujours double de l'abscisse. On a donc (fig. 86) $AT = AB$. D'ailleurs la corde de contact des tangentes d'un point T de l'axe AX est $x + x_0' = 0$; elle est donc parallèle à la tangente en A, et par suite son milieu B est sur l'axe AX; d'où il suit que dans la parabole, comme dans les coniques à centre, *la corde de contact des tangentes menées par un point est partagée en deux parties égales par le diamètre qui passe par le point.*

Les deux dernières propriétés fournissent immédiatement la parabole tangente à deux droites données en deux points donnés. On joindra les points de contact par la droite MM′ dont le milieu B, joint au point d'intersection des deux droites données, donnera le diamètre BT ; le milieu de BT est le point de contact de la tangente à

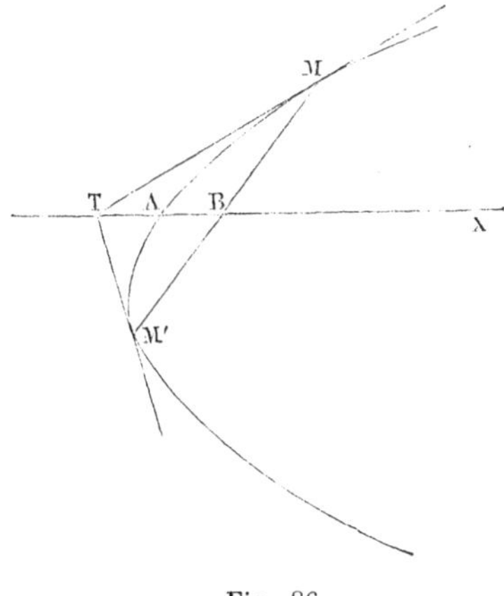

Fig. 86

l'extrémité de ce diamètre ; cette tangente est parallèle à MM′, et ainsi de suite.

170. Exercices. — 1. Le segment d'une tangente à la parabole compris entre le point de contact et la directrice étant prolongé au delà de la directrice d'une quantité égale, si l'on mène par le point ainsi obtenu une seconde tangente à la parabole, la corde de contact est perpendiculaire à la première tangente.

2. Par un point variable d'une tangente fixe de la parabole on mène une seconde tangente, du point de contact de laquelle on abaisse une perpendiculaire sur la tangente fixe ; trouver le lieu du point d'intersection de cette perpendiculaire avec la perpendiculaire élevée au point variable sur la seconde tangente.

3. Lorsqu'un triangle est circonscrit à une parabole, le cercle circonscrit passe par le foyer, et le point de concours des hauteurs est sur la directrice.

4. Lieu des points d'intersection des droites menées respectivement par deux points fixes, et coupant en des points conjugués la polaire de l'un d'eux par rapport à une conique donnée. Montrer que ce lieu est une conique ; et, supposant l'un des points fixe et l'autre variable, chercher dans quelle région du plan doit se trouver le point variable pour que le lieu soit une ellipse, une hyperbole ou une parabole. Construire le lieu qui sépare les deux régions.

5. Lieu du point d'où l'on voit sous un angle donné une parabole donnée. Examiner quelle partie du lieu correspond, soit à l'angle donné, soit à l'angle supplémentaire et indiquer les régions du plan qui comprennent l'un et l'autre, quel que soit l'angle donné.

6. Trouver l'enveloppe des perpendiculaires abaissées sur des droites pivotant autour d'un point fixe, de leurs pôles respectifs par rapport à une conique donnée.

CHAPITRE V

PROPRIÉTÉS D'UNE CONIQUE

171. Conique déterminée par cinq points. — Le nombre des points réels ou imaginaires conjugués, confondus ou non, à distance finie ou à l'infini, communs à deux coniques qui ne coïncident dans aucune de leurs parties, est égal à *quatre* d'après le théorème de Bezout : on le vérifiera d'ailleurs lorsqu'il s'agira de les déterminer. Il suit de là que cinq points d'une conique qui ne se décompose pas en deux droites sont toujours *distincts*, c'est-à-dire qu'aucun d'eux ne peut résulter des quatre autres : car, si cela arrivait, toutes les coniques qui passent par les quatre premiers, coniques en nombre infini puisqu'il faut *cinq conditions* (§ 112) pour déterminer une conique, passeraient aussi par le cinquième, et auraient cinq points d'intersection ; ce qui est impossible, puisque, ne se décomposant pas, elles ne peuvent coïncider dans aucune de leurs parties. Il résulte d'ailleurs de ce qui a été dit (§ 112) que cinq conditions linéaires déterminent toujours une conique et une seule, pourvu qu'elles soient distinctes : donc *cinq points qui ne sont pas distribués sur deux droites déterminent toujours une conique et une seule.* Il est clair que le théorème subsiste dans le cas d'exception, pourvu qu'il n'y en ait pas plus de trois en ligne droite, et qu'il suffit dès lors d'excepter les cas où *quatre ou cinq des points donnés sont en ligne droite.*

Il est évident qu'on ne peut pas en dire autant de cinq conditions linéaires quelconques, et que l'on peut imaginer autant de conditions linéaires que l'on voudra résultant de quatre conditions linéaires données entre les coefficients de l'équation générale (164). L'interprétation géométrique de la condition linéaire la plus générale achèvera un peu plus loin d'élucider cette question

Si l'on écrit que l'équation générale (164) est satisfaite par les coordonnées de cinq points donnés, et si l'on élimine les coefficients entre cette équation et les équations de condition, on trouve facilement l'équation de la conique passant par les cinq points, qui est

$$\begin{vmatrix} x^2 & y^2 & z^2 & xy & yz & zx \\ x_1^2 & y_1^2 & z_1^2 & x_1y_1 & y_1z_1 & z_1x_1 \\ x_2^2 & y_2^2 & z_2^2 & x_2y_2 & y_2z_2 & z_2x_2 \\ x_3^2 & y_3^2 & z_3^2 & x_3y_3 & y_3z_3 & z_3x_3 \\ x_4^2 & y_4^2 & z_4^2 & x_4y_4 & y_4z_4 & z_4x_4 \\ x_5^2 & y_5^2 & z_5^2 & x_5y_5 & y_5z_5 & z_5x_5 \end{vmatrix} = 0 \qquad (256)$$

dans laquelle tous les coefficients ne sont jamais simultanément nuls, d'après ce qui précède, si quatre des cinq points donnés ne sont pas en ligne droite; et où l'on peut remplacer les z par l'unité si, les coordonnées étant cartésiennes, on veut revenir aux coordonnées absolues. La question est donc résolue analytiquement, et l'équation de la courbe permet d'en trouver tous les autres points.

Il existe plusieurs théorèmes de géométrie, fort importants, chacun desquels permet de construire un sixième point quelconque d'une conique dont on connaît cinq points ; par leur moyen, la connaissance des cinq points peut dès lors être considérée comme équivalente à l'équation de la courbe.

172. Théorème de Chasles. — Lemme. — *Le lieu des points d'intersection de deux rayons correspondants de deux faisceaux homographiques à sommets distincts est une conique passant par les sommets des deux faisceaux.*

Soient deux faisceaux de droites

$$X + \lambda Y = 0 \qquad Z + \mu V = 0$$

ayant pour sommets, le premier le point d'intersection des droites $X = 0$, $Y = 0$, le second celui des droites $Z = 0$, $V = 0$. Ils seront homographiques (§ 58) si l'on a entre λ et μ une relation de la forme

$$a\lambda\mu + b\lambda + c\mu + d = 0.$$

Éliminant λ et μ entre ces trois équations, on aura le lieu des points d'intersection de deux rayons correspondants : son équation est

$$aXZ - bXV - cYZ + dYV = 0$$

équation d'une conique passant par les sommets des deux faisceaux.

Il suit de là que, si deux faisceaux homographiques ont leurs sommets a et b sur une conique donnée (fig. 87) et si trois couples de

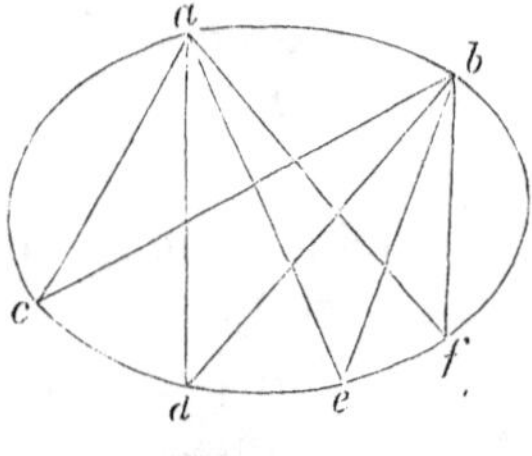

Fig. 87

rayons correspondants se coupent en trois points c, d, e, de la conique, ce qui définit la correspondance (§ 56), le lieu des points d'intersection de deux rayons correspondants est une conique ayant cinq points communs avec la conique proposée, et qui, alors, coïncide avec elle. Par conséquent (§ 51) si l'on se donne arbitrairement un rayon af du premier faisceau et si l'on considère le rayon bf qui lui correspond dans le second faisceau, le rapport anharmonique des droites ac, ad, ae, af est égal au rapport anharmonique des droites bc, bd, be, bf. On en conclut le théorème de Chasles qui est le suivant : *le rapport anharmonique des droites qui joignent un point variable d'une conique à quatre points fixes de cette courbe est constant.*

Pour construire au moyen de ce théorème une conique définie par cinq points a, b, c, d, e (fig. 87), on considérera les deux faisceaux. ac, ad, ae, et bc, bd, be. Le rayon bf du second faisceau correspondant au rayon af, arbitrairement choisi dans le premier, s'obtiendra en traçant (§ 43) la droite issue du point b qui forme avec les droites bc, bd, be, un rapport anharmonique égal au rapport anharmonique des quatre droites ac, ad, ae, af : le point d'intersection f des deux rayons af, bf appartient à la conique, et on pourra en obtenir ainsi autant que l'on voudra, puisque le rayon af est arbitraire. Si l'on veut par exemple la tangente en

b, on choisira dans le premier faisceau le rayon ab : on obtient ainsi la tangente en un point quelconque de la courbe.

173. Théorème de Desargues. — *Une transversale quelconque rencontre toutes les coniques passant par quatre points réels ou imaginaires conjugués deux à deux, suivant des couples de points en involution.*

Si les équations de deux coniques passant par ces quatre points sont

$$C_1 = 0 \qquad C_2 = 0$$

l'équation générale des coniques qui les contiennent est (§ 113)

$$\lambda_1 C_1 + \lambda_2 C_2 = 0$$

d'où il suit que, si la transversale est prise pour axe X'OX, ce que l'on peut toujours supposer, l'équation du second degré de laquelle dépendent ses points d'intersection avec une conique quelconque du système est une combinaison linéaire de celles dont dépendent ses points d'intersection avec les deux coniques données. Il suit de là (§ 142) que les couples de points considérés sont en involution.

Pour trouver par le moyen de ce théorème un sixième point d'une conique dont on connaît cinq points a, b, c, d, e, f, on tracera les deux couples de droites ab, cd et ac, bd, qui sont deux coniques passant par les quatre premiers ; et le second point d'intersection avec la conique d'une droite menée arbitrairement par le point f sera le conjugué de f dans l'involution dont deux couples de points sont les points d'intersection de la droite avec les deux couples de droites, ab, cd et ac, bd. On sait construire ce point par la règle seule (§ 143) ; on peut d'ailleurs choisir arbitrairement deux des trois couples de droites auxquels donnent lieu les quatre points a, b, c, d, parce que leurs points d'intersection avec une sécante quelconque sont en involution (§ 142).

Il faut noter que le théorème de Desargues peut encore s'énoncer ainsi : *il y a sur toute droite deux points, réels ou imaginaires, conjugués communs à toutes les coniques d'un faisceau linéaire.*

Un cas particulier de ce théorème, connu sous le nom de théorème de Joachimsthal, bien que tout l'honneur en revienne à Desargues, est le suivant : si l'on suppose que l'une des coniques soit un cercle et que la sécante soit la droite de l'infini, on voit que les points à l'infini sur la conique, les points cycliques, et les points à l'infini sur un système de cordes communes aux deux courbes donnent lieu à six directions parallèles à six rayons d'un faisceau en involution. Mais les directions conjuguées communes à celles des deux premiers couples sont celles des axes de la conique; les rayons parallèles à ces axes sont donc les rayons doubles du faisceau, et sont par suite conjugués harmoniques par rapport aux rayons parallèles aux cordes communes, d'où il suit que *deux cordes communes opposées d'un cercle et d'une conique sont également inclinées sur les axes.* On peut ajouter qu'il en est de même des directions asymptotiques d'une conique quelconque passant par les points communs au cercle et à la conique. Il est clair d'ailleurs, si l'on prend les axes de coordonnées parallèles aux axes de la conique C_1, que, si l'autre est un cercle, l'équation générale

$$\lambda_1 C_1 + \lambda_2 C_2 = 0$$

ne renfermant pas de terme en xy, représente une courbe dont les axes sont aussi parallèles aux axes de coordonnées, et dont les asymptotes sont alors également inclinées sur les axes de la conique C_1.

174. Théorème de Pascal. — LEMME. — *Lorsque trois coniques ont une corde commune, les trois cordes opposées, respectivement communes aux mêmes courbes combinées deux à deux, sont concourantes.*

Si les trois coniques passent par deux sommets du triangle de référence, les équations de deux d'entre elles sont de la forme

$$c_1 z^2 + 2f_1 yz + 2g_1 zx + 2h_1 xy = 0$$
$$c_2 z^2 + 2f_2 yz + 2g_2 zx + 2h_2 xy = 0.$$

Multipliant la première par h_2, la seconde par $-h_1$ et ajoutant, il vient

$$z\left[(c_1 h_2 - c_2 h_1) z + 2(f_1 h_2 - f_2 h_1) y + 2(g_1 h_2 - g_2 h_1) x\right] = 0$$

équation d'un système de deux droites passant par leurs points d'intersection, dont l'une $z = 0$ est la corde commune supposée, et dont l'autre est la corde commune opposée à $z = 0$ relativement aux deux coniques considérées. Combinant les trois coniques données de deux autres façons, on obtiendra les deux autres cordes communes analogues par une permutation circulaire. Leurs équations sont

$$(c_2h_3 - c_3h_2)z + 2(f_2h_3 - f_3h_2)y + 2(g_2h_3 - g_3h_2)x = 0$$
$$(c_3h_1 - c_1h_3)z + 2(f_3h_1 - f_1h_3)y + 2(g_3h_1 - g_1h_3)x = 0.$$

Ces trois droites sont concourantes, car si on multiplie l'équation de la première par h_3, celle de la seconde par h_1, celle de la troisième par h_2, et si l'on ajoute, on obtient une identité. C. Q. F. D.

On conclut de là le théorème de Pascal dont l'énoncé est le suivant : *Si six points sont sur une conique, les trois points de rencontre des couples de côtés opposés sont en ligne droite.*

Soient en effet a, b, c, d, e, f six points d'une conique C (fig 88);

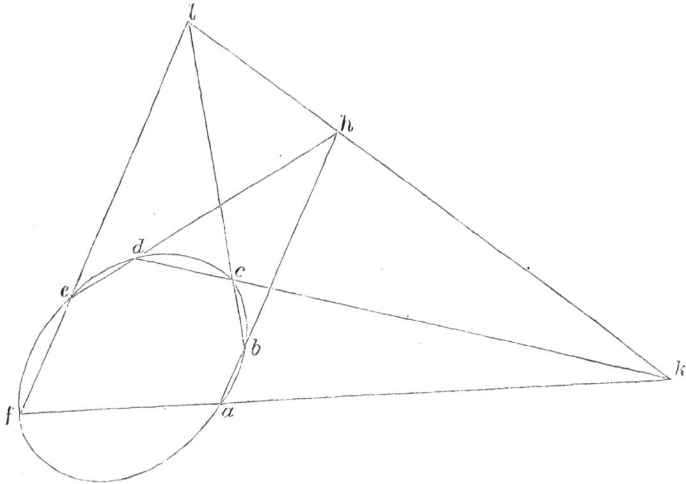

Fig. 88

considérons la conique C, la conique formée de deux droites ab, cd et la conique af, de ; elles ont la corde commune ad, donc les trois cordes communes opposées hk, fe, bc, sont concourantes.

C. Q. F. D.

On peut encore démontrer ce théorème d'une façon moins directe, mais non moins élégante, ainsi qu'il suit. Si l'on applique le second des théorèmes généraux demontrés § 113 au cas où $m = 3$, on obtient le résultat suivant : *toutes les courbes du troisième degré qui passent par huit points donnés ont un neuvième point commun.* Or la conique C et la droite *hk* d'une part, le système des trois droites *ab*, *cd*, *ef* et le système *bc*, *de*, *fa* d'autre part, sont trois courbes du troisième degré ayant en commun les six points donnés, ainsi que les points *h* et *k*; elles en ont donc un neuvième : ce dernier n'est évidemment pas sur la conique C, il est donc sur la droite *hk*, par suite la droite *hk* concourt avec une des trois droites *ab*, *cd*, *ef* et une des trois droites *bc*, *de*, *fa*, lesquelles ne sauraient être que les droites *ef* et *bc* parce que la droite *hk* passe déjà par les points *h* et *k*.

Le théorème de Pascal donne immédiatement un sixième point d'une conique dont on connaît cinq points *a*, *b*, *c*, *d*, *e*. Menant en effet par le point *a* une droite arbitraire *ak*, et construisant la droite *hk* qui joint le point d'intersection de *ak* et *cd* avec le point commun à *ab* et *de*, la droite *hk* coupe *bc* en un point *l* qui joint au point *e* par la droite *le* détermine sur la conique le point *f* cherché.

Il permet aussi d'obtenir la tangente en un point quelconque : on peut en effet supposer, dans l'énoncé du théorème, que deux sommets de l'hexagone inscrit sont confondus sur la tangente en l'un de ces points. L'énoncé devient alors le suivant : *deux côtés non adjacents ae*, *bc* (fig. 89) *d'un pentagone abcde se coupent en un*

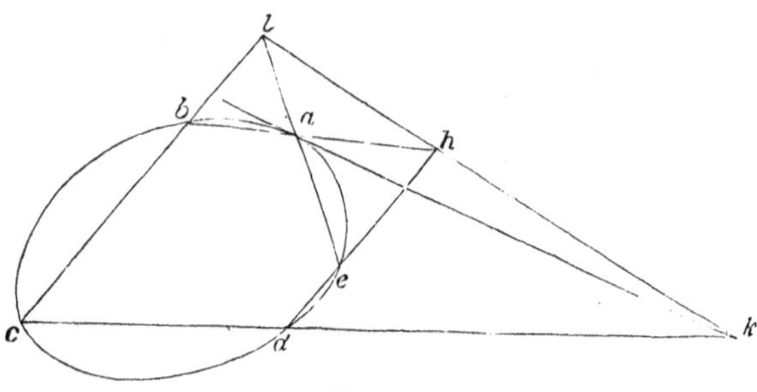

Fig. 89

point l ; deux autres côtés ab, de, en un point h ; la droite lh concourt avec le cinquième côté cd et la tangente au sommet opposé a à la conique circonscrite. Cela posé, la construction de la tangente en *a* est immédiate ; elle passe par le point de rencontre des droites *hl* et *cd*.

Le théorème de Pascal donne lieu à deux autres cas particuliers qui sont évidents sur simple énoncé.

Étant donnés un quadrangle et une conique circonscrite, les tangentes en deux sommets opposés du quadrangle et la droite qui joint ceux des points diagonaux qui ne sont pas en ligne droite avec ces sommets sont concourantes.

Étant donnés un triangle et une conique circonscrite, les points où chaque côté du triangle rencontre la tangente au sommet opposé sont en ligne droite.

175. Théorème de Carnot. — Le théorème général démontré § 118, appliqué au cas d'un triangle et d'une conique, devient le suivant : si les trois côtés d'un triangle abc coupent respectivement une conique aux points p_1, p_2 ; q_1, q_2 et s_1, s_2, on a l'identité

$$ap_1 . ap_2 . bq_1 . bq_2 . cs_1 . cs_2 = as_1 . as_2 . cq_1 . cq_2 . bp_1 . bp_2 .$$

Le théorème entraîne sa réciproque, c'est-à-dire que si cette relation a lieu entre six points relativement à l'un des triangles formés par trois droites qui les comprennent, les six points sont sur une même conique. Cela tient à ce qu'il n'y a qu'un point qui partage un segment donné dans un rapport donné.

176. Conique déterminée par cinq tangentes. — Les théorèmes qui précèdent permettent de construire linéairement la conique dont on connaît cinq points ; les théorèmes corrélatifs fourniront le tracé de la conique déterminée par cinq tangentes.

Tout d'abord, il est clair que cinq tangentes déterminent *une seule* conique, puisque leur connaissance donne lieu à cinq relations linéaires entre ses coefficients tangentiels. On en conclut donc, sans ambiguité, l'équation tangentielle de la conique qui ne diffère pas de l'équation (256), si l'on y considère les coordonnées courantes ou connues comme des coordonnées tangentielles (§ 171). Elle donne lieu à un cas d'exception corrélatif, qui est celui où quatre ou cinq des tangentes données sont concourantes ; alors le problème est évidemment indéterminé, et la conique cherchée se réduit à deux points dont l'un est le point de concours des tangentes qui sont concourantes, et l'autre est indéterminé, dans le plan si elles concourent toutes, sur la cinquième s'il n'y en a que quatre.

177. Corrélatif du théorème de Chasles. — Le calcul du

§ 172, interprété en coordonnées tangentielles, démontre le lemme suivant : *l'enveloppe des droites qui joignent deux points correspondants de deux divisions homographiques situées sur des droites différentes est une conique tangente aux deux droites.* On en conclut la réciproque comme au § 172, et par suite le corrélatif du théorème de Chasles qui est le suivant : *le rapport anharmonique des points suivant lesquels une tangente variable d'une conique rencontre quatre tangentes fixes est constant.*

Pour déduire de là la conique déterminée par cinq tangentes, on tracera les points a, b, c ; a', b', c' où deux d'entre elles coupent les trois autres ; la seconde tangente issue d'un point quelconque d de abc ira couper $a'b'c'$ en un point d' tel que le rapport anharmonique des quatre points, a', b', c', d' soit égal au rapport anharmonique des quatre points a, b, c, d. Le point de contact de $a'b\,c'$, sera le point e' tel que le rapport anharmonique des points a', b', c', e', soit égal au rapport anharmonique des points a, b, c, e, ce dernier point étant le point commun aux deux tangentes abc, $a'b'c'$.

178. Corrélatif du théorème de Desargues. — Théorème de Plucker. — Le corrélatif du théorème de Desargues se déduit de la considération de l'équation générale tangentielle des coniques inscrites dans un quadrilatère, comme le théorème direct de l'équation ponctuelle des coniques circonscrites à un quadrangle ; il s'énonce ainsi : *les tangentes menées d'un point à toutes les coniques tangentes à quatre droites, réelles ou imaginaires conjuguées deux à deux, forment un faisceau en involution;* ou encore *par tout point du plan, on peut mener deux droites conjuguées communes à toutes les coniques d'un faisceau tangentiel.*

Il permet de construire une sixième tangente lorsqu'on en connaît cinq : la seconde tangente menée à la courbe par un point quelconque de l'une d'elles sera sa conjuguée dans le faisceau des couples de droites en involution ayant ce point pour sommet, et dont deux couples sont les droites qui joignent ce point aux extrémités de deux quelconques des trois diagonales du quadrilatère formé des quatre autres tangentes.

On peut se demander s'il n'existe pas de points dans le plan pour lesquels le faisceau involutif formé des couples de tangentes menées par l'un d'eux aux coniques d'un faisceau tangentiel se compose de couples de droites rectangulaires. Il suffit que cela ait lieu pour deux des couples de tangentes : on sait en effet (§ 151) que dans un pareil faisceau il y a toujours un couple et un seul formé de deux droites rectangulaires. S'il y en a deux, ils le sont tous et le sommet du faisceau est en même temps l'un des sommets du système de points en involution obtenu en coupant par une droite quelconque (§ 143). Or le lieu des points d'où l'on voit une conique sous un angle droit est le cercle orthoptique (§ 160). Si donc on considère l'un des points communs aux cercles orthoptiques de deux des coniques du système, le faisceau des tangentes menées de ce point contient deux couples rectangulaires, ce qui suffit pour qu'ils le soient tous. On en conclut ce théorème remarquable, dû à Plucker : *il existe deux points, réels ou imaginaires, d'où l'on voit sous un angle droit toutes les coniques tangentes à quatre droites, réelles ou imaginaires ;* qu'on peut encore énoncer ainsi : *les cercles orthoptiques des coniques d'un faisceau tangentiel ont même axe radical.* Sous cette forme le théorème est évident d'ailleurs, on sait en effet (§ 158) que l'équation du cercle orthoptique de la conique générale (164) est une fonction linéaire des coefficients tangentiels. Elle peut s'écrire

$$\ldots^2+2xy\cos\theta+y^2)-2(G+F\cos\theta)x-2(F+G\cos\theta)y+A+2H\cos\theta+B=0. \quad (257)$$

Or l'équation générale tangentielle des coniques d'un faisceau tangentiel peut s'écrire (§ 114)

$$\mu_1\Gamma_1+\mu_2\Gamma_2=0$$

si l'on désigne par

$$\Gamma_1=0 \qquad \Gamma_2=0$$

les équations de deux coniques du faisceau : il suit de là que ses coefficients tangentiels sont des fonctions linéaires d'un paramètre ; par conséquent l'équation du cercle orthoptique est elle-même une fonction linéaire du même paramètre ; elle représente donc (§ 134) des cercles ayant même axe radical.

Trois coniques du système se réduisent à deux points ; ce sont les couples d'extrémités des trois diagonales. Le théorème de Plucker renferme donc comme cas particulier le suivant, déjà énoncé (§ 42 et § 140) : *les cercles ayant pour diamètres les diagonales d'un quadrilatère complet ont même axe radical*, qui peut servir à construire les points de Plucker, ou *sommets orthoptiques* du quadrilatère.

179. Théorème de Brianchon. — Ce théorème, qui est corrélatif du théorème de Pascal, se déduit du lemme suivant : *lorsque trois coniques sont inscrites dans un même angle, elles ont, deux à deux, deux autres tangentes communes qui se coupent en un certain point ; les trois points ainsi obtenus en combinant les coniques deux à deux sont en ligne droite*, comme le théorème de Pascal se déduit du corrélatif. Le théorème de Brianchon s'énoncera alors comme il suit : *lorsque six droites sont tangentes à une conique, elles forment un hexagone dans lequel les droites qui joignent deux sommets opposés sont concourantes.* Il permet de construire une sixième tangente lorsqu'on en connaît cinq par la construction corrélative de celle que fournit le théorème de Pascal. Il donne aussi le point de contact d'une tangente quelconque.

180. Exercices. — 1. Trouver l'équation de la conique conjuguée à cinq couples de points ; pourquoi est-elle unique ?

2. Trouver par le théorème de Chasles et par le théorème de Desargues les points d'intersection d'une droite quelconque avec une conique déterminée par cinq points ; construire les tangentes en ces points. Cas où la droite s'éloigne à l'infini.

3. Trouver par leurs corrélatifs les tangentes menées par un point donné à la conique dont on connaît cinq tangentes ; déterminer les points de contact.

4. Faire voir qu'il y a deux coniques réelles ou imaginaires passant par quatre points et tangentes à une droite ; trouver les points de contact. Cas où la droite s'éloigne à l'infini.

5. Faire voir qu'il y a deux coniques, réelles ou imaginaires, tangentes à quatre droites et passant par un point ; trouver les tangentes menées par le point.

6. Les polaires d'un point fixe P par rapport à toutes les coniques circonscrites à un quadrilatère sont concourantes en un point Q. La transformation qui change P en Q est une transformation rationnelle du second ordre (§ 117) dans laquelle à un point correspond le même point quelle que soit celle des deux figures à laquelle il soit supposé appartenir. Trouver le triangle principal. Sur toute droite du plan il y a deux points correspondants P et Q.

7. Théorèmes corrélatifs. Cas où la droite fixe est à l'infini.

8. Construire la directrice de la parabole tangente à quatre droites.

9. Mener par un point une droite telle que le segment intercepté sur cette droite par les côtés d'un angle soit partagé par le point donné dans un rapport donné.

10. Toutes les tangentes d'une parabole divisent deux tangentes fixes en parties proportionnelles. — Réciproquement, si deux droites sont divisées en parties proportionnelles, les droites qui joignent deux à deux les points homologues enveloppent une parabole tangente aux deux droites.

11. Les côtés de deux triangles inscrits dans une conique sont tangents à une même conique, et réciproquement.

12. Quand un triangle est inscrit dans une conique et circonscrit à une autre il existe une infinité de triangles jouissant de la même propriété.

13. Si l'on joint de toutes les façons possibles les sommets d'un hexagone inscrit dans une conique, il en résulte *soixante* façons d'obtenir trois points que le théorème de Pascal place sur une même ligne droite.

14. Étant donné un hexagone, on peut former un nouvel hexagone avec les droites qui joignent ses sommets deux à deux; agir de même sur ce dernier, et ainsi de suite. Si l'un des hexagones ainsi obtenus est inscrit ou circonscrit à une conique :

1° Les hexagones sont alternativement inscrits et circonscrits à une conique;

2° Le triangle formé par les diagonales d'un hexagone inscrit est tel que les diagonales (concourantes) de chacun des hexagones circonscrits qui le comprennent passent respectivement par ses sommets;

3° Le triangle formé par les points de concours des côtés opposés d'un hexagone circonscrit est tel que les points de concours (en ligne droite) des côtés opposés dans chacun des hexagones inscrits qui le comprennent sont situés respectivement sur ses côtés.

CHAPITRE VI

PROPRIÉTÉS DE DEUX CONIQUES

181. Points d'intersection et tangentes communes. — Deux coniques, qui ne coïncident dans aucune de leurs parties, se coupent en quatre points, réels ou imaginaires, distincts ou confondus, à distance finie ou à l'infini. Ce cas particulier d'un théorème plus général (§ 76) se démontre immédiatement : soient en effet en coordonnées absolues

$$a_1x^2+2(h_1y+g_1)x+b_1y^2+2f_1y+c_1\equiv a_1x^2+2P_1x+Q_1=0$$
$$a_2x^2+2(h_2y+g_2)x+b_2y^2+2f_2y+c_2\equiv a_2x^2+2P_2x+Q_2=0$$

les équations des deux courbes, ordonnées par rapport à la variable x. Le résultat de l'élimination de cette variable entre les deux équations est, d'après une formule connue

$$(a_1Q_2-a_2Q_1)^2-4(a_1P_2-a_2P_1)(P_1Q_2-P_2Q_1)=0 \qquad (258)$$

et il est visiblement du quatrième degré en y. Pour chaque valeur de y satisfaisant à l'équation (258), les deux équations en x ont une racine commune, et le système des valeurs de x et y est celui des coordonnées d'un point commun aux deux courbes. Si l'équation (258) n'est pas du quatrième degré, ce qui arrive si l'on a

$$(a_1b_2-a_2b_1)^2-4(a_1h_2-a_2h_1)(h_1b_2-h_2b_1)=0$$

le nombre des points communs paraît se réduire à trois ; mais il faut observer que la même condition exprime que les deux courbes ont une direction asymptotique commune, c'est-à-dire un quatrième point commun à l'infini. Il en serait de même si le degré de l'équation (258) s'abaissait de plusieurs unités ; autant de points communs seraient rejetés à l'infini, de sorte que le théorème subsiste. Enfin, si l'équation est identique, c'est que les deux courbes coïncident en tout ou en partie.

Le problème de la recherche des points communs est donc du quatrième degré. On le ramène au troisième de la façon suivante : soit

$$C_1 + \lambda C_2 = 0 \tag{259}$$

l'équation générale des coniques passant par les points communs aux deux courbes considérées (§ 113). Si l'on exprime que cette conique se réduit à deux droites, ce qui revient (§ 147) à égaler à zéro son discriminant, on obtient une équation du troisième degré en λ

$$f(\lambda) \equiv \begin{vmatrix} a_1 + \lambda a_2 & h_1 + \lambda h_2 & g_1 + \lambda g_2 \\ h_1 + \lambda h_2 & b_1 + \lambda b_2 & f_1 + \lambda f_2 \\ g_1 + \lambda g_2 & f_1 + \lambda f_2 & c_1 + \lambda c_2 \end{vmatrix} = 0. \tag{260}$$

Pour chaque valeur de λ tirée de cette équation, l'équation (259) représente un système de deux droites que l'on obtiendra en écrivant (259) sous la forme (201) dans laquelle le troisième carré est nul. La question se trouve alors résolue par deux nouveaux problèmes du second degré, puisqu'il suffit de chercher les points d'intersection de chacune de ces droites avec l'une des coniques données.

Si l'on ordonne l'équation (260) d'après les principes de décomposition d'un déterminant à éléments polynômes en déterminants à éléments monômes, on obtient facilement

$$f(\lambda) \equiv \Delta_2 \lambda^3 + \Theta_2 \lambda^2 + \Theta_1 \lambda + \Delta_1 = 0$$

équation dans laquelle Δ_1 et Δ_2 désignent les discriminants des coniques C_1 et C_2 ; Θ_1 et Θ_2 deux fonctions renfermant à la fois les coefficients des deux courbes, du premier degré par rapport aux uns, du second par rapport aux autres et se changeant l'une en l'autre par la permutation des indices : on a, par exemple

$$\Theta_1 \equiv \begin{vmatrix} a_2 & h_1 & g_1 \\ h_2 & b_1 & f_1 \\ g_2 & f_1 & c_1 \end{vmatrix} + \begin{vmatrix} a_1 & h_2 & g_1 \\ h_1 & b_2 & f_1 \\ g_1 & f_2 & c_1 \end{vmatrix} + \begin{vmatrix} a_1 & h_1 & g_2 \\ h_1 & b_1 & f_2 \\ g_1 & f_1 & c_2 \end{vmatrix}$$

ou, en développant

$$\Theta_1 \equiv A_1 a_2 + B_1 b_2 + C_1 c_2 + 2F_1 f_2 + 2G_1 g_2 + 2H_1 h_2$$

expression dans laquelle les grandes lettres désignent les coefficients tangentiels de la conique C_1. Tous les coefficients de l'équation (260) sont des invariants (§ 77), car si par une transformation *quelconque* de coordonnées, les premiers membres des équations des coniques données deviennent C'_1 et C'_2, une conique déterminée du système (259)

$$C_1 + \lambda_0 C_2 = 0$$

deviendra

$$C'_1 + \lambda_0 C'_2 = 0$$

et répondra à la même valeur du paramètre λ. Les trois systèmes de deux droites qui font partie du faisceau et qui, s'ils n'étaient déjà connus géométriquement, sont révélés par l'équation (260), doivent donc, indépendamment de toute hypothèse faite sur les coordonnées, trilinéaires ou non, répondre aux mêmes valeurs de λ : par suite les coefficients de l'équation (260) resteront les mêmes, à un facteur commun près, si l'on fait une transformation quelconque de coordonnées, c'est-à-dire qu'ils sont *invariants*. On connaît déjà la signification des invariants Δ_1 et Δ_2, qui sont relatifs à l'une ou à l'autre conique ; on verra plus loin quelle est celle des invariants Θ_1 et Θ_2 qui sont les *invariants communs* aux deux coniques.

182. — Cela posé, il est facile de prouver que la recherche des tangentes communes à deux coniques se résout par la même équation que celle des points communs. Soient en effet

$$\Gamma_1 = 0 \qquad \Gamma_2 = 0$$

les équations tangentielles des deux coniques considérées.

$$\Gamma_1 + \mu \Gamma_2 = 0 \tag{261}$$

est alors (§ 114) l'équation tangentielle générale des coniques qui admettent les mêmes tangentes communes. Γ_1 et Γ_2 étant, en coordonnées absolues, du second degré en u et v, ces tangentes, réelles ou imaginaires, distinctes ou confondues, à distance finie ou non, sont aussi au nombre de quatre ; et leur recherche se ramènera comme la précédente à un problème du troisième degré en déterminant μ, dans l'équation (261) de façon que le premier membre se décompose en deux facteurs : μ devra alors satisfaire à l'équation

$$F(\mu) \equiv \begin{vmatrix} A_1+\mu A_2 & H_1+\mu H_2 & G_1+\mu G_2 \\ H_1+\mu H_2 & B_1+\mu B_2 & F_1+\mu F_2 \\ G_1+\mu G_2 & F_1+\mu F_2 & C_1+\mu C_2 \end{vmatrix} = 0 \qquad (262)$$

dans laquelle figurent en outre les coefficients tangentiels des deux coniques. Cette équation ordonnée s'écrira

$$F(\mu) \equiv \Delta_2'\mu^3 + \Theta_2'\mu^2 + \Theta_1'\mu + \Delta_1' = 0.$$

Pour évaluer ses coefficients, on peut d'abord remarquer qu'en vertu des valeurs (212) des coefficients tangentiels, Δ_1' et Δ_2' sont respectivement les réciproques de Δ_1 et Δ_2 : on a donc

$$\Delta_1' = \Delta_1^2 \qquad \Delta_2' = \Delta_2^2.$$

Considérons maintenant Θ_1' : on a, comme pour Θ_1

$$\Theta_1' \equiv (B_1C_1 - F_1^2)A_2 + (C_1A_1 - G_1^2)B_2 + (A_1B_1 - H_1^2)C_2 + 2(G_1H_1 - A_1F_1)F_2$$
$$+ 2(H_1F_1 - B_1G_1)G_2 + 2(F_1G_1 - C_1H_1)H_2.$$

Si l'on y remplace les parenthèses par leurs valeurs (213), il vient

$$\Theta_1' \equiv \Delta_1[A_2a_1 + B_2b_1 + C_2c_1 + 2F_2f_1 + 2G_2g_1 + 2H_2h_1] \equiv \Delta_1\Theta_2.$$

On aurait de même

$$\Theta_2' \equiv \Delta_2\Theta_1.$$

L'équation (262) devient alors, en fonction des seuls coefficients de l'équation (260)

$$F(\mu) \equiv \Delta_2^2\mu^3 + \Delta_2\Theta_1\mu^2 + \Delta_1\Theta_2\mu + \Delta_1^2 = 0 \qquad (262)$$

et si l'on établit entre les inconnues λ et μ la relation

$$\lambda\mu = \frac{\Delta_1}{\Delta_2} \tag{263}$$

l'équation en μ devient l'équation en λ. L'une des équations est donc résolue lorsque l'autre l'est, et leurs racines se correspondent une à une.

183. — Tous ces résultats s'expliquent par la géométrie avec la plus grande facilité. Il est clair tout d'abord que par quatre points a, b, c, d (fig. 90), sommets d'un quadrangle, on peut faire

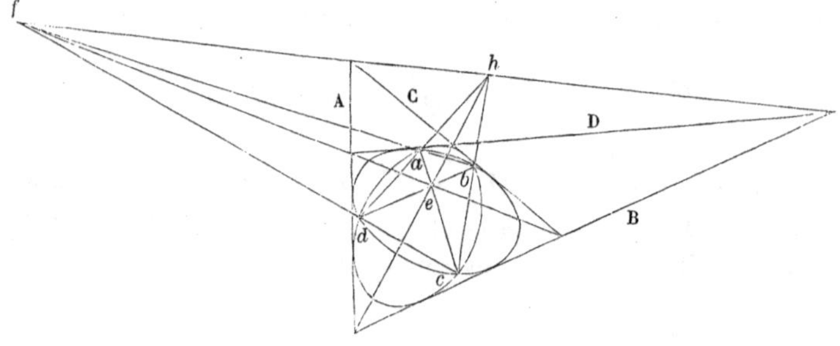

Fig. 90

passer trois systèmes de deux droites (ab, cd), (ac, bd) et (ad, bc). Sans rechercher encore ce qui advient suivant que les points donnés sont réels ou imaginaires, on peut remarquer que chacun des trois points diagonaux du quadrangle, e, f, h, a la même polaire par rapport aux deux coniques données et par rapport à toutes les coniques circonscrites au quadrangle; car la polaire du point e, par exemple, passe, quelle que soit la conique considérée, par les conjugués harmoniques de e par rapport à ac et par rapport à bd. Réciproquement, si un point e' a la même polaire par rapport aux deux coniques, la droite $e'a$ est nécessairement une corde commune; car si elle coupe la polaire commune en un point i, le conjugué harmonique de a par rapport à $e'i$ doit appartenir aux deux courbes; ce sera donc la corde commune ac, par exemple : de même, la droite $e'b$ sera nécessairement la corde commune opposée bd; d'où il suit que le point e' doit être l'un des trois points diagonaux du quadrangle, et la polaire commune est alors le côté opposé du triangle. Ainsi, *il existe trois points, réels ou imaginaires, qui ont la même polaire par rapport à deux coniques données, et par rapport à toutes les coniques ayant les mêmes points communs. Ce sont les points diagonaux du quadrangle dont ces points sont les sommets, et ils donnent lieu à un triangle conjugué à la fois à toutes les coniques du système : il n'y en a pas d'autres.*

Corrélativement *il existe trois droites, réelles ou imaginaires, qui ont le même pôle par rapport à deux coniques données, et par rapport à toutes les coniques ayant les mêmes tangentes communes. Ce sont les diagonales du quadrilatère dont ces tangentes sont les côtés, et elles donnent lieu à un triangle conjugué à toutes les coniques du système : il n'y en a pas d'autres.*

Il suit de là que, en même temps que les sommets du triangle efh sont les points diagonaux du quadrangle formé par les points communs aux deux coniques données, ses côtés sont les diagonales du quadrilatère formé par les tangentes communes, ainsi que l'indique la figure 90. Chacun d'eux se trouve par conséquent porteur d'un des trois couples de points auxquels peuvent se réduire (§ 178) les coniques inscrites dans le même quadrilatère, et qui sont révélés d'ailleurs par le degré de l'équation (262). Ainsi à chaque sommet du triangle correspond une racine de l'équation en λ, à chaque côté une racine de l'équation en μ : ces deux racines se correspondent si le sommet et le côté sont opposés.

184. — La recherche des points qui ont même polaire, ou des droites qui ont même pôle par rapport à deux coniques, est donc intimement liée à celle des points communs ou des tangentes communes. On peut voir qu'elle se résout encore par la même équation.

Si l'on identifie les équations des polaires du point (x,y,z) par rapport aux deux coniques

$$C_1 = 0 \qquad C_2 = 0$$

il vient

$$\frac{C'_{1x}}{C'_{2x}} = \frac{C'_{1y}}{C'_{2y}} = \frac{C'_{1z}}{C'_{2z}} = -\lambda$$

ou bien

$$\begin{aligned} C'_{1x} + \lambda C'_{2x} &= 0 \\ C'_{1y} + \lambda C'_{2y} &= 0 \qquad\qquad (264) \\ C'_{1z} + \lambda C'_{2z} &= 0 \end{aligned}$$

Ordonnant par rapport à x,y,z, et éliminant λ entre ces équations, on obtient précisément l'équation (260), pour chacune des racines de laquelle les équations (264) se réduisent à deux, qui déterminent les points cherchés. Les deux premières, par exemple, sont les équations du pôle de la droite $z=0$ par rapport à la conique (259) et, pour cette valeur de λ, représentent le point d'intersection des deux sécantes communes. Les points cherchés sont donc, comme on l'a prévu géométriquement, les trois points e,f,h.

Il suit de là (§ 183) que la polaire commune de l'un de ces points est la droite qui joint les deux autres. C'est ce qu'on peut vérifier par le calcul, en démontrant que deux quelconques de ces points sont conjugués par rapport à l'une et à l'autre conique. Pour cela, soit λ_1 une seconde racine de l'équation (260), on aura entre λ_1 et les coordonnées (x_1,y_1,z_1) du point correspondant trois équations telles que (264). Multipliant ces équations par x,y,z, et les retranchant des équations (264) multipliées respectivement par x_1,y_1,z_1, il vient

$$(\lambda-\lambda_1)(x_1C'_{2x}+y_1C'_{2y}+z_1C'_{2z})=0$$

ce qui prouve, $\lambda-\lambda_1$ étant différent de zéro, que les deux points (x,y,z) (x_1,y_1,z_1) sont conjugués par rapport à la conique C_2. On verrait de même, en changeant λ en $\frac{1}{\lambda}$, qu'ils sont aussi conjugués à C_1.

Corrélativement, les droites qui ont même pôle s'obtiendront en identifiant les équations tangentielles des pôles de la droite (u,v,w) par rapport aux deux coniques données, dont on peut écrire les équations tangentielles

$$\Gamma_1=0 \qquad \Gamma_2=0.$$

On obtient ainsi (§ 150)

$$\frac{\Gamma'_{1v}}{\Gamma_{2u}}=\frac{\Gamma'_{1v}}{\Gamma'_{2v}}=\frac{\Gamma'_{1w}}{\Gamma'_{2w}}=-\mu.$$

ou bien

$$\begin{aligned}&\Gamma'_{1u}+\mu\Gamma'_{2u}=0\\&\Gamma'_{1v}+\mu\Gamma'_{2v}=0\\&\Gamma'_{1w}+\mu\Gamma'_{2w}=0\end{aligned} \qquad (265)$$

équations qui, par l'élimination de μ, fournissent l'équation (262) pour chacune des valeurs de laquelle les équations (265) se réduisent à deux, déterminant les coordonnées u, v, w de la droite joignant les deux points auxquels, en vertu de l'équation (262), s'est réduite la conique (261). Il y a donc trois droites satisfaisant à la question et ce sont les diagonales du quadrilatère ABCD (fig. 90). Mais on vient de voir que les côtés du triangle efh satisfont à cette condition; ils ne diffèrent donc pas des susdites diagonales.

Si l'on veut vérifier autrement que les deux triangles coïncident, il suffit de démontrer que le point correspondant à une racine de l'équation en λ est, dans le second triangle, le sommet opposé à la droite fournie par la racine correspondante de l'équation en μ; or si l'on remplace dans la première des équations (264) λ par sa valeur tirée de (263), et si on l'ordonne, elle devient

$$(a_1\Delta_2\mu + a_2\Delta_1)x + (h_1\Delta_2\mu + h_2\Delta_1)y + (g_1\Delta_2\mu + g_2\Delta_1)z = 0.$$

Il faut faire voir que cette équation est satisfaite par les coordonnées du pôle commun de la droite (u, v, w), ce qui revient à démontrer l'identité

$$(a_1\Delta_2\mu + a_2\Delta_1)\Gamma'_{1_u} + (h_1\Delta_2\mu + h_2\Delta_1)\Gamma'_{1_v} + (g_1\Delta_2\mu + g_2\Delta_1)\Gamma'_{1_w} = 0$$

ou, en tenant compte des équations (265) et divisant par μ

$$\Delta_2(a_1\Gamma'_{1_u} + h_1\Gamma'_{1_v} + g_1\Gamma'_{1_w}) - \Delta_1(a_2\Gamma'_{2_u} + h_2\Gamma'_{2_v} + g_2\Gamma'_{2_w}) = 0$$

résultat évident, si l'on remplace les dérivées par leurs valeurs, et si l'on tient compte des identités

$$\begin{array}{ll} A_1a_1 + H_1h_1 + G_1g_1 \equiv \Delta_1 & A_2a_2 + H_2h_2 + G_2g_2 \equiv \Delta_2 \\ H_1a_1 + B_1h_1 + F_1g_1 \equiv 0 & H_2a_2 + B_2h_2 + F_2g_2 \equiv 0 \\ G_1a_1 + F_1h_1 + C_1g_1 \equiv 0 & G_2a_2 + F_2h_2 + C_2g_2 \equiv 0. \end{array}$$

185. — Examinons maintenant ce qui advient suivant que les racines de l'équation (260) sont réelles ou imaginaires. Écartant d'abord les cas particuliers, on peut faire trois hypothèses :

1. *Les quatre points communs a, b, c, d (fig. 90), sont réels.* Alors, tous les éléments de la figure sont réels ; les trois couples de sécantes

communes étant réels, les valeurs de λ le sont aussi. On peut ajouter que l'équation (259), dans laquelle λ est une racine quelconque de (260), représente deux droites réelles, et, par suite, une conique du genre hyperbole; on aura donc

$$\varphi(\lambda) \equiv (a_1 + \lambda a_2)(b_1 + \lambda b_2) - (h_1 + \lambda h_2)^2 < 0$$

pour toute racine de l'équation (260) (*).

2. *Deux des points communs sont réels, les deux autres sont imaginaires conjugués.* Si a et b sont les premiers, c et d les seconds, les droites ab et cd sont réelles (§ 35) et le couple (ab, cd) est fourni par une valeur réelle de λ pour laquelle $\varphi(\lambda) < 0$. Les droites des deux autres couples sont imaginaires; mais, dans chaque couple, les deux droites ne sont pas imaginaires conjuguées, car la conjuguée de ac, par exemple, est la droite ad, puisque, par le changement de $\sqrt{-1}$ en $-\sqrt{-1}$, le point a qui est réel ne change pas, tandis que le point c devient le point d. L'équation (259), représentant un système de deux droites imaginaires non conjuguées, a ses coefficients imaginaires, d'où il suit que λ est imaginaire. Ainsi, les deux autres racines sont imaginaires.

Le point f, qui est à l'intersection de deux droites réelles, est réel; mais les points e et h sont imaginaires : ils sont conjugués parce que les droites respectivement conjuguées de celles qui déterminent le premier d'entre eux sont celles qui définissent le second : la droite qui les joint est donc réelle. Le triangle conjugué commun a donc un côté et le sommet opposé réels.

3. *Les quatre points sont imaginaires conjugués deux à deux.* Si a et b sont conjugués, ainsi que c et d, les droites ab et cd sont réelles, et le couple (ab, cd) est fourni par une valeur réelle de λ pour laquelle $\varphi(\lambda) < 0$. Les droites des deux autres couples sont imaginaires; mais, dans chaque couple, elles sont imaginaires conjuguées, puisque, par le changement de $\sqrt{-1}$ en $\sqrt{-1}$, les points a et c deviennent respectivement b et d. L'équation (259), représentant un système de deux droites imaginaires conjuguées, a ses coefficients réels : les deux autres valeurs de λ sont donc réelles; mais la courbe (259) est du genre ellipse, et l'on a pour l'une et l'autre

(*) Ceci a lieu quelles que soient les coordonnées, trilinéaires ou non : dans tous les cas, $\varphi(\lambda) < 0$ exprime que les points d'intersection de la courbe (259) avec la droite $z = 0$ sont réels. Si donc il s'agit d'un système de deux droites, cette condition exprime toujours que les deux droites sont réelles.

$\varphi(\lambda) > 0$. Quant au triangle conjugué commun, il est tout entier réel.

Puisqu'il n'y a pas d'autre cas possible, on en conclut inversement :

1° *Qu'il y a toujours une valeur réelle de* λ *pour laquelle* $\varphi(\lambda) < 0$, *s'il y en a plus d'une, il y en a trois ;*

2° *Si les deux autres valeurs de* λ *sont réelles, les quatre points communs sont tous les quatre réels ou tous les quatre imaginaires, suivant que, pour ces valeurs, on a* $\varphi(\lambda) < 0$ *ou* $\varphi(\lambda) > 0$;

3° *Si les deux autres valeurs de* λ *sont imaginaires, deux des points communs sont réels, et les deux autres sont imaginaires conjugués.*

Dans ce cas, le triangle conjugué commun, dont les éléments, dans tous les autres cas, sont tous réels, a un côté et le sommet opposé réels.

186. — Le calcul vérifie sans peine la première de ces conséquences : développant, en effet, le déterminant de l'équation (260), on trouve

$$f(\lambda) \equiv (c_1 + \lambda c_2)\varphi(\lambda) - \psi(\lambda)$$

avec

$$) \equiv (b_1+\lambda b_2)(g_1+\lambda g_2)^2 - 2(f_1+\lambda f_2)(g_1+\lambda g_2)(h_1+\lambda h_2) + (a_1+\lambda a_2)(f_1+\lambda f_2)^2$$

Le signe de $\varphi(\lambda)$ dépend de la valeur donnée à λ, relativement aux deux racines λ_1 et λ_2 de l'équation $\varphi(\lambda) = 0$. Si on les suppose d'abord réelles, en même temps que $a_2 b_2 - h_2^2 > 0$, on voit que l'on a

$$f(\lambda_1) = -\psi(\lambda_1) \qquad f(\lambda_2) = -\psi(\lambda_2).$$

Mais si l'on exprime que $\psi(\lambda)$, considéré comme un trinôme homogène du second degré en $g_1 + \lambda g_2$ et $f_1 + \lambda f_2$, a ses racines égales, on trouve précisément

$$\varphi(\lambda) = 0.$$

Donc, pour les valeurs λ_1 et λ_2, $\psi(\lambda)$ est un carré parfait affecté du signe de $a_1 + \lambda a_2$. D'ailleurs, $a_1 + \lambda a_2$ change de signe lorsque λ varie de λ_1 à λ_2, car, si l'on substitue la racine de

$$a_1 + \lambda a_2 = 0$$

dans $\varphi(\lambda)$, on obtient un résultat négatif ; d'où il suit, à cause de $a_2 b_2 - h_2^2 > 0$, que cette racine est comprise entre λ_1 et λ_2. Donc enfin, $f(\lambda_1)$ et $f(\lambda_2)$ ont des signes contraires ; par suite il y a un nombre impair de racines de $f(\lambda)=0$ comprises entre λ_1 et λ_2, c'est-à-dire pour lesquelles $\varphi(\lambda)$ est négatif.

Si l'on avait $a_2b_2-h_2^2<0$, $a_1+\lambda a_2$ ne changerait pas de signe entre λ_1 et λ_2 ; les substitutions $f(\lambda_1)$ et $f(\lambda_2)$ auraient alors le même signe, et il y aurait un nombre pair de racines de $f(\lambda)=0$ comprises entre λ_1 et λ_2 ; par suite, un nombre impair en dehors et pour lesquelles $\varphi(\lambda)$ serait négatif : le résultat est le même.

Enfin, si les racines de l'équation $\varphi(\lambda)=0$ sont imaginaires, c'est que l'expression

$$(a_1b_2+a_2b_1-2h_1h_2)^2-4(a_1b_1-h_1)^2(a_2b_2-h_2^2) \qquad (266)$$

est négative. Mais alors les deux quantités $a_1b_1-h_1^2$, $a_2b_2-h_2^2$ sont nécessairement négatives ; on a vu, en effet (§ 142), que si l'une d'elles ou toutes les deux sont positives, l'expression précédente l'est aussi. Il suit de là que le premier membre de l'équation $\varphi(\lambda)=0$, qui conserve toujours le même signe puisque les racines sont imaginaires, est toujours négatif, puisque le coefficient de λ^2 est négatif, et que, par conséquent, on a $\varphi(\lambda)<0$ pour toutes les racines réelles de l'équation $f(\lambda)=0$, qui sont en nombre impair.

Des considérations du même genre permettent de vérifier un cas particulier d'un des résultats précédents. Si l'une des courbes est imaginaire, en conservant, bien entendu, comme cela a toujours été supposé, ses coefficients réels, les quatre points communs sont aussi imaginaires; et, par conséquent, les valeurs de λ sont réelles. Or, il résulte de la discussion (§ 148) qu'une conique à coefficients réels ne peut être imaginaire que si l'on a en même temps $ab-h^2>0$ et $a\Delta>0$; et comme a peut toujours être supposé positif, faute de quoi on changerait les signes de tous les coefficients, nous ferons, relativement à la seconde conique, les hypothèses

$$a_2>0 \qquad a_2b_2-h_2^2>0 \qquad \Delta_2>0$$

d'où il faut conclure la réalité des racines de l'équation en λ. En vertu de la seconde hypothèse, l'équation

$$\varphi(\lambda)\equiv(a_1+\lambda a_2)(b_1+\lambda b_2)-(h_1+\lambda h_2)^2=0$$

a ses racines réelles (§ 142) : on peut, du reste, le vérifier immédiatement par l'une des substitutions $-\frac{a_1}{a_2}$, $-\frac{b_1}{b_2}$. Soient λ_1 et λ_2

ces deux racines rangées par ordre de grandeur ; on voit ainsi que les quantités

$$-\infty \quad \lambda_1 \quad -\frac{a_1}{a_2} \quad \lambda_2 \quad +\infty$$

sont aussi rangées par ordre de grandeur. Si l'on effectue maintenant ces substitutions dans l'équation en λ, on trouve : pour $-\infty$, le signe de $-\Delta_2$, c'est-à-dire le signe $-$; pour λ_1, comme on l'a vu plus haut, le signe de $-(a_1+\lambda_1 a_2)$ et pour λ_2 celui de $-(a_1+\lambda_2 a_2)$. On a vu aussi que ces deux signes diffèrent ; le premier est le signe $+$, parce que, à cause de $a_2 > 0$, le binôme $a_1+\lambda a_2$ est négatif tant que λ n'a pas atteint la valeur $-\frac{a_1}{a_2}$ qui est supérieure à λ_1, et alors le second est le signe $-$. Enfin, pour $+\infty$, on trouve le signe de Δ_2, c'est-à-dire le signe $+$. Les racines de l'équation sont donc réelles et séparées par $-\infty$, λ_1, λ_2 et $+\infty$.

187. — Si l'on considère maintenant l'équation en μ, il est clair, à cause de (263), que les valeurs de μ sont réelles ou imaginaires en même temps que celles de λ. D'ailleurs, les considérations corrélatives de celles du paragraphe 185, prouvent :

1° *Qu'il y a toujours une valeur réelle de μ pour laquelle l'expression*

$$\Phi(\mu) \equiv (A_1+\mu A_2)(B_1+\mu B_2)-(H_1+\mu H_2)^2$$

est plus petite que zéro ; s'il y en a plus d'une, il y en a trois ;

2° *Si les deux autres valeurs de μ sont réelles, les quatre tangentes communes sont toutes les quatre réelles ou toutes les quatre imaginaires, suivant que l'on a pour ces valeurs*

$$\Phi(\mu) < 0 \quad \textit{ou} \quad \Phi(\mu) > 0.$$

3° *Si les deux autres valeurs de μ sont imaginaires, deux des tangentes communes sont réelles, et les deux autres sont imaginaires conjuguées. Dans ce cas, le triangle conjugué commun, dont les éléments, dans tous les autres cas, sont tous réels, a un côté et le sommet opposé réels.*

En comparant ces résultats à ceux du § 185, on en conclut :

1° *Qu'il arrive en même temps que les points communs et les tangentes communes sont tous quatre de même nature.* Il y a quatre cas possibles : les uns et les autres réels, les uns et les autres imaginaires, les points réels et les tangentes imaginaires et le cas inverse. Les valeurs de λ et de μ sont alors toutes réelles, et ces cas se distinguent par les signes respectifs de $\varphi(\lambda)$ et de $\Phi(\mu)$.

2° *Que, par suite, deux des points communs et deux des tangentes communes sont imaginaires en même temps.* Deux valeurs de λ et de μ sont alors imaginaires.

188. — Deux racines de l'équation en λ peuvent être égales ; c'est ce qui arrive lorsque deux des quatre points, a et b (fig. 91), se

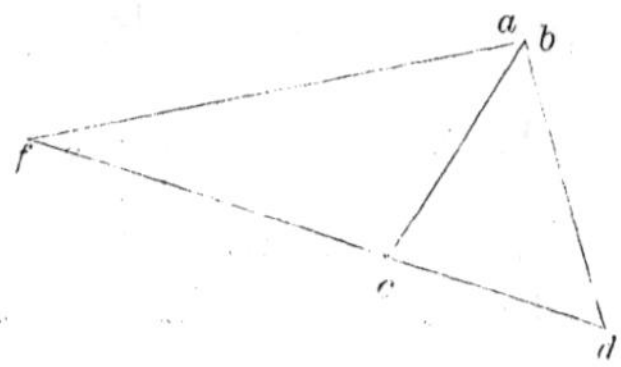

Fig. 91

confondent ; les deux couples de sécantes (ac, bd) et (ad, bc) se confondent en même temps et correspondent à la racine double : le troisième couple se compose de la tangente commune ab (qui est réelle, sans quoi la conjuguée serait aussi tangente, et les coniques seraient bitangentes), et de la droite qui joint les deux autres points ; il est toujours réel, et, pour la valeur correspondante de λ, on a toujours $\varphi(\lambda) < 0$. Pour la racine double, $\varphi(\lambda)$ est positif ou négatif, suivant que les deux points distincts sont imaginaires ou réels : s'ils sont confondus, auquel cas les deux coniques sont bitangentes, $\varphi(\lambda)$ est nul. Dans ce dernier cas, la racine simple rend $\varphi(\lambda) > 0$, si les points de contact sont imaginaires conjugués.

Réciproquement, si deux valeurs de λ sont égales, les coniques sont tangentes ; car, lorsque les points communs sont distincts, les valeurs de λ sont diffférentes.

Il est clair que l'équation en μ a en même temps deux racines égales ; on voit d'ailleurs sans peine que, lorsque deux coniques sont tangentes, deux des trois couples d'ombilics communs (*) sont confondus. Le signe que prend $\Phi(\mu)$ pour la valeur de la racine double indique si les deux tangentes communes distinctes sont réelles ou imaginaires ; et, si les coniques sont bitangentes, cette expression est nulle.

(*) Un ombilic commun à deux coniques est le point de rencontre de deux tangentes communes.

On voit de même que, si les trois valeurs de λ, et, par suite, celles de μ, sont égales, les coniques sont osculatrices. Les expressions $\varphi(\lambda)$ et $\Phi(\mu)$ sont alors négatives; l'unique couple de sécantes se compose de la tangente au point de contact et de la droite qui joint ce point au quatrième point commun; l'unique couple d'ombilics communs se compose du point de contact et du point d'intersection de la tangente en ce point avec la quatrième tangente commune.

Enfin, si les coniques ont leurs quatre points communs confondus, les trois valeurs de λ et celles de μ sont encore égales, mais les expressions $\varphi(\lambda)$ et $\Phi(\mu)$ sont nulles.

189. Coniques homothétiques. — La recherche des transformations homologiques qui transforment l'une en l'autre deux coniques données, est encore un problème qui se rattache étroitement à celle de leurs points communs et de leurs tangentes communes. Le procédé le plus simple consiste à chercher d'abord dans quelles conditions les deux coniques sont homothétiques; on se rappelle, en effet (§ 69), que deux figures homothétiques se transforment homographiquement suivant deux figures homologiques.

Soit donc

$$C_1 \equiv a_1x^2 + 2h_1xy + b_1y^2 + 2g_1x + 2f_1y + c_1 = 0$$

l'équation, en coordonnées cartésiennes de l'une des coniques. L'équation générale des figures homothétiques s'obtiendra en y remplaçant x et y par les valeurs (98) $kx+p$ et $ky+q$, ce qui donne, comme au § 135

$$k^2(a_1x^2 + 2h_1xy + b_1y^2) + k(xC'_{1_p} + yC'_{1_q}) + C_1(p, q) = 0. \qquad (267)$$

L'ensemble des termes du second degré demeure le même, à un facteur près, ce qui prouve que *toute conique homothétique à une conique donnée a les mêmes points à l'infini*. Pour savoir si cette condition est suffisante, supposons qu'une seconde conique ait les mêmes points à l'infini, et ait pour équation

$$C_2 \equiv a_1x^2 + 2h_1xy + b_1y^2 + 2g_2x + 2f_2y + c_2 = 0.$$

Le centre et le rapport d'homothétie se détermineront en identifiant son équation avec l'équation (267), ce qui donne

$$k^2 = \frac{kC'_{1p}}{2g_2} = \frac{kC'_{1q}}{2f_2} = \frac{C_1(p,q)}{c_2}$$

ou bien, eu égard au théorème des fonctions homogènes,

$$\begin{aligned} &a_1p + h_1q + g_1 - kg_2 = 0 \\ &h_1p + b_1q + f_1 - kf_2 = 0 \\ &(g_1 + kg_2)p + (f_1 + kf_2)q + c_1 - k^2c_2 = 0. \end{aligned} \tag{268}$$

Éliminant p et q entre ces équations linéaires, on trouve le rapport d'homothétie k par l'équation du second degré

$$\begin{vmatrix} a_1 & h_1 & g_1 - kg_2 \\ h_1 & b_1 & f_1 - kf_2 \\ g_1 + kg_2 & f_1 + kf_2 & c_1 - k^2c_2 \end{vmatrix} = 0$$

qui s'ordonne facilement par les principes de décomposition des déterminants. On trouve ainsi que les termes en k se détruisent, et elle se réduit à

$$\Delta_1 - k^2\Delta_2 = 0$$

Δ_1 et Δ_2 désignant, comme toujours, les discriminants des deux coniques. On en tire les deux valeurs égales et de signes contraires

$$k = \pm\sqrt{\frac{\Delta_1}{\Delta_2}} \tag{269}$$

réelles si les deux coniques, qui sont d'ailleurs de même espèce, ont leurs discriminants de même signe, imaginaires dans le cas contraire. Les deux premières équations (268) donnent ensuite, en désignant par (x_1, y_1) et (x_2, y_2) les centres des deux courbes

$$\begin{aligned} p &= x_1 - kx_2 \\ q &= y_1 - ky_2 \end{aligned}$$

d'où, pour les centres d'homothétie (§ 69)

$$\begin{aligned} \frac{p}{1-k} &= \frac{x_1 - kx_2}{1-k} \\ \frac{q}{1-k} &= \frac{y_1 - ky_2}{1-k} \end{aligned}$$

c'est-à-dire que le centre d'homothétie correspondant à une valeur de k, partage la distance des centres dans le rapport égal et de signe contraire. Les valeurs de k étant elles-mêmes égales et de signes contraires, on en conclut que, *lorsque les discriminants sont de même signe, il y a deux centres d'homothétie situés sur la droite des centres et conjugués harmoniques par rapport à ces deux points.* Ceci arrivera dans les cas de deux ellipses réelles, de deux ellipses imaginaires, et de deux hyperboles comprises dans le même angle des asymptotes, pourvu que, dans tous les cas, les points à l'infini, réels ou imaginaires, soient les mêmes. Mais si, dans les mêmes conditions, les deux courbes sont une ellipse réelle et une ellipse imaginaire, ou deux hyperboles situées dans les angles différents des asymptotes, les rapports d'homothétie sont imaginaires conjugués, et il en est de même des centres d'homothétie correspondants. La transformation est imaginaire, mais c'est toujours la transhomothétique. On peut dire alors que *la condition nécessaire et suffisante pour que deux coniques soient homothétiques est qu'elles aient les mêmes points à l'infini.*

Si, d'ailleurs, on observe la figure formée par quatre points, dont deux s'éloignent indéfiniment dans des directions données, on voit sans peine que, parmi les points diagonaux du quadrangle limite, l'un est à l'infini sur la droite qui joint les deux points a et b restés à distance finie, tandis que les deux autres s'obtiennent en menant par chacun de ces derniers des parallèles aux directions données : on forme ainsi un parallélogramme dont ils sont les deux autres sommets, e et f. Par suite, le point situé à l'infini sur ab a la même polaire ef par rapport aux deux coniques, ce qui revient à dire que le diamètre des cordes parallèles à ab, dans les deux coniques, est la droite ef; cette droite est donc aussi la droite des centres, et elle renferme les centres d'homothétie. Mais elle est un côté du triangle conjugué commun, elle renferme donc aussi (§ 184) deux ombilics communs; et ces points ne sauraient différer des centres d'homothétie; car, si, par l'un de ces derniers, on mène des tangentes à l'une des coniques, elles seront aussi tangentes à l'autre. Ainsi, *les centres d'homothétie sont les deux ombilics communs situés sur le côté du triangle conjugué commun opposé au sommet de ce triangle qui est à l'infini.*

On a supposé, jusqu'à présent, qu'il s'agissait de deux courbes à centre. Si l'une des coniques est une parabole, l'autre est aussi une parabole, et les axes sont parallèles. Les coefficients de p et q dans les deux premières équations (268) étant proportionnels, il y a deux façons d'exprimer que les trois équations ont une solution commune en p et q : soit en posant

$$\frac{a_1}{h_1}=\frac{h_1}{b_1}=\frac{g_1+kg_2}{f_1+kf_2}$$

alors les valeurs de p et q sont infinies. C'est le cas particulier de l'homothétie, où le centre de la transformation étant rejeté à l'infini, il ressort des formules (98) qu'à un point quelconque de l'une des figures correspond le centre d'homothétie dans l'autre. On peut encore écrire que les deux premières équations se réduisent à une seule, ce qui donne

$$\frac{a_1}{h_1}=\frac{h_1}{b_1}=\frac{g_1-kg_2}{f_1-kf_2}$$

d'où l'on tire la valeur de k : la troisième équation achève alors de déterminer p et q.

Si l'on suppose que la direction commune des axes des paraboles soit celle de l'axe X'OX, auquel cas leurs équations prennent la forme

$$b_1y^2+2g_1x+2f_1y+c_1=0$$
$$b_1y^2+2g_2x+2f_2y+c_2=0$$

et si l'on divise les valeurs de p et q par $1-k$, on trouve facilement pour les coordonnées du centre d'homothétie

$$x=\frac{g_2^2(b_1c_1-f_1^2)-g_1^2(b_2c_2-f_2^2)}{2b_1g_1g_2(g_1-g_2)} \qquad y=\frac{f_1g_2-f_2g_1}{b_1(g_1-g_2)}.$$

Ce point est le point de rencontre des deux tangentes communes à distance finie des deux paraboles, comme le prouve la considération de l'équation en μ. On voit en effet, si l'on forme cette équation, qu'elle admet une racine double et une racine simple ; ce qui doit être, puisque les deux courbes sont tangentes. A la racine simple, $\mu=-\frac{g_1^2}{g_2^2}$, correspond le couple d'ombilics communs dont l'un est le point de contact (à l'infini) et l'autre est le point en question ; l'équation tangentielle de ce dernier donne alors ses coordonnées qui sont celles qui viennent d'être écrites. On vérifie, par la valeur de y, que ce point est sur le diamètre commun des cordes parallèles à celle qui joint les points communs, situés à distance finie, des deux courbes.

190. Coniques semblables. — Considérons toujours les deux coniques C_1 et C_2. Si l'on se reporte à l'équation (240) qui donne les carrés des demi-axes d'une conique quelconque, on peut l'écrire en l'appliquant à la première conique

$$C_1^3\rho^4+(a_1-2h_1\cos\theta+b_1)\,\Delta_1 C_1\rho^2+\Delta_1^2\sin^2\theta=0.$$

Si l'on y remplace l'inconnue ρ^2 par $k^2\rho^2$, il vient, en tenant compte de la valeur (269) de k^2, chassant les dénominateurs et supprimant le facteur commun Δ_1^2

$$C_1^3\rho^4+(a_1-2h_1\cos\theta+b_1)\,\Delta_2 C_1\rho^2+\Delta_2^2\sin^2\theta=0$$

c'est-à-dire l'équation aux carrés des demi-axes de la seconde conique (*). On en conclut que, *lorsque deux coniques à centre sont homothétiques, les longueurs des axes sont proportionnelles.* Cette propriété est une propriété de forme et subsiste évidemment si l'une des coniques est déplacée d'une façon quelconque dans son plan ; il suit de là qu'*elle s'applique aussi à deux coniques semblables* (§ 70), *et elle les définit.* Il est clair en effet que, lorsqu'elle est remplie, si on les ramène à avoir leurs axes parallèles, les asymptotes, eu égard à la valeur de l'angle qu'elles font avec les axes, deviennent aussi parallèles ; et, par suite, les coniques deviennent homothétiques.

Si les courbes sont des paraboles, *elles sont toujours semblables* (§ 70), puisqu'il suffit de déplacer l'une d'elles jusqu'à ce que les axes soient parallèles pour les rendre homothétiques.

191. Coniques homologiques. — Il suit de ce qui précède, en considérant les coniques transformées homographiques de deux coniques homothétiques, que si l'on prend l'une des cordes communes, ab par exemple (fig. 90), pour axe d'homologie, et pour centre d'homologie l'un des ombilics communs situés

(*) On suppose qu'il ne résulte aucune confusion de ce que C_1 désigne dans ces équations le coefficient tangentiel $a_1b_1-h_1^2$ et non plus le premier membre de l'équation de l'une des coniques.

sur le côté eh du triangle conjugué commun opposé au sommet f par où passe la corde commune ab, deux coniques données sont homologiques. Ainsi, chacune des cordes communes peut servir d'axe d'homologie relativement à l'un ou à l'autre de deux ombilics communs, pris pour centre d'homologie, et réciproquement. On en conclut que *deux coniques peuvent toujours être considérées de douze façons différentes comme étant des courbes homologiques : quatre des transformations, au moins, sont réelles.* C'est ce qui arrive, par exemple, lorsque deux des points communs seulement sont réels ; en particulier, dans le cas de deux cercles qui se coupent. Les axes d'homologie sont alors la droite de l'infini (auquel cas il y a homothétie) et l'axe radical : et chacun d'eux peut être combiné avec l'un quelconque des centres d'homothétie pris pour centre d'homologie (§§ 135 et 140). Si les cercles ne se coupent pas, les quatre points sont imaginaires, mais deux cordes communes et les ombilics communs correspondants sont réels, que les cercles soient extérieurs ou que l'un d'eux soit intérieur à l'autre ; et le théorème subsiste. Les douze transformations homologiques ne sont toutes réelles que si les quatre points communs et les quatre tangentes communes sont en même temps réels (fig. 90).

Il résulte de là (§ 73) que si, étant donnée une conique, on trace dans son plan un cercle quelconque, et si l'on fait tourner le plan de la conique autour de l'une des cordes communes réelles d'un angle quelconque, la conique et le cercle sont en perspective : et cela de deux façons différentes, puisque, relativement à cette corde commune, prise pour axe d'homologie, il y a deux centres d'homologie possibles. On vérifie par là (§ 146) que *toute conique peut être regardée comme la section plane d'un cône à base circulaire.*

Le sommet de la perspective, à la limite centre d'homologie, décrit, dans le

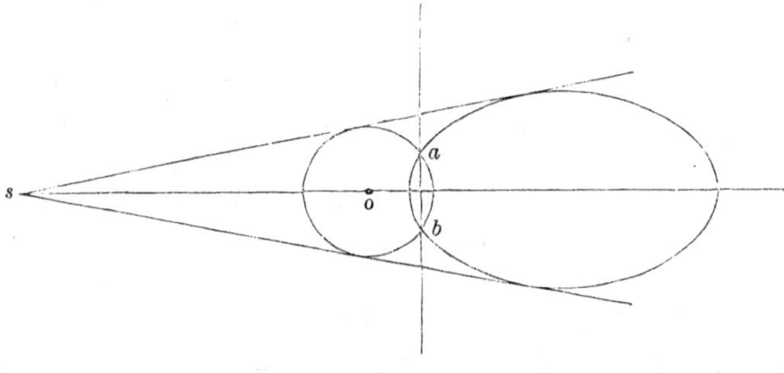

Fig. 92

mouvement du plan mobile, un cercle situé dans un plan perpendiculaire à l'axe d'homologie : il se projette donc sur le plan de la figure sur la perpendiculaire abaissée du centre d'homologie sur la corde commune. Si l'on veut que le cône soit de révolution, il faut que, pour une position du plan de la conique, le sommet du cône se projette au centre du cercle ; il faut donc que la droite so qui joint l'ombilic commun s au centre o du cercle (fig. 92) soit perpendiculaire sur la corde commune ab, c'est-à-dire que la polaire du point s par rapport au cercle soit parallèle à ab. Mais le point s est (§ 184) sur le côté du triangle conjugué commun opposé au sommet situé sur ab, donc les polaires du point s concourent sur ab, et par suite sont parallèles à ab ; donc enfin le diamètre des cordes parallèles à ab est, pour les deux coniques, la droite qui joint le point s au milieu de ab, c'est-à-dire la droite so ; et comme elle est perpendiculaire sur ab, c'est un axe. Il faut donc choisir le centre du cercle sur un des axes de la conique, et alors l'axe d'homologie est l'une des cordes communes perpendiculaires à cet axe. Lorsque, par suite du mouvement du plan de la conique, le centre d'homologie, dont la projection décrit la droite so, viendra se projeter au point o, le cône sera de révolution.

Des conditions d'homothétie de deux coniques, on a déduit les transformations qui les rendent homologiques, et on en a conclu que toute conique est la section plane d'un cône à base circulaire. On aurait pu procéder d'une façon inverse ; et, de la figure formée par deux cercles, conclure la théorie de l'homologie de deux coniques, si l'on avait pu considérer deux coniques comme la projection de deux cercles situés dans le même plan. C'est à quoi l'on peut arriver très directement : il suffit, en effet, pour que la courbe transformée d'une conique soit un cercle, qu'elle passe par les points cycliques (§ 119). Soient donc a et b deux points arbitrairement choisis sur la conique considérée, pour correspondre aux points cycliques, et S le centre inconnu de la perspective : s'il existe pour ce point des positions réelles, les droites isotropes Sa et Sb, et par suite les points a et b, sont imaginaires conjugués. De ce que les droites Sa et Sb sont isotropes, il suit que la distance Sa est nulle (§ 54), ainsi que la distance Sb ; on voit donc d'abord que le point S est dans le plan P perpendiculaire sur le milieu c de la corde ab, à cause de $Sa = Sb$; le point c et par suite le plan P sont réels, parce que les points a et b sont imaginaires conjugués. On a, de plus,

$$\overline{Sa}^2 = \overline{Sc}^2 + \overline{ca}^2 = 0$$

par conséquent

$$Sc = ca\sqrt{-1}$$

d'où il suit que *le point S est dans le plan P sur un cercle réel ayant pour centre le milieu de ab et pour rayon la moitié de la longueur de cette corde*, préalablement rendue réelle, les points a et b étant imaginaires conjugués, par la multiplication par $\sqrt{-1}$. Réciproquement, tous les points du cercle qui viennent d'être déterminés satisfont à la question, car, les droites Sa et Sb étant isotropes, tout plan parallèle au plan réel Sab coupe le cône suivant un cercle. Si maintenant les points a et b, arbitrairement choisis sur la conique, n'étaient pas imaginaires conjugués, le lieu du point S, et par suite la transformation correspondante, seraient imaginaires. Une conique peut donc être considérée comme la transformée homologique d'un cercle par une infinité de transformations, réelles ou imaginaires, en même temps que les points correspondants aux points cycliques sont imaginaires conjugués ou non.

Si, au lieu d'une conique, il s'agit de deux coniques à projeter suivant des cercles, ce qui vient d'être dit relativement aux points a et b qui correspondent aux points cycliques pourra s'appliquer aux extrémités de chacune des six cordes communes, et l'on voit que *le lieu des points d'où l'on peut projeter, suivant deux cercles situés dans un même plan, deux coniques données dans un même plan, se composé de six cercles réels ou imaginaires* déduits comme plus haut de chacune des cordes communes. Si les quatre points communs sont réels, les six cercles sont imaginaires ; si deux seulement sont réels, le cercle relatif à la corde commune qui joint les points imaginaires conjugués est seul réel, et le cercle relatif à la corde commune opposée, quoique imaginaire, a ses coefficients réels ; enfin, si les quatre points sont imaginaires, les deux cercles relatifs aux cordes communes joignant deux points imaginaires conjugués sont réels. Quoi qu'il en soit, il y a toujours une infinité de transformations homologiques réelles ou imaginaires qui transforment deux coniques en deux cercles ; les coefficients des équations de ces cercles sont, suivant les cas, réels ou imaginaires.

La démonstration précédente est rigoureuse en admettant : premièrement, que le plan perpendiculaire sur le milieu d'un segment de droite est le lieu des points, *réels ou imaginaires*, également distants des extrémités du segment, ce qui sera démontré en géométrie à trois dimensions ; deuxièmement, que le théorème du carré de l'hypoténuse s'applique à un triangle rectangle à sommets imaginaires, ce qui se vérifie sans difficulté.

192. Exercices. — 1. On considère une conique fixe et une conique variable passant par quatre points fixes a, b, c, d, dont les deux premiers sont sur la conique fixe. Montrer que la droite qui joint les pôles par rapport à la conique fixe et par rapport à la conique variable de la corde commune joignant leurs deux autres points d'intersection passe par un point fixe. Trouver le lieu du point d'intersection de cette corde avec la droite cd.

2. Lieu des centres des cercles de rayon constant et tels que deux sécantes communes à l'un d'eux et à une conique donnée soient parallèles ou rectangulaires.

3. Étant donnés une parabole et un cercle ayant son centre sur l'axe de la parabole, on mène au cercle deux tangentes parallèles qui coupent la parabole en quatre points. Trouver le lieu des centres des deux autres couples de sécantes passant par ces quatre points lorsque la direction des tangentes varie, et le lieu du point d'intersection de l'une des sécantes avec la perpendiculaire abaissée du centre du cercle sur l'autre sécante du même couple.

4. On considère quatre points d'une conique dont deux sont fixes et les deux autres sont sur une droite tournant autour d'un point fixe ; trouver le lieu des points d'intersection de la parabole qui passe par ces quatre points avec la droite qui joint les centres des deux couples de sécantes qui passent par les quatre points, couples dont ne fait pas partie la droite mobile.

5. Si deux coniques sont tangentes, la droite qui joint les extrémités des diamètres menés par le point de contact passe par l'ombilic commun ; les polaires de ce point, la sécante commune et la tangente au point de contact sont concourantes.

6. Deux paraboles ayant même foyer, faire voir qu'elles ont une seule tangente commune réelle à distance finie, et trouver le lieu du milieu du segment dont les extrémités sont les points de contact, lorsque les axes sont deux droites perpendiculaires données.

7. Étant donnés une parabole et un cercle passant par son foyer, trouver les régions du plan où doit se trouver le centre du cercle pour que les quatre points d'intersection soient : 1° tous réels ; 2° tous imaginaires ; 3° pour que deux

d'entre eux soient réels et deux imaginaires. Courbes qui séparent ces régions. (*École polytechnique.*)

8. On donne le cercle représenté par l'équation

$$x^2 + y^2 = 1$$

et la parabole représentée par l'équation

$$\beta^2 x^2 - 2\alpha\beta xy + \alpha^2 y^2 + 2\alpha x + 2\beta y = \frac{3\alpha^2 + \beta^2 - 1}{\alpha^2}$$

ou α et β sont des paramètres positifs quelconques.

On propose de déterminer : 1° le nombre des points *réels* communs aux deux courbes pour les différentes valeurs de α et de β ;

2° Les coordonnées des quatre points communs, lorsque $\alpha^2 + \beta^2 = 1$, lorsque $\alpha = 1$ avec $\beta > 0$, lorsque $\beta = \sqrt{(\alpha^2 - 1)(4\alpha^2 - 1)}$. (*Ecole polytechnique.*)

NORMALES ET FOYERS

193. Normales. — L'étude des normales et celle des foyers, dans les coniques, se rattachent, à un certain point de vue, aux théories précédentes.

En chaque point (x_0, y_0) d'une conique, il y a une normale qui est la perpendiculaire à la tangente (§ 94) et qui a pour équation, en coordonnées rectangulaires,

$$\frac{x - x_0}{f'_{x_0}} = \frac{y - y_0}{f'_{y_0}}.$$

La théorie des normales a pour but d'étudier le système des droites ainsi obtenues, lorsque le point (x_0, y_0) décrit la conique. L'indétermination de ces droites est évidemment du premier ordre ; par suite, elles enveloppent une courbe dont on obtiendra la classe en cherchant combien de fois la droite mobile passe par un point (x_1, y_1) du plan. Le premier problème à traiter est donc le suivant : *mener par un point donné des normales à une conique donnée.* Si l'on exprime que la normale passe par le point donné, il vient

$$(x_1 - x_0) f'_{y_0} - (y_1 - y_0) f'_{x_0} = 0$$

équation qui, jointe à celle de la conique,

$$f(x_0, y_0) = 0$$

détermine les coordonnées (x_0, y_0) des pieds des normales cherchées. Si l'on y considère ces coordonnées comme courantes, ces équations représentent deux courbes dont ces pieds sont les points communs; l'une de ces courbes est la conique donnée, l'autre a pour équation

$$(x-x_1)f'_y-(y-y_1)f'_x=0 \qquad (270)$$

c'est-à-dire,

$$h(x^2-y^2)+(b-a)xy-(hx_1-ay_1-f)x-(bx_1-hy_1+g)y-fx_1+gy_1=0.$$

C'est une hyperbole équilatère; la première équation fait voir qu'elle passe par le centre de la conique et par le point donné; de la seconde, on conclut (§ 156) que ses asymptotes sont parallèles aux axes de la conique.

Cette courbe, à laquelle on donne quelquefois le nom d'*hyperbole d'Apollonius*, peut être définie comme lieu géométrique de la façon suivante : c'est le lieu du point d'intersection d'un diamètre variable avec la perpendiculaire menée à son conjugué par le point (x_1, y_1). Soit en effet

$$\beta x-\alpha y=0$$

une direction variable; la perpendiculaire menée par le point (x_1, y_1) est

$$\alpha(x-x_1)+\beta(y-y_1)=0$$

et le diamètre conjugué (154) a pour équation

$$\alpha f'_x+\beta f'_y=0.$$

Éliminant α et β entre les équations de ces deux droites, on obtient l'équation (270). La propriété caractéristique d'un point m du lieu est la suivante : si on le joint au point donné a, la droite ma est perpendiculaire au diamètre conjugué de celui qui passe par le point m. Si le point est sur la conique donnée, on en conclut que la droite ma est perpendiculaire à la tangente en m à la conique; les points d'intersection de l'hyperbole avec la conique sont donc les pieds des normales menées par le point a.

Il suit de ce qui précède que *les normales menées par un point à une conique, sont au nombre de quatre, réelles ou imaginaires.* Leur enveloppe, développée de la conique (§ 94), est donc une courbe de la quatrième classe. Deux des normales menées par un point sont toujours réelles ; c'est ce qui va résulter de l'application de la théorie aux trois courbes.

Supposons d'abord que la courbe soit l'ellipse

$$\frac{x^2}{a^2}+\frac{y^2}{b^2}-1=0.$$

L'hyperbole équilatère (270) a alors pour équation

$$c^2xy+b^2y_1x-a^2x_1y=0$$

en posant, comme au § 160

$$c^2=a^2-b^2.$$

Si l'on multiplie la première par λ, la seconde par 2, si l'on ajoute et si l'on exprime que la courbe ainsi obtenue se réduit à deux lignes droites, on obtient l'équation

$$f(\lambda)\equiv\begin{vmatrix}\frac{\lambda}{a^2} & c^2 & b^2y_1\\ c^2 & \frac{\lambda}{b^2} & -a^2x_1\\ b^2y_1 & -a^2x_1 & -\lambda\end{vmatrix}=0$$

ou, en développant, et multipliant par a^2b^2

$$\lambda^3+a^2b^2(a^2x_1^2+b^2y_1^2-c^4)\lambda+2a^4b^4c^2x_1y_1=0. \qquad (271)$$

Pour démontrer que deux des points d'intersection sont toujours réels, il suffit (§ 185) de prouver que, si les valeurs de λ sont réelles, elles rendent toutes les trois négative l'expression

$$\varphi(\lambda)\equiv\frac{\lambda^2}{a^2b^2}-c^4.$$

Or, si les racines sont réelles, celles de la dérivée

$$f''(\lambda) \equiv 3\lambda^2 + a^2b^2(a^2x_1^2 + b^2y_1^2 - c^4) = 0$$

le sont aussi. Soient $\pm\lambda_1$ les racines réelles de $\varphi(\lambda)=0$, et $\pm\lambda_2$ celles de la dérivée. On a

$$a^2b^2c^4 > \frac{1}{3}a^2b^2(c^4 - a^2x_1^2 - b^2y_1^2).$$

Il suit de là que les valeurs $-\lambda_1$, $-\lambda_2$, $+\lambda_2$, et $+\lambda_1$ sont rangées par ordre de grandeur croissante ; si on les substitue dans l'équation $f(\lambda)=0$, on voit, comme au § 186, que les valeurs extrêmes donnent, la première le signe $-$, et la seconde le signe $+$, tandis que les racines de la dérivée donnent évidemment, les racines de $f(\lambda)=0$ étant supposées réelles, la première, le signe $+$ et la seconde le signe $-$. Définitivement, $-\lambda_1$ et $+\lambda_1$ comprennent les trois racines de $f(\lambda)=0$, par suite, $\varphi(\lambda)$ est négatif pour chacune d'elles.

Ce procédé a l'avantage de fournir une application de la théorie de l'équation $f(\lambda)=0$. Si l'on veut, la chose est plus directement évidente : géométriquement, en remarquant que l'hyperbole (270), passant par le centre de l'ellipse, la coupe nécessairement en deux points ; analytiquement, en cherchant l'équation aux abscisses des points d'intersection des deux courbes et faisant voir que les substitutions $-a$, 0, $+a$ donnent des alternances de signes.

Il y a donc des points du plan d'où l'on peut mener deux normales réelles à l'ellipse, et des points d'où l'on peut en mener quatre. Les uns et les autres forment deux régions limitées par le lieu des points pour lesquels deux des quatre normales sont confondues. Ce lieu s'obtiendra en exprimant que l'équation (271) a deux racines égales, ce qui donne

$$(a^2x^2 + b^2y^2 - c^4)^3 + 27a^2b^2c^4x^2y^2 = 0. \qquad (272)$$

On retrouve ainsi la courbe désignée (§ 108) comme étant la développée de l'ellipse ; il est clair, en effet, que si un point est à l'intersection des deux normales voisines, et, par conséquent (§ 84), décrit l'enveloppe de ces droites, deux des normales menées de ce point coïncident. Pour vérifier que cette courbe est la développée de l'ellipse, il faut se rappeler (§ 84) que si l'équation d'une droite

$$f(x, y, \alpha) = 0$$

renferme un paramètre variable α, on obtient son enveloppe en éliminant α entre l'équation de la droite et sa dérivée par rapport à α. Si elle renferme deux paramètres α et β, liés par une relation

$$\varphi(\alpha,\beta)=0 \tag{273}$$

l'équation de la droite est alors

$$f(x,y,\alpha,\beta)=0 \tag{274}$$

et la dérivée par rapport à α devient, en vertu du théorème des fonctions composées,

$$f'_\alpha+\beta'_\alpha f'_\beta=0.$$

On a, d'ailleurs,

$$\varphi'_\alpha+\beta'_\alpha\varphi'_\beta=0$$

d'où

$$\frac{f'_\alpha}{\varphi'_\alpha}=\frac{f'_\beta}{\varphi'_\beta} \tag{275}$$

et il reste à éliminer α et β entre (273), (274) et (275).

Si donc l'équation d'une normale à l'ellipse est

$$\frac{x-x_0}{\dfrac{x_0}{a^2}}=\frac{y-y_0}{\dfrac{y_0}{b^2}}$$

avec

$$\frac{x_0^2}{a^2}+\frac{y_0^2}{b^2}=1$$

on obtiendra son enveloppe en éliminant x_0 et y_0 entre ces deux équations, et

$$\frac{a^4x}{x_0^3}=-\frac{b^4y}{y_0^3}=\frac{1}{\lambda^3}$$

d'où

$$x_0=\lambda a^{\frac{4}{3}}x^{\frac{1}{3}} \qquad y_0=-\lambda b^{\frac{4}{3}}y^{\frac{1}{3}}.$$

Écrivant l'équation de la normale sous la forme

$$a^2\frac{x}{x_0}-b^2\frac{y}{y_0}=c^2$$

et substituant, il vient

$$\lambda = \frac{1}{c^2}\left[(ax)^{\frac{2}{3}} + (by)^{\frac{2}{3}}\right]$$

d'où l'on tire

$$\frac{x_0^2}{a^2} = \lambda^2(ax)^{\frac{2}{3}} = \frac{(ax)^{\frac{2}{3}}}{c^4}\left[(ax)^{\frac{2}{3}} + (by)^{\frac{2}{3}}\right]^2$$

$$\frac{y_0^2}{b^2} = \lambda^2(by)^{\frac{2}{3}} = \frac{(by)^{\frac{2}{3}}}{c^4}\left[(ax)^{\frac{2}{3}} + (by)^{\frac{2}{3}}\right]^2.$$

Substituant enfin dans l'équation de l'ellipse, on trouve

$$(ax)^{\frac{2}{3}} + (by)^{\frac{2}{3}} = c^{\frac{4}{3}} \tag{276}$$

équation qui, mise sous forme entière en élevant au cube, reproduit l'équation (272). Elle se prête mieux à la discussion que cette dernière ; elle montre, en effet, que, pour une valeur de x, y n'est réel que si cette valeur est comprise entre $-\frac{c^2}{a}$ et $+\frac{c^2}{a}$; on vérifie aisément que, lorsque x varie de zéro à $\frac{c^2}{a}$, la dérivée de y^2 est négative. D'ailleurs, les points de la courbe situés sur les axes étant des points de rebroussement (§ 108), la courbe n'ayant pas de point d'inflexion et étant symétrique par rapport aux axes, on en conclut la figure 93. On a $c^2 < a^2$, d'où $\frac{c^2}{a} < a$; il suit de là que les points de rebroussement situés sur le grand axe sont toujours intérieurs à l'ellipse.

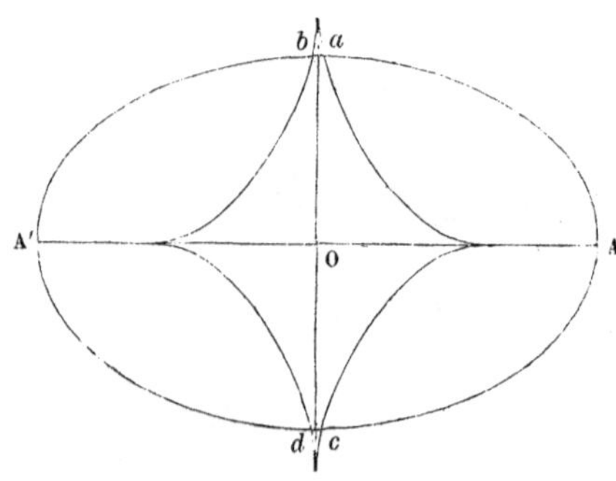

Fig. 93

Ceux qui sont sur le petit axe sont intérieurs ou extérieurs, suivant que l'on a $c^2 < b^2$ ou $c^2 > b^2$.

On trouve facilement les coordonnées des points a, b, c, d où la développée rencontre l'ellipse. En effet, l'une étant du sixième et l'autre du second degré, il y a douze points d'intersection. Mais ils sont symétriques par rapport aux axes ; si donc on élimine y^2 entre les deux équations, on trouve une équation du sixième degré ne renfermant que des puissances paires de x. D'ailleurs, les deux courbes ont quatre contacts imaginaires (§ 94) aux points d'intersection de l'ellipse avec ses directrices : on en conclut que le premier membre de l'équation est divisible par $(c^2x^2 - a^4)^2$; il reste alors une équation du second degré d'où l'on tire

$$x = \pm \frac{a^2}{c}\left[\frac{c^2 - b^2}{a^2 + b^2}\right]^{\frac{3}{2}} \qquad y = \pm \frac{b^2}{c}\left[\frac{a^2 + c^2}{a^2 + b^2}\right]^{\frac{3}{2}}.$$

Ils sont réels ou imaginaires, comme on pouvait s'y attendre suivant que les points de rebroussement, situés sur le petit axe, sont extérieurs ou intérieurs à la courbe.

On voit donc, et la recherche des points mutiples l'a prouvé d'ailleurs, que l'équation (272) a aussi son utilité. C'est la véritable équation de la courbe, puisqu'elle est algébrique ; et l'usage de l'équation (276) peut quelquefois mener à des erreurs si l'on n'y prête pas une attention particulière. Si l'on veut vérifier, par exemple, que les quatre points doubles imaginaires de la courbe (§ 108) dont les coordonnées sont

$$x = \pm \frac{c^2}{a}\sqrt{-1} \qquad y = \pm \frac{c^2}{b}\sqrt{-1}$$

satisfont cette équation, on est conduit à l'identité

$$(-1)^{\frac{1}{3}} + (-1)^{\frac{1}{3}} = 1$$

dont le premier membre doit être regardé comme la somme des racines cubiques imaginaires de -1, laquelle est en effet égale à l'unité.

Si l'on veut maintenant l'équation tangentielle de la développée, il suffit d'écrire que la droite

$$ux + vy + 1 = 0$$

lui est tangente, c'est-à-dire normale à l'ellipse. Or l'équation de la normale au point (x_1, y_1) peut s'écrire

$$a^2y_1x - b^2x_1y - c^2x_1y_1 = 0.$$

Les deux droites seront identiques si l'on a

$$\frac{a^2y_1}{u} = -\frac{b^2x_1}{v} = -c^2x_1y_1$$

d'où l'on tire

$$x_1 = -\frac{a^2}{c^2u} \qquad y_1 = \frac{b^2}{c^2v}.$$

Substituant dans l'équation de l'ellipse, on obtient la relation

$$c^4u^2v^2 - b^2u^2 - a^2v^2 = 0$$

qui représente une courbe unicursale de la quatrième classe ; ses trois tangentes doubles sont les deux axes et la droite de l'infini.

Si l'on cherche une combinaison homogène en u et v de cette équation et de celle de la droite mobile, on obtient

$$c^4u^2v^2 - (b^2u^2 + a^2v^2)(ux + vy)^2 = 0$$

qui peut s'écrire en changeant les signes

$$b^2x^2u^4 + 2b^2xyu^3v + (a^2x^2 + b^2y^2 - c^4)u^2v^2 + 2a^2xyuv^3 + a^2y^2v^4 = 0$$

et qui est l'équation aux paramètres angulaires des normales menées par le point (x,y). On vérifie facilement qu'elle a deux racines réelles, puisque les substitutions

$$u = 0 \qquad \frac{u}{v} = -\frac{y}{x}$$

donnent des résultats de signes contraires.

194. — La théorie des normales à l'hyperbole se déduit de la précédente par le changement de b^2 en $-b^2$. L'hyperbole équilatère (270) devient alors

$$c^2xy - b^2y_1x - a^2x_1y = 0$$

c^2 étant égal cette fois à a^2+b^2. Si l'on recherche les points communs à cette courbe et à l'hyperbole donnée, on trouve encore que deux de ces points sont toujours réels, parce que l'expression

$$\varphi(\lambda) \equiv -\frac{\lambda^2}{a^2b^2} - c^4$$

est négative pour toute valeur de λ, et par suite pour les trois racines de l'équation $f(\lambda) = 0$.

L'équation de la développée peut s'écrire

$$(ax)^{\frac{2}{3}} - (by)^{\frac{2}{3}} = c^{\frac{4}{3}}$$

ou, sous forme entière

$$(a^2x^2 - b^2y^2 - c^4)^3 - 27a^2b^2c^4x^2y^2 = 0.$$

Ses points à l'infini sont réels, et elle a deux branches paraboliques dans les directions ef, ef' (fig. 94) perpendiculaires aux asymptotes;

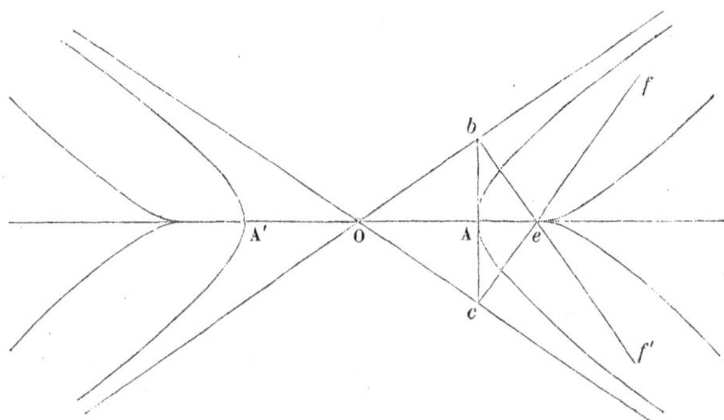

Fig. 94

mais les points de rebroussement sur l'axe imaginaire de l'hyperbole sont imaginaires. Ceux qui sont sur l'axe transverse s'obtiennent en menant des perpendiculaires à l'une des asymptotes en ses points d'intersection avec les tangentes aux sommets.

Les points d'intersection de la courbe et de sa développée ont pour coordonnées

$$x = \pm\frac{a^2}{c}\left[\frac{c^2+b^2}{a^2-b^2}\right]^{\frac{3}{2}} \qquad y = \pm\frac{b^2}{c}\left[\frac{a^2+c^2}{a^2-b^2}\right]^{\frac{3}{2}}.$$

Ils sont réels ou imaginaires suivant que l'angle des asymptotes qui comprend la courbe est plus petit ou plus grand qu'un angle droit.

Si l'hyperbole est équilatère, ils sont à l'infini.

Les points doubles sont encore imaginaires et ont pour coordonnées

$$x = \pm \frac{c^2}{a}\sqrt{-1} \qquad y = \pm \frac{c^2}{b}.$$

195. — S'il s'agit de la parabole, un des pieds des quatre normales menées par un point donné est toujours à l'infini : car si on considère le diamètre qui passe par ce point, il rencontre la courbe à l'infini, et la tangente en ce point est la droite de l'infini qui a toutes les directions possibles, en particulier celle de la perpendiculaire au diamètre. On trouve en effet, en prenant la parabole sous la forme

$$y^2 - 2px = 0$$

que l'hyperbole équilatère (270) devient

$$xy - (x_1 - p)y - py_1 = 0.$$

Les deux courbes ont un point commun à l'infini sur l'axe de la parabole ; ainsi *on peut mener par un point à une parabole trois normales, réelles ou imaginaires*. On trouve sans peine l'équation de la développée, en la considérant soit comme l'enveloppe des normales, soit comme le lieu des points pour lesquels deux des trois normales coïncident; elle peut s'écrire

$$8(x - p)^3 - 27py^2 = 0.$$

Son équation tangentielle est

$$pu^3 + 2puv^2 + 2v^2 = 0. \tag{277}$$

C'est une courbe du troisième degré et de la troisième classe, ayant un point de rebroussement sur l'axe X'OX (fig. 95) et un point d'inflexion à l'infini sur l'axe Y'OY, la tangente d'inflexion étant elle-même à l'infini. Elle est tangente à la parabole en ses deux points d'intersection imaginaires avec la directrice (§ 94), et elle la

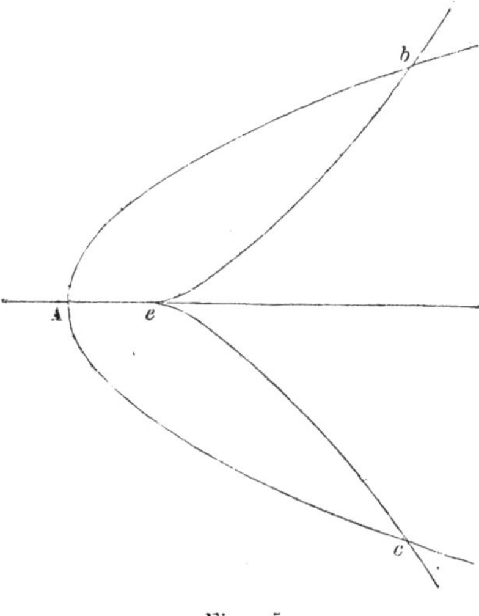

Fig. 95

coupe en outre aux points réels b et c dont les coordonnées sont

$$x = 4p \qquad y = \pm 2p\sqrt{2}.$$

De l'équation tangentielle (277), on conclut, comme dans le cas de l'ellipse, l'équation aux paramètres angulaires des normales menées par le point (x, y) ; ou, si l'on veut, l'équation de la normale en fonction de ses paramètres angulaires, qui est

$$pu^3 + 2puv^2 + 2v^2(ux + vy) = 0$$

et qui est utile dans beaucoup de problèmes.

196. Foyers et directrices. — On a défini (§ 94) les foyers d'une courbe comme étant les points d'intersection mutuelle de ses tangentes isotropes. Si l'on répète sur une conique les considérations développées sur une courbe de classe donnée, on voit que, si l'on représente symboliquement les points cycliques I et J (fig. 96), ainsi que les couples de tangentes menées de ces points à la conique, ces tangentes se coupent en quatre points f, f' et φ, φ' qui sont les quatre foyers. Le point I étant imaginaire, et la courbe ayant ses coefficients réels, les tangentes If, If', menées du point I, sont imaginaires non conjuguées ; mais si l'on change $\sqrt{-1}$ en $-\sqrt{-1}$, le point I devient le point J, et la courbe ne change pas ; les tangentes If, If' deviennent donc Jf, Jf' qui sont alors les conjuguées respectives des premières. D'où il suit que deux des quatre foyers, f et f' par exemple, suivant la façon dont on accouple ces droites, sont réels ; tandis que les deux autres φ et φ' sont imaginaires conjugués, car les droites qui définissent φ se transforment, par le changement de $\sqrt{-1}$ en $-\sqrt{-1}$ suivant celles qui définissent φ'. Les droites ff' et $\varphi\varphi'$ sont donc réelles, ainsi que la droite IJ qui est la droite de l'infini ; de

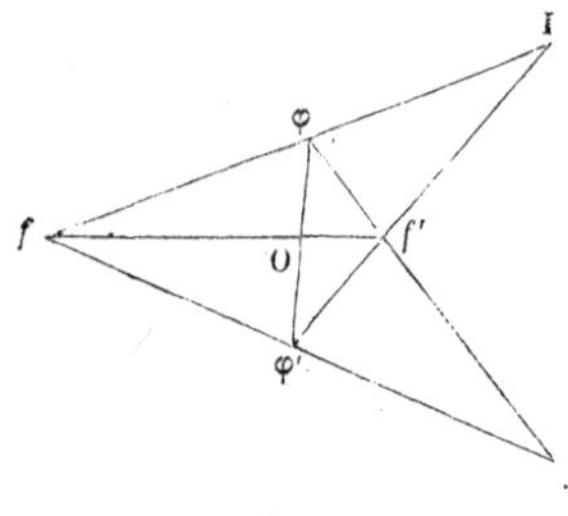

Fig. 96

plus, le quadrilatère $f\varphi f'\varphi'$ étant circonscrit à la conique, ces trois droites sont (§ 183) les côtés d'un triangle conjugué : c'est-à-dire que le point O, pôle de la droite IJ qui est à l'infini, est centre de la courbe tandis que les diagonales ff', $\varphi\varphi'$ sont deux diamètres conjugués. En outre, d'après les propriétés harmoniques du quadrilatère complet, ces diamètres conjugués sont conjugués harmoniques par rapport aux droites isotropes, OI, OJ ; ils sont donc rectangulaires, par suite ce sont les axes de la conique. Ainsi *une conique à centre, et dont les coefficients sont réels, possède quatre foyers, dont deux sont réels sur l'un des axes et dont deux sont imaginaires conjugués sur l'autre.*

Des considérations analogues prouvent que, dans le cas de la parabole, les quatre foyers se réduisent à un seul, situé sur l'axe, à cause du contact à l'infini.

197. — Le calcul conduit aux mêmes résultats. Si l'on écrit que l'équation homogène du second degré en λ et μ du § 150 a ses racines égales, on obtient la condition

$$4f(x,y,z)f(x_1,y_1,z_1)-(xf'_{x_1}+yf'_{y_1}+zf'_{z_1})^2=0 \qquad (278)$$

qui exprime le contact avec la conique de la droite joignant les points (x, y, z) et (x_1, y_1, z_1) ; qui représente par conséquent, si l'on y considère le premier comme variable et le second comme connu, le système des tangentes menées par le point (x_1, y_1, z_1). Sa forme indique d'ailleurs qu'elle représente une conique doublement tangente à la proposée en ses points d'intersection avec la polaire de (x_1, y_1, z_1), et l'on vérifie sans peine qu'elle passe par ce point. Une seule conique satisfait à ces cinq conditions linéaires, et c'est le système des tangentes issues du point.

On aura les foyers de la conique en exprimant que ces tangentes passent par les points cycliques, c'est-à-dire en identifiant l'ensemble des termes du second degré avec

$$x^2 + 2xy\cos\theta + y^2$$

ce qui donne, en supprimant les indices

$$af(x,y,z) - f'^2_x = \frac{hf(x,y,z) - f'_x f'_y}{\cos\theta} = bf(x,y,z) - f'^2_y$$

ou, en égalant le rapport du milieu aux extrêmes

$$\begin{aligned} (a\cos\theta - h)\,f(x,y,z) - \cos\theta\, f'^2_x + f'_x f'_y = 0 \\ (b\cos\theta - h)\,f(x,y,z) - \cos\theta\, f'^2_y + f'_x f'_y = 0 \end{aligned} \qquad (279)$$

équations de deux coniques dont les points communs sont les foyers cherchés.

On voit facilement que chacune de ces courbes est une hyperbole équilatère. D'ailleurs, la condition d'être une hyperbole équilatère étant linéaire, s'il en est ainsi de deux coniques, il en est de même de toutes celles qui passent par leurs points d'intersection et en particulier des trois couples de sécantes communes : c'est dire que *les points communs à deux hyperboles équilatères sont les sommets d'un triangle et le point de rencontre des hauteurs* ; c'est la réciproque d'un théorème énoncé plus haut (§ 167, 11).

Par suite *les quatre foyers sont les sommets d'un triangle et le point de rencontre des hauteurs*. Ils sont définis par un faisceau d'hyperboles équilatères dont deux sont représentées par les équations (279). Si l'on suppose que l'angle des axes soit un angle droit, ces deux courbes coïncident en une seule qui rencontre la conique proposée en ses points d'intersection avec les droites

$$f'_x = 0 \qquad f'_y = 0$$

qui sont les diamètres respectivement conjugués des axes de coordonnées, c'est-à-dire de deux directions perpendiculaires quelconques. On peut donc dire que *si par les points d'intersection avec une conique des diamètres respectivement conjugués à deux directions perpendiculaires quelconques, on fait passer une hyperbole équilatère* (*), *cette courbe passe par les quatre foyers.* On obtient de la sorte toutes les hyperboles équilatères passant par les points communs aux courbes (279), et on en conclut facilement leurs sécantes communes. Si les directions perpendiculaires sont les axes, leurs conjugués sont ces mêmes axes, et l'hyperbole équilatère correspondante se compose aussi des deux axes, qui, par suite, forment un des systèmes de sécantes communes. Multipliant en effet la première équation (279) par $b\cos\theta - h$, la seconde par $h - a\cos\theta$, et ajoutant, il vient

$$(h - b\cos\theta) f'^2_x + (b - a) f'_x f'_y + (a\cos\theta - h) f'^2_y = 0$$

qui n'est autre que l'équation (232) du système des axes.

Si l'une des directions perpendiculaires est isotrope, la direction perpendiculaire est la même (§ 54) ; l'hyperbole équilatère correspondante est alors bitangente à la conique proposée, et se compose des deux tangentes de la conique parallèles à cette direction ; de même pour l'autre direction isotrope. Deux des couples de sécantes communes du faisceau des hyperboles équilatères sont donc imaginaires ; par suite (§ 185), deux de leurs points communs seulement sont réels, les deux autres étant imaginaires conjugués. Ainsi l'on arrive au même résultat que plus haut (§ 196).

Si la conique est une parabole, on vérifie aisément que les termes du second degré disparaissent de chacune des équations (279), lesquelles déterminent alors un seul foyer, situé sur l'axe.

198. — La conique proposée étant inscrite dans le système des

(*) Il n'y a, en général, qu'une hyperbole équilatère par quatre points, parce que la conique demandée est assujettie à cinq conditions linéaires, distinctes en général.

droites isotropes menées par un foyer (x_1, y_1), son équation peut s'écrire

$$(x-x_1)^2+2(x-x_1)(y-y_1)\cos\theta+(y-y_1)^2-k^2(ax+by+c)^2=0$$

en désignant par a, b, c les coefficients de la corde de contact, qui est la directrice correspondant au foyer considéré. Cette équation, que l'on appelle *équation focale* de la conique, exprime que *le rapport des distances d'un point de la courbe à un foyer et à la directrice correspondante est constant et égal à*

$$\frac{k}{\sin\theta}\sqrt{a^2-2ab\cos\theta+b^2}.$$

D'ailleurs la nature de la conique dépend du signe de l'expression

$$\sin^2\theta-k^2(a^2-2ab\cos\theta+b^2).$$

On en conclut que ce rapport est inférieur, égal, ou supérieur à l'unité suivant que la conique est une ellipse, une parabole, ou une hyperbole.

Au point de vue analytique, cette équation exprime encore que *la distance d'un point de la courbe à un foyer est une fonction entière et linéaire des coordonnées du point*, propriété importante qui sert quelquefois de définition aux foyers, mais qui n'a pas l'avantage de se transformer homographiquement, ni celui de s'étendre aux courbes de degré supérieur.

199. Recherche des foyers par l'équation tangentielle. — On peut encore rechercher les foyers d'une conique par les coordonnées tangentielles. Ce sont en effet les deux couples d'ombilics communs à la conique et aux points cycliques. Si donc on forme la combinaison linéaire

$$\Gamma\equiv F(u,v,w)+\mu(u^2-2uv\cos\theta+v^2)=0 \qquad (280)$$

dans laquelle $F(u,v,w)$ est le premier membre de l'équation tangentielle (211) tandis que le coefficient de μ, égalé à zéro, est celle des points cycliques, et si l'on exprime qu'elle se décompose en facteurs linéaires, l'équation du troisième degré en μ aura une racine infinie pour laquelle l'équation précédente se réduira au coefficient de μ ; elle sera donc du second degré, et chacune des racines donnera deux foyers. Si l'on forme cette équation en tenant compte des identités (213), on trouve facilement

$$C \sin^2\theta \, \mu^2 + (a - 2h \cos\theta + b) \Delta_3 \mu + \Delta_3^2 = 0. \qquad (281)$$

Les racines de cette équation doivent être réelles (§ 187) (*) parce que les quatre tangentes communes sont imaginaires; et elles le sont en effet, car l'équation (281) se déduit de l'équation en S (237), par la transformation

$$C\mu + S\Delta_3 = 0. \qquad (282)$$

Dans ce cas (§ 187), un seul des trois couples d'ombilics communs est réel, il est formé des deux foyers réels: les deux autres sont imaginaires; ce sont les deux foyers imaginaires et les points cycliques. Les coordonnées de la droite qui joint les deux foyers correspondant à une valeur de μ s'obtiennent en remplaçant μ par cette valeur dans l'équation (280) et prenant les dérivées par rapport à u et v. Si l'on tient compte de (282), il vient

$$\begin{aligned} &C F'_u - 2S\Delta_3(u - v\cos\theta) = 0 \\ &C F'_v - 2S\Delta_3(-u\cos\theta + v) = 0. \end{aligned}$$

Ces relations sont vérifiées si l'on écrit que la droite est perpendiculaire à ses cordes conjuguées. On a en effet, en vertu de (235)

$$\frac{av - hu}{v - u\cos\theta} = \frac{hv - bu}{v\cos\theta - u} = S$$

et elles deviennent

$$\begin{aligned} &C F'_u + 2\Delta_3(hv - bu) = 0 \\ &C F'_v + 2\Delta_3(-av + hu) = 0. \end{aligned}$$

Si l'on élimine entre elles w qui figure dans les dérivées, on obtient une identité. On vérifie aussi aisément que la droite passe par le centre, c'est-à-dire que l'on a

$$Gu + Fv + Cw = 0$$

et l'on en conclut que *la droite qui joint deux foyers est axe de la courbe.*

200. Coniques homofocales. — Si l'on donne les foyers d'une conique, on connaît ses tangentes isotropes, et si

$$F(u, v, w) = 0$$

est son équation tangentielle, l'équation tangentielle générale des coniques ayant mêmes foyers est l'équation (280). Elle est linéaire en μ et représente, comme cela arrive toutes les fois que l'on connaît quatre tangentes d'une conique, toutes les coniques d'un faisceau tangentiel (§ 114) : c'est le faisceau particulier des coniques *homofocales*. On peut lui appliquer le corrélatif du théorème de Desargues (§ 178), c'est-à-dire que les tangentes qu'on peut leur

(*) Les raisonnements du § 185, et par suite leurs corrélatifs, supposent seulement que les équations des coniques données ont leurs coefficiens réels, ce qui n'implique pas qu'elles soient elles-mêmes réelles : c'est ce qui arrive ici pour le système des points cycliques dont l'équation tangentielle est réelle, et auquel s'appliquent par conséquent les considérations indiquées.

mener d'un point du plan forment un faisceau en involution ; pour les coniques du faisceau qui passent par le point considéré, ces deux tangentes coïncident. Dans un système de coniques homofocales, il y en a donc deux qui passent par un point donné du plan, et elles sont tangentes en ce point aux rayons doubles du faisceau correspondant (§ 180, 5). Mais deux rayons conjugués du faisceau sont les droites qui joignent le point aux extrémités d'une diagonale du quadrilatère des tangentes communes, lesquelles forment une conique du système réduite à deux points. Pour une de ces diagonales, les extrémités sont les points cycliques ; d'où il suit que les rayons doubles sont conjugués harmoniques par rapport aux droites isotropes, c'est-à-dire perpendiculaires. On en conclut enfin que *les deux coniques d'un système homofocal qui passent par un point du plan se coupent à angle droit.*

De ces deux coniques, *l'une est une ellipse et l'autre une hyperbole.* En effet, la nature de la conique (280) dépend de la réalité de ses points à l'infini, dont le système, par corrélation avec l'ensemble des tangentes menées de l'origine à une conique en coordonnées ponctuelles, se représente par l'équation

$$4C\Gamma(u,v,w) - \Gamma'^2_w = 0$$

et se trouve réel ou imaginaire suivant le signe de l'expression

$$\left[C(A+\mu) - G^2\right]\left[C(B+\mu) - F^2\right] - \left[C(H-\mu\cos\theta) - GF\right]^2 \qquad (283)$$

laquelle, au facteur C près qui est indépendant de μ, ne diffère pas du premier membre de (281). D'ailleurs, par corrélation avec l'équation (211) qui exprime qu'une droite donnée est tangente à la conique générale, on exprimera que le point (x, y, z) est sur la conique (280) en écrivant la condition

$$\begin{vmatrix} A+\mu & H-\mu\cos\theta & G & x \\ H+\mu\cos\theta & B+\mu & F & y \\ G & F & C & z \\ x & y & z & 0 \end{vmatrix} = 0 \qquad (284)$$

c'est-à-dire, en égalant à zéro le contravariant de Γ. Il faut donc faire voir que pour chacune des racines de (284), le premier membre de (281) prend des signes différents ; ou encore que les racines de (281) donnent des signes différents au premier membre de (284). Mais on vérifie aisément que la condition pour que ce premier membre qui est du second degré en x, y, z, soit un carré parfait est précisément l'équation (281) (*), et alors il est affecté du même signe que le coefficient de l'un des carrés. Or le coefficient de x^2 est

$$C(B+\mu) - F^2 = a\Delta_3 + C\mu.$$

Il faut donc que la valeur de μ qui annule cette expression soit comprise

(*) En vertu du théorème général d'après lequel le discriminant d'une fonction homogène du second degré à p variables est un carré parfait lorsque le discriminant de la fonction homogène à $p-1$ des p variables est nul.

entre les racines de (281), ce qu'on voit facilement puisqu'en remplaçant μ par $-\frac{a\Delta_3}{C}$ dans (281), on obtient le résultat

$$-\frac{1}{C}(h-a\cos\theta)^2$$

qui n'a pas le même signe que le coefficient de μ^2.

Ainsi, par chaque point du plan, passent une ellipse et une hyperbole du système qui se coupent à angle droit; le système est orthogonal à lui-même (§ 134). D'ailleurs, deux rayons du faisceau en involution dont les tangentes à ces deux courbes sont les rayons doubles, sont les droites qui joignent le point donné aux deux foyers réels, lesquels sont les extrémités d'une diagonale du quadrilatère circonscrit au système (280). Ces deux droites sont donc conjuguées harmoniques par rapport aux deux tangentes; comme ces tangentes sont rectangulaires, elles sont les bissectrices des premières ; et l'on en conclut ce théorème : *lorsqu'une conique est définie par deux foyers f, f' et un point m, la tangente et la normale au point m sont les bissectrices de l'angle des rayons vecteurs qui joignent ce point aux foyers.* Il est évident d'après la détermination spéciale des foyers qui a été faite dans l'ellipse et dans l'hyperbole (§§ 160 et 165) que dans l'ellipse la tangente est la bissectrice de l'angle extérieur des rayons vecteurs, tandis que dans l'hyperbole c'est le contraire (fig. 97).

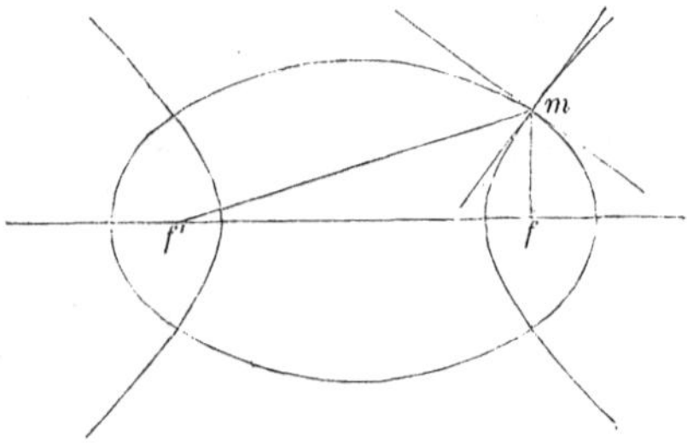

Fig. 97

Ce théorème peut être généralisé ; les tangentes menées du point donné à une conique quelconque du système sont en effet deux rayons conjugués du faisceau, on peut donc dire que *si d'un point l'on mène deux tangentes à une conique dont on connaît les foyers réels*, leurs bissectrices sont les tangentes aux deux coniques du système qui passent par ce point, par suite *elles sont également inclinées sur les rayons vecteurs menés par le point* (angle daf = angle caf') (fig. 98).

Deux droites conjuguées, issues d'un foyer d'une conique, étant conjuguées harmoniques par rapport aux tangentes menées de ce point, qui sont isotropes, *sont rectangulaires* ; et réciproquement, *si deux couples de droites conjuguées issues d'un point sont rectangulaires, les tangentes menées de ce point*, étant conjuguées harmoniques à ces deux couples, *sont isotropes ;* par suite *le point est foyer* et tous les autres couples de droites conjuguées sont rectangulaires.

Cette propriété peut donc servir à déterminer les foyers, comme on l'a vu d'ailleurs dans l'étude particulière des trois coniques.

Lorsque deux droites sont telles que l'une d'elles passe par le pôle de l'autre, elles sont conjuguées (§ 151). Si donc on mène une droite quelconque *af* par le foyer *f* (fig. 98) et si on joint le foyer au pôle *b* de cette droite, sur la directrice, ces deux droites sont conjuguées; comme elles sont menées par le foyer, elles sont rectangulaires. On a donc ce théorème : *la polaire d'un point de la directrice passe par le foyer, et est perpendiculaire à la droite qui joint le point au foyer.*

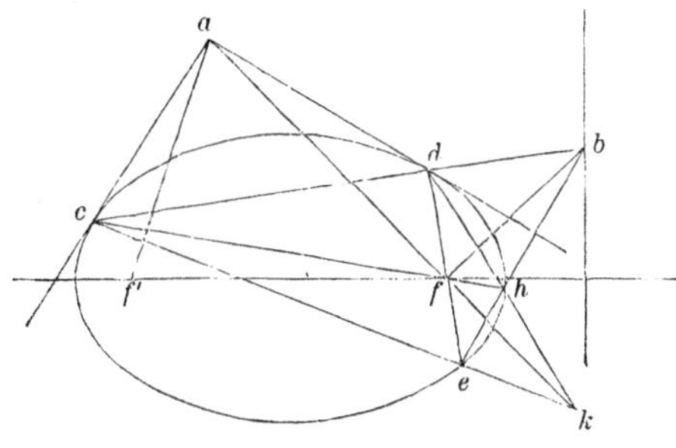

Fig. 98

Si maintenant d'un point *a*, pris arbitrairement sur la droite *af*, on mène des tangentes *ac*, *ad* à la conique, les rayons vecteurs *dfe*, *cfh*, qui joignent le foyer *f* aux points de contact de ces tangentes, donnent lieu à un quadrangle *cdeh*, inscrit dans la conique, dans lequel le côté *cd*, polaire de *a*, passe le point *b*, parce que la polaire de *b* passe par *a* ; et dans lequel le côté *eh* passe aussi par le point *b* parce que les droites *cd*, *eh*, doivent concourir sur la polaire de *f*. Par conséquent, *b* est un point diagonal ; sa polaire *af* passe par le troisième point diagonal *k*, et en vertu des propriétés harmoniques du quadrilatère complet, les rayons vecteurs *fd*, *fc*, sont conjugués harmoniques par rapport aux droites *fa*, *fb*. On a donc ce théorème : *si d'un point a l'on mène des tangentes ac, ad à une conique, les rayons vecteurs fc, fd, qui joignent un foyer f aux points de contact*, sont conjugués harmoniques par rapport aux droites *fa*, *fb* ; d'ailleurs ces droites sont rectangulaires, par suite les rayons vecteurs *admettent pour bissectrices les droites qui joignent le foyer au point a et au point d'intersection de la polaire de a avec la directrice.*

201. Propriétés focales métriques. — Il reste à démontrer la propriété des rayons vecteurs qui sert de définition aux foyers dans la théorie des courbes usuelles. Si l'on se reporte à la détermination des foyers de l'ellipse (§ 160), on voit que les foyers réels s'obtiennent en portant sur le grand axe, de part et d'autre du centre, une longueur *c* qui est le côté d'un triangle rectangle dont l'hypoténuse est le demi-grand axe et dont l'autre côté est le demi-petit axe. Leurs polaires respectives, qui sont les directrices correspondantes, ont pour équations

$$cx \pm a^2 = 0$$

et leurs pieds d et d' sur le grand axe (fig. 99) s'obtiennent par une troisième proportionnelle.

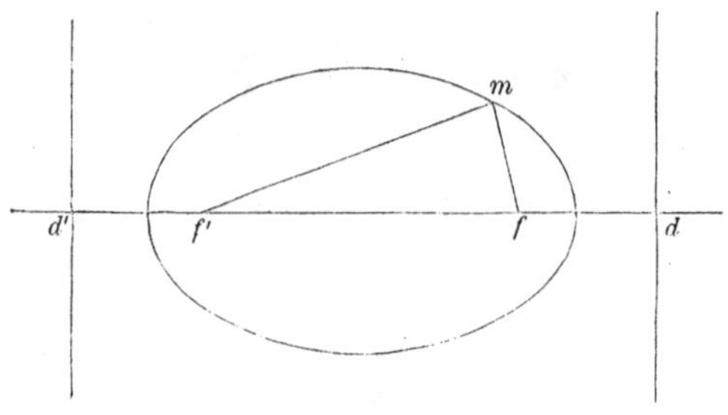

Fig. 99

L'équation (247) de l'ellipse peut s'écrire, en multipliant tout par b^2

$$(x-c)^2+y^2=\frac{c^2}{a^2}\left(x-\frac{a^2}{c}\right)^2$$

ou

$$\sqrt{(x-c)^2+y^2}=\pm\frac{c}{a}\left(\frac{a^2}{c}-x\right).$$

Si l'on considère le premier membre comme désignant la valeur absolue de la distance mf d'un point m de la courbe au foyer f, le second membre doit être positif; et, comme pour tous les points de la courbe l'abscisse x est plus petite que $\frac{a^2}{c}$, le second membre doit être affecté du signe $+$. L'équation est ainsi mise sous la forme focale (§ 198) ; elle exprime que le rapport constant des distances d'un point m au foyer f et à la directrice correspondante est égal à $\frac{c}{a}$: on donne quelquefois à ce rapport le nom d'*excentricité*. Elle exprime en même temps que, pour tout point de la courbe, on a

$$mf=\frac{c}{a}\left(\frac{a^2}{c}-x\right)=a-\frac{cx}{a}. \qquad (285)$$

Conformément à une propriété indiquée (§ 198), la distance mf est une fonction entière et linéaire des coordonnées du point. On trouverait de même

$$mf' = a + \frac{cx}{a}.$$

On en conclut

$$mf + mf' = 2a$$

c'est-à-dire que *la somme des distances d'un point de la courbe aux deux foyers réels est constante et égale au grand axe.*

Si l'on transporte l'origine au foyer f, l'expression (285) de la distance d'un point de la courbe à ce foyer devient

$$mf = a - \frac{c(x+c)}{a}$$

et l'équation de la courbe en coordonnées polaires est alors

$$\rho = a - \frac{c(\rho\cos\omega + c)}{a}$$

ou

$$\rho = \frac{b^2}{a + c\cos\omega} = \frac{p}{1 + e\cos\omega} \qquad (286)$$

en posant

$$\frac{b^2}{a} = p \qquad \frac{c}{a} = e.$$

e est l'excentricité, p est l'ordonnée de la courbe correspondant au foyer. Si la courbe était rapportée au foyer f', l'équation serait

$$\rho = \frac{p}{1 - e\cos\omega}. \qquad (287)$$

Dans tous les cas, il faut remarquer que le coefficient e est plus petit que l'unité.

Dans l'hyperbole, on a

$$c^2 = a^2 + b^2.$$

Les foyers réels s'obtiennent en rabattant sur le grand axe la portion Oc d'une asymptote comprise entre le centre et la tangente au sommet (fig. 100). Si du foyer f on abaisse une perpendiculaire

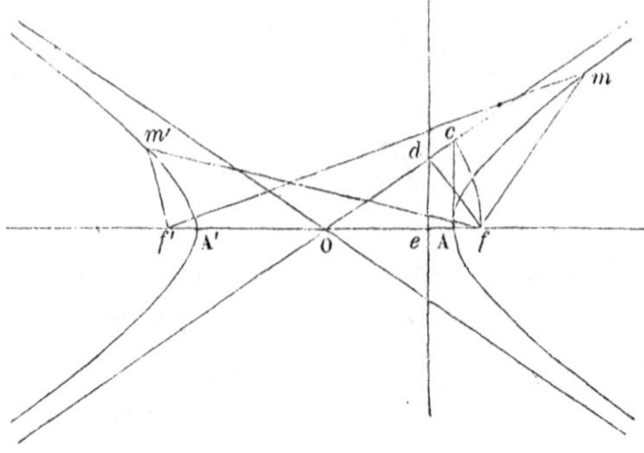

Fig. 100

sur l'asymptote, les triangles rectangles OAc, Ofd étant égaux, on a $Od = a$, et abaissant du point d la perpendiculaire de sur l'axe

$$Oe = \frac{\overline{Od}^2}{Of} = \frac{a^2}{c}.$$

La droite de est donc la directrice correspondante au foyer f.

L'équation (252) de l'hyperbole peut s'écrire, en multipliant tout par $-b^2$,

$$(x-c)^2 + y^2 = \frac{c^2}{a^2}\left(x - \frac{a^2}{c}\right)^2$$

ou

$$\sqrt{(x-c)^2 + y^2} = \pm \frac{c}{a}\left(x - \frac{a^2}{c}\right).$$

Le premier membre désignant, comme plus haut, la valeur absolue de la distance mf (fig. 100), x est toujours plus grand que $\frac{a^2}{c}$ s'il s'agit d'un point de la branche de droite, et plus petit dans le cas contraire ; il faut donc prendre le signe $+$ dans le premier cas et le signe $-$ dans le second, ce qui donne

$$mf = \frac{cx}{a} - a \qquad m'f = -\frac{cx}{a} + a.$$

On trouverait de même pour le foyer f

$$mf' = \frac{cx}{a} + a \qquad m'f' = -\frac{cx}{a} - a$$

d'où

$$mf' - mf = 2a \qquad m'f - m'f' = 2a$$

ce qui exprime que *la différence entre le plus grand et le plus petit rayon vecteur d'un point quelconque de l'hyperbole est constante et égale à l'axe transverse.* On voit en même temps que le rapport $\frac{c}{a}$ des distances d'un point de la courbe à un foyer et à la directrice correspondante est plus grand que l'unité.

Si l'on transporte l'origine au foyer f, on obtient

$$mf = \rho = \frac{c(x+c)}{a} - a = \frac{c(\rho\cos\omega + c)}{a} - a$$

d'où

$$\rho = \frac{b^2}{a - c\cos\omega} = \frac{p}{1 - e\cos\omega}. \tag{288}$$

On a aussi, pour la branche de gauche,

$$\rho = -\frac{c(\rho\cos\omega + c)}{a} + a$$

d'où

$$\rho = -\frac{b^2}{a + c\cos\omega} = -\frac{p}{1 + e\cos\omega}.$$

Il semble donc que les deux branches de la courbe ne sont pas représentées par la même équation : mais il n'en est rien, car les deux équations se transforment l'une en l'autre, si l'on change ρ en $-\rho$ et ω en $\pi + \omega$ (§ 5). Leur différence essentielle avec les équations (286) ou (287) de l'ellipse consiste en ce que le coefficient e est plus grand que l'unité. On trouve de même que l'équation de la courbe rapportée au foyer f' affecte l'une des formes

$$\rho = -\frac{p}{1 - e\cos\omega} \qquad \rho = \frac{p}{1 + e\cos\omega}$$

qui permutent aussi si l'on change ρ en $-\rho$ et ω en $\pi+\omega$, et où le coefficient e est toujours plus grand que l'unité (*).

202. Paraboles homofocales. — Si l'on suppose dans l'équation générale (280) que la conique $F(u, v, w) = 0$ soit une parabole, c'est-à-dire que le coefficient C soit nul, il en est de même de toutes les coniques du système, et l'on a un faisceau de paraboles homofocales, faisceau particulier dans lequel deux tangentes communes coïncident, puisque deux ombilics communs, les points cycliques, sont sur une tangente commune, la droite de l'infini. C'est le cas particulier (§ 188) où deux racines de l'équation en μ sont égales; l'on trouve en effet qu'une seconde racine est infinie, et l'équation (281) se réduit au premier degré. Remplaçant μ par sa valeur dans (280), on obtient pour l'équation tangentielle du système des foyers correspondants

$$(a-2h\cos\theta+b)\,F(u,v,w)-\Delta_3(u^2-2uv\cos\theta+v^2)=0$$

qui se décompose en deux facteurs, dont l'un

$$Fv+Gu=0$$

représente le point à l'infini sur l'axe, puisque ses coordonnées F, G, 0 sont celles du centre, et dont l'autre peut s'écrire

$$\frac{1}{2G}\left[A-\frac{\Delta_3}{a-2h\cos\theta+b}\right]u+\frac{1}{2F}\left[B-\frac{\Delta_3}{a-2h\cos\theta+b}\right]v+w=0.$$

Les coordonnées du foyer sont donc les coefficients de u et v, puisque le coefficient de w est l'unité, et l'on a

$$x=\frac{1}{2G}\left[A-\frac{\Delta_3}{a-2h\cos\theta+b}\right]\qquad y=\frac{1}{2F}\left[B-\frac{\Delta_3}{a-2h\cos\theta+b}\right].\qquad(289)$$

Elles se réduisent, comme cela doit être (§ 168), à $x=\frac{p}{2}$, $y=0$ lorsque l'équation de la parabole est $y^2-2px=0$.

Des paraboles homofocales ont non seulement même foyer, mais aussi même axe, puisque l'autre foyer est à l'infini sur l'axe. Les théorèmes généraux démontrés dans le cas des coniques à centre s'appliquent avec cette seule modification que l'on doit supposer l'un des foyers à l'infini sur l'axe. Ainsi *par un point du plan passent deux paraboles orthogonales ayant un foyer donné et dont l'axe est donné.*

La tangente et la normale en un point de la parabole sont les bissectrices de

(*) Pour les applications de la théorie des foyers dans les coniques qui se traitent par la géométrie des anciens, nous renvoyons au chapitre de géométrie élémentaire intitulé *Courbes usuelles*.

l'angle du rayon vecteur et de la parallèle à l'axe (angle amb = angle fmb (fig. 101).

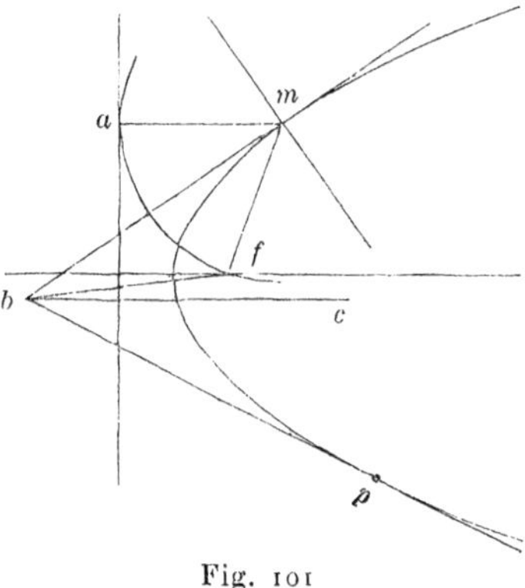

Fig. 101

Les tangentes menées d'un point à une parabole sont également inclinées sur le rayon vecteur du point et sur la parallèle à l'axe (angle mbf = angle pbc).

203. — L'équation (245) de la parabole peut s'écrire

$$y^2+\left(x-\frac{p}{2}\right)^2=\left(x+\frac{p}{2}\right)^2.$$

Elle exprime que *les distances d'un point de la courbe au foyer et à la directrice sont égales; $ma=mf$*: la valeur absolue de cette distance est $x+\frac{p}{2}$. Si l'on transporte l'origine au foyer, l'équation devient

$$mf=\rho=x+p=\rho\cos\omega+p$$

d'où

$$\rho=\frac{p}{1-\cos\omega}. \qquad (290)$$

Elle affecte la même forme que celles de l'ellipse et de l'hyperbole ; mais elle s'en distingue en ce que le coefficient e, rapport des distances d'un point de la courbe au foyer et à la directrice, est égal à l'unité.

204. Exercices. — 1. Lieu des points d'où l'on peut mener à la parabole deux normales rectangulaires : il est bitangent à la développée.

2. Lieu des points tels que la somme des carrés des normales menées de chacun d'eux à la parabole est constante.

3. Trouver la normale qui intercepte dans la parabole une corde minima.

4. Équation du cercle passant par les pieds des normales menées par un point à une parabole.

5. Lieu des milieux des cordes normales à une conique donnée.

6. Lieu du point d'intersection avec la tangente ou avec la normale en un point variable d'une conique, de la perpendiculaire élevée en l'un des sommets à la droite qui joint le sommet au point variable.

7. Lieu des centres des cercles ayant pour diamètres respectifs les segments interceptés par les axes sur les normales de l'ellipse. Lieu des points de contact des tangentes de ces cercles qui sont parallèles à une droite fixe.

8. Étant donnés un point P et une conique, trouver les coordonnées du point de rencontre M des normales menées à la courbe aux points de contact des tangentes issues du point P. En conclure, en supposant le point P sur la conique, la position limite du point d'intersection de deux normales voisines; et par suite, en lui faisant décrire la courbe, l'équation de la développée.

9. Lieu des points M lorsque l'on considère toutes les coniques d'un système homofocal. Il y a trois points P du plan pour lesquels ce lieu est le même. Lieu des points P pour lesquels il passe par un point donné.

10. Le cercle qui passe par les pieds de trois des normales menées a une conique par un point donné, la coupe en un quatrième point qui est, dans la conique, diamétralement opposé au pied de la quatrième normale.

11. Les pieds des perpendiculaires abaissées d'un sommet d'une conique sur les quatre normales menées d'un point sont sur un même cercle.

12. Lieu des points d'où l'on peut mener à une conique une tangente et une normale rectangulaires.

13. Étant données deux droites rectangulaires, trouver l'équation générale des coniques dont le centre est leur point d'intersection et normales à ces droites, et démontrer que par un point du plan il passe en général trois de ces courbes, à savoir deux ellipses et une hyperbole. Points pour lesquels cette règle est en défaut. (*École polytechnique.*)

14. Lieu du point de rencontre de la tangente ou de la normale en un point d'une parabole avec la droite qui joint les pieds des deux autres normales menées par ce point. (*École polytechnique.*)

15. Le lieu du centre d'un cercle passant par un point fixe m d'une conique et par les extrémités d'un diamètre variable est une conique passant par le centre O de la première. Par ce point on mène deux droites rectangulaires, et en leurs points d'intersection avec la seconde conique, on lui mène des tangentes qui se coupent en un point dont le lieu est la perpendiculaire élevée sur le milieu de Om. Trouver l'équation du cercle passant par les pieds des trois normales menées du point O à la seconde conique, normales différentes de la normale en O. Lorsque la conique donnée est une hyperbole équilatère, une seule des trois normales est réelle, calculer les coordonnées de son pied. (*École polytechnique.*)

16. Lieu des sommets et lieu du point de rencontre des hauteurs d'un triangle circonscrit à une conique et dans lequel les droites qui joignent chaque sommet au point de contact du côté opposé sont normales à la conique. On distinguera les cas où ces droites sont normales en leur point d'intersection avec le côté opposé, ou bien en leur second point d'intersection avec la conique.

17. Par les différents points d'une normale à une conique à centre on mène les trois autres normales. Le lieu du centre du cercle passant par les pieds de ces trois normales est une droite D. La droite qui joint un point du lieu au point correspondant de la normale fixe passe par un point fixe a. Les droites qui joignent les pieds des trois normales enveloppent une parabole. Si la normale donnée varie, trouver l'enveloppe de la droite D, le lieu du point a, le lieu du foyer des paraboles et l'enveloppe de leurs directrices.

18. Lieu des centres et lieu des sommets de l'hyperbole d'Apollonius lorsque le point d'où l'on mène les normales décrit une droite donnée. Le second lieu se compose de deux coniques.

19. Quel est le nombre des normales communes à deux coniques? Cas où l'une d'elles, ou bien toutes les deux, sont des paraboles.

20. Déterminer les normales communes à la parabole $y^2 - 2px = 0$ et à l'hyperbole équilatère $xy - m^2 = 0$. Expliquer pourquoi l'équation aux abscisses, ou aux ordonnées des pieds de ces normales s'abaisse au septième degré, et faire voir qu'elle a toujours quatre racines imaginaires. (*École polytechnique.*)

21. Lieu du point d'intersection des normales menées à la parabole aux extrémités de toutes les cordes dont les projections orthogonales sur une perpendiculaire à l'axe ont une valeur donnée. Mener par un point du lieu, et, en particulier, par le point maximum trois normales à la parabole. Cas où la projection donnée tend vers zéro. (*École polytechnique.*)

22. Vérifier par les principes de décomposition des déterminants que l'équation (278), qui représente le système des tangentes menées à une conique donnée par un point donné, représente un système de deux droites.

23. L'équation du système des tangentes à une conique donnée en ses points d'intersection avec une droite donnée

$$ux + vy + wz = 0$$

peut s'écrire

$$F(u, v, w)\, f(x, y, z) + \Delta_3 (ux + vy + wz)^2 = 0$$

en désignant par $F(u, v, w)$ le premier membre de l'équation tangentielle. Vérifier par les mêmes principes que cette équation représente un système de deux droites; et prouver que, si l'on y considère x, y, z comme les coordonnées d'un point donné et u, v, w comme des variables, elle représente en coordonnées tangentielles le système des points de contact des tangentes menées par le point donné.

24. Le lieu des projections d'un foyer sur les tangentes de l'ellipse ou de l'hyperbole est le cercle ayant pour diamètre l'axe focal. Cas de la parabole. Si les lignes projetantes sont des obliques également inclinées sur les tangentes, le lieu est encore un cercle. Traiter le cas de la parabole, et trouver alors l'enveloppe des lieux correspondants aux diverses valeurs de l'angle d'inclinaison des obliques.

25. Le produit des distances des deux foyers réels à une tangente de l'ellipse ou de l'hyperbole est constant et égal au carré du demi-axe non focal.

26. Construire une conique connaissant un foyer et trois points : faire voir que le problème admet quatre solutions, dont trois sont toujours des hyper-

boles. En conclure qu'il y a quatre coniques passant par trois points et tangentes à deux droites.

27. Construire une conique connaissant un foyer et trois tangentes ; pourquoi la solution est-elle unique?

28. Les cercles circonscrits aux quatre triangles formés par quatre droites quelconques ont un point commun.

29. La tangente et la normale en un point d'une ellipse ou d'une hyperbole sont les droites qui joignent le point avec les points d'intersection avec l'axe non focal du cercle passant par le point et par les foyers réels.

30. Lieu des foyers, enveloppe des directrices et enveloppe des axes des paraboles osculatrices en un point donné à un cercle donné. On considère deux de ces paraboles dont les axes soient rectangulaires; trouver le lieu du point d'intersection de leurs axes.

31. Le lieu des foyers des ellipses tangentes au petit axe d'une ellipse donnée au centre de cette ellipse, et ayant pour axes la normale et la tangente en un point de cette courbe est un système de deux cercles concentriques à l'ellipse donnée.

32. Lieu des foyers des hyperboles équilatères dont on connaît un sommet et les directions asymptotiques.

33. Deux axes fixes passent par le foyer f d'une conique ; une tangente mobile les coupe en a et b; par ces points on mène les tangentes ac et bd; trouver le lieu de leur point d'intersection. Cas où l'angle des axes fixes est nul ou droit. (*École normale.*)

34. L'enveloppe de la perpendiculaire menée à une droite tournant autour d'un point fixe par le pôle de cette droite par rapport à une conique donnée est une parabole dont on peut déterminer neuf tangentes. Trouver le lieu du foyer et l'enveloppe de la directrice de cette parabole quand le point fixe décrit une droite. En général, si le point décrit une courbe, le lieu du foyer est la transformée par rayons vecteurs réciproques de la symétrique de cette courbe par rapport à l'axe focal de la conique donnée.

35. Lieu du point de rencontre des tangentes à l'ellipse en deux points tels que le produit ou la somme des rayons vecteurs de ces points à l'un des foyers soit constant. Lieu du milieu et enveloppe de la corde de contact.

36. Les projections d'un foyer sur deux tangentes et leur corde de contact et le pied de la directrice correspondant à ce foyer sont sur un même cercle ; le rapport anharmonique des droites qui joignent un point quelconque du cercle à ces quatre points est harmonique. Lieu du centre de ce cercle quand le point de rencontre des tangentes données décrit une courbe de degré donné. Cas où cette courbe est le cercle décrit de l'autre foyer comme centre avec le grand axe pour rayon.

37. L'angle sous lequel on voit du foyer commun de deux coniques ayant ce point pour foyer les points de contact d'une tangente commune est égal à l'angle sous lequel se coupent les cercles ayant pour diamètres leurs axes focaux.

38. Lieu des centres des coniques ayant un foyer commun et tangentes à deux paraboles ayant le même foyer.

39. Lieu des centres des coniques ayant un foyer commun, tangentes à une conique ayant le même foyer, et dont le grand axe est donné.

40. Lieu des centres des coniques ayant un foyer commun et passant par deux points donnés.

41. Lieu des intersections des tangentes à une ellipse et à une hyperbole homofocales en leurs points de contact avec une conique variable bitangente à l'une et à l'autre.

42. Lieu des pieds des normales menées d'un point fixe à un système de coniques homofocales.

43. Enveloppe des tangentes menées aux coniques d'un système homofocal aux pieds des normales menées à ces coniques par un point donné. Lieu des sommets, lieu des milieux des diagonales du quadrilatère formé par les tangentes correspondantes à chaque conique du système.

44. Le lieu des foyers de l'hyperbole d'Apollonius relativement à un point fixe et à un système de coniques homofocales est un système de deux coniques. Trouver le lieu des points de rencontre de ces deux courbes avec la droite qui joint le point donné au centre commun des coniques homofocales lorsque ce point décrit un cercle donné.

45. Lorsqu'une parabole est déterminée par quatre tangentes, on peut construire le foyer de deux façons : 1° en traçant la droite qui joint les milieux des diagonales, lui menant des parallèles par chacun des sommets du quadrilatère, et traçant par chacun de ces points la symétrique de cette parallèle par rapport aux bissectrices de l'angle formé par les côtés du quadrilatère qui se coupent en ce point ; ces six droites concourent au foyer cherché ; 2° en construisant les cercles circonscrits aux quatre triangles formés par les quatre tangentes : ces cercles ont un point commun (§ 140, 26) qui est le foyer cherché.

APPLICATIONS DIVERSES

205. — Le théorème de Desargues exprime qu'il y a sur toute droite deux points, réels ou imaginaires, conjugués communs à toutes les coniques d'un faisceau ponctuel. Réciproquement, étant donné un point P du plan, existe-t-il une droite passant par ce point, telle que, sur cette droite, le point donné soit un des points de Desargues ? Si cela est, les deux points seront conjugués à toutes les coniques du faisceau, et, par suite, les polaires de P par rapport à toutes ces coniques, passeront par le second point. Or, si

$$C_1 + \lambda C_2 = 0 \tag{259}$$

est l'équation générale des coniques du faisceau

$$P_1 + \lambda P_2 = 0$$

sera celle des polaires du point P, si

$$P_1 = 0 \qquad P_2 = 0$$

représentent les mêmes polaires par rapport à C_1 et C_2. Toutes ces polaires concourent en un point Q, qui est déterminé par les droites P_1 et P_2, et sur la droite PQ les points P et Q sont les points de Desargues.

Si l'on considère quatre coniques du système, par exemple les coniques C_1 et C_2, et deux autres coniques répondant aux valeurs λ_1 et λ_2 du paramètre λ, les quatre polaires correspondantes du point P sont

$$P_1 = 0 \qquad P_1 + \lambda_1 P_2 = 0$$
$$P_2 = 0 \qquad P_1 + \lambda_2 P_2 = 0.$$

Elles sont concourantes, et leur rapport anharmonique ne dépend (§ 45) que de λ_1 et λ_2 ; il est absolument indépendant du point P. On a donc ce théorème : *étant données quatre coniques d'un faisceau ponctuel, le rapport anharmonique des quatre polaires (concourantes) d'un point du plan reste fixe lorsque ce point est variable*. En particulier, *le rapport anharmonique des quatre tangentes en l'un des points communs est le même pour les quatre points*. On peut dire que c'est le *rapport anharmonique* des quatre coniques considérées.

Corrélativement, *le lieu des pôles d'une droite par rapport aux coniques d'un faisceau tangentiel est une droite.*

Étant données quatre coniques d'un faisceau tangentiel, le rapport anharmonique des quatre pôles (en ligne droite) d'une droite du plan reste fixe quand la droite varie.

Le rapport anharmonique des points de contact de l'une des tangentes communes est le même pour les quatre tangentes.

206. — Considérons quatre coniques d'un faisceau ponctuel dont le rapport anharmonique soit égal à -1, qui soient, par conséquent, *conjuguées harmoniques*. Soient C_1 et C_2 deux coniques conjuguées, et a, b ; c, d les points d'intersection avec ces deux courbes d'une tangente commune aux deux autres ; les polaires du point a, formant un faisceau harmonique, coupent la droite ab en quatre points harmoniques : en ce qui concerne les coniques C_1 et C_2, les deux points d'intersection sont le point a, et le point b' conjugué harmonique de a par rapport à c et à d ; pour les deux autres, ce sont leurs points de contact P et Q avec la droite ab, c'est-à-dire les points doubles de l'involution déterminée par cette droite sur toutes les coniques du faisceau. Il suit de là que les points a, b, P, Q sont harmoniques ; mais les points a, b', P, Q le sont aussi par hypothèse, donc b coïncide avec b', c'est-à-dire que la droite considérée coupe les deux coniques en quatre points harmoniques. Ainsi *lorsque quatre coniques d'un faisceau ponctuel sont conjuguées harmoniques, une tangente commune à deux coniques conjuguées coupe les deux autres en quatre points harmoniques.*

Il faut ajouter qu'il y a nécessairement des éléments imaginaires dans la figure. Ainsi, si les quatre coniques sont réelles, ainsi que la tangente commune considérée, les points P et Q sont réels ; par suite, les segments ab, cd n'empiètent pas l'un sur l'autre ; et, comme ils sont harmoniques, l'un d'eux au moins est imaginaire.

207. — On a vu (§ 186) que l'expression (266) est positive et que, par suite, les racines de l'équation $\varphi(\lambda) = 0$ sont réelles, toutes les fois que l'une au moins des quantités $ab - h^2$ est positive ; c'est-à-dire, en coordonnées absolues, si l'une des courbes est une ellipse. Or, ces valeurs de λ sont celles pour lesquelles l'équation (259) représente une parabole. Il passe donc deux paraboles par les points, réels ou imaginaires, communs à deux coniques; et ces paraboles sont réelles toutes les fois que l'une des coniques au moins est une ellipse. Il est clair qu'alors le quadrangle dont les sommets sont les quatre points, supposés réels, est convexe. Il est facile de voir que *la convexité du quadrangle est la condition nécessaire et suffisante pour que les deux paraboles soient réelles*. L'expression (266), égalée à zéro, exprime en effet que les deux coniques ont une direction asymptotique commune : si donc on suppose que l'un des quatre points soit mobile dans le plan, elle changera de signe lorsque ce point traversera l'une des droites qui joignent les trois autres deux à deux, ou bien lorsqu'il passera à l'infini ; c'est-à-dire lorsque le quadrangle passera de l'état concave à l'état convexe. La réalité des paraboles dépend donc de celle des deux formes qu'affecte le quadrangle; et, par ce qui arrive lorsque l'une des courbes est une ellipse, on juge que c'est lorsqu'il est convexe que les paraboles sont réelles. Par extension, on dira qu'un quadrangle, dont des sommets sont imaginaires conjugués, est *convexe* lorsque les paraboles circonscrites sont réelles.

Plus généralement, il y a deux coniques du faisceau (259), réelles ou imaginaires, tangentes à une droite donnée. C'est un résultat évident du théorème de Desargues (§ 173), et l'on a déjà remarqué (§ 206) que les points de contact sont les points doubles de l'involution déterminée sur la droite par toutes les coniques du système. Pour s'assurer que le problème est du second degré, il suffit de remplacer dans l'équation tangentielle (210) les coefficients par ceux de la conique (259). On obtient ainsi l'équation

$$\begin{vmatrix} a_1+\lambda a_2 & h_1+\lambda h_2 & g_1+\lambda g_2 & u \\ h_1+\lambda h_2 & b_1+\lambda b_2 & f_1+\lambda f_2 & v \\ g_1+\lambda g_2 & f_1+\lambda f_2 & c_1+\lambda c_2 & w \\ u & v & w & 0 \end{vmatrix} = 0$$

qui est du second degré en λ; et qui, développée, peut s'écrire

$$\Gamma_2\lambda^2+\Gamma_{12}\lambda+\Gamma_1=0. \tag{291}$$

Les coefficients Γ_1 et Γ_2 sont les premiers membres des équations tangentielles des deux coniques ; quant au coefficient Γ_{12}, les principes de décomposition des déterminants donnent facilement

$$\Gamma_{12}=\begin{vmatrix} a_2 & h_1 & g_1 & u \\ h_2 & b_1 & f_1 & v \\ g_2 & f_1 & c_1 & w \\ 0 & v & w & 0 \end{vmatrix}+\begin{vmatrix} a_1 & h_2 & g_1 & u \\ h_1 & b_2 & f_1 & v \\ g_1 & f_2 & c_1 & w \\ u & 0 & w & 0 \end{vmatrix}+\begin{vmatrix} a_1 & h_1 & g_2 & u \\ h_1 & b_1 & f_2 & v \\ g_1 & f_1 & c_2 & w \\ u & v & 0 & 0 \end{vmatrix}. \tag{292}$$

Il est du premier degré par rapport aux coefficients de chaque conique et du second degré par rapport à ceux de la droite. C'est un contravariant commun (§ 86) aux deux coniques ; égalé à zéro, il exprime une propriété invariante relativement aux deux coniques et à la droite : on la trouve facilement en remarquant que, lorsque cette expression est nulle, les deux valeurs de λ sont égales et de signes contraires. Par suite, les deux coniques C_1, C_2 et les deux coniques cherchées sont harmoniques; d'où il suit (§ 206) que la droite donnée, qui est une tangente commune aux deux coniques cherchées, coupe harmoniquement les deux coniques données. Ainsi le coefficient (292), égalé à zéro, exprime que la droite (u, v, w) coupe harmoniquement les coniques C_1 et C_2; c'est l'équation tangentielle de l'enveloppe des droites satisfaisant à cette condition : elle est du second degré en u, v, w; on en conclut que *l'enveloppe des droites qui coupent harmoniquement deux coniques données est une conique.* On vérifie aisément que les tangentes à chacune des coniques données en leurs points d'intersection satisfont à la condition demandée ; par suite, *les tangentes à deux coniques en leurs points d'intersection sont huit tangentes d'une même conique.*

Si les deux coniques sont des cercles, ces énoncés deviennent : *l'enveloppe des droites qui coupent harmoniquement deux cercles donnés est une conique, ayant pour foyers les centres des deux cercles et tangente aux quatre tangentes des deux cercles en leurs points d'intersection.*

Cette conique est une ellipse ou une hyperbole, suivant que le carré de la distance des centres est plus petit ou plus grand que la somme des carrés des rayons. S'il lui est égal, les cercles sont orthogonaux, et l'on sait alors (§ 133) que l'enveloppe se réduit aux deux centres.

Si l'on exprime que les racines de l'équation (291) sont égales, on obtient encore un contravariant commun aux deux coniques ; et si on l'égale à zéro, on obtient l'équation

$$\Gamma_1 \Gamma_2 - \Gamma_{12}^2 = 0 \tag{293}$$

qui est du quatrième degré en u, v, w et qui représente une courbe de la quatrième classe, enveloppe des droites pour lesquelles les points de Desargues sont confondus. Cette enveloppe n'est autre que le système des quatre points communs aux deux coniques : car si une droite passe par l'un d'eux, elle est tangente à une conique du système passant par ce point ; et à une seule, parce que la connaissance de la tangente en ce point équivaut à celle d'un nouveau point confondu sur la tangente avec le premier. Ainsi, *l'équation* (293) *représente en coordonnées tangentielles le système des quatre points communs* et le premier membre est décomposable en quatre facteurs linéaires.

208. — Corrélativement, si l'on considère un faisceau tangentiel dont les coniques sont représentées par l'équation générale

$$\Gamma_1 + \mu \Gamma_2 = 0 \tag{261}$$

il y a deux courbes du système qui passent par un point donné (x, y, z), et les tangentes à ces courbes sont les rayons doubles du faisceau en involution formé par les tangentes menées du point à toutes les courbes du système. Si l'on exprime, comme au § 200, que la conique (261) donnée par son équation tangentielle passe par le point (x, y, z), il vient

$$\begin{vmatrix} A_1 + \mu A_2 & H_1 + \mu H_2 & G_1 + \mu G_2 & x \\ H_1 + \mu H_2 & B_1 + \mu B_2 & F_1 + \mu F_2 & y \\ G_1 + \mu G_2 & F_1 + \mu F_2 & C_1 + \mu C_2 & z \\ x & y & z & 0 \end{vmatrix} = 0$$

équation du second degré en μ, qui, développée, peut s'écrire

$$\Delta_2 C_2 \mu^2 + C_{12}\mu + \Delta_1 C_1 = 0. \tag{294}$$

Le coefficient de μ^2 s'obtient en remplaçant, dans l'équation tangentielle (210) de la conique C_2, les coefficients ponctuels par les coefficients tangentiels, et u, v, w par x, y, z ; il est donc égal (§ 149) à $\Delta_2 C_2$, en désignant par C_2 le premier membre de son équation ponctuelle et par Δ_2 son discriminant ; de même, le terme indépendant est égal à $\Delta_1 C_1$. Quant au coefficient de μ, c'est le covariant commun

$$C_{12} \equiv \begin{vmatrix} A_2 & H_1 & G_1 & x \\ H_2 & B_1 & F_1 & y \\ G_2 & F_1 & C_1 & z \\ 0 & y & z & 0 \end{vmatrix} + \begin{vmatrix} A_1 & H_2 & G_1 & x \\ H_1 & B_2 & F_1 & y \\ G_1 & F_2 & C_1 & z \\ x & 0 & z & 0 \end{vmatrix} + \begin{vmatrix} A_1 & H_1 & G_2 & x \\ H_1 & B_1 & F_2 & y \\ G_1 & F_1 & C_2 & 0 \\ x & y & 0 & 0 \end{vmatrix}.$$

Il est du second degré en x, y, z, et, si on l'égale à zéro, on obtient l'équation d'une conique, lieu des points d'où les tangentes, menées aux deux coniques données, forment un faisceau harmonique. C'est ce que prouveraient les considérations corrélatives de celles du § 207. Les points de contact des tangentes communes à C_1 et C_2 satisfont évidemment à cette condition, et l'on a l'énoncé suivant : *le lieu des points d'où l'on peut mener à deux coniques des tangentes formant un faisceau harmonique est une conique passant par les huit points de contact des tangentes communes.*

Enfin, si l'on exprime que l'équation (294) a ses racines égales, on obtient l'équation

$$\Delta_1 \Delta_2 C_1 C_2 - C_{12}^2 = 0 \tag{295}$$

qui, pour les mêmes raisons, représente le système des quatre tangentes communes. On voit que la courbe du quatrième degré représentée par cette équation est, comme cela doit être, tangente à chacune des coniques données en ses points d'intersection avec la conique covariante C_{12}, c'est-à-dire aux points de contact des tangentes communes.

209. Systèmes linéaires de coniques. — La considération des invariants, coefficients de l'équation en λ (260), conduit aisément à l'interprétation de la relation linéaire la plus générale entre les coefficients d'une conique. On a vu (§ 181) que l'invariant Θ_1 peut s'écrire

$$\Theta_1 \equiv A_1 a_2 + B_1 b_2 + C_1 c_2 + 2F_1 f_2 + 2G_1 g_2 + 2H_1 h_2 \tag{296}$$

les grandes lettres désignant les coefficients tangentiels de l'une des coniques et les petites les coefficients ponctuels de l'autre. Si on l'égale à zéro, et si l'on y considère les uns comme des variables tandis que les autres sont des coefficients numériques, il est clair qu'on pourra toujours identifier l'équation à six termes ainsi obtenue avec la relation linéaire la plus générale entre ceux des coefficients qui sont considérés comme variables ; et celle-ci sera interprétée si l'on connaît la signification géométrique de la condition

$$\Theta_1 = 0.$$

Pour la trouver, on peut choisir les axes que l'on voudra, puisque l'expression

(296) est un invariant ; prenons, par exemple, le point ($x=0$, $y=0$) sur la seconde conique, et supposons que la droite $z=0$ soit la polaire de ce point par rapport à la première. Alors, on a

$$c_2=0 \qquad f_1=g_1=0$$

d'où

$$A_1=b_1c_1 \qquad B_1=c_1a_1 \qquad F_1=G_1=0 \qquad H_1=-c_1h_1,$$

et la condition se réduit à

$$c_1(a_1b_2-2h_1h_2+a_2b_1)=0.$$

Comme on peut toujours supposer c_1 différent de zéro, en ne choisissant pas le point ($x=0$, $y=0$) à la fois sur les deux coniques, on voit (§ 142) qu'elle exprime que les points d'intersection de la droite $z=0$ avec les deux coniques sont en rapport harmonique. Ainsi, *l'évanouissement de l'invariant* Θ_1 *exprime que la polaire d'un point quelconque de la seconde conique par rapport à la première coupe les deux coniques en quatre points harmoniques*. Soient a le point considéré de C_2, et b, c les points d'intersection de la même conique avec la polaire de a par rapport à C_1 : le théorème précédent exprime que le triangle abc, inscrit dans C_2, est conjugué à C_1, quel que soit le point a de C_2. Réciproquement, si C_2 est circonscrite à un triangle conjugué de C_1, on peut le prendre pour triangle de référence, et l'invariant Θ_1 est nul à cause de

$$a_2=b_2=c_2=f_1=g_1=h_1=0.$$

Il n'est d'ailleurs pas nul en général ; on en conclut qu'*on ne peut pas en général inscrire dans une conique un triangle conjugué d'une autre conique; et que, lorsque cela arrive, il existe une infinité de pareils triangles*. Car alors l'invariant est nul ; et, en vertu du premier théorème, on peut se donner arbitrairement un sommet du triangle sur la conique circonscrite : on dit alors que la première conique de l'énoncé (qui était tout à l'heure la conique C_2) est *harmoniquement circonscrite* à l'autre, et leur invariant commun Θ_1, du premier degré par rapport aux coefficients ponctuels de l'une (celle qui est harmoniquement circonscrite), et du premier degré par rapport aux coefficients tangentiels de l'autre, s'annule.

On en conclut que *les sommets de deux triangles conjugués à une même conique sont six points d'une même conique*. Car si abc, $a'b'c'$ sont les deux triangles, la conique qui passe par les points a, b, c, a', b' est harmoniquement circonscrite à l'autre, parce qu'elle est circonscrite au triangle abc ; par suite, la polaire de a' par rapport à l'autre, qui est la droite $b'c'$, les coupe en quatre points harmoniques ; donc, le second point de cette droite sur la conique abc est le point c' conjugué de b' par rapport à l'autre conique.

Les théorèmes corrélatifs sont les suivants :

On ne peut pas, en général, circonscrire à une conique un triangle conjugué d'une autre conique; et, lorsque cela arrive, il existe une infinité de pareils triangles.

On dit alors que la première conique est *harmoniquement inscrite* à la seconde ; et *du pôle par rapport à la seconde d'une tangente quelconque de la première, les tangentes menées aux deux courbes forment un faisceau harmonique.*

La condition nécessaire et suffisante pour que cela ait lieu est que l'invariant Θ_1, *du premier degré par rapport aux coefficients tangentiels de la conique harmoniquement inscrite, et du premier degré par rapport aux coefficients ponctuels de l'autre, s'annule.*

Les côtés de deux triangles conjugués à une même conique sont six tangentes d'une même conique.

La comparaison du second de ces énoncés avec les résultats précédents montre que, lorsqu'un des invariants Θ, communs à deux coniques, est nul, celle dont il renferme les coefficients ponctuels est harmoniquement circonscrite à l'autre, tandis que celle dont il renferme les coefficients tangentiels est *en même temps* harmoniquement inscrite à la première. Ainsi, *lorsqu'une conique est harmoniquement circonscrite à une autre, celle-ci lui est harmoniquement inscrite, et réciproquement.*

Cette propriété est une conséquence du théorème général du § 112; on peut toujours, en effet, ainsi qu'on l'a déjà remarqué, identifier la relation linéaire la plus générale entre les coefficients ponctuels d'une conique avec la relation (296), d'où l'on conclut qu'elle exprime que la conique est harmoniquement circonscrite à une autre dont les coefficients tangentiels sont ceux de la relation, et qui lui est harmoniquement inscrite. De même, la relation linéaire la plus générale entre les coefficients tangentiels d'une conique exprime qu'elle est harmoniquement inscrite à une autre dont les coefficients ponctuels sont ceux de la relation, et qui lui est harmoniquement circonscrite. Il faut donc, d'après le théorème qui vient d'être rappelé, que, si une conique est harmoniquement circonscrite à une autre, la propriété corrélative existe entre la seconde et la première.

On peut d'ailleurs le vérifier directement : supposons, en effet, que l'invariant Θ_1 soit nul et que, par conséquent, la conique C_2 soit harmoniquement circonscrite à C_1. Prenons pour sommet ($x = 0$, $y = 0$) du triangle de référence, le pôle par rapport à C_2 du côté opposé ($z = 0$), qui sera lui-même une tangente de C_1. On a alors

$$f_2 = g_2 = 0 \qquad C_1 = 0$$

et l'invariant Θ_1 se réduit à

$$A_1 a_2 + 2H_1 h_2 + B_1 b_2.$$

S'il est nul, cela exprime que les deux couples de points

$$\begin{gathered} A_1 u^2 + 2H_1 uv + B_1 v^2 = 0 \\ a_2 v^2 - 2h_2 uv + b_2 u^2 = 0 \end{gathered}$$

dont le premier est formé des points d'intersection avec $z = 0$ des tangentes menées à C_1 par le point ($x = 0$, $y = 0$), tandis que le second est le système des points d'intersection de C_2 avec $z = 0$, forment un faisceau harmonique. Or, d'après ce qui a été spécifié sur le triangle de référence, le second couple est celui des points de contact des tangentes menées du point ($x = 0$, $y = 0$) à la conique C_2; les couples de tangentes menées aux deux coniques par le pôle d'une tangente de C_1 formant un faisceau harmonique, C_1 est harmoniquement inscrite à C_2.

210. — Ainsi se trouve interprétée la relation linéaire la plus générale entre les coefficients ponctuels ou entre les coefficients tangentiels d'une conique. Elle dépend d'une autre conique, c'est-à-dire de cinq paramètres, comme cela devait être ; et c'est pour cela que les conditions linéaires rencontrées jusqu'à présent ne pouvaient en être que des cas particuliers. Si l'on exprime, par exemple, qu'une conique passe par un point (x, y, z), on a la relation linéaire

$$ax^2 + by^2 + cz^2 + 2fyz + 2gzx + 2hxy = 0.$$

Si on l'identifie avec la plus générale

$$Aa + Bb + Cc + 2Ff + 2Gg + 2Hh = 0 \tag{297}$$

on aura, pour trouver les coefficients tangentiels de la conique à laquelle, en vertu de la condition donnée, la conique proposée est harmoniquement circonscrite, les relations

$$\frac{A}{x^2} = \frac{B}{y^2} = \frac{C}{z^2} = \frac{F}{yz} = \frac{G}{zx} = \frac{H}{xy} \tag{298}$$

d'où l'on tire, par l'élimination de x, y, z

$$BC - F^2 = 0 \qquad FG - CH = 0 \qquad CA - G^2 = 0$$

qui sont (§ 147) les conditions nécessaires et suffisantes pour que la conique cherchée se réduise à deux points confondus ; et le point est le point (x, y, z), car les équations (298) sont celles que l'on obtiendrait si l'on identifiait l'équation tangentielle de la conique avec

$$(ux + vy + wz)^2 = 0.$$

Ainsi *lorsqu'on exprime qu'une conique passe par un point, cela revient à dire qu'elle est harmoniquement circonscrite à une conique réduite à deux points confondus au point donné.*

Considérons encore la relation (218) qui exprime qu'une conique est conjuguée aux deux points (x_1, y_1, z_1), (x_2, y_2, z_2) : elle exprime aussi qu'elle est harmoniquement circonscrite à une autre conique dont les coefficients tangentiels sont donnés par les équations

$$\frac{A}{x_1x_2} = \frac{B}{y_1y_2} = \frac{C}{z_1z_2} = \frac{F}{y_1z_2 + y_2z_1} = \frac{G}{z_1x_2 + z_2x_1} = \frac{H}{x_1y_2 + x_2y_1}. \tag{299}$$

Cette fois, l'élimination des coordonnées des deux points, qui font quatre paramètres, ne laisse qu'une relation que l'on trouve aisément, savoir

$$\begin{vmatrix} A & H & G \\ H & B & F \\ G & F & C \end{vmatrix} = 0$$

et qui exprime que la conique cherchée se réduit à deux points. Ce sont les points (x_1, y_1, z_1), (x_2, y_2, z_2), car les équations (299) sont celles que l'on obtiendrait si l'on identifiait son équation tangentielle avec

$$(ux_1 + vy_1 + wz_1)\,(ux_2 + vy_2 + wz_2) = 0.$$

Par suite, *lorsqu'on exprime qu'une conique est conjuguée à deux points, cela revient à dire qu'elle est harmoniquement circonscrite à la conique réduite à ces deux points.*

Ces théorèmes sont d'ailleurs évidents géométriquement, et leurs corrélatifs sont les suivants :

La conique harmoniquement inscrite correspondant à la relation linéaire tangentielle qui exprime qu'une conique est tangente à une droite se réduit à deux droites confondues avec la droite donnée.

Si la relation exprime qu'une conique est conjuguée à deux droites, la conique harmoniquement inscrite se réduit à ces deux droites.

211. Un cas spécialement intéressant est celui où l'une des coniques est un cercle. Si c'est la conique harmoniquement inscrite, et si l'équation du cercle, en coordonnées cartésiennes, a la forme (163); les coefficients tangentiels sont alors

$$\begin{array}{ll} A = x_1^2 \sin^2\theta - r^2 & F = y_1 \sin^2\theta \\ B = y_1^2 \sin^2\theta - r^2 & G = x_1 \sin^2\theta \\ C = \sin^2\theta & H = x_1 y_1 \sin^2\theta - r^2\cos\theta. \end{array}$$

Substituant ces valeurs, la relation linéaire (297) devient, en désignant par $f(x, y)$ le premier membre de l'équation de l'autre conique,

$$\sin^2\theta\, f(x_1, y_1) = r^2(a - 2h\cos\theta + b). \tag{300}$$

Ainsi, lorsqu'un cercle est harmoniquement inscrit à une conique, les coordonnées du centre et le rayon sont liés à la conique par la relation (300), d'où l'on conclut les théorèmes suivants :

Le lieu des centres des cercles harmoniquement inscrits et dont le rayon est donné est une conique concentrique et homothétique à la proposée.

Il y a un cercle et un seul harmoniquement inscrit à une conique donnée, et ayant son centre en un point donné.

Le carré du rayon, r^2, est égal à

$$\frac{f(x_1, y_1)\sin^2\theta}{a - 2h\cos\theta + b}.$$

Nous dirons que la longueur r, réelle ou imaginaire suivant que le centre est dans l'une ou l'autre des régions que la conique détermine dans le plan, est la *puissance ponctuelle* du point par rapport à la conique. Le cercle étant harmoniquement inscrit à la conique, celle-ci lui est harmoniquement circonscrite, et par suite circonscrite à une infinité de triangles conjugués au cercle. Mais le cercle conjugué à un triangle a pour centre le point de rencontre des hauteurs et pour rayon la puissance du triangle (§ 140, 10); il suit de là, le cercle étant unique, que *tous les triangles ayant pour point de rencontre des hau-*

teurs un point donné, et inscrits dans une conique, ont même puissance ; c'est la puissance ponctuelle du point par rapport à la conique. Si la courbe est une hyperbole équilatère, la puissance est infinie si le point n'est pas sur la courbe, indéterminée dans le cas contraire. Cela tient (§ 167, 11) à ce qu'on ne peut pas inscrire dans une hyperbole équilatère un triangle dont le point de rencontre des hauteurs ne soit pas en même temps sur la courbe.

212. Si le cercle est la conique harmoniquement circonscrite, la relation (297) devient, en supposant le cercle pris sous la forme (168),

$$a(A+2H\cos\theta+B)+2Gg+2Ff+Cc=0.$$

Elle peut s'écrire, en multipliant tout par $\frac{1}{2}\sin^2\theta$

$$\begin{vmatrix} 1 & \cos\theta & -(G+F\cos\theta) \\ \cos\theta & 1 & -(F+G\cos\theta) \\ g & f & \frac{1}{2}\Big[a(A+2H\cos\theta+B)+Cc\Big] \end{vmatrix}=0$$

et, sous cette forme, elle exprime (§ 131) que le cercle coupe orthogonalement le cercle orthoptique (257) de la conique. Par suite, *lorsqu'un cercle est harmoniquement circonscrit à une conique, il coupe orthogonalement le cercle orthoptique.*

Il y a donc un cercle et un seul, réel ou imaginaire, ayant pour centre un point donné, et harmoniquement circonscrit à une conique. On dira que son rayon, qui est la longueur de la tangente menée du point au cercle orthoptique,

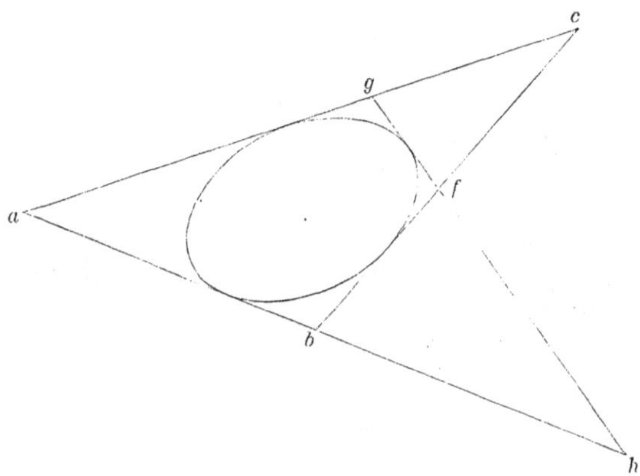

Fig. 102

est la *puissance tangentielle* du point par rapport à la conique. On peut encore dire qu'*elle est égale à la puissance constante de tous les triangles, ayant pour point de rencontre des hauteurs le point donné, et circonscrits à la conique*. Ceci résulte de ce que la conique est harmoniquement inscrite au cercle. On voit par là que le dernier théorème peut s'énoncer ainsi : *lorsqu'un triangle est circonscrit à une conique, le cercle conjugué est orthogonal au cercle orthoptique.* On s'en rend compte immédiatement ainsi qu'il suit : soit abc un triangle circonscrit à une conique (fig. 102) et fgh une quatrième tangente quelconque. Par rapport au cercle conjugué à abc, a est le pôle de bc, donc a et f sont deux points conjugués ; par suite (§ 133) le cercle décrit sur af comme diamètre coupe orthogonalement le premier cercle ; il en est de même des cercles ayant pour diamètres bg et ch. Mais ces trois segments sont les diagonales du quadrilatère circonscrit à la conique, les trois cercles ont donc même axe radical (§ 140, 18), et le cercle orthoptique de la conique passe aussi par leurs points d'intersection (§ 178). Par suite le cercle conjugué au triangle abc, qui coupe à angle droit les trois premiers, est aussi orthogonal au dernier.

Si la courbe est une parabole, la puissance tangentielle est infinie si le point n'est pas sur la directrice, indéterminée dans le cas contraire. Cela tient (§ 170, 3) à ce qu'on ne peut pas circonscrire à une parabole ou triangle dont le point de rencontre des hauteurs ne soit pas en même temps sur la directrice.

213. L'équation générale d'une conique renfermant cinq paramètres, toutes les courbes représentées par l'équation

$$\lambda_1 C_1 + \lambda_2 C_2 + \cdots\cdots + \lambda_{p+1} C_{p+1} = 0 \qquad (154)$$

dans laquelle les λ sont des paramètres et les C les premiers membres des équations de $p+1$ coniques, sont indéterminées puisque leur équation renferme p paramètres variables ; et si l'on a $p < 5$, elles satisfont par avance à -5 p conditions, qui sont linéaires parce que l'équation (154) est une combinaison linéaire des $p+1$ coniques données. C'est donc l'ensemble des coniques harmoniquement circonscrites à $5-p$ coniques données. Soient

$$\Gamma_1 = 0 \qquad \Gamma_2 = 0 \cdots\cdots \qquad \Gamma_{5-p} = 0$$

les équations tangentielles de ces coniques. La relation qui exprime que chacune des $p+1$ coniques données leur est harmoniquement circonscrite est linéaire par rapport aux coefficients de ces équations ; d'où il suit qu'elle a également lieu entre les coefficients tangentiels de la conique

$$\mu_1 \Gamma_1 + \mu_2 \Gamma_2 + \cdots\cdots \quad + \mu_{5-p} \Gamma_{5-p} = 0 \qquad (155)$$

dans laquelle les μ sont des paramètres variables.

Le premier système est un système linéaire ponctuel (§ 114), le second est tangentiel ; toutes les coniques du premier sont harmoniquement circonscrites à toutes celles du second qui de leur côté leur sont harmoniquement inscrites. L'ordre du premier, qui est l'ordre d'indétermination des coniques qu'il renferme, est égal à p ; celui du second est égal à $4-p$; et la somme des ordres est égale à 4. Ce sont deux systèmes contravariants (§ 114).

Une conique, considérée comme système ponctuel d'ordre zéro, admet pour système contravariant le système tangentiel du quatrième ordre

$$\mu_1 \Gamma_1 + \mu_2 \Gamma_2 + \mu_3 \Gamma_3 + \mu_4 \Gamma_4 + \mu_5 \Gamma_5 = 0$$

formé de toutes les coniques harmoniquement inscrites à une conique donnée qui est la proposée. Il suit de là (§ 210) que *tout système tangentiel du quatrième ordre admet une infinité de coniques réduites à deux points confondus, dont le lieu est une conique; et une infinité de coniques réduites à deux points distincts, qui sont tous les couples de points conjugués d'une même conique.* Enfin, *il renferme* aussi (§ 211) *une infinité de cercles dont l'un est déterminé sans ambiguïté si on s'en donne le centre.*

De même, une conique considérée comme système tangentiel d'ordre zéro admet pour système contravariant le système ponctuel du quatrième ordre

$$\lambda_1 C_1 + \lambda_2 C_2 + \lambda_3 C_3 + \lambda_4 C_4 + \lambda_5 C_5 = 0$$

formé de toutes les coniques harmoniquement circonscrites à la proposée. Par suite, *tout système ponctuel du quatrième ordre contient une infinité de coniques réduites à deux droites confondues, dont l'enveloppe est une conique; une infinité de coniques réduites à deux droites distinctes, qui sont tous les couples de droites conjuguées d'une même conique; et enfin une infinité de cercles* qui, étant assujettis à deux conditions linéaires de plus qu'une conique du système, celles de passer par les points cycliques, donnent lieu à un réseau (§ 113); c'est celui des cercles *qui coupent orthogonalement le cercle orthoptique de la proposée.*

214. Considérons de même le faisceau ponctuel

$$\lambda_1 C_1 + \lambda_2 C_2 = 0$$

il admet pour système contravariant le système tangentiel du troisième ordre

$$\mu_1 \Gamma_1 + \mu_2 \Gamma_2 + \mu_3 \Gamma_3 + \mu_4 \Gamma_4 = 0.$$

Les coniques du premier sont assujetties à quatre conditions linéaires, et par suite sont harmoniquement circonscrites à quatre coniques données qui définissent le système tangentiel contravariant. Mais on sait aussi que les coniques du système ponctuel ont quatre points communs : il suit de là (§ 210) que le système tangentiel renferme quatre coniques réduites à deux points confondus. Il renferme aussi une infinité de coniques réduites à deux points distincts, qui sont tous les couples de points de Desargues, dont un couple se trouve sur toute droite du plan. Enfin il renferme une infinité de cercles ; mais on ne peut plus, comme dans le cas précédent, s'en donner arbitrairement le centre. Le lieu de leurs centres s'obtient aisément en remarquant que tous ces cercles sont harmoniquement inscrits aux coniques du faisceau ponctuel : le centre de l'un d'eux a donc même puissance ponctuelle (§ 211) par rapport à ces courbes. Or si l'on écrit qu'un point jouit de cette propriété par rapport à C_1 et à C_2, on trouve le lieu

$$\frac{C_1}{a_1 - 2h_1 \cos\theta + b_1} = \frac{C_2}{a_2 - 2h_2 \cos\theta + b_2}$$

l'indice des coefficients désignant la courbe à laquelle ils se rapportent. Cette courbe est une hyperbole équilatère et appartient au faisceau; d'où il suit que *le lieu des points d'égale puissance ponctuelle par rapport à deux coniques est l'hyperbole équilatère qui passe par leurs points d'intersection : elle est la même par rapport à toutes les coniques qui passent par ces points :* ou encore, *le lieu des centres des cercles d'un système tangentiel du troisième ordre est l'hyperbole équilatère du faisceau ponctuel contravariant.* Le rayon de l'un d'eux est alors la puissance commune de son centre par rapport à toutes les courbes du faisceau.

215. Considérons enfin le faisceau tangentiel

$$\mu_1\Gamma_1+\mu_2\Gamma_2=0$$

composé de toutes les coniques inscrites dans un quadrilatère. Son système contravariant est le système ponctuel du troisième ordre

$$\lambda_1C_1+\lambda_2C_2+\lambda_3C_3+\lambda_4C_4=0.$$

Ce dernier renferme par conséquent quatre coniques réduites à deux droites confondues, qui sont les tangentes communes des courbes du faisceau ; et une infinité de coniques réduites à deux droites distinctes ; par chaque point du plan, on peut mener deux droites d'un pareil couple qui sont les rayons doubles du faisceau en involution formé par les tangentes menées de ce point aux courbes du faisceau. Il contient aussi une infinité de cercles qui, étant par là assujettis à deux conditions linéaires, ont même axe radical. Ils doivent d'ailleurs (§ 212) couper à angle droit les cercles orthoptiques de toutes les coniques du faisceau, lesquels (§ 178) ont même axe radical. Ce sont donc les cercles du système orthogonal au faisceau des cercles orthoptiques. Le lieu de leurs centres est l'axe radical de ces derniers, c'est-à-dire (§ 180, 8) la directrice de la parabole du faisceau. Quatre d'entre eux sont les cercles conjugués aux quatre triangles obtenus en combinant trois à trois les quatre tangentes communes.

La condition d'être une hyperbole équilatère est linéaire ; par suite tout système ponctuel renferme une infinité d'hyperboles équilatères formant système ponctuel d'ordre inférieur d'une unité, à moins que toutes les courbes du système ne satisfassent déjà à la condition et ne soient toutes des hyperboles équilatères. Dans ce cas, les points cycliques font partie du système contravariant comme conique réduite à deux points. Ainsi si l'on considère le faisceau tangentiel formé d'un système de coniques homofocales (§ 200), le système du troisième ordre contravariant ne renferme que des hyperboles équilatères.

216. Exercices. — 1. Le lieu des pôles d'une droite par rapport aux coniques d'un faisceau ponctuel est une conique. On peut en déterminer *à priori* le centre et onze points. Cette conique est en même temps le lieu des points de concours des polaires, par rapport aux coniques du faisceau, d'un point variable de la droite donnée. Trouver les droites pour lesquelles cette conique est une parabole.

2. Pour que la conique, lieu des points d'où l'on peut mener à deux coniques données des tangentes formant un faisceau harmonique, soit un cercle, il faut et il suffit que les quatre foyers réels des deux coniques soient sur un même cercle, et que le rapport anharmonique des droites qui joignent un point de ce cercle aux quatre foyers soit harmonique.

3. Le lieu des pieds des perpendiculaires abaissées d'un point sur les cordes d'une conique vues de ce point sous un angle droit est un cercle; construire son centre. La longueur de la tangente menée du point à ce cercle est la puissance ponctuelle (§ 211) du point par rapport à la conique. Enveloppe des cordes. Cas où le point est sur la conique.

4. Pour toutes les coniques d'un faisceau ponctuel et pour le même point, ces cercles ont même axe radical. Pour celles d'un réseau, ils ont même centre radical.

5. La puissance ponctuelle est moyenne proportionnelle entre les segments comptés à partir du point jusqu'aux points d'intersection avec la conique d'une perpendiculaire menée par le point à l'une ou à l'autre asymptote. Cas de la parabole.

6. Lorsqu'une hyperbole équilatère est harmoniquement circonscrite à un cercle, ou inversement, celle des deux courbes qui est harmoniquement circonscrite passe par le centre de l'autre.

7. Le lieu des centres des coniques inscrites dans un triangle et dont la somme des carrés des axes est constante est un cercle. Cas où elle est nulle.

8. Les points communs aux cercles du système orthogonal aux cercles orthoptiques des coniques d'un faisceau tangentiel sont les centres des deux hyperboles équilatères du faisceau. Ils sont par conséquent réels ou imaginaires en même temps que les sommets orthoptiques (§ 178) du faisceau sont imaginaires ou réels. Expliquer ce fait *à priori*.

9. Lorsqu'une conique divise harmoniquement les deux diagonales d'un quadrilatère, elle divise aussi harmoniquement la droite qui joint les points de concours des côtés opposés.

10. Les coniques, enveloppes respectives des droites qui coupent harmoniquement une conique fixe et une conique variable d'un faisceau ponctuel, sont les coniques d'un faisceau tangentiel.

11. Étant donnés un triangle et une conique, le triangle formé des polaires des sommets du premier (triangle polaire du triangle donné), et celui-ci sont homologiques. Le centre et l'axe d'homologie sont pôle et polaire par rapport à la conique.

12. Lorsqu'une conique passe par trois points et est harmoniquement circonscrite à une conique donnée, elle passe par un quatrième point fixe, qui est le centre d'homologie du triangle des trois points et de son triangle polaire par rapport à la conique donnée. Cas où la conique donnée se réduit à deux points et en particulier aux points cycliques.

13. En conclure la construction linéaire de la conique qui passe par trois points et qui est harmoniquement circonscrite à deux coniques, données par cinq points ou cinq tangentes.

14. Cas où l'une des coniques ou toutes les deux se réduisent à deux points distincts.

15. Construire linéairement cinq points de la conique qui passe par un point donné dans le plan, et par les quatre points communs à deux coniques déterminées chacune par cinq points. (Une droite quelconque, passant par le point donné, coupe la conique cherchée en un autre point que l'on peut obtenir par le théorème de Desargues au moyen du compas; mais le problème est essentiellement linéaire; et la construction demandée, quoique moins simple que la

précédente, n'exige que l'emploi de la règle. On s'appuiera sur le théorème 6, § 180.)

16. Déterminer effectivement, à l'aide de la règle seule, cinq conditions linéaires autres que des points, auxquelles satisfasse la conique qui est conjuguée à un couple de points et qui passe par les points d'intersection de deux coniques déterminées chacune par cinq points ou cinq tangentes. (Il est clair que l'on ne peut exiger la détermination linéaire d'aucun point de cette conique ; car si l'algèbre du premier degré suffit à la recherche de son équation, elle ne suffit pas pour déduire de cette équation les coordonnées d'un seul point de la courbe, à moins que l'un d'eux ne soit donné. On s'appuiera sur le théorème 6, § 180.)

17. Construire linéairement, dans le problème précédent, cinq points de la conique cherchée lorsqu'on connaît l'un des points d'intersection des deux coniques données.

18. Construire linéairement : 1° cinq points de la conique qui passe par deux points et qui est conjuguée à trois couples de points ; 2° cinq points de la conique qui passe par un point et qui est conjuguée à quatre couples de points. (A l'aide du problème 17, on ramènera le second cas au premier, et le premier au problème 14.)

19. Construire linéairement : 1° cinq points de la conique qui passe par deux points et qui est harmoniquement circonscrite à trois coniques données ; 2° cinq points de la conique qui passe par un point et qui est harmoniquement circonscrite à quatre coniques données. On supposera les coniques données linéairement par cinq points ou cinq tangentes. (On ramènera chacun de ces problèmes au cas correspondant du problème 18.)

20. Construire la conique harmoniquement circonscrite à cinq coniques données. (Pour les mêmes raisons qu'au problème 16, la construction des points de cette conique ne peut pas s'effectuer linéairement. La conique est déterminée linéairement en ce sens qu'à l'aide des cinq coniques données, on peut déterminer linéairement autant de coniques que l'on voudra auxquelles la conique donnée est harmoniquement circonscrite ; par exemple, autant de couples de points conjugués que l'on voudra. Pour cela, à l'aide du problème 19, on construira, en s'en donnant un point, deux coniques harmoniquement circonscrites à quatre des coniques données, et l'on pourra ensuite par le théorème 6, § 180, trouver quatre couples de points conjugués à ces coniques et par suite à la conique cherchée. Un cinquième couple ne serait pas distinct des premiers, mais on fera servir pour cela la cinquième conique avec trois des quatre autres. Si l'on veut ensuite des points de la conique cherchée, le théorème de Desargues appliqué à toutes les coniques conjuguées aux quatre premiers couples en donnera deux à l'aide de la règle et du compas sur la droite qui porte le cinquième.)

21. Problèmes corrélatifs.

217. Courbes polaires réciproques. — Théorème. — *Le lieu des pôles des tangentes d'une courbe par rapport à une conique donnée est identique avec l'enveloppe des polaires par rapport à la même conique des points de la courbe.*

Ce théorème se démontre aisément à l'aide de considérations géométriques infinitésimales. Pour le vérifier par le calcul, soient

$$f(x,y,z)=0 \qquad F(x,y,z)=0$$

les équations de la conique et de la courbe données.

Soient x_1, y_1, z_1 les coordonnées d'un point du lieu des pôles; la polaire de ce point par rapport à la conique, polaire dont l'équation est

$$xf'_{x_1}+yf'_{y_1}+zf'_{z_1}=0$$

doit être tangente à la courbe donnée. Elle doit donc s'identifier avec la droite

$$xF'_{x_0}+yF'_{y_0}+zF'_{z_0}=0$$

ce qui donne

$$\frac{f'_{x_1}}{F'_{x_0}}=\frac{f'_{y_1}}{F'_{y_0}}=\frac{f'_{z_1}}{F'_{z_0}}. \tag{301}$$

On a, d'ailleurs, le point de contact étant sur la courbe

$$F(x_0,y_0,z_0)=0 \tag{302}$$

et le lieu s'obtiendra par l'élimination de x_0, y_0, z_0 entre les équations (301) et (302).

D'autre part, la polaire de (x_0, y_0, z_0) par rapport à la conique a pour équation

$$x_0f'_x+y_0f'_y+z_0f'_z=0. \tag{303}$$

Elle renferme deux paramètres variables liés par l'équation de la courbe. Son enveloppe s'obtiendra donc (§ 193) en éliminant x_0, y_0, z_0 entre l'équation (303) de la droite variable, l'équation (302), et la suivante

$$\frac{f'_x}{F'_{x_0}}=\frac{f'_y}{F'_{y_0}} \tag{304}$$

qui exprime, en supposant $z=1$, l'égalité des rapports des dérivées, par rapport aux paramètres, de l'équation de la droite mobile et de celle qui relie les paramètres. Si l'on multiplie les deux termes du premier des rapports (304) par x_0, les deux termes du second par y_0, et si l'on ajoute; on voit, eu égard à l'équation (303) et à celle de la courbe, que ces deux rapports sont aussi égaux à $\frac{f'_z}{F'_{z_0}}$, de sorte que, finalement, l'enveloppe s'obtient par la même élimination que le lieu.

Cette nouvelle courbe, qui se définit ainsi de deux façons différentes, s'appelle la *polaire réciproque* de la courbe donnée par rapport à la conique. Cette dénomination se justifie si l'on remarque que, puisqu'elle est le lieu des pôles des tangentes de la proposée, celle-ci est l'enveloppe des polaires de ses points ; et, par suite, en vertu de la double définition, se déduit de la seconde comme la seconde de la première. Il est clair que si la première a un point sur une droite donnée, la seconde aura une tangente qui passe par le pôle de cette droite, et inversement (§ 150) ; de sorte que, si l'une est du degré m et de la classe c, l'autre est de classe m et du degré c : les points de l'une sont les transformés des tangentes de l'autre, et l'une des courbes peut être regardée comme la transformée de l'autre par voie de dualité. La chose est encore évidente si l'on remarque que l'équation tangentielle de la courbe donnée s'obtient (§ 85) en éliminant x_0, y_0, z_0 entre les équations

$$\frac{u}{F'_{x_0}} = \frac{v}{F'_{y_0}} = \frac{w}{F'_{z_0}} \qquad ux_0 + vy_0 + wz_0 = 0$$

qui ne diffèrent des équations (301) et (302) qu'en ce que les dérivées de l'équation de la conique y sont remplacées par u, v, w. Ainsi *l'équation de la polaire réciproque d'une courbe s'obtient en remplaçant dans son équation tangentielle les variables* u, v, w *par les dérivées de l'équation de la conique directrice.* Mais si l'on remplace u, v, w par x, y, z dans l'équation tangentielle d'une courbe, on obtient (§ 40) l'équation ponctuelle d'une transformée par voie de dualité ; il suit de là que *la polaire réciproque d'une courbe n'est autre qu'une* transformée homographique d'une corrélative de cette courbe, ou plus simplement une *corrélative de cette courbe.*

Si l'on suppose qu'il s'agisse d'une conique, et si l'on fait l'élimination, on trouve, par conséquent, pour l'équation de la polaire réciproque

$$\begin{vmatrix} a & h & g & f'_x \\ h & b & f & f'_y \\ g & f & c & f'_z \\ f'_x & f'_y & f'_z & 0 \end{vmatrix} = 0 \qquad (305)$$

et si l'on choisit pour conique directrice la courbe

$$x^2+y^2+z^2=0$$

qui est, en coordonnées cartésiennes *rectangulaires*, un cercle ayant son centre à l'origine, on a précisément l'équation tangentielle aux variables près.

Il suit de là que la théorie des polaires réciproques ne diffère pas de celle qui établit le principe de dualité et la loi de corrélation des figures ; c'est même souvent la seule que l'on emploie pour démontrer cette propriété. Mais ce procédé a le tort de faire dépendre un des plus importants principes qui régissent l'étendue d'une théorie particulière sans laquelle il existe encore, et celui bien plus grave de n'en pas permettre l'application dès le début de la géométrie. L'usage constant qui en a été fait jusqu'à présent permet d'énoncer sans plus de détails les théorèmes suivants.

La polaire réciproque d'une conique est une conique dans laquelle les tangentes menées par le centre de la conique directrice sont les transformées des points à l'infini de la conique donnée.

Par suite, *c'est une ellipse ou une hyperbole suivant que le centre de la conique directrice est intérieur ou extérieur à la conique donnée* (§ 152). *Si ce point est sur la conique donnée, c'est une parabole.*

Si la conique directrice est un cercle, les transformées des points cycliques sont les droites isotropes menées par le centre du cercle, et l'angle de deux droites est égal à l'angle sous lequel leurs pôles sont vus du même point; on en conclut aisément les théorèmes suivants.

La polaire réciproque d'un cercle par rapport à un cercle est une conique ayant pour foyer le centre de la conique directrice.

La polaire réciproque d'une hyperbole équilatère par rapport à un cercle est une conique vue sous un angle droit du centre de la conique directrice.

Il suit de là que si l'on suppose les coordonnées cartésiennes et rectangulaires, auquel cas l'équation tangentielle devient, par la permutation de u, v, w en x, y, z, celle de la polaire réciproque, par rapport à un cercle, les relations obtenues en substituant les coefficients tangentiels aux coefficients ponctuels dans celles qui expriment que la courbe est un cercle ou une hyperbole équilatère, exprimeront: la première, qu'elle a pour foyer l'origine, centre du cercle directeur ; la seconde, qu'elle est vue de ce point sous un angle droit : c'est ce qu'il est facile de vérifier.

Si les coordonnées sont obliques, la chose n'est plus vraie, car l'équation tangentielle des points cycliques est

$$u^2 - 2uv\cos\theta + v^2 = 0 \tag{306}$$

et la condition pour que la conique soit vue de l'origine sous un angle droit s'écrit

$$A + 2H\cos\theta + B = 0.$$

La première n'affecte la forme circulaire qu'au signe près du terme en uv, et la même différence de signe se reproduit dans la seconde, lorsqu'on la compare à la condition qui exprime qu'une conique est une hyperbole équilatère ; ce qui tient à ce que son premier membre est l'invariant commun au premier membre de (306) et à l'ensemble des termes du second degré en u et v dans l'équation tangentielle ; de même que

$$a - 2h\cos\theta + b$$

est l'invariant commun à

$$x^2 + 2xy\cos\theta + y^2$$

et à l'ensemble des termes du second degré dans l'équation ponctuelle.

218. Exercices. — 1. Lieu des pôles des normales d'une conique.

2. Lorsque la conique directrice est un cercle, on peut, en substituant à la polaire réciproque d'un cercle le cercle ayant pour diamètre le grand axe de cette polaire réciproque, transformer un cercle en un autre cercle. Démontrer par ce moyen le théorème suivant. On abaisse d'un point fixe des perpendiculaires sur les côtés d'un triangle conjugué variable d'une conique fixe, et on fait passer un cercle par les pieds de ces perpendiculaires : tous ces cercles ont même centre radical.

3. L'enveloppe des côtés d'un triangle inscrit dans un cercle et dont le point de concours des hauteurs est donné, est une conique ; déterminer les foyers de cette conique.

4. Lorsqu'une conique est harmoniquement circonscrite à une autre, l'enveloppe des côtés des triangles inscrits dans la première et conjugués à la seconde est une conique. Trouver les tangentes menées à cette conique par les points communs aux deux premières.

5. Problème corrélatif.

CHAPITRE VII

PROPRIÉTÉS DE TROIS CONIQUES

219. Théorème. — *Si par un point fixe, et respectivement par les points d'intersection de trois coniques prises deux à deux, on fait passer trois coniques, ces trois courbes ont quatre points communs, réels ou imaginaires.*

Soient

$$C_1 = 0 \qquad C_2 = 0 \qquad C_3 = 0 \tag{307}$$

les équations des trois coniques données, et C_{11}, C_{21}, C_{31}, les résultats des substitutions, dans les premiers membres, des coordonnées du point donné.

Les trois coniques de l'énoncé ont alors pour équations

$$\frac{C_1}{C_{11}} = \frac{C_2}{C_{21}} = \frac{C_3}{C_{31}}$$

et ont manifestement les mêmes points d'intersection.

On peut encore remarquer qu'étant données deux coniques quelconques du réseau linéaire ponctuel

$$\lambda_1 C_1 + \lambda_2 C_2 + \lambda_3 C_3 = 0 \tag{308}$$

qui se compose (§ 213) de l'ensemble des coniques assujetties à trois conditions linéaires communes, toutes les coniques qui passent par les points d'intersection de ces deux courbes satisfont (§ 214) à toutes les conditions linéaires communes à ces deux coniques, et font alors partie du réseau (308). Par suite, les trois coniques de l'énoncé font partie du réseau (308); d'ailleurs, elles passent par le point donné, elles satisfont donc à quatre conditions linéaires communes, et par suite (§ 214) ont quatre points communs, réels ou imaginaires.

Ce théorème donne, par la solution répétée du problème 15 (§ 216), celle du suivant :

Déterminer linéairement le faisceau linéaire composé des coniques d'un réseau qui passent par un point donné du plan, le réseau étant supposé d'ailleurs défini par trois de ses coniques, déterminées chacune par cinq points. En faisant varier le point dans le plan, on aura toutes les coniques du réseau. Si ensuite l'on se donne un second point dans le plan, on aura, par le moyen du même problème, résolu le suivant :

Déterminer linéairement la conique d'un réseau linéaire qui passe par deux points donnés du plan.

220. Réseau linéaire de coniques. — Système de deux réseaux contravariants. — Ces considérations mènent à l'étude du réseau linéaire (308) dont l'équation renferme deux paramètres variables et dont les courbes, on l'a déjà remarqué, satisfont à trois conditions linéaires et par suite sont harmoniquement circonscrites à trois coniques données.

Soient

$$\Gamma_1 = 0 \qquad \Gamma_2 = 0 \qquad \Gamma_3 = 0 \tag{309}$$

les équations tangentielles de ces trois coniques. On sait qu'alors les courbes (308) sont aussi harmoniquement circonscrites à toutes les coniques dont l'équation tangentielle générale est

$$\mu_1\Gamma_1 + \mu_2\Gamma_2 + \mu_3\Gamma_3 = 0 \tag{310}$$

dont le système forme le réseau tangentiel contravariant du réseau (308), et qui offre en même temps ceci de particulier qu'il est son corrélatif.

Il est clair qu'en général les trois coniques (307) n'ont aucun point commun, il n'existe donc (§ 210) dans le système (310) aucune conique réduite à deux points confondus : corrélativement, il n'y a en général dans le réseau ponctuel aucune conique réduite à deux droites confondues.

Au contraire, le réseau (310) renferme évidemment une infinité de coniques réduites à deux points distincts, puisqu'une seule condition suffit pour qu'une conique se réduise à cette variété, et le réseau (308) renferme une infinité de coniques réduites à deux droites distinctes ; mais on ne peut pas dire qu'il y ait un des couples de points sur toute droite du plan, ni qu'on puisse mener un des couples de droites par tout point du plan. Les droites qui renferment un des couples de points enveloppent une courbe C, et les points par où l'on peut mener un des couples de droites décrivent une autre courbe H : l'une et l'autre présentent le plus grand intérêt.

Pour commencer par la première, sa classe s'obtient sans difficulté. Tous les couples de points qui font partie du réseau (310) sont en effet (§ 210) tous les couples de points conjugués à la fois aux coniques du réseau (308). Les droites qui les renferment sont par conséquent celles qui coupent ces dernières suivant des points en involution; mais il suffit, pour qu'une droite remplisse cette condition, qu'elle coupe suivant six points en involution trois courbes du réseau n'appartenant pas à un même faisceau ; puisqu'alors ces trois courbes sont conjuguées à deux points fixes, ce qui est une condition linéaire, d'où il suit que la propriété a également lieu pour toutes les courbes du réseau. Soit donc a un point du plan que l'on peut toujours supposer sur la conique C_1 puisqu'il passe par ce point une infinité de courbes du réseau; pour qu'une droite issue de ce point coupe les coniques (307) suivant six points en involution, il faut et il suffit que ses deux points d'intersection avec C_1 soient sur une conique du faisceau (C_2, C_3); l'un d'eux étant le point a, l'autre sera donc l'un des points d'intersection avec C_1 de la conique de ce faisceau qui passe en a, lesquels, abstraction faite du point a, sont au nombre de trois : ce qui fait voir que *les tangentes menées du point a à l'enveloppe cherchée sont les droites qui joignent ce point aux trois autres points par lesquels passent toutes les coniques du réseau ponctuel qui passent par le point a.* C'est donc une courbe de la troisième classe ; elle porte le nom de *Cayleyenne* (*) de l'un ou de l'autre des deux réseaux contravariants (308) et (310). On voit en même temps que les droites dont elle est l'enveloppe sont tous les couples de sécantes communes des divers faisceaux du réseau ponctuel, par suite tous les couples de droites qui font partie de ce réseau, à titre de conique dégénérée. Ainsi *les droites qui portent les couples de points faisant partie d'un réseau tangentiel* ou encore *qui coupent suivant des points en involution toutes les coniques du réseau ponctuel contravariant, sont les droites des divers couples auxquels peuvent se réduire les coniques du réseau ponctuel, et leur enveloppe est une courbe de la troisième classe.*

Corrélativement, *les points d'où l'on peut mener des couples de droites faisant partie d'un réseau ponctuel,* ou encore *d'où les tangentes menées aux courbes du réseau tangentiel contravariant sont en involution, sont les points des divers couples auxquels peuvent se réduire les coniques du réseau tangentiel, et leur lieu est une courbe du troisième degré dont les trois points d'intersection avec une droite donnée sont les trois points d'intersection de cette droite avec les trois autres droites du plan auxquelles sont tangentes toutes les coniques du réseau tangentiel qui sont tangentes à la droite donnée :* c'est la *Hessienne* (**) du système des deux réseaux.

221. — Les équations de la Hessienne et de la Cayleyenne s'obtiennent sans difficulté. Soient en effet (x, y, z) les coordonnées d'un point quelconque de la première et (x_1, y_1, z_1) celles du point de la courbe qui lui correspond, c'est-à-dire qui, avec le premier, constitue une conique du réseau (310). Ces deux points étant conjugués par rapport aux coniques (307), on a (§ 151)

$$\begin{aligned} x_1 C'_{1x} + y_1 C'_{1y} + z_1 C'_{1z} &= 0 \\ x_1 C'_{2x} + y_1 C'_{2y} + z_1 C'_{2z} &= 0 \\ x_1 C'_{3x} + y_1 C'_{3y} + z_1 C'_{3z} &= 0 \end{aligned}$$

(*) Du géomètre anglais Cayley qui en a, le premier, étudié les propriétés.

(**) On verra plus loin quels sont les rapports que présente cette courbe avec la Hessienne (§ 98) d'une courbe du troisième degré.

d'où, en éliminant les coordonnées auxiliaires x_1, y_1, z_1

$$H = \begin{vmatrix} C'_{1x} & C'_{1y} & C'_{1z} \\ C'_{2x} & C'_{2y} & C'_{2z} \\ C'_{3x} & C'_{3y} & C'_{3z} \end{vmatrix} = 0. \tag{311}$$

Pour avoir l'équation tangentielle de la Cayleyenne, il faut exprimer que la droite

$$ux + vy + wz = 0$$

coupe la conique C_3 suivant deux points situés sur une conique du faisceau (C_1, C_2), c'est-à-dire qu'une certaine conique

$$\alpha C_3 + (ux + vy + wz)(u_1 x + v_1 y + w_1 z) = 0$$

passant par ces deux points, appartient au faisceau ; et est identique à une conique de la forme

$$\lambda_1 C_1 + \lambda_2 C_2 = 0$$

L'identification donne, en affectant les coefficients de chaque conique de l'indice correspondant,

$$\begin{aligned} \frac{\alpha a_3 + uu_1}{\lambda_1 a_1 + \lambda_2 a_2} = \frac{\alpha b_3 + vv_1}{\lambda_1 b_1 + \lambda_2 b_2} = \frac{\alpha c_3 + ww_1}{\lambda_1 c_1 + \lambda_2 c_2} = \frac{2\alpha f_3 + wv_1 + vw_1}{2(\lambda_1 f_1 + \lambda_2 f_2)} = \frac{2\alpha g_3 + uw_1 + wu_1}{2(\lambda_1 g_1 + \lambda_2 g_2)} \\ = \frac{2\alpha h_3 + vu_1 + uv_1}{2(\lambda_1 h_1 + \lambda_2 h_2)} = -\beta. \end{aligned}$$

On en conclut, en traitant chaque rapport avec le dernier

$$\begin{aligned} uu_1 + \lambda_1\beta a_1 + \lambda_2\beta a_2 + \alpha a_3 &= 0 \\ vv_1 + \lambda_1\beta b_1 + \lambda_2\beta b_2 + \alpha b_3 &= 0 \\ ww_1 + \lambda_1\beta c_1 + \lambda_2\beta c_2 + \alpha c_3 &= 0 \\ wv_1 + vw_1 + 2\lambda_1\beta f_1 + 2\lambda_2\beta f_2 + 2\alpha f_3 &= 0 \\ wu_1 + uw_1 + 2\lambda_1\beta g_1 + 2\lambda_2\beta g_2 + 2\alpha g_3 &= 0 \\ vu_1 + uv_1 + 2\lambda_1\beta h_1 + 2\lambda_2\beta h_2 + 2\alpha h_3 &= 0. \end{aligned}$$

Éliminant enfin les coordonnées auxiliaires u_1, v_1, w_1 ainsi que les paramètres $\lambda_1\beta$, $\lambda_2\beta$, α, il vient

$$C = \begin{vmatrix} u & 0 & 0 & 0 & w & v \\ 0 & v & 0 & w & 0 & u \\ 0 & 0 & w & v & u & 0 \\ a_1 & b_1 & c_1 & 2f_1 & 2g_1 & 2h_1 \\ a_2 & b_2 & c_2 & 2f_2 & 2g_2 & 2h_2 \\ a_3 & b_3 & c_3 & 2f_3 & 2g_3 & 2h_3 \end{vmatrix} = 0 \tag{312}$$

équation qui est du troisième degré en u, v, w.

Ces équations supposent le système défini par les coniques (307) : mais si c'est le réseau tangentiel (310) qui est donné par trois de ses coniques, dont les équations tangentielles sont les équations (309), les calculs corrélatifs donneront pour la Hessienne et la Cayleyenne les équations

$$C \equiv \begin{vmatrix} \Gamma'_{1u} & \Gamma'_{1v} & \Gamma'_{1w} \\ \Gamma'_{2u} & \Gamma'_{2v} & \Gamma'_{2w} \\ \Gamma'_{3u} & \Gamma'_{3v} & \Gamma'_{3w} \end{vmatrix} = 0 \qquad (313)$$

$$H \equiv \begin{vmatrix} x & 0 & 0 & 0 & z & y \\ 0 & y & 0 & z & 0 & x \\ 0 & 0 & z & y & x & 0 \\ A_1 & B_1 & C_1 & 2F_1 & 2G_1 & 2H_1 \\ A_2 & B_2 & C_2 & 2F_2 & 2G_2 & 2H_2 \\ A_3 & A_3 & C_3 & 2F_3 & 2G_3 & 2H_3 \end{vmatrix} = 0. \qquad (314)$$

222. — Les définitions des courbes C et H conduisent immédiatement à une foule de propriétés intéressantes dont il convient d'exposer les plus simples. Si l'on considère un couple de points conjugués à toutes les coniques du réseau ponctuel (308), ces points sont en particulier conjugués à tous les couples de droites du réseau qui sont les tangentes de la Cayleyenne. Donc *si le couple varie sur les diverses tangentes de la Cayleyenne, le conjugué harmonique, par rapport aux points du couple, de celui où la tangente variable qui les porte rencontre une tangente fixe, décrit une ligne droite*, qui est celle qui forme avec la tangente fixe une conique du réseau ponctuel, ou sa *conjuguée*.

Si la tangente variable se rapproche indéfiniment de la tangente fixe, le point où elle la rencontre devient le conjugué harmonique, par rapport aux points du couple, de celui où elle rencontre sa conjuguée. Par suite, *le point de contact d'une tangente de la Cayleyenne est le conjugué harmonique par rapport aux deux points conjugués situés sur elle de celui où elle rencontre sa conjuguée.*

Ce sont là quatre points remarquables, en proportion harmonique, de chaque tangente de la Cayleyenne, dont l'un est le point de contact et dont *les trois autres sont*, en vertu de la double définition de la Hessienne, *les trois points d'intersection avec la Hessienne de la tangente considérée de la Cayleyenne.*

Corrélativement, *si l'on considère les divers couples de droites, issus de chaque point de la Hessienne et formant conique du réseau ponctuel, la conjuguée harmonique, par rapport aux droites du couple variable, de celle qui joint leur point d'intersection à un point fixe de la courbe passe par un point fixe, qui est le conjugué du premier.*

La tangente en un point de la Hessienne est la conjuguée harmonique, par rapport aux deux droites conjuguées issues de ce point, de celle qui joint ce point à son conjugué.

Les trois tangentes menées à la Cayleyenne d'un point de la Hessienne sont les deux droites conjuguées issues de ce point et la droite qui joint ce point à son conjugué.

223. — Soit m un point d'intersection de la Hessienne et de la Cayleyenne; la tangente de la seconde courbe en ce point coupe la première en deux autres points a et b, et l'on vient de voir que deux des trois points m, a et b sont deux points conjugués, tandis que le troisième est celui où la tangente rencontre sa conjuguée. D'ailleurs m, étant le point de contact, est conjugué harmonique du troisième par rapport aux deux premiers : on en conclut aisément, en toute hypothèse, c'est-à-dire que m soit l'un des deux points conjugués ou non, que l'un des points a et b se confond avec le point m, ou que les deux courbes sont tangentes en ce point.

Il est facile de calculer le nombre des contacts ; pour cela, il faut connaître le degré de la Cayleyenne ou, ce qui revient au même, la classe de la Hessienne. Or on voit aisément que celle-ci ne peut avoir, en général, de point double, car, si elle en avait un, il proviendrait de la superposition de deux points conjugués ou non. Dans le premier cas, le point serait commun à toutes les coniques du réseau ponctuel ; dans le second, le point aurait deux conjugués distincts, et par suite la droite qui les joindrait serait sa polaire par rapport à toutes les coniques du réseau. Or il n'arrive pas, en général, que ces courbes aient un point commun, ni qu'un point ait par rapport à elles la même polaire ; il suit de là que *la Hessienne n'a pas en général de point double, ni à fortiori de point de rebroussement* ; et que, par conséquent, cette courbe, étant du troisième degré, *est de la sixième classe*. Corrélativement, la Cayleyenne est *du sixième degré* et l'on prévoit que les deux courbes ayant dix-huit points d'intersection, ont neuf contacts, réels ou imaginaires ; mais il faut prouver qu'ils sont en général distincts.

Dès l'instant que la Hessienne n'a ni point double ni point de rebroussement, les formules de Plucker lui assignent neuf points d'inflexion réels ou imaginaires (*) et autant de points de rebroussement à la Cayleyenne. Si l'on considère maintenant un point de rebroussement réel r (fig. 103) de la Cayleyenne et

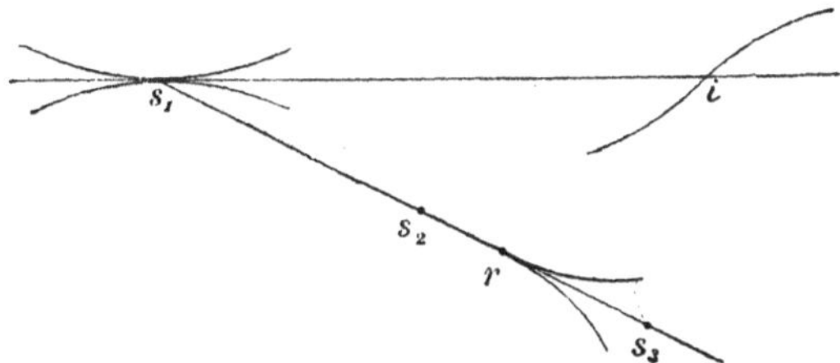

Fig. 103.

la tangente en ce point, cette droite rencontre la Hessienne en trois points, dont deux s_2 et s_3 sont conjugués, et l'autre s_1 est celui où elle rencontre sa conjuguée. Mais le caractère du point de rebroussement est que, si la tangente en ce point roule infiniment peu sur la courbe, le point de contact reste le même. Alors le point s_1 se déplace infiniment peu sur la Hessienne, et la droite qui joint ses deux positions, conjuguée de la tangente de rebroussement, est la tangente en s_1 à la Hessienne. Cette droite, étant conjuguée de la tangente de rebroussement, est aussi tangente à la Cayleyenne ; c'est donc une tangente

(*) On doit ajouter que sur les neuf points d'inflexion que ces formules assignent à toute courbe du troisième degré et de la sixième classe, six sont toujours imaginaires et les trois autres toujours réels.

commune, et le point de contact commun est s_1. Ainsi *toute tangente de rebroussement de la Cayleyenne passe par un point de contact, et a pour conjuguée la tangente commune.* Corrélativement, *tout point d'inflexion de la Hessienne est sur une tangente commune, et a pour conjugué le point de contact.* Par suite, à tout point de contact s_1 correspond un point de rebroussement r de la Cayleyenne, et un point d'inflexion i de la Hessienne (fig. 103) ; et l'on peut remarquer que le premier est en même temps l'un des points de contact des tangentes menées à la Hessienne par un des points d'inflexion; points qui, on le démontre dans la théorie des courbes du troisième degré, sont les points sextactiques (§ 95) de la courbe. Il est aussi l'un des points sextactiques de la Cayleyenne, parce que, relativement à une courbe de la troisième classe, ces points sont ceux où la courbe est rencontrée par ses tangentes de rebroussement.

De la classe de la Hessienne, on conclut aisément que, par chacun des neuf points d'inflexion, on peut lui mener trois tangentes différentes de la tangente d'inflexion; elle a donc pour chaque point d'inflexion trois points sextactiques, en tout vingt-sept, et l'un des trois est le point de contact s_1 correspondant au point d'inflexion i considéré. Pour savoir où sont les deux autres, il est nécessaire de démontrer le théorème suivant : *les tangentes en deux points conjugués de la Hessienne se coupent sur cette courbe en un point dont le conjugué est le troisième point d'intersection avec elle de la droite qui joint les deux points conjugués considérés.*

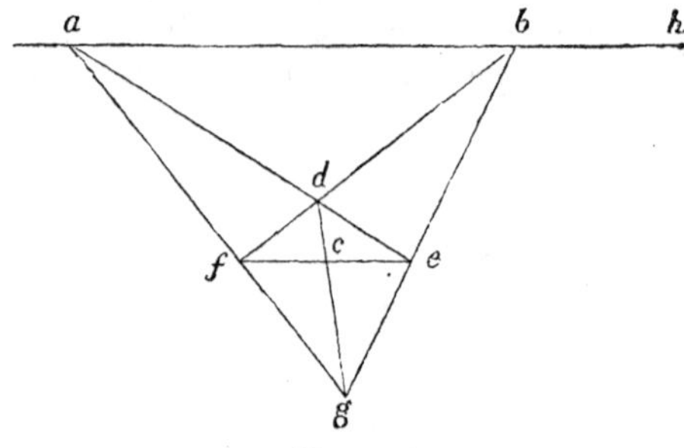

Fig. 104

Soient en effet a et b deux points conjugués (fig. 104); soient ade, afg et bdf, beg les deux couples de droites conjuguées issues de ces points. D'après le corrélatif du théorème de Hesse (§ 216, 9), les droites cd, ce sont également conjuguées par rapport aux coniques du réseau ponctuel; par suite le point c est sur la Hessienne, et c'est le point de rencontre des tangentes en a et b, parce que les droites ac, bc sont respectivement conjuguées harmoniques de ab par rapport aux couples de droites conjuguées issues de ces points.

Ainsi les tangentes en a et b se coupent sur la Hessienne : pour achever de démontrer le théorème, il suffit alors de prouver que le conjugué h du point c est le troisième point d'intersection de la droite ab avec cette courbe. C'est ce qui est évident, car les points c et h doivent être conjugués par rapport à chacun des couples de droites issues des points a et b.

Il suit de là, si l'on revient à la figure 103, et si l'on désigne par s_2 et s_3 les deux points conjugués situés sur la tangente de rebroussement de la Cayleyenne, que les tangentes en ces deux points se coupent au conjugué de s_1, c'est-à-dire au point d'inflexion i; et que, par conséquent, *les points s_2 et s_3 sont* les deux autres points de contact des tangentes menées à la Hessienne par le point i, c'est-à-dire *les deux autres points sextactiques correspondant au point d'inflexion*. Corrélativement, *en outre du point de rebroussement, la tangente de rebroussement rencontre la Cayleyenne en trois autres points qui sont sextactiques. L'un d'eux est le point de contact, les deux autres sont sur les deux droites conjuguées issues du point d'inflexion correspondant.*

Réciproquement, étant donnée une courbe du troisième degré, on peut se demander si elle peut toujours être considérée comme la Hessienne d'un système de deux réseaux contravariants. Ceci résulte du théorème suivant :

Si d'un point de la Hessienne on mène quatre tangentes à la courbe, les quatre points de contact sont deux couples de points conjugués, et les droites qui renferment les deux couples sont les deux droites conjuguées issues du point conjugué du point considéré.

On sait en effet que les tangentes à la Hessienne en deux points conjugués a et b (fig. 104) se coupent en un point c de la courbe, conjugué du troisième point h de la courbe situé sur ab. La droite abh est donc une des deux droites conjuguées issues de h; pour la seconde de ces droites, les tangentes aux deux points conjugués concourent également au point c conjugué de h; donc le théorème est vrai pour le point c de la Hessienne. Il est vrai pour tous les points, car si le couple donné ab varie, le point c décrit la courbe.

Il suit de là que, si une courbe du troisième degré donnée doit être la Hes-

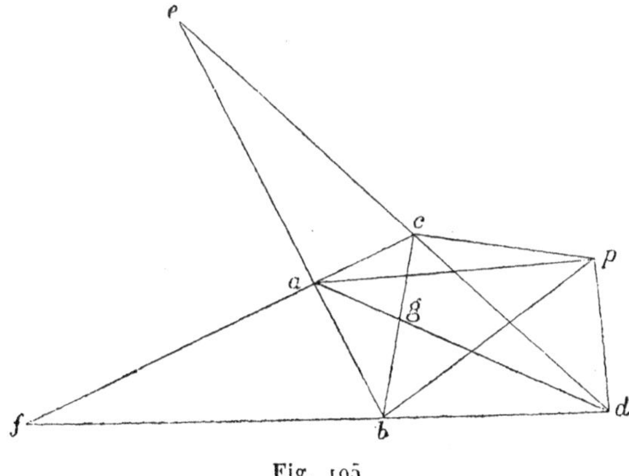

Fig. 105

sienne d'un réseau, on mènera d'un point arbitraire p de la courbe (fig. 105) les quatre tangentes; soient a, b, c, d, les points de contact : le conjugué de p sera alors l'un des centres e, f, g, des trois couples de sécantes auxquels donnent lieu ces quatre points. La théorie des courbes du troisième degré apprend d'ailleurs que ces trois points sont sur la courbe. Soit *e* ce point, intersection des droites *ab*, *cd*; le réseau supposé sera alors défini par les trois couples de points conjugués *ab*, *cd*, *pe*, et il reste à savoir si sa Hessienne est bien la courbe donnée. Or la première passe comme la seconde par les six points *p*, *a*, *b*, *c*, *d*, *e*; de plus, elles passent l'une et l'autre par les points *f* et *g*, la première en vertu de la théorie des courbes du troisième degré (§ 234), la seconde en vertu du théorème de Hesse (§ 216, 9); enfin elles sont toutes les deux tangentes en chacun des points *a*, *b*, *c*, *d*, à la droite qui le joint au point *p*; la courbe proposée, par définition, et la Hessienne en vertu de la construction de la tangente en un de ses points : la tangente en *a*, par exemple, est en effet la conjuguée de la droite *abe*, qui joint le point *a* à son conjugué, dans le faisceau en involution dont deux couples de rayons sont *ac*, *ad* et *ap*, *ae*; c'est donc la droite *ap*. Tout ceci est plus que suffisant, eu égard (§ 112) au nombre des conditions qui déterminent une courbe du troisième degré, pour que les deux courbes coïncident. On conclut de là que *toute courbe du troisième degré peut être de trois façons différentes considérée comme la Hessienne d'un système de deux réseaux contravariants.*

Sur les trois points *e*, *f*, *g*, dont on peut assigner l'un comme le conjugué d'un point donné *p* de la courbe, l'un au moins est toujours réel, parce que l'un au moins des sommets du triangle diagonal du quadrangle *abcd* dont les sommets sont réels ou imaginaires conjugués deux à deux, est toujours réel.

Corrélativement, *toute courbe de la troisième classe peut être de trois façons différentes considérée comme la Cayleyenne d'un système de deux réseaux contravariants.*

Enfin une dernière conséquence est la suivante : puisque la Hessienne est la courbe générale du troisième degré, elle a en général neuf points d'inflexion distincts, par suite *les points de contact* avec la Cayleyenne, qui leur correspondent un à un, sont aussi distincts et *sont au nombre de neuf : six sont toujours imaginaires, et les trois autres toujours réels.*

224. — Après avoir étudié les propriétés des couples de points et droites conjugués d'un système de deux réseaux contravariants, il reste à examiner quelques courbes particulières de chaque réseau.

Si, par les points d'intersection deux à deux des coniques (307), on fait passer respectivement trois hyperboles équilatères, ces courbes appartiennent au réseau ponctuel et, par suite, satisfont d'ailleurs à trois conditions linéaires, en tout quatre. Elles ont donc (§ 214) quatre points communs qui sont (§ 197) les sommets d'un triangle et le point de concours des hauteurs : toutes les courbes qui passent par ces quatre points sont des hyperboles équilatères (§ 197) et appartiennent au réseau (§ 219). Il n'en renferme pas d'autres, parce que toutes les hyperboles équilatères du réseau, satisfaisant à quatre conditions linéaires communes, ont quatre points communs. On peut donc énoncer les théorèmes suivants :

Si, par les points d'intersection de trois coniques deux à deux, on fait passer respectivement trois hyperboles équilatères, ces trois courbes ont quatre points communs, réels ou imaginaires.

Si trois coniques définissent un réseau ponctuel, les trois hyperboles équilatères ainsi obtenues au moyen de ces trois coniques définissent le faisceau des hyperboles équilatères du réseau.

Si l'on observe (§ 214) que l'hyperbole équilatère d'un faisceau ponctuel est le lieu des points d'égale puissance ponctuelle par rapport à toutes les coniques du faisceau, on en conclut que les quatre points communs aux hyperboles équilatères d'un réseau ponctuel sont les points d'égale puissance ponctuelle par rapport à toutes les coniques du réseau. Les cercles décrits de ces points comme centres, respectivement avec la puissance correspondante pour rayon, sont les cercles du réseau contravariant (§ 211). Par suite, *un réseau tangentiel renferme, en général, quatre cercles dont les centres sont les sommets d'un triangle et le point de rencontre des hauteurs.* Un cas d'exception est celui où les coniques (307) sont toutes les trois des hyperboles équilatères; alors il en est de même de toutes les coniques du réseau, et elles n'ont, en général, aucun point commun. Dans ce cas, un couple de points conjugués est formé par les points cycliques, et la Hessienne du système est le lieu des foyers des coniques du faisceau tangentiel dont deux courbes sont les deux autres coniques qui, avec le couple des points cycliques, définissent le réseau tangentiel : la Cayleyenne est l'enveloppe des axes de ces coniques.

Revenant au cas général, on voit que, si un réseau tangentiel est défini par trois de ses cercles, le quatrième en est une conséquence. Son centre est le point de rencontre des hauteurs du triangle des trois centres donnés : son rayon résulte des considérations qui vont suivre.

Il y a, en général, dans le réseau ponctuel, un cercle et un seul, qui est (§ 212) le centre orthogonal aux cercles orthoptiques des coniques (309) et dont le centre est le point d'égale puissance tangentielle par rapport aux coniques du réseau tangentiel. Il coupe également à angle droit *les cercles orthoptiques de toutes les coniques du réseau tangentiel* qui, par suite, *ont même centre radical.* En particulier, il coupe à angle droit tous les cercles ayant pour diamètres respectifs les segments formés par les couples de points conjugués, ainsi que les cercles orthoptiques des quatre cercles du réseau tangentiel qui leur sont respectivement concentriques avec des rayons augmentés dans la proportion de 1 à $\sqrt{2}$. Par suite le quatrième cercle du réseau tangentiel défini par trois de ses cercles s'obtiendra de la façon suivante : on augmentera les rayons des trois cercles donnés dans la proportion de 1 à $\sqrt{2}$, tout en conservant les mêmes centres, et l'on décrira le cercle orthogonal commun, qui sera le cercle du réseau ponctuel. Le cercle cherché a pour centre le point de concours des hauteurs du triangle dont les sommets sont les centres des trois cercles donnés, et son cercle orthoptique, qui lui est concentrique, coupe à angle droit le cercle du réseau ponctuel, qui vient d'être construit. On en conclut le cercle cherché en décrivant du point de concours des hauteurs comme centre le cercle orthogonal au cercle du réseau ponctuel et réduisant le rayon dans le rapport de $\sqrt{2}$ à 1. On peut donc énoncer le théorème suivant :

Lorsqu'une conique est harmoniquement circonscrite à trois cercles, elle est aussi harmoniquement circonscrite à un quatrième cercle, dont le centre est le point de concours des hauteurs du triangle dont les sommets sont les centres des trois cercles donnés, et dont le rayon est tel que les quatre cercles concentriques aux trois cercles donnés et au cercle cherché, et dont les rayons sont aux leurs dans la proportion de $\sqrt{2}$ à 1, coupent à angle droit un même cercle.

Enfin il y a dans le réseau tangentiel un faisceau tangentiel de paraboles; car les paraboles de ce réseau satisfont à quatre conditions linéaires tangentielles. Elles ont d'ailleurs une tangente commune à l'infini, *elles ont donc trois tangentes communes à distance finie*. Chaque sommet du triangle formé par ces tangentes appartient à la Hessienne, et a pour conjugué le point situé à l'infini sur le côté opposé; d'où il suit que les côtés de ce triangle sont parallèles aux asymptotes de la Hessienne, et que les droites menées par chaque sommet parallèlement au côté opposé sont trois tangentes de la Cayleyenne. Le point de rencontre des hauteurs du triangle des trois tangentes, point de concours des directrices des paraboles, est le centre du cercle du réseau ponctuel (§ 212) d'où il ne faudrait pas conclure, qu'étant harmoniquement circonscrit aux paraboles du réseau tangentiel, il coïncide avec le cercle conjugué à ce triangle; puisque, dans le cas de la parabole, il y a une infinité de cercles harmoniquement circonscrits ayant pour centre un point de la directrice.

Le système de deux réseaux contravariants donne lieu à de nombreux cas particuliers qu'il suffit de signaler et dont l'étude se fera sans difficulté par la résolution des problèmes qui suivent.

225. Exercices. — 1. Les dix-huit cordes communes à trois coniques quelconques, prises deux à deux, sont tangentes à une même courbe de la troisième classe. Leurs dix-huit ombilics communs sont sur une même courbe du troisième degré.

2. Si les trois coniques ont un point commun, les neuf cordes communes qui ne passent pas par le point, sont tangentes à une même conique. Si elles ont une tangente commune, les neuf ombilics communs qui ne sont pas sur cette tangente appartiennent à une même conique.

3. Lorsque trois hyperboles équilatères ont deux points communs, toute droite perpendiculaire à la corde commune les coupe suivant six points en involution.

4. Il y a trois droites qui coupent quatre coniques quelconques suivant des points en involution; ce sont les diagonales d'un quadrilatère. Il y a trois points d'où on peut leur mener des tangentes en involution; ce sont les points diagonaux d'un quadrangle.

5. Le lieu des centres des coniques d'un réseau tangentiel dont la somme des carrés des axes est constante est un cercle concentrique au cercle du réseau ponctuel contravariant. Cas où la somme des carrés des axes est nulle.

6. Étant donnés trois couples de droites, chacune des six droites donne lieu à une involution dont deux couples sont ses points d'intersection avec les deux couples dont elle ne fait pas partie. Les six cercles ayant pour diamètres les segments formés par les points doubles de ces six involutions ont même centre radical.

7. Si l'on trace leur cercle orthogonal commun, et si l'on construit neuf autres cercles de la même façon en combinant trois à trois cinq couples donnés de droites, les dix cercles ainsi obtenus ont même centre radical.

8. Il y a quatre coniques harmoniquement circonscrites à trois coniques données et ayant pour foyer un point donné : les quatre directrices correspondantes forment un quadrilatère dont le point donné est un sommet orthoptique (§ 178).

9. Si les coniques d'un réseau ponctuel ont un point commun, la Cayleyenne se réduit à ce point et à une conique, et la Hessienne a un point double en ce point : déterminer les deux tangentes en ce point. Problème corrélatif.

10. Si les coniques d'un réseau ponctuel ont deux points communs, la Cayleyenne se réduit à trois points, et la Hessienne à une conique et une droite. Il y a alors un point et une droite qui sont pôle et polaire par rapport aux coniques du réseau tangentiel contravariant. Problème corrélatif.

11. Le lieu des foyers des coniques inscrites dans un quadrilatère est une courbe du troisième degré passant par les points cycliques, par les six ombilics communs, par les pieds des hauteurs du triangle des diagonales, et par son foyer singulier (§ 94). L'asymptote réelle est symétrique de ce dernier par rapport à la droite, lieu des centres des coniques du faisceau. D'un point fixe de la courbe on voit tous les couples de foyers sous un angle variable, mais dont les bissectrices sont fixes.

12. L'enveloppe des axes des coniques inscrites dans un quadrilatère est une courbe de la troisième classe tangente à la droite de l'infini, à la droite lieu des centres des coniques du faisceau, aux diagonales du quadrilatère, aux trois hauteurs du triangle de ces diagonales et aux bissectrices des six angles formés par deux côtés quelconques du quadrilatère.

LIVRE QUATRIÈME

CHAPITRE PREMIER

CONSTRUCTION DES COURBES. — NOTIONS SUR LES COURBES DU TROISIÈME OU DU QUATRIÈME DEGRÉ.

226. Construction des courbes. — Il reste à indiquer quelques principes qui permettront de construire ceux des lieux, solutions des exercices proposés, qui dépassent le second degré ; plus généralement, toute courbe donnée par son équation. Leur application à quelques courbes du troisième et du quatrième degré conduira à l'exposition de notions générales sur ces êtres géométriques. On supposera les coordonnées cartésiennes.

Le but de la théorie, ici comme dans beaucoup d'autres cas, est de faire voir qu'il existe une méthode générale à laquelle on pourra toujours recourir, chaque fois que la forme particulière de l'équation ou les propriétés connues de la courbe n'inspireront pas un mode de procéder plus simple. Supposons donc que l'on ait une équation en x et y ; et que, par les moyens indiqués dans la théorie générale des courbes, on ait construit les asymptotes de la courbe qu'elle représente, lesquelles en dessinent, pour ainsi dire, l'ossature ; supposons que l'on ait aussi déterminé les points singuliers desquels dépendent, ainsi qu'on l'a vu, des propriétés si essentielles du lieu, et les tangentes en ces points. Si l'on donne alors à l'une des variables une valeur numérique déterminée, et s'il n'entre dans l'équation aucun paramètre algébrique, on obtient pour l'autre inconnue une équation numérique dont on peut déterminer les racines avec l'approximation que l'on veut; en faisant varier la valeur numérique choisie, on obtient ainsi les diverses branches de la courbe, limitée ou non, suivant que l'équation donne pour la seconde variable des valeurs réelles dans un intervalle limité ou non; celle-ci restant d'ailleurs toujours finie, sans quoi la courbe est illimitée. La considération de la tangente en chaque point, celle des points d'inflexion et par suite l'observation du sens de la convexité de la courbe, enfin le degré et la classe qui donnent le maximum du nombre des points réels sur une droite ou des tangentes réelles par un point, achèveront d'indiquer le tracé définitif de la courbe. S'il entre dans l'équation des paramètres algébriques, c'est qu'il s'agit alors d'une famille de courbes dont on construira l'une en donnant à ces paramètres des valeurs numériques déterminées. Il y aura lieu de voir comment varient ces courbes par suite de la variation des paramètres. La méthode s'applique d'ailleurs avec peu de modifications, si les coordonnées sont trilinéaires.

Elle est, dans tous les cas, peu pratique : mais elle le devient si l'équation peut se résoudre par rapport à l'une des variables. La construction de la courbe revient alors à la discussion d'une fonction d'une seule variable, que l'algèbre enseigne, et dans laquelle la considération de la dérivée joue le plus grand rôle.

Un autre procédé, qui réussit souvent, consiste à exprimer les coordonnées d'un point de la courbe en fonction d'un paramètre variable, dont l'élimination entre les valeurs de x et y reproduit l'équation de la courbe. La construction de celle-ci revient alors à la discussion simultanée de deux fonctions de la même variable. On a déjà vu un exemple de cette façon d'exprimer les coordonnées d'un point d'une courbe, dans le cas où celle-ci est unicursale (§ 116) et où les expressions de ces coordonnées en fonction du paramètre sont rationnelles. On a vu qu'alors, pour les obtenir, il faut faire passer par $2m-3$ points fixes de la proposée, une courbe variable du degré $m-1$, admettant pour point multiple d'ordre $i-1$ tout point multiple d'ordre i de cette dernière. Pratiquement, l'opération réussit encore, et donne par conséquent des résultats plus simples, au moyen d'une courbe du degré $m-2$ passant par $m-3$ points fixes de la proposée, et admettant toujours pour point multiple d'ordre $i-1$ tout point multiple d'ordre i de celle-ci. Ainsi, si une courbe du quatrième degré a trois points doubles, il sera plus simple de faire passer une conique variable par ces trois points et par un point fixe de la courbe, que de se servir d'une courbe du troisième degré passant par les mêmes points et par cinq points fixes de la courbe. Dans tous les cas, on connaît tous les points d'intersection, sauf un, des deux courbes, ce qui résout le problème.

Si la courbe, au lieu d'être du genre *zéro*, est du genre *un*, c'est-à-dire si elle a un point double de moins (§ 115), on peut encore facilement exprimer ses coordonnées en fonction d'un paramètre variable, mais non plus en fonction rationnelle. Il suffira pour cela de faire passer une courbe variable du degré $m-2$ par les points doubles de la proposée et par $m-2$ autres points fixes. Son degré d'indétermination est le même que plus haut; car si, parmi les points qui la déterminent, il y a en moins un point double de la proposée, il y a en plus un autre de ses points. Mais comme ce dernier est simple au lieu d'être double, le nombre des points d'intersection connus des deux courbes est diminué d'une unité; par suite le nombre des points inconnus est égal à deux ; et l'équation aux abscisses ou aux ordonnées des points d'intersection, se réduisant au second degré, pourra toujours être résolue. Si, par exemple, une courbe du quatrième degré a deux points doubles, et si l'on fait passer par ces deux points et par deux autres points fixes de la courbe une conique variable, on connaîtra six points d'intersection des deux courbes: par suite, l'équation en x résultant de l'élimiuation de y se réduira au second degré et pourra se résoudre, ce qui donnera x en fonction irrationnelle du paramètre variable de l'équation de la conique.

Quoi qu'il en soit, x et y étant ainsi exprimés sous la forme

$$x=\varphi(t) \qquad y=\psi(t)$$

on cherchera les valeurs particulièrement intéressantes de la variable t, par exemple celles qui annulent x ou y, ou qui les rendent infinis, et l'on fera varier t entre chacune d'elles. On aura la tangente en chaque point, en remarquant que son coefficient angulaire qui est la dérivée de y par rapport à x, peut s'écrire, en vertu du théorème des fonctions de fonctions,

$$y'_x=y'_t.t'_x=\frac{y'_t}{x'_t}=\frac{\psi'(t)}{\varphi'(t)}\equiv\chi(t).$$

Si l'on veut ensuite la dérivée seconde de y par rapport à x, afin de déterminer les points d'inflexion, on aura

$$y''_x = \chi'(t).t'_x = \frac{\chi'(t)}{x'_t} = \frac{\chi'(t)}{\varphi'(t)} = \frac{\varphi'\psi'' - \varphi''\psi'}{\varphi'^3(t)}.$$

On obtiendra donc les points d'inflexion, par l'équation

$$\varphi'\psi'' - \varphi''\psi' = 0.$$

Les applications qui vont suivre compléteront l'exposé de ces principes généraux.

COURBES DU TROISIÈME DEGRÉ.

227. Cissoïde de Dioclès. — Les courbes les plus simples après les coniques, sont les courbes du troisième degré, ou *cubiques*. Elles peuvent être de la sixième, de la quatrième ou de la troisième classe, suivant qu'elles n'ont pas de point multiple, ou bien qu'elles ont un point double, ou un point de rebroussement : dans ces deux derniers cas, elles sont unicursales, puisqu'une cubique ne peut avoir plus d'un point double sans se décomposer. On a déjà vu (§ 195) un exemple de cubique à point de rebroussement, et par suite de la troisième classe, dans la développée de la parabole. On en trouve un second exemple dans la *cissoïde de Dioclès*, courbe déjà étudiée par cet ancien géomètre à propos du problème de la recherche de deux moyennes proportionnelles entre deux longueurs données, et qui se définit de la façon suivante : un rayon mobile Oa (fig. 106) tourne autour d'un point fixe O d'un cercle donné, et on porte sur ce rayon une longueur Om égale à la portion ab du rayon comprise entre le cercle et la tangente au point c du cercle, diamètralement opposé au point O. Si la sécante variable Om se rapproche du diamètre Oc, la longueur ab, et par suite la longueur Om, tendent vers zéro : le point m se rapprochant indéfiniment du point O, il suit de là que la droite Oc est tangente en O à l'arc Om; mais la courbe est évidemment symétrique par rapport à l'axe Oc, elle a donc un point de rebroussement en O : d'ailleurs sur toute droite Om issue du point O, il y a, outre ce point, un seul point m de la courbe ; elle est donc du troisième degré. Elle passe évidemment par le point situé à l'infini sur OY ; elle passe aussi par les points cycliques ; car, si Om est une droite isotrope, la longueur ab est indéterminée, et le point cyclique est sur cette droite le seul dont la distance au point O le soit aussi ; pour tous les autres, la

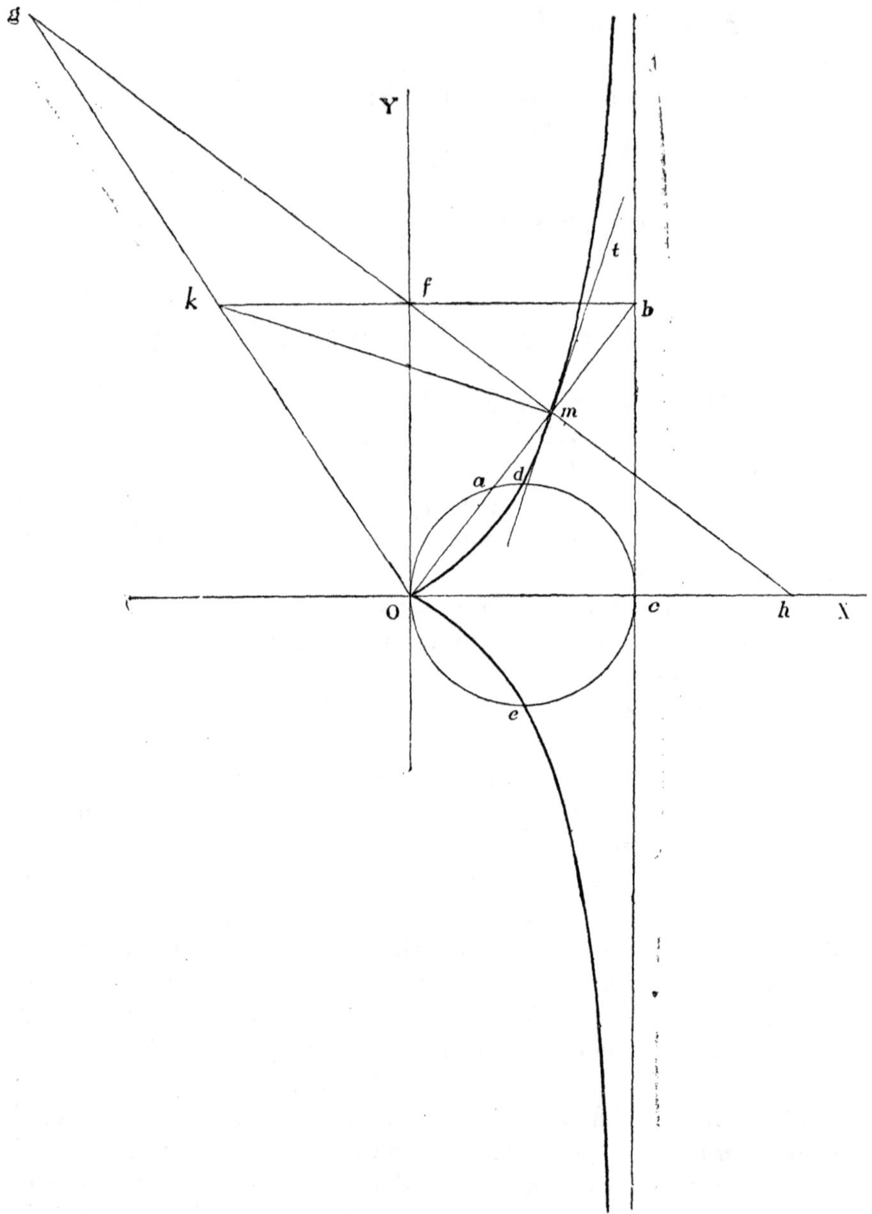

Fig. 106

distance au point O est nulle. Elle passe encore par les points d et e du cercle pour lesquels la tangente est parallèle à Oc : toutes raisons pour lesquelles on prévoit l'équation de la courbe rapportée aux axes OX, OY

$$x(x^2+y^2)-2ry^2=0 \qquad (315)$$

à laquelle on arrive aussi facilement en partant de la définition, si l'on désigne par r le rayon du cercle donné.

Pour construire la courbe au moyen de cette équation, il suffit de résoudre par rapport à y

$$y=\pm x\sqrt{\frac{x}{2r-x}},$$

ce qui donne la courbe de la figure 106, située tout entière entre les droites $x=0$, $x=2r$, puisque y n'est réel que pour les valeurs de x intermédiaires ; et asymptote à la droite $x=2r$. Les formules de Plucker lui assignent un seul point d'inflexion ; il est à l'infini sur l'asymptote, ce qui ressort (§ 92) de la façon dont la courbe est située relativement à celle-ci.

228. Podaire de parabole. — La *podaire* d'une courbe par rapport à un point est le lieu des pieds des perpendiculaires abaissées du point sur les tangentes de la courbe. Il est facile d'en trouver le degré en fonction de la classe de la courbe : soit m un point du lieu (fig. 107) ; sa propriété caractéristique est que la perpendiculaire élevée en ce point à la droite Om qui le joint au point donné O est tangente à la courbe donnée. Si donc on veut trouver quels sont les points du lieu situés sur une droite arbitrairement choisie, il faut chercher l'enveloppe des perpendiculaires ainsi déduites de tous les points de la droite ; les tangentes communes à cette enveloppe et à la courbe donnée correspondent aux points cherchés sur la droite. Or l'enveloppe ainsi définie est évidemment (§ 204, 24) une parabole ayant pour foyer le point O et la droite pour tangente au sommet ; c'est une courbe de la seconde classe, dont les tangentes communes avec la courbe donnée sont au nombre de $2c$, si l'on désigne par c la classe de cette courbe : le degré de la podaire est donc égal, en général, au double de la classe de la proposée.

229. — Il y a cependant exception si la droite de l'infini est tangente simple ou multiple de la proposée, parce qu'elle est aussi tangente à la parabole ; si l'ordre de multiplicité est p, autant de tangentes communes sont absorbées. Si les droites isotropes menées par le point O sont q fois tangentes, il y a également lieu de retrancher le nombre $2q$ du degré trouvé, parce que ces droites sont perpendiculaires à elles-mêmes, et que chacune d'elles fait partie q fois du lieu cherché ; de sorte que finalement ce degré est égal à $2c-p-2q$. Ainsi la développée de l'ellipse est de la quatrième classe et admet la droite de l'infini pour tangente double ; sa podaire, c'est-à-dire le lieu des pieds des perpendiculaires abaissées d'un point sur les normales de l'ellipse, est du sixième degré ; le même lieu pour la parabole serait du quatrième degré, si l'on observe que, la droite de l'infini étant tangente d'inflexion de sa développée, p est égal à 2 : dans les mêmes circonstances, si le point donné est un foyer de la conique, lequel (§ 94) est en même temps foyer de la développée, le degré s'abaisse de deux unités, de sorte que le lieu des pieds des perpendiculaires abaissées d'un foyer de l'ellipse sur les normales est du quatrième degré ; pour la parabole, il est du second.

Le point O est un point multiple de la podaire ; car si la tangente variable de la proposée vient à passer par le point O, le pied de la perpendiculaire s'approche indéfiniment de ce point ; il y a donc une branche de la podaire qui vient y passer et pour laquelle la tangente est la perpendiculaire à la tangente menée du point à la proposée : si donc la courbe est de la classe c, l'ordre de multiplicité du point O pour la podaire est égal à c. Si cependant les droites isotropes menées par le point O sont q fois tangentes à la proposée, elles font q fois partie de la podaire ; ce sont autant de branches passant par le point O qu'il ne faut pas compter ; l'ordre de multiplicité de ce point est donc $c-2q$.

Les points cycliques font partie du lieu ; car si on joint l'un d'eux au point O par une droite, toute droite parallèle lui est perpendiculaire, et, en particulier, les tangentes de la proposée qui sont parallèles à cette droite : en général, il y a c tangentes parallèles à cette droite, leur ordre de multiplicité est donc égal à c ; si cependant la droite de l'infini est p fois tangente à la proposée, on ne peut plus lui mener que $c-p$ tangentes parallèles à une direction donnée. Si les droites isotropes menées par le point O sont q fois tangentes à la proposée, on a vu que chacune d'elles fait q fois partie du lieu, ce qui absorbe q des branches du lieu passant à chaque point cyclique. Définitivement l'ordre de multiplicité de ces points est égal à $c-p-q$.

On vérifie facilement tout ce qui précède au moyen de l'équation de la podaire, qui s'obtiendra de la façon suivante. Soit

$$F(u, v, w)=0$$

l'équation tangentielle de la courbe proposée ; l'équation d'une tangente quelconque sera alors

$$ux+vy+w=0$$

et celle de la perpendiculaire abaissée du point O pris pour origine pourra s'écrire

$$vx-uy=0.$$

Éliminant alors u et v entre les trois équations, il vient

$$F[x, y, -(x^2+y^2)]=0. \qquad (316)$$

Théorème. — *La tangente en un point m de la podaire* (fig. 107) *est la perpendiculaire mt à la droite qui joint le point m au milieu b du segment dont les extré-*

mités sont le point O *et le point de contact* a *de la tangente* am *avec la courbe donnée.*

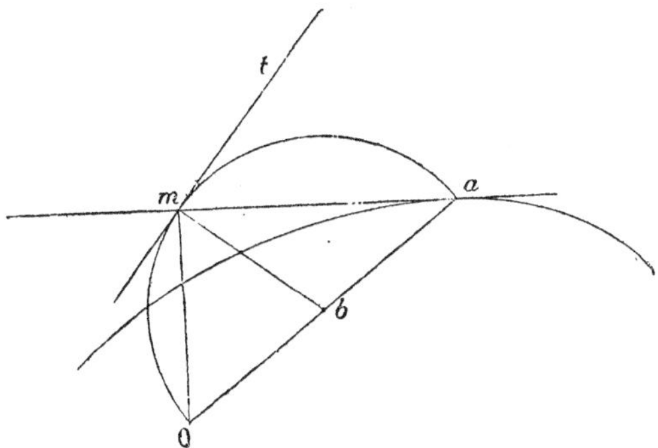

Fig. 107

En effet, les coordonnées du point de contact de la tangente (u, v, w) sont (§ 85) F'_u, F'_v, F'_w ; celles du point b sont alors $\frac{1}{2}F'_u, \frac{1}{2}F'_v, F'_w$. Les coordonnées du point m étant x_1 et y_1, l'équation de la droite mb est alors

$$\begin{vmatrix} x & y & 1 \\ x_1 & y_1 & 1 \\ F'_u & F'_v & 2F'_w \end{vmatrix} = 0.$$

Celle de la tangente à la courbe (316) est d'ailleurs

$$xF'_{x_1} + yF_{y_1} + F'_{z_1} = 0$$

ou, en tenant compte de la façon dont les coordonnées x_1 et y_1 entrent dans l'équation (316),

$$x(F'_u - 2x_1F'_w) + y(F'_v - 2y_1F'_w) + x_1F'_u + y_1F'_v = 0,$$

qui est précisément, eu égard aux valeurs de u, v, w, en fonction de x_1 et y_1, celle de la perpendiculaire menée au point m à la droite mb.

On peut remarquer que cela revient à dire que *la podaire admet la même tangente au point* m *que le cercle décrit sur* Om *comme diamètre.* On peut en conclure les points multiples de la podaire, différents du point O et des points cycliques. Ces points correspondent en effet aux tangentes multiples ; et, d'après la construction de la tangente en un point, les tangentes en ces points seront distinctes, si les tangentes multiples correspondantes ont leurs points de contact distincts. Si l'on suppose que la proposée n'ait que des tangentes doubles et des tangentes d'inflexion, aux premières correspondront des points doubles, aux autres des points de rebroussement de la podaire. On peut alors calculer le genre de la podaire qui est (§ 115), en tenant compte de toutes ses singularités,

$$\frac{1}{2}(2c-p-2q-1)(2c-p-2q-2)-\frac{1}{2}(c-2q)(c-2q-1)-(c-p-q)(c-p-q-1)-t-i$$

expression dans laquelle t désigne le nombre des tangentes doubles, et i celui des tangentes d'inflexion : elle se réduit à

$$\frac{1}{2}(c-1)(c-2)-\frac{1}{2}p(p-1)-q(q-1)-t-i,$$

ce qui est précisément (§ 117) l'expression du genre de la courbe proposée ; car il faut observer qu'elle possède, en outre des t tangentes doubles ci-dessus spécifiées, une tangente multiple d'ordre p à l'infini, et deux tangentes multiples d'ordre q qui sont les droites isotropes menées par le point O. Ainsi, *la podaire a le même genre que la courbe proposée*, ce qui devait être (§ 117), puisqu'elle lui correspond points par tangentes.

230. Il suit de ce qui précède que la podaire d'une parabole par rapport à un de ses points est une cubique passant par les points cycliques, ou cubique *circulaire*, ayant au point donné (x_1, y_1) un point de rebroussement pour lequel la tangente est la normale de la parabole en ce point. Si l'on transporte l'origine en ce point, l'équation tangentielle de la parabole

$$pv^2-2uw=0$$

devient

$$pv^2+2u(ux_1+vy_1-w)=0$$

et par suite la podaire a pour équation

$$2x(x^2+y^2+xx_1+yy_1)+py^2=0. \qquad (317)$$

On vérifie aisément, en tenant compte de ce que la parabole passe à la nouvelle origine, que les tangentes de la podaire en ce point coïncident avec la normale à la parabole. Pour construire la courbe, il suffira de poser

$$y=tx$$

ce qui revient à la couper par une droite passant à l'origine; comme celle-ci est un point double, on en conclut pour x une seule valeur

$$x=-\frac{2(x_1+ty_1)+pt^2}{2(1+t^2)}=-\frac{(y_1+pt)^2}{2p(1+t^2)} \qquad (318)$$

puis on fera varier t entre les valeurs

$$-\infty \qquad -\frac{y_1}{p} \qquad 0 \qquad \frac{p}{y_1} \qquad +\infty$$

qui sont rangées par ordre de grandeur si l'on suppose, comme dans la figure, $y_1 > 0$. Pour $t = -\infty$, on a $x = -\frac{p}{2}$, ce qui donne l'asymptote ab; t variant de $-\infty$ à $-\frac{y_1}{p}$, x est négatif et varie de $-\frac{p}{2}$ à zéro, tandis que y est positif et varie de $+\infty$ à zéro, ce qui donne la branche Oa (fig. 108). Si t varie ensuite de $-\frac{y_1}{p}$ à zéro, x reste négatif et varie de zéro à $-x_1$, tandis que y varie de zéro à zéro par des valeurs positives; on a ainsi la branche Oc; pour $t = 0$, on a le point c qui est le pied de la perpendiculaire abaissée du point O sur la tangente au sommet de la parabole. On trouve de même de $t = 0$ à $t = \frac{p}{y_1}$, valeur qui correspond à la tangente de la parabole en O, la branche cd; et pour $t = \frac{p}{y_1}$, le point d où cette tangente vient rencontrer la directrice, qui est elle-même tangente à la podaire en d : ce point devait appartenir à la podaire, parce qu'il est le sommet de l'angle droit Ode circonscrit à la parabole; et l'on voit facilement, en appliquant la construction de la tangente à la podaire (§ 229), que la tangente en ce point est en effet la directrice. Enfin de $t = \frac{p}{y_1}$ à $t = +\infty$, on trouve la branche db.

Si l'on décrit le cercle ayant pour centre le point d et passant en O, son diamètre Od le coupe en un second point f; et si de ce point on mène une seconde tangente fh à la parabole, le pied de la perpendiculaire abaissée du point O sur cette tangente est évidemment le point g situé sur le cercle. La podaire passe donc au point g, et la tangente en g est le rayon dg du cercle, ce qui tient à ce que le cercle décrit sur Oh comme diamètre coupe le premier orthogonalement en O, et par suite en g : on verra d'ailleurs plus loin qu'une propriété importante de ce cercle consiste en ce qu'*un quelconque de ses diamètres coupe la podaire en deux points, diffé-*

rents du point d, qui sont conjugués harmoniques par rapport à ses extrémités, d'où résulte encore la propriété de la tangente en g.

La cubique est de la troisième classe et n'a qu'un point d'inflexion

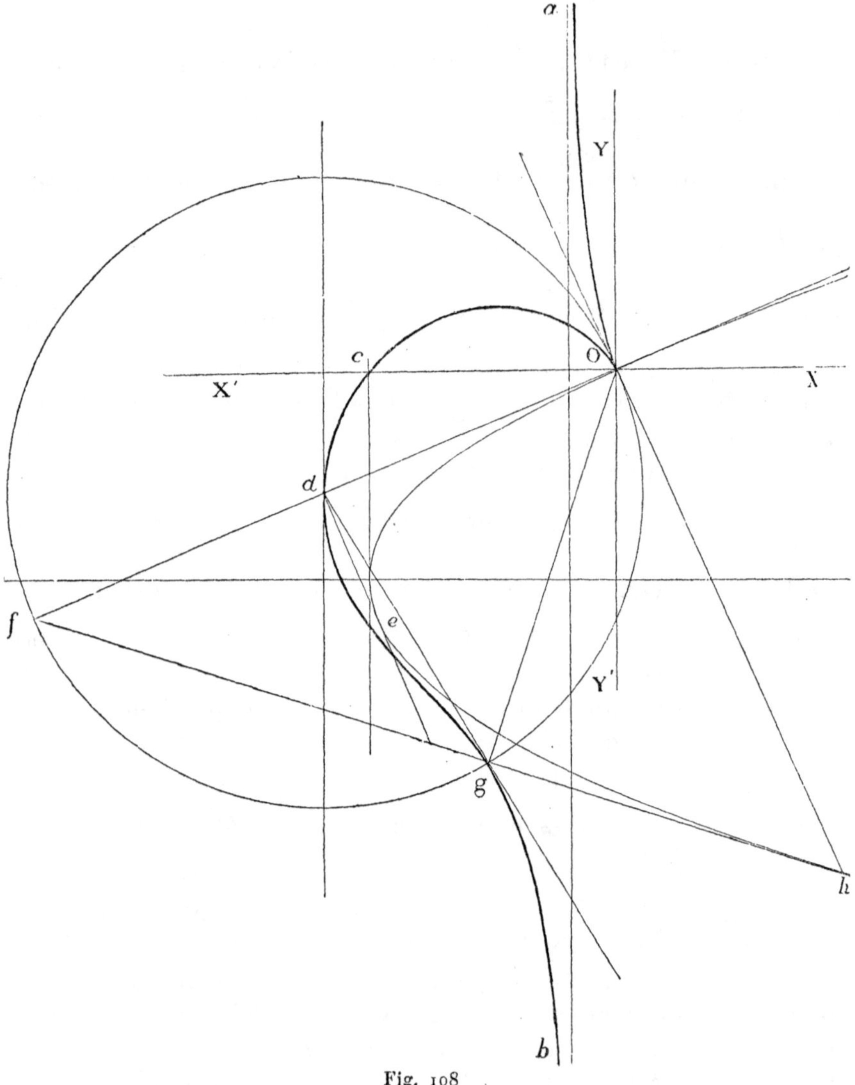

Fig. 108

qui est sur la branche dg. Enfin on peut encore remarquer, comme conséquence de la construction de la tangente en un point quelconque de cette courbe, qu'elle est bitangente à la parabole aux pieds, imaginaires sur la figure, des normales menées à cette courbe par le point O et différentes de la normale en O.

Si le point donné est le sommet de la parabole, on a alors $x_1=y_1=0$, et l'équation de la podaire, rapportée à l'axe de la parabole et à la tangente au sommet, devient

$$2x(x^2+y^2)+py^2=0.$$

On reconnaît là l'équation (315) de la cissoïde, à la condition de déterminer le diamètre $2r$ du cercle générateur par la relation

$$2r=-\frac{p}{2}.$$

On en conclut que *toute cissoïde est la podaire d'une parabole par rapport à son sommet : le sommet et la directrice de cette parabole sont le point de rebroussement et l'asymptote de la cissoïde.* On tire de là la construction de la tangente en un point quelconque m de la cissoïde (fig. 106) : on joindra Om, au point m on mènera la perpendiculaire mf qui sera, d'après ce qui précède, une tangente de la parabole; la droite OY étant la tangente au sommet de cette parabole, le point de contact g de mf s'obtiendra, d'après la propriété de la sous-tangente, en prenant $fg=fh$; et, d'après la construction de la tangente à la podaire, la tangente en m sera la perpendiculaire mt à la droite mk qui joint le point m au milieu k de Og. On pourra encore simplifier cette construction en remarquant que la droite fk est parallèle à l'axe OX et égale à la moitié de Oh. Après avoir tracé la droite mf, il suffira donc de mener par le point f où elle rencontre l'axe OY une parallèle à OY sur laquelle on prendra $fk=\frac{1}{2}Oh$, pour déterminer le point k qui appartient à la normale en m à la cissoïde. Enfin si l'on observe que la droite fk passe par le point b, on pourra aussi, pour n'avoir pas à tracer la droite OY, mener par le point b une parallèle à l'axe OX sur laquelle on prendra, à partir du point f où cette parallèle rencontre la droite mf, la longueur fk égale à la moitié de Oh.

231. — Si le point donné n'est pas supposé sur la parabole, la podaire, dont l'équation est toujours l'équation (317), a au point donné un point double dont les tangentes sont perpendiculaires aux tangentes menées du même point à la parabole. On discutera cette équation par le même procédé, seulement le numérateur de la valeur (318) de x n'est plus un carré parfait. On cherchera les valeurs

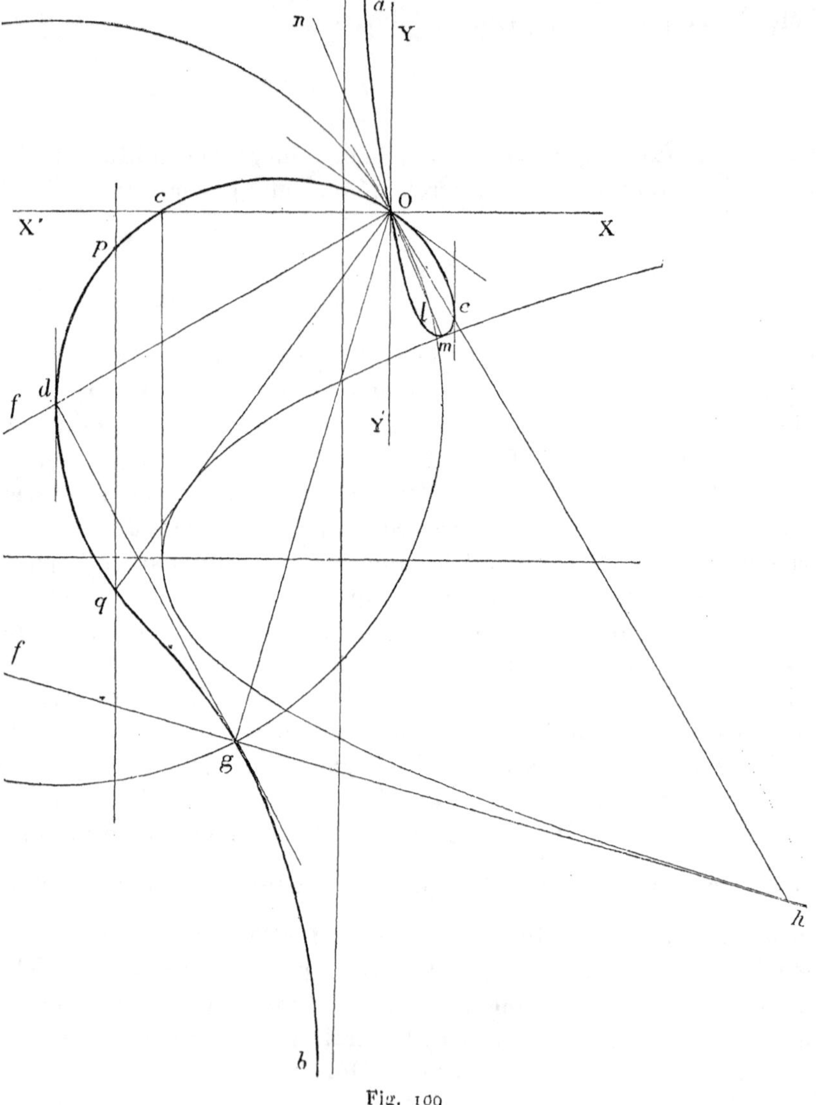

Fig. 109

t_1 et t_2 qui annulent ce numérateur, qui sont les coefficients angulaires des perpendiculaires aux tangentes menées du point O à la parabole, et on les intercalera entre les quantités

$$-\infty \qquad 0 \qquad \frac{p}{y_1} \qquad +\infty$$

pour faire ensuite varier t de l'une à l'autre. On obtiendra ainsi la courbe de la figure 109.

Cette courbe est tangente à la parabole aux pieds des normales issues du point O. Un seul de ces points, m, est réel sur la figure; les points remarquables, outre le point double, sont le point c, pied de la perpendiculaire abaissée du point O sur la tangente au sommet, et les points p et q où les tangentes menées du point O à la parabole rencontrent la directrice : elle est de la quatrième classe, et possède trois points d'inflexion dont deux sont imaginaires : l'asymptote est toujours la droite $2x+p=0$. Par chaque point de la courbe, on peut, indépendamment de la tangente en ce point, lui en mener deux autres; par suite on peut lui mener deux tangentes parallèles à OY, dont les points de contact d et e se déterminent facilement par une équation du second degré. Le cercle décrit de l'un de ces points comme centre, du point d par exemple, et passant par le point O, jouit toujours de la même propriété : il coupe la podaire en six points, deux à l'infini, deux confondus en O; et aux deux autres points g et l, qui sont sur les tangentes menées du point f à la parabole, il est orthogonal à la podaire.

Réciproquement, *toute cubique circulaire à point double peut être regardée comme une podaire de parabole, par rapport au point double.* Si l'on prend en effet pour axes de coordonnées deux droites rectangulaires passant par ce point, l'axe OY étant parallèle à l'asymptote réelle, l'équation de la courbe aura la forme générale

$$2x(x^2+y^2)+\alpha x^2+\beta xy+\gamma y^2=0.$$

Si on l'identifie avec (317), il vient

$$x_1=\frac{\alpha}{2}$$

$$y_1=\frac{\beta}{2}$$

$$p=\gamma$$

relations qui déterminent le sommet et le paramètre de la parabole, dont l'axe est d'ailleurs perpendiculaire à l'asymptote réelle.

On saura donc toujours, d'après ce qui précède, construire la tangente en un point d'une cubique circulaire à point double. Si, par exemple, on en connaît le point double et quatre points, les perpendiculaires élevées en chacun de ces derniers à la droite qui le joint au point double sont quatre tangentes de la parabole. On sait en construire le point de contact, par le théorème de Brianchon; on pourra alors appliquer à la cubique la construction de la tangente à la podaire.

232. Strophoïde. — La *strophoïde* se définit de la façon suivante : étant donnés un point a et une droite fixe Ob (fig. 110), sur

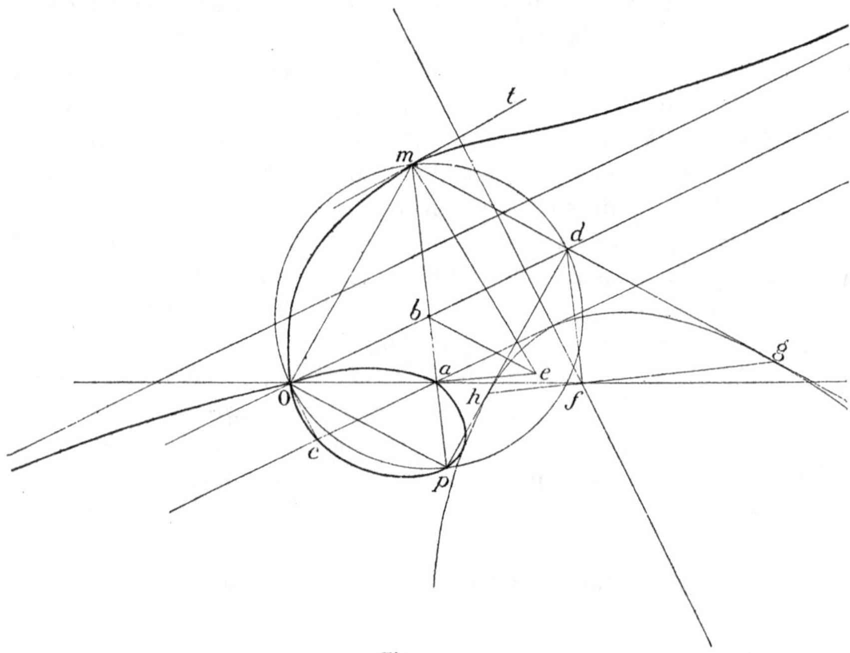

Fig. 110

un rayon mobile autour du point a on prend à partir du point b où il rencontre la droite fixe des longueurs bm, bp, égales à la distance Ob du point variable b au point fixe O de la droite ; la strophoïde est alors le lieu des points m et p. Sur le rayon variable ab, la courbe possède les deux points m et p : elle passe aussi par le point a; il suffit pour cela qu'il y ait une position de la droite ab pour laquelle $ab = Ob$, ce qui suppose le point b sur la perpendiculaire élevée au milieu de Oa, d'où il suit que le point a est un point simple de la courbe. La courbe, ayant trois points sur tout rayon tel que ab, est une cubique; elle a d'ailleurs un point double en O, car si le rayon mobile ab tend vers le rayon aO, les points m et p tendent l'un et l'autre vers le point O; et céla dans des directions perpendiculaires, car les droites Om, Op joignant le point O aux extrémités du diamètre mp du cercle décrit du point b comme centre avec Ob pour rayon, sont constamment perpendiculaires. C'est donc une cubique unicursale; on voit aisément qu'elle passe par chaque point cyclique dont la distance à tout point d'une droite isotrope correspondante est indéterminée, par suite c'est une podaire de parabole par rapport au point O (§ 231). Il suffira donc, si l'on sait déterminer cette parabole, de se rapporter au paragraphe précédent : or, le troisième point de la cubique à l'infini est évidemment sur Ob ; de plus, les tangentes en O de cette courbe, et par suite leurs normales qui sont (§ 229) les tangentes menées de ce point à la parabole, sont rectangulaires ; la droite Ob est donc la directrice. Si le rayon mobile tourne autour du point a jusqu'à devenir parallèle à Ob, la position limite du point p est le pied c de la perpendiculaire abaissée du point O sur le rayon mobile, on en conclut que la droite ac est tangente à la parabole, et comme elle est parallèle à la directrice, c'est la tangente au sommet. Enfin on construit aisément les tangentes en O à la strophoïde qui sont aussi les tangentes à la parabole; étant donnée une droite quelconque Om, menée par le point O, le point m de la strophoïde sur cette droite s'obtient en menant par le point a la droite am telle que l'angle amO soit égal à l'angle mOb : on en conclut que les tangentes en O sont les bissectrices de l'angle aOb ; d'où il suit, d'après les propriétés focales de la parabole, que la droite Oa, symétrique de la directrice par rapport aux tangentes menées du point O, passe par le foyer f, qui est d'ailleurs symétrique de la directrice Ob par rapport à la tangente au sommet ac, pour lequel on aura par conséquent O$a = af$. Ainsi *toute strophoïde est, par rapport au point double, une podaire de parabole dont la directrice est la droite fixe et dont le foyer est symétrique du point double par rapport au point fixe.*

Réciproquement, *toute podaire de parabole par rapport à un point* O *de la directrice est une strophoïde, dont le point fixe est à l'intersection de la tangente au sommet avec la droite qui joint le point* O *au foyer*. Pour le prouver, il faut faire voir que si, d'un point quelconque b de la directrice, avec Ob pour rayon, on décrit un cercle, la droite qui joint les deux points m et p, différents du point O et des points cycliques, où ce cercle rencontre la podaire, passe par un point fixe a, milieu de Of. Or ces points sont tels qu'en les joignant au point O, les perpendiculaires élevées en chacun d'eux sur les droites ainsi obtenues sont tangentes à la parabole; mais ces perpendiculaires passent par le point d diamétralement opposé au point O; ils sont donc sur les tangentes dg, dh, menées du point d à la parabole. Si maintenant on joint df, on a, en vertu des propriétés focales de la parabole,

$$\text{angle } fdh = \text{angle } hd\text{O} = \text{angle O}mb.$$

Les droites mp, df sont donc parallèles; par suite, le point b étant le milieu de $\text{O}d$, le point a est le milieu de $\text{O}f$. C.Q.F.D.

La construction de la tangente en un point quelconque m de la strophoïde résulte de ce qui précède. Par le point donné a, on mènera une perpendiculaire au rayon am, et par le point b une perpendiculaire à $\text{O}m$. Ces deux droites se coupent en un point e, milieu du segment $\text{O}g$ qui joint le point O au point de contact avec la parabole de celle de ses tangentes qui est perpendiculaire à $\text{O}m$: le point e appartient à la normale en m.

Lorsque les droites $\text{O}a$, $\text{O}b$ ne sont pas rectangulaires, la strophoïde est dite *oblique;* sinon elle est *droite.* Il est clair qu'alors le point O devra être choisi sur l'axe de la parabole, d'où l'on conclut que *la podaire d'une parabole par rapport au pied de la directrice sur l'axe est une strophoïde droite.*

233. Cubique unicursale. — Toutes les cubiques unicursales étudiées jusqu'à présent sont circulaires et se distinguent par conséquent en ce que les points cycliques jouent un certain rôle dans leur définition. On aura la cubique unicursale la plus générale en transformant homographiquement la cubique unicursale circulaire, de façon que les points cycliques deviennent deux points quelconques. Projetant ainsi la podaire de parabole, on aura pour la cubique unicursale la plus générale la définition suivante : étant donnés une conique et deux points fixes situés sur une tangente ab de cette conique (fig. 111), on considère une tangente variable cd coupant la tangente fixe au point c, et par un troisième point fixe O on mène une droite $\text{O}m$ passant par le conjugué harmonique du point c par rapport aux deux points donnés sur ab ; le point m où la droite $\text{O}m$ rencontre la tangente variable décrit une cubique, ayant un point double en O. Les tangentes en O sont, dans le faisceau involutif dont ce point est le sommet et dont les rayons doubles vont passer par les points donnés sur ab, les rayons conjugués des tangentes menées de ce point à la conique. Les points de la courbe sur la tangente fixe ab sont les deux points donnés sur cette droite et le point b, conjugué du point de contact a.

La tangente en m s'obtiendra en joignant Od qui coupe la tangente fixe en e, prenant le conjugué harmonique f de e par rapport à Od, joignant fm qui coupe la tangente fixe en g, et joignant le point m au point h conjugué de g.

Réciproquement, toute cubique unicursale peut se déduire ainsi d'une in-

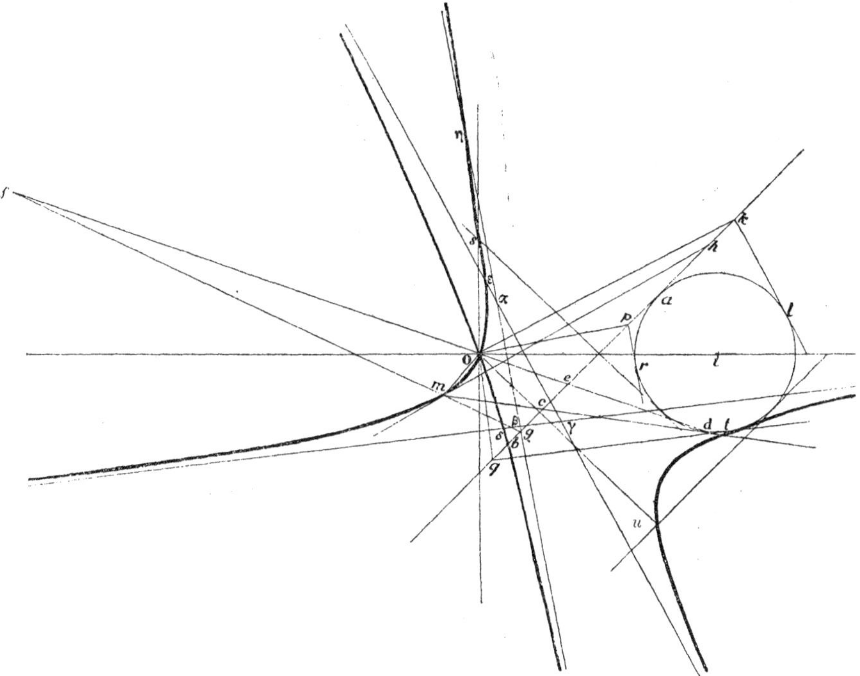

Fig. 111

finité de coniques, dont chacune est définie par tangentes lorsqu'on se donne les deux points fixes sur la cubique; et qui sont toutes trois fois tangentes à la cubique, en trois points dont deux peuvent être imaginaires conjugués.

Pour donner un exemple de la construction d'une courbe, lorsqu'au lieu d'avoir son équation, on connaît les propriétés géométriques qui lui servent de définition, supposons que la conique donnée soit un cercle (fig. 111), et que les deux points donnés sur la tangente fixe ab soient les points d'intersection de cette droite avec les droites isotropes issues du point O, auquel cas deux points conjugués sont vus du point O sous un angle droit. Pour avoir une nouvelle forme de cubique, cherchons à choisir la tangente fixe de façon que ses trois points à l'infini soient réels. On voit facilement que les directions asymptotiques sont données par les tangentes telles que kl pour lesquelles l'angle Okl est droit, et correspondent par conséquent aux points d'intersection de la tangente fixe avec la podaire du cercle par rapport au point O, points différents du point u. Cette podaire est du quatrième degré (§ 229) : ces points sont donc au nombre de trois ; et, eu égard à la forme de cette podaire (§ 239), si l'on prend pour tangente fixe une droite telle que ab, inclinée à 45° sur la droite Oi, et qui la rencontre alors entre le point O et le cercle, ils sont tous réels. On les déterminera par tâtonnements en k, p et q, ce qui donnera les directions asymptotiques kl, pr et qt. Appliquant à ces trois points à l'infini la construction de la tangente en un point quelconque, on aura les trois asymptotes formant le triangle $\alpha\beta\gamma$. Faisant ensuite varier successivement le point de contact de la tangente sur les arcs lt, tr et rl, on aura les trois branches hyperboliques de la courbe dont les points remarquables, outre les points déjà connus, sont : le pied u de la perpendiculaire abaissée du point O sur la tangente parallèle à la tangente fixe, le point s où la perpendiculaire à Oi rencontre celle des tangentes perpendiculaires à la tangente fixe qui la coupe sur Oi, et le point d'intersection de Oi avec la seconde tangente menée par le point où la tangente donnée coupe la perpendiculaire à Oi. On remarquera que chaque asymptote rencontre la courbe en un point à distance finie ; on observera que les trois points ainsi obtenus, δ, ε, η, soient en ligne droite, comme il sera démontré plus loin.

234. Cubique générale. — La cubique la plus générale est susceptible de plusieurs modes de génération. Un des plus lumineux, dû à Maclaurin, est le suivant. Considérons le lieu des points de contact des tangentes menées d'un point fixe P à toutes les coniques d'un faisceau ponctuel

$$\lambda_1 C_1 + \lambda_2 C_2 = 0. \tag{319}$$

Les points de contact sont à l'intersection de la courbe avec la polaire du point P dont l'équation est

$$\lambda_1 P_1 + \lambda_2 P_2 = 0 \tag{320}$$

en désignant par

$$P_1 = 0 \qquad P_2 = 0$$

les équations des polaires du point P par rapport aux coniques

$$C_1 = 0 \qquad C_2 = 0.$$

Éliminant λ_1 et λ_2 entre (319) et (320), il vient

$$C_1 P_2 - C_2 P_1 = 0 \tag{321}$$

qui est l'équation d'une cubique. On pourrait s'en assurer d'ailleurs en remarquant que le lieu peut encore être défini comme lieu des couples de points conjugués communs à toutes les courbes du faisceau (319), points situés sur les droites issues de P ; et que la courbe passe une fois par le point P, parce qu'il y a une conique du faisceau (319) et une seule passant par ce point : il y a donc trois points du lieu sur toute droite menée par le point P. De cette double façon d'envisager le lieu, il résulte aussi, par des considérations élémentaires, qu'il passe par les quatre points, réels ou imaginaires, communs à toutes les courbes du faisceau ; pour ces points, la tangente passe par le point P ; il passe aussi par les trois points diagonaux du quadrangle des quatre points, pour lesquels la tangente passe par le point de concours Q des polaires de P par rapport aux coniques du faisceau, point qui est également sur la cubique, et d'où l'on peut lui mener une quatrième tangente qui passe en P. Des points P et Q de la cubique, on peut lui mener quatre tangentes ; elle est donc de la sixième classe. C'est la cubique la plus générale, et l'on démontre aisément que, réciproquement, *toute cubique est le lieu des points de contact des tangentes menées d'un point fixe, arbitrairement choisi sur elle, à toutes les coniques passant par les points de contact avec la cubique des quatre tangentes qu'on peut lui mener de ce point.*

Supposons en effet que la cubique soit donnée ; et du point P, arbitrairement choisi sur elle, menons les quatre tangentes à cette courbe qui la touchent en a, b, c, d : considérons ensuite le lieu des points de contact des tangentes menées du point P à toutes les coniques qui passent par ces quatre points. C'est une cubique qui passe par le point P et qui est tangente en a, b, c, d aux droites qui joignent ces points au point P ; elle a donc neuf points communs avec la proposée. Pour démontrer qu'elle coïncide avec la proposée, rappelons (§ 112) que *neuf points déterminent une cubique et une seule, à moins que ces neuf points ne soient les points d'intersection de deux cubiques,* auquel cas l'un d'eux résulte des huit autres (§ 113) : ils servent alors de base à un faisceau de cubiques. Si donc on assujettit une cubique à passer par le point P et à être tangente en a, b, c, d aux droites Pa, Pb, Pc, Pd, elle est déterminée d'une façon unique, ou bien il y en a une infinité dont l'indétermination est du premier ordre. Mais ce dernier cas est impossible, car on pourrait alors, pour achever de déterminer la courbe, s'en donner arbitrairement un point : or, si l'on choisit ce point sur la droite Pa, par exemple, celle-ci ayant quatre points sur la cubique en ferait partie ; et il resterait une conique à laquelle on pourrait mener du point P trois tangentes, ce qui est impossible. La cubique est donc unique, et c'est la proposée ; ce qui démontre le mode de génération annoncé, dans lequel le point P est arbitraire sur la cubique.

On en conclut le théorème général suivant, déjà utilisé (§ 223): *Si, par un point d'une cubique, on lui mène quatre tangentes, les centres des trois couples de droites qui passent par les points de contact sont sur la cubique, et les tangentes en ces points concourent au troisième point d'intersection avec la cubique de la tangente à cette courbe au point donné.*

235. — Proposons-nous, par exemple, de construire la courbe lorsque le faisceau de coniques est le système des cercles passant par deux points fixes, a et b (fig. 112). On pourrait facilement, comme plus haut, tracer ce lieu en s'appuyant sur sa seule définition; on peut aussi raisonner d'après son équation. Si l'on prend pour axe X'OX la droite des centres des cercles, et pour axe Y'OY leur axe radical, et si l'on désigne par $\pm r$ l'ordonnée des points a et b, et par x_1, y_1 les coordonnées du point P, on trouve sans peine que l'équation (321) du lieu devient

$$x(x^2+y^2)-x_1x^2-2y_1xy+x_1y^2+r^2(x-x_1)=0. \quad (322)$$

Les points à l'infini sont : d'une part les points cycliques, qui font partie du lieu parce que ce sont deux des points communs aux courbes du faisceau; d'autre part, le point à l'infini sur l'axe radical, qui fait partie du lieu parce que c'est l'un des sommets de leur triangle conjugué commun. On sait que les tangentes aux deux premiers passent par le point P; ce point est donc le foyer singulier (§ 94). La tangente au troisième, qui est l'asymptote réelle, passe par le point de concours des polaires de P : on le détermine facilement en Q, sur la droite $x+x_1=0$, qui est la symétrique de P par rapport à l'axe radical, ou polaire de P par rapport au cercle de rayon infini qui fait partie du faisceau. C'est ce que l'on vérifie facilement sur l'équation; elle est du second degré en y, et le coefficient de y^2 qui, égalé à zéro, donne l'équation de l'asymptote, est $x+x_1$. Si l'on résout par rapport à y, il vient

$$y=\frac{y_1x\pm\sqrt{-x^4+(x_1^2+y_1^2-r^2)x^2+r^2x_1^2}}{x+x_1}$$

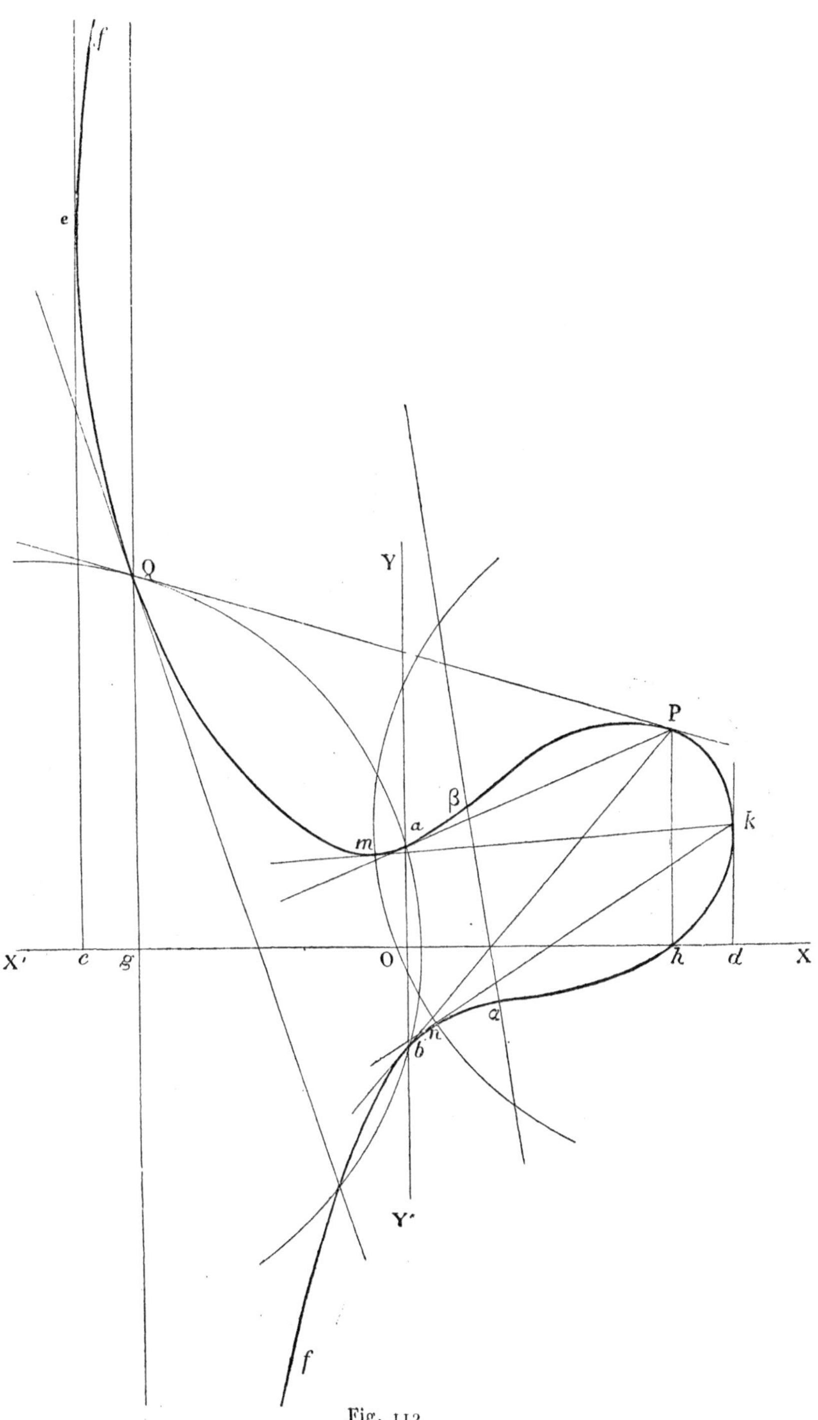

Fig. 112

et, pour construire la courbe, il suffira de faire varier x de $-\infty$ à $+\infty$, chaque valeur de x donnant deux valeurs pour y. Pour que y soit réel, il faut que la quantité qui est sous le radical soit positive; or cette expression est bicarrée en x, et l'on voit sans peine que, l'une des valeurs de x^2 étant négative, deux racines de ce trinôme sont toujours imaginaires et les autres sont toujours réelles. Elles sont égales et de signes contraires; et les substitutions $+\infty$, $-x_1$, $+x_1$ et $+\infty$ font voir que la racine négative est plus petite que $-x_1$ et la racine positive plus grande que x_1 : soient Oc et Od ces deux valeurs de x; y ne sera réel que lorsque x variera entre Oc et Od, parce que le terme x^4 sous le radical est affecté du signe $-$, et la courbe sera tout entière comprise entre les parallèles à $Y'OY$ menées par c et d. Pour $x=Oc$, les deux valeurs de y sont égales, et positives si l'on suppose, comme dans la figure, x_1 et y_1 positifs : soit e le point ainsi obtenu, en ce point la tangente est parallèle à $Y'OY$; d'ailleurs y ne peut changer de signe qu'en passant par zéro ou par l'infini; or pour $y=0$, l'équation (322) donne les valeurs imaginaires $x=\pm r\sqrt{-1}$ et la valeur réelle $x=x_1$, et y n'est infini que pour $x=-x_1$. Il suit de là qu'une valeur de y ne peut changer de signe que pour $x=\pm x_1$: les deux valeurs y sont donc positives de $x=Oc$ à $x=-x_1$; l'une d'elles augmente indéfiniment, ce qui donne la branche ef asymptote à la droite gQ, et l'autre diminue jusqu'à devenir égale à $\dfrac{x_1^2+r^2}{y_1}$, valeur positive qui donne en Q le point de concours des polaires de P par rapport aux cercles du faisceau : la tangente en ce point s'obtient facilement, c'est la polaire de P par rapport au cercle du faisceau qui passe au point Q : on a ainsi la branche eQ. De $x=-x_1$ à $x=0$, les valeurs de y sont de signes contraires; la valeur positive variant de gQ à $+r$, et la valeur négative de $-\infty$ à $-r$, ce qui donne les branches Qma, fb; en a et b, on sait que les tangentes sont les droites Pa, Pb. De $x=0$ à $x=x_1$, les valeurs de y conservent les mêmes signes que précédemment, l'une d'elles variant de r à y_1, ce qui donne l'arc aP, et l'autre de $-r$ à zéro, ce qui donne l'arc bh : on sait que la tangente en P est la droite PQ. Enfin de $x=x_1$ à $x=Od$, les deux valeurs de y sont positives, et pour $x=Od$, la courbe a sa tangente parallèle à $Y'OY$ en k.

Il y a quatre tangentes parallèles à $Y'OY$, parce que le point à l'infini sur OY appartient à la courbe : deux d'entre elles sont imaginaires; elles seraient toutes réelles, si les points a et b étaient imaginaires, auquel cas il faudrait affecter r^2 du signe —, et la courbe se composerait de deux parties séparées dont l'une, complètement fermée, n'aurait aucun point à l'infini. Il y a six tangentes parallèles à X'OX dont les points de contact s'obtiennent en égalant à zéro la dérivée de y par rapport à x : deux d'entre elles seulement sont réelles sur la figure.

236. — La cubique générale est de la sixième classe ; les six points de contact des tangentes issues d'un point donné sont les points d'intersection de la courbe et d'une conique, qui est (§ 87) la première polaire du point : les premières polaires de tous les points du plan forment un réseau ponctuel. La Hessienne de ce réseau est en même temps (§ 109) la Hessienne de la cubique considérée, puisqu'elle est le lieu des points doubles des premières polaires qui en sont douées. Réciproquement, l'on démontre que toute cubique est la Hessienne de trois autres cubiques ayant les mêmes points d'inflexion qu'elle-même; chacune de ces cubiques donne lieu à un réseau de coniques polaires ; ce sont les trois réseaux (§ 223) dont elle est la Hessienne.

On démontre aussi que, sur les neuf points d'inflexion que possède une cubique de la sixième classe, six sont toujours imaginaires, tandis que les trois autres sont toujours réels. On en voit deux en α et β sur la figure 112 ; le troisième est en dehors des limites de l'épure sur la branche ef, et sur la droite $\alpha\beta$ en vertu d'un théorème déjà démontré (§ 118).

On a vu que neuf points déterminent une cubique et une seule, à moins que ce ne soient les neuf points communs à toutes les cubiques d'un faisceau, auquel cas le neuvième résulte linéairement des huit autres : on tire de ce théorème de nombreuses conséquences. Il a déjà permis (§ 174) de démontrer le théorème de Pascal. Supposons actuellement qu'une conique coupe la cubique aux six points 1, 2, 3, 4, 5, 6, et que l'on trace les droites 12, 34, 56 : la première coupe la cubique en un nouveau point a, la seconde au point b ; et toutes les cubiques qui passent par les huit points 1, 2, 3, 4, 5, 6 a, b ont un neuvième point commun. Or, le système des droites 12, 34, 56, passe par ces huit points, le neuvième point est donc le troisième point d'intersection de la cubique avec la droite 56; il en résulte, en considérant la conique donnée et la droite ab comme une troisième cubique passant par les huit points, que *si l'on fait passer trois droites par les points d'intersection d'une conique et d'une cubique, les troisièmes points d'intersection de ces droites et de la cubique sont en ligne droite.* En particulier, si la conique se réduit à deux droites confondues, et si l'on désigne sous le nom de *tangentiel* d'un point de la cubique le troisième point d'intersection avec la courbe de la tangente en ce point, *les tangentiels de trois points en ligne droite sont en ligne droite.* Si la droite est rejetée à l'infini, *les points d'intersection, à distance finie, de chaque asymptote avec la courbe sont en ligne droite :* c'est la droite $\delta\varepsilon\eta$ de la figure 111. Si la conique, sans se réduire à une variété, est trois fois tangente à la cubique, *les tangentiels des trois points de contact d'une conique tritangente sont en ligne droite.* Si elle lui est tangente en un point et que les quatre autres points d'intersection soient confondus, en d'autres termes, si une conique est en même temps tangente et surosculatrice à une cubique, *la tangente au tangentiel du point de surosculation va passer par le tangentiel du point de contact.* Si les trois points de contact sont confondus en un point, qui alors est sextactique (§ 95), *la tangente en un point sextactique va passer par un point d'inflexion.*

Réciproquement, les points de contact des tangentes menées par chaque point d'inflexion sont sextactiques ; car si l'on considère la conique ayant en l'un d'eux, a, un contact du quatrième ordre avec la cubique, c'est-à-dire passant par cinq points de la cubique confondus en a, elle la coupe en un sixième point b ; et, d'après les théorèmes précédents, la tangente au tangentiel de a, c'est-à-dire l'une des tangentes d'inflexion, coupe de nouveau la courbe en son troisième point d'intersection avec ab. Mais puisque c'est une tangente d'inflexion, le point où elle coupe de nouveau la courbe est le point d'inflexion lui-même, donc la droite ab passe par le point d'inflexion, c'est-à-dire que b coïncide avec a : donc *il y a vingt-sept points sextactiques qui sont les points de contact des tangentes menées par les points d'inflexion.* Trois d'entre eux au moins sont réels (un pour chacun des points d'inflexion réels), et neuf au plus.

Il résulte d'un théorème démontré (§ 113) que toute courbe du degré m qui passe par $3m - 1$ points d'une cubique, la coupe en un autre point fixe : les $3m$ points d'intersection de la cubique avec une courbe du degré m ne sont donc pas arbitraires. Considérons $3p - 1$ courbes du degré m coupant chacune la cubique en $3m$ points numérotés de 1 à $3m$; par les $3p - 1$ points ayant le même numéro, faisons passer arbitrairement une courbe du degré p ; quelle qu'elle soit, elle coupe la cubique, d'après ce qui précède, en un dernier point fixe. On obtient ainsi, en faisant varier le numéro de 1 à $3m$, $3m$ derniers points *qui sont sur une courbe du degré m*, ce qui est un théorème, puisqu'ils sont en même temps sur la cubique. Il se démontre en appliquant celui qui vient d'être rappelé (§ 113) aux points d'intersection de la cubique avec les deux courbes du degré $3mp$ formées, la première des $3p - 1$ courbes du degré m données et d'une courbe quelconque, du même degré, passant par $3m - 1$ des $3m$ derniers points, la seconde des $3m$ courbes du degré p, chacune desquelles joint les points qui ont le même numéro. C'est la généralisation du premier des théorèmes précédents, et l'on peut en tirer également de nombreuses conséquences.

QUELQUES EXEMPLES DE COURBES DU QUATRIÈME DEGRÉ

237. Hypocycloïde à trois rebroussements. — Les courbes du quatrième degré, ou *quartiques*, sont en général de la douzième classe. Leur classe peut s'abaisser d'après la formule (150) jusqu'à la troisième, lorsqu'elles admettent des points doubles, dont le nombre maximum (§ 115) est égal à trois : elles peuvent aussi avoir un point triple.

Proposons-nous, par exemple, de construire la courbe

$$(x^2+y^2)^2+8rx^3-24rxy^2+18r^2(x^2+y^2)-27r^4=0. \quad (323)$$

Son équation est bicarrée en y, ce qui permettrait de la résoudre par rapport à cette variable, mais il est plus simple de la transformer en coordonnées polaires, ce qui donne

$$\rho^4 + 8r\rho^3 \cos\omega(4\cos^2\omega - 3) + 18r^2\rho^2 - 27r^4 = 0.$$

On remarque alors sans peine, en résolvant par rapport à $\cos\omega$, que pour une valeur de ρ, $\cos\omega$ n'est réel que si ρ est compris entre r et $3r$, ou bien entre $-r$ et $-3r$, de sorte que la courbe est tout entière comprise entre les deux cercles

$$x^2 + y^2 = r^2 \qquad x^2 + y^2 = 9r^2.$$

D'ailleurs, l'équation ne change pas si l'on change ω en $\omega + \frac{2\pi}{3}$; il suffira donc de considérer celle des valeurs de $\cos\omega$, correspondante à une valeur de ρ comprise entre r et $3r$, qui varie de $-\frac{1}{2}$ à $+\frac{1}{2}$. Cette valeur fournit la branche de courbe ac, normale en a et c au cercle de rayon $3r$, et tangente en b au cercle de rayon r : on en conclut le reste de la courbe (fig. 113). La courbe a trois rebrous-

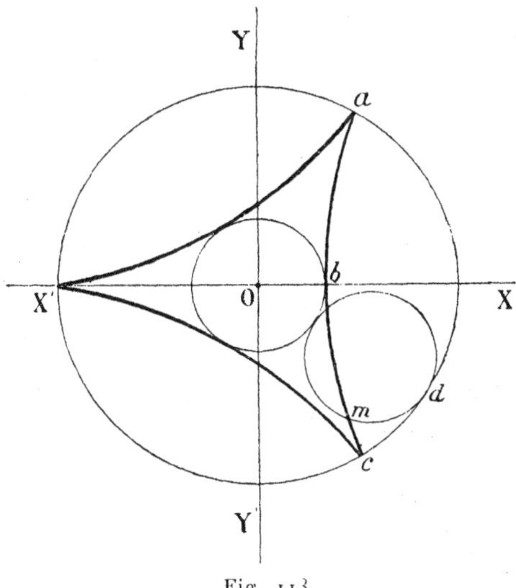

Fig. 113

sements, elle est par suite de la troisième classe ; c'est l'*hypocycloïde* engendrée par le mouvement d'un point d'un cercle de rayon r roulant sans glisser sur le cercle de rayon $3r$ et à son intérieur ; elle est définie par la condition arc $dc =$ arc dm. On la rencontre aussi en cherchant l'enveloppe de la droite qui joint les pieds des perpendiculaires abaissées d'un point du cercle circonscrit sur les côtés d'un triangle (§ 126), lorsque le point décrit le cercle circonscrit. Elle est bitangente à la droite de l'infini aux points cycliques.

238. Podaire négative d'ellipse ou d'hyperbole. — Les quartiques de la troisième classe sont les corrélatives des cubiques de la quatrième classe, par suite des cubiques à point double. On peut donc en donner un mode de génération, corrélatif du mode général indiqué (§ 233) pour ces dernières. Celles-ci ayant un point double, les premières ont une tangente double : si l'on suppose que ce soit la droite de l'infini, et si l'on fait correspondre aux deux points fixes de la cubique deux tangentes isotropes de la quartique, ce mode de génération devient particulièrement intéressant ; l'on voit ainsi que *toute quartique à trois rebroussements bitangente à la droite de l'infini est l'enveloppe de la perpendiculaire élevée à l'extrémité du rayon variable qui, partant du foyer de la courbe, aboutit en un point variable d'une certaine conique passant par le foyer*, d'où il suit que la conique est, par rapport au foyer considéré, la podaire de la quartique, ce qu'on exprime encore en disant que la quartique est la *podaire négative* de la conique. On trouve en effet, d'après les formules du § 229, que la podaire d'une courbe de la troisième classe, bitangente à la droite de l'infini, par rapport à son foyer, est une ellipse ou une hyperbole passant par ce point. On démontre aussi que la podaire négative d'une ellipse ou d'une hyperbole par rapport à l'un de ses points est une quartique à trois rebroussements bitangente à la droite de l'infini et ayant le point pour foyer. On peut facilement la construire d'après sa définition, et l'on a ainsi un nouvel exemple de la quartique à trois rebroussements.

L'énoncé précédent suppose que la quartique a un foyer ; elle en a un et un seul, c'est ce qui ressort (§ 94) de ce qu'elle est de la troisième classe et bitangente à la droite de l'infini. Si cependant les points de contact sont les points cycliques, comme dans l'hypocycloïde à trois rebroussements, elle n'a plus de foyer et le mode de génération ne s'applique plus.

239. Podaire d'ellipse ou d'hyperbole. Limaçon de Pascal. Cardioïde. — Il résulte des formules du § 229, que la podaire d'une ellipse ou d'une hyperbole est une quartique unicursale dont les trois points doubles sont le point donné et les points cycliques. Le premier est de rebroussement s'il est choisi sur la conique ; quant aux derniers, cela ne peut arriver que si la conique est un cercle. L'équation de la podaire est en effet (§ 229), en supposant la conique définie par l'équation tangentielle (211)

$$C(x^2+y^2)^2 - 2(Gx+Fy)(x^2+y^2)+Ax^2+2Hxy+By^2=0 \qquad (324)$$

et l'on trouve, en appliquant la formule (145), que l'équation du système des tangentes en l'un des points cycliques, par exemple celui dont la direction est définie par

$$x+y\sqrt{-1}=0$$

est

$$4C(x+y\sqrt{-1})^2-4(G+F\sqrt{-1})(x+y\sqrt{-1})+A+2H\sqrt{-1}-B=0.$$

Pour qu'elles soient confondues, il faut avoir

$$C(A+2H\sqrt{-1}-B)-(G+F\sqrt{-1})^2=0$$

d'où l'on conclut

$$AC-G^2-(BC-F^2)\equiv\Delta_3(b-a)=0,$$
$$HC-GF\equiv h\Delta_3=0.$$

Comme Δ_3 n'est pas supposé nul, et les coordonnées étant rectangulaires, la conique donnée est un cercle.

Si donc la conique n'est pas un cercle, et si le point donné n'est pas sur la conique, aucun des points doubles de la podaire n'est un point de rebroussement, et elle est de la sixième classe.

Si le point est sur la conique, il est de rebroussement pour la podaire, et sa classe s'abaisse d'une unité. Si, la conique étant un cercle, le point donné n'est pas sur le cercle, les points cycliques sont des points de rebroussement et la podaire est de la quatrième classe : enfin, si le point est sur le cercle, il est aussi de rebroussement pour la podaire, dont la classe s'abaisse alors à la troisième.

Examinons le cas du cercle : les axes de coordonnées rectangulaires passant par le point donné, et le centre du cercle étant supposé sur l'axe X'OX, on trouve, en cherchant les coefficients tangentiels du cercle, que l'équation de la podaire est la suivante :

$$(x^2+y^2-x_1x)^2-r^2(x^2+y^2)=0. \qquad (325)$$

Si on la transforme en coordonnées polaires, il vient, en divisant par ρ^2,

$$(\rho-x_1\cos\omega)^2=r^2$$

d'où

$$\rho=x_1\cos\omega\pm r \qquad (326)$$

ce qui prouve que, si la courbe est la podaire de l'origine par rapport au cercle dont le centre est en a, au point de l'axe X'OX qui a pour abscisse x_1 (fig. 114), elle s'obtient encore en décrivant le

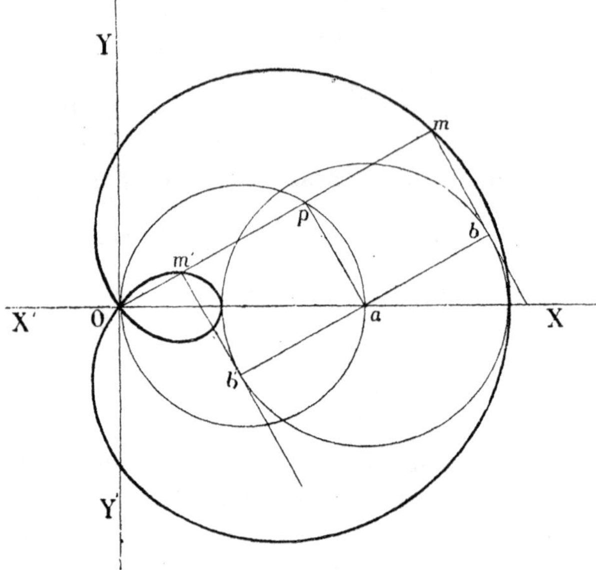

Fig. 114

cercle ayant pour diamètre Oa, et portant sur chaque rayon Op de ce cercle, de part et d'autre du point p, une longueur constante égale au rayon du premier cercle. La nouvelle équation (326) de la courbe, jointe à ses deux définitions, dispense de toute discussion : elle a la forme indiquée (fig. 114), c'est le *limaçon de Pascal.* La seconde définition résulte facilement de la première; car si l'on considère le rayon Om du limaçon, perpendiculaire sur la tangente mb du premier cercle, il rencontre le second cercle au point p, et la droite ap, étant perpendiculaire à Om, est parallèle à mb ; par suite la longueur mp est égale au rayon ab.

Si le point O est sur le cercle de centre a, la podaire a un rebroussement en O ; sa classe s'abaisse à la troisième, et elle prend alors le nom de *cardioïde.*

240. Quartique à point triple. — Les trois points doubles d'une quartique peuvent être remplacés (§ 115) par un point triple. Si l'on prend ce point pour origine, et si l'on suppose d'abord que les trois tangentes au point triple sont confondues, l'équation de la courbe aura la forme

$$\varphi_4(x, y) + (a_0 x + a_1 y)^3 = 0$$

dans laquelle φ_4 est une fonction homogène du quatrième degré, en x et y. On peut toujours prendre la tangente à l'origine pour axe Y'OY ; l'équation devient alors

$$\varphi_4(x, y) + ax^3 = 0.$$

On trouve alors pour la Hessienne (§ 98) l'équation

$$x^4 \varphi''_{4y^2}(x, y) = 0. \tag{327}$$

Il suit de là que, en dehors de l'origine qui absorbe vingt-deux points d'inflexion, la courbe n'en possède que deux, réels ou imaginaires ; l'étude de la première polaire d'un point apprend d'ailleurs qu'elle est de la quatrième classe. Enfin si l'on élimine z entre l'équation (327) de la courbe et

$$ux + vy + wz = 0$$

et si l'on écrit les conditions pour que le résultant soit au carré parfait, on trouve un système unique de valeurs ; ce qui prouve que la courbe a toujours une tangente double réelle. Supposons que ce soit la droite de l'infini, et que les points de contact soient les points cycliques, ce qu'on peut toujours obtenir au moyen d'une transformation homographique, l'équation prend alors la forme simple

$$(x^2 + y^2)^2 - ax^3 = 0.$$

Si l'on coupe par la droite variable $y = tx$, on trouve pour x et y en fonction de t

$$x = \frac{a}{(1 + t^2)^2} \qquad y = \frac{at}{(1 + t^2)^2}.$$

Faisant ensuite varier t entre les valeurs $-\infty$, 0, $+\infty$, on trouve la courbe représentée (fig. 115), dont le point triple à l'origine ne paraît présenter aucune

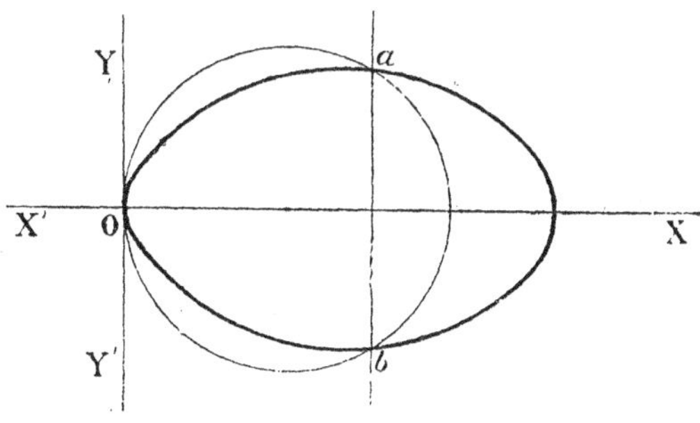

Fig. 115

singularité, ainsi que cela a été expliqué (§ 103), et dont les points de contact des tangentes parallèles à l'axe X'OX sont en a et b à l'intersection de la droite

$$16x - 9a = 0$$

et du cercle

$$4(x^2 + y^2) - 3ax = 0.$$

241. — Si deux tangentes au point triple sont confondues, la troisième étant distincte, une étude analogue à la précédente montre que la courbe est de la cinquième classe, et qu'elle a deux tangentes doubles, réelles ou imaginaires.

Si l'on prend pour axe Y′OY la tangente qui est la superposition de deux tangentes au point triple, et la troisième pour axe X′OX, l'équation de la courbe aura la forme

$$\varphi_4(x, y) + ax^2y = 0.$$

On trouve pour la Hessienne, abstraction faite du facteur x^2, l'équation

$$x^2\varphi''_{4x^2} - 4xy\varphi''_{4xy} + 4y^2\varphi''_{4y^2} - 6ax^2y = 0.$$

Éliminant x^2y entre les deux équations, on trouve une équation homogène et du quatrième degré en x et y, qui représente le système des droites joignant le point triple aux points d'inflexion : ceux-ci sont, par conséquent, au nombre de quatre.

Si l'on suppose que l'une des tangentes doubles est la droite de l'infini, et que les points de contact sont les points cycliques, on aura à construire la courbe

$$(x^2 + y^2)^2 - ax^2y = 0.$$

On coupera encore par la droite $y = tx$, et on trouvera la courbe représentée

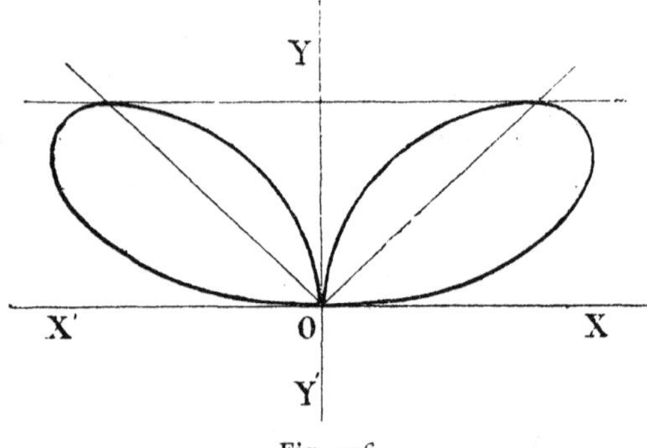

Fig. 116

(fig. 116), dont les points d'inflexion sont imaginaires sur les droites

$$x^4 - 4x^2y^2 + 7y^4 = 0$$

et dont la seconde tangente double est la droite réelle

$$y = \frac{a}{4}$$

qui touche la courbe en deux points, situés sur les bissectrices de l'angle des axes.

242. — Enfin si les trois tangentes sont distinctes, on sait (§ 110) que, au point de vue de la classe et du nombre des points d'inflexion, c'est comme si la courbe avait trois points doubles distincts ; elle est donc de la sixième classe et elle possède six points d'inflexion ; elle a aussi quatre tangentes doubles, réelles ou imaginaires.

Si l'on suppose encore que l'une des tangentes doubles est à l'infini et touche la courbe aux points cycliques, et si les tangentes à l'origine sont les bissectrices de l'angle des axes et l'axe X'OX, l'équation prend la forme

$$(x^2+y^2)^2 - ay(x^2-y^2) = 0.$$

On construira la courbe par le même procédé, et l'on trouvera qu'elle a la forme représentée (fig. 117) ; les trois tangentes doubles différentes de la droite

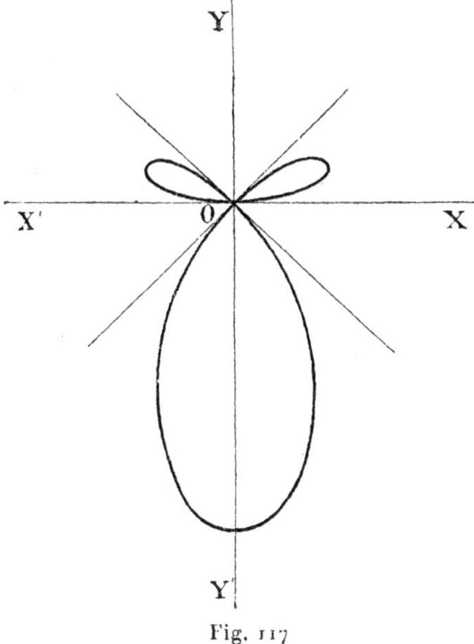

Fig. 117

de l'infini sont manifestes sur la figure, l'une d'elles est la droite $y = \frac{a}{8}$; et les six points d'inflexion sont imaginaires.

243. Ovales de Descartes. — Toutes les quartiques étudiées jusqu'à présent sont unicursales : un type des plus simples, parmi celles qui ne le sont pas, est celui des *ovales de Descartes*. Ces courbes se définissent par la propriété suivante : *il existe une même relation linéaire entre les rayons vecteurs qui joignent un point quelconque de la courbe à deux points fixes*. De cette définition, on conclut sans difficulté l'équation de la courbe qui est du quatrième degré et qui admet les points cycliques pour points de rebroussements. La droite qui joint les deux points fixes est un axe de la courbe ; celle-ci ne peut donc avoir d'autre point double que les points cycliques, car elle admettrait alors le symétrique par rapport à l'axe, ce qui est impossible, puisqu'étant du quatrième degré elle ne peut avoir plus de trois points doubles. Exceptionnellement, elle peut en avoir un sur l'axe ; elle dégénère alors en limaçon de Pascal. Il suit de là, par les formules de Plücker, qu'en dehors de ce cas elle est de la sixième classe, et qu'elle possède huit points d'inflexion réels ou imaginaires, et une tangente double. Son équation en coordonnées polaires, rapportée à l'axe et à l'un des points fixes, a la forme

$$\rho^2 - 2(a + b\cos\omega)\rho + c^2 = 0.$$

C'est au moyen de cette équation qu'il est le plus simple de construire la courbe : si l'on donne aux paramètres a, b, c, des valeurs numériques et si l'on veut construire, par exemple, la courbe dont l'équation polaire est

$$\rho^2 - 2(2 + 5\cos\omega)\rho + 1 = 0 \qquad (328)$$

on résoudra par rapport à ρ et on fera varier ω de $-\pi$ à $+\pi$. Il est clair en effet qu'il suffit de faire varier ω dans un intervalle de 2π puisque cet angle n'entre dans l'équation que par ses lignes trigonométriques. D'ailleurs si l'on change ω en $-\omega$, ρ ne change pas ; la courbe est donc symétrique par rapport à l'axe polaire et il suffira de faire varier ω de $-\pi$ à zéro pour avoir en-

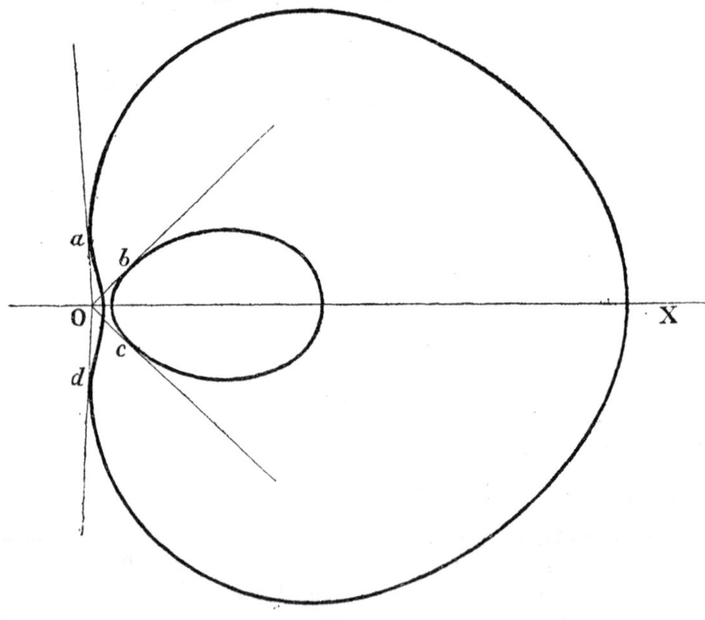

Fig. 118

suite, par symétrie, le reste de la courbe. On obtient ainsi la courbe de la figure 118 : les tangentes menées du pôle sont les droites isotropes, et les droites réelles Oa, Ob, Oc, Od, qui font avec l'axe des angles dont les cosinus sont $\pm \frac{1}{5}$ et $\pm \frac{3}{5}$; on les trouve en égalant à zéro le radical de l'équation (328) résolue. La courbe se compose de deux ovales, qui se réunissent lorsque le terme constant c est nul, auquel cas on a un limaçon de Pascal.

L'origine est un foyer ; on démontre que l'autre point fixe est également un foyer et qu'un troisième foyer est en ligne droite avec les deux premiers : deux quelconques d'entre eux peuvent servir à définir la courbe par la propriété des rayons vecteurs. Il y a aussi un foyer singulier, point de rencontre des tangentes de rebroussement à chaque point cyclique.

Réciproquement, on démontre que si une quartique admet les points cycliques pour points de rebroussement, de ses trois foyers sont en ligne droite, et que, si ces foyers sont réels, elle peut être définie par leur moyen comme les ovales de Descartes.

Ces courbes ont été étudiées par un grand nombre de géomètres ; elles jouissent de propriétés curieuses, dont une des plus importantes, qui résulte immédiatement de leur équation polaire, est la suivante : *la somme algébrique des distances d'un foyer aux quatre points d'intersection d'une droite quelconque avec la courbe est constante*. On trouvera également (§ 249) plusieurs modes de génération des ovales de Descartes.

244. Ovale de Cassini. Lemniscate de Bernouilli. — Le lieu des points tels que le produit de leurs distances à deux points fixes est constant est aussi une quartique dont ces points sont deux foyers : elle porte le nom d'*ovale de Cassini*. Son équation, qui s'établit aisément, est la suivante

$$(x^2+y^2+c^2)^2-4c^2x^2=a^4.$$

Elle admet les points cycliques pour points doubles, et est, en général, de la huitième classe. Dans le cas particulier où l'on a $c=a$, l'origine, qui est le point milieu du segment des foyers, est aussi un point double. La courbe est alors la *lemniscate de Bernouilli*, déjà étudiée (§ 111) : elle est unicursale. L'équation se discute sans peine en résolvant par rapport à y, ou bien en

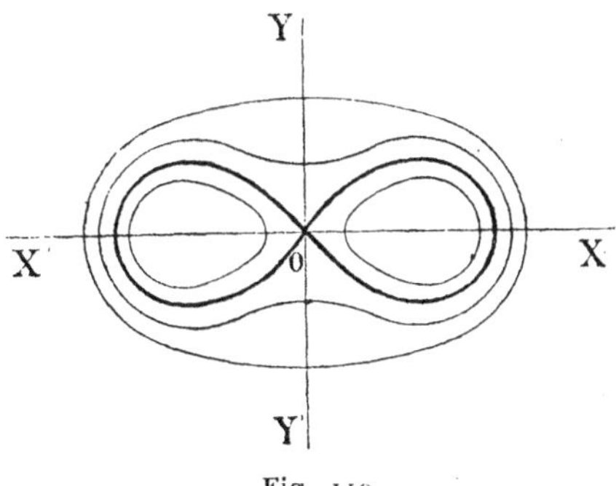

Fig. 119

transformant en coordonnées polaires, et la figure 119 montre les différentes formes que peut affecter la courbe suivant que a est plus grand ou plus petit que c. Dans le premier cas, elle se compose d'une branche unique, dans le second de deux ovales distinctes. La lemniscate, qui a un point double, correspond au cas intermédiaire, où $a = c$.

245. Quartique à un point double. — Considérons un faisceau ponctuel de coniques

$$C_1 + \lambda C_2 = 0$$

et un faisceau de couples de droites en involution, issues de l'origine

$$A_1 + \mu A_2 = 0$$

dans l'équation duquel, par conséquent, A_1 et A_2 sont homogènes et du second degré en x et y. Établissons entre λ et μ une relation homographique

$$a\lambda\mu + b\lambda + c\mu + d = 0$$

et éliminons λ et μ entre ces trois équations : nous aurons le lieu du point d'intersection d'un couple du second faisceau avec la conique correspondante du premier. L'équation du lieu est

$$(aA_1 - bA_2)C_1 = (cA_1 - dA_2)C_2.$$

Elle représente une quartique dont l'origine est un point double, et qui passe par les points qui servent de base au faisceau de coniques. Les tangentes à l'origine ont pour équation, en désignant par c_1 et c_2 les termes constants dans les équations des coniques C_1 et C_2,

$$(aA_1 - bA_2)c_1 = (cA_1 - dA_2)c_2.$$

Chacune d'elles, en dehors du point double, coupe la quartique en un quatrième point qui, satisfaisant aux deux équations précédentes, satisfait aussi à la suivante

$$\frac{C_1}{c_1} = \frac{C_2}{c_2}$$

laquelle représente la conique du faisceau qui passe par l'origine.

Réciproquement, on démontre que *toute quartique à un point double peut être ainsi engendrée d'une infinité de manières ; on peut se donner arbitrairement sur la quartique deux des points qui servent de base au faisceau des coniques*. Les deux autres s'obtiennent alors en faisant passer une conique par les deux premiers, par le point double et par les quatrièmes points d'intersection avec la quartique des tangentes au point double ; ce sont les deux derniers points d'intersection de la conique et de la quartique ; et chaque conique du faisceau ainsi défini coupe alors la quartique en quatre nouveaux points situés sur deux droites conjuguées d'un faisceau en involution dont le sommet est le point double de la quartique.

Une quartique à un point double est de la dixième classe ; on peut donc lui mener du point double six tangentes: on démontre que *les points de contact de ces six tangentes sont sur une même conique.* L'enveloppe des droites qui coupent harmoniquement cette conique et la conique variable du faisceau ponctuel qui vient d'être déterminé est (§ 216, 10) la conique variable d'un faisceau tangentiel : on démontre également que *le faisceau en involution qui sert à la génération de la quartique est le système des tangentes menées de l'origine à toutes les coniques du faisceau tangentiel.*

Considérons, comme application, la quartique à nœud

$$(x^2+y^2+4)(x^2-y^2)+5x(x^2-2y^2)=0. \tag{329}$$

Dans cet exemple, les tangentes à l'origine sont les droites

$$x^2-y^2=0 \tag{330}$$

parallèles en même temps aux bissectrices de l'angle des axes et aux deux asymptotes réelles. Leurs quatrièmes points d'intersection avec la courbe sont donc à l'infini sur ces droites, et l'une des coniques qui déterminent le faisceau ponctuel sera, par exemple, l'hyperbole équilatère

$$x^2-y^2-2x=0$$

qui passe par ces points et par le point double. Elle coupe la quartique en quatre autres points, qui servent de base au faisceau : une seconde conique du faisceau s'obtiendra en éliminant x^2-y^2 entre les équations (329) et (330), ce qui donne en divisant par x

$$7x^2-8y^2+8=0$$

et l'équation générale des coniques du faisceau est alors

$$x^2(7+\lambda)-y^2(8+\lambda)-2\lambda x+8=0. \tag{331}$$

On verra d'ailleurs plus loin (§ 247) que les points de contact des six tangentes menées de l'origine à la quartique sont sur le cercle

$$x^2+y^2-4=0. \tag{332}$$

Si l'on exprime qu'une droite coupe harmoniquement la conique (331) et le cercle (332), on trouve en appliquant la condition (292)

$$40u^2-20v^2-w^2+2\lambda(2u^2-2v^2+uw)=0$$

qui est l'équation tangentielle d'un faisceau tangentiel de coniques.

Si l'on y fait $w=0$, on obtient le faisceau des tangentes menées par l'origine à ces coniques

$$5(2u^2-v^2)+\lambda(u^2-v^2)=0$$

ou, en coordonnées ponctuelles, par suite de l'élimination de u et v entre l'équation

$$ux + vy = 0$$

et la précédente,

$$5(x^2 - 2y^2) + \lambda(x^2 - y^2) = 0.$$

Si l'on élimine maintenant λ entre cette équation et l'équation (331), on trouve l'équation (329) de la quartique, ainsi que c'était annoncé.

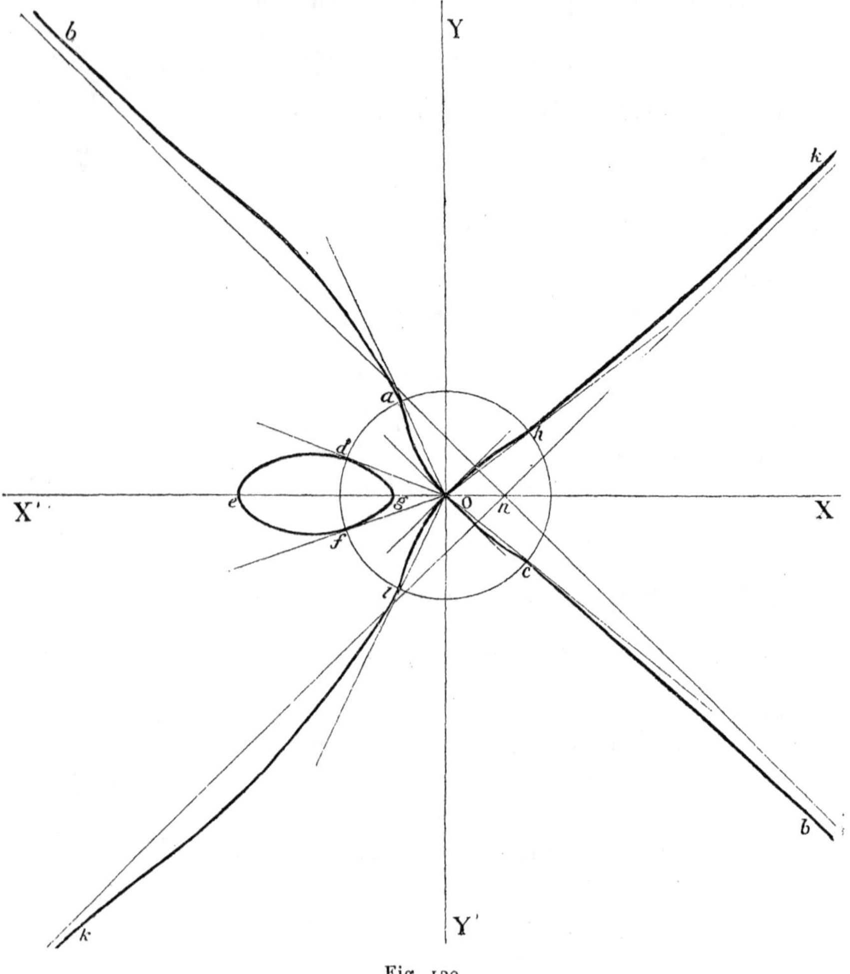

Fig. 120

Pour construire la courbe (329), posons $y = tx$; on en conclut

$$x^2(1 - t^4) + 5x(1 - 2t^2) + 4(1 - t^2) = 0$$

d'où

$$x = \frac{5(2t^2-1) \pm \sqrt{25(2t^2-1)^2 - 16(1-t^2)^2(1+t^2)}}{2(1-t^4)}.$$

L'expression sous le radical est du sixième degré et bicubique en t ; si l'on y considère t^2 comme l'inconnue, on voit sans peine qu'elle a trois racines positives séparées par $0, \frac{1}{2}, 1$, et $+\infty$; des substitutions intermédiaires montrent qu'elles sont très voisines de $\frac{1}{8}, \frac{2}{3}$ et 6,5; d'où il suit que les six valeurs de t sont réelles et voisines de $\pm$ 0,357 ; $\pm$ 0,815; et $\pm$ 2,55. Désignons-les par $\pm t_1$, $\pm t_2$, $\pm t_3$. L'expression sous le radical n'est positive, et par suite x et y ne sont réels, que pour des valeurs de t comprises entre $-t_3$ et $-t_2$, entre $-t_1$ et $+t_1$, et entre $+t_2$ et $+t_3$; d'ailleurs à chaque valeur de t correspondent deux systèmes de valeurs pour x et y. Ainsi pour $t=-t_3$, ces deux valeurs sont égales; x est négatif, y est positif, et l'on obtient un point a de la courbe pour lequel la tangente est la droite $y=-t_3x$; t variant ensuite de $-t_3$ à $-t_2$ l'une des valeurs de x fournit la branche abc (fig. 120), qui passe à l'infini pour $t=-1$, et l'autre la branche $a0c$ qui passe à l'origine pour la même valeur de t ; au point c la courbe est tangente à la droite $y=-t_2x$. De $-t_1$ à $+t_1$, on a de même l'ovale $defg$ tangente aux droites $y=\pm t_1x$ et coupant l'axe X'OX aux points $x=-1$, $x=-4$. Enfin t variant de t_2 à t_3, on a la branche hklO symétrique de la première par rapport à l'axe X'OX.

Les points à l'infini sont les points cycliques et les points à l'infini sur les bissectrices de l'angle des axes : à ces derniers correspondent deux asymptotes réelles, que l'on trouve par la formule du § 90, et dont les équations sont

$$4(x \pm y) = 5.$$

Elles se coupent au point n de l'axe X'OX dont l'abscisse est égale à $\frac{5}{4}$.

TRANSFORMATION PAR RAYONS VECTEURS RÉCIPROQUES

246. — L'étude des courbes du quatrième degré amène à dire quelques mots d'une transformation très importante, à laquelle on a donné le nom de *transformation par rayons vecteurs réciproques* et qui consiste, étant donnés un pôle O et une courbe quelconque, à transformer tout point m de la courbe situé sur le rayon vecteur Om suivant le point m_1 du même rayon vecteur tel que l'on ait

$$Om.Om_1 = r^2.$$

Le point O est le *pôle*, et la longueur r est le *paramètre* de la transformation : on voit que les points m et m_1 sont conjugués harmoniques par rapport aux extrémités du diamètre intercepté par le rayon Om sur le cercle de centre O et de rayon r, qu'on appelle cercle d'*inversion*. Deux courbes transformées sont dites *inverses* l'une de l'autre.

Les relations qui lient les coordonnées (x, y) du point m aux coordonnées (x_1, y_1) du point m_1 s'obtiennent aisément ; ce sont

$$x_1 = \frac{r^2 x}{x^2 + y^2} \qquad y_1 = \frac{r^2 y}{x^2 + y^2}.$$

Elles sont réciproques, et l'on en tire

$$x = \frac{r^2 x_1}{x_1^2 + y_1^2} \qquad y = \frac{r^2 y_1}{x_1^2 + y^2}$$

comme cela devait être puisque le point m se déduit du point m, comme celui-ci du premier. C'est une transformation rationnelle du second ordre (§ 117), symétrique, et dont les trois points principaux sont le pôle O, et les points cycliques. Les formules du § 117 montrent alors que l'on a entre le degré m de la courbe proposée, le degré de multiplicité p du pôle O et le degré de multiplicité q des points cycliques relativement à cette courbe, et les nombres analogues m', p', q' relativement à la transformée, les formules

$$m' = 2m - p - 2q \qquad p' = m - 2q \qquad q' = m - p - q. \quad (333)$$

Ainsi une droite se transforme en un cercle passant par le pôle, un cercle quelconque en un cercle quelconque, et une conique en une cubique circulaire ayant un point double à l'origine, si elle-même y passe ; sinon en une quartique *bicirculaire*, c'est-à-dire admettant les points cycliques pour points doubles.

La transformation par rayons vecteurs réciproques jouit de la propriété curieuse de conserver les angles ; elle se démontre immédiatement en considérant les tangentes en l'un des points d'intersection de deux courbes, et leurs cercles transformés qui se coupent au pôle sous le même angle que ces tangentes.

Cette transformation se rencontre dans une foule de problèmes : on en a vu un exemple (§ 204, 34) ; on en trouve un autre dans l'étude des podaires. Il est clair que si l'on prolonge la perpendiculaire Om abaissée du point O sur une tangente variable d'une courbe donnée, jusqu'en un point p tel que l'on ait

$$Om.Op = r^2$$

le point p est par rapport au cercle d'inversion le pôle de la tangente variable, et par suite (§ 217) décrit la polaire réciproque de la proposée par rapport au cercle d'inversion. Ainsi *toute podaire est l'inverse de la polaire réciproque de la proposée par rapport à tout cercle ayant pour centre l'origine des rayons vecteurs.* Pour la même raison, *toute podaire négative* (§ 238) *est la polaire réciproque, par rapport à tout cercle ayant pour centre l'origine des rayons vecteurs, de l'inverse de la proposée par rapport au même cercle, pris pour cercle d'inversion.* Le premier de ces énoncés permet d'écrire immédiatement les formules (333) au moyen des formules du § 229, relatives aux podaires ; car, en vertu de cette propriété, le degré d'une podaire ou d'une inverse, et l'ordre de multiplicité de l'origine ou des points cycliques, dans l'une ou dans l'autre, s'expriment de la même façon, pour la podaire, en fonction de la classe de la proposée, de l'ordre de multiplicité de la droite de l'infini ou des droites isotropes menées par l'origine ; pour la seconde, en fonction des quantités corrélatives.

Il suit de ce qui précède et de l'étude qui a été faite des podaires de coniques que

L'inverse d'une cissoïde par rapport au point de rebroussement est une parabole passant par ce point.

L'inverse d'une strophoïde par rapport au point double est une conique passant par ce point.

L'inverse d'un limaçon de Pascal par rapport au point double est une conique ayant ce point pour foyer.

En général, *l'inverse d'une podaire de conique par rapport au point double est une conique.*

247. Courbes anallagmatiques. — Lorsqu'il existe un ou plusieurs cercles d'inversion tels que, tout point d'une courbe se transformant en un autre point de la courbe, celle-ci se transforme en elle-même, on dit que la courbe est *anallagmatique.*

Pour toute valeur donnée du degré de la courbe, il y a plusieurs espèces de courbes anallagmatiques. Parmi les courbes du second degré, on trouve tout cercle du plan qui se transforme en lui-même, chaque fois que le cercle d'inversion est un cercle qui lui est orthogonal : ceci résulte du théorème du § 133.

S'il s'agit d'une cubique, le pôle de transformation doit être sur la courbe. Toute droite issue du pôle doit, en effet, dans le cas d'une courbe quelconque, la couper en un certain nombre de couples de points, différents du pôle, qui se correspondent dans chaque couple ; et dont le nombre, ajouté au degré de multiplicité du pôle, doit reproduire le degré de l'équation. Dans le cas d'une cubique, il faut donc que, le pôle étant sur la courbe, les deux autres points d'intersection de tout rayon vecteur avec la cubique soient deux points conjugués. Soit alors

$$\varphi_3(x, y) + \varphi_2(x, y) + \varphi_1(x, y) = 0$$

l'équation de la courbe rapportée au pôle pris pour origine ; si on la coupe par la droite

$$\frac{x}{\cos\alpha} = \frac{y}{\cos\beta} = \rho$$

les ρ des points d'intersection sont donnés par

$$\rho^2\varphi_3(\cos\alpha, \cos\beta) + \rho\,\varphi_2(\cos\alpha, \cos\beta) + \varphi_1(\cos\alpha, \cos\beta) = 0.$$

Pour que le produit des racines soit constant et égal à r^2, il faut et il suffit que l'on ait

$$r^2\varphi_3(x, y) \equiv (x^2+y^2)\,\varphi_1(x, y)$$

et l'on voit que le pôle doit être choisi sur la courbe, de telle sorte que son équation soit

$$(x^2+y^2)\varphi_1(x, y) + \varphi_2(x, y) + r^2\,\varphi_1(x, y) = 0.$$

Les trois points à l'infini sont les points cycliques et le point à l'infini sur la tangente à l'origine. En d'autres termes, *pour qu'une cubique soit anallagmatique, il faut et il suffit qu'elle passe par les points cycliques : les cercles d'inversion ont pour centres les points de contact des tangentes parallèles à l'asymptote réelle.* Il est clair qu'alors les points de contact des tangentes menées à la courbe par le pôle sont sur le cercle d'inversion.

Si l'on revient sur les cubiques qui ont été étudiées, on voit que la cissoïde, quoique passant par les points cycliques, n'est pas anallagmatique, parce que le pôle d'inversion serait à l'infini. Dans la podaire de la parabole par rapport à un de ses points (fig. 108), il y a un point d pour lequel la tangente est parallèle à l'asymptote réelle ; c'est donc le centre d'un cercle d'inversion qui, d'ailleurs, passe évidemment par le point double, où il est normal à la parabole et où il coupe la podaire en trois points. Il la coupe encore aux points cycliques, et en un sixième point g où la tangente à la podaire est le rayon vecteur dg.

Dans la podaire de la parabole par rapport à un point quelconque (fig. 109), il y a deux pôles d'inversion d et e ; les cercles d'inversion passent encore au point double, et chacun d'eux, le premier par exemple, coupe encore la courbe en deux points g et l pour lesquels la tangente passe au point d. C'est aussi le cas de la strophoïde (fig. 110).

Enfin, dans le cas de la cubique circulaire la plus générale, qui est de la sixième classe (fig. 112), par le point réel à l'infini on peut mener à la courbe quatre tangentes, dont deux sont réelles sur la figure et ont leurs points de contact en e et k. L'un de ces points, k par exemple, jouit de la propriété que les quatre tangentes menées de ce point à la courbe ont la même longueur : deux d'entre elles, km et kn, sont réelles sur la figure, et le cercle dont le centre est en k et qui passe par les points m et n est un cercle d'inversion.

S'il s'agit d'une quartique, on voit comme plus haut que, si elle est anallagmatique, son équation, rapportée au pôle pris pour origine, doit avoir l'une des formes

$$(x^2+y^2)^2+(x^2+y^2)\varphi_1(x,y)+\varphi_2(x,y)+r^2\varphi_1(x,y)+r^4=0 \qquad (334)$$

$$(x^2+y^2)\varphi_2(x,y)+\varphi_3(x,y)+r^2\varphi_2(x,y)=0. \qquad (335)$$

Dans chacun des cas, en effet, l'équation correspondante en ρ est réciproque suivant le module r, c'est-à-dire que toute racine ρ entraîne la racine $\frac{r^2}{\rho}$.

Il y a donc deux espèces d'anallagmatiques du quatrième degré. Les premières sont les quartiques bicirculaires ; telles sont les podaires de coniques, et en particulier le limaçon de Pascal, les ovales de Descartes, les ovales de Cassini, etc... La condition est nécessaire et suffisante, parce qu'alors les termes du quatrième, du troisième et du second degré ont la même forme que dans l'équation (334) ; et on peut ensuite disposer de l'origine de façon qu'il y ait entre les termes du troisième et du premier degré, et le terme constant, les mêmes relations que dans cette équation. Le nombre des pôles, solutions de la question, qui peuvent d'ailleurs être rejetés à l'infini, comme cela arrive lorsque la courbe a un axe de symétrie, varie suivant la classe de la courbe. Si l'on considère la quartique bicirculaire la plus générale, c'est-à-dire celle qui est de la huitième classe, on trouve pour cette courbe quatre cercles d'inversion, réels ou imaginaires. Chacun des centres, pôle d'inversion, est à l'intersection de deux tangentes doubles. Quatre des points d'intersection du cercle d'inversion avec la quartique sont en effet confondus deux par deux aux points cycliques ; les quatre autres, réels ou imaginaires, sont à distance finie ; et, par suite de la transformation même, chacun d'eux est le point de contact de l'une des tangentes menées à la courbe par le pôle. Mais la courbe est de la huitième classe ; on peut donc lui mener par le pôle quatre autres tangentes, dont les points de contact doivent dès lors être conjugués deux à deux par rapport au cercle d'inversion ; ce qui exige que le centre soit le point d'intersection de deux tangentes doubles.

La seconde espèce d'anallagmatiques du quatrième degré est également remarquable : ce sont des quartiques circulaires à point double. L'équation (335) fait voir que le point double est le pôle et que les quatrièmes points d'intersection avec la courbe des tangentes en ce point sont les points à l'infini, différents des points cycliques. La courbe de la figure 120 satisfait à ces conditions : le cercle d'inversion coupe la courbe en six points à distance finie qui sont les six points de contact, a, c, d, f, h, l, des tangentes menées de ce point à la courbe. Toute quartique à point double peut être considérée comme une transformée homographique de la précédente, à la condition de faire correspondre aux points cycliques les deux autres points d'intersection avec la courbe de la droite qui joint les quatrièmes points d'intersection avec elle des tangentes au point double. C'est de là qu'on peut conclure que *les six points de contact des tangentes menées par le point double à une quartique à point double sont sur une même conique*.

On trouve de même, pour chaque valeur donnée m du degré d'une courbe, autant d'espèces d'anallagmatiques qu'il y a d'entiers de même parité que m et inférieurs à m, y compris zéro. L'ordre de multiplicité k des points cycliques varie alors, suivant les cas, de 1 à $\frac{m}{2}$ ou $\frac{m-1}{2}$, suivant la parité de m. Cet ordre de multiplicité, qu'on appelle aussi l'*indice* de l'anallagmatique, est égal au nombre des couples de points conjugués situés sur toute droite issue du pôle.

Enfin l'on démontre que *toute courbe anallagmatique est l'enveloppe d'une série de cercles, coupant orthogonalement le cercle d'inversion, et dont le centre décrit une courbe* qu'on appelle la *déférente*. Cette courbe est de la classe $m-k$, du degré $k(2m-3k-1)$, et elle a $m-2k$ contacts à l'infini. Par exemple, la quartique anallagmatique à un point double a pour déférente une courbe du quatrième degré et de la troisième classe, bitangente à la droite de l'infini.

UNE COURBE DE DEGRÉ SUPÉRIEUR

248. — Soit, comme dernier exemple, à construire la courbe

$$y=x+\frac{a}{x}+\frac{b}{x^2}+\frac{c}{x^3}+\frac{d}{x^m}.$$

Cette courbe est du degré $m+1$; elle a un point à l'infini sur la bissectrice de l'angle XOY (fig. 121); tous les autres sont réunis à l'infini sur l'axe Y'OY. Si l'on fait dans l'équation

$$y=x+h,$$

on trouve une équation du degré m en x, qui se réduit au degré $m-1$ pour $h=0$; l'asymptote est donc la bissectrice elle-même, comme on le verrait du reste en appliquant l'équation du § 90, et le point à l'infini est simple; d'où il suit que la courbe est de part et d'autre de l'asymptote. La différence entre l'ordonnée de la courbe et celle de la bissectrice tend vers zéro lorsque x augmente indéfiniment; son signe dépend du signe de a : si a est supposé positif, elle est de même signe que x; ce qui correspond à la disposition de la figure.

Si l'on dérive, il vient

$$y'_x = 1 - \frac{a}{x^2} - \frac{2b}{x^3} - \frac{3c}{x^4} - \frac{md}{x^{m+1}} = \frac{1}{x^{m+1}}\left[x^{m+1} - ax^{m-1} - 2bx^{m-2} - 3cx^{m-3} - md\right].$$

En égalant la parenthèse à zéro, on obtient une équation du degré $m+1$, dans laquelle manquent $m-4$, termes consécutifs entre les deux derniers termes. Supposons m pair ; alors il y a, d'après le théorème des lacunes, au moins autant de racines imaginaires ; si l'on suppose en outre $d > 0$, toutes hypothèses faites dans la figure, sur les cinq racines restantes, qui peuvent être réelles, les racines négatives sont en nombre pair, et les racines positives

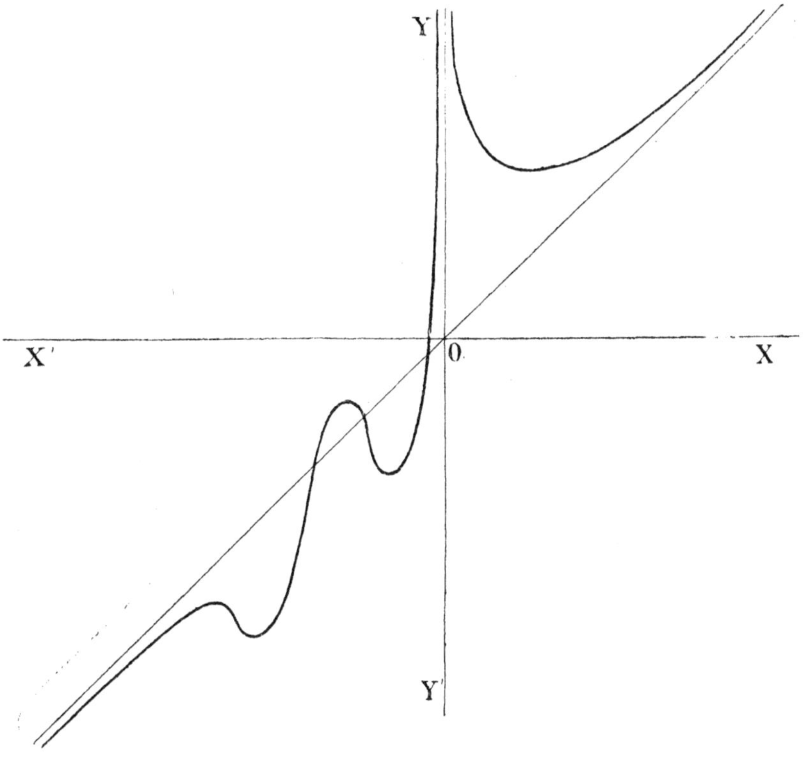

Fig. 121

en nombre impair ; l'une de ces dernières, au moins, est réelle. Supposons, comme dans la figure, que les quatre autres soient réelles et négatives : alors, lorsque x variera de $-\infty$ à 0, y variera de $-\infty$ à $+\infty$, à cause de $d > 0$; et la courbe, étant d'abord asymptote à la bissectrice et en dessous de cette droite, à cause de $a > 0$.

présentera quatre maximas ou minimas, puis deviendra asymptote à l'axe OY, à gauche : x prenant ensuite des valeurs positives, y demeure infini sans changer de signe, à cause de m pair ; puis diminue, passe par un minimum pour la valeur de x, racine positive de la dérivée, et augmente de nouveau jusqu'à $+\infty$, ce qui donne la branche de courbe située à droite de l'axe OY.

Si l'on cherche les points de la courbe sur l'asymptote ou sur l'axe X'OX, on trouve des équations qui ne peuvent avoir que trois racines réelles, dont une est négative à cause de $d > 0$. Quant au point à l'infini sur l'axe Y'OY, on voit, en le ramenant à distance finie (§ 92) par la transformation

$$x = \frac{x'}{y'}, \qquad y = \frac{1}{y'}$$

que c'est un point multiple d'ordre m, pour lequel toutes les tangentes sont confondues en une seule. C'est un point de rebroussement, ou bien un point sans singularité apparente, suivant que m est pair ou impair : on trouve qu'il diminue la classe de $m^2 - 1$ unités ; la courbe est alors de la classe $m + 1$, comme on le voit d'ailleurs par le moyen de la dérivée.

249. Exercices. — 1. Trouver l'équation du lieu des points de contact des tangentes menées d'un point aux coniques tangentes à quatre droites. Construire le lieu.

2. Construire le folium de Descartes

$$x^3 + y^3 - 3axy = 0.$$

3. Étant donnés un diamètre fixe, et une corde conjuguée variable d'une conique, par leurs quatre points d'intersection avec la conique on fait passer les deux autres couples de sécantes et on joint leurs centres. Trouver et construire le lieu des points d'intersection de la droite qui les joint avec les paraboles qui passent par les quatre points.

4. Trouver l'équation de la *conchoïde de Nicomède*, ou lieu des points obtenus en portant sur chaque rayon vecteur issu d'un point fixe, de part et d'autre de son point d'intersection avec une droite fixe, une longueur constante : trouver sa classe et la construire.

5. Si, autour d'un point pris sur la droite des centres de deux cercles donnés, on fait tourner une droite, le lieu des points d'intersection des couples de rayons menés des centres des deux cercles à leurs points de rencontre avec la droite est une ligne *aplanétique* (système de deux ovales de Descartes, comprises dans la même équation), dont deux foyers sont les centres des deux cercles.

6. Si l'on joint par une droite un point fixe à un point variable d'un cercle donné, et si, sur la droite symétrique de celle-ci par rapport à un axe fixe passant par le point, on porte à partir du point fixe un segment proportionnel au carré du rayon vecteur ainsi obtenu, le lieu de l'extrémité du segment est une ligne aplanétique dont un foyer est le point fixe.

7. Si deux groupes de paraboles ont le même foyer, et si les unes passent par un point fixe, et les autres par un second point fixe, le lieu des points d'intersection d'une parabole du premier groupe avec les paraboles du second groupe dont l'axe fait avec l'axe de la première un angle donné est une ligne aplanétique.

8. Trouver l'équation du lieu obtenu en joignant un point fixe à un point variable d'un cercle donné, et prenant le point d'intersection de cette droite avec le rayon du cercle qui est perpendiculaire à celui qui passe par le point variable. Construire le lieu.

9. Étant donnés deux points fixes et une conique fixe, on joint les deux points à un point variable de la conique, et l'on élève en chacun des points une perpendiculaire au rayon correspondant. Trouver et construire le lieu du point d'intersection de ces perpendiculaires. Cas où la conique est un cercle.

10. Une ellipse étant considérée comme la projection du cercle ayant pour diamètre son grand axe et dont le plan a tourné d'un angle convenable (§ 159), on envisage les différents triangles inscrits dans l'ellipse qui sont la projection de triangles équilatéraux inscrits dans le cercle. Démontrer que les cercles circonscrits à ces triangles ont même centre radical ; trouver et construire le lieu de leurs centres et leur enveloppe.

11. On donne un cercle et un point a : trouver le lieu des centres des hyperboles équilatères passant par ce point, et bitangentes au cercle donné. Construire et discuter la courbe pour les différentes positions du point a, et démontrer qu'en général les points de contact des tangentes menées à la courbe par le point a sont sur un même cercle. (*Ecole polytechnique.*)

12. Étant donné un triangle, construire et discuter le lieu du point tel que les axes des deux paraboles circonscrites au triangle et passant par ce point fassent un angle donné. (*Ecole polytechnique.*)

13. Le lieu des sommets des paraboles dont on connaît le foyer, et qui passent par un point donné, est un limaçon de Pascal.

14. Le lieu des centres des hyperboles équilatères bitangentes à une parabole en ses points d'intersection avec la tangente variable d'un cercle est une hyperbole. Trouver et construire le lieu des sommets de cette hyperbole, lorsque le rayon du cercle varie ; et le lieu de ses foyers, lorsque le paramètre de la parabole varie.

15. Lieu des sommets des paraboles circonscrites à un triangle rectangle.

16. La longueur de la tangente menée d'un point de la parabole à tout cercle bitangent est égale à la distance du point à la corde de contact. Trouver l'anallagmatique complète dont la déférente est une parabole donnée, le cercle d'inversion étant un cercle bitangent.

CHAPITRE II

COORDONNÉES POLAIRES

250. Tangente en cordonnées polaires. — Sous-tangente et sous-normale. — On a trouvé (§ 36) l'équation en coordonnées polaires de la ligne droite qui passe par deux points donnés. Si l'on suppose que le second point (ρ_1, ω_1) soit, sur une courbe donnée, le point voisin du premier, et qu'il ait pour coordonnées $\rho_1 + \Delta\rho_1$ et $\omega_1 + \Delta\omega_1$, l'équation devient

$$\begin{vmatrix} \cos\omega & \sin\omega & \dfrac{1}{\rho} \\ \cos\omega_1 & \sin\omega_1 & \dfrac{1}{\rho_1} \\ \cos(\omega_1+\Delta\omega_1) & \sin(\omega_1+\Delta\omega_1) & \dfrac{1}{\rho_1+\Delta\rho_1} \end{vmatrix} = 0;$$

ou bien, en remplaçant les termes de la troisième ligne par les résultats obtenus en retranchant chacun d'eux du terme correspondant de la seconde et divisant par $\Delta\omega_1$, puis en passant à la limite

$$\begin{vmatrix} \cos\omega & \sin\omega & \dfrac{1}{\rho} \\ \cos\omega_1 & \sin\omega_1 & \dfrac{1}{\rho_1} \\ -\sin\omega_1 & \cos\omega_1 & \left(\dfrac{1}{\rho_1}\right)'_\omega \end{vmatrix} = 0.$$

C'est l'équation de la tangente à la courbe donnée au point (ρ_1, ω_1). Si on la développe, elle devient

$$\frac{1}{\rho} = \frac{1}{\rho_1}\cos(\omega-\omega_1) + \left(\frac{1}{\rho_1}\right)'_\omega \sin(\omega-\omega_1). \tag{336}$$

La tangente de la valeur absolue de l'angle α que fait la direction **OX** de l'axe polaire avec la direction de la perpendiculaire abaissée du pôle sur cette droite est égale au rapport des coefficients de $\sin\omega$ et de $\cos\omega$, c'est-à-dire que l'on a

$$\operatorname{tg}\alpha = \frac{\frac{1}{\rho_1}\sin\omega_1 + \left(\frac{1}{\rho_1}\right)'_\omega \cos\omega_1}{\frac{1}{\rho_1}\cos\omega_1 - \left(\frac{1}{\rho_1}\right)'_\omega \sin\omega_1} = -\frac{1}{\operatorname{tg}(V+\omega_1)} \tag{337}$$

en désignant par **V** un angle défini par sa tangente ainsi qu'il suit :

$$\operatorname{tg} V = -\frac{\frac{1}{\rho_1}}{\left(\frac{1}{\rho_1}\right)'_\omega} = \frac{\rho_1}{\rho'_{1_\omega}} \tag{338}$$

Mais l'un des deux angles supplémentaires que fait la tangente

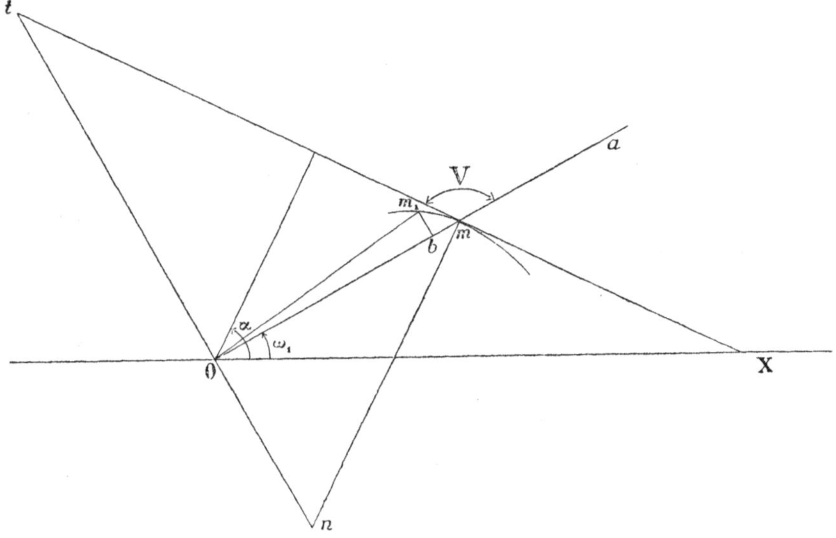

Fig. 122

avec le rayon vecteur passant par le point considéré sur la courbe, l'angle tma (fig. 122), est égal à $\frac{\pi}{2}+\alpha-\omega_1$; c'est donc l'un des angles V de l'équation (337) : d'où l'on conclut que l'angle V, ainsi distingué de son supplément, que fait la tangente avec le rayon vecteur, satisfait à la formule (338).

On peut y arriver plus directement si l'on ne cherche pas l'équation (336) de la tangente. Si l'on décrit en effet du pôle comme centre avec un rayon égal au rayon vecteur Om_1 du point m_1 infiniment voisin du point m, un arc de cercle qui rencontre en b le rayon vecteur Om, on a, dans le triangle curviligne bmm_1, rectangle en b,

$$\operatorname{tg} m_1mb = -\operatorname{tg}V = \frac{m_1b}{mb} = \frac{\rho_1\Delta\omega_1}{\Delta\rho_1}$$

d'où l'on conclut, en passant à la limite et remarquant que les accroissements $\Delta\rho_1$ et $\Delta\omega_1$ sont de signes contraires, la formule (338).

251. — Si l'on élève au point O une perpendiculaire sur le rayon vecteur Om, la portion Ot de cette perpendiculaire comprise entre le pôle et la tangente est, en coordonnées polaires, la *sous-tangente ;* et le segment On de la même droite compris entre le pôle et la normale est la *sous-normale*. On trouve facilement, dans le triangle rectangle Omn

$$On = -\frac{\rho_1}{\operatorname{tg}V} = -\rho'_{1_\omega}.$$

Mais si l'on convient de considérer comme direction positive de la sous-normale et de la sous-tangente la direction $\omega_1 + \frac{\pi}{2}$, on voit sur la figure que la sous-normale On est négative, et que par suite son expression est la dérivée de ρ regardé comme fonction de ω, dans laquelle on remplaçera ρ et ω par ρ_1 et ω_1. On aura ensuite, en remarquant que la sous-normale et la sous-tangente ont des directions opposées

$$Ot.On = -\rho_1^2$$

d'où

$$Ot = -\frac{\rho_1^2}{On} = -\frac{\rho_1^2}{\rho'_{1_\omega}} = \frac{1}{\left(\frac{1}{\rho_1}\right)'_\omega}. \qquad (339)$$

252. Asymptotes en coordonnées polaires. — Pour obtenir les asymptotes d'une courbe en coordonnées polaires, on cherchera d'abord les points à l'infini : ces points correspondent aux valeurs de ω pour lesquelles ρ est infini. Si, par exemple, l'équation est résolue par rapport à ρ, et si le numérateur ne peut pas devenir infini, les valeurs cherchées de ω s'obtiendront en égalant à zéro le dénominateur. Si l'équation, sans être résolue, est algébrique en ρ, il suffira d'égaler à zéro le coefficient de la plus haute puissance de ρ.

Soit donc ω_1 une valeur de ω pour laquelle ρ est infini, pour laquelle on a par conséquent $\frac{1}{\rho_1}=0$. L'équation (336) de la tangente en ce point devient

$$\frac{1}{\rho}=\left(\frac{1}{\rho_1}\right)'_\omega \sin(\omega-\omega_1) \tag{340}$$

d'où

$$\rho\sin(\omega-\omega_1)-\frac{1}{\left(\frac{1}{\rho_1}\right)'_\omega}=0.$$

Eu égard aux formules de transformation (22), cette droite a pour équation en coordonnées rectilignes

$$x\sin\omega_1-y\cos\omega_1+\frac{1}{\left(\frac{1}{\rho_1}\right)'_\omega}=0,$$

et par suite (§ 20) les coordonnées polaires (α, p) du pied de la perpendiculaire abaissée de l'origine sur la droite sont données, avec le signe que l'on voudra, par les équations

$$\frac{1}{p}=\pm\left(\frac{1}{\rho_1}\right)'_\omega$$

$$\cos\alpha=\pm\sin\omega_1 \quad \sin\alpha=\pm\cos\omega_1.$$

Les signes supérieurs et les signes inférieurs donnent en effet le même point : si l'on prend, par exemple, les signes supérieurs, on voit que la longueur p, distance de l'origine à l'asymptote, doit être portée dans la direction $\omega_1+\frac{\pi}{2}$, et qu'elle est égale à la limite vers laquelle tend la sous-tangente lorsque, ω tendant vers ω_1, ρ grandit indéfiniment ; c'est-à-dire qu'elle est précisément égale à la limite de la sous-tangente en grandeur et en direction, ce qui est évident à priori.

Par ce moyen, la distance p peut toujours se calculer, même lorsque l'équation n'est pas résolue par rapport à ρ; il suffira en effet de poser

$$\frac{1}{\rho}=u$$

l'équation de la courbe devient alors

$$f(u,\omega)=0$$

d'où

$$u'_\omega=-\frac{f'_\omega}{f'_u}$$

ce qui donne l'inverse de la sous-tangente en un point quelconque, et en particulier la distance du pôle à l'asymptote.

Si l'équation est résolue sous la forme générale

$$\rho=\frac{F(\omega)}{f(\omega)}$$

on a

$$\left(\frac{1}{\rho}\right)'_\omega=\frac{F(\omega)f'(\omega)-F'(\omega)f(\omega)}{F^2(\omega)}$$

et, pour $\omega=\omega_1$, $f(\omega_1)$ étant nul,

$$p=\frac{F(\omega_1)}{f'(\omega_1)}, \tag{341}$$

formule qui est souvent utile.

Il convient de remarquer que la longueur de la perpendiculaire abaissée du pôle sur l'asymptote est aussi la limite vers laquelle tend la projection du rayon vecteur sur la direction de cette perpendiculaire, lorsque ω tend vers ω_1 : la longueur Oc (fig. 123), portée dans la direction $\omega_1-\frac{\pi}{2}$, est en effet la limite de la projection Oa du rayon Om, lorsque le point m s'éloigne indéfiniment sur la branche de courbe mb. Or le triangle Oam donne

$$Oa = Om.\sin Oma = \rho \sin(\omega_1 - \omega)$$

d'où

$$Oc = \lim.\ \rho \sin(\omega_1 - \omega).$$

Mais si l'on convient, comme plus haut, d'évaluer la longueur de cette perpendiculaire, suivant la direction $\omega_1 + \frac{\pi}{2}$, elle doit être alors changée de signe, et l'on a

$$p = \lim.\ \rho \sin(\omega - \omega_1), \qquad (342)$$

de sorte que, pour $\omega = \omega_1$, deux fonctions différentes de ω, la sous-tangente d'une part, et la projection du rayon vecteur sur la per-

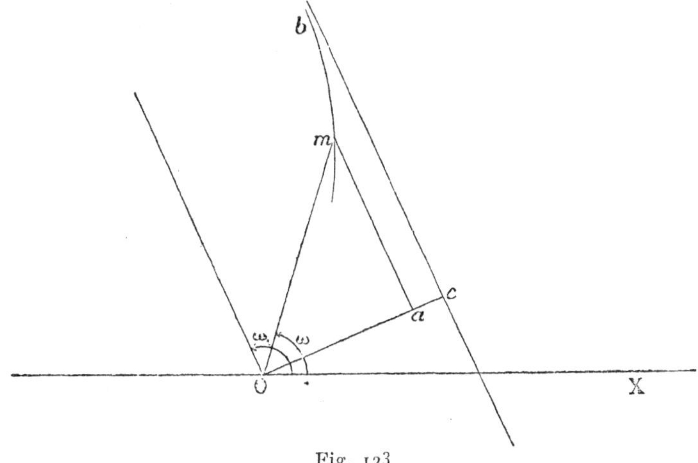

Fig. 123

pendiculaire à l'asymptote, évaluée comme elle vient de l'être, ont la même limite. C'est ce qu'il est facile de vérifier directement; on tire en effet de (342)

$$\frac{1}{p} = \lim.\ \frac{\omega - \omega_1}{\sin(\omega - \omega_1)}\ \frac{\left(\frac{1}{\rho}\right)}{\omega - \omega_1}.$$

Le premier facteur du second membre a pour limite l'unité; et le second, à cause de $\frac{1}{\rho_1} = 0$, est le rapport de l'accroissement de la fonction $\frac{1}{\rho}$ à l'accroissement de sa variable, lorsque ω passe de la valeur ω à la valeur ω_1 ; on en conclut

$$\frac{1}{p}=\left(\frac{1}{\rho_1}\right)'_{\omega}$$

qui est la valeur déja trouvée, suivant la direction $\omega_1+\frac{\pi}{2}$.

Cette nouvelle façon de considérer la longueur p fournit un procédé pour reconnaître de quelle façon la courbe est située par rapport à son asymptote. Il suffira, pour cela, de chercher de quelle façon la fonction $\rho\sin(\omega-\omega_1)$ tend vers sa limite; on saura alors de quel côté de l'asymptote se projettent les points de la branche de courbe considérée. Supposons, par exemple, comme plus haut, que l'équation soit résolue sous la forme

$$\rho=\frac{F(\omega)}{f(\omega)}.$$

Il faut alors étudier la fonction

$$\frac{F(\omega)\sin(\omega-\omega_1)}{f(\omega)}$$

lorsque ω tend vers ω_1. Pour cela, prenons la dérivée; il vient

$$\frac{1}{f^2(\omega)}\Big[f(\omega)F'(\omega)\sin(\omega-\omega_1)+f(\omega)F(\omega)\cos(\omega-\omega_1)-f'(\omega)F(\omega)\sin(\omega-\omega_1)\Big].$$

Lorsque ω tend vers ω_1, cette expression prend une forme indéterminée, à cause de $f(\omega_1)=0$. Prenant alors le rapport des dérivées, on trouve, après avoir divisé les deux termes par $f(\omega)$, puis faisant $\omega=\omega_1$

$$\frac{1}{2f'(\omega_1)}\left[2F'(\omega_1)-f''(\omega_1)\lim\frac{F(\omega)\sin(\omega-\omega_1)}{f(\omega)}\right].$$

Si l'on remplace maintenant la limite qui est dans la parenthèse par sa valeur (341) trouvée plus haut, cette expression devient

$$\frac{1}{2f'(\omega_1)}\left[2F'(\omega_1)-f''(\omega_1)\frac{F(\omega_1)}{f'(\omega_1)}\right]. \tag{343}$$

Elle a une valeur déterminée, et l'examen de son signe apprendra si la projection du rayon vecteur sur la perpendiculaire à l'asymptote, projection comptée dans le sens $\omega_1+\frac{\pi}{2}$, est croissante ou décroissante. Elle est, en général, différente de zéro; ce qui prouve, comme on le sait, qu'il y a en général une branche de courbe de chaque côté de l'asymptote. Si elle est nulle, la projection passe par un maximum ou par un minimum; alors la courbe est toujours du même côté de l'asymptote, et le point considéré à l'infini est d'inflexion.

253. Points d'inflexion. — Si l'on considère une droite coupant une courbe donnée en un point donné, il est clair que, pour ce point, la différence

$$\frac{1}{\rho}-\frac{1}{r}$$

dans laquelle ρ désigne le rayon vecteur de la courbe, et r celui de la droite, est nulle. Si la droite n'est pas tangente, la dérivée de cette différence n'est pas nulle, parce que la différence entre les rayons vecteurs est du même ordre que l'accroissement de l'angle; si au contraire elle est tangente, cette dérivée est aussi nulle. On a en effet (§ 250)

$$\frac{1}{\rho}-\frac{1}{r}=\frac{1}{\rho}-\frac{1}{\rho_1}\cos(\omega-\omega_1)-\left(\frac{1}{\rho_1}\right)'_\omega\sin(\omega-\omega_1)$$

d'où

$$\left(\frac{1}{\rho}-\frac{1}{r}\right)'_\omega=\left(\frac{1}{\rho}\right)'_\omega+\frac{1}{\rho_1}\sin(\omega-\omega_1)-\left(\frac{1}{\rho_1}\right)'_\omega\cos(\omega-\omega_1) \qquad (344)$$

et, pour $\rho=\rho_1$ et $\omega=\omega_1$, le second membre est nul. Mais la dérivée seconde n'est pas nulle en général, car on a

$$\left(\frac{1}{\rho}-\frac{1}{r}\right)''_\omega=\left(\frac{1}{\rho}\right)''_\omega+\frac{1}{\rho_1}\cos(\omega-\omega_1)+\left(\frac{1}{\rho_1}\right)'_\omega\sin(\omega-\omega_1)$$

expression qui, pour $\rho=\rho_1$ et $\omega=\omega_1$, se réduit à

$$\left(\frac{1}{\rho_1}\right)''_\omega+\frac{1}{\rho_1}. \qquad (345)$$

Il suit de là que, en général, la dérivée première (344) est nulle sans que la dérivée seconde le soit; la différence des rayons vecteurs passe donc par un maximum ou par un minimum, et par conséquent, comme on le sait déjà, la tangente ne traverse pas la courbe. Mais si la dérivée seconde (345) s'annule pour $\rho=\rho_1$ et $\omega=\omega_1$, il n'y a plus ni maximum ni minimum; la tangente traverse la courbe et *le point est d'inflexion :* par suite, les valeurs de ω correspondantes s'obtiendront en égalant à zéro l'expression (345).

Si le point est à l'infini, la condition se réduit à

$$\left(\frac{1}{\rho}\right)''=0.$$

Si l'équation est résolue sous la forme

$$\rho=\frac{F(\omega)}{f(\omega)},$$

on en tire, pour $\omega=\omega_1$, $f(\omega_1)$ étant nul

$$\left(\frac{1}{\rho_1}\right)''_\omega=\frac{1}{F^2(\omega_1)}\Big[F(\omega_1)f''(\omega_1)-2F'(\omega_1)f'(\omega_1)\Big],$$

ce qui prouve encore que le point considéré à l'infini est un point d'inflexion lorsque l'expression (343) s'annule.

254. Courbes en coordonnées polaires. — La méthode générale pour discuter une courbe en coordonnées polaires consiste, comme en coordonnées rectilignes, à donner différentes valeurs à l'une des variables, et à étudier les valeurs correspondantes de l'autre. L'application en est simple lorsqu'on peut résoudre l'équation par rapport à l'une d'elles; généralement on résout par rapport à ρ. Il faut alors faire varier ω depuis $-\infty$ jusqu'à $+\infty$, en examinant spécialement certaines valeurs intéressantes, par exemple celles pour lesquelles ρ est nul ou infini.

On peut souvent fixer des limites entre lesquelles il suffit de faire varier ρ pour avoir toute la courbe. Si ω n'entre dans l'équation que par des lignes trigonométriques, ces lignes pourront porter sur des multiples et des sous-multiples de ω : dans ce cas, on pourra se borner à faire varier ω entre deux valeurs dont la différence soit

$2k\pi$, k étant le plus petit commun multiple des dénominateurs des sous-multiples. Il est clair en effet que, pour ces deux valeurs de ω, chaque ligne trigonométrique reprenant la même valeur, ρ reste le même; et qu'alors, la direction étant d'ailleurs la même, on reproduira, en continuant à faire varier ω, des branches de courbe déjà trouvées. Si les lignes trigonométriques ne portent que sur ω et ses multiples, il suffira d'après cela de faire varier ω de 0 à 2π.

On peut encore quelquefois limiter davantage les valeurs de ω; si, par exemple, dans les mêmes circonstances, ρ change de signe lorsqu'on change ω en $\pi+\omega$, deux valeurs de ω différentes de π donnant le même point, il suffit de faire varier ω dans cet intervalle. Ainsi, s'il s'agit de la courbe

$$\rho = 2a\cos\omega$$

qui est un cercle, il suffit de faire varier ω de $-\frac{\pi}{2}$ à $+\frac{\pi}{2}$: si le cercle a pour équation

$$\rho = 2a\sin\omega,$$

on se bornera à faire varier ω de zéro à π.

Il peut aussi arriver que, dans l'intervalle considéré, la symétrie de la courbe par rapport à un point, ou par rapport à une droite, permette de déduire, des branches de courbe déjà tracées, les branches symétriques. Ainsi, dans le premier des exemples cités, la portion de courbe correspondante à la variation de ω entre zéro et $\frac{\pi}{2}$ est symétrique par rapport à l'axe polaire de celle qui correspond aux valeurs de ω comprises entre $-\frac{\pi}{2}$ et zéro, parce que, si l'on change ω en $-\omega$, ρ ne change pas : il suffit donc, pour connaître la courbe, de faire varier ω de zéro à $\frac{\pi}{2}$. Dans le second, il suffit de le faire varier dans le même intervalle, parce que, si l'on change ω en $\pi-\omega$, ρ ne change pas; la courbe est donc symétrique par rapport à la perpendiculaire élevée au pôle à l'axe polaire. En général, si dans l'intervalle dans lequel on a reconnu qu'il faut faire varier ω pour avoir toute la courbe, on trouve une valeur de k telle que ρ ne change pas lorsqu'on change ω en $2k\pi-\omega$, ou telle que ρ change de signe lorsqu'on change ω en $(2k+1)\pi-\omega$, la courbe est symétrique par rapport à l'axe polaire. De même, si l'on trouve une valeur de k, telle que ρ ne change pas lorsqu'on change ω en $(2k+1)\pi-\omega$, ou telle que ρ change de signe lorsqu'on change ω en $2k\pi-\omega$, la courbe est symétrique par rapport à la perpendiculaire élevée au pôle à l'axe polaire. Enfin, s'il y a une valeur de k, telle que ρ ne change pas lorsqu'on change ω en $(2k+1)\pi+\omega$, ou telle que ρ change de signe lorsqu'on change ω en $2k\pi+\omega$, la courbe est symétrique par rapport au pôle. Dans chacun de ces cas, l'intervalle peut être réduit de moitié.

Si les lignes trigonométriques ne portent que sur des multiples de ω, *à fortiori* aura-t-on toute la courbe en faisant varier ω de zéro à 2π; mais lorsque ces multiples ont des facteurs communs, la symétrie permet de déduire toutes les autres portions de la courbe de celle qui correspond à une variation plus réduite de l'angle ω. Ainsi si la courbe a pour équation

$$\rho=a+b\sin p\alpha\omega+c\cos q\alpha\omega,$$

p et q étant premiers entre eux, ρ reprend la même valeur pour ω et pour $\omega+\frac{2\pi}{\alpha}$, de telle sorte que la courbe se reproduit dans les intervalles $0, \frac{2\pi}{\alpha}, \frac{4\pi}{\alpha}, \ldots$. S'il n'y avait qu'un seul multiple, il marquerait la fraction de circonférence dans laquelle il faut faire varier ω pour connaître toute la courbe.

Lorsque l'équation ne renferme que des lignes trigonométriques des multiples ou sous-multiples de ω, il est clair, eu égard aux formules de transformation (22), que la courbe est algébrique; et réciproquement, si la courbe est algébrique, son équation ne renferme ω que trigonométriquement : c'est ce que l'on a déjà vu en étudiant l'hypocycloïde à trois rebroussements, le limaçon de Pascal, les ovales de Descartes. Dans le cas contraire, qui se présente dans les exemples qui suivent, la courbe est transcendante.

255. Spirale d'Archimède. — Une des plus simples que l'on ait à considérer est la *spirale d'Archimède*, dont l'équation est

$$\rho=a\omega. \tag{346}$$

Dans cet exemple, ρ change de signe en même temps que ω : la courbe est donc symétrique par rapport à la perpendiculaire à l'axe polaire, et il suffira de faire varier ω de zéro à $+\infty$. Pour $\omega = 0$, ρ est nul, tgV l'est aussi (§ 250); la courbe part donc du pôle tangentiellement à l'axe polaire (fig. 124). Si ω augmente, ρ est toujours positif et augmente en même temps; et la courbe décrit autour du

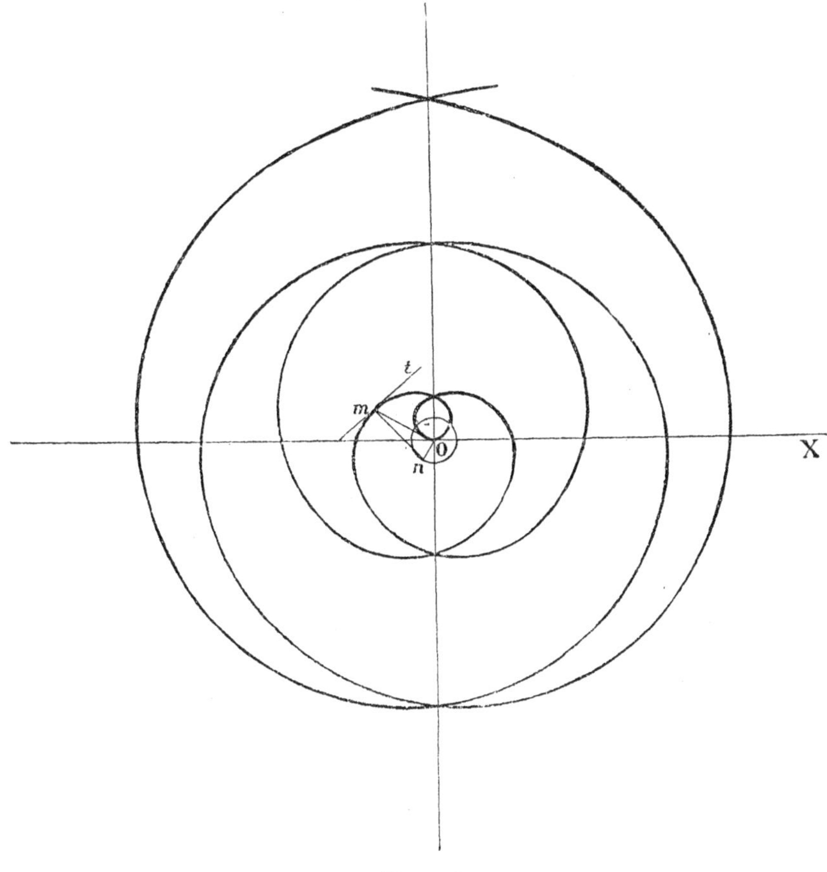

Fig. 124

pôle des circonvolutions, telles que, sur toute droite menée par ce point, les points de la courbe, en nombre infini, donnent lieu à une progression arithmétique dont la raison est $2a\pi$. En faisant varier ω de zéro à $-\infty$, on obtient la portion symétrique par rapport à la perpendiculaire. La tangente en un point fait avec le rayon vecteur et dans le sens convenable (§ 250), un angle dont la tangente est égale à ω. Mais on la construit plus simplement en remarquant que la sous-normale est constante, puisque l'on a

$$\rho'_\omega = a. \tag{347}$$

On décrira donc, du pôle comme centre, un cercle ayant pour rayon a; et, pour avoir la tangente en m, on mènera le rayon vecteur Om, et, dans la direction $\omega + \frac{\pi}{2}$, le rayon perpendiculaire On jusqu'en son point de rencontre avec le cercle. Le point n appartient à la normale en m.

Réciproquement, on déduit de la condition (347) l'équation générale des courbes dont la sous-normale est constante, qui est

$$\rho = a\omega + b,$$

b étant une constante quelconque. Ces courbes se déduisent de la spirale d'Archimède en ajoutant à chaque rayon vecteur une constante donnée : ce sont des *conchoïdes* (§ 249, 4) de spirale d'Archimède (*). Si p est un point d'une de ces courbes, situé sur la direction Om, comme elle a même sous-normale que la proposée, le point n appartient aussi à la normale en p à la conchoïde, d'où l'on déduit la tangente en p. Il en est de même pour une courbe quelconque : la tangente en un point quelconque d'une conchoïde de cette courbe se déduit de la même façon de la tangente au point correspondant de la proposée, parce que toutes les courbes

$$\rho = f(\omega) + b,$$

quelle que soit la constante b, donnent lieu, pour une valeur donnée de ω, à la même valeur pour la dérivée ρ'_ω.

256. Spirale logarithmique. — La *spirale logarithmique* a pour équation

$$\rho = a e^{m\omega}. \tag{348}$$

Pour la construire, il faut faire varier ω de $-\infty$ à $+\infty$: pour

(*) Ces courbes sont aussi des spirales d'Archimède, car leur équation peut s'écrire $\rho = a\left(\omega + \frac{b}{a}\right)$ et en faisant tourner l'axe polaire, autour du pôle, de l'angle $\frac{b}{a}$, elle devient $\rho = a\omega$. Comme conséquence, toute spirale d'Archimède est à elle-même sa conchoïde, si la constante b est un multiple de $2a\pi$.

$\omega = 0$, ρ est égal à a (fig. 125), il augmente ensuite avec ω et devient infini avec lui ; la courbe décrit donc encore autour du pôle une infinité de circonvolutions. Si ω prend des valeurs négatives, ρ diminue de plus en plus et tend vers zéro en même temps que ω aug-

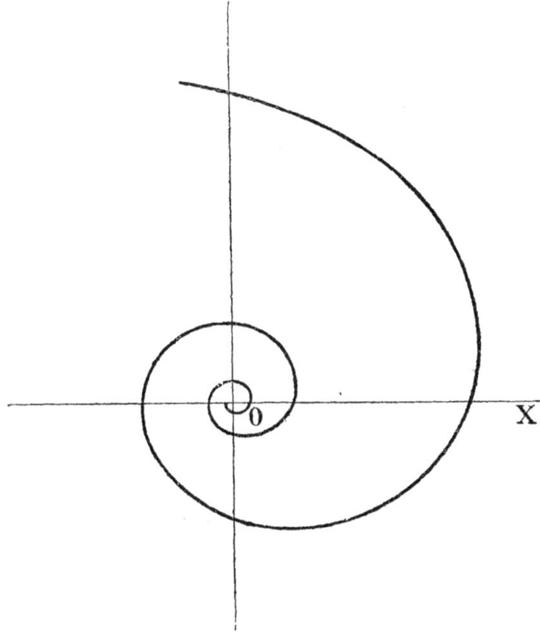

Fig. 125.

mente indéfiniment; la courbe tourne donc autour du pôle, en s'en rapprochant sans jamais l'atteindre.

Pour obtenir la tangente en un point, on remarquera que l'on a

$$\rho'_\omega = mae^{m},$$

d'où

$$\frac{\rho}{\rho'_\omega} = \frac{1}{m}.$$

L'angle de la tangente avec le rayon vecteur est donc constant; sa tangente est $\frac{1}{m}$. Réciproquement, pour toute courbe satisfaisant à cette condition, on a

$$\frac{\rho'_\omega}{\rho} = m$$

d'où

$$\text{L}.\rho = m\omega + \text{C}$$
$$\rho = e^{m\omega + \text{C}} = ae^{m\omega}.$$

La spirale logarithmique est donc la seule courbe qui réponde à la question.

257. Spirale hyperbolique. — La spirale hyperbolique est la courbe dont la sous-tangente est constante. Pour trouver son équation, on tire de la définition (§ 251)

$$\left(\frac{1}{\rho}\right)'_\omega = \frac{1}{r}$$

d'où

$$\frac{1}{\rho} = \frac{\omega}{r} + \text{C}.$$

Faisant ensuite tourner l'axe polaire, dans le sens positif, d'un angle égal à $-r\text{C}$, la constante C disparaît et il reste

$$\rho = \frac{r}{\omega}. \qquad (349)$$

ρ devient infini pour $\omega = 0$; la distance du pôle à l'asymptote, distance comptée dans la direction $\frac{\pi}{2}$, est égale d'après la formule (341) à r: on sait d'ailleurs qu'elle est la limite de la sous-tangente pour $\omega = 0$; or, ici la sous-tangente est toujours égale à r : on conclut de là l'asymptote ab (fig. 126). La courbe est symétrique par rapport à la perpendiculaire à l'axe polaire, il suffit donc de faire varier ω de 0 à $+\infty$. Pour $\omega = 0$, ρ est infini, et diminue à mesure que ω augmente, ce qui donne lieu à la branche de courbe bc, située au-dessous de l'asymptote : celle-ci a en effet pour équation

$$\rho = \frac{r}{\sin\omega},$$

et l'on a toujours, pour $\omega > 0$

$$\frac{r}{\sin\omega} > \frac{r}{\omega}.$$

Pour $\omega = \frac{\pi}{2}$, on a $\rho = \frac{2r}{\pi}$, ce qui donne le point c : ω augmentant ensuite, ρ diminue toujours et la courbe tourne autour du pôle, en se

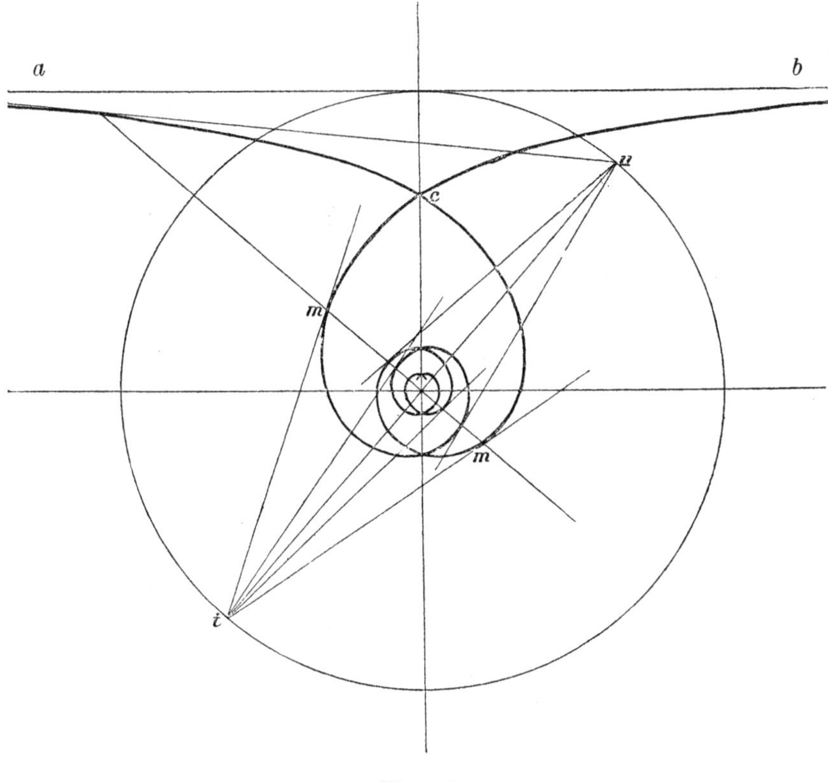

Fig. 126

rapprochant de ce point sans jamais l'atteindre. Les valeurs négatives de ω donnent la portion symétrique par rapport à la perpendiculaire à l'axe polaire.

La tangente en un point m, correspondant à l'angle ω_1, se construit par la propriété de la sous-tangente. On décrira le cercle de rayon r, ayant le pôle pour centre; on joindra Om, et l'on mènera dans la direction $\omega_1 + \frac{\pi}{2}$ la perpendiculaire Ot qui rencontrera le cercle au point t, lequel appartient à toutes les tangentes aux divers points de la courbe, situés sur le rayon Om, qui correspondent aux directions $\omega_1+2k\pi$. Les tangentes aux points correspondants aux directions $\omega_1+(2k+1)\pi$ passent par le point u diamétralement opposé sur le cercle.

258. — Proposons-nous, comme dernier exemple, de construire la courbe

$$\rho=\frac{\sin\omega}{2\omega-3\cos\omega}. \tag{350}$$

(*Ecole polytechnique.*)

Il faut faire varier ω de $-\infty$ à $+\infty$: considérons d'abord les valeurs positives de ω. Pour $\omega=0$, le dénominateur est négatif; il est positif pour $\omega=\frac{\pi}{2}$: d'ailleurs, dans cet intervalle, il va toujours en croissant ; il s'annule donc une fois, et une seule. Soit ω_1 la valeur correspondante de ω; des substitutions montrent qu'elle est comprise entre $\frac{\pi}{4}$ et $\frac{\pi}{3}$, ou mieux entre 52° et 53°; d'ailleurs ρ ne devient infini pour aucune autre valeur positive de ω, car entre $\frac{\pi}{2}$ et $\frac{3\pi}{2}$, $\cos\omega$ est négatif; et au delà de $\frac{3\pi}{2}$, c'est évidemment le terme 2ω qui donne son signe au dénominateur. L'asymptote correspondant à la valeur ω_1 s'obtiendra (§ 252) en portant dans la direction $\omega_1+\frac{\pi}{2}$, une longueur égale à

$$\frac{\sin\omega_1}{2+3\sin\omega_1} \tag{351}$$

qui diffère peu de 0,18 : son équation est

$$\rho\sin(\omega-\omega_1)=\frac{\sin\omega_1}{2+3\sin\omega_1}.$$

Lorsque ω varie de 0 à ω_1, ρ est négatif et varie de 0 à $-\infty$: la courbe part donc du pôle, tangentiellement à l'axe polaire, et s'approche indéfiniment de l'asymptote dans le troisième quadrant (fig. 127).

Pour savoir de quel côté de l'asymptote elle est située, formons l'expression (343); on trouve facilement

$$\frac{\cos\omega_1(4+3\sin\omega_1)}{2(2+3\sin\omega_1)^2},$$

expression qui est évidemment positive. On en conclut que la projec-

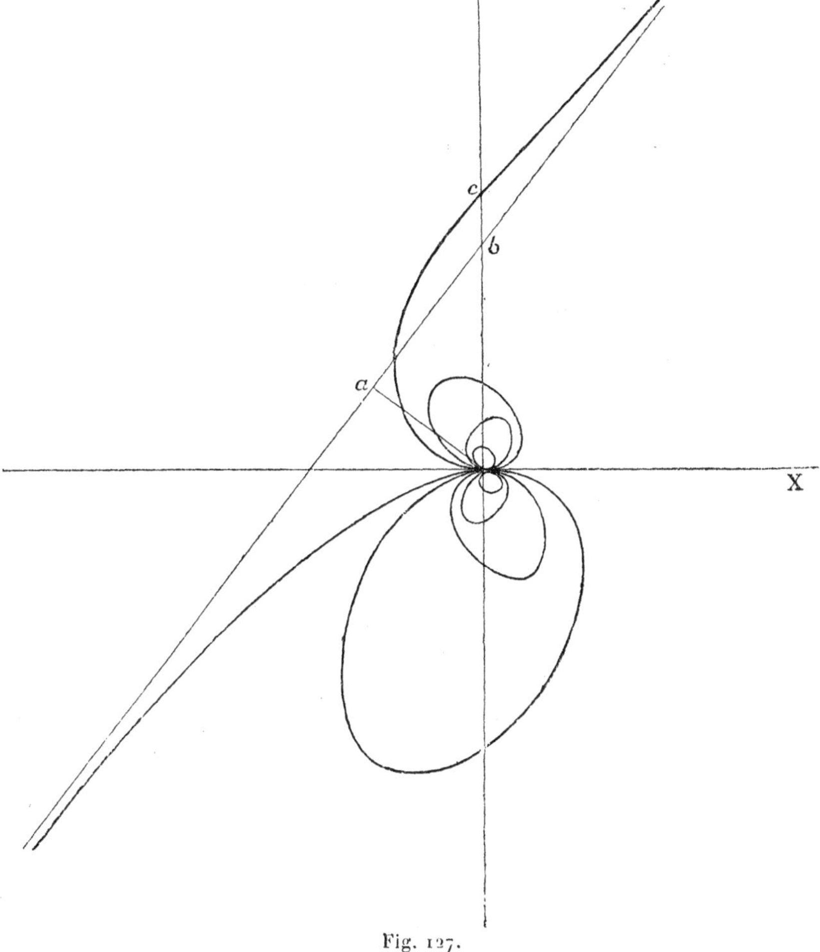

Fig. 127.

tion du rayon vecteur sur l'asymptote, comptée dans le sens Oa, va en croissant lorsque ω tend vers ω_1 : ω continuant à augmenter, ρ change de signe et passe de $-\infty$ à $+\infty$; la courbe passe de l'autre côté de l'asymptote, et pour $\omega = \frac{\pi}{2}$ on a $\rho = \frac{1}{\pi}$. Cette valeur est plus grande que l'ordonnée correspondante Ob de l'asymptote; on a en effet, ω_1 étant plus petit que $\frac{\pi}{2}$

$$\operatorname{tg}\left(\frac{\pi}{2} - \omega_1\right) > \frac{\pi}{2} - \omega_1$$

d'où

$$\frac{2}{\operatorname{tg}\omega_1} + 2\omega_1 > \pi.$$

Mais $2\omega_1$ est égal à $3\cos\omega_1$, par suite

$$\frac{2}{\operatorname{tg}\omega_1} + 3\cos\omega_1 > \pi,$$

d'où

$$\cos\omega_1 \frac{2+3\sin\omega_1}{\sin\omega_1} > \pi,$$

d'où enfin

$$\frac{\sin\omega_1}{2+3\sin\omega_1}\,\frac{1}{\cos\omega_1} < \frac{1}{\pi}.$$

Eu égard à la valeur (351) de la perpendiculaire Oa, le premier membre est précisément égal à l'ordonnée Ob de l'asymptote, laquelle est par conséquent inférieure à l'ordonnée Oc de la courbe. Si ω augmente de $\frac{\pi}{2}$ à π, ρ varie de $\frac{1}{\pi}$ à 0; et la courbe, partant du point c, revient toucher l'axe polaire au pôle, en traversant l'asymptote. Lorsque ω continue à croître, le dénominateur est toujours positif; quant à $\sin\omega$, il est positif de $2k\pi$ à $(2k+1)\pi$, et négatif de $(2k+1)\pi$ à $2(k+1)\pi$; dans chacun de ces intervalles, ρ varie de zéro à zéro; et, eu égard au signe de $\sin\omega$, la courbe est toujours au-dessus de l'axe polaire, se composant de boucles qui lui sont toutes tangentes au pôle et qui tendent à se confondre avec ce point, parce que pour une direction donnée $\omega + 2k\pi$, les valeurs correspondantes de ρ diminuent de plus en plus, à mesure que k augmente.

On trouve de même, pour les valeurs négatives de ω, ρ ne devenant jamais infini, une infinité de boucles situées au-dessous de l'axe polaire, tangentes à cette droite au pôle, et tendant à se confondre avec ce point lorsque ω croît indéfiniment par des valeurs négatives.

Pour construire la tangente en un point, prenons la dérivée

$$\rho'_\omega = \frac{2\omega \cos\omega - 2\sin\omega - 3}{(2\omega - 3\cos\omega)^2},$$

d'où

$$\operatorname{tg} V = \frac{\rho}{\rho'_\omega} = \frac{(2\omega - 3\cos\omega)\sin\omega}{2\omega\cos\omega - 2\sin\omega - 3}.$$

Si ω est positif, a ρ'_ω une racine comprise entre $(4k-1)\frac{\pi}{2}$ et $2k\pi$, et une autre comprise entre $2k\pi$ et $(4k+1)\frac{\pi}{2}$; on s'en aperçoit immédiatement en substituant ces quantités; il n'y en a qu'une, parce que la dérivée du numérateur de ρ'_ω, qui est $-2\omega\sin\omega$, est toujours positive dans le quatrième quadrant, toujours négative dans le premier : dans chacun d'eux, ρ'_ω ne peut donc s'annuler qu'une fois. On voit de même, en substituant $(2k+1)\pi$, et à cause du signe constant de la même expression dans chacun des deux autres quadrants, que ρ' ne s'annule jamais lorsque ω varie dans ces deux quadrants. D'ailleurs, les valeurs de ω pour lesquelles ρ'_ω est nulle correspondent aux points pour lesquels la tangente est perpendiculaire au rayon vecteur, c'est-à-dire aux sommets de chaque boucle. On conclut de là que celles des boucles situées au-dessus de l'axe polaire, pour lesquelles ρ est négatif, qui sont celles qui correspondent à des valeurs de ω comprises dans le troisième et le quatrième quadrant, ont leur sommet dans le second quadrant, et les autres dans le premier. On trouve de même que les boucles situées au-dessous de l'axe polaire ont alternativement leur sommet dans le troisième et dans le quatrième quadrant.

Si l'on transforme l'équation de la courbe en coordonnées rectilignes, on reconnaît aisément qu'elle ne diffère pas de celle qui a déjà été étudiée (§ 82, 2), et l'on en conclut que les tangentes aux divers points situés sur un même rayon vecteur, passent alternativement par l'un ou l'autre de deux points fixes, situés sur le rayon symétrique par rapport à l'axe polaire du rayon vecteur considéré.

On démontre que la même propriété a lieu relativement à toutes les courbes comprises dans l'équation

$$\rho = \frac{F(\omega)}{\omega + f(\omega)},$$

dans laquelle les fonctions $F(\omega)$ et $f(\omega)$ sont assujetties à la seule condition

$$F(\omega + 2k\pi) = F(\omega) \qquad f(\omega + 2k\pi) = f(\omega).$$

Enfin, si l'on forme l'expression

$$\left(\frac{1}{\rho}\right)''_{\omega} + \frac{1}{\rho},$$

on reconnaît immédiatement qu'elle change de signe lorsque ω varie de ω_1 à $\frac{\pi}{2}$; d'où l'on conclut que la courbe a un point d'inflexion sur la branche infinie qui aboutit en c.

259. Exercices. — Construire les courbes :

$$\rho \sin\frac{\omega}{2} - 2\rho + \cos\frac{\omega}{2} = 0$$

$$\rho = \frac{2\sin\omega}{1 + \cos\omega}$$

$$\rho = \frac{\sin^2\omega - \cos^2\omega}{1 + 2\sin\omega}$$

$$\rho = \frac{\operatorname{tg}\omega}{1 - 3\sin\omega}$$

$$\rho^2 = \frac{1}{1 - \sin 2\omega}$$

$$\rho = \frac{\sin\omega\cos\omega}{1 - 2\cos\omega}$$

$$\rho^2 - 2\rho\cos\omega - \sin\frac{\omega}{2} = 0$$

$$\rho = \cos\omega \pm \sqrt{2\sin\omega}$$

$$\rho = \frac{\cos\left(\omega + \frac{\pi}{4}\right)}{\sin\omega}$$

$$\rho = \cos\frac{\omega}{2}\sin^3\frac{\omega}{2}$$

$$\rho = \sin\omega \pm \sqrt{1 - 2\cos\omega}$$

$$\rho = \sin\omega \pm \sqrt{\cos 2\omega}$$

$$\rho^2 \sin^2\omega + \rho \sin 2\omega \cos\omega - 1 = 0$$

$$\rho = \frac{\omega}{\pi - \omega}$$

$$\rho = \frac{\omega - \sin\omega}{3\,\mathrm{tg}\,\omega}$$

$$\rho = \frac{\omega + \cos\omega}{3\omega - \sin^2\omega}$$

FIN DE LA PREMIÈRE PARTIE.

ERRATA

Page 75, le second terme de la seconde ligne du déterminant, *au lieu de* $\cos \omega_1$, *est* $\sin \omega_1$.

—	98	ligne 23	*au lieu de*	$\frac{\mu_1}{y_1}$	*lisez*	$\frac{\mu_1}{\lambda_1}$
—	103	— 19	—	$\lambda\gamma_1 - \mu y_2$	—	$\lambda y_1 - \mu y_2$
—	120	— 19	—	ditances	—	distances
—	126	— 25	*ajoutez*	Ce théorème important est dû à M. Laguerre.		
—	226	— 27	*au lieu de*	$f'_z = -e^{\frac{z}{x}}$,	*lisez*	$f'_z = -e^{\frac{z}{x}}$
—	226	— 29	—	$f' = -1$	—	$f'_x = -1$
—	245	— 3	—	valeu	—	valeur
—	246	— dern.	—	f_{y_0}	—	f'_{y_0}
—	248	— 21	le coefficient de y^2 doit être $f''_{y_0^2}$			
—	»	— »	—	$2yz$	—	$f''_{y_0z_0}$
—	»	— »	—	$2zx$	—	$f''_{z_0x_0}$
—	»	— dern.	*au lieu de*	f'_z	*lisez*	f'_{z_0}
—	273	— 11	—	YO'Y	—	Y'OY
—	277	— 16	—	tangentê	—	tangente
—	277	— 27	—	élevéà	—	élevé à
—	283	— 18	—	cinq	—	quatre
—	289	— 3	—	épuations	—	équations
—	293	— 20	—	h	—	k
—	363	à la fin de la ligne 17, *ajoutez* est				
—	400	ligne dernière	*au lieu de*	cete	*lisez*	cette
—	414	fig. 77	*ajoutez* la lettre B' à l'extrémité du petit axe.			
—	462	ligne 29	*au lieu de*	$\frac{\Gamma'_{1v}}{\Gamma'_{2u}}$	*lisez*	$\frac{\Gamma'_{1u}}{\Gamma'_{2u}}$
—	466	— 10	—	$(a_1b_1 - h_1)^2$	*lisez*	$(a_1b_1 - h_1^2)$
—	574	— 12	—	y^2,	*lisez*	y_1^2
—	»	— 13	—	se déduit du point m,	*lisez*	se déduit du point m_1.

TABLE DES MATIÈRES

LIVRE DEUXIÈME

LIVRE TROISIÈME

LIVRE QUATRIÈME

FIN DE LA TABLE DES MATIÈRES.

7658-79 — Corbeil. Typ. et stér. CRÉTÉ.

G. MASSON, ÉDITEUR

120, Boulevard Saint-Germain, en face de l'École de Médecine

Œuvres d'É. Verdet, publiées par les soins de ses élèves, en 9 volumes grand in-8° raisin, avec figures dans le texte.

L'ouvrage complet est épuisé. Les volumes suivants, sont vendus séparément :

Tome I. **Introduction**, par M. DE LA RIVE, mémoires originaux........................ 12 fr.

Tome IV. **Conférences de physique** faites à l'École normale, publiées par M. A. GERNEZ, ancien élève de l'École normale. 1 vol. in-8, publié en deux parties, avec figures dans le texte... 18 fr.

Tomes V et VI. **Leçons d'optique physique**, publiées par M. LEVISTAL, ancien élève de l'École normale. 2 vol. in-8, avec figures dans le texte.. 24 fr.

Tomes VII et VIII. **Théorie mécanique de la chaleur**, publiée par MM. A. PRUDHON et VIOLLE, anciens élèves de l'École normale. 2 vol. gr. in-8, avec figures dans le texte........... 24 fr.

Cours de physique, rédigé conformément aux nouveaux programmes pour la classe de mathématiques spéciales, par M. E. FERNET, répétiteur à l'École polytechnique, inspecteur général de l'Instruction publique. 2e édition entièrement revue et augmentée. 1 vol. gr. in-8°, avec 361 fig. dans le texte.................. 12 fr.

Traité de physique élémentaire, par MM. Ch. DRION et E. FERNET, anciens élèves de l'École normale. 8e édition, entièrement revue et modifiée, par M. E. FERNET, inspecteur général de l'Instruction publique. 1 vol. petit in-8° de 880 pages, avec 709 figures.. 8 fr.

Traité élémentaire de chimie, par M. L. TROOST, professeur à la Faculté des sciences. 7e édition, entièrement refondue et corrigée avec de nombreuses données de thermonie. 1 vol. in-8° de 876 pages, avec 443 figures.. .... 8 fr.

Leçons d'arithmétique, rédigées conformément aux derniers programmes officiels (arrêté du 24 juillet 1874), par T. A. TISSOT, ancien professeur au Lycée Saint-Louis, ancien répétiteur à l'École polytechnique. 2e édition. 1 beau volume in-8°.. 4 fr.

Traité de mécanique rationnelle, contenant les éléments de mécanique exigés pour l'admission à l'École polytechnique, et toute la partie théorique du cours de mécanique et machines de cette École, par M. DELAUNAY. 6e édition. 1 vol. in-8°, avec 127 figures dans le texte.. 8 fr.

Nouvel atlas classique, dressé conformément aux nouveaux programmes, par M. G. QUESNEL, professeur à l'École Monge. Première partie : *La France et ses colonies*, contenant 12 cartes du format 47 — 58. Prix, cartonné.......... 10 fr.

Les 12 cartes de cette 1re partie sont :

France hypsométrique.	Bassin du Rhône.
France physique.	France historique.
Bassin de la Gironde.	France administrative.
Bassin de la Loire.	Voies de communication.
Bassin de la Seine.	Algérie
Bassin du Rhin français.	Colonies.

L'Atlas que nous publions aujourd'hui comprend la France et ses Colonies. Il a été dressé conformément aux récents programmes du Ministre de l'Instruction publique pour servir aux classes de Rhétorique, aux Écoles de Commerce et à la préparation à l'École de Saint-Cyr. Le complément, c'est-à-dire l'Europe et la Géographie générale, en tout 50 cartes environ, paraîtra en 1882.

Revue internationale de l'enseignement publiée par la Société d'enseignement supérieur. — Comité de rédaction : MM. PASTEUR, — LAVISSE, — BEAUSSIRE, — BOISSIER, — BOUTMY, — BRÉAL, — BUFNOIR, — DASTRE, — DUVERGER, — FUSTEL DE COULANGES, — GAZIER, — P. JANET, — LABOULAYE, — LÉON LE FORT, — MARION, — MONOD, — TAINE. — Rédacteur en chef : EDMOND DREYFUS-BRISAC.

La Revue internationale de l'enseignement paraît le 15 de chaque mois, dans le format gr. in-8° depuis le 15 janvier 1881. Chaque cahier comprend environ 100 pages, avec couverture imprimée.

Prix de l'abonnement : Paris, Départements et Étranger, un an, 24 francs.

CORBEIL. — Typ. et stér. CRÉTÉ